Springer-Lehrbuch

Grundwissen Mathematik

Ebbinghaus et al.: Zahlen
Hämmerlin/Hoffmann: Numerische Mathematik
Koecher: Lineare Algebra und analytische Geometrie
Remmert: Funktionentheorie 1
Remmert: Funktionentheorie 2
Walter: Analysis 1
Walter: Analysis 2

Herausgeber der Grundwissen-Bände im Springer-Lehrbuch-
Programm sind: G. Hämmerlin, F. Hirzebruch, H. Kraft,
K. Lamotke, R. Remmert, W. Walter

Günther Hämmerlin
Karl-Heinz Hoffmann

Numerische Mathematik

Vierte, nochmals durchgesehene Auflage
Mit 72 Abbildungen

Springer-Verlag
Berlin Heidelberg New York
London Paris Tokyo
Hong Kong Barcelona
Budapest

Prof. Dr. Günther Hämmerlin

Mathematisches Institut der
Ludwig-Maximilians-Universität
Theresienstraße 39
D-80333 München

Prof. Dr. Karl-Heinz Hoffmann

Institut für Angewandte Mathematik
und Statistik der Technischen Universität
Arcisstraße 21
D-80333 München

Mathematics Subject Classification (1991): 65-01, 65-02, 65-03, 65-04, 65Bxx, 65C, 65Dxx, 65Fxx, 65Gxx, 65Hxx, 65Kxx

---

Dieser Band erschien bis zur 2. Auflage (1991) als Band 7 der Reihe
Grundwissen Mathematik

ISBN 3-540-58033-6 Springer-Verlag Berlin Heidelberg New York

ISBN 3-540-55652-4   3. Aufl.   Springer-Verlag Berlin Heidelberg New York

Die Deutsche Bibliothek - CIP-Einheitsaufnahme
Hämmerlin, Günther: Numerische Mathematik / Günther Hämmerlin; Karl-Heinz Hoffmann. –
4., nochmals durchges. Aufl. –
Berlin; Heidelberg; New York; London; Paris; Tokyo; Hong Kong; Barcelona; Budapest:
Springer, 1994
(Springer-Lehrbuch)
ISBN 3-540-58033-6
NE: Hoffmann, Karl-Heinz:

© Springer-Verlag Berlin Heidelberg 1989, 1991, 1992, 1994
Printed in Germany

Satz: Reprofertige Vorlage vom Autor
SPIN 10470728   44/3140 – 5 4 3 2 1 0 – Gedruckt auf säurefreiem Papier

Vorwort

"Wahrlich, es ist nicht das Wissen, sondern das Lernen, nicht
das Besitzen, sondern das Erwerben, nicht das Da-Seyn, sondern das Hinkommen, was den größten Genuß gewährt. Wenn
ich eine Sache ganz ins Klare gebracht und erschöpft habe, so
wende ich mich davon weg, um wieder ins Dunkle zu gehen,
so sonderbar ist der nimmersatte Mensch, hat er ein Gebäude
vollendet, so ist es nicht, um nun ruhig darin zu wohnen, sondern um ein anderes anzufangen."

C. F. Gauß an W. Bolyai am 2. Sept. 1808

Dieses Lehrbuch setzt die Reihe "Grundwissen Mathematik" durch einen Band
fort, der der angewandten Mathematik gewidmet ist. Mit der Eingliederung
in diese Reihe haben sich die Autoren dieselben Ziele gesetzt, die auch in den
bisher erschienenen Bänden verfolgt werden. Zu diesen Anliegen gehört es,
Zusammenhänge und gemeinsame Gesichtspunkte mathematischer Disziplinen
deutlich zu machen und die Motivierung für bestimmte Problemstellungen hervortreten zu lassen; dabei wird die historische Entwicklung einbezogen.

Wir bemühen uns, in diesem Buch die Grundzüge der bei Anwendungen
der Mathematik auftretenden Aufgabenstellungen herauszuarbeiten, konstruktive Verfahren zur numerischen Lösung zu entwickeln und die zugehörigen Ge-
nauigkeitsbetrachtungen anzustellen. Dazu gehört es auch, die notwendigen
theoretischen Herleitungen durchzuführen, soweit Tatsachen benötigt werden,
die über den Stoff der Anfängervorlesungen in Analysis und linearer Algebra
hinausgehen. Die Erfahrungen, die die Autoren seit vielen Jahren in Vorlesungen an den Universitäten Freiburg i. Br. und München, an der FU Berlin und
an der Universität Augsburg gesammelt haben, finden in diesem Buch ihren
Niederschlag. In dem Vorhaben, nicht Rechenrezepte anzubieten, sondern stets
den mathematischen Inhalt von Problemlösungen in den Vordergrund zu stellen, sind wir uns mit R. W. Hamming [1962] einig, der den Zweck numerischer
Untersuchungen vor allem darin sieht, "insight not numbers" zu gewinnen.

Maßgebend für die Stoffauswahl war es, daß das Buch diejenigen Überlegungen enthalten sollte, die für die Vorgehensweise der numerischen Mathematik typisch sind. Es sollte auch in dem Sinn vollständig sein, daß sich spezielle Untersuchungen in den aktuellen Bereichen wie etwa der Lösung von
Differential- oder Integralgleichungen, der nichtlinearen Optimierung oder der
Integraltransformationen unmittelbar anschließen können. Außerdem sollten
Querverbindungen und auch offene Fragen deutlich werden. Insgesamt ver-
suchten wir, eine Auswahl zu treffen und eine Form zu finden, die den mathematischen Ansprüchen genügt und gleichzeitig so human ist, daß der Leser
beim Durcharbeiten das Gefühl der Freude und der Unruhe empfindet, das
Gauß in dem Brief ausdrückt, der dieses Vorwort einleitet.

Der Umfang des Buchs geht über den Inhalt einer zweisemestrigen Vorlesung hinaus. So hat der Dozent, der sich vielleicht daran orientieren möchte,

viele Auswahlmöglichkeiten und kann nach Bedarf und persönlicher Einschätzung kürzen. Dem Studenten, der diesen Band neben Vorlesungen benützt, hoffen wir eine Darstellung anzubieten, in der er alles findet, was in den Vorlesungen über numerische Analysis und über numerische lineare Algebra angeboten wird; sie soll ihm auch zur Vertiefung und zu weiteren Einsichten verhelfen. Möchte man das Buch nach diesen beiden Gebieten aufteilen, so wären die Kapitel 4 – 7 sowie §1 und §2 von Kapitel 8 der numerischen Analysis, Kapitel 2 und 3, der Rest von Kapitel 8 und Kapitel 9 der numerischen linearen Algebra zuzuordnen. Kapitel 1 beschäftigt sich mit den grundlegenden Fragen des Zahlenrechnens, insbesondere auch mit der maschinellen Durchführung. Dieser Gegenstand bildet den Anfang des Buchs, weil alle Mathematik aus der Zahl entspringt und die numerische Mathematik auch wieder zu ihr hinführt. Das gründliche Studium von Kapitel 1 braucht jedoch nicht unbedingt vor dem der weiteren Kapitel zu erfolgen.

Am Zustandekommen und bei der Fertigstellung dieses Buchs waren viele Mitarbeiter beteiligt. Ihnen allen danken wir ganz herzlich. Im einzelnen sind die Herren Dr. Bamberger, Burgstaller, Dr. Hilpert, Dr. Knabner, Dr. Schäfer, U. Schmid, Dr. Schuster, Spann und Thoma für Vorschläge zur Darstellung, für das Lesen von Korrekturen und für die Erstellung des Namen- und Sachverzeichnisses zu nennen. Herr Eichenseher befaßte sich mit den Tücken des TEX-Systems, Frau Niederauer und Herr Bernt fertigten die Zeichnungen an, erstellten die Tabellen und integrierten sie in den Text, Frau Hornung und Frau Mignani schrieben Teile des Manuskripts. Ganz besonderer Dank gebührt Frau Eberle für die Herstellung der reproduktionsfähigen Endfassung des Buchs, die viele Durchgänge erforderte und die sie mit bewundernswertem Geschick und unter geduldigem Eingehen auf alle Vorstellungen der Autoren zustandegebracht hat.

München und Augsburg   G. Hämmerlin

Im Dezember 1988   K.-H. Hoffmann

Lesehinweise. Das Buch enthält insgesamt 270 Übungsaufgaben verschiedenen Schwierigkeitsgrads, die sich jeweils am Schluß der einzelnen Paragraphen finden. Verweise werden innerhalb desselben Kapitels durch Angabe von Paragraph und Abschnitt gemacht, sonst wird noch die Kapitelnummer vorangestellt. Auf das Literaturverzeichnis wird durch eckige Klammern [ ] hingewiesen.

Anmerkung
zur zweiten Auflage

Die erste Auflage des Buchs hat eine so gute Aufnahme gefunden, daß bereits jetzt eine zweite Auflage notwendig ist. Diese wurde teilweise ergänzt und an wenigen Stellen geringfügig geändert. Zu den Ergänzungen gehört eine Darstellung der Idee der schnellen Fouriertransformation. Außerdem wurden das Namen- und Sachverzeichnis verbessert, Druckfehler berichtigt sowie einige Umstellungen vorgenommen. Wir danken allen kritischen Lesern, die uns Hinweise gegeben haben.

München und Augsburg   Günther Hämmerlin

Im Oktober 1990   Karl-Heinz Hoffmann

Inhaltsverzeichnis

Kapitel 5. Interpolation

Kapitel 6. Splines

Kapitel 7. Integration

Kapitel 8. Iteration

Kapitel 9. Lineare Optimierung

Kapitel 1. Rechnen

Wie es schon im Vorwort zu diesem Lehrbuch zum Ausdruck gebracht wurde, fassen wir numerische Mathematik als die Mathematik konstruktiver Verfahren auf, die bis zur numerischen Verwirklichung durchgeführt werden. So ist es eine der Aufgaben der numerischen Mathematik, Rechenvorschriften zur exakten oder auch angenäherten Lösung von Problemen innerhalb der Mathematik selbst und in ihren Anwendungsgebieten, etwa in den Naturwissenschaften, der Technik oder der Ökonomie, bereitzustellen. Diese Rechenvorschriften werden in der Form von *Algorithmen* angegeben und programmiert und mit Hilfe von Rechenautomaten ausgewertet. Grundlage dieser Vorgehensweise ist eine geeignete *Darstellung von Zahlen* durch physikalische Eigenschaften der benutzten Speicher der Rechenanlage. Aus diesem Grund kann jede Zahl letztlich nur in endlicher Stellenzahl repräsentiert werden. Man muß also in geeigneter Weise *Rundungen* einführen, wobei dann allerdings bei umfangreicheren Algorithmen eine Akkumulation von Fehlern auftreten kann. Um ein Rechenergebnis im Hinblick auf seine Genauigkeit beurteilen zu können, ist es unerläßlich, eine *Fehleranalyse* durchzuführen. Dabei muß man zwischen verschiedenen Fehlertypen unterscheiden. Neben dem eben schon angesprochenen *Rundungsfehler* beeinflussen *Datenfehler* und *Verfahrensfehler* das Resultat einer Rechnung.

Es ist das Ziel dieses Kapitels, die Grundlagen darzustellen, auf denen das maschinelle Rechnen mit Zahlen beruht. Mit deren Kenntnis lassen sich Möglichkeiten und Grenzen im Arbeiten mit Rechenanlagen realistisch beurteilen.

§ 1. Zahlen und ihre Darstellung

Beim numerischen Rechnen sind Zahlen die Träger der Information. Der Darstellung von Zahlen in den verschiedenen Zahlsystemen und ihrer Realisierung auf den Rechenhilfsmitteln kommt daher eine grundlegende Bedeutung zu. Die Geschichte der Entwicklung unseres heutigen Zahlbegriffes wird in dem Band "Zahlen" (H.-D. Ebbinghaus u.a. [1983]) ausführlich wiedergegeben. Wir werden uns daher in den historischen Bemerkungen an späterer Stelle auf einen Abriß der Entwicklungslinien mechanischer Rechenhilfen beschränken.

1.1 Zahldarstellung zu beliebiger Basis. Wir sind heute daran gewöhnt, reelle Zahlen im Dezimalsystem als i. allg. unendlichen Dezimalbruch darzustellen. Aus dem Studium der historischen Entwicklung unseres Zahlbegriffes ist jedoch ersichtlich, daß das weder zwingend noch vom heutigen Standpunkt aus unbedingt praktisch sein muß. Grundsätzlich kann als Basis anstatt der Zahl 10 jede natürliche Zahl $B \geq 2$ gewählt werden.

Beispiel. Die periodische Dezimalzahl $x = 123.\overline{456}$ soll im Dualsystem, d. h. zur Basis $B = 2$, dargestellt werden. Offensichtlich läßt sich x zerlegen in die Summanden $x_0 = 123$ und $x_1 = 0.\overline{456}$, wobei $x_0 \in \mathbb{Z}_+$ und $x_1 \in \mathbb{R}_+$ mit $x_1 < 1$ gilt.

Auf die Darstellung von x_0 im Dualsystem gehen wir nicht weiter ein. Das Ergebnis ist $x_0 = 1111011$. Der Dezimalbruch x_1 wird durch eine Rechenvorschrift, die unendlich oft anzuwenden ist, in einen Dualbruch umgewandelt:

$$
\begin{aligned}
x_1 \cdot 2 &= x_2 + x_{-1}, \quad & x_2 &:= 0.\overline{912}, \quad & x_{-1} &:= 0 \\
x_2 \cdot 2 &= x_3 + x_{-2}, \quad & x_3 &:= 0.\overline{825}, \quad & x_{-2} &:= 1 \\
x_3 \cdot 2 &= x_4 + x_{-3}, \quad & x_4 &:= 0.\overline{651}, \quad & x_{-3} &:= 1 \\
x_4 \cdot 2 &= x_5 + x_{-4}, \quad & x_5 &:= 0.\overline{303}, \quad & x_{-4} &:= 1 \\
x_5 \cdot 2 &= x_6 + x_{-5}, \quad & x_6 &:= 0.\overline{606}, \quad & x_{-5} &:= 0 \\
x_6 \cdot 2 &= x_7 + x_{-6}, \quad & x_7 &:= 0.\overline{213}, \quad & x_{-6} &:= 1 \\
& \vdots & & \vdots & & \vdots
\end{aligned}
$$

Hieraus liest man unmittelbar für x_1 die Dualdarstellung $x_1 = 0.011101 \cdots$ ab. Insgesamt ergibt sich also $x = 1111011.011101 \cdots$; das schreibt man auch in der *normalisierten Form*

$$x \doteq 2^7 \cdot 0.1111011011101 \,.$$

Der allgemeine Sachverhalt wird wiedergegeben durch den folgenden

Satz. *Es sei B eine natürliche Zahl, $B \geq 2$, und x sei eine reelle Zahl, $x \neq 0$. Dann gibt es genau eine Darstellung der Gestalt*

$$(*) \qquad\qquad x = \sigma\, B^N \sum_{\nu=1}^{\infty} x_{-\nu} B^{-\nu}$$

mit $\sigma \in \{-1, +1\}$, $N \in \mathbb{Z}$ und $x_{-\nu} \in \{0, 1, \ldots, B-1\}$, wenn man von den Zahlen x_ν noch zusätzlich verlangt, daß $x_{-1} \neq 0$ gilt und daß zu jedem $n \in \mathbb{N}$ ein Index $\nu \geq n$ existiert mit der Eigenschaft

$$(**) \qquad\qquad x_{-\nu} \neq B - 1 \,.$$

Beweis. (Vgl. dazu auch W. Walter ([1985], S. 105).) Es sei $x \in \mathbb{R}$, $x \neq 0$, gegeben. Die Zahlen $\sigma \in \{-1, +1\}$ und $N \in \mathbb{N}$ sind dabei durch $\sigma := \operatorname{sgn} x$ und $N := \min\{\kappa \in \mathbb{N} \mid |x| < B^\kappa\}$ eindeutig festgelegt. Wir setzen jetzt

$$x_1 := B^{-N}|x|$$

und wenden die auf beliebige Basis B erweiterte Vorgehensweise des Beispiels auf dieses x_1 an.

Die Definition von N hat die Abschätzung $B^{N-1} \leq |x| < B^N$ zur Folge. Damit gilt wiederum $0 < x_1 < 1$. In Erweiterung der Vorgehensweise im Beispiel betrachten wir jetzt die Vorschrift

$$x_\nu \cdot B = x_{\nu+1} + x_{-\nu}, \quad \nu \in \mathbb{Z}_+,$$

wobei $x_{-\nu}$ die größte ganze Zahl ist, die $x_\nu \cdot B$ nicht übertrifft. Diese liefert Zahlenfolgen $\{x_\nu\}_{\nu \in \mathbb{N}}$ und $\{x_{-\nu}\}_{\nu \in \mathbb{N}}$ mit den Eigenschaften

$$0 \leq x_\nu < 1,$$
$$x_{-\nu} \in \{0, 1, \ldots, B-1\}, \quad \nu \in \mathbb{Z}_+.$$

Das läßt sich leicht für $\nu = 1$ einsehen; denn $0 < x_1 < 1$ wurde bereits gezeigt, und die behauptete Eigenschaft für x_{-1} folgt aus $0 < x_1 B < B$. Den Nachweis für beliebiges $\nu \in \mathbb{Z}_+$ führt man durch vollständige Induktion.

Damit hat x_1 für beliebiges $n \in \mathbb{Z}_+$ (vollständige Induktion) eine Darstellung der Form

$$(***) \qquad x_1 = \sum_{\nu=1}^{n} x_{-\nu} B^{-\nu} + B^{-n} x_{n+1}$$

mit $x_{-\nu} \in \{0, 1, \ldots, B-1\}$ und $0 \leq x_{n+1} < 1$. Hieraus gewinnt man für jedes $n \in \mathbb{Z}_+$ die Abschätzung

$$0 \leq x_1 - \sum_{\nu=1}^{n} x_{-\nu} B^{-\nu} < B^{-n}.$$

Aus dem Grenzübergang $n \to \infty$ fließt somit die Darstellung

$$x_1 = \sum_{\nu=1}^{\infty} x_{-\nu} B^{-\nu}.$$

Die Festlegung von N war dabei gerade so vorgenommen worden, daß $x_{-1} \neq 0$ gilt.

So bleibt noch die Eigenschaft (**) nachzuweisen. Wir nehmen an, sie sei nicht erfüllt. Dann gibt es ein $n \in \mathbb{Z}_+$, so daß $x_{-\nu} = B - 1$ für alle $\nu \geq n + 1$ gilt, und es folgt

$$x_1 = \sum_{\nu=1}^{n} x_{-\nu} B^{-\nu} + (B-1) \sum_{\nu=n+1}^{\infty} B^{-\nu} = \sum_{\nu=1}^{n} x_{-\nu} B^{-\nu} + B^{-n}.$$

Vergleicht man diese Identität mit der Darstellung $(* * *)$, so folgt $x_{n+1} = 1$. Das steht aber im Widerspruch zu der bereits als richtig erkannten Abschätzung $0 \leq x_{n+1} < 1$.

Zum vollständigen Beweis des Satzes muß noch die Eindeutigkeit der Darstellung $(*)$ gezeigt werden.

Es seien

$$x_1 = \sum_{\nu=1}^{\infty} x_{-\nu} B^{-\nu} \quad \text{und} \quad y_1 = \sum_{\nu=1}^{\infty} y_{-\nu} B^{-\nu}$$

zwei Darstellungen. Wir setzen $z_{-\nu} := y_{-\nu} - x_{-\nu}$. Dann ist $0 = \sum_{\nu=1}^{\infty} z_{-\nu} B^{-\nu}$, und es gibt die beiden Möglichkeiten, daß $z_{-\nu} = 0$ für alle $\nu \in \mathbf{N}$ gilt oder daß es einen ersten Index $n - 1$ mit $z_{-n+1} \neq 0$ gibt. Der zweite Fall muß weiter untersucht werden. Offensichtlich kann man annehmen, daß $z_{-n+1} \geq 1$ gilt. Andererseits folgt aus

$$z_{-n+1} B^{-n+1} = \sum_{\nu=n}^{\infty} (-z_{-\nu}) B^{-\nu} \leq \sum_{\nu=n}^{\infty} |z_{-\nu}| B^{-\nu} \leq \sum_{\nu=n}^{\infty} (B-1) B^{-\nu} =$$

$$= \lim_{m \to \infty} \sum_{\nu=n}^{m} (B^{-\nu+1} - B^{-\nu}) = B^{-n+1} - \lim_{m \to \infty} B^{-m} = B^{-n+1}$$

die umgekehrte Abschätzung $z_{-n+1} \leq 1$ und somit $z_{-n+1} = 1$. Dann muß aber in der letzten Ungleichungskette überall die Gleichheit stehen. Das impliziert insbesondere

$$z_{-\nu} = -B + 1$$

für alle $\nu \geq n$. Mithin ist $y_{-\nu} = 0$ und $x_{-\nu} = B - 1$ für alle $\nu \geq n$. Das widerspricht aber der Eigenschaft $(**)$, wonach wir nur solche Darstellungen betrachten, für die zu jedem $n \in \mathbb{Z}_+$ ein $\nu \geq n$ mit $x_{-\nu} \neq B - 1$ existiert (s. auch Aufgabe 1). □

Für eine Zahl x in der Basisdarstellung $(*)$ zur Basis B wählt man nun eine spezielle Codierung. Dazu ordnet man den Zahlen $0, 1, 2, \cdots, B-1$ Zeichen zu, die *Ziffern* genannt werden und schreibt

$$x = \sigma \cdot 0.x_{-1} x_{-2} x_{-3} \cdots B^N.$$

Für $x_{-\nu}$ werden die Zahlen eingesetzt, die dem Wert von $x_{-\nu}$ gemäß der Darstellung $(*)$ entsprechen. Eine Zahl ist also durch die Stellung ihrer Ziffern nach dem *Basispunkt* "." und deren Wert charakterisiert.

Die am häufigsten verwendeten Basen sind 2, 8, 10, 16 mit den Ziffern in der folgenden Tabelle:

Name des Systems	Basis B	Ziffern
Dual-	2	0, 1
Oktal-	8	0, 1, 2, 3, 4, 5, 6, 7
Dezimal-	10	0, 1, 2, 3, 4, 5, 6, 7, 8, 9
Hexadezimal-	16	0, 1, 2, 3, 4, 5, 6, 7, 8, 9, A, B, C, D, E, F

Bereits Leibniz erkannte die enorme Vereinfachung, die man beim Gebrauch des Dualsystems in der Rechenpraxis gewinnt. Damit verbunden ist aber der Nachteil der Länge der Zahlcodierung und die sich daraus ergebende Unübersichtlichkeit. Mit der Einführung der elektronischen Rechenanlagen hat das Dualsystem eine große praktische Bedeutung erlangt. Auf solchen Anlagen muß nämlich jede Art der Darstellung auf die Unterscheidung zweier Zustände zurückgeführt, d. h. *binär* codiert werden. Wenn man diesen beiden Zuständen

Ziffern	Oktal-system	Dezimalsystem			Hexadezimal-system
		direkter Code	3-excess-, Stibitz-Code	Aiken-Code	
0	000	0000	0011	0000	0000
1	001	0001	0100	0001	0001
2	010	0010	0101	0010	0010
3	011	0011	0110	0011	0011
4	100	0100	0111	0100	0100
5	101	0101	1000	1011	0101
6	110	0110	1001	1100	0110
7	111	0111	1010	1101	0111
8		1000	1011	1110	1000
9		1001	1100	1111	1001
A					1010
B					1011
C					1100
D					1101
E					1110
F					1111

die Ziffern 0 und 1 zuordnet, so besteht die direkte Möglichkeit der Abbildung des Zustandes einer Rechenanlage auf die Zahlen des Dualsystems. Benutzt man dagegen ein anderes Zahlsystem, so müssen die entsprechenden Ziffern wieder binär codiert werden. Falls die Basis B sich als Zweierpotenz darstellen läßt, ist das besonders einfach. Im Oktalsystem wird eine *Triade* (= Dreierblock) und im Hexadezimalsystem eine *Tetrade* (= Viererblock) benötigt, um eine Ziffer des entsprechenden Zahlsystems im Binärcode zu repräsentieren. Zur binären Codierung der Ziffern des Dezimalsystems benötigt man ebenfalls Tetraden, obwohl sechs der möglichen Tetraden nicht benutzt werden. Es bestehen hier also noch verschiedene Freiheiten – man sagt, der Code sei *redundant*. Der Zusammenstellung kann man drei bekannte Codes für die Dezimalziffern entnehmen.

Im 3-excess- und im Aiken-Code ergeben sich die Neunerkomplemente einer Ziffer durch Vertauschen von Nullen und Einsen.

1.2 Realisierung von Zahldarstellungen auf Rechenhilfsmitteln. Bei der Realisierung von Zahldarstellungen auf Rechenhilfsmitteln unterscheidet man zwei verschiedene Arten, nämlich die digitale und die analoge Darstellung. Die folgende Tabelle gibt Beispiele für Rechenhilfsmittel, die digitale bzw. analoge Zahldarstellungen benutzen.

Digitalrechner	Analogrechner
Tischrechner	Rechenschieber
Taschenrechner	Nomogramme
Tabellen	Mechanische Analogrechner
Elektronische Digitalrechner	Elektronische Analogrechner

Analogrechner benutzen kontinuierliche physikalische Größen, wie Länge eines Stabes, Stromspannung usw. zur Darstellung von Zahlen. Es wird also die Lösung einer mathematischen Aufgabe ermittelt, indem man in einem physikalischen Experiment die Problemstellung simuliert und die Meßergebnisse als Resultate der mathematischen Aufgabe interpretiert. Die Genauigkeit der Zahldarstellung ist daher sehr von der physikalischen Meßgenauigkeit abhängig. Wir werden uns im Rahmen dieses Buches nicht mit Analogrechnern befassen. Ihre Verwendung bei umfangreichen Rechnungen kommt heute kaum noch in Betracht.

Digitalrechner stellen Zahlen durch eine endliche Folge (diskreter) physikalischer Größen dar. Diese sind einfach unterscheidbar (z. B. ja/nein). Damit ist die Darstellungsgenauigkeit einer Zahl nicht durch physikalische Meßgenauigkeiten eingeschränkt.

Analog- und Digitalrechner haben in den Rechenbrettern, die in verschiedenen Zivilisationen benutzt wurden, eine gemeinsame Wurzel. Wie wir aus einigen Funden wissen, war der *Abakus* als Rechenhilfsmittel in der Antike bekannt. Diesem ähnliche Handrechner fanden – anscheinend unabhängig von der Entwicklung im europäischen Raum – sehr weite Verbreitung in Rußland und Ostasien im Altertum über die Neuzeit bis in unsere Tage. Der Ursprung liegt wahrscheinlich in China, von wo der *Suanpan*, der in seiner heutigen Form zwei Kugeln zur Übertragung der Zehner aufweist, etwa im 16. Jahrhundert nach Japan eingeführt wurde. Der dort bekannte *Soroban* steht dem römischen Abakus sehr nahe und besitzt nur jeweils eine Kugel zum Zehnerübertrag. Das in Rußland benutzte Rechenbrett *Stschoty* ist mit seinen zehn Kugeln auf einem Stab den früher bei uns benutzten Handrechnern für Schulanfänger sehr ähnlich. Es ist interessant zu vermerken, daß trotz der heute weiten Verbreitung der elektronischen Taschenrechner in asiatischen Ländern wie Japan und China die verschiedenen Abwandlungen des römischen Abakus vor allem von Händlern und Kaufleuten mit großer Fertigkeit weiter benutzt werden.

Die mittelalterlichen Rechenbücher, von denen im deutschen Raum das von ADAM RIESE ($\sim$ 1492–1559) am bekanntesten ist, lehrten den Übergang vom Rechenbrett zum schriftlichen Rechnen. Rechenrezepten gleich wurden in algorithmischer Form Rechentechniken dem lesekundigen Gebildeten vermittelt. Im Gefolge dieser Entwicklung, angeregt durch das Buch über Logarithmen des Schotten LORD NAPIER OF MERCHISTON (1550–1617), erfand der Engländer EDMUND GUNTER (1581–1626) im Jahr 1624 den ersten Rechenschieber. Dieses Analoggerät wurde schließlich bis in die sechziger Jahre unseres Jahrhunderts vor allem von Technikern und Ingenieuren benutzt und erst durch den preiswerten elektronischen Taschenrechner abgelöst. Lord Napier entwickelte auch schon eine einfache Multiplikationsmaschine. Auf seinen Rechenstäbchen war das kleine Einmaleins aufgetragen, wobei ein eventueller Zehnerübertrag jeweils besonders vermerkt wurde. Durch geschicktes Nebeneinanderlegen dieser Stäbchen konnten Multiplikationen (mit einstelligen Zahlen als Multiplikator) durchgeführt werden. Als Vater der mechanischen Rechenmaschine gilt heute allerdings der Tübinger Professor WILHELM SCHICKARD (1592 – 1635), ein Universalgelehrter seiner Zeit, der Professor für biblische Sprachen und später auch für Mathematik und Astronomie war und sich daneben als Geodät, Zeichner und Kupferstecher betätigte. Er war ein Freund KEPLERS, und aus ihrem Briefwechsel wissen wir zuverlässig, daß Schickard eine funktionierende Vier-Spezies-Maschine, die also addieren, subtrahieren, multiplizieren und dividieren konnte, konstruiert hatte. Das einzige wohl fertiggestellte Modell ist uns nicht erhalten geblieben. Durch die Wirren des Dreißigjährigen Krieges wurde eine weitere Verbreitung der Schickardschen Ideen verhindert. Schickard starb 1635 an der Pest.

Durchschlagende Popularität erlangte die Idee einer mechanischen Rechenmaschine durch die Erfindung des berühmten französischen Mathematikers BLAISE PASCAL (1623 – 1662). Pascal entwickelte als Zwanzigjähriger eine achtstellige Zwei-Spezies-Maschine (Addition und Subtraktion), die seinem Vater, der Steuerpächter in der Normandie war, die Arbeit erleichtern sollte. Durch geschicktes Proklamieren seiner Ideen und den Zugang zu gehobenen gesellschaftlichen Kreisen erlangte Pascal überall große Bewunderung. Etwa sieben Exemplare seiner Maschine wurden gebaut, die er verkaufte oder verschenkte.

Einen entscheidenden Fortschritt in der Mechanisierung des Rechnens brachten die Erfindungen des Philosophen, Mathematikers und letzten Universalgelehrten GOTTFRIED WILHELM LEIBNIZ (1646 – 1716). Wie Schickard konstruierte er eine Vier-Spezies-Maschine, jedoch ohne von diesem Vorläufer Kenntnis zu haben. In einem Brief an den Herzog Johann Friedrich von Hannover schreibt er 1671: "*In Mathematicis und Mechanicis habe ich vermittels Artis Combinatoriae einige Dinge gefunden, die in Praxi Vitae von nicht geringer Importanz zu achten, und ernstlich in*

Arithmeticis eine Maschine, so ich eine lebendige Rechenbank nenne, dieweil dadurch zu wege gebracht wird, daß alle Zahlen sich selbst rechnen, addieren, subtrahieren, multipliciren, dividiren ..." (aus L. v. Mackensen: Von Pascal zu Hahn. Die Entwicklung der Rechenmaschine im 17. und 18. Jahrhundert, S. 21 – 33. In: M. Graef (Herausg.): 350 Jahre Rechenmaschinen. Vorträge eines Festkolloquiums veranstaltet vom Zentrum für Datenverarbeitung der Universität Tübingen. Hanser Verlag, München 1973). Die Leibnizsche Maschine verfügte über Konstruktionsprinzipien, die lange Zeit bei Weiterentwicklungen Verwendung fanden. Zur Zahlenübertragung wurden Staffelwalzen benutzt, die Zehnerübertragung erfolgte parallel, und die Maschine war beidläufig, d. h. Addition und Subtraktion unterschieden sich nur im Drehsinn der Walzen. Multiplikation und Division wurden erstmals als sukzessive Addition und Subtraktion mit richtigem Stellenwert realisiert. Pläne für eine mit Dualzahlen arbeitende Maschine, die Leibniz ebenfalls schon hatte, konnte er nicht mehr verwirklichen.

Unter den Konstrukteuren der Weiterentwicklungen der Vier-Spezies-Rechenmaschine im 17. und 18. Jahrhundert wollen wir nur den Pfarrer PHILIP MATTHÄUS HAHN (1739 – 1790) nennen, der etwa ein Dutzend Maschinen baute, die auf dem Prinzip der Staffelwalzen beruhen. Es muß allerdings betont werden, daß die damaligen Rechner weniger für konkrete Anwendungen etwa im kaufmännischen Bereich gedacht waren, sondern vielmehr die Raritätenkabinette der Salone zierten. Bisweilen wurde die Möglichkeit ihrer Konstruktion auch als Beweis für die Richtigkeit philosophischer Hypothesen herangezogen. Den Pfarrer Hahn inspirierte sogar eine theologische Motivation. In seinem Tagebuch vom 10. August 1773 ist zu lesen: *"Was Rechenmaschine, was astronomische Uhr, das ist Dreck! Jedoch um Ruhm und Ehre zum Eingang und Ausbreitung des Evangelii zu erlangen, will ich die Last noch weiter tragen."* (Aus L. v. Mackensen, s. o.).

Die serienmäßige Fertigung in großen Stückzahlen mechanischer Rechenmaschinen setzte im 19. Jahrhundert ein. CHARLES XAVIER THOMAS (1785 – 1870) aus Kolmar fertigte nach dem Staffelwalzenprinzip von Leibniz ein *Arithmometer*, bei dem erstmals die Zehnerübertragung perfekt gelöst war. Etwa 1500 Stück dieser Maschinen wurden produziert. Der Amerikaner WILLIAM SEWARD BURROUGHS entwickelte 1884 die erste druckende Addiermaschine mit einer Tastatur. Die Firma Brunsviga in Braunschweig nahm 1892 die Produktion einer Sprossenrad-Maschine nach einem Patent des Schweden WILLGODT THEOPHIL ODHNER auf. Von dieser Maschine wurden insgesamt mehr als 200.000 Stück hergestellt und verkauft. Mehrere Generationen von Studenten an deutschen Universitäten lösten Übungsaufgaben zur praktischen Mathematik bis in die sechziger Jahre an Handrechenmaschinen vom Typ Brunsviga. Die mechanischen Rechenhilfen hatten Eingang in die Bürotechnik und die Wissenschaft gefunden.

Wir werden in diesem Buch nur auf Digitalrechner eingehen, da fast ausschließlich diese bei größeren numerischen Aufgaben Verwendung finden.

1.3 Rechnen im Dualsystem. Im Dualsystem gibt es nur die Ziffern 0 und 1. Die elementaren Rechenoperationen lassen sich daher sehr einfach in einer Additions- und einer Multiplikationstafel überblicken:

+	0	1
0	0	1
1	1	10

×	0	1
0	0	0
1	0	1

Außerdem kann man alle Operationen im Dualsystem direkt auf Begriffsbildungen der *Booleschen Algebra* zurückführen, wie sie z. B. in der Aussagenlogik verwendet werden.

Definition. Eine *binäre Boolesche Algebra A* ist eine Menge aus zwei Elementen, die mit 0 und 1 bezeichnet werden, zwischen denen die Verknüpfungen *Negation = nicht* (im Zeichen ¬), *Konjunktion = und* (im Zeichen ∧) und *Disjunktion = oder* (im Zeichen ∨) durch folgende Tafeln erklärt sind:

¬	
0	1
1	0

∧	0	1
0	0	0
1	0	1

∨	0	1
0	0	1
1	1	1

Disjunktion und Konjunktion sind kommutative, assoziative und distributive Operationen bezüglich derer die Elemente von A idempotent sind.

Es seien nun x und y zwei Dualziffern (auch kurz *Bit*, als Abkürzung für "*binary digit*" genannt), die addiert werden sollen. Das Ergebnis setzt sich dann aus einem *Summenbit s* und einem *Übertragungsbit u* zusammen. Dabei ist:

$$s := (\neg x \wedge y) \vee (x \wedge \neg y),$$

$$u := x \wedge y.$$

Die das Summenbit s definierende Verknüpfungsfolge nennt man auch *Disvalenz*.

Zur Darstellung logischer Schaltpläne bedient man sich folgender Symbole:

Konjunktion (∧):   Disjunktion (∨):   Disvalenz (≢):

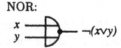

NAND: NOR:

Die Kombination

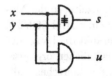   oder kurz

heißt *Halbaddierer*.

Durch Hintereinanderschalten zweier Halbaddierer kann man die Addition zweier Dualzahlen durchführen. Es seien dazu die zwei n-stelligen Dualzahlen

$$x = \sum_{\nu=1}^{n} x_{-\nu} 2^{-\nu} \quad , \quad y = \sum_{\nu=1}^{n} y_{-\nu} 2^{-\nu}$$

gegeben und

$$z = x + y = \sum_{\nu=0}^{n} z_{-\nu} 2^{-\nu}$$

sei ihre Summe. Die folgende logische Schaltung liefert die Ziffern $z_{-\nu}$ der Dualzahl z:

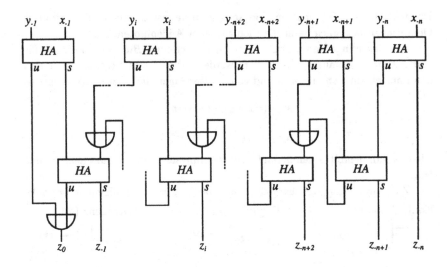

Auf die Darstellung der Multiplikation wollen wir hier verzichten. Man erkennt, daß die zur unmittelbaren Verarbeitung anstehenden Informationen, in unserem Fall die Dualzahlen $.x_{-1} x_{-2} \cdots x_{-n}$ und $.y_{-1} y_{-2} \cdots y_{-n}$, die als Bitkette vorliegen, irgendwo in der Rechenanlage *gespeichert* werden müssen. Das geschieht in den *Registern*, die eine bestimmte Kapazität haben. Dies ist die *Wortlänge*. Sie definiert die Länge der Bitkette, die gleichzeitig in der Maschine verarbeitet werden kann. So ist etwa die Wortlänge einer IBM 360/370 Maschine 32 Bit = 4 *Byte* zu je 8 Bit. Die Wortlänge beschränkt die Länge der Dualzahlen, die von der Rechenanlage direkt und ohne zusätzlichen organisatorischen Mehraufwand verarbeitet werden kann. Man muß entsprechend alle Operationen auf einem eingeschränkten Zahlbereich, der *Menge der Maschinenzahlen*, durchführen. Die in Satz 1.1 angegebene Darstellung einer reellen

Zahl x läßt sich in der Menge der Maschinenzahlen nur in einer Form

$$(*) \qquad x = \sigma B^N \sum_{\nu=1}^{t} x_{-\nu} B^{-\nu}$$

mit einem festen $t \in \mathbf{N}$ realisieren. Die Zahl $m := \sum_{\nu=1}^{t} x_{-\nu} B^{-\nu}$ heißt die *Mantisse* von x und t die *Mantissenlänge*. Daneben bezeichnen wir σ als *Vorzeichen* und N als den *Exponenten* der Zahl x.

1.4 Festkomma-Arithmetik. Man beschränkt sich auf Zahlen, die sich mit einem festen, vorgegebenen N darstellen lassen. In der Darstellung $(*)$ des Abschnitts 1.3 ist dabei auch $x_{-1} = 0$ zugelassen. Für N braucht man dann keinen Platz im Speicher.

Beispiel. Durch die Formel $(*)$ in 1.3 werden für $N := 0$ Zahlen x mit $0 \le |x| < 1$ und für $N = t$ ganze Zahlen x mit $|x| \le B^t - 1$ dargestellt. Im letzteren Fall schreibt man auch

$$x = \sigma \sum_{\nu=0}^{t-1} \overline{x}_\nu B^\nu,$$

wobei in der Darstellung $(*)$ von 1.3 die Ersetzung $x_{-\nu+t} := \overline{x}_\nu$ vorgenommen wurde.

Die Festkommadarstellung findet bei Tischrechnern – im kaufmännischen Bereich – und in der internen Rechnerverwaltung Anwendung, etwa bei der Beschreibung von INTEGER-Größen. Für wissenschaftlich-technische Rechnungen ist die Festkommadarstellung ungeeignet, da beispielsweise physikalische Konstanten über mehrere Dekaden streuen, zum Beispiel

$$\text{Ruhemasse des Elektrons} \quad m_0 \doteq 9.11 \cdot 10^{-28} \text{g},$$

$$\text{Lichtgeschwindigkeit} \qquad c \;\doteq 2.998 \cdot 10^{10} \text{cm/sec.}$$

1.5 Gleitkomma-Arithmetik. Es werden Zahlen der Form $(*)$ in 1.3 mit fest vorgegebener Mantissenlänge $t > 0$ und ganzzahligen Schranken $N_- < N_+$ für den Exponenten N benutzt, so daß gilt:

$$x_{-\nu} \in \{0, 1, \ldots, B-1\}, \quad 1 \le \nu \le t;$$
$$x_{-1} \ne 0, \quad \text{falls } x \ne 0;$$
$$\sigma = \pm 1 \quad \text{und} \quad N_- \le N \le N_+.$$

Alle in dieser Form darstellbaren Zahlen $x \ne 0$ liegen in dem Bereich

$$B^{N_- - 1} \le |x| < B^{N_+}.$$

Ist $|x| < B^{N_- - 1}$, wird es durch Null ersetzt. Zahlen, deren Betrag größer als B^{N_+} ist, können nicht verarbeitet werden. In beiden Fällen spricht man von

Exponentenüberlauf. Man hat also bei der Implementierung eines Verfahrens darauf zu achten, daß keine Bereichsüberschreitungen stattfinden. Das ist im allgemeinen stets zu erreichen.

Wie wir schon in Abschnitt 1.1 gesehen haben, ist die Beantwortung der Frage nach einer geeigneten Basis B des benutzten Zahlsystems an der physikalischen Realisierung der kleinsten Einheit des Kernspeichers – dem Bit – orientiert, das zwei mögliche physikalische Zustände durch die Dualziffern 0 und 1 interpretiert.

Ganze Zahlen werden meist im Dualsystem dargestellt. Bei Gleitkommazahlen hat das Dualsystem den Nachteil, daß man betragsgroße Zahlen N_- und N_+ für den Exponenten wählen muß, um einen befriedigenden Zahlbereich zu erhalten. Man verwendet daher häufig für B eine Zweierpotenz, z. B. $B = 8$ (Oktalsystem) oder $B = 16$ (Hexadezimalsystem). Die Ziffern $x_{-\nu}$ werden dann als Dualzahlen geschrieben. Ist beispielsweise $B = 2^m$, so benötigt man m Bits zur Darstellung der $x_{-\nu}$ (vgl. Abschnitt 1.1).

Beispiel. Wir besprechen exemplarisch die Rechenanlage IBM 360. Für diese Anlage ist $B = 16 = 2^4$. Für Gleitkommazahlen einfacher Länge stehen 32 Bit = 4 Byte zur Verfügung. Davon wird ein Byte für Vorzeichen (1 Bit) und Exponenten (7 Bit) verbraucht. Man wählt also $N_- = -64$, $N_+ = 63$ und speichert auf den 7 Bits die Zahl $N + 64$, für die dann $0 \leq N + 64 \leq 127$ ist. Die restlichen 3 Bytes werden mit $t = 6$ Hexadezimalziffern belegt.

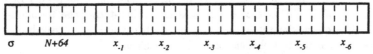

Beim Vorzeichenbit wird 0 als ''+'' und 1 als ''−'' interpretiert.

Wir betrachten als Beispiel die Zahl

$$x = 123.75 = 7 \cdot 16^1 + 11 \cdot 16^0 + 12 \cdot 16^{-1}$$

$$= 16^2(7 \cdot 16^{-1} + 11 \cdot 16^{-2} + 12 \cdot 16^{-3}).$$

Die nachfolgende Abbildung zeigt die Darstellung dieser Zahl im Speicher.

Bei doppeltgenauen Gleitkommazahlen werden 8 Bytes belegt. Davon entfallen wiederum 1 Byte auf Vorzeichen und Exponenten, so daß man 7 Bytes für die Mantisse hat ($t = 14$).

1.6 Aufgaben. 1) Man überlege sich ein Beispiel dafür, daß die Darstellung (∗) in 1.3 nicht eindeutig sein muß, wenn man die Bedingung "$x_{-m} \neq B - 1$

für ein $m \geq n$ und jedes $n \in \mathbf{N}$" streicht. Auch dann gibt es allerdings nicht mehr als zwei Darstellungen dieser Art.

2) Informieren Sie sich über die interne Zahldarstellung und die Genauigkeit der von Ihnen benutzten Rechenanlage. Was ist die kleinste und was ist die größte positive Maschinenzahl?

3) Man forme die Dezimalzahlen $x = 11.625$ und $y = 2.41\overline{6}$ in Dual-, Oktal- und Hexadezimalzahlen um.

4) Es sei t_2 bzw. t_{10} die Mantissenlänge der Dual- bzw. Dezimalziffern einer natürlichen Zahl n. Man zeige:

$$[t_{10}/log_{10}2] - 3 \leq t_2 \leq [t_{10}/log_{10}2] + 1.$$

Hier bedeutet $[a]$ die größte ganze Zahl, die kleiner oder gleich a ist.

5) Negative Zahlen codiert man zweckmäßigerweise mit Hilfe einer Komplementärdarstellung. Die Codierung einer Zahl x zur Basis B der Form $x = \sigma \cdot 0.x_{-1}x_{-2}\cdots x_{-n}$ wird dabei ersetzt durch

$$x \rightarrow (B^n + x)mod(B^n) \qquad (B\text{-Komplementbildung})$$

oder durch

$$x \rightarrow (B^n - 1 + x + u)mod(B^n) \qquad ((B-1)\text{-Komplementbildung})$$

mit

$$u = \begin{cases} 1 & \text{falls } x \geq 0 \\ 0 & \text{sonst.} \end{cases}$$

Man zeige:

a) Bei der B-Komplementbildung werden positive Zahlen nicht verändert, während negative durch das Komplement zu B^n ersetzt werden.

b) Woran kann man bei zwei betragsgleichen Zahlen erkennen, ob es sich um eine positive oder negative Zahl handelt?

c) Wie verändern sich bei der $(B-1)$-Komplementbildung positive und wie negative Zahlen? Welche Darstellung hat die Null?

d) Wie muß das Addierwerk bei der B-Komplementbildung und wie bei der $(B-1)$-Komplementbildung verändert werden, damit es stets das richtige Ergebnis liefert?

§ 2. Operationen mit Gleitkommazahlen

Die Menge der mit endlicher Mantissenlänge t darstellbaren Zahlen ist natürlich endlich. Deshalb muß man i. allg. eine Zahl x durch eine Näherung

$\tilde{x}$ ersetzen und diese darstellen. Dieser Prozeß wird als *Runden* bezeichnet. Notwendigerweise macht man damit Fehler.

Bezeichnung. Es seien $x, \tilde{x} \in \mathbb{R}$, wobei $\tilde{x}$ eine Näherung für x sein soll.

(i) $x - \tilde{x}$ heißt der *absolute Fehler*,

(ii) Für $x \neq 0$ heißt $\frac{x - \tilde{x}}{x}$ der *relative Fehler*.

Wir beschränken uns in Zukunft auf Gleitpunktdarstellungen und wollen annehmen, daß bei allen auftretenden Rechnungen stets $N_- \leq N \leq N_+$ gilt (keine Bereichsüberschreitungen!).

2.1 Die Rundungsvorschrift. Es sei $B \geq 2$ eine gerade ganze Zahl, $t \in \mathbb{Z}_+$, $x \in \mathbb{R} \setminus \{0\}$ mit $x = \sigma B^N \sum_{\nu=1}^{\infty} x_{-\nu} B^{-\nu}$, $(\sigma = \pm 1)$. Dann definieren wir:

$$Rd_t(x) := \begin{cases} \sigma B^N \sum_{\nu=1}^{t} x_{-\nu} B^{-\nu} & \text{falls } x_{-t-1} < \frac{B}{2}, \\ \sigma B^N (\sum_{\nu=1}^{t} x_{-\nu} B^{-\nu} + B^{-t}) & \text{falls } x_{-t-1} \geq \frac{B}{2}. \end{cases}$$

$Rd_t(x)$ heißt der auf t *Stellen gerundete Wert von* x.

Der Leser überzeugt sich leicht, daß sich in dieser Vorschrift im Fall des Dezimalsystems die üblicherweise als "Runden" bezeichnete Regel wiederfindet.

Satz. *Es sei* $B \in \mathbb{N}$, $B \geq 2$, *und gerade*, $t \in \mathbb{Z}_+$ *und* $x \neq 0$ *mit der Darstellung*

$$x = \sigma B^N \sum_{\nu=1}^{\infty} x_{-\nu} B^{-\nu}.$$

Dann gilt:

(i) *$Rd_t(x)$ hat eine Darstellung der Gestalt $Rd_t(x) = \sigma B^{N'} \sum_{\nu=1}^{t} x'_{-\nu} B^{-\nu}$.*

(ii) *Für den absoluten Fehler gilt:* $|Rd_t(x) - x| \leq 0.5 \, B^{N-t}$.

(iii) *Der relative Fehler genügt der Abschätzung:* $|\frac{Rd_t(x) - x}{x}| \leq 0.5 \, B^{-t+1}$.

(iv) *Für den bezüglich $Rd_t(x)$ relativen Fehler folgt:* $|\frac{Rd_t(x) - x}{Rd_t(x)}| \leq 0.5 \, B^{-t+1}$.

Beweis. (i) Nur für den Fall $x_{-t-1} \geq 0.5 \, B$ ist etwas zu beweisen. Wir unterscheiden die zwei Möglichkeiten: Entweder gibt es ein $\nu \in \{1, 2, \ldots, t\}$ mit $x_{-\nu} < B - 1$ oder für alle diese ν gilt $x_{-\nu} = B - 1$.

Im ersten Fall setzt man $N' := N$, $x'_{-\nu} := x_{-\nu}$ für $1 \leq \nu \leq l - 1$, $x'_{-l} := x_{-l} + 1$, $x'_{-\nu} = 0$; $l + 1 \leq \nu \leq t$. Hierbei wurde der Index l durch $l := \max\{\nu \in \{1, 2, \cdots, t\} \mid x_{-\nu} < B - 1\}$ definiert.

Im zweiten Fall ist $N' := N + 1$ und $x'_{-1} := 1$, $x'_{-\nu} = 0$ für $2 \leq \nu \leq t$.

(ii) Für $x_{-t-1} < 0.5 \, B$ gilt:

$$-\sigma(Rd_t(x) - x) = B^N \sum_{\nu=t+1}^{\infty} x_{-\nu} B^{-\nu} = B^{N-t-1} x_{-t-1} + B^N \sum_{\nu=t+2}^{\infty} x_{-\nu} B^{-\nu} \leq$$

$$\leq B^{N-t-1}(0.5 \, B - 1) + B^{N-t-1} = 0.5 \, B^{N-t}.$$

Umgekehrt fließt aus $x_{-t-1} \geq 0.5\,B$ die Abschätzungskette:

$$\sigma(Rd_t(x) - x) = B^{N-t} - B^N x_{-t-1} B^{-t-1} - B^N \sum_{\nu=t+2}^{\infty} x_{-\nu} B^{-\nu} =$$

$$= B^{N-t-1}(B - x_{-t-1}) - B^N \sum_{\nu=t+2}^{\infty} x_{-\nu} B^{-\nu} \leq$$

$$\leq 0.5 B^{N-t}.$$

Andererseits folgt aus den Ungleichungen $B^{N-t-1} \leq B^{N-t-1}(B - x_{-t-1})$ und $B^N \sum_{\nu=t+2}^{\infty} x_{-\nu} B^{-\nu} < B^{N-t-1}$ die Beziehung $\sigma(Rd_t(x) - x) > 0$.

(iii) Es gilt stets $x_{-1} \geq 1$. Daraus folgt $|x| \geq B^{N-1}$ und mit (ii):

$$\left| \frac{Rd_t(x) - x}{x} \right| \leq \frac{1}{2} B^{N-t} B^{-N+1} = 0.5\,B^{-t+1}.$$

(iv) Aus der Rundungsvorschrift folgt $|Rd_t(x)| \geq x_{-1} B^{N-1} \geq B^{N-1}$, und unter Verwendung von (ii) folgt schließlich

$$\left| \frac{Rd_t(x) - x}{Rd_t(x)} \right| \leq \frac{1}{2} B^{N-t} \cdot B^{-N+1} = 0.5\,B^{-t+1}. \qquad \square$$

Setzt man $\varepsilon := \frac{Rd_t(x) - x}{x}$ und $\eta := \frac{Rd_t(x) - x}{Rd_t(x)}$, so erhält man unmittelbar die

Folgerung. Wenn die Voraussetzungen des Satzes erfüllt sind, gilt

$$\max\{|\varepsilon|, |\eta|\} \leq 0.5 \cdot B^{-t+1} \quad \text{und} \quad Rd_t(x) = x(1 + \varepsilon) = \frac{x}{1 - \eta}.$$

Die Zahl $\tau := 0.5\,B^{-t+1}$ heißt die *relative Rechengenauigkeit* der t-stelligen Gleitkomma-Arithmetik.

Beispiel. Alle im Kernspeicher der IBM 360 befindlichen reellen Zahlen x sind mit einem relativen Fehler kleiner oder gleich $\tau = 0.5 \cdot 16^{-5} < 0.5 \cdot 10^{-6}$ behaftet. Es ist also wenig sinnvoll, mehr als sieben Stellen in der Mantisse ein- und ausgeben zu lassen. Rechnet man mit doppelter Genauigkeit, so gilt $\tau = 0.5 \cdot 16^{-13} < 0.5 \cdot 10^{-15}$.

Im Dezimalsystem mißt man auch die Genauigkeit einer beliebigen Näherung $\tilde{x}$ für die reelle Zahl x an der Zahl der übereinstimmenden wesentlichen Dezimalziffern.

Bezeichnung. Es sei $x = \sigma \cdot 10^N \cdot m$ mit $0.1 \leq m < 1$ und $\tilde{x} = \sigma \cdot 10^N \cdot \tilde{m}$ mit $\tilde{m} \in \mathbb{R}$ beliebig. Wenn man $\tilde{x}$ als Näherung für x ansieht und auf die Zahl der übereinstimmenden Stellen achtet, so sagt man auch, $\tilde{x}$ habe $s - 1$ *signifikante Stellen*, wenn

$$s = \max\{t \in \mathbb{Z} \mid |m - \tilde{m}| \leq 0.5 \cdot 10^{-t+1}\}$$

gilt.

Beispiel. Es sei $x \doteq 10^2 \cdot 0.12345$ und $\tilde{x} = 10^2 \cdot 0.12415$ eine Näherung an x. Dann gilt für die zugehörigen Mantissen m und $\tilde{m}$:

$$0.5 \cdot 10^{-3} < |m - \tilde{m}| < 0.5 \cdot 10^{-2}.$$

Also hat $\tilde{x}$ damit $s - 1 = 2$ signifikante Stellen.

2.2 Verknüpfung von Gleitkommazahlen. Es sei in diesem Abschnitt mit dem Symbol $\square$ stets eine der Rechenoperationen $+, -, \cdot, :$ gemeint. Wenn x und y zwei Gleitkommazahlen mit t-stelliger Mantisse sind, so muß im allgemeinen $x \square y$ nicht mit t-stelliger Mantisse darstellbar sein; seien z. B. die Werte $t = 3$, $x = 0.123 \cdot 10^4$ und $y = 0.456 \cdot 10^{-3}$ gegeben. Dann ist $x + y = 0.123\,000\,0456 \cdot 10^4$.

Nach solchen Operationen muß also im allgemeinen gerundet werden. Diese elementaren Operationen $\square$ werden demnach in zwei Schritten ausgeführt.

(a) Möglichst genaue Berechnung von $x \square y$,

(b) Runden des Ergebnisses auf t Stellen.

Das Ergebnis dieser Operation bezeichnen wir mit

$$Gl_t(x \square y).$$

Wir wollen annehmen, daß die Arithmetik in unserem Rechner so organisiert ist, daß für zwei t-stellige Gleitkommazahlen x und y stets gilt

$(*)$ $\qquad\qquad\qquad Gl_t(x \square y) = Rd_t(x \square y).$

Entsprechend der Folgerung 2.1 erhält man

$$Gl_t(x \square y) = (x \square y)(1 + \varepsilon) = \frac{x \square y}{1 - \eta}, \quad |\varepsilon|, |\eta| \le \tau.$$

Wir zeigen, wie man die Arithmetik der Addition im Dezimalsystem organisieren kann, damit $Gl_t(x + y) = Rd_t(x + y)$ gilt. Es seien $x = \sigma_1 \cdot 10^{N_1} \cdot m_1$, $y = \sigma_2 \cdot 10^{N_2} \cdot m_2$, $0 \le m_1, m_2 < 1$, und $N_2 \le N_1$ zwei Dezimalzahlen in Gleitkommadarstellung. Die allgemeine Vorgehensweise bei der Addition von x und y besteht darin, daß beide Zahlen als $2t$-stellige Gleitkommazahlen zum gleichen Exponenten dargestellt und dann addiert werden (Zwischenspeicherung in doppelter Genauigkeit!). Das Ergebnis wird anschließend *normalisiert*, so daß für die Mantisse m der Summe $0 \le m < 1$ gilt. Danach folgt die Rundung auf t Stellen. Im Fall $N_1 - N_2 > t$ liefert diese Regel stets $Gl_t(x + y) = x$.

1. *Beispiel.* $B = 10, t = 3$ und $x = 0.123 \cdot 10^6$, $y = 0.456 \cdot 10^2$.
$\Rightarrow Gl_3(x + y) = Rd_3(x + y) = 0.123 \cdot 10^6$.

Der Fall $0 \le N_1 - N_2 \le t$ soll an einigen Zahlenbeispielen erläutert werden:

2. Beispiel. $B = 10, t = 3$

(i) $x = 0.433 \cdot 10^2$, $y = 0.745 \cdot 10^0$.

$$\begin{array}{r} 0.433\,000 \cdot 10^2 \\ +0.007\,450 \cdot 10^2 \\ \hline 0.440\,450 \cdot 10^2 \end{array} \quad \Rightarrow Gl_3(x + y) = 0.440 \cdot 10^2$$

(ii) $x = 0.215 \cdot 10^{-4}$, $y = 0.998 \cdot 10^{-4}$.

$$\begin{array}{r} 0.215\,000 \cdot 10^{-4} \\ +0.998\,000 \cdot 10^{-4} \\ \hline 1.213\,000 \cdot 10^{-4} \end{array} \quad \Rightarrow Gl_3(x + y) = 0.121 \cdot 10^{-3}$$

(iii) $x = 0.1000 \cdot 10^1$, $y = -0.998 \cdot 10^0$.

$$\begin{array}{r} 0.100\,000 \cdot 10^1 \\ -0.099\,800 \cdot 10^1 \\ \hline 0.000\,200 \cdot 10^1 \end{array} \quad \Rightarrow Gl_3(x + y) = 0.200 \cdot 10^{-2}.$$

Wir wollen den Fall (iii) des 2. Beispiels noch etwas genauer analysieren. Die Zahlen $0.100 \cdot 10^1$ und $-0.998 \cdot 10^0$ befinden sich im Speicher der Rechenanlage und sind somit bereits Gleitkommazahlen $Gl_3(x) = 0.100 \cdot 10^1$, $Gl_3(y) = -0.998 \cdot 10^0$ etwa der Zahlen $x = 0.9995 \cdot 10^0$ und $y = -0.9984 \cdot 10^0$. Es gilt also:

$$Gl_3(Gl_3(x) + Gl_3(y)) = (Gl_3(x) + Gl_3(y))(1 + \varepsilon) =$$

$$= (x(1 + \varepsilon_x) + y(1 + \varepsilon_y))(1 + \varepsilon) = (x + y) + F$$

mit einem absoluten Fehler F von

$$F = x(\varepsilon + \varepsilon_x(1 + \varepsilon)) + y(\varepsilon + \varepsilon_y(1 + \varepsilon)).$$

$$F = 0.9995 \cdot 0.5003 \cdot 10^{-3} + 0.9984 \cdot 0.4006 \cdot 10^{-3} =$$

$$= 0.9000 \cdot 10^{-3}.$$

Für den relativen Fehler der Rechnung gilt

$$Gl_3(Gl_3(x) + Gl_3(y)) = (x + y)(1 + \rho), \quad \text{also} \quad \rho = \frac{F}{(x + y)}.$$

Setzt man diese Zahlenwerte ein, so erhält man $\rho = 0.82$. Der Betrag des relativen Fehlers der Rechnung beträgt also 82 %, obwohl die Gleitkomma-Addition von $Gl_3(x)$ und $Gl_3(y)$ exakt war und $Gl_3(x)$ von x bzw. $Gl_3(y)$ von y nur um 0.05 % bzw. 0.04 % abwichen. Das liegt offensichtlich daran, daß zwei etwa gleich große Zahlen mit entgegengesetztem Vorzeichen addiert werden. Man spricht von *Auslöschung* von Stellen.

Wenn wir jetzt allgemein voraussetzen, daß die Mantissenlänge der Gleitkomma-Arithmetik $t \geq 2$ ist, also $\tau = 0.5 \cdot 10^{-t+1} \leq 0.05$, so erhalten wir aus der Folgerung 2.1 die Abschätzung

$$|F| \leq |x|(\tau + 1.05|\varepsilon_x|) + |y|(\tau + 1.05|\varepsilon_y|).$$

Damit folgt

$$|\rho| \le \frac{|x|}{|x+y|}(\tau + 1.05|\varepsilon_x|) + \frac{|y|}{|x+y|}(\tau + 1.05|\varepsilon_y|).$$

Man unterscheidet nun drei Fälle:

(a) $|x + y| < \max(|x|, |y|)$; d. h., insbesondere $\mathrm{sgn}(x) = -\mathrm{sgn}(y)$. Dann ist $|\rho|$ im allgemeinen größer als $|\varepsilon_x|$ oder $|\varepsilon_y|$ (vgl. obiges Beispiel).

Die Rechnung ist dann *numerisch instabil.*

(b) $\mathrm{sgn}(x) = \mathrm{sgn}(y)$: Dann ist $|x+y| = |x| + |y|$, und damit folgt die Abschätzung $|\rho| \le \tau + 1.05 \max(|\varepsilon_x|, |\varepsilon_y|)$.

Der Fehler hat also die gleiche Größenordnung wie $|\varepsilon_x|$ bzw. $|\varepsilon_y|$.

(c) $|y| \ll |x|$:
Die Größe des Fehlers ρ wird überwiegend vom Fehler von x bestimmt. Man spricht von *Fehlerdämpfung.*

2.3 Numerisch stabile bzw. instabile Auswertung von Formeln. Die numerische Auswertung komplizierter mathematischer Formeln wird darauf reduziert, eine Folge von Elementaroperationen nacheinander auszuführen. Dabei muß man darauf achten, daß die Einzelschritte numerisch stabil ausgeführt werden. Das ist in jedem Einzelfall gesondert nachzuprüfen.

Beispiel. Es sei die quadratische Gleichung

$$ax^2 + bx + c = 0$$

zu lösen, und es gelte $|4ac| < b^2$. Bekanntlich gelten die Lösungsformeln

$$x_1 = \frac{1}{2a}(-b - \mathrm{sgn}(b)\sqrt{b^2 - 4ac}), \quad x_2 = \frac{1}{2a}(-b + \mathrm{sgn}(b)\sqrt{b^2 - 4ac}).$$

Falls nun $|4ac| \ll b^2$, tritt bei der Berechnung von x_2 numerische Instabilität auf (2.2, Fall (a)), während bei der Berechnung von x_1 die Fehler in der gleichen Größenordnung bleiben (2.2, Fall (b)). Es empfiehlt sich daher zur Berechnung von x_2 die Formel $x_1 \cdot x_2 = \frac{c}{a}$, also

$$x_2 = \frac{2c}{-b - \mathrm{sgn}(b)\sqrt{b^2 - 4ac}}$$

zu benutzen.

Auch das nachfolgende Beispiel zeigt, daß man durch ungeschicktes Anordnen der einzelnen Rechenschritte zu völlig unsinnigen Resultaten geführt werden kann.

Beispiel. Es soll das Integral

$$I_n = \int_0^1 \frac{x^n}{x+5}dx$$

für $n = 0, 1, 2, \ldots, 20$ berechnet werden. Für die Zahlen I_n läßt sich leicht eine Rekursionsformel angeben:

$$I_n + 5I_{n-1} = \int_0^1 \frac{x^n + 5x^{n-1}}{x+5}dx = \int_0^1 x^{n-1}dx = \frac{1}{n}$$

Mit ihrer Hilfe kann man, ausgehend von dem Wert $I_0 = ln\,\frac{6}{5}$, theoretisch alle Zahlen $I_n = \frac{1}{n} - 5I_{n-1}$ berechnen. Dennoch liefert die Rechnung bereits nach der Durchführung einiger Rekursionsschritte verfälschte Ergebnisse und später sogar negative Zahlen. Betrachtet man nämlich allein die Akkumulation des Rundungsfehlers, der aus der Berechnung von I_0 stammt, so beobachtet man, daß dieser in jedem Schritt mit dem Faktor (-5) multipliziert wird. Nach $n = 20$ Schritten hat man für die Akkumulation des Fehlers bereits die schlechte Abschätzung $|\varepsilon_n| \leq 5^n \cdot 0.5 \cdot 10^{-t+1}$. Wird dagegen die Rekursionsformel in der Form $I_{n-1} = \frac{1}{5n} - \frac{1}{5}I_n$ ausgewertet, so reduziert sich der Fehler bei der Berechnung von I_{n-1} gegenüber dem Fehler von I_n um den Faktor $(-\frac{1}{5})$. Beginnend mit dem Näherungswert $I_{30} = \frac{1}{280}$ erweist sich die Berechnung der Zahlen $I_{20}, I_{19}, \cdots, I_1, I_0$ als äußerst stabil. Die Ergebnisse sind auf 10 Stellen genau.

n	$I_n = -5I_{n-1} + \frac{1}{n}$ $I_0 = ln\frac{6}{5}$	$I_{n-1} = \frac{1}{5}(-I_n + \frac{1}{n})$ $I_{30} = \frac{1}{280}$
1	0.088 392 216	0.088 392 216
2	0.058 038 919	0.058 038 919
3	0.043 138 734	0.043 138 734
4	0.034 306 327	0.034 306 329
5	0.028 468 364	0.028 468 352
6	0.024 324 844	0.024 324 905
7	0.021 232 922	0.021 232 615
8	0.018 835 389	0.018 836 924
9	0.016 934 162	0.016 926 489
10	0.015 329 188	0.015 367 550
11	0.014 263 149	0.014 071 338
12	0.012 017 583	0.012 976 639
13	0.016 835 157	0.012 039 876
14	-0.012 747 213	0.011 229 186
15	0.130 402 734	0.010 520 733
16	-0.589 513 672	$9.896\ 332\ 328 \cdot 10^{-3}$
17	3.006 391 892	$9.341\ 867\ 770 \cdot 10^{-3}$
18	$-1.497\ 640\ 391 \cdot 10^1$	$8.846\ 216\ 703 \cdot 10^{-3}$
19	$7.493\ 465\ 113 \cdot 10^1$	$8.400\ 495\ 432 \cdot 10^{-3}$
20	$-3.746\ 232\ 556 \cdot 10^1$	$7.997\ 522\ 840 \cdot 10^{-3}$

Die Frage der numerischen Stabilität von Verfahren wird uns im nächsten Paragraphen noch genauer beschäftigen.

2.4 Aufgaben. 1)   Bei der Gleitpunktberechnung von $\sum_{\nu=1}^{n} a_\nu$ kann ein beliebig großer relativer Fehler auftreten. Sind jedoch alle a_ν von gleichem Vorzeichen, so ist er beschränkt. Leiten Sie unter Vernachlässigung von Gliedern höherer Ordnung eine obere Schranke in diesem Fall her.

2)   Die folgenden Ausdrücke sollen so umgeformt werden, daß ihre Auswertung stabil wird:

a) $\frac{1}{1+2x} - \frac{1-x}{1+x}$ für $|x| \ll 1$;   b) $\frac{1-\cos x}{x}$ für $x \neq 0$ und $|x| \ll 1$.

3)   Eine Folge (a_n) wird durch die folgende Rekursionsvorschrift definiert:

$$a_1 := 4, \ a_{n+1} := \frac{\sqrt{1 + a_n^2/2^{2(n+1)}} - 1}{a_n} \cdot 2^{2(n+1)+1}.$$

a) Bringen Sie die Rekursionsvorschrift in eine äquivalente, aber stabilere Form.

b) Schreiben Sie ein Computerprogramm zur Berechnung von a_{30} mit Hilfe beider Formeln und vergleichen Sie die Ergebnisse.

4)   Die Zahlenfolge $y_n = e^{-1} \int_0^1 e^x x^n dx$ läßt sich mit Hilfe der Rekursion

$(*)$ $y_{n+1} + (n+1)y_n = 1$ für $n = 0, 1, 2, \cdots$ und $y_0 = \frac{1}{e}(e - 1)$

bestimmen (Beweis!).

a) Berechnen Sie mit Hilfe von $(*)$ die Zahlen y_0 bis y_{30} und interpretieren Sie das Resultat.

b) Die durch $(*)$ definierte Zahlenfolge strebt gegen 0 für $n \to \infty$ (Beweis!). Man setze daher $y_n = 0$ für $n = 5, 10, 15, 20, 30)$ und berechne jeweils nach der Formel $(*)$ die Zahlen $y_{n-1}, y_{n-2}, \cdots, y_0$ (rückwärts). Wie erklärt sich der sehr gute Wert für y_0?

§ 3. Fehleranalysen

Wie wir in 2.3 gesehen haben, wird es i. allg. zur Lösung einer Aufgabe mehrere verschiedene Rechenvorschriften geben, die auf ihre Anwendbarkeit hin zu bewerten sind. Gesichtspunkte für eine solche Bewertung sind der benötigte Rechenaufwand (z. B. die Anzahl der Rechenoperationen), der Speicherplatzbedarf für die Eingangsdaten und die Zwischenergebnisse sowie eine strenge Fehleranalyse der gewonnenen Resultate. Dabei unterscheidet man, von den Fehlerquellen ausgehend, drei unterschiedliche Typen:

Datenfehler. Um eine Rechenvorschrift zu starten, muß man Daten (i. allg. Zahlen) einsetzen, die in der Regel mit Fehlern behaftet sind. Solche Eingabedaten können z. B. aus physikalischen Messungen oder empirischen Untersuchungen stammen und müssen daher zwangsläufig Meßungenauigkeiten oder Erhebungsfehler enthalten, die dann zu Eingabefehlern führen.

Verfahrensfehler. Zur Formulierung und Lösung vieler mathematischer Problemstellungen sind Grenzwertbetrachtungen nötig. Verfahren zur numerischen Lösung können prinzipiell Grenzprozesse nicht nachvollziehen. Daher muß etwa ein Differentialquotient immer durch einen Differenzenquotienten ersetzt und ein Iterationsverfahren nach endlich vielen Schritten abgebrochen werden. Der dadurch entstehende Fehler heißt Verfahrensfehler.

Rundungsfehler. Bei der Ausführung von Rechenoperationen können Fehler entstehen, da man immer nur in einem begrenzten Zahlenbereich arbeitet. Das gilt sowohl i. allg. für das Rechnen mit Papier und Bleistift wie noch verstärkt bei der Benutzung von Rechenanlagen. Man behilft sich, indem man Resultate (auch Zwischenresultate) rundet. Eine mögliche Akkumulation solcher Rundefehler kann zu einer vollständigen Verfälschung des Endresultats führen.

Wir diskutieren zunächst die Auswirkung von Datenfehlern auf die Lösung eines Problems.

3.1 Die Kondition eines Problems. Ein mathematisches Problem heißt *gutkonditioniert*, wenn kleine Änderungen der Daten des Problems nur kleine Änderungen der (exakten) Lösung des Problems bewirken. Ist das nicht der Fall, so nennt man das Problem *schlechtkonditioniert.*

In 2.2 haben wir gesehen, daß die Subtraktion zweier Gleitpunktzahlen mit einem relativen Fehler behaftet sein kann, der erheblich größer ist als die relativen Fehler der Eingangsdaten (numerische Instabilität!). Es entsteht die Frage, wie man in allgemeineren Fällen beurteilen kann, ob ein Problem gut- oder schlechtkonditioniert ist.

Dazu sei D eine offene Teilmenge des $\mathbb{R}^n$ und

$$\varphi : D \to \mathbb{R}$$

eine zweimal stetig differenzierbare Abbildung. Die Aufgabe bestehe in der Berechnung von

$$(*) \qquad\qquad y = \varphi(x), \quad x \in D.$$

Der Vektor $x = (x_1, x_2, \ldots, x_n) \in D$ repräsentiert den Datenvektor und φ die i. allg. nur rationalen Operationen, die auf den Daten ausgeführt werden müssen, um das Resultat y zu erhalten. Wir studieren, wie sich Fehler in x auf das Ergebnis y auswirken.

Bei der Vernachlässigung von Gliedern höherer Ordnung liefert die Taylorentwicklung den Ausdruck

$$\delta y := \sum_{\nu=1}^{n} \frac{\partial \varphi}{\partial x_\nu}(x)(\tilde{x}_\nu - x_\nu),$$

als eine Näherung erster Ordnung an den absoluten Fehler $\Delta y := \varphi(\tilde{x}) - \varphi(x)$. Für den relativen Fehler erhält man dann in einer Näherung erster Ordnung

$$\frac{\delta y}{y} = \sum_{\nu=1}^{n} \frac{x_\nu}{\varphi(x)} \frac{\partial \varphi}{\partial x_\nu}(x) \frac{(\tilde{x}_\nu - x_\nu)}{x_\nu}.$$

Definition. Die Zahlen $\frac{x_\nu}{\varphi(x)} \frac{\partial \varphi}{\partial x_\nu}(x)$, $1 \leq \nu \leq n$, heißen *Konditionszahlen* des Problems (∗).

Bemerkung. Sind die Beträge der Konditionszahlen nicht größer als Eins, so haben wir es mit einem gutkonditionierten (oder auch *gutartigen*) Problem, andernfalls mit einem schlechtkonditionierten (oder *bösartigen*) zu tun.

Mit dieser Definition kommen wir für die Operationen zu der

Folgerung. Für die Operationen □ gilt:

(i) ·, : sind gutartige Operationen.

(ii) + bzw. − sind gutartige Berechnungen, solange die Summanden gleiches bzw. ungleiches Vorzeichen besitzen.

(iii) + bzw. − sind bösartige Operationen, wenn die beiden Summanden betragsmäßig von gleicher Größenordnung sind, aber entgegengesetztes Vorzeichen haben bzw. gleiches Vorzeichen haben.

Beweis. Man betrachtet die Konditionszahlen. Im Fall (i) haben die Konditionszahlen den Betrag 1. Die Fehler werden damit nicht verstärkt. Im Fall (ii) und (iii) tritt bei den Konditionszahlen die Summe bzw. die Differenz der beiden Zahlen im Nenner auf.   □

Wir kommen noch einmal zu den Betrachtungen in 2.3 zurück und analysieren das erste Beispiel unter dem jetzt verfügbaren Begriff der Kondition eines Problems. Es sei eine quadratische Gleichung in der Form

$$x^2 + 2px - q = 0$$

gegeben, und die Aufgabe besteht darin, ihre größte Nullstelle

$$\varphi(p, q) := -p + \sqrt{p^2 + q}$$

zu berechnen. Dabei nehmen wir an, daß p, $q > 0$ und $p \gg q$ gilt. Das Berechnungsverfahren wird dann in folgenden Schritten ablaufen:

Setze $s := p^2$ und berechne nacheinander $t := s + q$ und $u := \sqrt{t}$. In den weiteren Schritten wurde in 2.3 unterschieden nach

Methode 1: $y := \varphi_1(u) := -p + u,$

und

Methode 2: $v := -p - u$ und $y := \varphi_2(v) = -\frac{q}{v}.$

Wir zeigen zunächst, daß das Problem, die Zahl $\varphi(p, q)$ zu berechnen, gut-konditioniert ist. Dazu betrachten wir den relativen Fehler

$$\frac{\delta y}{y} = \frac{p}{\varphi(p, q)} \frac{\partial \varphi}{\partial p} \varepsilon_p + \frac{q}{\varphi(p, q)} \frac{\partial \varphi}{\partial q} \varepsilon_q =$$

$$= \frac{p}{-p + (p^2 + q)^{\frac{1}{2}}} (-1 + \frac{p}{(p^2 + q)^{\frac{1}{2}}}) \varepsilon_p + \frac{q}{-p + (p^2 + q)^{\frac{1}{2}}} \cdot \frac{1}{2(p^2 + q)^{\frac{1}{2}}} \varepsilon_q =$$

$$= -\frac{p}{(p^2 + q)^{\frac{1}{2}}} \varepsilon_p + \frac{p + (p^2 + q)^{\frac{1}{2}}}{2(p^2 + q)^{\frac{1}{2}}} \varepsilon_q.$$

Die Faktoren vor ε_p bzw. ε_q, den relativen Datenfehlern in p bzw. q, sind dem Betrag nach kleiner als Eins. Damit ist das Problem gutartig.

Weiter erkennt man, daß der Betrag des relativen Ergebnisfehlers $\frac{\Delta y}{y}$ nicht größer als die Summe der Beträge der Datenfehler ausfällt; dabei wurde der absolute Fehler Δy in Näherung erster Ordnung durch den Ausdruck δy ersetzt.

Wir analysieren nun die beiden Verfahren zur rechnerischen Lösung des Problems, indem wir die gleichen Überlegungen mit den Funktionen φ_1 (Methode 1) und φ_2 (Methode 2) durchführen.

Methode 1:

$$\frac{\delta y}{y} = \frac{u}{-p + u} \varepsilon_u = \frac{(p^2 + q)^{\frac{1}{2}}}{-p + (p^2 + q)^{\frac{1}{2}}} \varepsilon_u = \frac{1}{q}(p(p^2 + q)^{\frac{1}{2}} + p^2 + q)\varepsilon_u.$$

Wegen $p, q > 0$ und $p \gg q$ (d. h. p ist groß gegen q) genügt der Koeffizient von ε_u der Abschätzung $|\frac{1}{q}(p(p^2 + q)^{\frac{1}{2}} + p^2 + q)| > \frac{2p^2}{q} \gg 1$ und bewirkt eine Verstärkung des Datenfehlers von u im Betrag des relativen Fehlers des Ergebnisses $\frac{\Delta y}{y}$. Die Methode 1 erweist sich erneut als *numerisch instabil*.

Methode 2: Eine ähnliche Rechnung ergibt die Beziehung

$$\frac{\delta y}{y} = -\frac{(p^2 + q)^{\frac{1}{2}}}{p + (p^2 + q)^{\frac{1}{2}}} \varepsilon_u.$$

Da der Koeffizient von ε_u dem Betrag nach kleiner als Eins ist, bestätigt sich wieder, daß die Methode 2 *numerisch stabil* bleibt.

Zusammenfassend halten wir fest, daß bei der Lösung eines an sich gut-konditionierten Problems eine ungünstige Anordnung der Rechenschritte zur

Aufschaukelung der Datenfehler führen kann; das Verfahren ist numerisch instabil. Ist umgekehrt das Problem schlechtkonditioniert, so läßt sich kein Lösungsverfahren angeben, das Datenfehler dämpft (vgl. Aufgabe 1).

Mit der Berechnung der Konditionszahlen eines Problems und der Bestimmung ihrer Größenordnung läßt sich also der Einfluß der Datenfehler abschätzen. Es können Fehlerdämpfungen wie auch Verstärkungen auftreten.

3.2 Abschätzung der Rundungsfehler durch Vorwärtsanalyse. Bei der Vorwärtsanalyse verfolgt man die einzelnen Rechenschritte, die man bis zum endgültigen Resultat durchlaufen muß und schätzt die bei jedem Schritt auftretenden Rundungsfehler ab. Diese Methode ist in der Regel nur geeignet, um eine qualitative Aussage machen zu können, welcher der Faktoren den größten Einfluß auf die Genauigkeit des Ergebnisses hat. Quantitativ führt die Vorwärtsanalyse meist zu einer starken Überschätzung des Fehlers.

Beispiel. Die Determinante der Matrix A

$$A = \begin{pmatrix} a & b \\ c & d \end{pmatrix} = \begin{pmatrix} 5.7432 & 7.3315 \\ 6.5187 & 8.3215 \end{pmatrix},$$

soll in Gleitpunktarithmetik mit Mantissenlänge $t = 6$ berechnet werden. In den einzelnen Rechenschritten werden die arithmetischen Ausdrücke $a \cdot d$, $b \cdot c$ und $ad - bc$ ausgewertet. Die Grenzen der Fehlerintervalle werden als die kleinst- und größtmöglichen Werte berechnet, die sich bei Verknüpfungen von Gleitkommazahlen gemäß der Ausführung in Abschnitt 2.2 ergeben können. Für das Zahlenbeispiel sind in der nachfolgenden Tabelle die Werte zusammengestellt.

	exakter Wert	gerundeter Wert	Fehlerintervall
$a \cdot d$	47.7920 3880	47.7920	[47.7920, 47.7921]
$b \cdot c$	47.7918 4905	47.7918	[47.7918, 47.7919]
$ad - bc$	$0.189750 \cdot 10^{-3}$	$0.20000 \cdot 10^{-3}$	$[\, 1 \cdot 10^{-4}, 3 \cdot 10^{-4}]$

Der tatsächliche relative Fehler ist also dem Betrag nach etwa 5 %, während die untere bzw. obere Schranke mit einem Fehler von 47 % bzw. 58 % behaftet ist.

Neben starker Überschätzung des Fehlers kommt noch hinzu, daß die Vorwärtsanalyse bei komplizierten Funktionsauswertungen äußerst aufwendig ist. Wir wollen eine Abschätzung des Rundungsfehlers am Beispiel der Funktionswertberechnung eines *endlichen Kettenbruches* vornehmen.

Definition. Es seien $n \in \mathbb{Z}_+$ und $b_0, a_\nu, b_\nu, 1 \le \nu \le n$, gegebene reelle oder komplexe Zahlen. Den von $x \in \mathbb{C}$ abhängigen rationalen Ausdruck

$$(*) \qquad k(x) = b_0 + \cfrac{a_1 x}{b_1 + \cfrac{a_2 x}{b_2 + \cfrac{a_3 x}{b_3 + \cfrac{a_4 x}{\cdot\cdot\cdot \cfrac{a_n x}{b_n}}}}}$$

bezeichnen wir als *endlichen Kettenbruch der Ordnung n*, wenn er wohldefiniert ist. Dies ist der Fall, wenn alle auftretenden Nenner

$$b_n, \, b_{n-1} + \frac{a_n x}{b_n}, \; b_{n-2} + \frac{a_{n-1} x}{b_{n-1} + \frac{a_n x}{b_n}}, \cdots$$

von Null verschieden sind.

Für die Darstellung des Kettenbruches $(*)$ wählt man häufig die kürzere Schreibweise

$$k(x) = b_0 + \frac{a_1 x|}{|\,b_1} + \frac{a_2 x|}{|\,b_2} + \cdots + \frac{a_n x|}{|\,b_n}.$$

Kettenbrüche sind in der Regel schwieriger zu handhaben als Polynome oder Potenzreihen. Trotzdem spielen sie etwa bei der Approximation von elementaren Funktionen in Taschenrechnern wegen des hohen Genauigkeitsanspruches eine große Rolle. Auch bei der Auswertung von unendlichen Reihen betrachtet man häufig geeignet konstruierte Kettenbrüche (unendlicher Ordnung), weil diese meist sehr viel schneller konvergieren als die entsprechenden Reihen. Für die Interpolation durch rationale Funktionen läßt sich ein endlicher Kettenbruch vorteilhaft verwenden. Im Rahmen dieses Buches ist jedoch eine genauere Darstellung der Theorie und der Verfahren nicht möglich. Wir verweisen hierzu auf die Monographie von G. A. Baker, Jr. und P. Graves-Morris ([1981], Kap. 4).

Zur Auswertung des Kettenbruches $(*)$ für festes $x \in \mathbb{R}$ liegt es nahe, die rationalen Ausdrücke vom Ende her sukzessive zu berechnen. Man wird also die Berechnungen in der Reihenfolge

$$(**) \qquad \begin{aligned} & k^{(n)} := b_n, \; k^{(n-1)} := b_{n-1} + \frac{a_n x}{k^{(n)}}, k^{(n-2)} := b_{n-2} + \frac{a_{n-1} x}{k^{(n-1)}}, \ldots, \\ & k(x) = k^{(0)} := b_0 + \frac{a_1 x}{k^{(1)}} \end{aligned}$$

durchführen und dabei gleichzeitig darauf achten, daß keiner der Zwischenwerte $k^{(\mu)}$ verschwindet. Diese Vorgehensweise ist der Auswertung eines Polynoms mit dem Hornerschema (vgl. 5.5.1) ähnlich.

Eine andere Möglichkeit, den Kettenbruch $(*)$ für festes $x \in \mathbb{R}$ zu berechnen, beruht auf einer Rekursionsformel, die auf L. Euler und J. Wallis zurückgeht. Dazu definiert man Näherungszähler $P_\mu(x)$ und Näherungsnenner $Q_\mu(x)$ durch

$$\frac{P_\mu(x)}{Q_\mu(x)} = r_\mu(x) := b_0 + \frac{a_1 x|}{|\, b_1} + \frac{a_2 x|}{|\, b_2} + \cdots + \frac{a_\mu x|}{|\, b_\mu}, \quad 0 \le \mu \le n,$$

und beweist die

Rekursionsformeln von Euler und Wallis. Die Näherungszähler $P_\mu(x)$ und die Näherungsnenner $Q_\mu(x)$ lassen sich rekursiv aus den Formeln

$$P_\mu(x) := P_{\mu-1}(x) \cdot b_\mu + P_{\mu-2}(x) a_\mu x, \; P_0 := b_0, \; P_1(x) := P_0 \cdot b_1 + a_1 x;$$
$$Q_\mu(x) := Q_{\mu-1}(x) \cdot b_\mu + Q_{\mu-2}(x) a_\mu x, \; Q_0 := 1, \; Q_1 := b_1$$

für $2 \le \mu \le n$ berechnen.

Beweis. Zum Nachweis der Rekursionsformeln durch vollständige Induktion erkennt man, daß die Ausdrücke $P_0, P_1(x)$ und Q_0, Q_1 offenbar richtig gebildet sind. Der Übergang von $r_{\mu-1}(x)$ nach $r_\mu(x)$ geschieht dadurch, daß man $b_{\mu-1}$ durch $b_{\mu-1} + \frac{a_\mu x}{b_\mu}$ ersetzt. Daraus fließt die Darstellung

$$r_\mu(x) = \frac{(b_{\mu-1} + \frac{a_\mu x}{b_\mu}) P_{\mu-2}(x) + a_{\mu-1} x P_{\mu-3}(x)}{(b_{\mu-1} + \frac{a_\mu x}{b_\mu}) Q_{\mu-2}(x) + a_{\mu-1} x Q_{\mu-3}(x)} = \frac{b_\mu P_{\mu-1}(x) + a_\mu x P_{\mu-2}(x)}{b_\mu Q_{\mu-1}(x) + a_\mu x Q_{\mu-2}(x)}$$
$$= \frac{P_\mu(x)}{Q_\mu(x)}. \qquad \Box$$

Man erkennt, daß die Rekursionsformeln auch schon für $\mu = 1$ gelten, wenn man $P_{-1} := 1$ und $Q_{-1} := 0$ setzt.

Die Rekursionsformeln von Euler und Wallis lassen sich sofort in ein Berechnungsschema für den endlichen Kettenbruch $k(x)$ umsetzen. Es ist allerdings darauf zu achten, daß es bei der getrennten Berechnung von Zähler und Nenner der Näherungsbrüche leicht zu Bereichsüberschreitungen kommen kann, obwohl der Quotient $P_\mu(x)/Q_\mu(x)$ von vernünftiger Größenordnung ist.

Beispiel. Es seien $b_0 = 0$, $b_\mu = 2\mu - 1$, $1 \le \mu \le 10$, sowie $a_1 = 4$, $a_\mu = (\mu - 1)^2$, $2 \le \mu \le 10$, und $x = 1$.

Die erste Tabelle zeigt die Berechnung des Kettenbruches $k(1)$ mit dem Verfahren (**). Zur Erstellung der zweiten Tabelle sind die Rekursionsformeln von Euler und Wallis benutzt worden. Alle Rechnungen wurden in Gleitkommadarstellung mit der Mantissenlänge $t = 7$ durchgeführt.

μ	$k^{(\mu)}$		μ	$P_\mu(1)$	$Q_\mu(1)$	$P_\mu(1)/Q_\mu(1)$
10	19.000000		0	0	1	0.000000
9	21.263159		1	4	1	4.000000
8	18.009901		2	12	4	3.000000
7	15.720726		3	76	24	3.166667
6	13.289970		4	640	204	3.137255
5	10.881118		5	6976	2220	3.142342
4	8.470437		6	92736	29520	3.141464
3	6.062519		7	1456704	463680	3.141615
2	3.659792		8	26394624	8401680	3.141589
1	1.273240		9	541937664	172504080	3.141593
0	3.141593		10	12434780160	3958113600	3.141593

Man erkennt, daß der Kettenbruch augenscheinlich eine Näherung für die Zahl π liefert. Tatsächlich gilt $\arctan(z^2)/z = k(z^2)/4$, also $k(1) = 4\arctan(1) = \pi$ (s. z. B. Baker and Graves-Morris [1981], S. 139). Trotz der hohen Werte der Zwischenergebnisse für $P_\mu(1)$ und $Q_\mu(1)$ haben die Rekursionsformeln den Vorteil, daß die mit ihnen berechneten aufeinanderfolgenden Werte der Quotienten $P_\mu(1)/Q_\mu(1)$ und $P_{\mu+1}(1)/Q_{\mu+1}(1)$ jeweils die Zahl π einschließen. Dagegen liefert das Verfahren $(**)$ erst im letzten Schritt ein akzeptables Ergebnis.

Eine vollständige Vorwärtsanalyse des Rundungsfehlers ist bei beiden Verfahren wegen der komplizierten Funktionsauswertungen äußerst aufwendig. Wir beschränken uns daher auf Sonderfälle, wie sie etwa im letzten Beispiel vorliegen. Es sei insbesondere $x = 1$ gesetzt.

Bei der Durchführung des Verfahrens $(**)$ in einer Gleitkomma-Arithmetik (Mantissenlänge t, Basis B) berechnet man in jedem Schritt Näherungsausdrücke der Form

$$\tilde{k}^{(\mu-1)} = Gl_t(b_{\mu-1} + Gl_t(\frac{a_\mu}{\tilde{k}^{(\mu)}})) =$$
$$= (b_{\mu-1} + \frac{a_\mu}{\tilde{k}^{(\mu)}}(1 + \varepsilon_\mu))(1 + \delta_\mu),$$

wobei ε_μ und δ_μ der Abschätzung $|\varepsilon_\mu|, |\delta_\mu| \leq 0.5 \cdot B^{-t+1}$ genügen. Wenn nun $|a_\mu/\tilde{k}^{(\mu)}| \ll |b_{\mu-1}|$ gilt, so wirkt sich nur der Additionsfehler auf das Ergebnis aus. Das Verfahren $(**)$ wird also immer dann günstig sein, wenn

$$|k^{(\mu)}| \gg \frac{|a_\mu|}{|b_{\mu-1}|}$$

ist. Das wiederum ist in der Regel erfüllt, sofern nur $|a_\mu| \ll |b_{\mu-1}|$ ist und $|b_0| \ll |b_1| \ll \cdots \ll |b_n|$ gilt. Dann kann aber auch keiner der Nenner $k^{(\mu)}$ verschwinden.

Das auf den Rekursionsformeln von Euler und Wallis fußende Verfahren kann in vielen Fällen völlig ohne Rundungsfehler abgewickelt werden. Das ist z. B. der Fall, wenn die Koeffizienten a_μ, b_μ ganze Zahlen sind, und die Näherungszähler P_μ sowie die Näherungsnenner Q_μ nicht zu groß werden. Jedoch hat man i. allg. mit größeren Rundungsfehlern als bei Verfahren (∗∗) zu rechnen. Für den Zähler P_μ beispielsweise berechnet man eine Näherung

$$\tilde{P}_\mu = Gl_t(Gl_t(\tilde{P}_{\mu-1} \cdot b_\mu) + Gl_t(\tilde{P}_{\mu-2} a_\mu))$$
$$= [(\tilde{P}_{\mu-1} \cdot b_\mu)(1 + \beta_\mu) + (\tilde{P}_{\mu-2} a_\mu)(1 + \alpha_\mu)](1 + \delta_\mu)$$

mit $|\alpha_\mu|, |\beta_\mu|, |\delta_\mu| \le 0.5 \cdot B^{1-t}$. Sind nun die Werte $|a_\mu|$ klein gegen die Werte $|b_\mu|$ und wachsen die Zahlen $|P_\mu|$ rasch an, so lassen sich ähnlich wie bei der Analyse des Verfahrens (∗∗) noch Aussagen zur Fehlerfortpflanzung machen. Es ist jedoch ersichtlich, daß eine exakte Vorwärtsanalyse äußerst kompliziert und aufwendig ist.

Es ist in der Regel nur möglich, eine exakte Fehleranalyse mit vertretbarem Aufwand in der hier dargestellten Form durchzuführen, wenn die dem Verfahren zugrundeliegenden Formeln eine lineare Struktur haben (vgl. etwa das Hornerschema in 5.5.1).

3.3 Die Rückwärtsanalyse des Rundungsfehlers. Bei der Rückwärtsanalyse geht man von dem Ergebnis der Rechnung $Gl_t \, \varphi(x_1, \ldots, x_n)$ mit den Eingangsdaten $x_1, x_2, \cdots, x_n$ aus und versucht festzustellen, mit welchen gestörten Eingangsparametern $x_1 + \varepsilon_1, x_2 + \varepsilon_2, \ldots, x_n + \varepsilon_n$ man bei exakter Rechnung zu diesem Ergebnis gekommen wäre:

$$\varphi(x_1 + \varepsilon_1, \ldots, x_n + \varepsilon_n) = Gl_t \, \varphi(x_1, \ldots, x_n).$$

Diese Methode findet z. B. dann Anwendung, wenn die Eingangsdaten physikalische Meßwerte darstellen. Diese seien etwa mit einer relativen Genauigkeit von 1% bestimmt worden. Liefert dann eine Rückwärtsanalyse, daß das numerische Resultat als Ergebnis einer exakten Rechnung gedeutet werden kann, bei der die Eingangsdaten um höchstens 0.5 % schwanken, so wird man das Berechnungsverfahren als geeignet akzeptieren. Als Beispiel hierzu behandeln wir die Summation von Zahlen in der Gleitpunktarithmetik.

Beispiel. Es sei $\varphi_n(x_1, x_2, \ldots, x_n) := \sum_{\nu=1}^n x_\nu$. Die Auswertung der Funktion φ_n kann natürlich auf verschiedene Weisen vorgenommen werden. Sie ist zum Beispiel abhängig von der Reihenfolge, in der die einzelnen Zahlen addiert werden. Wir gehen folgendermaßen vor:

$$\varphi_1(x_1, \ldots, x_n) := x_1$$

und

$$\varphi_k(x_1, \ldots, x_n) := \varphi_{k-1}(x_1, \cdots, x_n) + x_k, \quad (2 \le k \le n).$$

Seien $x_1, x_2, \ldots, x_n$ Gleitpunktzahlen. Dann hat man $Gl_t\, \varphi_1(x_1, \ldots, x_n) = x_1$ und

$$Gl_t\, \varphi_k(x_1, \ldots, x_n) = Gl_t(Gl_t\, \varphi_{k-1}(x_1, \cdots, x_n) + x_k) =$$

$$= (Gl_t\, \varphi_{k-1}(x_1, \ldots, x_n) + x_k)(1 + \varepsilon_k)$$

mit $|\varepsilon_k| \leq \tau := 0.5 \cdot B^{-t+1}$. Durch vollständige Induktion läßt sich die Beziehung

$$Gl_t\, \varphi_n(x_1, \ldots, x_n) = x_1 \cdot \prod_{\mu=2}^{n}(1 + \varepsilon_\mu) + \sum_{\nu=2}^{n} x_\nu \prod_{\mu=\nu}^{n}(1 + \varepsilon_\mu)$$

leicht nachweisen. Für die Produkte in dieser Darstellung erhält man mit der abkürzenden Schreibweise

$$1 + \eta_\nu := \prod_{\mu=\nu}^{n}(1 + \varepsilon_\mu), \quad 2 \leq \nu \leq n,$$

die Abschätzungen

$$(1 - \tau)^{n+1-\nu} \leq 1 + \eta_\nu \leq (1 + \tau)^{n+1-\nu}, \quad 2 \leq \nu \leq n.$$

Die Schranken für die Verstärkungsfaktoren $1 + \eta_\nu$ hängen offensichtlich von der Reihenfolge ab, in der man die Additionen durchführt. Die Summanden x_1 und x_2 erhalten möglicherweise die größte Verstärkung, die dann mit wachsendem Index ν abnimmt. Demnach ist es sinnvoll, die Reihenfolge der Summation so zu organisieren, daß der größte Summand mit dem kleinsten Verstärkungsfaktor zu multiplizieren ist. Es wird also im Sinne der Rückwärtsanalyse optimal sein, wenn man die Addition in der Reihenfolge der Größe der Summen durchgeführt und mit den betragskleinsten Zahlen beginnt. Da unsere Überlegungen sich jedoch nur an Fehlerschranken orientiert haben, muß in der Praxis diese Vorgehensweise nicht immer zu dem kleinsten Fehler im Resultat führen. Wir überlassen es dem Leser, sich das an einem einfachen Zahlenbeispiel klarzumachen.

In der Regel ist die Rückwärtsanalyse sehr viel leichter durchzuführen als die Vorwärtsanalyse. Sie liefert jedoch auch nur eine qualitative Einschätzung der Genauigkeit des numerisch berechneten Wertes.

3.4 Intervallarithmetik. Die Suche nach einer Möglichkeit, die Vorwärtsanalyse zu systematisieren und automatisch vom Rechner mit ausführen zu lassen, führte zur Entwicklung der *Intervallarithmetik*. Sie arbeitet auf der Grundmenge der abgeschlossenen Intervalle der reellen Zahlengeraden.

Es sei $\mathbb{IR} := \{I \subset \mathbb{R} \mid I := [a, b],\ a \leq b\}$ die Menge der abgeschlossenen Intervalle in $\mathbb{R}$. Wir setzen:

$$I] := \max_{x \in I} x, \qquad [I := \min_{x \in I} x.$$

Zwischen den Elementen von $\mathbb{IR}$, den Intervallen, werden dann für A, B $\in$ $\mathbb{IR}$ in naheliegender Weise die folgenden Verknüpfungen definiert:

Addition: X = A + B, X := $\{x \in \mathbb{R} \mid x = a + b$ mit $a \in$ A und $b \in$ B$\}$,
d. h. X = $[[A + \lfloor B, A \rfloor + B]]$;

Subtraktion: X = A − B, X := $\{x \in \mathbb{R} \mid x = a - b$ mit $a \in$ A und $b \in$ B$\}$,
d. h. X = $[[A - B], A] - [B]$;

Multiplikation: X = A · B, X := $\{x \in \mathbb{R} \mid x = a \cdot b$ mit $a \in$ A und $b \in$ B$\}$;

Division: X = A/B, falls 0 $\notin$ B,
X := $\{x \in \mathbb{R} \mid x = a/b$ mit $a \in$ A und $b \in$ B$\}$.

Ersetzt man $\mathbb{R}$ durch die Menge der Maschinenzahlen, so erhält man entsprechend die Maschinenintervalle und hat dann die Operationen unter Einbeziehung der Rundung zu modifizieren, was grundsätzlich zu einer Vergrößerung der Ergebnisintervalle führt.

Die Intervallarithmetik ist heute sehr weitgehend untersucht, und viele Verfahren der numerischen Mathematik sind in diese Technik übertragen worden. Dabei kommt es darauf an, Methoden zu entwickeln, die das schrankenlose Anwachsen der Intervalle innerhalb einer Rechnung verhindern. Mitunter muß man zu diesem Zweck konventionelle Techniken und solche aus der Intervallanalysis mit viel Geschick kombinieren. Wir verweisen in diesem Zusammenhang auf die umfangreiche Originalliteratur und das Buch von U. Kulisch [1976].

Bei den heutigen Rechenanlagen, die Millionen von Rechenoperationen in einer Sekunde ausführen können, ist es entscheidend wichtig, eine wirksame Kontrolle über Rundungsfehler zu bekommen. Die Intervallarithmetik ist eine Möglichkeit dazu, zumal es bereits Rechenanlagen gibt, die eine hardwaremäßige Verdrahtung dieser Arithmetik besitzen. Auf der Ebene der Software gibt es Compiler, die es ermöglichen, Programme in hochgenauer Arithmetik zu implementieren, so daß exakte Fehlerschranken von der Rechenanlage bereits mit dem Resultat berechnet werden.

3.5 Aufgaben. 1) Man bestimme den maximalen (absoluten und relativen) Fehler in $y = x_1 x_2^2 \sqrt{x_3}$ für $x_1 = 2.0 \pm 0.1$, $x_2 = 3.0 \pm 0.2$, $x_3 = 1.0 \pm 0.1$ mit Hilfe der differentiellen Fehleranalyse (vgl. Abschnitt 3.1). Berechnen Sie die Konditionszahlen. Welche Variable trägt am meisten zum Fehler bei?

2) Man betrachte das lineare Gleichungssystem

$$a_{11}x_1 + a_{12}x_2 = b_1,$$
$$a_{21}x_1 + a_{22}x_2 = b_2,$$

mit $a_{\mu\nu}, b_\mu \in \mathbb{R}$.

a) Die Koeffizienten $a_{11} = a_{22} = 1.9$, $a_{12} = a_{21} = -1.7$ und die rechten Seiten $b_1 = 1.2$, $b_2 = 1.5$ seien mit Fehlern behaftet, deren Betrag $5 \cdot 10^{-2}$ nicht überschreitet. Geben Sie möglichst genaue Schranken für die Lösung an.

b) Die Lösung $x = (x_1, x_2)$ fasse man als Funktion der Koeffizienten und der rechten Seite auf:

$$\begin{pmatrix} x_1 \\ x_2 \end{pmatrix} = \varphi(a_{11}, a_{12}, a_{21}, a_{22}, b_1, b_2).$$

Rechnen Sie die Konditionszahlen dieses Problems aus und geben Sie hinreichende Bedingungen dafür an, daß es gut- bzw. schlechtkonditioniert ist.

c) Wie lauten die Konditionszahlen für die Zahlenwerte in Teil a) dieser Aufgabe?

3) Die Konditionszahlen eines Problems $y = \varphi(x)$, $\varphi : D \subset \mathbb{R}^n \to \mathbb{R}^m$ lassen sich (bei Vernachlässigung der Rundungsfehler) auch experimentell bestimmen, indem man den Differentialquotienten

$$\frac{\Delta_{\mu\nu}(\varepsilon)}{\varepsilon} := \frac{\varphi_\mu(x_1, \ldots, x_{\nu-1}, x_\nu + \varepsilon, x_{\nu+1}, \ldots, x_n) - \varphi_\mu(x)}{\varepsilon}$$

approximiert. Dabei ist ε beispielsweise so klein zu wählen, daß die Zahl $|\Delta_{\mu\nu}(\varepsilon) - \Delta_{\mu\nu}(-\varepsilon)| \ll 1$ ausfällt. Wenden Sie diese Methode auf das lineare Gleichungssystem aus 2a) an und vergleichen Sie mit den Ergebnissen aus 2c).

4) Das Produkt $P_n := \prod_{\mu=1}^{n} a_\mu$ der reellen Zahlen a_μ werde durch folgende Rekursion berechnet:

$$P_1 := a_1,$$
$$P_\nu := P_{\nu-1} \cdot a_\nu, \quad 2 \leq \nu \leq n.$$

Führen Sie eine exakte Vorwärtsanalyse durch, wenn die Rekursion mit Gleitkommarechnung (Basis B, Mantissenlänge t) durchgeführt wird.
Gibt es unter Umständen eine günstigere Vorgehensweise?

5) Es seien x und y Vektoren aus dem $\mathbb{R}^n$. Für die Berechnung ihres Skalarproduktes

$$\langle x, y \rangle := \sum_{\nu=1}^{n} x_\nu \cdot y_\nu$$

führe man eine Vorwärtsanalyse durch.
Wie lautet das Ergebnis für $n = 3$?

6) Zur Berechnung des Produktes $P_n := \prod_{\mu=1}^{n} a_\mu$ mit dem Verfahren in Aufgabe 4) führe man die Rückwärtsanalyse durch.

7) Es seien A, B, C $\in \mathbb{IR}$, d.h. abgeschlossene Intervalle in $\mathbb{R}$. Man zeige:
a) Es gilt die Subdistributivität

$$A \cdot (B + C) \subset A \cdot B + A \cdot C.$$

b) Falls $B \cdot C > 0$ ist (d.h. alle Elemente von $B \cdot C$ sind positiv), gilt die Distributivität

$$A \cdot (B + C) = A \cdot B + A \cdot C.$$

8) Berechnen Sie Schranken für den Wertebereich der folgenden Funktionen mit Hilfe der Intervallarithmetik:

a) $f(x) = x(1-x)$, $\quad 0 \leq x \leq 1$; $\quad$ b) $f(x) = x/(1-x)$, $\quad 0 \leq x \leq 1$;

c) $f(x) = x^7 + x^3 - 6x^2 + 0.11x - 0.006$, $\quad 0 \leq x \leq 0.2$.

§ 4. Algorithmen

In den vorangehenden Abschnitten haben wir in lockerer Form bereits einige Rechenvorschriften vorgestellt. Diese reichen jedoch nicht aus, um eine Rechenanlage zur effektiven Lösung mathematischer Probleme einsetzen zu können. Der gigantischen Entwicklung programmgesteuerter Großrechner ging bereits in den 30-er Jahren eine Periode intensiver mathematischer Forschung über Präzisierung und Formalisierung des Begriffes Algorithmus voraus. Heute ist die Theorie der Algorithmen zu einem wichtigen Teilgebiet von Mathematik und Informatik geworden.

Das Wort Algorithmus ist eine Schöpfung aus dem Namen des persischen Autors Abu Jafar Mohammed ibn Musa al-Khowarizmi, der als Mathematiker um 840 in Bagdad wirkte und eine Aufgabensammlung für Erbteilungen verfaßte. Khowarizmi ist die heute in der Sowjetunion liegende Stadt Khiva. Die Bedeutung des Wortes Algorithmus hat sich im Laufe der Zeit mehrfach gewandelt. Im "Vollständigen Mathematischen Lexikon" (Leipzig 1947) findet man die folgende Definition: "Unter dieser Bezeichnung sind die Begriffe von den vier Typen arithmetischer Rechnungen vereinigt, nämlich Addition, Multiplikation, Subtraktion und Division." Im Neuen Fischer-Lexikon ist unter dem Stichwort "Algorithmus" ausgeführt: "(arab.+griech.), verstümmelter Name von Alchwarism = eine Rechenvorschrift, die auch automatisch arbeiten kann."

Offensichtlich sind Algorithmen eng mit dem jeweiligen Stand der Entwicklung automatisch arbeitender Rechenanlagen verknüpft. Wir werden daher im nächsten Abschnitt zunächst nach der Behandlung des Prototyps eines Algorithmus, des euklidischen Algorithmus, kurz auf die historische Entwicklung programmgesteuerter Rechner eingehen.

4.1 Der euklidische Algorithmus. Als Prototyp eines Algorithmus schlechthin wird häufig der euklidische Algorithmus zur Bestimmung des größten gemeinsamen Teilers zweier ganzer positiver Zahlen angesehen. Dieses Verfahren wurde bereits um 325 v. Chr. angegeben und wird in Euklids "Elementen", Buch 7, Propositiones 1 und 2 beschrieben.

Es seien zwei ganze positive Zahlen m, n mit $m \geq n$ gegeben. Die Aufgabe besteht darin, die größte positive Zahl zu finden, die sowohl m wie auch n ohne Rest teilt. Diese Zahl sei abkürzend mit GGT(m, n) bezeichnet. Der von Euklid angegebene Algorithmus zur Bestimmung von GGT(m, n) läuft in unserer Sprechweise folgendermaßen ab:

Eingabe: $m, n \in \mathbb{N}$
Ausgabe: $GGT(m, n) \in \mathbb{N}$
Rechenvorschrift: $m' := m$, $n' := n$
  (i) Bestimmung des Restes:
      Teile m' durch n':
      Der ganzzahlige Rest sei r, $0 \leq r < n'$.
 (ii) Abfrage:
      Ist $r = 0$?
      Im Falle $r = 0$ setze $GGT(m, n) := n'$.
      Beende die Rechnung.
(iii) Neufestsetzung der Startwerte:
      Setze $m' := n'$ und $n' := r$.
      Gehe zurück zu Schritt (i).

Es muß gezeigt werden, daß dieser Algorithmus tatsächlich den größten gemeinsamen Teiler $GGT(m, n)$ liefert: Nach Ausführung von Schritt (i) erhält man nichtnegative ganze Zahlen q und r, $0 \leq r < n'$, mit $m' = qn' + r$. Im Schritt (ii) wird nach dem Rest r gefragt. Ist dieser Null, so ist m' ein Vielfaches von n', und damit ist selbstverständlich $GGT(m, n) = n'$. Im Falle $r \neq 0$ stellt man fest, daß alle gemeinsamen Teiler von m' und n' auch gemeinsame Teiler von n' und r sind. Sei nämlich s ein Teiler von m' und n', so folgt wegen $r = m' - qn'$, daß s auch r teilt und, wenn umgekehrt s die Zahlen n' und r teilt, so folgt aus $m' = qn' + r$, daß s auch m' teilt. Ausführung des Schrittes (iii) ändert folglich die ursprüngliche Aufgabenstellung nicht, verringert aber die Größe der zu untersuchenden Zahlen. Da aber n endlich ist, erhält man nach höchstens n Schritten das Ergebnis.

Beispiel zum euklidischen Algorithmus. Es seien die beiden Zahlen $m = 753$ und $n = 325$ auf ihren größten gemeinsamen Teiler zu untersuchen. Die Ausführung des euklidischen Algorithmus liefert:

$(i)_1$	$q = 2$, $r = 103$	$(i)_4$	$q = 2$, $r = 2$
$(ii)_1$	$r \neq 0$	$(ii)_4$	$r \neq 0$
$(iii)_1$	$m' := 325$, $n' := 103$	$(iii)_4$	$m' := 7$, $n' := 2$
$(i)_2$	$q = 3$, $r = 16$	$(i)_5$	$q = 3$, $r = 1$
$(ii)_2$	$r \neq 0$	$(ii)_5$	$r \neq 0$
$(iii)_2$	$m' := 103$, $n' := 16$	$(iii)_5$	$m' := 2$, $n' := 1$
$(i)_3$	$q = 6$, $r = 7$	$(i)_6$	$q = 2$, $r = 0$
$(ii)_3$	$r \neq 0$	$(ii)_6$	$r = 0 \Rightarrow GGT(753, 325) = 1$.
$(iii)_3$	$m' := 16$, $n' := 7$		

Die Zahlen m und n sind folglich teilerfremd.

Dieser Algorithmus verdeutlicht einige typische Eigenschaften: Die auszuführenden Rechenschritte sind streng festgelegt, ein gewisser Block von Rechenvorschriften wird wiederholt aufgerufen, und es müssen nur endlich viele solcher

Blöcke durchlaufen werden. Nach Definition der Eingabe- und Ausgabedaten sowie der Rechenvorschrift läuft der Rechenprozeß gleichsam automatisch ab. Das legt den Gedanken nahe, diese Arbeit durch gesteuerte Maschinen leisten zu lassen. Die Entwicklung entsprechender Rechner muß schon in den frühen Anfängen der Mathematik ein Wunschtraum gewesen sein, der aber erst zu Beginn unseres Jahrhunderts Wirklichkeit wurde.

Eine extern gesteuerte Rechenmaschine, die auf den Prinzipien eines modernen Computers beruht, wurde bereits von dem Engländer CHARLES BABBAGE (1791–1871) entworfen. Babbage war schon in jungen Jahren von mathematischen Ideen und deren Realisierung auf mechanischen Maschinen fasziniert. In den ersten Jahren seines Mathematikstudiums in Cambridge kam er bei der Beschäftigung mit Funktionstafeln auf den Gedanken, eine Maschine zu konzipieren, die in solchen Tafelwerken interpolieren und extrapolieren konnte. Da diese Maschine mit finiten Differenzen arbeitete, nannte er sie *Difference Engine*. Es wurde die Tatsache benutzt, daß die Differenz n-ter Ordnung eines Polynoms n-ten Grades konstant ist (vgl. 5.3.4, Aufg. 2). Nach dem Abschluß des Studiums publizierte Babbage einige mathematische Arbeiten und erreichte durch seine Tätigkeit Anerkennung, so daß ihm 1828 der Lucas-Lehrstuhl für Angewandte Mathematik an der Universität Cambridge angeboten wurde. Das ist bemerkenswert, da diesen Lehrstuhl bereits Isaac Newton innehatte. Babbage blieb bis 1839 an der Universität Cambridge. Er hat allerdings niemals dort gelebt und auch keine einzige Vorlesung gehalten. Bedeutender als die Erfindung der Difference Engine war das Konzept einer *Analytical Engine*, mit deren Entwurf sich Babbage ab 1833 beschäftigte. Diese Maschine enthält im Prinzip bereits alle Konstruktionselemente eines modernen Computers:

- Eine Speichereinheit,
- ein Rechenwerk,
- eine Steuereinheit, die über externe Lochkartensteuerung die Ausführung der einzelnen Rechenschritte überwacht,
- Ein- und Ausgabeeinheiten.

Die Analytical Engine war so ausgelegt, daß sie jede Rechnung, unabhängig von ihrer Länge und Komplexität, ausführen konnte. Wegen der technischen Unzulänglichkeiten in der damaligen Zeit wurde diese Maschine leider nur in Fragmenten realisiert. Im Jahr 1840 hielt Babbage eine Vorlesungsreihe in Turin. Mit den Aufzeichnungen eines Zuhörers beschäftigte sich ADA AUGUSTA, COUNTESS OF LOVELACE (1815–1852). Sie war die Tochter des Dichters Lord Byron und Mitarbeiterin und Vertraute von Babbage. Ihr Verständnis der Prinzipien der Analytical Engine und ihr mathematischer Hintergrund waren bemerkenswert. Ihr verdanken wir eine ausführliche Ausarbeitung der Turiner Vorlesungsreihe, sowie das erste Computerprogramm, mit dem Bernoullische Zahlen berechnet werden konnten. Die Countess war somit wohl die erste Programmiererin überhaupt. Babbage starb im Alter von 79 Jahren enttäuscht und unverstanden. Seine genialen Ideen waren seiner Zeit um Jahrzehnte voraus.

Einen weiteren Markstein in der Entwicklung extern gesteuerter Rechner stellt die Erfindung von HERMANN HOLLERITH (1860–1929) dar. Bei der elften amerikanischen Volkszählung im Jahre 1890 wurde anstelle des bisher üblichen Fragebogens ein von ihm entwickeltes Verfahren mit Datenspeicherung auf Lochkarten verwendet. Die Personalstandsangaben wurden dabei durch Löcher bzw. Nichtlöcher an wohldefinierten Stellen der Lochkarte markiert. Anschließend konnte mit Zählmaschinen

(Hollerith-Maschinen) eine Datenauswertung vorgenommen werden. Die Lochkarten und Hollerith-Maschinen traten einen Siegeszug rund um die Welt an. Viele große Industrieunternehmen verwendeten sie zur Datenspeicherung und Datensortierung. Hollerith selbst gründete 1896 eine eigene Firma, die Tabulating Machine Company. Nach einer Fusion mit zwei weiteren Gesellschaften 1914 entstand daraus die Computing-Tabulating-Recording-Company, die sich später in International Business Machines Corporation (IBM) umbenannte. Hollerith blieb bis zu seinem Tode beratender Ingenieur dieser Firma.

Die Entwicklung der Rechenautomaten in der Neuzeit begann 1935 in Berlin und ist mit dem Namen KONRAD ZUSE verbunden. Zuse studierte an der Technischen Hochschule Berlin zunächst Maschinenbau und betätigte sich daneben intensiv mit der Entwicklung von Rechenanlagen. Nach seinem Abschlußexamen als Bauingenieur bastelte er unter äußerst eingeschränkten Bedingungen in der Wohnung seiner Eltern an einer mechanischen programmgesteuerten Rechenanlage. Diese Anlage, Z1 genannt, arbeitete im Dualsystem und mit Programmsteuerung. Bereits vor der Veröffentlichung der grundlegenden Arbeiten von C. E. SHANNON [1938] hatte Zuse einen Rechner gebaut, in dem alle arithmetischen Operationen mit Hilfe des Dualsystems durch die drei logischen Verknüpfungen *und, oder, Negation* realisiert waren. Die externe Steuerung geschah über perforierte Kinofilmstreifen. Die Ideen von Babbage waren Zuse zu diesem Zeitpunkt nicht bekannt.

Als Weiterentwicklung der Z1 war zu Kriegsbeginn 1939 im Rechner Z2 bereits ein elektromechanisches Relaisrechenwerk vorgesehen. Kriegsbedingt mußten diese Arbeiten unterbrochen werden. Mit Unterstützung der Deutschen Versuchsanstalt für Luftfahrt (heute DLR) konnte Zuse 1941 die leistungsfähige Rechenanlage Z3 fertigstellen. Diese war bereits ein voll funktionsfähiger Computer auf Relais-Basis. Er hatte eine Programmsteuerung über einen 8-Kanal-Lochstreifen, Einadress-Befehle, einen Speicher mit 2.000 Relais für 64 Zahlen mit je 22 Dualstellen und ein Rechenwerk mit 600 Relais. Damit konnten 15–20 arithmetische Operationen pro Sekunde ausgeführt werden. Eine vollständige Multiplikation dauerte vier bis fünf Sekunden. Diese Maschine wurde bei Bombenangriffen auf Berlin zerstört. Bereits 1945 konnte Zuse das Modell Z4 seiner Rechenanlage fertigstellen. Es gelang, diesen Computer durch Verlagerung von Berlin nach Göttingen und später ins Allgäu über das Kriegsende zu retten. Später wurde diese Maschine weiter ausgebaut und an der ETH Zürich aufgestellt. Sie arbeitete dort von 1951–1956 als einziger funktionsfähiger Computer in Europa. Einer der Autoren dieses Buches hat zu Beginn seiner wissenschaftlichen Tätigkeit noch auf dieser Maschine einige Rechnungen durchgeführt. Es sollte noch erwähnt werden, daß Zuse auch auf dem Gebiet der Software Pionierarbeit leistete. Bereits 1945 entwickelte er das Konzept einer höheren Programmiersprache, die er *Plankalkül* nannte. Er sah darin eine Erweiterung des Hilbertschen Aussagen- und Prädikatenkalküls. Bei der späteren Entwicklung der Programmiersprachen Fortran, Algol und Cobol wurden Zuses Vorüberlegungen allerdings kaum beachtet.

Unabhängig von den Entwicklungen in Deutschland mit einer zeitlichen Versetzung von etwa drei Jahren wurde in den USA an der Fertigstellung eines modernen Computers gearbeitet. HOWARD HATHAWAY AIKEN (1900–1973), ab 1941 Professor für Angewandte Mathematik an der Harvard University, stellte im Jahre 1944 sein erstes Modell *MARK I* fertig. Diese Maschine benutzte Lochkartentechnik, Relais und elektrische Kupplungen. Sie hatte 70.000 Einzelteile, 3.000 Kugellager, 80 km Leitungsdraht. Die Anlage war 15m lang und 2,5m hoch. Sie wog über fünf Tonnen. Es wurden Rechengeschwindigkeiten erreicht, die im Bereich von 0,3 Sekunden für die Addition, sechs Sekunden für die Multiplikation und 11 Sekunden für die Division lagen.

Die erste vollelektronische Großrechenanlage überhaupt wurde 1946 von JOHN PRESPER ECKERT und JOHN W. MAUCHLY an der University of Pennsylvania aufgestellt. Diese Maschine war für spezielle Aufgaben zur iterativen Lösung von Differentialgleichungen konstruiert. Die Konstrukteure gaben ihr den Namen *ENIAC* (Electronical Numerical Integrator and Computer). Die Anlage verfügte über 18.000 Elektronenröhren und 1.500 Relais. Um sie zu betreiben, war eine Leistungsaufnahme von 150 kW nötig. Da häufig einige Elektronenröhren ausfielen, arbeitete der Rechner noch sehr unzuverlässig. Erst die Transistortechnologie brachte hier eine wesentliche Verbesserung.

Neben den Arbeiten in Deutschland und den USA wurde auch in England schon während des 2. Weltkrieges ein Computer entwickelt. Im Jahre 1943 existierte bereits ein funktionierendes Modell mit Namen *COLOSSUS*. Dieser Rechner hatte 1.500 Elektronenröhren. Er arbeitete in binärer Arithmetik. Bei seiner Entwicklung wurden Ideen von ALAN M. TURING (1912–1954) verwendet, der die theoretischen Grundlagen zu Fragen der Berechenbarkeit gelegt hatte.

Als einer der Väter der modernen Computer darf JOHN VON NEUMANN (1903–1957) nicht unerwähnt bleiben. Er war einer der größten Mathematiker unseres Jahrhunderts. Von Neumann hat wesentliche Beiträge auf vielen Gebieten u. a. zur Quantenmechanik, Operatortheorie, Ergodentheorie und Spieltheorie geleistet. Sein Konzept eines Rechenautomaten liegt auch noch heute als Konstruktionsprinzip den modernen Computern zugrunde. Neu war dabei vor allem die Idee von intern gesteuerten Rechenanlagen. Das Rechenprogramm, früher von außen über Lochstreifen oder Lochkarten zur Steuerung des Rechners eingegeben, wurde jetzt intern im Computer gespeichert und konnte dadurch wie andere Daten verändert werden. Der damit verbundene Vorteil an Flexibilität ermöglicht heute eine universelle Programmierung in verschiedenen Sprachen. Die Forschungen zur Weiterentwicklung des Von-Neumann-Rechners sind heute noch in vollem Gange.

4.2 Bewertung von Algorithmen Nach dem Studium des euklidischen Algorithmus haben wir einen gewissen Eindruck, was man allgemein unter einem Algorithmus zu verstehen hat, welches seine wesentlichen Eigenschaften sind und welche Kriterien zur Einschätzung seiner Leistungsfähigkeit sinnvoll sein werden.

Bezeichnung. Ein *Algorithmus* ist eine Vorschrift, die aus einer Menge eindeutiger Regeln besteht. Diese spezifizieren eine endliche Aufeinanderfolge von Operationen, so daß deren Ausführung die Lösung eines Problems aus einer speziellen Problemklasse liefert.

Die Darstellung des euklidischen Algorithmus in Abschnitt 4.1 zeigt den charakteristischen
Aufbau eines Algorithmus. Die *Eingabe* (der *Input*): Sie besteht aus Eingabegrößen, die vorgegeben werden müssen, damit der Durchlauf der Ausführungsvorschrift gestartet werden kann. Diese Eingabe besteht aus Untermengen spezifizierter Objektmengen.

Beim euklidischen Algorithmus besteht die Eingabe aus den zwei natürlichen Zahlen m und n. Die spezifizierte Objektmenge ist $\mathbb{N}$.

Die *Ausgabe* (der *Output*): Sie besteht aus einer oder auch mehreren Größen, die in spezieller Beziehung zu den Eingabegrößen stehen. Diese Beziehung wird durch die nachfolgende Rechenvorschrift festgelegt.

Der euklidische Algorithmus hat als Ausgabe den größten gemeinsamen Teiler von m und n, der im Schritt (ii) bei Beendigung des Algorithmus als die dann aktuelle Größe n' festgelegt ist.

Die *Rechenvorschrift* (die *Prozedur*): Sie legt die Abfolge der arithmetischen Grundoperationen unter Beachtung der folgenden Gesichtspunkte fest:

Bestimmtheit (Definitheit): Jeder Schritt der Rechenvorschrift muß exakt und unzweideutig festgelegt sein. Dabei muß jede mögliche Situation erfaßt und es muß genau spezifiziert sein, welche Rechenvorschrift jetzt auszuführen ist.

Endlichkeit (Finitheit): Der Rechenvorgang wird nach endlich vielen Schritten beendet.

Im Fall des euklidischen Algorithmus ist diese Forderung zum Beispiel erfüllt, weil bei jedem Durchlauf der Rechenvorschrift die aktuelle Zahl n erniedrigt wird.

Allgemeingültigkeit: Der Algorithmus soll auf eine ganze Problemklasse anwendbar sein, wobei die Lösung der verschiedenen Probleme der Klasse lediglich eine Änderung der Eingabe erfordert.

Unter arithmetischen Grundoperationen verstehen wir die elementaren arithmetischen Operationen "$+, -, \cdot, :$", die Vergleichsoperationen "$<, \leq$" und die Ersetzungsoperation "$:=$". Häufig läßt man aus Gründen der Übersichtlichkeit auch Operationen wie "$\sqrt{\cdot}, |\cdot|, \sin, \cos, \exp$" oder sogar ganze Teilalgorithmen wie etwa das Lösen eines linearen Gleichungssystems zu. Die Forderung der Bestimmtheit eines Algorithmus hat die Entwicklung präziser Sprachen zur Folge. Der euklidische Algorithmus wurde in 4.1 in einer freien Form dargestellt, wie sie zur Durchführung auf Rechenanlagen noch nicht ausreicht. Wir werden uns jedoch in diesem Buch meist auf die Formulierung von *Algorithmen in freier Form* beschränken.

Die strengere Form der Darstellung eines Algorithmus ist durch die Festlegung eines *Ablaufdiagramms* gegeben. Die dabei verwendeten Symbole sind im Normblatt DIN 66001 (Informationsbearbeitung, Sinnbilder für Datenfluß- und Programmablaufpläne) festgelegt. Es handelt sich dabei um die folgenden Symbole:

Verarbeitung, allgemein   Verarbeitungsfolge

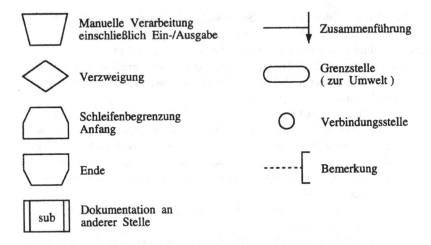

Der euklidische Algorithmus hat im Flußdiagramm folgendes Aussehen:

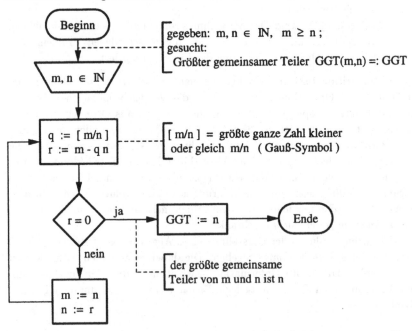

Neben den Ablaufdiagrammen verwendet man auch *Struktogramme* zur Darstellung eines Algorithmus. Diese haben u.a. die Vorteile, daß sie platzsparender sind und die Struktur des Algorithmus durchsichtiger machen (vgl. z. B. H. Noltemeier, R. Laue [1984], S. 143).

Um alle Schwierigkeiten zu überwinden, die mit der Formulierung von Algorithmen auftreten können, sind Programmiersprachen formal definiert worden. Die Formulierung einer Berechnungsmethode in einer Computersprache heißt ein *Programm*. Dieses stellt die strengste Form der Beschreibung eines Algorithmus dar. Darin wird nach festen syntaktischen Regeln der Rechenablauf so formuliert, daß eine Datenverarbeitungsanlage darauf selbst ein *Maschinenprogramm* erzeugen kann. Programme, die das leisten, nennt man *Compiler* oder *Übersetzungsprogramme*. Es gibt inzwischen eine große Zahl von Programmiersprachen für allgemeine naturwissenschaftliche Zwecke wie auch für Spezialaufgaben. Der euklidische Algorithmus, in PASCAL formuliert, hat folgendes Aussehen:

```
FUNCTION ggt(m, n: Integer): Integer;
VAR q, r: Integer;
BEGIN
  REPEAT
    q := m DIV n;
    r := m - q * n;
    IF  r <> 0  THEN
    BEGIN
      m := n;
      n := r
    END
  UNTIL   r = 0;
  ggt := n
END;
```

Selbstverständlich gibt es in der Regel mehrere Algorithmen, die das gleiche leisten. So könnte man etwa die Aufgabe, den größten gemeinsamen Teiler von m und n ($m \geq n$) zu finden, auch so lösen, daß man einfach m und n durch alle Zahlen von 2 bis n dividiert und den größten Divisor heraussucht, bei dem weder bei m noch bei n ein Rest bleibt. Ganz offensichtlich erfüllt dieser Algorithmus ebenfalls alle Forderungen, die wir an einen Algorithmus gestellt haben. Er benötigt jedoch mehr Operationen als der euklidische Algorithmus und ist in diesem Sinne ineffizient. Um die Effizienz eines Algorithmus abschätzen zu können, benötigt man ein Leistungsmaß. Die Komplexitätstheorie als Teilgebiet der Informatik beschäftigt sich mit dieser Fragestellung. Wir können hier nur auf einige Grundprinzipien dieses sehr umfangreichen Gebietes eingehen. Das soll im nächsten Abschnitt geschehen.

4.3 Komplexität von Algorithmen Da es zur Lösung derselben Aufgabe viele verschiedene Algorithmen geben kann, müssen Kriterien bereitgestellt werden, die es gestatten, eine Wertung vorzunehmen. Diese sollten unabhängig von der jeweiligen Implementierung auf einem speziellen Rechner durch einen Programmierer sein und somit objektive Aussagen gestatten. Das bedeutet aber, daß eine mathematische Theorie entwickelt werden muß, die Antworten auf Fragen folgender Art geben kann:

- Wie kann die Güte und Leistungsfähigkeit eines Algorithmus quantitativ analysiert werden?
- Welche Kriterien lassen sich zum Vergleich von Algorithmen aufstellen?
- Welche Möglichkeiten der Verbesserung gegebener Algorithmen gibt es?
- In welchem Sinne können Algorithmen als bestmöglich bewiesen werden?
- Sind "beste" Algorithmen auch für die Praxis brauchbar?

Antworten auf diese Fragen gibt die Komplexitätstheorie, von der ein kleiner Ausschnitt im folgenden behandelt wird.

Als Komplexitätsmaße kommen im wesentlichen zwei Betrachtungsweisen in Frage, nämlich die statische und die dynamische. *Statische Komplexitätsmaße* verwenden z. B. die Länge eines Programms, die Zahl der auftretenden Anweisungen oder ähnliches als Maß für die Effizienz eines Programms. Da diese Größen unabhängig von den Charakteristika der Eingaben, wie etwa der Länge der Eingabedaten, sind, kommt den statischen Komplexitätsmaßen vom mathematischen Gesichtspunkt keine Bedeutung zu. *Dynamische Komplexitätsmaße* stellen die Laufzeit und Speicherplatzanforderungen eines Programms in den Vordergrund. Diese Charakteristika hängen von der Größe der Eingabedaten ab. Da man häufig am Laufzeitverhalten eines Algorithmus interessiert ist, wenn die Größe der Eingaben wächst, ist das dynamische Komplexitätsmaß dem praktischen Gesichtspunkt angemessen. Es hat überdies den Vorteil, daß es sich einer mathematischen Behandlung zugänglich erweist. Wir werden uns daher ausschließlich mit einem dynamischen Komplexitätsmaß befassen.

An den folgenden Beispielen ist leicht abzulesen, daß die Anzahl der Eingabedaten ein Maß für die Größe eines Problems ist.

Beispiel (Maxmin-Suche). Finde aus einer Menge von n ganzen Zahlen die jeweils größte und kleinste. Die Größe dieses Problems ist durch die Mächtigkeit n der Menge der ganzen Zahlen, die betrachtet werden soll, charakterisiert.

Beispiel (Matrixmultiplikation). Es seien A eine $m \times n$ und B eine $n \times r$ Matrix mit reellen Elementen. Das Matrizenprodukt $C := A \cdot B$ soll berechnet werden. Ist nun etwa $r \geq m$ und $r \geq n$, so stellt die Zahl r ein Maß für die Größe dieses Problems dar.

Zeitkomplexität und *Speicherkomplexität* sind besonders im asymptotischen Grenzfall interessant; d. h. wenn die Größe eines Problems über alle Grenzen wächst. Die Verarbeitungszeit von Eingabedaten wird im allgemeinen proportional der Anzahl der elementaren Rechenoperationen sein, die der Algorithmus bis zum fertigen Ergebnis durchläuft. Wir definieren daher die Komplexität eines Algorithmus wie folgt.

Definition der Komplexität. Es sei A ein Algorithmus zur Lösung eines Problems P mit $n \in \mathbb{N}$ Eingabedaten. Die Abbildung $T_A : \mathbb{N} \to \mathbb{N}$, die jeder Anzahl von Eingabedaten die Anzahl der Grundoperationen beim Ablauf des Algorithmus zuordnet, heißt *Komplexität von A.*

Diese Definition der Komplexität erfaßt noch nicht alle Aspekte, die ein Gütemaß für einen Algorithmus besitzen sollte. So hängt die Laufzeit nicht nur von der Anzahl der Eingabedaten, sondern auch wesentlich von deren Codierungslänge ab. Ebenso ist das Laufzeitverhalten eines Algorithmus nicht unabhängig von dem Maschinentyp, der benutzt wird. Wir wollen uns hier auf den Standpunkt stellen, daß allen Überlegungen eine einheitliche Maschine - etwa eine Turingmaschine - zugrundeliegt. Bezüglich der Codierung der Eingabedaten werden wir an späterer Stelle den Begriff der Komplexität noch schärfer fassen.

Es erweist sich als nützlich, zur Beschreibung des Verhaltens der Komplexitätsfunktion für große n die *Landauschen Symbole* einzuführen.

Landau-Symbole. Wir betrachten zwei Funktionen $f, g : D \to \mathbb{R}$, $D \subset \mathbb{R}$; dabei sei $g(x) \neq 0$ für $x \in D$.

1. f heißt *von der Ordnung "groß O" von g für x gegen x_0*, wenn es eine Konstante $C > 0$ und ein $\delta > 0$ gibt, so daß für alle $x \in D$ mit $x \neq x_0$ und $|x - x_0| < \delta$ die Abschätzung

$$\left| \frac{f(x)}{g(x)} \right| \leq C$$

gilt. Kurzschreibweise: $f(x) = O(g(x))$ für $x \to x_0$.

2. f heißt *von der Ordnung "klein o" von g für x gegen x_0*, wenn es für jede Konstante $C > 0$ ein $\delta > 0$ gibt, so daß für alle $x \in D$ mit $x \neq x_0$ und $|x - x_0| < \delta$ die Abschätzung

$$\left| \frac{f(x)}{g(x)} \right| \leq C$$

gilt. Kurzschreibweise: $f(x) = o(g(x))$ für $x \to x_0$.

Man prüft leicht nach, daß die Landau-Symbole O und o für jeweils $x \to x_0$ die folgenden Eigenschaften besitzen:

 (i) $f(x) = O(f(x))$;

 (ii) $f(x) = o(g(x)) \Rightarrow f(x) = O(g(x))$;

(iii) $f(x) = K \cdot O(g(x))$ für ein $K \in \mathbb{R} \Rightarrow f(x) = O(g(x))$;

(iv) $f(x) = O(g_1(x))$ und $g_1(x) = O(g_2(x)) \Rightarrow f(x) = O(g_2(x))$;

 (v) $f_1(x) = O(g_1(x))$ und $f_2(x) = O(g_2(x)) \Rightarrow f_1(x) \cdot f_2(x) = O(g_1(x) \cdot g_2(x))$;

(vi) $f(x) = O(g_1(x)g_2(x)) \Rightarrow f(x) = g_1(x) \cdot O(g_2(x))$.

Die Beziehungen (iii) - (vi) besitzen ihre Entsprechung für das Symbol "o".

Beispiele zu den Landau-Symbolen.
(1) Sei $f : [0,1] \to \mathbb{R}$ eine Funktion mit $f(0) = 0$. Wenn f stetig bzw. einmal stetig differenzierbar auf dem Intervall $[0,1]$ ist, so gilt $f(x) = o(1)$ bzw. $f(x) = O(x)$ für $x \to 0$.
(2) Es sei (a_μ) eine Folge reeller Zahlen, und es möge eine Konstante K existieren, so daß $|a_{\mu+1} - a_\mu| \le K$ für alle $\mu \in \mathbb{N}$ gilt. Dann folgt die Beziehung $a_\mu = O(\mu)$ für $\mu \to \infty$.
(3) Eine Funktion $f : [0,\infty) \to \mathbb{R}$ genüge für alle $x \in [0,\infty)$ der Abschätzung

$$|f(x)| \le K + \int_0^x k\,|f(t)|dt$$

mit nichtnegativen Konstanten K, k. Dann besagt die *Gronwallsche Ungleichung*, daß sich f durch

$$|f(x)| \le K\,e^{kx}$$

für alle $x \in [0,\infty)$ abschätzen läßt. Mit $g(x) := e^{kx}$ erhält man daraus die asymptotische Beziehung $f(x) = O(g(x))$ für $x \to \infty$ (T. H. Gronwall: Note on the derivatives with respect to a parameter of the solutions of a system of differential equations. Ann. Math. 20 (1918), 292–296).

Sehr nützlich ist auch häufig eine *diskrete Form der Gronwallschen Ungleichung*, die wir der Vollständigkeit halber angeben.
Sei (f_μ) eine reelle Zahlenfolge, die für alle $\mu \in \mathbb{N}$ einer Abschätzung

$$|f_\mu| \le K + k \sum_{\nu=0}^{\mu-1} |f_\nu|$$

mit nichtnegativen Konstanten K und k genügt. Dann gilt

$$|f_\mu| \le K\,e^{\mu k}$$

für alle $\mu \in \mathbb{N}$.

Wir kommen nochmals zur Definition der Komplexität eines Algorithmus zurück. Der Algorithmus soll nun gemäß der Forderung nach Allgemeingültigkeit (Abschnitt 4.2) auf eine ganze Klasse von Problemen anwendbar sein; d. h., daß er insbesondere für eine ganze Menge $\Omega := \{w_1, w_2, w_3, \cdots\}$ von Eingabedaten arbeiten soll. Entsprechend stellt sich die Frage nach seiner Komplexität bezüglich aller Eingabedaten der Menge Ω, die eine feste Größe $g(\omega_i) = n$ haben. Man kann dabei einmal nach der Zeitkomplexität $T_A^S(n)$ im schlechtesten Fall ("worst case") oder nach der Komplexität im Mittel $T_A^M(n)$ fragen. Dazu setzen wir

$$T_A^S(n) := \sup\{T_A(w) \mid w \in \Omega, g(w) = n\}$$

und

$$T_A^M(n) := E\{T_A(w) \mid w \in \Omega, g(w) = n\}.$$

Dabei wird mit E der Erwartungswertoperator über der bedingten Verteilung $W(w/g(w) = n)$ bezeichnet. Es stellt sich hier natürlich sofort die Frage, welche Wahrscheinlichkeitsmaße W man zugrundelegen soll. Nur für wenige Algorithmen ist das bisher geklärt. Wir werden darauf bei der Behandlung des Simplexverfahrens in Kapitel 9 kurz zurückkommen.

Zur Demonstration dient das folgende

Beispiel zum euklidischen Algorithmus.
Der Wert von n werde als fest und bekannt angenommen und m darf alle natürlichen Zahlen durchlaufen. Wie oft durchläuft der Algorithmus dann im schlechtesten Fall und wie oft im Mittel den Schritt (i) (vgl. 4.1)? Zunächst charakterisiert die Zahl n tatsächlich für alle $m \in \mathbb{N}$ die Größe der Probleme; denn nach einmaligem Aufruf von Schritt (i), bei dem m durch n geteilt wird, ist nur noch der Rest r relevant, und dieser variiert zwischen 0 und n.

Im schlechtesten Fall wird Schritt (i) offensichtlich n mal durchlaufen, d. h. $T_A^S(n) = n$. Die Frage nach der Komplexität im Mittel ist nicht so einfach zu beantworten und kann hier nur an einem Zahlenbeispiel ausgeführt werden. Es sei etwa $n = 7$. Wie bereits erwähnt, müssen dann nur die Aufrufe von Schritt (i) für $m = 1, 2, \ldots, 7$ gezählt werden.

m	Zahl der Aufrufe von Schritt (i)
1	2
2	3
3	3
4	4
5	4
6	3
7	1

Damit folgt: $T_A^M(7) = \frac{20}{7} < 2.86$.

Für große n konnte bisher gezeigt werden, daß

$$T_A^M(n) = \frac{12 ln\, 2}{\pi^2} ln\, n = O(ln\, n)$$

gilt.

Wir werden uns im weiteren Verlauf dieses Kapitels nur mit der Komplexität im schlechtesten Fall beschäftigen.

4.4 Berechnung der Komplexität einiger Algorithmen. Von den bisher vorgestellten Algorithmen läßt sich die Zeitkomplexität $T_A^S(n)$ einfach berechnen.

Beispiel zur naiven Auswertung eines Polynoms.
Der naive Algorithmus zur Auswertung eines Polynoms vom Grade n an der Stelle $\alpha \in \mathbb{R}$ lautet:
   <u>Eingabe:</u> $n \in \mathbb{N}$, $(a_0, a_1, \ldots, a_n) \in \mathbb{R}^{n+1}$, $\alpha \in \mathbb{R}$

<u>Ausgabe:</u> $p := \sum_{i=0}^{n} a_i \alpha^i$
<u>Rechenvorschrift:</u>
  (i) $p := a_0$,
  (ii) Für $i = 1, 2, \ldots, n$:
    $b := a_i$;
    für $j = 1, 2, \ldots, i$:
      $b := b\alpha$;
    $p := p + b$.

Dieser Algorithmus hat bei Zählung der Additionen und Multiplikationen die Komplexität

$$T_A^S(n) = \frac{1}{2}n(n + 3) = O(n^2).$$

Beispiel zur Auswertung eines Polynoms nach dem Hornerschema (vgl. 5.5.1).
  <u>Eingabe:</u> $n \in \mathbb{N}$, $(a_0, a_1, \ldots, a_n) \in \mathbb{R}^{n+1}$, $\alpha \in \mathbb{R}$
  <u>Ausgabe:</u> $p := \sum_{i=0}^{n} a_i \alpha^i$
  <u>Rechenvorschrift:</u>
    (i) $p := a_n$,
    (ii) Für $i = (n - 1), (n - 2), \ldots, 0$:
      $p := a_i + \alpha p$.

Der Algorithmus hat bei Zählung der Additionen und Multiplikationen die Komplexität

$$T_A^S(n) = 2n = O(n).$$

Beispiel. Maximumsuche auf einem Gitter
  <u>Eingabe:</u> $n \in \mathbb{N}$, $(f_1, f_2, \ldots, f_n) \in \mathbb{R}^n$
  <u>Ausgabe:</u> max $:= \max_{1 \le j \le n} f_j$
  <u>Rechenvorschrift:</u>
    (i) max $:= f_1$,
    (ii) Für $i = 2, 3, \ldots, n$:
      max $:= f_i$, falls $f_i >$ max.

Der Algorithmus hat bei Zählung der Vergleichsoperationen die Komplexität

$$T_A^S(n) = n - 1 = O(n).$$

Beispiel. Maximum-Minimumsuche auf einem Gitter
  <u>Eingabe:</u> $n \in \mathbb{N}$, $(f_1, f_2, \ldots, f_n) \in \mathbb{R}^n$
  <u>Ausgabe:</u> min $:= \min_{1 \le i \le n} f_i$, max $:= \max_{1 \le i \le n} f_i$
  <u>Rechenvorschrift:</u>
    (i) Falls $f_1 < f_2$: min $:= f_1$, max $:= f_2$;
    andernfalls: min $:= f_2$, max $:= f_1$,
    (ii) Für $i = 3, 4, \ldots, n$:
      Falls $f_i >$ max: max $:= f_i$;
      falls $f_i <$ min: min $:= f_i$.

Der Algorithmus hat insgesamt die Komplexität (Vergleichsoperationen)

$$T_A^S(n) = 2n - 3.$$

Beispiel. Matrixmultiplikation
Es ist leicht nachzurechnen, daß die Produktbildung C zweier $(n \times n)$-Matrizen A und B die Komplexität

$$T_A^S(n) = O(n^3)$$

hat, wenn man die gewöhnliche Matrizenmultiplikation ausführt.

Die Frage ist nun naheliegend, ob die in den Beispielen benutzten Algorithmen nicht durch bessere im Sinne der Zeitkomplexität ersetzt werden können, die aber dennoch das Gleiche leisten. Für die Matrizenmultiplikation läßt sich einfach eine untere Komplexitätsgrenze angeben. Da eine $(n \times n)$-Matrix n^2 Elemente hat, gibt es sicher keinen Algorithmus mit einer besseren Komplexität als $O(n^2)$. Es ist ein offenes Problem, ob ein Algorithmus existiert, der sich wie $O(n^2)$ verhält für $n \to \infty$.

Im nächsten Abschnitt wollen wir ein allgemeines Prinzip studieren, das in manchen Fällen Algorithmen verbessert.

4.5 Ein Konzept zur Verbesserung der Komplexitätsordnung. Wir greifen nochmals die Frage nach besseren Algorithmen zur Lösung einiger der Beispiele des Abschnitts 4.4 auf.

Ein allgemeines Konzept zur Verbesserung der Zeitkomplexität, das häufig angewandt werden kann, soll vorgestellt werden. Die Grundidee besteht darin, das ursprüngliche Problem in eine Folge von Teilproblemen zu zerlegen, die dann schnell gelöst werden können. Dieses Prinzip wird auch kurz als "*Divide et Impera-Methode*" bezeichnet. Für die Maxmin-Suche geht man folgendermaßen vor:

<u>Eingabe:</u> $k \in \mathbf{N}$, $F := (f_1, f_2, \ldots, f_{2^k}) \in \mathbf{R}^{2^k}$;
<u>Ausgabe:</u> max $:= \max_{1 \le i \le 2^k} f_i$, min $:= \min_{1 \le i \le 2^k} f_i$
<u>Rechenvorschrift:</u>
  (i) Falls $k = 1$:
      Wenn $f_1 < f_2$, setze min $:= f_1$, max $:= f_2$;
      andernfalls min $:= f_2$, max $:= f_1$,
 (ii) Zerlege F in zwei Vektoren F_1 und F_2:
      $F_1 := (f_1, f_2, \ldots, f_{2^{k-1}})$, $F_2 := (f_{2^{k-1}+1}, f_{2^{k-1}+2}, \ldots, f_{2^k})$ und ermittle jeweils in F_1 und F_2 den maximalen und minimalen Wert durch Anwendung des Algorithmus Maxmin-Suche des Abschnitts 4.4. Das Resultat sei $\max_1$, $\min_1$ bezüglich F_1 bzw. $\max_2$, $\min_2$ bezüglich F_2.
(iii) Setze $F := (\max_1, \max_2)$ bzw. $F := (\min_1, \min_2)$ und führe jeweils mit F Schritt (i) aus.

Die Komplexität dieses Algorithmus berechnet man, indem man für $T_A^S(n)$, $n = 2^k$, eine Rekursionsformel aufstellt:

$$T_A^S(n) = \begin{cases} 1 & \text{falls } n = 2 \quad \text{(Schritt (i))}, \\ 2T_A^S(\frac{n}{2}) + 2 & \text{falls } n > 2 \quad \text{(Schritte (ii) und (iii))}. \end{cases}$$

Diese Rekursion wird durch die Funktion

$$T_A^S(n) = \frac{3}{2}n - 2$$

erfüllt, wie man einfach nachrechnet.

Ein Vergleich mit der Komplexität des Algorithmus zur Maxmin-Suche in Abschnitt 4.4 zeigt, daß der Faktor von n von 2 auf $\frac{3}{2}$ verbessert wurde. Die Grundidee läßt sich verallgemeinern.

Satz vom Prinzip des ”Divide et Impera“. *Es seien α, b_ν, $0 \le \nu \le r$, nichtnegative Konstanten. Die Funktion T_A^S genüge der Rekursion*

$$T_A^S(2n) \le \alpha \cdot T_A^S(n) + \sum_{\nu=0}^{r} b_\nu n^\nu, \quad n \in \mathbb{Z}_+,$$

mit $T_A^S(1) > 0$, $b_r > 0$. Dann gilt für Zahlen der Gestalt $n = 2^k$, $k \in \mathbb{N}$, für $n \to \infty$ die Asymptotik

$$T_A^S(n) = \begin{cases} O(n^r) & \text{falls } \alpha < 2^r, \\[2mm] O(n^r \log_2 n) & \text{falls } \alpha = 2^r, \\[2mm] O(n^{\log_2 \alpha}) & \text{falls } \alpha > 2^r. \end{cases}$$

Den Beweis dieses Satzes beginnen wir mit einem

Lemma. *Für eine Folge (s_k) reeller Zahlen gelte die Rekursion*

$$s_0 \le a,$$

$$s_{k+1} \le q \cdot s_k + \sum_{\nu=0}^{r} b_\nu q_\nu^k \quad \text{für } k \ge 0,$$

wobei q, a, sowie b_ν, q_ν für $0 \le \nu \le r$ beliebige reelle nichtnegative Zahlen sind. Dann gilt:
Falls $q \ne q_\nu$ für alle $0 \le \nu \le r$ ist, folgt

$$(*) \qquad s_k \le a \cdot q^k + \sum_{\nu=0}^{r} \frac{b_\nu}{q_\nu - q}(q_\nu^k - q^k),$$

und, falls für genau ein μ, $0 \le \mu \le r$, $q = q_\mu$ ist, gilt für $k > 0$ die Abschätzung

$$(**) \qquad s_k \le a \cdot q^k + \sum_{\substack{\nu=0 \\ \nu \ne \mu}}^{r} \frac{b_\nu}{q_\nu - q}(q_\nu^k - q^k) + b_\mu \cdot k \cdot q^{k-1}.$$

Man beweist die Ungleichungen (∗) bzw. (∗∗) leicht mit vollständiger Induktion nach k. Die Durchführung der Einzelheiten bleibt dem Leser überlassen.

Beweis des Satzes. Nach der Voraussetzung gilt die Ungleichung

$$T_A^S(2^{k+1}) \leq \alpha \cdot T_A^S(2^k) + \sum_{\nu=0}^{r} b_\nu (2^\nu)^k$$

für $k \geq 0$. Um das Lemma anwenden zu können, setzen wir $s_k := T_A^S(2^k)$, $q := \alpha$, $q_\nu := 2^\nu$ und $a := T_A^S(1)$. Es sei zunächst $q > 2^r$. Dann ist insbesondere $q > q_\nu$ für $\nu = 0, 1, \ldots, r$, und die Abschätzung (∗) ist anwendbar:

$$T_A^S(2^k) \leq T_A^S(1) \cdot \alpha^k + \sum_{\nu=0}^{r} \frac{b_\nu}{2^\nu - \alpha} ((2^\nu)^k - \alpha^k) \leq$$

$$\leq T_A^S(1) \cdot \alpha^k + \alpha^k \sum_{\nu=0}^{r} \frac{b_\nu}{\alpha - 2^\nu} \leq C \alpha^{\log_2 n} \leq C n^{\log_2 \alpha}$$

mit einer positiven Konstanten C. Daraus fließt

$$T_A^S(n) = O(n^{\log_2 \alpha}).$$

Es sei jetzt $q = q_r$. In diesem Fall muß die Ungleichung (∗∗) mit $\mu = r$ benutzt werden:

$$T_A^S(2^k) \leq T_A^S(1)\alpha^k + \sum_{\nu=0}^{r-1} \frac{b_\nu}{2^\nu - \alpha}((2^\nu)^k - \alpha^k) + b_r \cdot k \cdot q^{k-1} \leq$$

$$\leq C(n^{\log_2 \alpha} + \alpha^{k-1} \log_2 n) = C(n^{\log_2 \alpha} + \frac{1}{\alpha} n^r \log_2 n) = O(n^r \log_2 n).$$

Schließlich sei $q < q_r$. Dann können zwei Fälle eintreten. Entweder gilt $q \neq q_\nu$ für alle $0 \leq \nu \leq r$ oder es ist $q = q_\mu$ für ein $0 \leq \mu < r$. Im ersten Fall ist wiederum die Formel (∗) des Lemmas anzuwenden:

$$T_A^S(2^k) \leq T_A^S(1)\alpha^k + \sum_{\substack{\nu=0 \\ q_\nu < q}}^{r} \frac{b_\nu}{2^\nu - \alpha}((2^\nu)^k - \alpha^k) + \sum_{\substack{\nu=0 \\ q_\nu > q}}^{r} \frac{b_\nu}{2^\nu - \alpha}((2^\nu)^k - \alpha^k) \leq$$

$$\leq C_1 \alpha^k + C_2(2^r)^k \leq C(n^{\log_2 \alpha} + n^r) = O(n^r).$$

Im zweiten Fall wendet man die Formel (∗∗) an:

$$T_A^S(2^k) \leq T_A^S(1)\alpha^k + \sum_{\substack{\nu=0 \\ q_\nu < q}}^{r} \frac{b_\nu}{2^\nu - \alpha}((2^\nu)^k - \alpha^k) +$$

$$+ \sum_{\substack{\nu=0 \\ q_\nu > q}}^{r} \frac{b_\nu}{2^\nu - \alpha}((2^\nu)^k - \alpha^k) + b_\mu k q^{k-1} \leq$$

$$\leq C(n^{\log_2 \alpha} + n^r + \log_2 n \alpha^{k-1}) \leq$$

$$\leq C(n^{\log_2 \alpha} + n^r + \frac{1}{2} \log_2 n \cdot n^{r-1}) = O(n^r).$$

Damit ist der Satz vollständig bewiesen. $\square$

4.6 Schnelle Matrixmultiplikation. In Abschnitt 4.4 haben wir gesehen, daß die Multiplikation zweier $(n \times n)$-Matrizen die Komplexität $O(n^3)$ besitzt. Das Prinzip des Divide et Impera kann nun benutzt werden, um die Komplexität zu verbessern; diese Idee geht auf V. Strassen [1969] zurück.

Es seien $A = (a_{\mu\nu})$ und $B = (b_{\mu\nu})$ zwei reelle $(n \times n)$-Matrizen und $C = (c_{\mu\nu})$ deren Produkt. Wir wollen annehmen, daß $n = 2^k$ mit $k \in \mathbb{N}$ gilt. Das bedeutet keine Einschränkung, da man jede Matrix trivial auf eine solche Größe erweitern kann.

Lemma. *Es seien A und B reelle $(2^k \times 2^k)$-Matrizen mit $k \in \mathbb{N}$. Dann läßt sich das Produkt $C = A \cdot B$ durch 7 Multiplikationen und 18 Additionen von reellen $(2^{k-1} \times 2^{k-1})$-Matrizen berechnen.*

Beweis. Die Matrizen A, B und C werden folgendermaßen zerlegt:

$$A = \begin{pmatrix} A_{11} & A_{12} \\ A_{21} & A_{22} \end{pmatrix}, \quad B = \begin{pmatrix} B_{11} & B_{12} \\ B_{21} & B_{22} \end{pmatrix}, \quad C = \begin{pmatrix} C_{11} & C_{12} \\ C_{21} & C_{22} \end{pmatrix}.$$

Dabei sind $A_{\mu\nu}, B_{\mu\nu}$ und $C_{\mu\nu}$ Matrizen aus $\mathbb{R}^{(2^{k-1}, 2^{k-1})}$. Mit der gewöhnlichen Matrixmultiplikation berechnet man die folgenden Hilfsmatrizen:

$$\begin{aligned}
M_1 &:= (A_{12} - A_{22})(B_{21} + B_{22}), & M_5 &:= A_{11}(B_{12} - B_{22}) \\
M_2 &:= (A_{11} + A_{22})(B_{11} + B_{22}), & M_6 &:= A_{22}(B_{21} - B_{11}), \\
M_3 &:= (A_{11} - A_{21})(B_{11} + B_{12}), & M_7 &:= (A_{21} + A_{22})B_{11}. \\
M_4 &:= (A_{11} + A_{12})B_{22},
\end{aligned}$$

Die Elemente der Produktmatrix $C_{\mu\nu}$ sind dann leicht zu bestimmen:

$$\begin{aligned}
C_{11} &= M_1 + M_2 - M_4 + M_6, & C_{12} &= M_4 + M_5, \\
C_{21} &= M_6 + M_7, & C_{22} &= M_2 - M_3 + M_5 - M_7.
\end{aligned}$$

Geht man so vor, wenn man die Produktmatrix C berechnen will, so werden genau 7 Multiplikationen und 18 Additionen von $(2^{k-1} \times 2^{k-1})$-Matrizen benötigt. Das bestätigt man durch Abzählen. $\quad\square$

Wendet man das Prinzip des Divide et Impera auf die Matrixmultiplikation an, indem man gemäß der Aussage des Lemmas eine Zerlegung des Problems in Teilprobleme vornimmt, so folgt der

Satz von Strassen. *Führt man die Matrixmultiplikation zweier reeller $(2^k \times 2^k)$-Matrizen entsprechend der Vorschrift des Lemmas aus, so hat der entsprechende Algorithmus die Komplexität*

$$O(n^{\log_2 7})$$

für $n \to \infty$ mit $n := 2^k$.

Beweis. Die Anzahl der Multiplikationen, um 7 Matrizen aus $\mathbb{R}^{(\frac{n}{2},\frac{n}{2})}$ zu multiplizieren, beträgt

$$7 \cdot T_A^S(\frac{n}{2}).$$

Die Anzahl der Additionen, um 18 Matrizen aus $\mathbb{R}^{(\frac{n}{2},\frac{n}{2})}$ zu addieren, ist

$$18 \cdot (\frac{n}{2})^2.$$

Aus dem Lemma fließt nun die Abschätzung

$$T_A^S(n) \leq 7 \cdot T_A^S(\frac{n}{2}) + 18\frac{n^2}{4}.$$

Außerdem gilt $T_A^S(1) = 1$. Damit sind die Voraussetzungen des Satzes vom Prinzip des Divide et Impera mit $\alpha = 7$ und $r = 2$ erfüllt, und es gilt

$$T_A^S(n) = O(n^{log_2 7})$$

für $n \to \infty$.   □

In Anbetracht der Tatsache, daß $\log_2 7$ gerundet den Wert 2.8 hat, scheint die Verbesserung der Komplexitätsordnung durch den Strassen-Algorithmus unbedeutend. Inzwischen wurden jedoch Algorithmen angegeben, deren Komplexitätsordnung weiter verbessert ist. D. Coppersmith und S. Winograd [1986] gaben einen Algorithmus zur Matrixmultiplikation der Komplexitätsordnung 2.388 an. Da das Produkt C zweier $(n \times n)$-Matrizen A und B aus n^2 Elementen besteht, ist es klar, daß es keinen Algorithmus zur Berechnung von C geben kann, dessen Komplexität besser als $O(n^2)$ ist. Es ist bisher jedoch nicht bekannt, ob es einen Algorithmus mit dieser optimalen Komplexität gibt.

Bemerkung. Die hier behandelten Fragen der Komplexität beziehen sich auf einen Komplexitätsbegriff, der an seriell arbeitenden Rechnern orientiert ist. Besteht die Möglichkeit der Parallelverarbeitung, so muß man die Definition der Komplexität geeignet modifizieren. Die Algorithmen lassen sich dann i. allg. weiter beschleunigen.

4.7 Aufgaben. 1) Betrachten Sie folgendes Sortierverfahren: Um $2n$ Zahlen der Größe nach zu sortieren, teile man sie in zwei n-elementige Mengen, sortiere diese separat und stelle durch anschließendes Mischen die richtige Gesamtreihenfolge aller $2n$ Zahlen her. Zeigen Sie, daß man durch rekursive Anwendung dieser Methode ein Sortierverfahren erhält, das mit $O(n \log_2 n)$ Vergleichsoperationen auskommt.

2) Zeigen Sie: Approximiert man die Ableitung einer dreimal stetig differenzierbaren Funktion f durch Differenzenquotienten, so gilt:
a) $\frac{f(x+h)-f(x)}{h} = f'(x) + O(h)$;

b) $\frac{f(x+h)-f(x-h)}{2h} = f'(x) + O(h^2)$.

3) Für die Multiplikation zweier komplexer Zahlen benötigt man mit der üblichen Formel 4 reelle Multiplikationen. Finden Sie analog zum Strassen-Algorithmus für Matrixmultiplikationen einen Algorithmus, der mit 3 reellen Multiplikationen auskommt.

4) a) Sei A eine $(2n \times 2n)$-Matrix, A_{ij} und C_{ij} $(n \times n)$-Matrizen,

$$A = \begin{bmatrix} A_{11} & A_{12} \\ A_{21} & A_{22} \end{bmatrix} \qquad A^{-1} = \begin{bmatrix} C_{11} & C_{12} \\ C_{21} & C_{22} \end{bmatrix}$$

Man zeige, daß der folgende Algorithmus die Matrix A^{-1} liefert:

$$M_1 := A_{11}^{-1} \qquad M_2 := A_{21} \cdot M_1 \qquad M_3 := M_1 \cdot A_{12} \qquad M_4 := A_{21} \cdot M_3$$

$$M_5 := M_4 - A_{22} \qquad M_6 := M_5^{-1} \qquad M_7 := M_3 \cdot C_{21}$$

$$C_{11} := M_1 - M_7 \qquad C_{12} := M_3 \cdot M_6 \qquad C_{21} := M_6 \cdot M_2 \qquad C_{22} := -M_6$$

Man setze voraus, daß die auftretenden Inversen existieren.

b) Für eine $(2^k \times 2^k)$-Matrix läßt sich durch rekursive Anwendung des obigen Verfahrens eine "schnelle Matrixinvertierung" definieren. Man zeige: Die Anzahl der arithmetischen Grundoperationen $T(2^k)$ bei der schnellen Invertierung ist durch

$$T(2^k) = 1.2 \cdot 7^{k+1} + 9.6 \cdot 2^k - 17 \cdot 4^k$$

gegeben, falls man die anfallenden Matrixmultiplikationen mit Hilfe der schnellen Matrixmultiplikation durchführt.

Hinweis: Zur schnellen Matrixmultiplikation zweier $(2^k \times 2^k)$-Matrizen benötigt man $7^{k+1} - 6 \cdot 4^k$ Grundoperationen.

c) Man zeige: $T(n) = O(n^{\log_2 7})$.

d) Die einfache Matrixinvertierung nach Gauß benötigt bei einer $(n \times n)$-Matrix $(2n^3 - 2n^2 + n)$ Grundoperationen. Man berechne auf dem Taschenrechner, ab welchem n der Form $n = 2^k$ die schnelle Matrixinvertierung wirklich schneller ist.

Kapitel 2. Lineare Gleichungssysteme

Viele Fragestellungen in der Mathematik führen auf lineare Gleichungssysteme. Insbesondere wird man beim Einsatz von Rechenanlagen häufig auf die Problemstellung geführt, ein möglicherweise sehr großes lineares Gleichungssystem lösen zu müssen. Das ist der Grund, warum die Bereitstellung von Algorithmen zur Lösung dieser Aufgabe ein zentrales Anliegen der numerischen Mathematik darstellt. Man unterscheidet zwei Typen von Verfahren. Die *direkten Verfahren* lösen das Problem nach endlich vielen Schritten, so daß kein Verfahrensfehler auftritt. Dagegen können Rundungsfehler das Ergebnis erheblich verfälschen. Bei *indirekten Verfahren* wird die Lösung durch Iteration, also einen in der Regel nicht abbrechenden Prozeß, näherungsweise bestimmt. Obwohl hier sowohl Abbrechfehler wie auch Rundungsfehler auftreten, können iterative Verfahren durchaus vorteilhaft sein. In diesem Kapitel werden ausschließlich direkte Verfahren abgehandelt. Der Problemkreis der linearen Gleichungssysteme wird im Kapitel 8 mit der Darstellung der indirekten Verfahren im Rahmen der Iteration wieder aufgegriffen werden.

§ 1. Das Eliminationsverfahren nach Gauß

Das Eliminationsverfahren wurde bereits 1810 von Gauß im Zusammenhang mit Berechnungen in der Astronomie entwickelt (siehe auch Kap. 4, §6). Es gehört noch heute zu den Standardverfahren der numerischen linearen Algebra und ist auch fester Bestandteil jeder Grundvorlesung in linearer Algebra.

CARL FRIEDRICH GAUSS (1777–1855) beeinflußte wie kein anderer die Mathematik in der ersten Hälfte des 19. Jahrhunderts. Es sind die Breite und Tiefe in jedem Teilgebiet der Mathematik, die seine Größe ausmachen. Gerade auch in der numerischen Mathematik begegnet uns sein Name immer wieder. Nicht nur der Reichtum der Ideen von Gauß, sondern auch sein außergewöhnlicher Fleiß in der Durchführung endloser Zahlenrechnungen sind beeindruckend. Aus seinen praktischen Studien in der Geodäsie, in der Astronomie und in der Physik, von denen die gemeinsam mit W. Weber durchgeführten Untersuchungen zum Elektromagnetismus wohl die wichtigsten sind, – das Gauß-Weber-Denkmal in Göttingen erinnert daran –, erwuchsen Gauß immer wieder neue Erkenntnisse für seine mathematischen Forschungen. Umgekehrt sah er die Mathematik als Teil der menschlichen Erfahrungswelt, wenn er etwa im Zusammenhang mit der Unmöglichkeit, das Parallelenpostulat zu beweisen, sich zu der Meinung durchringt, daß die euklidische Geometrie und die nichteuklidischen Geometrien gleichberechtigt seien und daß erst Erfahrungen und Experimente darüber entscheiden könnten, welche Geometrie die Struktur des Raumes ausmacht. (Nach K. Reich ([1985], S. 62)).

In diesem Paragraphen stehen die algorithmische Formulierung des Gaußschen Verfahrens und seine Komplexität im Mittelpunkt der Betrachtungen.

1.1 Notation und Aufgabenstellung. Unter einem Vektor des $\mathbb{C}^n$ sei im Zusammenhang mit linearen Gleichungssystemen ein Spaltenvektor b mit der Komponentendarstellung

$$b = \begin{pmatrix} b_1 \\ \vdots \\ b_n \end{pmatrix}, \quad b_\nu \in \mathbb{C},\ 1 \le \nu \le n,$$

verstanden. Der transponierte Vektor zu b ist der Zeilenvektor $b^T = (b_1, \ldots, b_n)$. Die n Einheitsvektoren des $\mathbb{R}^n$ seien mit $e^1, e^2, \ldots, e^n$ bezeichnet; es gilt also $e_\mu^\nu = \delta_{\mu\nu}$, $1 \le \mu, \nu \le n$, wobei $\delta_{\mu\nu}$ das Kroneckersymbol bedeutet. Für $(m \times n)$-Matrizen über $\mathbb{C}$ bzw. deren Transponierte verwenden wir die Schreibweise

$$A = (a_{\mu\nu}) \in \mathbb{C}^{(m,n)}\ \text{ bzw. }\ A^T = (a_{\nu\mu}) \in \mathbb{C}^{(n,m)}.$$

Die Einheitsmatrix werde mit $I = (\delta_{\mu\nu})$ bezeichnet.

Problemstellung. Es seien eine Matrix $A \in \mathbb{C}^{(m,n)}$ mit $m \le n$ und die rechte Seite $b \in \mathbb{C}^m$ des *linearen Gleichungssystems*

$$(*) \qquad\qquad Ax = b$$

gegeben. Gesucht wird der Lösungsvektor $x \in \mathbb{C}^n$. Es ist klar, daß sich durch Aufspalten der Elemente von A und der Komponenten von b in Real- und Imaginärteil jedes Gleichungssystem in $\mathbb{C}^n$ in ein äquivalentes in $\mathbb{R}^{2n}$ umschreiben läßt.

1.2 Der Rechenprozeß. Beim Gaußschen Eliminationsverfahren zur Lösung des linearen Gleichungssystems 1.1 versucht man, durch geeignete Zeilenkombination die Elemente unterhalb der Diagonalen von A zum Verschwinden zu bringen. Wir nehmen zunächst an, daß der aus der folgenden Tabelle hervorgehende Algorithmus uneingeschränkt durchführbar ist. Die Sonderfälle werden anschließend betrachtet.

Zeilenumformung	Matrixelemente				$b^{(\mu)}$	$s^{(\mu)}$
$Z_1^{(1)}$ (1. Zeile im 1. Schritt)	a_{11} a_{12} a_{13}			$\cdots$ a_{1n}	b_1	s_1
$Z_2^{(1)}$ (2. Zeile im 1. Schritt)	a_{21} a_{22} a_{23}			$\cdots$ a_{2n}	b_2	s_2
$\vdots$	$\vdots$ $\vdots$ $\vdots$			$\vdots$	$\vdots$	$\vdots$
$Z_m^{(1)}$ (m-te Zeile im 1. Schritt)	a_{m1} a_{m2} a_{m3}			$\cdots$ a_{mn}	b_m	s_m
$Z_2^{(2)} := Z_2^{(1)} - \frac{a_{21}}{a_{11}} Z_1^{(1)}$	0 $a_{22}^{(2)}$ $a_{23}^{(2)}$			$\cdots$ $a_{2n}^{(2)}$	$b_2^{(2)}$	$s_2^{(2)}$
$Z_3^{(2)} := Z_3^{(1)} - \frac{a_{31}}{a_{11}} Z_1^{(1)}$	0 $a_{32}^{(2)}$ $a_{33}^{(2)}$			$\cdots$ $a_{3n}^{(2)}$	$b_3^{(2)}$	$s_3^{(2)}$
$\vdots$	$\vdots$ $\vdots$ $\vdots$			$\vdots$	$\vdots$	$\vdots$
$Z_m^{(2)} := Z_m^{(1)} - \frac{a_{m1}}{a_{11}} Z_1^{(1)}$	0 $a_{m2}^{(2)}$ $a_{m3}^{(2)}$			$\cdots$ $a_{mn}^{(2)}$	$b_m^{(2)}$	$s_m^{(2)}$
$\vdots$	$\vdots$				$\vdots$	$\vdots$
$Z_m^{(m)} :=$ $:= Z_m^{(m-1)} - \frac{a_{m\,m-1}^{(m-1)}}{a_{m-1\,m-1}^{(m-1)}} Z_{m-1}^{(m-1)}$	0 0 $0 \cdots 0$ $a_{mm}^{(m)}$		$\cdots$ $a_{mn}^{(m)}$		$b_m^{(m)}$	$s_m^{(m)}$

Man erhält also das folgende zu $(*)$ äquivalente Gleichungssystem:

$$
\begin{aligned}
a_{11}x_1 + a_{12}x_2 + \cdots + a_{1m}x_m + \cdots + a_{1n}x_n &= b_1 \\
a_{22}^{(2)}x_2 + \cdots + a_{2m}^{(2)}x_m + \cdots + a_{2n}^{(2)}x_n &= b_2^{(2)} \\
\ddots \qquad \vdots \qquad\quad \vdots \qquad\quad \vdots \\
a_{mm}^{(m)}x_m + \cdots + a_{mn}^{(m)}x_n &= b_m^{(m)}.
\end{aligned}
$$

Die Lösungsgesamtheit dieses Gleichungssystems bildet einen affinen Raum der Dimension $(n-m)$, falls wenigstens einer der Koeffizienten $a_{m\nu}^{(m)}$ von Null verschieden ist. Jede Lösung läßt sich dann als Summe einer speziellen Lösung des inhomogenen Systems und einer Linearkombination der Basisvektoren des Lösungsraumes des homogenen Gleichungssystems darstellen. Zur Berechnung einer speziellen Lösung setzt man dann der Einfachheit halber $x_{m+1} = x_{m+2} = \cdots = x_n = 0$ und bestimmt die verbleibenden Komponenten des Lösungsvektors x durch Auflösen des Gleichungssystems. Bei der Bestimmung der Basisvektoren des Lösungsraumes des homogenen Systems geht man analog vor. Das homogene System wird jeweils für

$$(x_{m+1}, x_{m+2}, \ldots, x_n)^T = e^{j-m} \in \mathbf{R}^{n-m}, \quad m+1 \leq j \leq n,$$

gelöst.

Bei der Durchführung des Algorithmus können Schwierigkeiten auftreten, die wir jetzt genauer besprechen wollen. Da man bei der Umformung der einzelnen Zeilen auch Divisionen durchzuführen hat, muß man sicherstellen, daß dies möglich ist. Durch Vertauschen von Zeilen und Spalten im jeweils μ-ten Schritt, $1 \leq \mu \leq m - 1$, wird versucht zu erreichen, daß $a_{\mu\mu}^{(\mu)} \neq 0$ gilt. Dabei ist darauf zu achten, daß mit einem Spaltentausch die entsprechenden Komponenten des Lösungsvektors umnumeriert werden müssen.

Sonderfall. Wenn sich auch durch Zeilen- und Spaltentausch im μ-ten Schritt nicht erreichen läßt, daß $a_{\mu\mu}^{(\mu)} \neq 0$ gilt, dann endet der Gaußsche Algorithmus nach dem $(\mu - 1)$-ten Schritt. Die $(m - \mu + 1)$ letzten Zeilen der linken Seite des Gleichungssystems verschwinden. Es gibt dann die beiden Fälle:

  (a) Für einen Index $\tilde{\mu}$, $\mu \leq \tilde{\mu} \leq m$, ist $b_{\tilde{\mu}}^{(\mu)} \neq 0$;

  (b) für alle Indizes $\tilde{\mu}$, $\mu \leq \tilde{\mu} \leq m$, gilt $b_{\tilde{\mu}}^{(\mu)} = 0$.

Im Fall (a) hat das Gleichungssystem keine Lösung, während im Fall (b) der Lösungsraum die Dimension $(m - \mu + 1)$ hat. Die allgemeine Lösung wird dann wie bereits oben beschrieben berechnet.

Bemerkung. Vor allem bei Berechnungen von Hand ist es sinnvoll, gleichzeitig eine Kontrollrechnung mitzuführen. Dazu dient die Zeilensumme

$$s_{\mu}^{(\ell)} := \sum_{\nu=\ell}^{n} a_{\mu\nu}^{(\ell)} + b_{\mu}^{(\ell)}, \quad 1 \leq \ell \leq m.$$

Es gilt nämlich:

$$s_{\mu}^{(\ell)} = \sum_{\nu=\ell-1}^{m} \left(a_{\mu\nu}^{(\ell-1)} - \frac{a_{\mu\ell-1}^{(\ell-1)}}{a_{\ell-1\ell-1}^{(\ell-1)}} a_{\ell-1\nu}^{(\ell-1)} \right) + \left(b_{\mu}^{(\ell-1)} - \frac{a_{\mu\ell-1}^{(\ell-1)}}{a_{\ell-1\ell-1}^{(\ell-1)}} b_{\ell-1}^{(\ell-1)} \right) =$$

$$= s_{\mu}^{(\ell-1)} - \frac{a_{\mu\ell-1}^{(\ell-1)}}{a_{\ell-1\ell-1}^{(\ell-1)}} s_{\ell-1}^{(\ell-1)}.$$

Wenn man auch die Zeilensummen der Umformung unterwirft, hat man nach dieser Beziehung eine Kontrolle.

1.3 Das Gaußsche Verfahren als Dreieckszerlegung. Sei jetzt $A \in \mathbf{R}^{(n,n)}$ und nichtsingulär. Wir greifen das Verfahren des vorangehenden Abschnitts nochmals auf und zeigen, daß seine Durchführung auf die Zerlegung von A in das Produkt zweier Dreiecksmatrizen führt.

Wir betrachten die erweiterte Matrix des Gleichungssystems $(*)$ in 1.1

$$(A|b) = \begin{pmatrix} a_{11} & \cdots & a_{1n} & b_1 \\ \vdots & & \vdots & \vdots \\ a_{n1} & \cdots & a_{nn} & b_n \end{pmatrix}$$

und führen den ersten Schritt der Gauß-Elimination durch:

(i) Bestimme einen Index $r_1 \in \{1, 2, \ldots, n\}$ mit $a_{r_1 1} \neq 0$.

(ii) Vertausche die erste Zeile mit der r_1-ten Zeile in der Matrix $(A|b)$. Die neu entstehende Matrix werde mit $(\hat{A}|\hat{b})$ bezeichnet.

(iii) Subtrahiere für $\mu = 2, 3, \ldots, n$ das $\ell_{\mu 1}$-fache, $\ell_{\mu 1} := \frac{\hat{a}_{\mu 1}}{\hat{a}_{11}}$, der ersten von der μ-ten Zeile der Matrix $(\hat{A}|\hat{b})$. Als Ergebnis dieser Umformung entsteht eine Matrix $(A'|b')$ der Form

$$(A'|b') = \begin{pmatrix} a'_{11} & a'_{12} & \cdots & a'_{1n} & b'_1 \\ 0 & a'_{22} & \cdots & a'_{2n} & b'_2 \\ \vdots & \vdots & & \vdots & \vdots \\ 0 & a'_{n2} & \cdots & a'_{nn} & b'_n \end{pmatrix}.$$

Der Übergang $(A|b) \rightarrow (\hat{A}|\hat{b}) \rightarrow (A'|b')$ kann mit Hilfe von Matrixmultiplikationen beschrieben werden: Die Operation des Zeilentausches im Schritt (ii) wird bewirkt durch eine Multiplikation von $(A|b)$ mit einer **Permutationsmatrix**. Eine $(n \times n)$-Matrix $P_{\mu\nu}$ der Gestalt

$$P_{\mu\nu} = \begin{pmatrix} 1 & & & & & & & \\ & 1 & & & & 0 & & \\ & & 0 & \cdots & \cdots & \cdots & 1 & \\ & & \vdots & \ddots & & & \vdots & \\ & & \vdots & & 1 & & \vdots & \\ & & \vdots & & & \ddots & \vdots & \\ & & 1 & \cdots & \cdots & \cdots & 0 & \\ & & & & & & & 1 \\ & 0 & & & & & & & \ddots \\ & & & & & & & & & 1 \end{pmatrix}, \quad \begin{array}{l} \\ \\ \leftarrow \mu\text{-te Zeile} \\ \\ \\ \\ \leftarrow \nu\text{-te Zeile} \\ \\ \\ \end{array}$$

die also nur in der μ-ten Zeile und der ν-ten Zeile in der angegebenen Form von der Einheitsmatrix abweicht, heißt *Permutationsmatrix*. Die Multiplikation $P_{\mu\nu}(A|b)$ vertauscht die μ-te Zeile mit der ν-ten.

Der Umformungsprozeß in Schritt (iii) läßt sich beschreiben durch die Multiplikation mit einer

Frobenius-Matrix. Eine $(n \times n)$-Matrix G_μ der Gestalt

$$
G_\mu = \begin{pmatrix} 1 & & & & & \\ & \ddots & & & 0 & \\ & & 1 & & & \\ & & -\ell_{\mu+1\mu} & & & \\ & 0 & \vdots & & \ddots & \\ & & -\ell_{n\mu} & & & 1 \end{pmatrix}
$$

heißt *Frobenius-Matrix*. Sie unterscheidet sich nur in einer Spalte in der angegebenen Form von der Einheitsmatrix. Mit Hilfe der Frobenius-Matrix wird der erste Schritt der Gauß-Elimination als Matrixmultiplikation beschreibbar:

$$
(A'|b') = G_1(\hat{A}|\hat{b}) = G_1 P_{r_1 1}(A|b).
$$

Bemerkung. Die Matrizen $P_{\mu\nu}$ und G_μ sind nichtsingulär, und es gilt

$$
P_{\mu\nu}^{-1} = P_{\mu\nu}, \quad G_\mu^{-1} = \begin{pmatrix} 1 & & & & & \\ & \ddots & & & 0 & \\ & & 1 & & & \\ & & \ell_{\mu+1\mu} & & & \\ & 0 & \vdots & & \ddots & \\ & & \ell_{n\mu} & & & 1 \end{pmatrix}.
$$

Für die Permutationsmatrizen ist das klar. Die Frobenius-Matrizen lassen sich mit der Abkürzung

$$
m^{(\mu)} := (0, \cdots 0, \ell_{\mu+1\mu}, \ldots, \ell_{n\mu})^T
$$

in der Form

$$
G_\mu = I - m^{(\mu)}(e^\mu)^T
$$

schreiben. Damit folgt die Behauptung aus der Beziehung

$$
G_\mu \cdot (I + m^{(\mu)}(e^\mu)^T) = (I - m^{(\mu)}(e^\mu)^T)(I + m^{(\mu)}(e^\mu)^T) =
$$
$$
= I + m^{(\mu)}(e^\mu)^T - m^{(\mu)}(e^\mu)^T - m^{(\mu)}(e^\mu)^T m^{(\mu)}(e^\mu)^T = I.
$$

Das Element $a_{r_1 1} =: \hat{a}_{11}$, das in Schritt (i) bestimmt wurde, heißt *Pivotelement*. Entsprechend nennt man diesen Schritt *Pivotsuche*. Da das Pivotelement in einer Spalte gesucht wird, spricht man genauer von einer *Spaltenpivotsuche*. Theoretisch reicht es aus, ein Element $a_{r_1 1} \neq 0$ zu bestimmen. Aus Stabilitätsgründen empfiehlt es sich jedoch, r_1 so zu wählen, daß

$$
|a_{r_1 1}| = \max_{1 \leq \mu \leq n} |a_{\mu 1}|
$$

gilt. Es ist zweckmäßig, vor der Maximumsuche die Zeilen der Matrix zu äquilibrieren; d. h. sie mit Faktoren zu multiplizieren, so daß die Betragssummen der Zeileneinträge gleich groß werden (vgl. 5.4 Aufgabe 3).

Allgemein liegt nach μ Schritten der Gauß-Elimination eine Matrix der Gestalt

$$(A^{(\mu)}|b^{(\mu)}) = \begin{pmatrix} A_{11}^{(\mu)} & A_{12}^{(\mu)} & b_1^{(\mu)} \\ 0 & A_{22}^{(\mu)} & b_2^{(\mu)} \end{pmatrix}$$

vor, wobei $A_{12}^{(\mu)} \in \mathbf{R}^{(\mu,n-\mu)}$, $A_{22}^{(\mu)} \in \mathbf{R}^{(n-\mu,n-\mu)}$ und $b_1^{(\mu)} \in \mathbf{R}^\mu$, $b_2^{(\mu)} \in \mathbf{R}^{n-\mu}$ gilt. Die Matrix $A_{11}^{(\mu)} \in \mathbf{R}^{(\mu,\mu)}$ ist eine *obere Dreiecksmatrix*; d.h. alle ihre Elemente unterhalb der Hauptdiagonalen sind Null. Beim Übergang von $(A^{(\mu)}|b^{(\mu)})$ zu $(A^{(\mu+1)}|b^{(\mu+1)})$ wird nur noch die Matrix $(A_{22}^{(\mu)}|b_2^{(\mu)}) \in \mathbf{R}^{(n-\mu,n-\mu+1)}$ verändert und dabei die Operation (möglicherweise mit $G_\mu P_\mu = I$)

$$(A^{(\mu+1)}|b^{(\mu+1)}) = G_\mu P_\mu (A^{(\mu)}|b^{(\mu)}), \quad P_\mu := P_{r_\mu \mu}$$

durchgeführt. Insgesamt erhält man nach höchstens $(n-1)$ Schritten eine obere Dreiecksmatrix $R \in \mathbf{R}^{(n,n)}$ und einen Vektor $c \in \mathbf{R}^n$ aus der Beziehung

$$(R|c) = G_{n-1}P_{n-1}G_{n-2}P_{n-2}\cdots G_1 P_1(A|b).$$

Im μ-ten Eliminationsschritt $(A^{(\mu)}|b^{(\mu)}) \to (A^{(\mu+1)}|b^{(\mu+1)})$ werden in der μ-ten Spalte die Elemente unterhalb der Hauptdiagonalen annulliert. Bei der Realisierung des Gaußschen Eliminationsverfahrens speichert man auf diesen freiwerdenden Plätzen die Elemente $\ell_{\nu\mu}$, $\mu+1 \le \nu \le n$, der Matrix G_μ. Nach dem μ-ten Schritt liegt dann eine Matrix $T^{(\mu)} = (t_{\kappa\sigma}^{(\mu)})$ der Form

$$T^{(\mu)} = \begin{pmatrix} r_{11} & r_{12} & \cdots & r_{1\mu} & r_{1\mu+1} & \cdots & r_{1n} & c_1 \\ \lambda_{21} & r_{22} & \cdots & r_{2\mu} & r_{2\mu+1} & \cdots & r_{2n} & c_2 \\ \lambda_{31} & \lambda_{32} & \ddots & & \vdots & & \vdots & \\ \vdots & \vdots & & r_{\mu\mu} & r_{\mu\mu+1} & \cdots & r_{\mu n} & c_\mu \\ \vdots & \vdots & & \lambda_{\mu+1\mu} & a_{\mu+1\mu+1}^{(\mu+1)} & \cdots & a_{\mu+1n}^{(\mu+1)} & b_{\mu+1}^{(\mu+1)} \\ \vdots & \vdots & & \vdots & \vdots & & \vdots & \vdots \\ \lambda_{n1} & \lambda_{n2} & \cdots & \lambda_{n\mu} & a_{n\mu+1}^{(\mu+1)} & \cdots & a_{nn}^{(\mu+1)} & b_n^{(\mu+1)} \end{pmatrix}$$

vor. Dabei sind die Elemente $\lambda_{\kappa+1\kappa}, \lambda_{\kappa+2\kappa},\ldots,\lambda_{n\kappa}$ der Spalte mit dem Index κ eine Permutation der Elemente $\ell_{\kappa+1\kappa}, \ell_{\kappa+2\kappa},\ldots,\ell_{n\kappa}$ der Matrix G_κ. Diese Technik bei der Durchführung der Gaußschen Elimination nennt man *kompakte Speicherung*.

Der Übergang von $T^{(\mu-1)} \to T^{(\mu)}$ läßt sich dann folgendermaßen algorithmisch beschreiben:

(i) Spaltenpivotsuche: Bestimme $r_\mu \in \{\mu, \mu+1, \cdots, n\}$ mit
$|t_{r_\mu\mu}^{(\mu-1)}| = \max_{\mu \le \kappa \le n} |t_{\kappa\mu}^{(\mu-1)}|$.

(ii) Permutation: Vertausche die r_μ-te mit der μ-ten Zeile. Die neue Matrix $\hat{T}^{(\mu-1)}$ hat die Elemente $(\hat{t}_{\kappa\nu}^{(\mu-1)})$.

(iii) Elimination: Setze $t_{\kappa\mu}^{(\mu)} := \hat{t}_{\kappa\mu}^{(\mu-1)}/\hat{t}_{\mu\mu}^{(\mu-1)}$, $\mu+1 \le \kappa \le n$,
$t_{\kappa\rho}^{(\mu)} := \hat{t}_{\kappa\rho}^{(\mu-1)} - t_{\kappa\mu}^{(\mu)} \hat{t}_{\mu\rho}^{(\mu-1)}$, $\mu+1 \le \kappa \le n$, $\mu+1 \le \rho \le n$, und $t_{\kappa\rho}^{(\mu)} := \hat{t}_{\kappa\rho}^{(\mu-1)}$ sonst.

Anmerkung. Wir hatten vorausgesetzt, daß die Matrix A nichtsingulär ist. Diese Voraussetzung kann man fallen lassen; denn im Schritt (i) liefert der Algorithmus die Information "A singulär", wenn $t_{\kappa\mu}^{(\mu-1)} = 0$ für alle $\mu \le \kappa \le n$ ist. Natürlich wird in der Praxis der Fall $t_{\kappa\mu}^{(\mu-1)} = 0$ für alle $\mu \le \kappa \le n$ selten auftreten, da Rundungen das verhindern. Man wird daher auch schon dann das Verfahren abbrechen, wenn $|t_{\kappa\mu}^{(\mu-1)}| < \varepsilon$ für ein vorgegebenes $\varepsilon > 0$ gilt. Die Matrix A ist *numerisch singulär*.

Im Schritt (iii) werden die Elemente $\ell_{\mu+1\mu}, \ldots, \ell_{n\mu}$ der Matrix G_μ in ihrer natürlichen Reihenfolge gespeichert. In den darauffolgenden Schritten des Algorithmus $T^{(\kappa)} \to T^{(\kappa+1)}$, $\mu \le \kappa \le n-2$, wird diese Reihenfolge durch die Permutationsschritte verändert. Am Ende der Elimination stehen in der Matrix $T^{(n-1)}$ unterhalb der Diagonalen der μ-ten Spalte die letzten $(n-\mu)$ Komponenten des Vektors

$$P_{r_{n-1}n-1} \cdot P_{r_{n-2}n-2} \cdots P_{r_{\mu+1}\mu+1} m^{(\mu)} =: \tilde{m}^{(\mu)}.$$

Nach diesen Vorbereitungen beweisen wir den

Satz zur Dreieckszerlegung. *Es sei $A \in \mathbb{R}^{(n,n)}$ eine nichtsinguläre Matrix, die nach Durchführung des Gaußschen Eliminationsverfahrens mit kompakter Speicherungstechnik in die Matrix $T^{(n-1)} = (t_{\mu\nu})$ umgeformt wurde. Ferner seien $P := P_{r_{n-1}n-1} \cdots P_{r_2 2} P_{r_1 1}$ das Produkt aller benötigten Permutationsmatrizen,*

$$L = \begin{pmatrix} 1 & & & 0 \\ t_{21} & \ddots & & \\ \vdots & \ddots & \ddots & \\ t_{n1} & \cdots & t_{n\,n-1} & 1 \end{pmatrix} \quad und \quad R = \begin{pmatrix} t_{11} & \cdots & t_{1n} \\ & \ddots & \vdots \\ 0 & & t_{nn} \end{pmatrix}.$$

Dann gilt die Dreieckszerlegung $P \cdot A = L \cdot R$.

Beweis. Aus der Darstellung der Matrix $(R|c)$, der Bemerkung und der Tatsache, daß für jeden Vektor $z \in \mathbb{R}^n$ die Beziehung $P_{r_\mu\mu}(I - z(e^\nu)^T)P_{r_\mu\mu} = $

$$= I - P_{r_\mu\mu}z(P_{r_\mu\mu}e^\nu)^T = I - (P_{r_\mu\mu}z)(e^\nu)^T \text{ für } \mu, r_\mu > \nu \text{ gilt, folgt:}$$

$$
\begin{aligned}
R &= G_{n-1}P_{r_{n-1}n-1}G_{n-2}P_{r_{n-2}n-2}\cdots G_2P_{r_22}G_1P_{r_11}A = \\
&= G_{n-1}P_{r_{n-1}n-1}G_{n-2}P_{r_{n-1}n-1}P_{r_{n-1}n-1}P_{r_{n-2}n-2}G_{n-3}\cdots G_1P_{r_11}A = \\
&= G_{n-1}(I - P_{r_{n-1}n-1}m^{(n-2)}(e^{n-2})^T)P_{r_{n-1}n-1}P_{r_{n-2}n-2}G_{n-3}\cdots G_1P_{r_11}A = \\
&= G_{n-1}\tilde{G}_{n-2}P_{r_{n-1}n-1}P_{r_{n-2}n-2}G_{n-3}\cdots G_1P_{r_11}A = \cdots = \\
&= G_{n-1}\tilde{G}_{n-2}\tilde{G}_{n-3}\cdots\tilde{G}_1P_{r_{n-1}n-1}P_{r_{n-2}n-2}\cdots P_{r_11}A.
\end{aligned}
$$

Hierbei wurde $\tilde{G}_\nu := I - \tilde{m}^{(\nu)}(e^\nu)^T$ gesetzt. Zusammenfassend erhält man die Darstellung

$$P \cdot A = \tilde{G}_1^{-1} \cdot \tilde{G}_2^{-1} \cdots \tilde{G}_{n-2}^{-1} \cdot \tilde{G}_{n-1}^{-1} \cdot R.$$

Nach der Bemerkung hat jedes $\tilde{G}_\nu^{-1}$ die Form

$$\tilde{G}_\nu^{-1} = I + \tilde{m}^{(\nu)}(e^\nu)^T,$$

und durch vollständige Induktion weist man leicht nach, daß die Gleichung

$$(I + \tilde{m}^{(1)}(e^1)^T)(I + \tilde{m}^{(2)}(e^2)^T)\cdots(I + \tilde{m}^{(n-1)}(e^{n-1})^T) = I + \sum_{\nu=1}^{n-1}\tilde{m}^{(\nu)}(e^\nu)^T$$

gilt. Auf der rechten Seite der Gleichung steht aber genau die im Satz definierte untere Dreiecksmatrix L. Folglich gilt die Behauptung $P \cdot A = L \cdot R$. $\square$

Der Satz zur Dreieckszerlegung einer regulären Matrix besagt, daß eventuell zunächst die Zeilen der Matrix permutiert werden müssen. Daß dies i. allg. auch nötig ist, zeigt das folgende

Beispiel. Die Matrix $A = \begin{pmatrix} 0 & 1 \\ 1 & 0 \end{pmatrix}$ kann nicht in der Form $A = L \cdot R$ zerlegt werden. Dagegen besitzt die Matrix $P_{12}A = I$ natürlich trivialerweise eine solche Zerlegung.

Ergänzungen. (i) Aus der Dreieckszerlegung $PA = LR$ bietet sich zur Lösung des linearen Gleichungssystems $Ax = b$ folgende Vorgehensweise an: Man setze $c := Pb$ und löse nacheinander $Lu = c$ und $Rx = u$. Diese beiden Gleichungssysteme haben untere bzw. obere Dreiecksform und lassen sich somit leicht, ausgehend von u_1 bzw. von x_n, sukzessive auflösen.

(ii) Es empfiehlt sich, bei der Bestimmung von A^{-1} zunächst eine Dreieckszerlegung von A vorzunehmen. Es gilt nämlich für die ν-te Spalte x^ν von A^{-1} die Gleichung $Ax^\nu = e^\nu$. Man muß also insgesamt n Gleichungssysteme $LRx^\nu = Pe^\nu$, $1 \le \nu \le n$, lösen. Dazu löst man zunächst $Lu^\nu = Pe^\nu$ und anschließend $Rx^\nu = u^\nu$. Beide Gleichungssysteme haben Dreiecksgestalt und sind daher leicht lösbar.

(iii) Wegen $\det P = \pm 1$ gilt $\det(A) = \pm(\det(L)) \cdot (\det(R))$. Aber $\det(R) = \prod_{\nu=1}^{n} t_{\nu\nu}$ und $\det(L) = 1$ haben $\det(A) = \pm \prod_{\nu=1}^{n} t_{\nu\nu}$ zur Folge.

1.4 Einige spezielle Matrizen. Bei der numerischen Lösung gewöhnlicher und partieller Differentialgleichungen durch Diskretisierung sind häufig lineare Gleichungssysteme zu lösen, deren Matrizen nur entlang eines Bandes um die Hauptdiagonale von Null verschiedene Elemente haben.

Definition. Eine Matrix $A \in \mathbf{R}^{(n,n)}$ heißt (m, k)-*Bandmatrix*, wenn ihre Elemente $a_{\mu\nu}$ für Indizes mit $\nu - \mu > k$ und mit $\mu - \nu > m$ Null sind.

In einer (m, k)-Bandmatrix sind also höchstens m bzw. k Nebendiagonalen unter bzw. über der Hauptdiagonalen mit von Null verschiedenen Elementen besetzt. Speziell heißen eine $(1,1)$-Bandmatrix *Tridiagonalmatrix* und eine $(1, n-1)$- bzw. $(n-1, 1)$-Bandmatrix eine obere bzw. untere *Hessenberg-Matrix*.

Besitzt eine (m, k)-Bandmatrix A eine Dreieckszerlegung $A = L \cdot R$, so ist L eine $(m, 0)$- und R eine $(0, k)$-Bandmatrix. Sind Zeilenvertauschungen erforderlich, d.h. $P \cdot A = L \cdot R$, wird R eine $(0, m + k)$-Bandmatrix und L eine $(2m, 0)$-Bandmatrix mit höchstens $m + 1$ Einträgen in jeder Spalte. Die Bedeutung dieser Beobachtung liegt darin, daß beim Gaußschen Eliminationsverfahren mit einer (m, k)-Bandmatrix, die ja weniger als $n(m + k + 1)$ Speicherplätze belegt, auch nur weniger als $n(m + 2k + 1)$ Speicherplätze benötigt werden.

Da Tridiagonalmatrizen auch in diesem Buch noch auftreten werden, nämlich bei der Berechnung quadratischer Splines (vgl. 6.4.2), wollen wir sie genauer untersuchen: Es sei ein tridiagonales Gleichungssystem $Ax = d$, $A \in \mathbb{C}^{(n,n)}$, $d \in \mathbb{C}^n$ zu lösen, dessen Matrix A die Form

$$A = \begin{pmatrix} a_1 & c_1 & & & \\ b_2 & \ddots & \ddots & & 0 \\ & \ddots & \ddots & \ddots & \\ & 0 & \ddots & \ddots & c_{n-1} \\ & & & b_n & a_n \end{pmatrix} =: \text{tridiag}(b_\mu, a_\mu, c_\mu).$$

hat. Wir beweisen den

Satz von der Dreieckszerlegung tridiagonaler Matrizen. *Die Elemente der Matrix $A = \text{tridiag}(b_\mu, a_\mu, c_\mu)$ mögen die Ungleichungen*

$(*)$
$$\begin{aligned} &|a_1| > |c_1| > 0, \\ &|a_\mu| \geq |b_\mu| + |c_\mu|, \ b_\mu \neq 0, c_\mu \neq 0, \ 2 \leq \mu \leq n - 1, \\ &|a_n| \geq |b_n| > 0 \end{aligned}$$

erfüllen. Dann gilt:

(i) *Die durch* $\alpha_1 := a_1$, $\gamma_1 := c_1\alpha_1^{-1}$ *und durch*

$$\alpha_\mu := a_\mu - b_\mu\gamma_{\mu-1} \text{ für } 2 \le \mu \le n, \quad \gamma_\mu := c_\mu\alpha_\mu^{-1} \text{ für } 2 \le \mu \le n-1$$

definierten Zahlen genügen den Ungleichungen

$$|\gamma_\mu| < 1,\, 1 \le \mu \le n-1; \quad 0 < |a_\mu| - |b_\mu| < |\alpha_\mu| < |a_\mu| + |b_\mu|,\, 2 \le \mu \le n.$$

(ii) *A besitzt die Dreieckszerlegung* $A = L \cdot R$ *mit*

$$L := \text{tridiag}(b_\mu, \alpha_\mu, 0), \quad R := \text{tridiag}(0, 1, \gamma_\mu).$$

(iii) *A ist regulär.*

Beweis. (i) Aus (∗) folgt unmittelbar $|\gamma_1| = |c_1| \cdot |a_1|^{-1} < 1$. Es sei nun $|\gamma_\nu| < 1$ für $\nu = 1, 2, \ldots, \mu - 1$. Dann gilt die Abschätzung:

$$|\gamma_\mu| = \left| \frac{c_\mu}{a_\mu - b_\mu\gamma_{\mu-1}} \right| \le \frac{|c_\mu|}{||a_\mu| - |b_\mu||\gamma_{\mu-1}||} < \frac{|c_\mu|}{|a_\mu| - |b_\mu|} \le 1.$$

Ferner schätzt man ab:

$$|a_\mu| + |b_\mu| > |a_\mu| + |b_\mu||\gamma_{\mu-1}| \ge |\alpha_\mu| \ge |a_\mu| - |b_\mu||\gamma_{\mu-1}| >$$
$$> |a_\mu| - |b_\mu| \ge |c_\mu| > 0.$$

(ii) Die Zerlegung $A = \text{tridiag}(b_\mu, \alpha_\mu, 0) \cdot \text{tridiag}(0, 1, \gamma_\mu)$ wird durch Ausmultiplizieren verifiziert:

$$a_{\mu\mu+1} = \alpha_\mu\gamma_\mu = \alpha_\mu(c_\mu\alpha_\mu^{-1}) = c_\mu,\, 1 \le \mu \le n-1;$$
$$a_{\mu\mu} = b_\mu\gamma_{\mu-1} + \alpha_\mu = b_\mu\gamma_{\mu-1} + (a_\mu - b_\mu\gamma_{\mu-1}) = a_\mu,\, 2 \le \mu \le n;$$
$$a_{\mu+1\mu} = b_{\mu+1},\, 1 \le \mu \le n-1, \quad a_{11} = \alpha_1 = a_1.$$

(iii) Aus $\det(A) = \det(L)\det(R) = \prod_{\mu=1}^{n}\alpha_\mu \neq 0$ folgt die Regularität von A. □

Bemerkung. Tridiagonale Matrizen mit der Eigenschaft (∗) heißen *irreduzibel diagonaldominant*. Der Satz läßt sich dann auch so formulieren: Irreduzible diagonaldominante Matrizen A besitzen eine Dreieckszerlegung $A = L \cdot R$, wobei L eine $(1, 0)$- und R eine $(0, 1)$-Bandmatrix ist. In der Hauptdiagonalen von R stehen lauter Einsen.

In der linearen Optimierung (vgl. 9.3.6) kommen lineare Gleichungssysteme vor, deren Matrizen A sich nur in einer Spalte unterscheiden. Diesen Fall wollen wir hier noch behandeln. Es sei A eine $(n \times n)$-Matrix mit der Dreieckszerlegung $A = L \cdot R$. Die Spaltenvektoren von A werden mit a^μ, $1 \le \mu \le n$, bezeichnet. Die Matrix $\tilde{A} = (a^1, a^2, \ldots, a^{\nu-1}, a^{\nu+1}, \ldots, a^{n-1}, \tilde{a})$ sei durch Auslassen der ν-ten und Anfügen einer neuen letzten Spalte entstanden. Wegen $L^{-1} \cdot A = R$ hat dann $L^{-1} \cdot \tilde{A}$ die Form

$$L^{-1} \cdot \tilde{A} = (L^{-1}a^1, L^{-1}a^2, \ldots, L^{-1}a^{\nu-1}, L^{-1}a^{\nu+1}, \ldots, L^{-1}a^n, L^{-1}\tilde{a}) =$$

$$= \begin{pmatrix} r_{11} & r_{12} & \cdots & r_{1\nu-1} & r_{1\nu+1} & \cdots & r_{1n} & \tilde{r}_1 \\ & r_{22} & \cdots & r_{2\nu-1} & r_{2\nu+1} & & r_{2n} & \tilde{r}_2 \\ & & \vdots & & \vdots & & \vdots & \vdots \\ & & & r_{\nu-1\nu-1} & \vdots & & \vdots & \vdots \\ & & & & r_{\nu\nu+1} & & \vdots & \vdots \\ & 0 & & & r_{\nu+1\nu+1} & \ddots & \vdots & \vdots \\ & & & & & \ddots & r_{n-1n} & \tilde{r}_{n-1} \\ & & & & & & r_{nn} & \tilde{r}_n \end{pmatrix}.$$

Um diese Matrix auf Dreiecksgestalt zu bringen, müssen nur noch $(n - \nu)$ vereinfachte Eliminationsschritte durchgeführt werden. Das verringert den Arbeitsaufwand erheblich.

1.5 Bemerkungen zur Pivotsuche. Im Abschnitt 1.3 haben wir die Spaltenpivotsuche eingeführt, um zu verhindern, daß der Gaußsche Algorithmus bei regulärem A abbricht, weil ein Pivotelement Null ist. Die Pivotsuche hat darüber hinaus den zusätzlichen Vorteil, daß sie die numerischen Eigenschaften des Algorithmus verbessert.

Beispiel. Das Gleichungssystem

$$\begin{pmatrix} 0.005 & 1 \\ 1 & 1 \end{pmatrix} \begin{pmatrix} x_1 \\ x_2 \end{pmatrix} = \begin{pmatrix} 0.5 \\ 1 \end{pmatrix}$$

hat die auf drei Stellen gerundete Lösung $Rd_3(x_1, x_2) = (0.503, 0.497)$. Bei Durchführung des Gaußschen Algorithmus mit zweistelliger Gleitpunktrechnung und Pivotelement $a_{11} = 0.005$ erhält man das Gleichungssystem

$$\begin{pmatrix} 0.005 & 1 \\ 0 & -200 \end{pmatrix} \begin{pmatrix} x_1 \\ x_2 \end{pmatrix} = \begin{pmatrix} 0.5 \\ -99 \end{pmatrix}.$$

Es hat die Lösung $x_1 = 0$, $x_2 = 0.50$. Bei Spaltenpivotsuche führt der Algorithmus auf

$$\begin{pmatrix} 1 & 1 \\ 0 & 1 \end{pmatrix} \begin{pmatrix} x_1 \\ x_2 \end{pmatrix} = \begin{pmatrix} 1 \\ 0.5 \end{pmatrix}.$$

Die Lösung $x_1 = 0.50$, $x_2 = 0.50$ ist bei der Mantissenlänge 2 die auf zwei Stellen gerundete exakte Lösung.

Nicht in allen Fällen führt die Spaltenpivotsuche zu besseren Resultaten. Multipliziert man etwa das obige Gleichungssystem in der ersten Zeile mit 200 und untersucht

$$\begin{pmatrix} 1 & 200 \\ 1 & 1 \end{pmatrix} \begin{pmatrix} x_1 \\ x_2 \end{pmatrix} = \begin{pmatrix} 100 \\ 1 \end{pmatrix},$$

so ist das maximale Spaltenelement im ersten Gauß-Schritt $a_{11} = 1$. Die Lösung mit dem Eliminationsverfahren führt auf $x_1 = 0$, $x_2 = 0.5$.

In diesem Beispiel treten in den Matrixelementen unterschiedliche Größenordnungen auf (Mantissenlänge $t = 2$!). In einem solchen Fall empfiehlt sich die *totale Pivotisierung*:
Bestimme $r_\mu, s_\mu \geq \{\mu, \mu + 1, \ldots, n\}$ mit $|a_{r_\mu s_\mu}^{(\mu)}| = \max_{\mu \leq \kappa, \lambda \leq n} |a_{\kappa\lambda}^{(\mu)}|$ und vertausche in $T^{(\mu-1)}$ die μ-te mit der r_μ-ten Zeile, sowie die μ-te mit der s_μ-ten Spalte und führe mit der so veränderten Matrix den μ-ten Eliminationsschritt aus.

Für die Lösung des Gleichungssystems bedeutet jede Spaltenvertauschung eine Vertauschung der entsprechenden Komponenten des Lösungsvektors. Hierüber muß man Buch führen, um am Ende wieder die richtige Reihenfolge der Komponenten im Lösungsvektor herstellen zu können. Da der Aufwand bei der totalen Pivotisierung sehr viel höher als bei der Spaltenpivotsuche ist, sollte sie nur angewendet werden, wenn die Größenordnung der Matrixelemente sehr unterschiedlich ist.

Eine Aussage darüber, wann zumindest theoretisch keine Pivotsuche nötig ist, macht der folgende

Satz. *Eine reguläre Matrix $A \in \mathbb{C}^{(n,n)}$ besitzt genau dann eine Dreieckszerlegung $A = L \cdot R$, wenn alle Hauptminoren von A ungleich Null sind.*

Beweis. Wenn keine Pivotsuche durchgeführt werden muß, entnimmt man dem Rechenprozeß 1.2 nach j Schritten für den Hauptminor $\det(A_{jj})$ der Matrix A die Beziehung

$$(*) \qquad \det(A_{jj}) = a_{11} \cdot a_{22}^{(2)} \cdot a_{33}^{(3)} \cdots a_{jj}^{(j)}$$

und damit

$$a_{jj}^{(j)} = \frac{\det(A_{jj})}{\det(A_{j-1\,j-1})}.$$

Aus dieser Darstellung folgt, daß alle Hauptminoren von A ungleich Null sind. Verschwindet umgekehrt keiner der Hauptminoren von A, so folgt aus der Darstellung $(*)$ nacheinander $a_{11} \neq 0$, $a_{22}^{(2)} \neq 0, \ldots, a_{nn}^{(n)} \neq 0$. $\qquad \square$

1.6 Komplexität des Gaußschen Algorithmus. Sieht man von der Pivotsuche ab und zählt nur Multiplikationen (einschließlich Divisionen) und Additionen bei der Durchführung der Dreieckszerlegung $P \cdot A = L \cdot R$ nach dem Gaußschen Verfahren, so sind beim Übergang von $T^{(\mu-1)}$ nach $T^{(\mu)}$ (vgl. 1.3)

$((n - \mu)^2 + (n - \mu))$ Multiplikationen und $(n - \mu)^2$ Additionen auszuführen. Insgesamt ergibt das

$$\sum_{\mu=1}^{n-1}(n - \mu)^2 + \sum_{\mu=1}^{n-1}\mu = \frac{n^3}{3} - \frac{n}{3} \quad \text{Multiplikationen}$$

$$\text{und} \quad \sum_{\mu=1}^{n-1}(n - \mu)^2 = \frac{n^3}{3} - \frac{n^2}{2} + \frac{n}{6} \quad \text{Additionen.}$$

Die Komplexität der Dreieckszerlegung nach dem Gaußschen Algorithmus ist damit $O(n^3)$ für $n \to \infty$. Um das Gleichungssystem $Ax = b$ zu lösen, gehen wir entsprechend der Ergänzung 1.3 vor. Die Berechnung des Lösungsvektors u von $Lu = Pb$ erfordert je $\frac{1}{2}n(n - 1)$ Additionen und Multiplikationen. Der Aufwand, um $Rx = u$ zu lösen, macht $\frac{1}{2}n(n - 1)$ Additionen und $\frac{1}{2}n(n + 1)$ Multiplikationen nötig.

Zusammenfassend erhalten wir die

Folgerung. Zur Lösung des Gleichungssystems $Ax = b$ mit dem Gaußschen Algorithmus sind

$$\frac{1}{3}n^3 + n^2 - \frac{1}{3}n \quad \text{Multiplikationen und Divisionen}$$

$$\text{und} \quad \frac{1}{3}n^3 + \frac{n^2}{2} - \frac{5}{6}n \quad \text{Additionen nötig.}$$

Die Komplexität beträgt somit $T_A^S(n) = O(n^3)$ für $n \to \infty$.

Da das Gaußsche Verfahren als LR-Zerlegung der Matrix A gedeutet werden kann und L sowie R durch Matrizenmultiplikation entstehen, führt jeder Algorithmus zur schnellen Matrixmultiplikation auch auf ein schnelles Verfahren zur Lösung von Gleichungssystemen. Im Sinne von 1.4.6 ist daher der Gaußsche Algorithmus nicht optimal (vgl. auch 1.4.7, Aufgabe 4).

Bemerkung. Eine Variante des Gaußschen Algorithmus ist das *Gauß-Jordan-Verfahren.* Durch Verwendung einer anderen Eliminationstechnik wird hierbei das rekursive Lösen der beiden Gleichungssysteme $Lu = Pb$ und $Rx = u$ überflüssig. Ohne auf die Details einzugehen, wollen wir die ersten beiden Eliminationsschritte beschreiben. Zur Vereinfachung nehmen wir an, daß keine Pivotsuche nötig ist. Der erste Schritt des Gauß-Jordan-Verfahrens stimmt mit dem des Gauß-Verfahrens überein. Beim zweiten Schritt eliminiert man nicht nur die Elemente $a_{\mu 2}^{(2)}$, $2 < \mu \leq n$, sondern auch $a_{12}^{(1)}$ durch Subtraktion des $a_{12}^{(1)}/a_{22}^{(2)}$-fachen der zweiten Zeile von der ersten Zeile. Nach μ Schritten des Gauß-Jordan-Verfahrens erhält man ein Gleichungssystem der folgenden Form:

$$
\begin{array}{llll}
a_{11}^{(1)}x_1 & +a_{1\mu+1}^{(\mu)}x_{\mu+1} + \cdots +a_{1n}^{(\mu)}x_n & =b_1^{(\mu)} \\
\quad a_{22}^{(2)}x_2 & +a_{2\mu+1}^{(\mu)}x_{\mu+1} + \cdots +a_{2n}^{(\mu)}x_n & =b_2^{(\mu)} \\
\qquad \ddots \quad \vdots & \qquad \vdots \qquad\qquad \vdots & \quad \vdots \\
\qquad a_{\mu\mu}^{(\mu)}x_\mu +a_{\mu\mu+1}^{(\mu)}x_{\mu+1} + \cdots +a_{\mu n}^{(\mu)}x_n & =b_\mu^{(\mu)} \\
\qquad\qquad a_{\mu+1\mu+1}^{(\mu)}x_{\mu+1}+ \cdots +a_{\mu+1n}^{(\mu)}x_n & =b_{\mu+1}^{(\mu)} \\
\qquad\qquad \vdots \quad \vdots \quad\ \vdots & \quad \vdots \\
\qquad\qquad a_{n\mu+1}^{(\mu)}x_{\mu+1} + \cdots +a_{nn}^{(\mu)}x_n & =b_n^{(\mu)}.
\end{array}
$$

Nach vollständiger Durchführung der Elimination berechnen sich die Komponenten des Lösungsvektors x einfach zu $x_\mu = b_\mu^{(n)}/a_{\mu\mu}^{(\mu)}$, $\mu = 1, 2, \ldots, n$. Für die Komplexität des Gauß-Jordan-Verfahrens gilt $T_A^S(n) = O(n^3)$ für $n \to \infty$. Obwohl die Komplexitätsordnung im Vergleich zum Gaußschen Algorithmus nicht besser ist, hat es gegenüber diesem Vorzüge, wenn man mit Rechenmaschinen arbeitet, die eine parallele Verarbeitung auf mehreren Prozessoren gleichzeitig ermöglichen. Auf diesen Aspekt kann jedoch im Rahmen dieses Buches nicht eingegangen werden.

1.7 Aufgaben. 1) Man bestimme die LR-Zerlegung der Matrix A,

$$A := \begin{pmatrix} 1 & 2 & 3 & 4 \\ 1 & 4 & 9 & 16 \\ 1 & 8 & 27 & 64 \\ 1 & 16 & 81 & 256 \end{pmatrix},$$

und löse mit Hilfe dieser Zerlegung das Gleichungssystem $Ax = b$ mit der rechten Seite $b := (3, 1, -15, -107)^T$.

2)a) Es sei $\{a^1, a^2, \ldots, a^n\}$ eine Basis des $\mathbf{R}^n$ und $\{a^1, \cdots, \bar{a}^k, \ldots, a^n\}$ eine zweite, in der nur der Vektor a^k durch den Vektor $\bar{a}^k$ ersetzt ist. Wie kann man die Koordinaten eines Vektors bezüglich der zweiten Basis berechnen, falls man die Koordinaten von $\bar{a}^k$ bezüglich der ersten Basis kennt?

b) Man betrachte folgende Situation: Man möchte ein lineares Gleichungssystem lösen. Nachdem man bereits eine LR-Zerlegung durchgeführt hat, stellt man fest, daß in der Ausgangsmatrix A eine Spalte falsch war. Wie erhält man unter Verwendung der bereits berechneten Zerlegung doch noch das richtige Ergebnis? Formulieren Sie einen Algorithmus hierzu und wenden Sie ihn auf das Gleichungssystem in Aufgabe 1 an, wobei man die erste Spalte von A durch $(0, 0, 6, 36)^T$ ersetzt.

3)a) Es seien $a, b, c \in \mathbf{R}^n$ mit $|a_\nu| \geq \sum_{\substack{\mu=1 \\ \mu \neq \nu}}^n |a_\mu|$, $a_\nu \neq 0$, $|b_\kappa| \geq \sum_{\substack{\mu=1 \\ \mu \neq \kappa}}^n |b_\mu|$ und $\nu \neq \kappa$. Der Vektor c sei definiert durch $c_\mu := b_\mu - \frac{b_\nu}{a_\nu} a_\mu$, $1 \leq \mu \leq n$. Man zeige, daß dann auch $|c_\kappa| \geq \sum_{\substack{\mu=1 \\ \mu \neq \kappa}}^n |c_\mu|$ gilt.

b) Gilt $|a_{\mu\mu}| \geq \sum_{\substack{\nu=1 \\ \nu \neq \mu}}^n |a_{\mu\nu}|$, so heißt die Matrix $A = (a_{\mu\nu})$ *schwach diagonaldominant*. Man beweise: Bei einer schwach diagonaldominanten, nichtsingulären Matrix ist der Gaußsche Algorithmus mit diagonaler Pivotwahl durchführbar (d.h. es exisitiert eine Zerlegung $L \cdot R = A$).

4) Ist die Inverse einer regulären Bandmatrix i. allg. wieder eine Bandmatrix?

5) Schreiben Sie ein Computerprogramm für den Gaußschen Algorithmus mit vollständiger Pivotsuche. Testen Sie das Programm an dem Beispiel

$$a_{\mu\nu} := 1/(\mu + \nu - 1), \quad 1 \leq \mu, \nu \leq n, \quad b_\mu := 1/(n + \mu - 1), \quad 1 \leq \mu \leq n.$$

§ 2. Die Cholesky-Zerlegung

Bei allgemeinen regulären $(n \times n)$-Matrizen ist in der Regel eine Pivotsuche erforderlich, um eine LR-Zerlegung zu konstruieren. Das in Satz 1.5 formulierte Kriterium eignet sich in der Praxis nicht zur Überprüfung, ob man im konkreten Fall auf eine Pivotsuche verzichten kann, da die dazu nötigen Rechnungen zu aufwendig sind. Für die Klasse der positiv definiten $(n \times n)$-Matrizen läßt sich zeigen, daß eine spezielle Dreieckszerlegung existiert, die man ohne Pivotsuche gewinnen kann.

2.1 Erinnerung an Bekanntes über positiv definite $(n \times n)$ -Matrizen.
Wir stellen hier nochmals kurz einige Tatsachen über positiv definite Matrizen zusammen, deren Beweis man z. B. in M. Koecher ([1983], S. 151ff.) findet.

Definition. Eine symmetrische Matrix $A \in \mathbf{R}^{(n,n)}$ heißt *positiv definit* bzw. *positiv semidefinit*, wenn $x^T A x > 0$ für alle Vektoren $x \in \mathbf{R}^n$ mit $x \neq 0$ bzw. $x^T A x \geq 0$ für alle $x \in \mathbf{R}^n$ gilt.

Um die positive Definitheit einer Matrix nachzuprüfen, kennt man folgende

Kriterien. Die beiden Bedingungen (i) und (ii),

(i) es gibt eine nichtsinguläre Matrix W mit $A = W^T W$,

und

(ii) alle Hauptminoren $\det A_{\mu\mu}$, $1 \leq \mu \leq n$, von A sind positiv,

sind äquivalent und notwendig und hinreichend dafür, daß die symmetrische Matrix $A \in \mathbf{R}^{(n,n)}$ positiv definit ist.

Ferner haben positiv definite Matrizen folgende
Eigenschaften. Sei $A \in \mathbf{R}^{(n,n)}$ positiv definit und symmetrisch. Dann existiert A^{-1}, ist symmetrisch und positiv definit. Ferner ist jede Hauptuntermatrix $A_{\mu\mu}$, $1 \leq \mu \leq n$, von A symmetrisch und positiv definit.

2.2 Der Satz von der Cholesky-Zerlegung. Ein Kriterium für die positive Definitheit einer symmetrischen Matrix $A \in \mathbf{R}^{(n,n)}$ ist nach 2.1 die Existenz einer Matrix $W \in \mathbf{R}^{(n,n)}$, so daß $A = W^T W$ gilt. Es wird jetzt gezeigt, daß W als Dreiecksmatrix gewählt werden kann.

Satz. *Es sei $A \in \mathbf{R}^{(n,n)}$ symmetrisch und positiv definit. Dann existiert eine Dreieckszerlegung der Form $A = LL^T$ mit einer eindeutig bestimmten regulären unteren Dreiecksmatrix $L = (\ell_{\mu\nu}) \in \mathbf{R}^{(n,n)}$ und $\ell_{\mu\mu} > 0$, $1 \leq \mu \leq n$.*

Beweis. Wir führen eine vollständige Induktion nach n durch. Für $n = 1$ mit $A = (a_{11})$ und $a_{11} > 0$ ist $L = L^T = (\sqrt{a_{11}})$.

Sei nun $A \in \mathbf{R}^{(n,n)}$, symmetrisch und positiv definit und die Behauptung gelte für $n-1$. Die Matrix A spalten wir auf in der Form

$$A = \begin{pmatrix} A_{n-1n-1} & b \\ b^T & a_{nn} \end{pmatrix}.$$

Dabei ist A_{n-1n-1} als Hauptuntermatrix einer positiv definiten Matrix entsprechend den Eigenschaften 2.1 positiv definit. Das Element a_{nn} ist positiv und $b \in \mathbf{R}^{n-1}$. Nach Induktionsannahme gibt es genau eine reguläre untere Dreiecksmatrix L_{n-1} mit $A_{n-1n-1} = L_{n-1} \cdot L_{n-1}^T$ und $\ell_{\mu\mu} > 0$ für $\mu = 1, 2, \ldots, n-1$. Die gesuchte Matrix L hat dann notwendigerweise die Gestalt

$$(*) \qquad\qquad L = \begin{pmatrix} L_{n-1} & 0 \\ c^T & \alpha \end{pmatrix}$$

mit einem noch zu bestimmenden Vektor $c \in \mathbf{R}^{n-1}$ und einer Konstanten $\alpha > 0$. Zur Berechnung von c und α im Ansatz $(*)$ vergleichen wir in

$$A = \begin{pmatrix} A_{n-1n-1} & b \\ b^T & a_{nn} \end{pmatrix} = \begin{pmatrix} L_{n-1} & 0 \\ c^T & \alpha \end{pmatrix} \begin{pmatrix} L_{n-1}^T & c \\ 0 & \alpha \end{pmatrix}$$

die Elemente. Das ergibt die Beziehungen $L_{n-1}c = b$ und $c^T c + \alpha^2 = a_{nn}$. Da L_{n-1} regulär ist, folgt $c = L_{n-1}^{-1}b$. Wegen $0 < \det(A) = \alpha^2 \cdot (\det(L_{n-1}))^2$ ist α^2 positiv und damit reell. Es gibt also genau eine positive Zahl α, die $c^T c + \alpha^2 = a_{nn}$ löst. $\qquad\square$

Der französische Major ANDRÉ-LOUIS CHOLESKY (1875–1918) war von 1906–1909 während der internationalen Besetzung von Kreta und später in Nordafrika mit Vermessungsaufgaben betraut. Er entwickelte die nach ihm benannte Zerlegung zur Berechnung der Lösungen von Ausgleichsaufgaben (vgl. Kap. 4, §6). Die Zerlegung einer symmetrischen und positiv definiten Matrix A in $A = LL^T$ läßt sich jedoch bereits aus einem Satz von C. G. Jacobi gewinnen (vgl. M. Koecher [1983], S. 124).

Die Formeln zur Berechnung der Elemente $\ell_{\mu\nu}$ von L ergeben sich aus

$$\begin{pmatrix} a_{11} & \cdots & a_{1n} \\ \vdots & \ddots & \vdots \\ a_{n1} & \cdots & a_{nn} \end{pmatrix} = \begin{pmatrix} \ell_{11} & & \\ \vdots & \ddots & 0 \\ \ell_{n1} & \cdots & \ell_{nn} \end{pmatrix} \begin{pmatrix} \ell_{11} & \cdots & \ell_{n1} \\ & \ddots & \vdots \\ 0 & & \ell_{nn} \end{pmatrix}$$

zu $a_{\nu\mu} = \sum_{\kappa=1}^{\mu} \ell_{\nu\kappa} \cdot \ell_{\mu\kappa}$, wobei wegen der Symmetrie von A nur die Indizes ν mit $\nu \geq \mu$ betrachtet werden. Spaltenweise berechnet man für $\mu = 1, 2, \ldots, n$

$$\ell_{\mu\mu} = \left(a_{\mu\mu} - \sum_{\kappa=1}^{\mu-1} \ell_{\mu\kappa}^2 \right)^{1/2}, \quad \ell_{\nu\mu} = \frac{1}{\ell_{\mu\mu}} \left(a_{\nu\mu} - \sum_{\kappa=1}^{\mu-1} \ell_{\nu\kappa} \cdot \ell_{\mu\kappa} \right), \quad \mu+1 \leq \nu \leq n.$$

Bemerkungen. (i) Aus der Cholesky-Zerlegung $A = L \cdot L^T$ fließt für alle $1 \le \mu \le n$ die Abschätzung

$$\sum_{\kappa=1}^{\mu} \ell_{\mu\kappa}^2 \le \max_{1 \le \mu \le n} |a_{\mu\mu}|.$$

Folglich sind alle Elemente der Matrix L durch $\max_{1 \le \mu \le n} \sqrt{|a_{\mu\mu}|}$ beschränkt. Die Elemente der Zerlegung können damit nicht allzu stark anwachsen, was sich günstig auf die Stabilität des Verfahrens auswirkt.

(ii) Da A symmetrisch ist, wird nur Information oberhalb und einschließlich der Hauptdiagonalen benötigt. Unterhalb der Hauptdiagonalen speichert man die Elemente $\ell_{\mu\nu}$ mit $\nu < \mu$. Für die Diagonalelemente $\ell_{\mu\mu}$ benötigt man ein weiteres Feld der Länge n.

(iii) Bei der algorithmischen Durchführung der Cholesky-Zerlegung liefert das Verfahren auch die Information, ob die Matrix positiv definit ist. Der Leser mache sich das klar und formuliere den Algorithmus.

2.3 Komplexität der Cholesky-Zerlegung. Bei der Berechnung der Elemente $\ell_{\mu\nu}$ sind für festen Zeilenindex μ jeweils $\frac{1}{2}(n-\mu)(n-\mu+1)$ Additionen sowie $\frac{1}{2}(n-\mu)(n-\mu+1)$ Multiplikationen und $(n-\mu)$ Divisionen durchzuführen. Durch Aufsummieren über μ erhalten wir jeweils $\frac{1}{6}(n^3 - n)$ Additionen und Multiplikationen und $\frac{1}{6}(3n^2 - 3n)$ Divisionen. Darüber hinaus müssen n Quadratwurzeln gezogen werden. Sieht man von dieser Operation ab, da sie für große n nicht ins Gewicht fällt, so ist die Komplexität der Cholesky-Zerlegung

$$T_A^S(n) = \frac{1}{3}(n^3 + 3n^2 - n) = O(n^3)$$

für $n \to \infty$.

Bei einem Vergleich der Komplexitäten der LR-Zerlegung des Gaußschen Algorithmus und der Cholesky-Zerlegung erkennt man, daß für die Cholesky-Zerlegung nur etwa der halbe Aufwand benötigt wird.

2.4 Aufgaben. 1) Es sei $A \in \mathbb{R}^{(n,n)}$ symmetrisch und positiv definit. Man zeige, daß für alle $\mu \ne \nu$ gilt:

a) $|a_{\mu\nu}| < 0.5(a_{\mu\mu} + a_{\nu\nu})$,   b) $|a_{\mu\nu}| < (a_{\mu\mu} \cdot a_{\nu\nu})^{1/2}$.

2) Sei $A \in \mathbb{R}^{(n,n)}$ symmetrisch und positiv definit. Zeigen Sie, daß es genau eine Zerlegung der Form $A = SDS^T$ gibt, wobei S eine untere Dreiecksmatrix mit $s_{\mu\mu} = 1$ für $1 \le \mu \le n$ und D eine Diagonalmatrix ist. Leiten Sie Formeln analog zu denen des Cholesky-Verfahrens her, um die Elemente von $S = (s_{\mu\nu})$ und $D = \text{diag}(d_\mu)$ zu berechnen.

3) Es sei $A = (a_{\mu\nu})$ eine symmetrische, positiv definite Bandmatrix der Bandbreite m. Zeigen Sie, daß in der Cholesky-Zerlegung $A = L \cdot L^T$ die Matrix L die Bandbreite m hat.

4) Schreiben Sie ein Computerprogramm zur Lösung eines linearen Gleichungssystems $Ax = b$ mit dem Cholesky-Verfahren und testen Sie es an dem Beispiel

$$a_{\mu\nu} = \frac{1 + (-1)^{\mu+\nu}}{\mu + \nu - 1}, \quad 1 \le \mu, \nu \le n,$$

$$b_{\mu} = \frac{(2n)!(1 - (-1)^{n+\mu})}{(n!)^2 \cdot (n + \mu)}, \quad 1 \le \mu \le n,$$

für $n = 5$ und $n = 10$.
Was liefert der Gaußsche Algorithmus?

§ 3. Die QR-Zerlegung nach Householder

In 1.3 wurden Frobenius-Matrizen benutzt, um eine Dreieckszerlegung $P \cdot A = L \cdot R$ zu konstruieren. Unter Verwendung geeigneter orthogonaler Matrizen kann man auch zu einer Dreieckszerlegung des Typs $A = Q \cdot R$ kommen, die überdies den Vorteil der größeren numerischen Stabilität besitzt. Dabei ist Q eine orthogonale und R eine obere Dreiecksmatrix. Das lineare Gleichungssystem $Ax = b$ ist dann durch eine Matrixmultiplikation $Q^T b =: u$ und durch Berechnen von x aus dem oberen Dreieckssystem $Rx = u$ lösbar. Die Zerlegung $A = Q \cdot R$ werden wir in den folgenden Abschnitten konstruieren.

3.1 Householder-Matrizen. Wie bei der LR-Zerlegung des Gaußschen Algorithmus die Matrix L, so wird bei der QR-Zerlegung die orthogonale Matrix Q als Produkt elementarer Matrizen konstruiert.

Definition. Eine Matrix $H \in \mathbf{R}^{(k,k)}$, $k \in \mathbf{Z}_+$, heißt *Householder-Matrix*, falls $H = I - 2hh^T$ ist und der Vektor $h \in \mathbf{R}^k$ die Form $h = (0, \ldots, 0, h_\mu, \cdots, h_k)^T$ und die euklidische Länge Eins hat. Das bedeutet:
(i) Es gibt einen Index $\mu \in \{1, 2, \ldots, k\}$, so daß $h = (0, \cdots, 0, h_\mu, \ldots, h_k)^T$.
(ii) Es gilt $\sum_{\kappa=\mu}^{k} h_\kappa^2 = 1$.

Sei nun die euklidische Länge $(\sum_{\kappa=1}^{k} x_\kappa^2)^{1/2}$ eines Vektors $x \in \mathbf{R}^k$ mit $\|x\|_2$ bezeichnet.

Der Definition entnimmt man, daß eine Householder-Matrix die Gestalt

$$H = \begin{pmatrix} 1 & & & & & 0 \\ & \ddots & 1 & & & \\ & & & 1 - 2h_\mu^2 & -2h_\mu h_{\mu+1} & \cdots & -2h_\mu h_k \\ & & & -2h_\mu h_{\mu+1} & 1 - 2h_{\mu+1}^2 & \cdots & -2h_{\mu+1} h_k \\ & 0 & & \vdots & & \\ & & & -2h_\mu h_k & -2h_{\mu+1} h_k & \cdots & 1 - 2h_k^2 \end{pmatrix}$$

hat. Offenbar ist H symmetrisch und wegen

$$H^2 = (I - 2hh^T)^2 = I - 4hh^T + 4hh^T hh^T = I$$

orthogonal.

Geometrisch beschreibt die Transformation H eine Spiegelung des euklidischen Raumes $\mathbf{R}^k$ an der Hyperebene $H_{h,0} := \{z \in \mathbf{R}^k | h^T z = 0\}$.

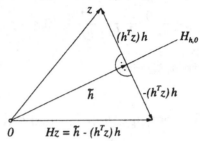

Zerlegt man nämlich den Vektor z in seine Komponenten in Richtung von h und den dazu orthogonalen Anteil, also $z = (h^T z)h + (z - (h^T z)h)$, so folgt offenbar

$$Hz = (I - 2hh^T)z = (h^T z)h + (z - (h^T z)h) - 2hh^T (h^T z)h =$$
$$= -(h^T z)h + (z - (h^T z)h).$$

Die Householder-Matrizen werden wir jetzt benutzen, um A schrittweise in eine obere Dreiecksmatrix zu überführen.

3.2 Die Grundaufgabe. In jedem Schritt des Algorithmus zur QR-Zerlegung wird eine Spiegelung des $\mathbf{R}^k$ konstruiert, die einen Vektor $x \in \mathbf{R}^k$ in ein Vielfaches des ersten Einheitsvektors des $\mathbf{R}^k$ transformiert. Die Aufgabe besteht also darin, zu gegebenem $0 \neq x \in \mathbf{R}^k$, $x \notin \mathrm{span}(e^1)$, einen Vektor $h \in \mathbf{R}^k$ mit $\|h\|_2 = 1$ zu bestimmen, so daß $Hx = (I_k - 2hh^T)x = \sigma e^1$ mit einer Zahl $\sigma \in \mathbf{R}$ gilt.

Da H orthogonal ist, gewinnt man σ bis auf das Vorzeichen aus der Beziehung $\|x\|_2 = \|Hx\|_2 = \|\sigma e^1\|_2 = |\sigma|$.

Aus $Hx = x - 2(hh^T)x = x - 2(h^T x)h = \sigma e^1$ folgt, daß h ein Vielfaches des Vektors $x - \sigma e^1$ sein muß. Damit hat aber wegen $\|h\|_2 = 1$ der Vektor h notwendig die Form

$$h = \frac{x - \sigma e^1}{\|x - \sigma e^1\|_2}$$

mit dem noch unbekannten $\sigma \in \mathbf{R}$, von dem wir bisher wissen, daß $|\sigma| = \|x\|_2$ gelten muß. Da alle Bedingungen, die an H gestellt wurden, bereits ausgenutzt sind, haben wir in der Wahl des Vorzeichens von σ noch Freiheiten. Wir setzen aus Stabilitätsgründen (Auslöschung!) $\sigma := -\mathrm{sgn}(x_1) \cdot \|x\|_2$ und legen $\mathrm{sgn}(x_1) = 1$ fest, falls $x_1 = 0$ gilt. Zur Berechnung von h beachtet man, daß

$$\|x - \sigma e^1\|_2^2 = \|x + \text{sgn}(x_1) \cdot \|x\|_2 \cdot e^1\|_2^2 =$$

$$= \big|\, |x_1| + \|x\|_2 \,\big|^2 + \sum_{\mu=2}^{k} |x_\mu|^2 = 2\|x\|_2^2 + 2|x_1|\,\|x\|_2$$

gilt.

Die folgende Matrix H löst dann die Grundaufgabe:

(i) $H = I - \beta u \cdot u^T$,

(ii) $\beta := (\|x\|_2(|x_1| + \|x\|_2))^{-1}$,

(iii) $u := (\text{sgn}(x_1)(|x_1| + \|x\|_2), x_2, \ldots, x_k)^T$.

Solche Matrizen H lassen sich nunmehr verwenden, um eine beliebige Matrix $A \in \mathbf{R}^{(n,n)}$ auf obere Dreiecksgestalt zu transformieren.

3.3 Der Algorithmus nach Householder. Sei A eine beliebige $(n \times n)$-Matrix. Wir setzen $A^{(0)} := A$ und bestimmen, wie in 3.2 beschrieben, die orthogonale Matrix $H^{(1)}$ mit $H^{(1)}(a^1)^{(0)} = \sigma e^1$, wobei $(a^1)^{(0)}$ der erste Spaltenvektor von $A^{(0)}$ ist. Nach $(\mu - 1)$ Schritten dieser Art hat man eine Matrix $A^{(\mu-1)}$ der Gestalt

$$A^{(\mu-1)} = \begin{pmatrix} B_{\mu-1} & C_{\mu-1} \\ 0 & \tilde{A}^{(\mu-1)} \end{pmatrix}$$

konstruiert, die sich aus einer oberen Dreiecksmatrix $B_{\mu-1} \in \mathbf{R}^{(\mu-1,\mu-1)}$ und den Matrizen $C_{\mu-1} \in \mathbf{R}^{(\mu-1,n-\mu+1)}$, $\tilde{A}^{(\mu-1)} \in \mathbf{R}^{(n-\mu+1,n-\mu+1)}$ zusammensetzt. Im nächsten Schritt wird die orthogonale Matrix $\tilde{H}^{(\mu)} \in \mathbf{R}^{(n-\mu+1,n-\mu+1)}$ bestimmt, für die $\tilde{H}^{(\mu)}(a^1)^{(\mu-1)} = \sigma e^1 \in \mathbf{R}^{n-\mu+1}$ gilt. Dabei ist $(a^1)^{(\mu-1)}$ die erste Spalte der $((n-\mu+1) \times (n-\mu+1))$-Matrix $\tilde{A}^{(\mu-1)}$. Setzt man jetzt

$$H^{(\mu)} := \begin{pmatrix} I_{\mu-1} & 0 \\ 0 & \tilde{H}^{(\mu)} \end{pmatrix} \in \mathbf{R}^{(n,n)},$$

so ist $H^{(\mu)}$ symmetrisch und orthogonal, und für $A^{(\mu)} := H^{(\mu)} A^{(\mu-1)}$ gilt:

(i) $B_{\mu-1}$ und $C_{\mu-1}$ bleiben unverändert;

(ii) $a_{\nu\mu}^{(\mu)} = 0$ für $\nu > \mu$.

Nach insgesamt $(n-1)$ Schritten erhält man auf diese Weise eine obere Dreiecksmatrix $R := A^{(n-1)}$ und eine orthogonale, symmetrische Matrix Q der Form $Q = (H^{(n-1)} \cdots H^{(1)})^{-1} = H^{(1)} \cdot H^{(2)} \cdots H^{(n-1)}$, die eine Zerlegung $A = Q \cdot R$ bestimmen.

Wir fassen die Überlegungen zusammen zum

Satz von der QR-Zerlegung. *Eine beliebige reelle $(n \times n)$-Matrix A läßt sich in ein Produkt der Form $A = Q \cdot R$ mit einer orthogonalen Matrix Q und einer oberen Dreiecksmatrix R zerlegen.*

Ergänzung. Der Satz von der QR-Zerlegung läßt sich in naheliegender Weise auf komplexe und auch auf nichtquadratische Matrizen ausdehnen. Die entsprechenden Modifikationen bleiben dem Leser überlassen.

Der Algorithmus nach Householder zur Lösung eines linearen Gleichungssystems $Ax = b$ sei nochmals zusammengefaßt:

Eingabe: $n \in \mathbb{Z}_+$, $C := (A|b) =: (c_{\mu\nu}) \in \mathbf{R}^{(n,n+1)}$.

1. *Initialisierung:* $\mu := 1$.
2. *Eliminationsschritt:* $s := \left(\sum_{\kappa=\mu}^{n} c_{\kappa\mu}^2 \right)^{1/2}$.

i) Falls $s = 0$, beende: A singulär.

Sonst: $\beta := (s(|c_{\mu\mu}| + s))^{-1}$;

$\quad\quad u := (0,\ldots,0,c_{\mu\mu} + \operatorname{sgn}(c_{\mu\mu})s, c_{\mu+1,\mu}, \cdots, c_{n\mu})^T$, $\operatorname{sgn}(c_{\mu\mu}) = 1$, falls $c_{\mu\mu} = 0$;

$\quad\quad H^{(\mu)} := I - \beta u u^T$,

(ii) $C := H^{(\mu)} \cdot C =: (c_{\mu\nu})$,

3. *Schleife:* Falls $\mu + 1 \leq n - 1$, setze $\mu := \mu + 1$, gehe zu Schritt 2. Andernfalls beende.

3.4 Komplexität der QR-Zerlegung. Im μ-ten Eliminationsschritt berechnet man zunächst die Größe s durch $(n - \mu + 1)$ Multiplikationen und Additionen und eine Wurzelbildung. Die Bestimmung des Faktors β erfordert eine Addition, eine Multiplikation und eine Division. Für die Operation $H^{(\mu)} \cdot C = C - \beta u u^T C$ benötigt man im Schritt (ii) des Algorithmus zur Berechnung von $u^T C$ genau $(n-\mu+1)(n-\mu)$ Multiplikationen und $(n-\mu+1)(n-\mu)+1$ Additionen, sowie weitere $(n-\mu+1)(n-\mu)$ Multiplikationen und $(n-\mu)$ Multiplikationen für das Produkt $u \cdot (\beta \cdot u^T C)$. Dann kommen weitere $(n-\mu+1)(n-\mu)$ Additionen bei der Bildung der Differenz $C - (\beta u u^T C)$ hinzu. Im μ-ten Schritt sind also insgesamt

$$2(n - \mu + 1)^2 \quad \text{Multiplikationen,}$$
$$(n - \mu + 1)^2 + (n - \mu + 1)(n - \mu) + 2 \quad \text{Additionen,}$$
$$1 \quad \text{Division,}$$
$$1 \quad \text{Wurzelbildung}$$

auszuführen. Bei $(n - 1)$ Schritten ergibt das eine Komplexität der QR-Zerlegung von

$$T_A^S(n) = \frac{4}{3}n^3 + \frac{3}{2}n^2 + \frac{19}{6}n - 6 = O(n^3)$$

für $n \to \infty$. Hinzu kommen noch $(n - 1)$ Wurzelbildungen.

Die Zerlegung einer Matrix nach Householder wird uns bei der Berechnung von Eigenwerten im nächsten Kapitel wieder begegnen.

3.5 Aufgaben. 1) Zeigen Sie durch ein Beispiel, daß beim Householder-Verfahren die Bandstruktur einer Matrix i. allg. nicht erhalten bleibt.

2) Schreiben Sie ein Computerprogramm, das mit dem Householder-Verfahren das lineare Gleichungssystem $Ax = b$, $A \in \mathbb{R}^{(n,n)}$ und $b \in \mathbb{R}^n$, löst. Testen Sie das Programm mit der Matrix $A = (a_{\mu\nu})$, $a_{\mu\nu} = (\mu + \nu - 1)^{-1}$ an den folgenden Beispielen:

a) $n = 5$, $b = (1,1,1,1)^T$

b) $n = 5,8,10$; $b = (b_1, \ldots, b_n)^T$, $b_\mu = \sum_{\nu=1}^n (\mu + \nu - 1)^{-1}$.

3) Man zeige: Die QR-Zerlegung einer nichtsingulären Matrix $A \in \mathbb{R}^{(n,n)}$ ist eindeutig, wenn man die Vorzeichen der Diagonalelemente von R fest vorschreibt.

4) Sei $A = (a_{\mu\nu}) \in \mathbb{R}^{(n,n)}$ mit den Spaltenvektoren $a^1, a^2, \cdots, a^n \in \mathbb{R}^n$. Zeigen Sie unter Verwendung der QR-Zerlegung die auf J. Hadamard zurückgehende Abschätzung $|\det(A)| \leq \prod_{\nu=1}^n ((a^\nu)^T a_\nu)^{1/2}$.

§ 4. Vektornormen und Normen von Matrizen

In diesem Paragraphen stellen wir einige Definitionen und Resultate über Vektornormen und Normen von Matrizen zusammen, die benutzt werden, um Fehleranalysen bei den Verfahren zur Lösung linearer Gleichungssysteme vornehmen zu können. In Kapitel 4 wird in allgemeinerem Rahmen von Normen auf Funktionenräumen und von Operatornormen die Rede sein. Die Darlegungen dieses Paragraphen können auch als Vorbereitung auf die dann folgenden Begriffsbildungen verstanden werden.

4.1 Normen auf Vektorräumen. Sei X ein Vektorraum über dem Körper $\mathbb{K} := \mathbb{C}$ der komplexen oder über dem Körper $\mathbb{K} := \mathbb{R}$ der reellen Zahlen.

Unter einer *Norm* versteht man eine Abbildung $\| \cdot \| : X \to \mathbb{R}$, $x \to \|x\|$, die für alle $x, y \in X$ die

Normbedingungen erfüllt:

(i) $\|x\| = 0 \Leftrightarrow x = 0$;

(ii) $\|\alpha x\| = |\alpha| \, \|x\|$ für alle $\alpha \in \mathbb{K}$;   *Homogenität*

(iii) $\|x + y\| \leq \|x\| + \|y\|$;   *Dreiecksungleichung.*

Aus den Normbedingungen (i)–(iii) folgert man die *Definitheit* $\|x\| > 0$ für $x \neq 0$ der Norm und die Ungleichung

(∗)
$$\big| \, \|x\| - \|y\| \, \big| \leq \|x + y\|.$$

Das Paar $(X, \| \cdot \|)$ heißt *normierter Raum*; in diesem Paragraphen behandeln wir nur die Vektorräume endlicher Dimension $\mathbb{C}^n$ bzw. $\mathbb{R}^n$.

Beispiel. Sei $X := \mathbb{C}^n$ und $\| \cdot \| := \| \cdot \|_p$, $1 \leq p \leq \infty$ und p ganzzahlig. Dabei bedeutet

$$\|x\|_p := \Big(\sum_{\nu=1}^n |x_\nu|^p \Big)^{\frac{1}{p}} \quad \text{für} \ 1 \leq p < \infty$$

und

$$\|x\|_\infty := \max_{1 \le \nu \le n} |x_\nu|.$$

Man erkennt sofort, daß die Normbedingungen (i) und (ii) für alle p sowie (iii) für $p = 1, \infty$ erfüllt sind. In den Fällen $1 < p < \infty$ erkennen wir in der Dreiecksungleichung (iii) gerade die bekannte

Minkowskische Ungleichung

$$(\sum_{\nu=1}^n |x_\nu + y_\nu|^p)^{\frac{1}{p}} \le (\sum_{\nu=1}^n |x_\nu|^p)^{\frac{1}{p}} + (\sum_{\nu=1}^n |y_\nu|^p)^{\frac{1}{p}}.$$

Beweis: Siehe z. B. W. Walter ([1985], S. 310).   □

Stetigkeit der Norm. *Die Norm $\|x\|$ ist eine stetige Funktion der Komponenten $x_1, \ldots, x_n$ des Vektors x.*

Beweis: Nach Folgerung (∗) von oben gilt mit $z = (z_1, \ldots, z_n)$

$$|\|x + z\| - \|x\|| \le \|z\|.$$

Sei $\{e^1, \ldots, e^n\}$ die kanonische Basis in X:

$$z = \sum_1^n z_\nu e^\nu \quad \text{und} \quad \|e^\nu\| = 1 \quad \text{für} \quad 1 \le \nu \le n.$$

Dann gilt $\|z\| \le \sum_1^n |z_\nu| \|e^\nu\| \le n \max_{1 \le \nu \le n} |z_\nu|$; ist also $\max_{1 \le \nu \le n} |z_\nu| \le \frac{\varepsilon}{n}$, so folgt $|\|x + z\| - \|x\|| \le \varepsilon$ und damit die Behauptung.   □

In diesem Beweis wird zwar im Grunde nur die stetige Abhängigkeit bei Zugrundelegen der Norm $\|\cdot\|_\infty$ gezeigt. Trotzdem ist er allgemein; vgl. Äquivalenz der Normen 4.3.

4.2 Die natürliche Norm einer Matrix. Die $(m \times n)$-Matrizen mit reellen oder komplexen Elementen bilden einen Vektorraum $\mathbf{K}^{(m,n)}$ der endlichen Dimension $(m \cdot n)$ über $\mathbb{R}$ bzw. über $\mathbb{C}$. Also läßt sich der Begriff der Norm aus 4.1 auf Matrizen anwenden. Wir führen die Betrachtungen gleich etwas allgemeiner durch.

Eine $(m \times n)$-Matrix vermittelt eine lineare Abbildung eines n-dimensionalen Vektorraums $(X, \|\cdot\|_X)$ in einen m-dimensionalen Vektorraum $(Y, \|\cdot\|_Y)$. Für diese Abbildung gilt stets die Abschätzung

$$\|Ax\|_Y \le C\|x\|_X$$

mit einer Zahl $C > 0$. Denn zu den Normen $\| \cdot \|_X$ auf $\mathbb{C}^n$ und $\| \cdot \|_Y$ auf $\mathbb{C}^m$ existiert die Zahl

$$\|A\| := \sup_{x \in \mathbb{C}^n \setminus \{0\}} \frac{\|Ax\|_Y}{\|x\|_X} = \max_{\|x\|_X = 1} \|Ax\|_Y;$$

das folgt aus der Tatsache, daß die stetige Funktion $x \to \|Ax\|_Y$ auf dem Kompaktum $\{x \in \mathbb{C}^n \mid \|x\|_X = 1\}$ ihr Maximum annimmt. Damit gilt also

$$\|Ax\|_Y \le \|A\| \, \|x\|_X.$$

Wir betrachten von nun an quadratische $(n \times n)$-Matrizen; überdies seien die beiden Vektornormen gleich: $\| \cdot \|_X = \| \cdot \|_Y =: \| \cdot \|$. Dann erhalten wir die

Abschätzung

$$\|Ax\| \le \|A\| \, \|x\|.$$

Erklärung. Die Vorschrift $A \to \|A\|$ erfüllt die Normbedingungen (i)–(iii) in (2.1); Homogenität und Dreiecksungleichung gelten offensichtlich, die Relation $\|A\| = 0 \Leftrightarrow A = 0$ ergibt sich daraus, daß $\|Ax\| = 0$ für alle $x \in X$ zur Folge hat, daß A die Nullmatrix ist und daß $A = 0 \Rightarrow \|A\| = 0$ trivialerweise richtig ist.

Da $\|A\|$ durch die Vektornorm $\| \cdot \|$ bestimmt wird, heißt dieser Wert *induzierte Norm* oder *natürliche Norm* der Matrix A. Offenbar gilt $\|I\| = 1$.

Zusatz. Man erkennt, daß $C := \|A\|$ die kleinste Konstante ist, mit der die Abschätzung $\|Ax\| \le C\|x\|$ für alle $x \in X$ gilt. Denn die Abschätzung wird dann zur Gleichheit, wenn für x ein Vektor gewählt wird, für den der Wert $\|Ax\|$ sein Maximum annimmt.

Ergänzung. Für die natürliche Norm einer Matrix auf $\mathbb{K}^{(n,n)}$ gilt

$$\|A \cdot B\| \le \|A\| \, \|B\|.$$

Denn $\|ABx\| \le \|A\| \, \|Bx\| \le \|A\| \, \|B\| \, \|x\|$; die bestmögliche Abschätzung ist jedoch

$$\|ABx\| \le \|AB\| \, \|x\|.$$

4.3 Spezielle Normen von Matrizen. In diesem Abschnitt sollen die wichtigsten natürlichen Normen von Matrizen zusammengestellt werden.

Definition. Es seien $A \in \mathbb{K}^{(n,n)}$ und $\lambda_1, \lambda_2, \ldots, \lambda_n \in \mathbb{C}$ die Eigenwerte von A. Dann heißt

$$\rho(A) := \max_{1 \le i \le n} |\lambda_i|$$

Spektralradius von A.

Für die durch eine Vektornorm nach Beispiel 4.1 induzierte Norm einer Matrix gilt nun der

Satz. *Es sei* $\| \cdot \|_p$ *die durch die Vektornorm* $\| \cdot \|_p$ *induzierte Norm einer Matrix* $A \in \mathbf{K}^{(n,n)}$. *Dann gilt*

(1)
$$\|A\|_1 = \max_{1 \le \nu \le n} \sum_{\mu=1}^{n} |a_{\mu\nu}|,$$

(2)
$$\|A\|_\infty = \max_{1 \le \mu \le n} \sum_{\nu=1}^{n} |a_{\mu\nu}|,$$

(3)
$$\|A\|_2 = (\rho(\overline{A}^T A))^{\frac{1}{2}}.$$

$\| \cdot \|_1$ *bzw.* $\| \cdot \|_\infty$ *bzw.* $\| \cdot \|_2$ *heißen Spaltenbetragssummennorm bzw. Zeilenbetragssummennorm bzw. Spektralnorm der Matrix A.*

Beweis. Die Behauptung (1) wird dem Leser als Übungsaufgabe überlassen.

(2) Aus Beispiel 4.1 und Abschätzung 4.2 folgt

$$\|A\|_\infty \le \max_{1 \le \mu \le n} \sum_{\nu=1}^{n} |a_{\mu\nu}|.$$

Es bleibt nur zu zeigen, daß die Gleichheit eintreten kann. Dazu sei der Index k so gewählt, daß $\sum_{\nu=1}^{n} |a_{k\nu}| = \max_{1 \le \mu \le n} \sum_{\nu=1}^{n} |a_{\mu\nu}|$ gilt. Es genügt zu zeigen, daß ein $\hat{x} \in \mathbf{K}^n$ mit $\|\hat{x}\|_\infty = 1$ existiert, so daß $\|A\hat{x}\|_\infty = \sum_{\nu=1}^{n} |a_{k\nu}|$ gilt. Das leistet offenbar der Vektor $\hat{x}$ mit den Komponenten

$$\hat{x}_\nu := \begin{cases} 1 & \text{falls } a_{k\nu} = 0, \\ \frac{\overline{a}_{k\nu}}{|a_{k\nu}|} & \text{sonst.} \end{cases}$$

(3) Nach 4.2 existiert ein $y \in \mathbf{K}^n$ mit $\|y\|_2 = 1$ und $\|Ay\|_2 = \|A\|_2$, so daß also $\|A\|_2^2 = \overline{y}^T \overline{A}^T A y$ gilt. Da $\overline{A}^T A$ eine hermitesche Matrix ist, existiert ein vollständiges Orthogonalsystem von Eigenvektoren $\{x^1, x^2, \ldots, x^n\}$ mit $(\overline{x}^\mu)^T x^\nu = \delta_{\mu\nu}$. Seien $\lambda_1, \ldots, \lambda_n$ die zugehörigen Eigenwerte. Dann ist $\overline{A}^T A x^\mu = \lambda_\mu x^\mu$ und folglich $0 \le \|Ax^\mu\|_2^2 = (\overline{x}^\mu)^T \overline{A}^T A x^\mu = \lambda_\mu$; die Matrix $\overline{A}^T A$ ist also positiv semidefinit.

Stellen wir y in der Form $y = \sum_{\nu=1}^{n} \alpha_\nu x^\nu$, $\alpha_\nu \in \mathbf{K}$, dar, so fließt daraus

$$1 = \|y\|_2^2 = (\sum_{\mu=1}^{n} \overline{\alpha}_\mu (\overline{x}^\mu)^T)(\sum_{\nu=1}^{n} \alpha_\nu x^\nu) = \sum_{\mu=1}^{n} |\alpha_\mu|^2.$$

Damit hat man

$$\|Ay\|_2^2 = (\sum_{\mu=1}^{n} \overline{\alpha}_\mu (\overline{x}^\mu)^T) \overline{A}^T A (\sum_{\nu=1}^{n} \alpha_\nu x^\nu) =$$

$$= (\sum_{\mu=1}^{n} \overline{\alpha}_\mu (\overline{x}^\mu)^T)(\sum_{\nu=1}^{n} \alpha_\nu \lambda_\nu x^\nu) = \sum_{\mu=1}^{n} \lambda_\mu |\alpha_\mu|^2 \le$$

$$\le (\max_{1 \le \mu \le n} \lambda_\mu) \sum_{\mu=1}^{n} |\alpha_\mu|^2 = \rho(\overline{A}^T A).$$

Ist andererseits λ_k der größte Eigenwert von $\overline{A}^T A$, so gilt

$$\|A\|_2^2 \geq \|Ax^k\|_2^2 = (\overline{x}^k)^T \overline{A}^T Ax^k = \lambda_k = \rho(\overline{A}^T A). \qquad \Box$$

Äquivalenz der Normen. Für je zwei Vektornormen $\|\cdot\|_X$ und $\|\cdot\|_Y$, die auf demselben Vektorraum X erklärt sind, gilt die gegenseitige Abschätzung

$$m\|x\|_X \leq \|x\|_Y \leq M\|x\|_X$$

mit zwei Konstanten $m, M > 0$ für alle $x \in X$. Deshalb sagt man, alle Vektor-normen (auf Räumen endlicher Dimension!) seien *äquivalent*. Der Beweis ist dadurch zu führen, daß man die Äquivalenz jeder Norm zur Norm $\|\cdot\|_\infty$ zeigt; er bleibt dem Leser überlassen. Damit sind auch alle natürlichen Normen von Matrizen äquivalent.

Normschranken. Da beispielsweise die Spektralnorm $\|A\|_2$ einer Matrix schwer zu berechnen ist, – man muß dazu ja den größten Eigenwert von $\overline{A}^T A$ ermitteln – ist es gelegentlich nützlich, obere Schranken für natürliche Nor-men zu kennen. Man nennt die "Matrixnorm" $\|A\|$ mit der Vektornorm $\|x\|$ *verträglich*, wenn sie die Normbedingungen (i)–(iii) einschließlich der Bedin-gung $\|AB\| \leq \|A\|\,\|B\|$ erfüllt und wenn für alle $(n \times n)$-Matrizen und für alle $x \in \mathbb{K}^n$ die Abschätzung $\|Ax\| \leq \|A\|\,\|x\|$ gilt. Die natürliche Norm einer Matrix erscheint dann als die kleinstmögliche Konstante in dieser Abschätzung und in diesem Sinne als minimale aller mit $\|x\|$ verträglichen Matrixnormen.

Beispiel. $\|A\|_{ES} := \sqrt{\mathrm{Spur}(\overline{A}^T A)}$ ist eine Matrixnorm. Denn $\sqrt{\mathrm{Spur}(\overline{A}^T A)} = \left[\sum_{\mu,\kappa=1}^n |a_{\mu\kappa}|^2\right]^{1/2}$ kann als die euklidische Norm $\|\cdot\|_2$ eines Vektors $y \in \mathbb{C}^{(n,n)}$ mit den Komponenten $a_{\mu\kappa}$ aufgefaßt werden, so daß (i)–(iii) gelten. Überdies gilt auch

$$\|AB\|_{ES}^2 = \sum_{\nu,\kappa=1}^n \Big|\sum_{\mu=1}^n a_{\nu\mu}b_{\mu\kappa}\Big|^2 \leq \sum_{\nu,\kappa=1}^n \Big[\Big(\sum_{\mu=1}^n |a_{\nu\mu}|^2\Big)\Big(\sum_{\mu=1}^n |b_{\mu\kappa}|^2\Big)\Big] =$$

$$= \Big(\sum_{\mu,\nu=1}^n |a_{\nu\mu}|^2\Big)\Big(\sum_{\mu,\kappa=1}^n |b_{\mu\kappa}|^2\Big) = \|A\|_{ES}^2\|B\|_{ES}^2.$$

Da weiterhin

$$\|Ax\|_2^2 = \sum_{\nu=1}^n \Big|\sum_{\kappa=1}^n a_{\nu\kappa}x_\kappa\Big|^2 \leq \sum_{\nu=1}^n\Big[\sum_{\kappa=1}^n |a_{\nu\kappa}|^2 \sum_{\kappa=1}^n |x_\kappa|^2\Big] = \|A\|_{ES}^2\|x\|_2^2$$

gilt, ist $\|A\|_{ES}$ mit $\|x\|_2$ verträglich. Sie eignet sich als obere Schranke für die natürliche Norm $\|A\|_2$. Man nennt $\|A\|_{ES}$ auch *Erhard-Schmidt-Norm* der Matrix A; häufig wird sie auch als *Frobenius-Norm* bezeichnet.

4.4 Aufgaben. 1) Man bestimme optimale Abschätzungskonstanten m' und M' sowie m'' und M'' in den Abschätzungen $m'\|x\|_1 \leq \|x\|_\infty \leq M'\|x\|_1$ und $m''\|x\|_\infty \leq \|x\|_2 \leq M''\|x\|_\infty$.

2) Für welchen Schluß im Beweis der Äquivalenz der Normen muß man voraussetzen, daß die Dimension des zugrundegelegten Vektorraums endlich ist?

3) Man zeige, daß durch $\|A\| := n \max_{\mu,\nu} |a_{\mu\nu}|$ eine Matrixnorm definiert wird, die mit $\|\cdot\|_1$, $\|\cdot\|_2$ und $\|\cdot\|_\infty$ verträglich ist.

4) Man zeige, daß für jede quadratische Matrix A mit beliebiger Norm und $\|A \cdot B\| \leq \|A\| \cdot \|B\|$ die Abschätzung $\rho(A) \leq \|A\|$ gilt. Man berechne dann $\rho(A)$ für die Matrizen $A := \begin{pmatrix} 1 & 3 & 1 \\ 2 & 0 & 1 \\ 1 & 3 & 2 \end{pmatrix}$ und $A := \begin{pmatrix} 1 & 3 & 1 \\ 2 & 0 & 1 \\ 1 & 1 & 2 \end{pmatrix}$ und schätze $\rho(A)$ zum Vergleich durch $\|A\|_1$, $\|A\|_\infty$ und $\|A\|_{ES}$ ab.

§ 5. Fehlerabschätzungen

Die Matrix und die rechte Seite eines linearen Gleichungssystems sind in vielen praktischen Anwendungen nur näherungsweise bekannt. Die bisher besprochenen Verfahren lösen dann nur ein benachbartes Problem. Aber selbst wenn die Matrix und die rechte Seite exakt in einer Rechenanlage gespeichert sind, wird häufig das Gleichungssystem nicht vollständig durch einen Algorithmus gelöst. In der Regel ist der Defekt ungleich Null. Es wird dann erforderlich, den Fehler in der Lösung abzuschätzen. Mit der grundsätzlichen Vorgehensweise hierzu werden wir uns in diesem Paragraphen befassen.

5.1 Kondition einer Matrix. Es sei $A \in \mathbb{C}^{(n,n)}$ und $b \in \mathbb{C}^n$. Wir wollen den Einfluß von Änderungen von A und b auf die Lösung des linearen Gleichungssystems $Ax = b$ studieren. Zunächst werden einige Hilfsüberlegungen durchgeführt.

Die Matrix A sei regulär, und anstelle von $Ax = b$ werde das gestörte lineare Gleichungssystem

$$A(x + \Delta x) = b + \Delta b$$

mit einer Störung $\Delta b \in \mathbb{C}^n$ betrachtet. Der Fehler Δx des Lösungsvektors x ergibt sich dann aus $\Delta x = A^{-1}\Delta b$. Wenn man nun eine beliebige Vektornorm und die dazu induzierte Norm einer Matrix wählt, so folgt für den Fehler die Abschätzung

$$\|\Delta x\| \leq \|A^{-1}\| \cdot \|\Delta b\|.$$

Wegen $\|b\| \le \|A\| \cdot \|x\|$ erhält man schließlich für $b \ne 0$ die Abschätzung

$$\frac{\|\Delta x\|}{\|x\|} \le \|A^{-1}\| \cdot \|A\| \frac{\|\Delta b\|}{\|b\|}$$

für den relativen Fehler $\|\Delta x\|/\|x\|$ der Lösung des Gleichungssystems. Man erkennt, daß der Faktor $\|A^{-1}\| \cdot \|A\|$ die Empfindlichkeit des relativen Fehlers der Lösung x gegen Störungen in der rechten Seite b mißt.

Definition. Sei $A \in \mathbb{C}^{(n,n)}$ und regulär. Die Zahl $\operatorname{cond}(A) := \|A^{-1}\| \cdot \|A\|$ heißt *Kondition* der Matrix A.

Für eine natürliche Norm einer Matrix erkennt man aus der Abschätzung

$$1 = \|I\| = \|A^{-1} \cdot A\| \le \|A^{-1}\| \cdot \|A\| = \operatorname{cond}(A),$$

daß die Kondition größer oder gleich Eins ist. Die Kondition einer Matrix A hängt von der verwendeten Norm ab. Wir werden das durch einen Index (etwa $\operatorname{cond}_2(A)$, falls die Spektralnorm zugrundeliegt) gelegentlich anzeigen.

Um den Einfluß von Änderungen der Matrix A auf die Lösung des linearen Gleichungssystems $Ax = b$ abschätzen zu können, beweisen wir zunächst ein

Lemma. *Sei $A \in \mathbb{C}^{(n,n)}$. In einer beliebigen natürlichen Norm einer Matrix gelte $\|A\| < 1$; dann existiert $(I + A)^{-1}$, und es ist*

$$\frac{1}{1 + \|A\|} \le \|(I + A)^{-1}\| \le \frac{1}{1 - \|A\|}.$$

Beweis. Für $x \in \mathbb{C}^n$, $x \ne 0$, gilt dann

$$\|(I + A)x\| = \|x + Ax\| \ge \|x\| - \|Ax\| \ge (1 - \|A\|)\|x\|.$$

Daraus schließt man, daß $(I+A)x = 0$ nur für $x = 0$ gelten kann. Dann ist aber die Matrix $(I+A)$ regulär. Weiter gelten für $C := (I+A)^{-1}$ die Abschätzungen

$$1 = \|I\| = \|(I + A)C\| = \|C + AC\| \ge \|C\| - \|C\| \cdot \|A\|$$

und analog $1 \le \|C\| + \|C\| \cdot \|A\|$. Das ergibt zusammen die Behauptung.   □

Als Aussage über benachbarte Operatoren folgert man unmittelbar das

Störungslemma. *In einer beliebigen natürlichen Norm betrachten wir zwei Matrizen $A, B \in \mathbb{C}^{(n,n)}$ mit A regulär, $\|A^{-1}\| \le \alpha$ und $\|A^{-1}\| \cdot \|B - A\| \le \kappa < 1$.*

Dabei sind α und κ geeignete reelle Zahlen. Dann ist auch B regulär, und es gilt $\|B^{-1}\| \leq \frac{\alpha}{1-\kappa}$.

Beweis. Da $\|A^{-1}(B-A)\| \leq \|A^{-1}\| \cdot \|B - A\| < 1$ ist, existiert nach der Aussage des Lemmas $(I + A^{-1}(B - A))^{-1}$. Es ist folglich auch $A^{-1}B$ invertierbar und damit auch B. Weiter folgt aus dem Lemma die Abschätzung

$$\|B^{-1}\| \leq \|B^{-1}A\| \cdot \|A^{-1}\| \leq \frac{1}{1 - \|A^{-1}\| \cdot \|B - A\|} \cdot \alpha \leq \frac{\alpha}{1 - \kappa}. \qquad \square$$

Anmerkung. Die Aussage des Störungslemmas gilt auch in dem allgemeineren Rahmen der Störungstheorie linearer Operatoren und wird in entsprechendem Zusammenhang dann auch zur Herleitung von Fehlerabschätzungen benutzt.

5.2 Eine Fehlerabschätzung bei gestörter Matrix. Die Berechnung der Kondition einer Matrix $A \in \mathbb{C}^{(n,n)}$ setzt voraus, daß man die Inverse A^{-1} berechnen oder deren Norm wenigstens abschätzen kann. Für diesen Fall beweisen wir den folgenden

Satz. *Es seien A und ΔA Matrizen aus $\mathbb{C}^{(n,n)}$ und x bzw. Δx Lösung des linearen Gleichungssystems $Ax = b$ bzw. $(A + \Delta A)(x + \Delta x) = b$, $b \neq 0$. Für eine beliebige Norm auf $\mathbb{C}^n$ und in der dazu induzierten Norm einer Matrix gelte $\|\Delta A\| \cdot \|A^{-1}\| < 1$. Dann folgt für den relativen Fehler die Abschätzung*

$$\frac{\|\Delta x\|}{\|x\|} \leq \frac{\text{cond}(A)}{1 - \text{cond}(A)\frac{\|\Delta A\|}{\|A\|}} \frac{\|\Delta A\|}{\|A\|}.$$

Beweis. Weil $\|A^{-1}\| \cdot \|\Delta A\| < 1$ ist, existiert nach der Aussage des Störungslemmas 5.1 die Inverse von $(A + \Delta A)$ und läßt sich durch

$$\|(A + \Delta A)^{-1}\| \leq \frac{\|A^{-1}\|}{1 - \|A^{-1}\| \|\Delta A\|}$$

abschätzen. Ferner gilt

$$\Delta x = (A + \Delta A)^{-1}(b - (A + \Delta A)x) = -(A + \Delta A)^{-1}\Delta Ax,$$

also $\|\Delta x\| \leq \frac{\|A^{-1}\|}{1-\|A^{-1}\|\cdot\|\Delta A\|} \|\Delta A\|\|x\|$ und schließlich

$$\frac{\|\Delta x\|}{\|x\|} \leq \frac{\|A^{-1}\| \cdot \|A\|}{1 - \|A^{-1}\| \|A\|\frac{\|\Delta A\|}{\|A\|}} \cdot \frac{\|\Delta A\|}{\|A\|}. \qquad \square$$

Bemerkung. Um diese Abschätzung wirklich anwenden zu können, wird eine obere Schranke für $\|A^{-1}\|$ benötigt. Eine solche ist in der Regel nicht bekannt oder läßt sich nur mit erheblichem Aufwand berechnen; nützlich ist dazu die folgende

Ergänzung. Wenn zur Lösung des Gleichungssystems $Ax = b$ das Gaußsche Verfahren oder der Householder-Algorithmus benutzt wurden, liegen Faktorisierungen der Matrix A in der Form $L \cdot R$ oder $Q \cdot R$ vor, wobei für den Defekt $D := L \cdot R - A$ oder $D := Q \cdot R - A$ in der Regel $\|D\| \ll 1$ gilt. Da L und R Dreiecksmatrizen bzw. Q eine orthogonale Matrix sind, lassen sich deren Inverse leicht berechnen bzw. unmittelbar angeben. Das Störungslemma liefert dann die Abschätzung

$$\|A^{-1}\| \leq \frac{\alpha}{1 - \kappa};$$

dabei muß $\|(L \cdot R)^{-1}\| \leq \alpha$ (bzw. $\|(Q \cdot R)^{-1}\| \leq \alpha$) und $\|D\| \leq \frac{\kappa}{\alpha}$ gelten.

Wir erinnern uns daran, daß bei vorliegender LR-Zerlegung der Matrix A das Gleichungssystem $Ax = b$ in zwei Schritten gelöst wird. Zunächst wird die Lösung von $Ly = b$ und danach die von $Rx = y$ bestimmt. Das hat zur Folge, daß nach dem Satz schlechtkonditionierte Matrizen L oder R zu großen relativen Fehlern Anlaß geben können. Selbst wenn A relativ gut konditioniert ist, also cond(A) nahe bei Eins liegt, führt somit das Gaußsche Verfahren zu möglicherweise schlechten Ergebnissen. Anders ist das bei der QR-Zerlegung nach Householder. Wir legen die euklidische Vektornorm und die ihr zugeordnete Matrixnorm zugrunde. Dann gilt wegen der Orthogonalität von Q für alle Vektoren $x \in \mathbb{C}^n$ die Gleichung $\|Qx\|_2 = \|x\|_2$ und damit $\|Q\|_2 = 1$. Analog folgt auch $\|Q^T\|_2 = \|Q^{-1}\|_2 = 1$. Die Kondition von Q ist somit Eins. Andererseits gilt

$$\|A\|_2 = \|Q^T Q A\|_2 \leq \|Q A\|_2 \leq \|A\|_2,$$

also $\|A\|_2 = \|Q A\|_2$. Analog folgt $\|A^{-1} Q^{-1}\|_2 = \|A^{-1}\|_2$. Man erhält die

Folgerung. Beim QR-Algorithmus bleibt die Kondition einer Matrix A ungeändert. Es gilt

$$\mathrm{cond}_2(A) = \mathrm{cond}_2(QA).$$

Der Satz liefert damit die Begründung für die günstigen Stabilitätseigenschaften des QR-Algorithmus.

5.3 Brauchbare Lösungen. Eine Technik der Fehlerabschätzung, die die Berechnung von A^{-1} vermeidet, ist der Vorgehensweise bei der Rückwärtsanalyse entnommen (vgl. 1.3.3). Für $A = (a_{\mu\nu}) \in \mathbb{C}^{(n,n)}$ und $b = (b_\mu) \in \mathbb{C}^n$

setzen wir $|A| := (|a_{\mu\nu}|)$ und $|b| := (|b_\mu|)$. Erklärt man die Relation "$\leq$" element- bzw. komponentenweise, dann gilt offensichtlich $|A \cdot B| \leq |A| \cdot |B|$ bzw. $|Ax| \leq |A| \cdot |x|$ für alle $A, B \in \mathbb{C}^{(n,n)}$ und $x \in \mathbb{C}^n$. Wir beweisen den

Satz von Prager und Oettli. *Es seien $A_0, \Delta A \in \mathbb{C}^{(n,n)}$ und $b_0, \Delta b \in \mathbb{C}^n$ mit $\Delta A \geq 0$ und $\Delta b \geq 0$. Für einen Vektor $\tilde{x} \in \mathbb{C}^n$ sei $r(\tilde{x}) := b_0 - A_0\tilde{x}$ das Residuum. Dann sind die beiden Aussagen äquivalent:*

(i) $|r(\tilde{x})| \leq \Delta A |\tilde{x}| + \Delta b$;

(ii) Es existieren $A \in \mathcal{A} := \{B \in \mathbb{C}^{(n,n)} \mid |B - A_0| \leq \Delta A\}$ und
$b \in \mathcal{B} := \{c \in \mathbb{C}^n \mid |c - b_0| \leq \Delta b\}$ mit $A\tilde{x} = b$.

Beweis. Seien zunächst $A \in \mathcal{A}$ und $b \in \mathcal{B}$ mit $A\tilde{x} = b$ gegeben. Dann gelten für $\delta A := A - A_0$ und $\delta b := b - b_0$ die Abschätzungen $|\delta A| \leq \Delta A$ und $|\delta b| \leq \Delta b$. Also ist

$$|r(\tilde{x})| = |b_0 - A_0\tilde{x}| = |b - \delta b - (A - \delta A)\tilde{x}| = |-\delta b + \delta A\tilde{x}| \leq$$
$$\leq \Delta A|\tilde{x}| + \Delta b.$$

Ist nun umgekehrt $|r(\tilde{x})| \leq \Delta A|\tilde{x}| + \Delta b$, so setzen wir zur Abkürzung $r := r(\tilde{x})$, $s := \Delta b + \Delta A|\tilde{x}|$ und konstruieren $A \in \mathcal{A}$ und $b \in \mathcal{B}$ wie folgt:

$$\delta a_{\mu\nu} := \begin{cases} 0, & \text{falls } s_\mu = 0 \\ r_\mu \Delta a_{\mu\nu} \cdot \text{sgn}(\tilde{x}_\nu) s_\mu^{-1}, & \text{falls } s_\mu \neq 0 \end{cases}$$

und

$$\delta b_\mu := \begin{cases} 0, & \text{falls } s_\mu = 0 \\ -r_\mu \Delta b_\mu s_\mu^{-1}, & \text{falls } s_\mu \neq 0 \end{cases}.$$

Das Symbol "sgn" der möglicherweise komplexen Zahl $\tilde{x}_\nu$ ist dabei erklärt durch $\text{sgn}(\tilde{x}_\nu) = \begin{cases} 1 & \text{falls } \tilde{x}_\nu = 0 \\ \frac{\tilde{x}_\nu}{|\tilde{x}_\nu|} & \text{sonst} \end{cases}$; vgl. 2.3.2.

Da nach Voraussetzung $|r| \leq s$ gilt, folgt $r_\mu/s_\mu \leq 1$ für $1 \leq \mu \leq n$. Das hat $A_0 + \delta A \in \mathcal{A}$ und $b_0 + \delta b \in \mathcal{B}$ zur Folge. $A_0 =: (a_{0\mu\nu})$, $b_0 =: (b_{0\mu})$. Wir setzen $A := A_0 + \delta A$, $b := b_0 + \delta b$ und zeigen $A\tilde{x} = b$. Im Fall $s_\mu \neq 0$ erhält man

$$r_\mu = b_{0\mu} - \sum_{\nu=1}^n a_{0\mu\nu}\tilde{x}_\nu = b_\mu - \delta b_\mu - \sum_{\nu=1}^n a_{\mu\nu}\tilde{x}_\nu + \sum_{\nu=1}^n \delta a_{\mu\nu}\tilde{x}_\nu =$$

$$= b_\mu - \sum_{\nu=1}^n a_{\mu\nu}\tilde{x}_\nu + (\Delta b_\mu + \sum_{\nu=1}^n \Delta a_{\mu\nu}|\tilde{x}_\nu|)s_\mu^{-1}r_\mu = b_\mu - \sum_{\nu=1}^n a_{\mu\nu}\tilde{x}_\nu + r_\mu.$$

Ist dagegen $s_\mu = 0$, so folgt unmittelbar

$$0 = r_\mu = b_{0\mu} - \sum_{\nu=1}^{n} a_{0\mu\nu}\, \tilde{x}_\nu = b_\mu - \sum_{\nu=1}^{n} a_{\mu\nu}\, \tilde{x}_\nu .$$

Es gilt also $A\,\tilde{x} = b$ und damit die Behauptung. □

Dieser Satz erlaubt es, aus der Größe des Residuums $|r(\tilde{x})|$ auf die Brauchbarkeit des Vektors $\tilde{x} \in \mathbb{C}^n$ als Lösung des linearen Gleichungssystems zu schließen. Besitzen etwa alle Komponenten von A_0 und b_0 dieselbe relative Genauigkeit ε, gilt also

$$\Delta A = \varepsilon |A_0| \quad \text{und} \quad \Delta b = \varepsilon |b_0|,$$

so ist die Bedingung (i) des Satzes erfüllt, falls die Abschätzung $|b_0 - A_0\,\tilde{x}| \leq$ $\leq \varepsilon(|b_0| + |A_0|\,|\tilde{x}|)$ gilt. Dann läßt sich nach der Aussage (ii) des Satzes $\tilde{x}$ als exakte Lösung eines "benachbarten" linearen Gleichungssystems interpretieren.

Beispiel. Es seien A_0, b_0 und $\tilde{x}$ gegeben durch

$$A_0 = \begin{pmatrix} 2 & -1 \\ 1 & 1 \end{pmatrix}, \quad b_0 = \begin{pmatrix} 1 \\ 2 \end{pmatrix}, \quad \tilde{x} = \begin{pmatrix} 0.95 \\ 1.05 \end{pmatrix}.$$

Dann ergibt die Rechnung:

$$|A_0\,\tilde{x} - b_0| = \begin{pmatrix} 0.15 \\ 0 \end{pmatrix} \quad \text{und} \quad |b_0| + |A_0|\,|\tilde{x}| = \begin{pmatrix} 3.95 \\ 4 \end{pmatrix}.$$

Nach der vorangegangenen Überlegung wird $\tilde{x}$ als Lösung des linearen Gleichungssystems akzeptabel sein, wenn die relative Genauigkeit ε von $|A_0|$ und $|b_0|$ nicht kleiner als 0.038 ist. Wenn also A_0 und b_0 mit einer relativen Genauigkeit von 4 % gegeben sind, ist $\tilde{x}$ eine vernünftige Lösung von $A_0 x = b_0$.

5.4 Aufgaben. 1) Bestimmen Sie die Kondition der Matrix $\begin{pmatrix} 1 & 2 \\ 3 & 7 \end{pmatrix}$ bezüglich der durch die Vektornormen $\|\cdot\|_1$, $\|\cdot\|_2$ und $\|\cdot\|_\infty$ induzierten Matrixnormen.

2) Die beiden folgenden $(n \times n)$-Matrizen, $n \geq 3$ und $a \geq 0$, seien gegeben:

$$A := \begin{pmatrix} a+1 & \cdots & a+1 & a \\ \vdots & \ddots & \ddots & \vdots \\ a+1 & a & \cdots & a \\ a & a & \cdots & a-1 \end{pmatrix},$$

$$B := \begin{pmatrix} -a & 0 & \cdots & 0 & 1 & a \\ 0 & & & 1 & -1 & 0 \\ \vdots & 0 & \ddots & \ddots & & \vdots \\ 0 & \ddots & \ddots & 0 & & \vdots \\ 1 & -1 & & & & 0 \\ a & 0 & \cdots & & 0 & -(a+1) \end{pmatrix}.$$

a) Zeigen Sie: $B = A^{-1}$.

b) Berechnen Sie die Kondition von A bezüglich $\|\cdot\|_\infty$.

c) Es seien $Ax = b$ und $A(x + \Delta x) = b + \Delta b$ zwei lineare Gleichungssysteme. Zeigen Sie, daß durch geeignete Wahl von x und Δb die Abschätzung

$$\frac{\|\Delta x\|_\infty}{\|x\|_\infty} \leq \text{cond}_\infty(A) \cdot \frac{\|\Delta b\|_\infty}{\|b\|_\infty}$$

scharf wird. Dabei ist $\text{cond}_\infty(A) = \|A\|_\infty \cdot \|A^{-1}\|_\infty$.

3) Eine Matrix, bei der die Betragssummen aller Zeilen gleich sind, nennt man *zeilenäquilibriert*. Durch Multiplizieren mit einer regulären Diagonalmatrix kann jede reguläre Matrix in eine zeilenäquilibrierte transformiert werden. Zeigen Sie: Sei A eine zeilenäquilibrierte Matrix, dann gilt für jede reguläre Diagonalmatrix D

$$\text{cond}_\infty(A) \leq \text{cond}_\infty(DA);$$

d.h. Äquilibrierung verbessert die Kondition.

4) Zeigen Sie in Verallgemeinerung von Satz 5.2, daß für die Lösungen der linearen Gleichungssysteme $Ax = b$ und $(A + \Delta A)(x + \Delta x) = b + \Delta b$ die Abschätzung

$$\frac{\|\Delta x\|}{\|x\|} \leq \frac{\text{cond}(A)}{1 - \text{cond}(A)\frac{\|\Delta A\|}{\|A\|}} \left(\frac{\|\Delta A\|}{\|A\|} + \frac{\|\Delta b\|}{\|b\|} \right)$$

gilt.

5) Welche der Näherungslösungen $\tilde{x} = (1.1, 0.9)^T$, $\tilde{y} = (1.5, 0.6)^T$ oder $\tilde{z} = (0, 2)^T$ wird man für das Gleichungssystem

$$\begin{pmatrix} 1 & 2 \\ 3 & 7 \end{pmatrix} \begin{pmatrix} x_1 \\ x_2 \end{pmatrix} = \begin{pmatrix} 3 \\ 10 \end{pmatrix}$$

aufgrund des Satzes von Prager und Oettli als Lösungen akzeptieren, wenn die relativen Fehler der Daten (Matrix und rechte Seite)

a) 2.5% ;   b) 10% ;   c) 20%   betragen?

§ 6. Schlechtkonditionierte Probleme

Lineare Gleichungssysteme können in vielen Fällen äußerst schlecht konditioniert sein. Dann liefern in der Regel die bisher besprochenen Lösungsverfahren unbefriedigende Resultate. Ein bekanntes Beispiel einer Matrix mit schlechter Kondition ist die *Hilbertmatrix*

$$A = (a_{\mu\nu}), \quad a_{\mu\nu} = \frac{1}{\mu + \nu - 1}, \quad 1 \leq \mu, \nu \leq n.$$

Löst man etwa das lineare Gleichungssystem $Ax = b$, $b_\mu = \sum_{\kappa=1}^{n} \frac{1}{\kappa+\mu-1}$, mit einem der Verfahren nach Gauß, Cholesky oder Householder, so erhält man gegenüber der exakten Lösung $x = (1, 1, \ldots, 1)^T$ das in der folgenden Tabelle zusammengestellte relative Fehlerverhalten.

Verfahren	Relative Fehler $(n = 8)$	Relative Fehler $(n = 10)$
Gauß	0.406	3.39
Gauß mit Äquilibrierung	0.0915	3.55
Cholesky	0.421	A numerisch nicht positiv definit
Householder	0.208	91.7
Householder mit Äquilibrierung	0.0560	5.44

Wir werden jetzt Verfahren kennenlernen, die bei solchen schlechtkonditionierten Problemen wesentlich bessere Ergebnisse liefern.

6.1 Die Singulärwertzerlegung einer Matrix. In diesem Abschnitt wird der Begriff des Eigenwertes einer Matrix benutzt, der aus der linearen Algebra bekannt ist (vgl. M. Koecher ([1983], S. 192 ff.)). Die verwendeten Eigenschaften der Eigenwerte und Eigenvektoren von Matrizen findet man ebenfalls unter dem angegebenen Literaturzitat. Die numerische Behandlung von Matrix-Eigenwertproblemen wird Gegenstand des nächsten Kapitels sein.

Definition. Es sei A eine reelle $(m \times n)$-Matrix. Eine Zerlegung der Form

$$A = U \Sigma V^T,$$

in der $U \in \mathbb{R}^{(m,m)}$ und $V \in \mathbb{R}^{(n,n)}$ orthogonale Matrizen und die $(m \times n)$-Matrix $\Sigma = (\sigma_\mu \delta_{\mu\nu})$ eine Diagonalmatrix sind, heißt eine *Singulärwertzerlegung* von A.

Wenn $U = (u^1, u^2, \ldots, u^m)$ und $V = (v^1, v^2, \cdots, v^n)$ mit $u^\nu \in \mathbb{R}^m$ und $v^\nu \in \mathbb{R}^n$ ist, so sieht man sofort, daß die Zerlegung $A = U \Sigma V^T$ auch in der Form

$$Av^\nu = \sigma_\nu u^\nu, \quad 1 \leq \nu \leq m,$$
$$Av^\nu = 0, \quad m + 1 \leq \nu \leq n,$$

falls $m < n$ und in der Form

$$Av^\nu = \sigma_\nu u^\nu, \quad 1 \le \nu \le n,$$

falls $m \ge n$ ist, geschrieben werden kann. Da man in der Wahl der Vorzeichen der Komponenten der Vektoren u^ν und v^ν noch frei ist, können die Zahlen σ_ν als nichtnegativ angenommen werden. Die positiven Zahlen σ_ν heißen *singuläre Werte* von A.

Bemerkung. Wegen $A^T = V\Sigma^T U^T$ besitzt mit A auch A^T eine Singulärwertzerlegung und die singulären Werte stimmen überein. Weiter stellt man fest, daß

$$A^T A = V\Sigma^T \Sigma V^T$$

und $AA^T = U\Sigma\Sigma^T U^T$ gilt; durch V bzw. U werden $A^T A$ bzw. AA^T auf Diagonalgestalt transformiert. Wir erkennen daraus, daß die Quadrate der singulären Werte von A gerade Eigenwerte der Matrizen $A^T A$ bzw. AA^T sind und daß ein vollständiges System von orthonormierten Eigenvektoren durch $v^1, v^2, \ldots, v^n$ bzw. durch $u^1, u^2, \ldots, u^m$ gegeben ist.

Diese Bemerkung zeigt den Weg auf, wie auf konstruktive Weise die Existenz einer Singulärwertzerlegung von A nachgewiesen werden kann.

Lemma. *Es sei $\lambda > 0$ ein Eigenwert der Matrix $A^T A$, $A \in \mathbb{R}^{(m,n)}$. Dann ist λ auch Eigenwert von AA^T mit der gleichen Vielfachheit.*

Beweis. Wenn $x \in \mathbb{R}^n$, $x \ne 0$, Eigenvektor der Matrix $A^T A$ zum Eigenwert $\lambda > 0$ ist, gilt wegen $A^T Ax = \lambda x$, daß $Ax \ne 0$ gelten muß. Aus $AA^T Ax = \lambda Ax$ fließt damit, daß Ax Eigenvektor der Matrix AA^T zum Eigenwert λ ist.

Sei nun $v^1, v^2, \ldots, v^k \in \mathbb{R}^n$ eine Orthonormalbasis des Eigenraums der Matrix $A^T A$ zum Eigenwert λ. Wie eben gezeigt, gilt dann $Av^\nu \ne 0$ für alle $\nu = 1, 2, \ldots, k$ und Av^ν ist Eigenvektor der Matrix AA^T zum Eigenwert λ. Außerdem gilt $(Av^\nu)^T (Av^\kappa) = v^{\nu T} A^T Av^\kappa = \lambda v^{\nu T} v^\kappa = \lambda \delta_{\nu\kappa}$. Die Vektoren Av^ν, $1 \le \nu \le k$, sind also orthogonal und damit linear unabhängig. Folglich ist die Dimension des Eigenraumes von AA^T zum Eigenwert λ mindestens so groß wie die Dimension des Eigenraumes von $A^T A$ zum gleichen Eigenwert λ. Da man aus Symmetriegründen die Argumentationskette auch beginnend mit AA^T führen kann, müssen die Dimensionen beider Eigenräume zum gleichen Eigenwert λ übereinstimmen. Damit ist die Vielfachheit von λ jeweils gleich. $\qquad\square$

Erinnerung. Für eine beliebige $(m \times n)$-Matrix gilt

$$\text{Rang } (A) = \text{Rang } (A^T) = \text{Rang } (AA^T) = \text{Rang } (A^T A).$$

Beweis. Als zentrales Ergebnis wird in der linearen Algebra bewiesen, daß der Zeilenrang einer Matrix mit ihrem Spaltenrang übereinstimmt. Ferner besteht zwischen dem Rang einer Matrix $B \in \mathbf{R}^{(r,s)}$ und der Dimension ihres Kerns die Beziehung

$$\text{Rang}(B) = s - \dim(\text{Kern } B)$$

(s. z. B. M. Koecher ([1983], S. 67)). Wir wenden diese Formel auf die Matrizen $B := A^T A \in \mathbf{R}^{(n,n)}$ und $B := A \in \mathbf{R}^{(m,n)}$ an und erhalten

$$(*) \qquad \text{Rang}(A) = \text{Rang}(A^T A) + \dim(\text{Kern}(A^T A)) - \dim(\text{Kern}(A)).$$

Es gilt aber $\text{Kern}(A) \subset \text{Kern}(A^T A)$, und $A^T A x = 0$ hat $x^T A^T A x = \|Ax\|_2^2 = 0$ zur Folge und damit $Ax = 0$, also $\text{Kern}(A^T A) \subset \text{Kern}(A)$. Zusammen mit $(*)$ erhält man dann das Resultat $\text{Rang}(A) = \text{Rang}(A^T A)$. $\qquad \Box$

Da $A^T A$ eine positiv semidefinite Matrix ist, gibt es eine orthogonale Matrix $V \in \mathbf{R}^{(n,n)}$ und eine Diagonalmatrix $L = (\lambda_\mu \delta_{\mu\nu}) \in \mathbf{R}^{(n,n)}$ mit den Eigenwerten $\lambda_1 \geq \cdots \geq \lambda_n \geq 0$ und

$$(**) \qquad\qquad A^T A = VLV^T.$$

Analog existieren eine orthogonale Matrix $U \in \mathbf{R}^{(m,m)}$ und eine Diagonalmatrix $\tilde{L} = (\tilde{\lambda}_\mu \delta_{\mu\nu}) \in \mathbf{R}^{(m,m)}$, $\tilde{\lambda}_1 \geq \tilde{\lambda}_2 \geq \cdots \geq \tilde{\lambda}_m \geq 0$, mit

$$AA^T = U\tilde{L}U^T.$$

Folgerung. Es sei $r := \text{Rang}(A)$. Dann gilt $\lambda_\mu = \tilde{\lambda}_\mu$ für $\mu = 1, 2, \ldots, r$ und $\lambda_{r+1} = \cdots = \lambda_n = \tilde{\lambda}_{r+1} = \cdots = \tilde{\lambda}_m = 0$.

Diese Tatsache erkennt man unmittelbar aus dem Lemma gemeinsam mit der Erinnerung.

Wir formulieren die bisher durchgeführten Überlegungen als

Satz über die Existenz einer Singulärwertzerlegung. *Es sei $A \in \mathbf{R}^{(m,n)}$ mit $\text{Rang}(A) = r$. Ferner seien $\lambda_1 \geq \lambda_2 \geq \cdots \geq \lambda_r > 0 = \lambda_{r+1} = \cdots = \lambda_n$ die Eigenwerte von $A^T A$ und $v^1, v^2, \ldots, v^n$ ein Orthonormalsystem von Eigenvektoren. Dann ist $u^\nu := \frac{1}{\sigma_\nu} A v^\nu$ mit $\sigma_\nu := +\sqrt{\lambda_\nu}$, $1 \leq \nu \leq r$, ein Orthonormalsystem von Eigenvektoren von AA^T zu den Eigenwerten $\lambda_1, \lambda_2, \ldots, \lambda_r$, das zu einem Orthonormalsystem $u^1, u^2, \cdots, u^m$ von Eigenvektoren der Matrix AA^T ergänzt werden kann. Setzt man $V = (v^1, v^2, \ldots, v^n)$, $U = (u^1, u^2, \cdots, u^m)$ und $\Sigma = (\sigma_\mu \delta_{\mu\nu}) \in \mathbf{R}^{(m,n)}$ mit $\sigma_\mu := +\sqrt{\lambda_\mu}$ für $\mu = 1, 2, \ldots, r$ und weiter mit $\sigma_{r+1} = \sigma_{r+2} = \cdots = \sigma_{\min(m,n)} = 0$, so besitzt A bzw. A^T die Singulärwertzerlegung*

$$A = U\Sigma V^T \quad \text{bzw.} \quad A^T = V\Sigma^T U^T$$

mit den r singulären Werten $\sigma_1 \geq \sigma_2 \geq \cdots \geq \sigma_r > 0$.

Beweis. Wegen $AA^T u^\nu = \frac{1}{\sigma_\nu} AA^T Av^\nu = \lambda_\nu \frac{1}{\sigma_\nu} Av^\nu$ und

$$u^{\mu T} u^\nu = \frac{1}{\sigma_\mu \sigma_\nu}(Av^\mu)^T(Av^\nu) = \frac{1}{\sigma_\mu \sigma_\nu} v^{\mu T} A^T Av^\nu = \frac{\sigma^\nu}{\sigma_\mu} v^{\mu T} v^\nu = \delta_{\mu\nu}$$

sind $u^1, \ldots, u^r$ orthonormierte Eigenvektoren zu den Eigenwerten $\lambda_1, \ldots, \lambda_r$ der Matrix AA^T. Diese können bekanntlich zu einem vollständigen System orthonormierter Eigenvektoren $u^1, u^2, \cdots, u^m$ ergänzt werden. Aus der Definition der Vektoren u^ν entnimmt man die Beziehung

$$Av^\nu = \sigma_\nu u^\nu, \quad 1 \leq \nu \leq r.$$

Außerdem wurde im Beweis der Erinnerung gezeigt, daß $\text{Kern}(A) = \text{Kern}(A^T A)$ gilt, so daß

$$Av^\nu = 0, \quad r+1 \leq \nu \leq n,$$

folgt. Das ist aber äquivalent zur behaupteten Singulärwertzerlegung. $\qquad \square$

Ergänzung. Die Diagonalmatrix Σ einer Singulärwertzerlegung ist eindeutig bestimmt. Wegen einer möglichen Vielfachheit der Eigenwerte von AA^T gilt das nicht für die Transformationsmatrizen U und V. Falls A eine symmetrische $(n \times n)$-Matrix ist, gilt für die Singulärwerte $\sigma_\mu = |\kappa_\mu|$, wobei κ_μ der μ-te Eigenwert von A ist.

Wir werden jetzt die Überlegungen zur Singulärwertzerlegung auf die Konstruktion von Lösungen schlechtkonditionierter linearer Gleichungssysteme anwenden.

6.2 Pseudonormallösungen linearer Gleichungssysteme. Wir kommen zurück zu unserer ursprünglichen Aufgabenstellung, ein schlechtkonditioniertes lineares Gleichungssystem $Ax = b$ zu lösen. Anstatt das Gleichungssystem zu lösen, erweist es sich als zweckmäßig, dieses zu ersetzen durch ein

Minimierungsproblem. Es sei $A \in \mathbb{R}^{(m,n)}$ und $b \in \mathbb{R}^m$. Man bestimme einen Vektor $\tilde{x} \in \mathbb{R}^n$, der die Forderung

$$\|A\tilde{x} - b\|_2 = \inf_{x \in \mathbb{R}^n} \|Ax - b\|_2$$

erfüllt.

In dieser Formulierung ist die ursprüngliche Aufgabe $(m = n)$ erweitert auf die Fälle $m > n$ (überbestimmtes Gleichungssystem) und $m < n$ (unterbestimmtes Gleichungssystem). Im folgenden Satz wird gezeigt, daß das

Minimierungsproblem stets lösbar ist. Die Singulärwertzerlegung $A = U\Sigma V^T$ eröffnet eine Möglichkeit, alle Lösungen $\tilde{x}$ des Minimierungsproblems direkt anzugeben. Dazu sei daran erinnert, daß U eine orthogonale Matrix ist. Dann erhält man mit $z := V^T x$ und $d := U^T b$ die Beziehung

$$\|Ax - b\|_2^2 = \|U^T(Ax - b)\|_2^2 = \|\Sigma V^T x - U^T b\|_2^2 = \|\Sigma z - d\|_2^2.$$

Hieraus kann man die Lösung des Minimierungsproblems sofort ablesen:

$$\tilde{z}_\mu = \frac{1}{\sigma_\mu} d_\mu \quad \text{für } \mu = 1, 2, \ldots, r \text{ und}$$

$$\tilde{z}_\mu \in \mathbb{R} \quad \text{für } \mu = r + 1, \ldots, n.$$

Jede Lösung $\tilde{x}$ des Minimierungsproblems ist dann in der Form

$$\tilde{x} = \sum_{\mu=1}^{r} \frac{1}{\sigma_\mu} d_\mu v^\mu + \sum_{\mu=r+1}^{n} \tilde{z}_\mu v^\mu$$

darstellbar. Nach Konstruktion spannen die letzten $n - r$ Spalten der Matrix V den Kern der Abbildung $A^T A$ auf. Ferner wurde schon mehrfach davon Gebrauch gemacht, daß $\text{Kern}(A^T A) = \text{Kern}(A)$ gilt (vgl. Beweis der Erinnerung 6.1). Dann läßt sich die Lösungsmenge L des Minimierungsproblems durch

$$(*) \qquad L = \overline{x} + \text{Kern}(A) \quad \text{mit } \overline{x} := \sum_{\mu=1}^{r} \frac{1}{\sigma_\mu} d_\mu v^\mu$$

beschreiben. Die Menge L ist i. allg. also nicht einelementig. Es ist daher sinnvoll, nach ausgezeichneten Lösungen zu fragen. Das gibt Anlaß zu der

Definition. Ein Vektor $x^+ \in \mathbb{R}^n$ heißt *Pseudonormallösung* des Minimierungsproblems bzw. des entsprechenden linearen Gleichungssystems $Ax = b$, wenn $\|x^+\|_2 \leq \|x\|_2$ für alle $x \in L$ gilt.

Folgerung. Der Vektor $\overline{x} := \sum_{\mu=1}^{r} \frac{1}{\sigma_\mu} d_\mu v^\mu$ ist Pseudonormallösung des Minimierungsproblems.

Beweis. Aus der Darstellung $(*)$ und der Orthonormalität der Vektoren v^μ folgt für jeden Vektor $\tilde{x} = \overline{x} + \sum_{\mu=r+1}^{n} z_\mu v^\mu \in L$ die Abschätzung

$$\|\tilde{x}\|_2^2 = \|\overline{x} + \sum_{\mu=r+1}^{n} z_\mu v^\mu\|_2^2 = \|\overline{x}\|_2^2 + \sum_{\mu=r+1}^{n} |z_\mu|^2 \cdot \|v^\mu\|_2^2 \geq \|\overline{x}\|_2^2. \qquad \square$$

Die Existenz einer Pseudonormallösung der Form $x^+ = \sum_{\mu=1}^{r} \frac{1}{\sigma_\mu} d_\mu v^\mu$ ist damit nachgewiesen. Zusätzlich gilt der

Satz über Eindeutigkeit und Charakterisierung von Pseudonormallösungen. *Es gibt genau eine Pseudonormallösung x^+ des Minimierungsproblems. Diese ist charakterisiert durch $x^+ \in L \cap (\text{Kern}(A))^\perp$. Dabei ist $(\text{Kern}(A))^\perp$ das orthogonale Komplement von $\text{Kern}(A)$ in $\mathbf{R}^n$.*

Beweis. Die Existenz und auch die Eindeutigkeit von $x^+ = \sum_{\mu=1}^r \frac{1}{\sigma_\mu} d_\mu v^\mu$ entnimmt man der Abschätzung im Beweis zur Folgerung. Wegen der Orthogonalität der Vektoren v^μ folgt $x^+ \in (\text{Kern}(A))^\perp$.   □

Die Pseudonormallösung x^+ des Minimierungsproblems ist die Lösung mit minimaler euklidischer Norm. Im Fall der eindeutigen Lösbarkeit des Gleichungssystems $Ax = b$, $A \in \mathbf{R}^{(n,n)}$, fällt x^+ mit $A^{-1}b$ zusammen. Daher bietet der Begriff der Pseudonormallösung für den allgemeinen Fall $A \in \mathbf{R}^{(m,n)}$ eine Möglichkeit, eine im verallgemeinerten Sinne Inverse zur Matrix A zu definieren.

6.3 Die Pseudoinverse einer Matrix. Für jede Matrix $A \in \mathbf{R}^{(m,n)}$ ist nach dem Satz 6.2 über Eindeutigkeit und Charakterisierung von Pseudonormallösungen jedem Vektor $b \in \mathbf{R}^m$ genau ein Vektor $x^+ \in \mathbf{R}^n$ zugeordnet, der überdies dadurch charakterisiert ist, daß er das Minimierungsproblem 6.2 löst und unter allen Lösungen minimale euklidische Norm hat. Durch die Zuordnung $b \to x^+$ wird eine Abbildung erklärt, die nach Konstruktion von $x^+ = \sum_{\mu=1}^r \frac{1}{\sigma_\mu} d_\mu v^\mu = \sum_{\mu=1}^r \frac{1}{\sigma_\mu} (U^T b)_\mu v^\mu$ offenbar auch noch linear ist. Sie besitzt folglich eine Matrixdarstellung mit einer Matrix $A^+ \in \mathbf{R}^{(n,m)}$, so daß $A^+ b = x^+$ gilt.

Definition. Die eindeutig bestimmte Matrix $A^+ \in \mathbf{R}^{(n,m)}$ mit $A^+ b = x^+$ heißt *Pseudoinverse* oder *Moore-Penrose-Inverse* der Matrix $A \in \mathbf{R}^{(m,n)}$.

Der Begriff der Pseudoinversen wurde erstmals 1903 von I. Fredholm betrachtet, und zwar im Zusammenhang mit Integralgleichungen. Für Matrizen geht die Definition auf E. H. Moore zurück, der 1920 in einem Vortrag auf einer Tagung der Amerikanischen Mathematischen Gesellschaft ein Konzept der Reziproken einer allgemeinen $(m \times n)$-Matrix vorstellte. Danach geriet diese Entwicklung weitgehend in Vergessenheit. Erst R. Penrose entdeckte 1955 unabhängig von der Vorgeschichte verallgemeinerte Inverse beliebiger Matrizen neu. Seither hat auf diesem Gebiet eine stürmische Entwicklung eingesetzt. Die Moore-Penrose-Inverse linearer Operatoren findet Anwendung in Funktionalanalysis, numerischer Mathematik und mathematischer Statistik. Einen Überblick über den gegenwärtigen Stand findet man z. B. bei A. Ben-Israel and T. N. E. Greville [1974].

Häufig wird die Pseudoinverse einer Matrix durch zu definierende Beziehungen axiomatisch eingeführt. Da wir einen konstruktiven Weg bevorzugen, werden diese Beziehungen jetzt aus unserer Definition hergeleitet.

Satz. *Es sei $A \in \mathbf{R}^{(m,n)}$. Dann gilt:*

(i) Es gibt genau eine Matrix $B \in \mathbf{R}^{(n,m)}$ mit den Eigenschaften

$$AB = (AB)^T, \ BA = (BA)^T, \ ABA = A, \ BAB = B.$$

(ii) Die Matrix B ist die Pseudoinverse A^+, und A^+A ist die orthogonale Projektion des $\mathbf{R}^n$ auf $(\mathrm{Kern}(A))^\perp$; AA^+ ist die orthogonale Projektion des $\mathbf{R}^m$ auf Bild (A).

Beweis. Wir beweisen zunächst (i). Die Matrix A besitzt eine Singulärwertzerlegung $A = U \Sigma V^T$. Wir setzen $B := V \tilde{\Sigma} U^T$ mit $\tilde{\Sigma} := (\tau_\mu \cdot \delta_{\mu\nu}) \in \mathbf{R}^{(n,m)}$ und

$$\tau_\mu := \begin{cases} \sigma_\mu^{-1} & \text{falls } \sigma_\mu \neq 0 \\ 0 & \text{falls } \sigma_\mu = 0 \end{cases}.$$

Dann hat das Matrizenprodukt $\Sigma \cdot \tilde{\Sigma}$ die Form

$$\Sigma \cdot \tilde{\Sigma} = \begin{pmatrix} 1 & & & & \\ & \ddots & & & 0 \\ & & 1 & & \\ & & & 0 & \\ & 0 & & & \ddots \\ & & & & & 0 \end{pmatrix}.$$

Daraus fließt unmittelbar die Beziehung

$$AB = U \Sigma V^T V \tilde{\Sigma} U^T = U \Sigma \tilde{\Sigma} U^T = (U \Sigma \tilde{\Sigma} U^T)^T = (AB)^T.$$

Analog beweist man $BA = (BA)^T$. Weiter folgt $ABA = U \Sigma V^T V \tilde{\Sigma} U^T U \Sigma V^T = U \Sigma V^T = A$. Die Identität $BAB = B$ gewinnt man entsprechend.

Zum Nachweis der Eindeutigkeit der Matrix B nehmen wir an, es gäbe eine weitere Matrix C mit denselben Eigenschaften. Das führt zum Widerspruch; denn es ist notwendigerweise

$$B = BAB = BB^T A^T C^T A^T = BB^T A^T AC =$$
$$= BAA^T C^T C = A^T C^T C = CAC = C.$$

(ii) Es sei nun $b \in \mathbf{R}^m$. Aus $Bb = V \tilde{\Sigma} U^T b = \sum_{\mu=1}^r \frac{1}{\sigma_\mu} (U^T b)_\mu v^\mu = A^+ b$ entnimmt man, daß die im Teil (i) dieses Beweises angegebene Matrix B mit A^+ zusammenfällt, so daß also

$$A^+ = V \tilde{\Sigma} U^T$$

gilt. Ferner erkennt man nach kurzer Rechnung die Identität $\tilde{\Sigma} = \Sigma^+$. Folglich hat A^+ die Darstellung

$$A^+ = V\Sigma^+ U^T.$$

Es bleibt zu zeigen, daß $P := A^+A$ bzw. $\overline{P} = AA^+$ orthogonale Projektionen auf $(\mathrm{Kern}(A))^\perp$ bzw. Bild (A) sind. Aus (i) folgt $P^T = P$ und $P^2 = (A^+AA^+)A = A^+A = P$ bzw. $\overline{P}^T = \overline{P}$ und $\overline{P}^2 = A(A^+AA^+) = AA^+ = \overline{P}$. Damit sind P und $\overline{P}$ orthogonale Projektionen.

Da P eine orthogonale Projektion ist, gilt $\mathrm{Bild}(P) = \mathrm{Kern}(P))^\perp$ (s. z.B. M. Koecher ([1983], S. 51)). Ferner hat man $\mathrm{Kern}(A^+A) \supset \mathrm{Kern}(A)$ und umgekehrt wegen $AA^+A = A$ auch $\mathrm{Kern}(A) = \mathrm{Kern}(AA^+A) \supset \mathrm{Kern}(A^+A)$. Folglich erhält man $\mathrm{Bild}(A^+A) = (\mathrm{Kern}(A^+A))^\perp = (\mathrm{Kern}(A))^\perp$. Entsprechend gilt: $\mathrm{Bild}(AA^+) \subset \mathrm{Bild}(A)$ sowie $\mathrm{Bild}(A) = \mathrm{Bild}(AA^+A) \subset \mathrm{Bild}(AA^+)$. Daraus folgt die Identität $\mathrm{Bild}(AA^+) = \mathrm{Bild}(A)$.   □

Korollar. Es gilt $(A^+)^+ = A$ und $(A^+)^T = (A^T)^+$.

Beweis. Im Beweis des vorangehenden Satzes wurde $A^+ = U\Sigma^+ V^T$ gezeigt. Wegen $(\Sigma^+)^+ = \Sigma$ und $(\Sigma^+)^T = (\Sigma^T)^+$ folgt damit sofort die Behauptung.   □

Die Pseudoinverse A^+ einer Matrix $A \in \mathbb{R}^{(m,n)}$ besitzt also in dieser Hinsicht dieselben Eigenschaften wie die Inverse A^{-1} einer regulären Matrix $A \in \mathbb{R}^{(n,n)}$. Man beachte jedoch die folgende

Abweichung. Für $A \in \mathbb{R}^{(m,n)}$ und $B \in \mathbb{R}^{(n,p)}$ gilt i. allg. $(AB)^+ \neq B^+A^+$.

Beispiel. Wir betrachten $A = B = \begin{pmatrix} 1 & 1 \\ 0 & 0 \end{pmatrix}$ und berechnen A^+. Die Eigenwerte der Matrix A^TA sind $\lambda_1 = 2$ und $\lambda_2 = 0$. Das ergibt den Singulärwert $\sigma_1 = \sqrt{2}$. Ein orthonormiertes System von Eigenvektoren der Matrix A^TA ist $v^1 = \frac{\sqrt{2}}{2}(1,1)^T$, $v_2 = \frac{\sqrt{2}}{2}(1,-1)^T$. Der Vektor u^1 wird als $u^1 = \frac{1}{\sqrt{2}}\begin{pmatrix} 1 & 1 \\ 0 & 0 \end{pmatrix}\begin{pmatrix} \frac{\sqrt{2}}{2} \\ \frac{\sqrt{2}}{2} \end{pmatrix} = \begin{pmatrix} 1 \\ 0 \end{pmatrix}$ berechnet. Für u^2 wählen wir $u^2 = (0,1)^T$. Damit ergibt sich für A die Singulärwertzerlegung

$$A = \begin{pmatrix} 1 & 0 \\ 0 & 1 \end{pmatrix}\begin{pmatrix} \sqrt{2} & 0 \\ 0 & 0 \end{pmatrix}\begin{pmatrix} \frac{\sqrt{2}}{2} & \frac{\sqrt{2}}{2} \\ \frac{\sqrt{2}}{2} & -\frac{\sqrt{2}}{2} \end{pmatrix}$$

und für A^+ aus der Formel $A^+ = V\Sigma^+ U^T$ die Darstellung

$$A^+ = \frac{\sqrt{2}}{2}\begin{pmatrix} 1 & 1 \\ 1 & -1 \end{pmatrix}\begin{pmatrix} \frac{1}{\sqrt{2}} & 0 \\ 0 & 0 \end{pmatrix}\begin{pmatrix} 1 & 0 \\ 0 & 1 \end{pmatrix} = \frac{1}{2}\begin{pmatrix} 1 & 0 \\ 1 & 0 \end{pmatrix}.$$

Nun ist $(A^+)^2 = \frac{1}{4}\begin{pmatrix} 1 & 0 \\ 1 & 0 \end{pmatrix}$. Andererseits gilt $A^2 = A$ und damit $(A^2)^+ = A^+ =$

$= \frac{1}{2}\begin{pmatrix} 1 & 0 \\ 1 & 0 \end{pmatrix}$. Wir sehen also, daß in diesem Fall $(AB)^+ \neq B^+A^+$ ist.

Das Konzept der Singulärwertzerlegung und der Pseudoinversen gibt uns die Möglichkeit, für eine allgemeine Matrix $A \in \mathbb{R}^{(m,n)}$ deren Kondition zu erklären.

6.4 Zurück zu linearen Gleichungssystemen. Wir wenden uns wieder der Aufgabe zu, ein lineares Gleichungssystem der Form $Ax = b$, $A \in \mathbb{R}^{(m,n)}$ und $b \in \mathbb{R}^m$, zu lösen. Die Pseudonormallösung dieses Systems ist dann $x^+ = A^+b$. Wir nehmen jetzt an, daß die rechte Seite des linearen Gleichungssystems durch einen Vektor $\Delta b \in \mathbb{R}^m$ gestört ist, so daß wir $A(x^+ + \Delta x) = b + \Delta b$ lösen müssen. Dann folgt $x^+ + \Delta x = A^+(b + \Delta b)$ und somit für den Fehler $\Delta x = A^+\Delta b$. Nun gilt

$$A^+(A^+)^T = V\Sigma^+U^TU(\Sigma^+)^TV^T = V\mathrm{diag}(\sigma_1^{-2}, \cdots, \sigma_r^{-2}, 0, \ldots, 0)V^T.$$

Daraus liest man die Beziehung $\rho(A^+(A^+)^T) = \sigma_r^{-2}$ für den Spektralradius von $A^+(A^+)^T$ ab. Nach Satz 4.3(3) folgt $\|A^+\|_2 = \sigma_r^{-1}$. Unter Verwendung dieses Ergebnisses erhält man für den Fehler Δx die Abschätzung

$$\|\Delta x\|_2 \leq \|A^+\|_2\|\Delta b\|_2 = \sigma_r^{-1}\|\Delta b\|_2.$$

Ferner gilt für die Pseudonormallösung x^+ die Ungleichung

$$\|x^+\|_2^2 = \sum_{\mu=1}^{r} \sigma_\mu^{-2}d_\mu^2 \geq \sigma_1^{-2}\sum_{\mu=1}^{r} d_\mu^2 = \sigma_1^{-2}\|\sum_{\mu=1}^{r} d_\mu v^\mu\|_2^2.$$

Wir erinnern daran, daß wegen der Definition von d (vgl. 6.2) $\sum_{\mu=1}^{r} d_\mu v^\mu$ die Projektion von b auf Bild (A) ist. Für den relativen Fehler erhält man daher

$$(*) \qquad \frac{\|\Delta x\|_2}{\|x^+\|_2} \leq \frac{\sigma_1}{\sigma_r}\frac{\|\Delta b\|_2}{\|P_{Bild(A)}b\|_2},$$

wobei mit $P_{Bild(A)}$ die Projektionsabbildung auf Bild (A) bezeichnet wurde. Die Abschätzung $(*)$ gibt Anlaß zu der

Definition. Es sei $A \in \mathbb{R}^{(m,n)}$ mit der Singulärwertzerlegung $A = U\Sigma V^T$. Dann heißt $\mathrm{cond}_2(A) := \frac{\sigma_1}{\sigma_r}$ die *Kondition* von A.

In 5.1 hatten wir bereits die Kondition einer nichtsingulären $(n \times n)$-Matrix durch $\text{cond}(A) = \|A^{-1}\| \cdot \|A\|$ eingeführt. Die neue Definition ergibt wegen $\|A\|_2 = (\rho(A^T A))^{1/2} = \sigma_1$ und $\|A^{-1}\|_2 = \|A^+\|_2 = \sigma_r^{-1}$ in diesem Fall dasselbe Resultat. Die obige Definition ist also eine Erweiterung des Begriffs der Kondition einer Matrix.

Anmerkung. Die Aufgabe, den Ausdruck $f(x) := \frac{1}{2}\|Ax - b\|_2^2$ bezüglich $x \in \mathbb{R}^n$ zu minimieren, kann man auch so lösen, daß man die notwendigen Bedingungen $\frac{\partial}{\partial x_\mu} f(x) = 0$, $1 \le \mu \le n$, betrachtet und nach x auflöst. Das führt auf das lineare Gleichungssystem $A^T A x = A^T b$, die sogenannten *Normalgleichungen* (vgl. 4.6.1). Da $\text{cond}_2(A^T A) = (\text{cond}_2(A))^2$ gilt, sind die Normalgleichungen i. allg. schlechter konditioniert als die Minimierungsaufgabe.

6.5 Verbesserung der Kondition und Regularisierung eines linearen Gleichungssystems. Die obige Definition 6.4 der Kondition einer Matrix $A \in \mathbb{R}^{(m,n)}$ weist einen Weg, wie man Näherungsprobleme zu $\|Ax - b\|_2 \overset{!}{=} \min$ konstruieren kann, die besser konditioniert sind. Die Vorgehensweise ist die folgende:

Man bestimme eine Singulärwertzerlegung $A = U \Sigma V^T$ von A und setze

$(*)$ $\qquad\qquad \Sigma_\tau^+ := (\eta_\mu \delta_{\mu\nu}), \quad \eta_\mu := \begin{cases} \sigma_\mu^{-1} & \text{falls } \sigma_\mu \ge \tau \\ 0 & \text{sonst} \end{cases}.$

Dabei ist $\tau > 0$ ein geeignet zu wählender Parameter. In der Festlegung $(*)$ werden also beim Übergang von Σ^+ zu Σ_τ^+ kleine Singulärwerte σ_μ abgeschnitten. Anstelle der Pseudonormallösung $x^+ = A^+ b$ betrachtet man dann die Näherung $x_\tau^+ = A_\tau^+ b$, in der $A_\tau^+ := V \Sigma_\tau^+ U^T$ gesetzt wurde. Der Definition 6.4 entnimmt man, daß das Näherungsproblem besser konditioniert ist als das Ausgangsproblem. Die Matrix A_τ^+ heißt *effektive Pseudoinverse* von A.

Bemerkung. Von den Eigenschaften der Pseudoinversen $B = A^+$ nach (i) in Satz 6.3 übertragen sich auf A_τ^+ die Beziehungen $A_\tau^+ A = (A_\tau^+ A)^T$, $A A_\tau^+ = (A A_\tau^+)^T$ und $A_\tau^+ A A_\tau^+ = A_\tau^+$. Dagegen gilt

$\|A A_\tau^+ A - A\|_2 = \|U \Sigma V^T V \Sigma_\tau^+ U^T U \Sigma V^T - U \Sigma V^T\|_2 = \|U(\Sigma_\tau - \Sigma)V^T\|_2 \le \tau$

mit $\Sigma_\tau = (\tilde{\eta}_\mu \delta_{\mu\nu})$, $\tilde{\eta}_\mu := \begin{cases} \sigma_\mu & \text{falls } \sigma_\mu \ge \tau \\ 0 & \text{sonst} \end{cases}.$

Das Abschneiden von kleinen Singulärwerten nennt man auch eine *Regularisierung* des Problems. Dadurch wird die Kondition verbessert, allerdings auf Kosten der Genauigkeit. Ein Verfahrensfehler muß in Kauf genommen werden.

Es gibt mehrere Möglichkeiten, ein schlechtkonditioniertes Problem zu regularisieren. Die bekannteste Methode geht auf A. N. Tichonov [1963] zurück. Sie entspricht einer Dämpfung des Einflusses kleiner Singulärwerte.

ANDREI NIKOLAIEVITSCH TICHONOV (geb. 1906) ist Professor für Mathematik und Geophysik an der Moskauer Staatsuniversität und Korrespondierendes Mitglied der Akademie der Wissenschaften der U.d.S.S.R. Er hat bedeutende Beiträge in der Topologie, der mathematischen Physik und der Geophysik geleistet. Von ihm stammt u.a. der bekannte Satz von Tichonov aus der allgemeinen Topologie: "Das topologische Produkt beliebig vieler kompakter Räume ist kompakt". Für seine Arbeiten zur Regularisierung schlecht gestellter Probleme erhielt er 1966 den Leninpreis. Weitere hohe Auszeichnungen folgten. Theorie und Praxis schlechtgestellter Probleme findet man ausführlich behandelt in dem Buch von B. Hofmann [1986].

Zur Darstellung des Prinzips der Tichonov-Regularisierung betrachten wir das lineare Gleichungssystem $Ax = b$ und nehmen an, daß die wahre rechte Seite b unbekannt sei. Stattdessen lösen wir $Ax = \tilde{b}$ für eine modifizierte rechte Seite $\tilde{b}$, wobei bekannt ist, daß $\tilde{b}$ in einer δ-Umgebung von b liegt, also $\|b - \tilde{b}\|_2 \leq \delta$ gilt. Man kann $\|\tilde{b}\|_2 > \delta$ annehmen, da sonst für die zulässige rechte Seite $b = 0$ der Nullvektor $x = 0$ eine vernünftige Lösung wäre. Es erscheint sinnvoll, die Aufgabe zu ersetzen durch das folgende

Minimierungsproblem unter Nebenbedingungen. Es sei $A \in \mathbb{R}^{(m,n)}$ und $\tilde{b} \in \mathbb{R}^m$. Man bestimme einen Vektor $\tilde{x} \in \mathbb{R}^n$, für den

$$\|\tilde{x}\|_2 = \inf\{\|x\|_2 \mid x \in \mathbb{R}^n, \|Ax - \tilde{b}\|_2 \leq \delta\}$$

gilt.

Bemerkung. Wegen $\|Ax - \tilde{b}\|_2 \leq \delta$ für alle $x \in \mathbb{R}^n$ besitzt das Minimierungsproblem unter Nebenbedingungen eine eindeutig bestimmte Lösung $\tilde{x}$ (vgl. auch Kap. 4, §3). Der Vektor $\tilde{x}$ liegt außerdem auf dem Rand der Einschränkungsmenge; d.h. es gilt $\|A\tilde{x} - \tilde{b}\|_2 = \delta$. Wäre nämlich $\bar{\delta} := \|A\tilde{x} - \tilde{b}\|_2 < \delta$, so folgen mit $\kappa := \min\{1, \frac{\delta - \bar{\delta}}{\|A\|_2 \|\tilde{x}\|_2}\}$ für den Vektor $x_\kappa := (1 - \kappa)\tilde{x}$ die Abschätzungen

$$\|Ax_\kappa - \tilde{b}\|_2 = \|A\tilde{x} - \tilde{b} - \kappa A\tilde{x}\|_2 \leq \|A\tilde{x} - \tilde{b}\|_2 + \kappa\|A\|_2\|\tilde{x}\|_2 \leq \delta$$

und $\|x_\kappa\|_2 = (1 - \kappa)\|\tilde{x}\|_2 < \|\tilde{x}\|_2$. Das widerspricht aber der Minimaleigenschaft von $\tilde{x}$.

Danach kann man das Minimierungsproblem unter Nebenbedingungen vom Typ Ungleichung äquivalent ersetzen durch ein

Minimierungsproblem unter Gleichheitsrestriktionen. Bestimme einen Vektor $\tilde{x} \in \mathbb{R}^n$, für den gilt:

$$\|\tilde{x}\|_2 = \inf\{\|x\|_2 \mid \|Ax - \tilde{b}\|_2 = \delta\}.$$

Aus der Analysis ist bekannt, daß man ein solches Problem mit Hilfe der Lagrange-Funktion

$$L(x, \lambda) := \|x\|_2^2 + \lambda(\|Ax - \tilde{b}\|_2^2 - \delta^2)$$

lösen kann. Die Zahl $\lambda \in \mathbb{R}_+$ ist der Lagrange-Parameter. Als notwendige Bedingung für die Lösung des Minimierungsproblems unter Gleichheitsrestriktionen erhält man das Gleichungssystem

$$\frac{1}{2}\text{grad}_x L(x, \lambda) = x + \lambda A^T(Ax - \tilde{b}) = 0,$$

$$\|Ax - \tilde{b}\|_2 = \delta.$$

Wir setzen $\alpha := \lambda^{-1}$ und schreiben das lineare Gleichungssystem um in

$$A^T A x + \alpha I x = A^T \tilde{b}.$$

Umgekehrt sind diese Gleichungen die notwendigen (und auch hinreichenden) Bedingungen für die Lösung des Minimierungsproblems, den Ausdruck

$$\|Ax - \tilde{b}\|_2^2 + \alpha\|x\|_2^2$$

zu minimieren.

Diese Formulierung nennt man eine *Tichonov-Regularisierung* des schlecht-konditionierten Gleichungssystems $Ax = \tilde{b}$, $\|b - \tilde{b}\|_2 \leq \delta$. Die Zahl $\alpha > 0$ heißt *Regularisierungsparameter*.

Zusammenhang mit Singulärwerten. Setzt man $\overline{A} := \binom{A}{\alpha^{1/2}I}$ und $\overline{b} := \binom{\tilde{b}}{0}$, so läßt sich die Tichonov-Regularisierung auch in der Form angeben, die Norm

$$\|\overline{A}x - \overline{b}\|_2^2$$

zu minimieren. Dieses Problem wiederum ist durch Singulärwertzerlegung von $\overline{A}$ lösbar. Wenn die Werte σ_μ die Singulärwerte von A sind, erhält man wegen $\overline{A}^T \overline{A} = A^T A + \alpha I$ die Zahlen $\sqrt{\sigma_\mu^2 + \alpha}$ als Singulärwerte von $\overline{A}$, so daß die Kondition der Tichonov-Regularisierung durch den Ausdruck $\sqrt{(\sigma_1^2 + \alpha)(\sigma_r^2 + \alpha)^{-1}}$ gegeben ist. Man erkennt daran, daß die Tichonov-Regularisierung i. allg. die Kondition eines Problems verbessert. Die Singulärwerte werden um den Regularisierungsparameter α zu größeren positiven Werten hin verschoben. Die Bestimmung eines optimalen Regularisierungsparameters α ist jedoch in der Regel nicht einfach.

Wir zeigen noch zum Vergleich mit den zu Beginn dieses Paragraphen angegebenen Resultaten für Lösungen des Gleichungssystems $Ax = b$ mit der

Hilbertmatrix A, daß die Tichonov-Regularisierung und die Singulärwertzerlegung mit Abschneiden kleiner Singulärwerte bessere Ergebnisse liefern.

Verfahren	Relative Fehler $(n = 8)$	Relative Fehler $(n = 10)$
Tichonov-Cholesky	$5.59 \cdot 10^{-3}$ $(\alpha = 4 \cdot 10^{-8})$	0.0115 $(\alpha = 10^{-7})$
Tichonov-Householder	$4.78 \cdot 10^{-5}$ $(\alpha = 6 \cdot 10^{-15})$	$3.83 \cdot 10^{-4}$ $(\alpha = 6 \cdot 10^{-13})$
Singulärwertzerlegung	$2 \cdot 10^{-4}$ $(\tau = 10^{-8})$	$3.81 \cdot 10^{-4}$ $(\tau = 10^{-8})$

6.6 Aufgaben. 1) Man berechne eine Singulärwertzerlegung der Matrix

$$A = \begin{pmatrix} 1 & 1 \\ \sqrt{2} & 0 \\ 0 & \sqrt{2} \end{pmatrix}.$$

2) Sei $A = (a_{11} a_{12}) \in \mathbf{R}^{(1,2)}$. Man zeige, daß $A^+ = (a_{11}^2 + a_{12}^2)^{-1} \binom{a_{11}}{a_{12}}$ gilt.

3) (i) Es sei $A \in \mathbf{R}^{(m,n)}$. Man zeige:

$$A^+ = (A^T A)^+ A^T = A^T (A A^T)^+.$$

(ii) Eine Matrix $A \in \mathbf{R}^{(n,n)}$ heißt *normal*, wenn $A A^T = A^T A$ gilt. Zeigen Sie, daß für eine normale Matrix A auch deren Pseudoinverse A^+ normal ist.

(iii) Man zeige: Wenn A eine normale Matrix ist, gilt $(A^2)^+ = (A^+)^2$.

4) Es sei $A \in \mathbf{R}^{(m,n)}$ und $\mathrm{cond}_2(A) = \frac{\sigma_1}{\sigma_r}$ gemäß Definition 6.4. Man zeige:

$$\mathrm{cond}_2(A) = \|A\|_2 \cdot \|A^+\|_2.$$

5) Es sei $x_\alpha^\delta \in \mathbf{R}^n$ Lösung der Tichonov-Regularisierung: Minimiere

$$\|Ax - \tilde{b}\|_2^2 + \alpha \|x\|_2^2.$$

Sei $D(\alpha; \tilde{b}) := \|A x_\alpha^\delta - \tilde{b}\|_2$ die *Diskrepanz* der approximativen Lösung x_α^δ. Man zeige: Wenn $\|b - \tilde{b}\|_2 \le \delta < \|\tilde{b}\|_2$ gilt, dann ist die Abbildung $\alpha \to D(\alpha; \tilde{b})$ stetig, streng monoton wachsend und es gilt $\delta \in$ Bild $(D(\cdot; \tilde{b}))$.

6) Warum ist $\alpha_\delta > 0$ mit $\delta = D(\alpha_\delta; \tilde{b})$ ein günstiger Regularisierungsparameter? (Diese Wahl von α wird *Diskrepanz-Methode* genannt.)

Kapitel 3. Eigenwerte

Bereits in Kap. 2 haben wir gesehen, daß zur Bestimmung einer Singulärwertzerlegung einer Matrix A die Kenntnis der Eigenwerte von $A^T A$ erforderlich ist. Das dazu durchgerechnete Beispiel 2.6.3 war allerdings so klein dimensioniert, daß man die Eigenwerte durch eine Rechnung von Hand bestimmen konnte. In der Regel sind jedoch Eigenwertprobleme wegen ihrer Größenordnung nur noch mit schnellen Algorithmen und unter Einsatz von Rechenanlagen lösbar. Das gilt etwa für Schwingungsprobleme, bei denen die Eigenfrequenzen nach Diskretisierung der zugehörigen Differentialgleichungen berechnet werden sollen. In diesem Kapitel werden Verfahren zur Berechnung von Eigenwerten bei Matrizen behandelt.

Sei $A \in \mathbb{C}^{(n,n)}$ eine beliebige quadratische Matrix. Dann lautet das

Eigenwertproblem. Gesucht sind eine Zahl $\lambda \in \mathbb{C}$ und ein Vektor $x \in \mathbb{C}^n$, $x \neq 0$, die der *Eigenwertgleichung*

$$Ax = \lambda x$$

genügen.

Die Zahl λ heißt *Eigenwert* und der Vektor x *Eigenvektor* der Matrix A zum Eigenwert λ. Eigenwerte und Eigenvektoren werden ausführlich in jedem Buch über lineare Algebra behandelt. Wir verzichten auf eine Darstellung der Resultate, soweit sie nicht zur Formulierung und zum Verständnis der Algorithmen notwendig sind. Für einzelne Fakten sei auf das Buch von M. Koecher [1983] verwiesen.

Es sei $\lambda \in \mathbb{C}$ ein Eigenwert der Matrix A. Dann ist bekanntlich der Raum $E(\lambda) := \{x \in \mathbb{C}^n \mid Ax = \lambda x\}$ ein linearer Unterraum von $\mathbb{C}^n$, der *Eigenraum* des Eigenwerts λ genannt wird. Seine Dimension $d(\lambda)$ ist nach der Dimensionsformel für Homomorphismen

$$d(\lambda) = n - \text{Rang}(A - \lambda I).$$

Danach ist $\lambda \in \mathbb{C}$ genau dann ein Eigenwert von A, wenn $d(\lambda) > 0$ gilt. Die Zahl $d(\lambda)$ heißt die *geometrische Vielfachheit* des Eigenwerts λ. Die Bedingung

$d(\lambda) > 0$ ist andererseits äquivalent damit, daß die Matrix $(A - \lambda I)$ singulär ist. Das bedeutet aber, daß λ genau dann Eigenwert von A ist, wenn es eine Nullstelle des *charakteristischen Polynoms*

$$p(\lambda) := \det(A - \lambda I)$$

ist. Falls λ eine Nullstelle des charakteristischen Polynoms der Vielfachheit $v(\lambda)$ ist, so sagt man, daß der Eigenwert λ die *algebraische Vielfachheit* $v(\lambda)$ besitze. Es ist leicht nachprüfbar, daß stets die Ungleichung

$$1 \leq d(\lambda) \leq v(\lambda) \leq n$$

gilt. Stimmen geometrische und algebraische Vielfachheit aller Eigenwerte einer Matrix $A \in \mathbb{C}^{(n,n)}$ überein, so bilden die Eigenvektoren von A eine Basis des $\mathbb{C}^n$; A besitzt ein *vollständiges System von Eigenvektoren*. Bei den Matrizen, die ein vollständiges System von Eigenvektoren besitzen, handelt es sich um die *diagonalisierbaren* Matrizen. Eine diagonalisierbare Matrix A läßt sich durch die Ähnlichkeitstransformation $T^{-1}AT$ in eine Diagonalmatrix überführen, deren Diagonalelemente die Eigenwerte von A sind; die Spalten der Transformationsmatrix T werden dabei von den Eigenvektoren von A gebildet.

Die Diagonalisierbarkeit einer Matrix A ist deshalb eine wichtige Eigenschaft hinsichtlich numerischer Methoden zur Berechnung von Eigenwerten, weil sie die Entwickelbarkeit eines beliebigen Vektors des $\mathbb{C}^n$ nach den Eigenvektoren von A garantiert. Zur Klasse der diagonalisierbaren Matrizen gehören die *normalen Matrizen*, die durch $A\overline{A}^T = \overline{A}^T A$ charakterisiert sind, und damit insbesondere die hermiteschen Matrizen. Es ist leicht zu erkennen, ob eine Matrix normal oder gar hermitesch ist.

Bei der numerischen Berechnung der Eigenwerte einer Matrix geht man meist nicht den Weg über das charakteristische Polynom und die Berechnung seiner Nullstellen. Da die Koeffizienten von p nämlich i. allg. nur näherungsweise bestimmt werden können und die Nullstellen von p, insbesondere, wenn sie mehrfach sind, sehr empfindlich von den Koeffizienten abhängen, führt diese Vorgehensweise zu ungenauen Resultaten. Hierzu vergleiche man das Buch von H. R. Schwarz ([1986], S. 232 ff.). Wir beschränken uns daher im folgenden auf die Darstellung solcher Verfahren, die die Berechnung des charakteristischen Polynoms vermeiden.

§ 1. Reduktion auf Tridiagonal- bzw. Hessenberg-Gestalt

Für eine Matrix $A \in \mathbb{C}^{(n,n)}$ wollen wir eine Lösung $\lambda \in \mathbb{C}$ und $x \in \mathbb{C}^n$, $x \neq 0$, der Eigenwertgleichung $Ax = \lambda x$ berechnen. Durch Anwendung nichtsingulärer Transformationen auf die Eigenwertgleichung wird versucht, das Problem zu vereinfachen. Es sei $T \in \mathbb{C}^{(n,n)}$ eine nichtsinguläre Matrix. Wir setzen

$y := T^{-1}x$ und betrachten

$$T^{-1}ATy = T^{-1}Ax = \lambda T^{-1}x = \lambda y.$$

Daraus entnimmt man, daß $\lambda \in \mathbb{C}$ auch Eigenwert der transformierten Matrix $T^{-1}AT$ mit zugehörigem Eigenvektor $y = T^{-1}x$ ist. Die Verfahren in den folgenden Abschnitten beruhen darauf, durch Anwendung einer Folge von endlich vielen solcher Ähnlichkeitstransformationen die Matrix A in eine Matrix B zu überführen, deren Eigenwerte einfacher zu berechnen sind.

1.1 Das Householder-Verfahren. Das Verfahren nach Householder verwendet analog der in 2.3.2 bereits formulierten Grundaufgabe orthogonale Householder-Matrizen $T_\mu = T_\mu^{-1} := I - \beta_\mu u^\mu (u^\mu)^T$, um damit eine Ähnlichkeitstransformation $A_\mu := T_\mu^{-1} A_{\mu-1} T_\mu$ durchzuführen. Wir beschränken uns auf die Darstellung des Verfahrens für symmetrische Matrizen $A \in \mathbb{R}^{(n,n)}$. Für hermitesche Matrizen $A \in \mathbb{C}^{(n,n)}$ ist die Vorgehensweise ähnlich. Man findet eine entsprechende Darstellung bei J. Stoer und R. Bulirsch [1973].

Die QR-Zerlegung einer Matrix A bewirkte eine Umformung von A in eine obere Dreiecksmatrix R durch Anwendung von $(n-1)$ Householder-Transformationen, also durch Linksmultiplikation von A mit $Q := T_{n-1} \cdot T_{n-2} \cdots T_1$. Bei einer Ähnlichkeitstransformation wird A von links und rechts mit Q multipliziert. Man kann i. allg. nicht erwarten, daß dadurch eine beliebige symmetrische Matrix auf Diagonalgestalt transformiert wird. Wohl aber ist zu erreichen, daß die Transformierte Tridiagonalform hat. Wir beweisen das durch Angabe eines Konstruktionsverfahrens.

Im ersten Schritt setzt man $A_0 := (a_{\mu\nu}^{(0)}) = A$ und $T_0 = I$. Wir nehmen an, daß im $(\kappa - 1)$-ten Schritt bereits eine Matrix $A_{\kappa-1} := (a_{\mu\nu}^{(\kappa-1)})$ mit

$$A_{\kappa-1} = \begin{pmatrix} D_{\kappa-1} & c & 0 \\ c^T & \delta_\kappa & a_\kappa^T \\ 0 & a_\kappa & \tilde{A}_{\kappa-1} \end{pmatrix}$$

erzeugt wurde, in der

$$\begin{pmatrix} D_{\kappa-1} & c \\ c^T & \delta_\kappa \end{pmatrix} = \begin{pmatrix} \delta_1 & \gamma_2 & & & & 0 \\ \gamma_2 & \delta_2 & \ddots & & 0 & \vdots \\ & \ddots & \ddots & \gamma_{\kappa-1} & 0 \\ & 0 & \gamma_{\kappa-1} & \delta_{\kappa-1} & \gamma_\kappa \\ 0 & \cdots & 0 & \gamma_\kappa & \delta_\kappa \end{pmatrix} \quad \text{und} \quad a_\kappa = \begin{pmatrix} a_{\kappa+1\,\kappa} \\ a_{\kappa+2\,\kappa} \\ \vdots \\ a_{n\kappa} \end{pmatrix}$$

gesetzt ist. Nach 2.1.3 gibt es eine $(n-\kappa) \times (n-\kappa)$-Householder-Matrix $\tilde{T}_\kappa$ mit

$$\tilde{T}_\kappa a_\kappa = \sigma e^1, \quad \sigma \in \mathbb{R}.$$

Die Matrix $\tilde{T}_\kappa$ hat nach 2.3.2(i)-(iii) die Form $\tilde{T}_\kappa = I - \beta u u^T$ mit

(i) $\beta = (\|a_\kappa\|_2(|a_{\kappa+1\kappa}| + \|a_\kappa\|_2))^{-1}$,

(ii) $u := (\text{sgn}(a_{\kappa+1\kappa})(|a_{\kappa+1\kappa}| + \|a_\kappa\|_2), a_{\kappa+2\kappa}, \cdots, a_{n\kappa})^T$.

Mit der orthogonalen Matrix

$$T_\kappa := \begin{pmatrix} I_{\kappa-1} & & 0 \\ & 1 & \\ 0 & & \tilde{T}_\kappa \end{pmatrix}$$

wird dann eine Ähnlichkeitstransformation durchgeführt. Das Resultat ist

$$A_\kappa := T_\kappa^{-1} A_{\kappa-1} T_\kappa = T_\kappa A_{\kappa-1} T_\kappa = \begin{pmatrix} D_{\kappa-1} & c & 0 \\ c^T & \delta_\kappa & \sigma(e^1)^T \\ 0 & \sigma e^1 & \tilde{T}_\kappa \tilde{A}_{\kappa-1} \tilde{T}_\kappa \end{pmatrix}.$$

Wenn wir $\gamma_{\kappa+1} := \sigma = -\text{sgn}(a_{\kappa+1\kappa})\|a_\kappa\|_2$ setzen ($\text{sgn}(0):=1$), erhalten wir in diesem Schritt für A_κ die Form

$$A_\kappa = \begin{pmatrix} \delta_1 & \gamma_2 & & & & & & \\ \gamma_2 & \delta_2 & \ddots & & & 0 & & \\ & \ddots & \ddots & \gamma_{\kappa-1} & & & & \\ & & \gamma_{\kappa-1} & \delta_{\kappa-1} & \gamma_\kappa & & \\ & 0 & & \gamma_\kappa & \delta_\kappa & \gamma_{\kappa+1} & \\ & & & & \gamma_{\kappa+1} & & \\ & & & & & & \tilde{T}_\kappa \tilde{A}_{\kappa-1} \tilde{T}_\kappa \end{pmatrix}.$$

Um die Matrix A_κ einfach berechnen zu können, bestimmt man noch einen formelmäßigen Ausdruck für $\tilde{T}_\kappa \tilde{A}_{\kappa-1} \tilde{T}_\kappa$. Hierfür gilt

$$\tilde{T}_\kappa \tilde{A}_{\kappa-1} \tilde{T}_\kappa = (I - \beta u u^T) \tilde{A}_{\kappa-1} (I - \beta u u^T) =$$
$$= \tilde{A}_{\kappa-1} - \beta \tilde{A}_{\kappa-1} u u^T - \beta u u^T \tilde{A}_{\kappa-1} + \beta u u^T \tilde{A}_{\kappa-1} u u^T.$$

Wir setzen zur Abkürzung

$$p := \beta \tilde{A}_{\kappa-1} u, \quad q := p - \frac{\beta}{2}(p^T u)u.$$

Diese beiden Vektoren liegen in $\mathbb{R}^{n-\kappa}$. Dann folgt für $\tilde{T}_\kappa \tilde{A}_{\kappa-1} \tilde{T}_\kappa$ die Beziehung

$$\tilde{T}_\kappa \tilde{A}_{\kappa-1} \tilde{T}_\kappa = \tilde{A}_{\kappa-1} - p u^T - u p^T + \beta(u p^T)(u u^T) =$$
$$= \tilde{A}_{\kappa-1} - (p - \frac{\beta}{2}(p^T u)u)u^T - u(p - \frac{\beta}{2}(p^T u)u)^T =$$
$$= \tilde{A}_{\kappa-1} - q u^T - u q^T.$$

Damit ist die κ-te Ähnlichkeitstransformation $A_\kappa := T_\kappa^{-1} A_{\kappa-1} T_\kappa$ vollständig beschrieben. Nach $(n-2)$ Schritten erhält man eine symmetrische Tridiagonalmatrix A_{n-2}.

Anmerkung. Anstelle orthogonaler Ähnlichkeitstransformationen mit Hilfe von Householder-Matrizen kann man auch, ähnlich wie bei der LR-Zerlegung einer Matrix, Frobeniusmatrizen benutzen, um A auf Tridiagonalgestalt zu transformieren. Aus Stabilitätsgründen ist jedoch eine orthogonale Transformation vorzuziehen. Neben den Householder-Transformationen gibt es andere orthogonale Ähnlichkeitstransformationen, die A auf Tridiagonalgestalt bringen (vgl. 2.1).

Wir haben in diesem Abschnitt vorausgesetzt, daß A eine symmetrische Matrix ist. Läßt man diese Voraussetzung fallen, so ist die hier dargestellte Vorgehensweise immer noch möglich. Man erhält dann allerdings keine Tridiagonalmatrix mehr, sondern eine Matrix, deren Elemente $a_{\mu\nu}$ i. allg. nur für $\mu \geq \nu + 2$ Null sind. Diese Matrizen sind die bereits in 2.1.4 erwähnten Hessenberg-Matrizen.

Wir werden uns in den nächsten Abschnitten damit befassen, wie man Eigenwerte von Tridiagonal- und von Hessenberg-Matrizen berechnet.

1.2 Berechnung der Eigenwerte von Tridiagonalmatrizen. Es sei D eine reelle symmetrische $(n \times n)$-Tridiagonalmatrix der Form

$$
D = \begin{pmatrix}
\alpha_1 & \beta_2 & & \\
\beta_2 & \alpha_2 & \ddots & 0 \\
& \ddots & \ddots & \beta_n \\
0 & & \beta_n & \alpha_n
\end{pmatrix} .
$$

Die Eigenwerte von D sind die Nullstellen des charakteristischen Polynoms $p(\lambda) = \det(D - \lambda I)$. Bekanntlich besitzt im Falle einer symmetrischen Matrix D das Polynom p nur reelle Nullstellen. Zur Berechnung dieser Nullstellen kann z. B. das Newton-Verfahren herangezogen werden (vgl. 8.2.1). Wir leiten Rekursionsformeln zur Berechnung der Werte von p und p' an beliebiger Stelle λ her, die bei der Anwendung des Newton-Verfahrens benötigt werden. Es sei

$$
p_\mu(\lambda) := \det(D_\mu - \lambda I) = \begin{vmatrix}
(\alpha_1 - \lambda) & \beta_2 & & & \\
& & \ddots & & 0 \\
\beta_2 & (\alpha_2 - \lambda) & & \ddots & \\
& \ddots & \ddots & & \beta_\mu \\
& & \ddots & \ddots & \\
0 & & & \beta_\mu & (\alpha_\mu - \lambda)
\end{vmatrix}
$$

Die Entwicklung dieser Determinante nach der letzten Spalte ergibt

$$(*) \qquad p_\mu(\lambda) = (\alpha_\mu - \lambda)p_{\mu-1}(\lambda) - \beta_\mu^2 p_{\mu-2}(\lambda),$$

für $2 \le \mu \le n$. Setzt man noch $p_0(\lambda) := 1$, so kann man mit $p_1(\lambda) = \alpha_1 - \lambda$ den Wert des charakteristischen Polynoms $p(\lambda) = p_n(\lambda)$ rekursiv an jeder Stelle $\lambda \in \mathbb{R}$ berechnen. Die Ableitung $p'(\lambda)$ ergibt sich durch Differenzieren von $(*)$ und des Rekursionsanfangs

$$(**) \qquad p'_\mu(\lambda) = -p_{\mu-1}(\lambda) + (\alpha_\mu - \lambda)p'_{\mu-1}(\lambda) - \beta_\mu^2 p'_{\mu-2}(\lambda);$$
$$p'_0(\lambda) = 0, \quad p'_1(\lambda) = -1$$

zu $p'(\lambda) = p'_n(\lambda)$.

Es ist zu beachten, daß zur Berechnung von $p(\lambda)$ und $p'(\lambda)$ an jeder festen Stelle λ mit den Formeln $(*)$ und $(**)$ die Koeffizienten dieser Polynome nicht berechnet werden müssen. Bei der Anwendung des Newton-Verfahrens benötigt man allerdings Näherungswerte für den Iterationsanfang. In der Regel erhält man gute Startwerte, indem man zu den Mittelwerten

$$\hat{\alpha} := \frac{1}{n}\sum_{\mu=1}^{n}\alpha_\mu \quad \text{und} \quad \hat{\beta} := \frac{1}{n-1}\sum_{\mu=2}^{n}\beta_\mu$$

die Matrix

$$\hat{D} := \begin{pmatrix} \hat{\alpha} & \hat{\beta} & & \\ \hat{\beta} & \hat{\alpha} & \ddots & 0 \\ & \ddots & \ddots & \hat{\beta} \\ 0 & & \hat{\beta} & \hat{\alpha} \end{pmatrix}$$

bildet und deren Eigenwerte verwendet. Diese lassen sich nämlich mit den zugehörigen Eigenvektoren explizit angeben:

Satz. *Es sei D eine reelle $(n \times n)$-Tridiagonalmatrix der Form*

$$D = \begin{pmatrix} b & c & & \\ a & \ddots & \ddots & 0 \\ 0 & \ddots & \ddots & c \\ & & a & b \end{pmatrix}$$

mit $a \cdot c > 0$. Dann besitzt D die Eigenwerte

$$\lambda_\mu = b + 2\sqrt{ac}\,\operatorname{sgn}(a)\cos\left(\frac{\mu\pi}{n+1}\right), \quad 1 \le \mu \le n.$$

Die zugehörigen Eigenvektoren $x^\mu \in \mathbb{R}^n$ haben die Komponenten

$$x_\nu^\mu = \left(\frac{a}{c}\right)^{\frac{\nu-1}{2}}\sin\left(\frac{\mu\pi\nu}{n+1}\right), \quad 1 \le \mu \le n,\ 1 \le \nu \le n.$$

Beweis. Es sei x^μ ein Vektor des $\mathbb{R}^n$ mit den im Satz angegebenen Komponenten. Wir betrachten die ν-te Komponente von Dx^μ.

$$
\begin{aligned}
(Ax^\mu)_\nu &= b\left(\frac{a}{c}\right)^{\frac{\nu-1}{2}} \sin\left(\frac{\mu\pi\nu}{n+1}\right) + c\left(\frac{a}{c}\right)^{\frac{\nu}{2}} \left[\sin\left(\frac{\mu\pi(\nu-1)}{n+1}\right) + \sin\left(\frac{\mu\pi(\nu+1)}{n+1}\right)\right] = \\
&= b\left(\frac{a}{c}\right)^{\frac{\nu-1}{2}} \sin\left(\frac{\mu\pi\nu}{n+1}\right) + 2\mathrm{sgn}(c)\sqrt{ac}\left(\frac{a}{c}\right)^{\frac{\nu-1}{2}} \sin\left(\frac{\mu\pi\nu}{n+1}\right) \cos\left(\frac{\mu\pi}{n+1}\right) = \\
&= \left(b + 2\sqrt{ac}\,\mathrm{sgn}(a)\cos\left(\frac{\mu\pi}{n+1}\right)\right)x_\nu^\mu = \lambda_\mu x_\nu^\mu.
\end{aligned}
$$

Damit ist aber λ_μ Eigenwert von D mit dem zugehörigen Eigenvektor x^μ, wie behauptet wurde.   □

Anmerkung. Bei der Diskretisierung von Randeigenwertaufgaben von Differentialgleichungen liegt häufig der Spezialfall $\mathrm{sgn}(a) = -1$ und $a = c$ vor. Dann lauten die Eigenwerte nach der Aussage des Satzes

$$
\lambda_\mu = b - 2|a| \cos\left(\frac{\mu\pi}{n+1}\right).
$$

1.3 Berechnung der Eigenwerte von Hessenberg-Matrizen. Wir haben bereits in 1.1 gesehen, daß auch bei nichtsymmetrischen Matrizen orthogonale Ähnlichkeitstransformationen nach Householder möglich sind und auf Matrizen der Form

$$
B = \begin{pmatrix}
b_{11} & b_{12} & \cdots & b_{1n} \\
b_{21} & b_{22} & \cdots & b_{2n} \\
0 & \ddots & \ddots & \\
& & b_{n-1n} & b_{nn}
\end{pmatrix}
$$

führen. Matrizen dieser Form heißen *Hessenberg-Matrizen* nach K. Hessenberg [1941].

Auch für Hessenberg-Matrizen lassen sich das charakteristische Polynom $p(\lambda) = \det(B - \lambda I)$ und seine Ableitung an jeder festen Stelle λ berechnen. Dazu betrachtet man für festes λ das von einem Parameter α abhängige lineare Gleichungssystem

$$
\begin{aligned}
(b_{11} - \lambda)x_1(\lambda) + \quad & b_{12}x_2(\lambda) + \cdots + & b_{1n}x_n(\lambda) &= \alpha \\
b_{21}x_1(\lambda) + (b_{22} - \lambda)x_2(\lambda) + \cdots + & & b_{2n}x_n(\lambda) &= 0 \\
& \ddots \qquad\qquad \ddots & \vdots \quad & \vdots \\
& b_{nn-1}x_{n-1}(\lambda) + (b_{nn} - \lambda)x_n(\lambda) &= 0.
\end{aligned}
$$

(*)

Wenn λ kein Eigenwert von B ist, hat (*) für jedes α eine eindeutig bestimmte Lösung $x(\lambda;\alpha) = (x_1(\lambda;\alpha), \dots, x_n(\lambda;\alpha))^T$. Die n-te Komponente dieses Lösungsvektors läßt sich mit der Cramerschen Regel berechnen:

$$
x_n(\lambda;a) = (-1)^{n+1}\alpha \cdot b_{21} \cdot b_{32} \cdots b_{nn-1} \cdot (\det(B - \lambda I))^{-1}.
$$

Das Gleichungssystem (∗) läßt sich aber auch als ein unterbestimmtes System mit den Unbekannten $x_1(\lambda)$, $x_2(\lambda)$, $\cdots$, $x_n(\lambda)$, $\alpha(\lambda)$ auffassen. Die Festlegung einer Unbekannten führt dann zu einer eindeutigen Bestimmtheit der anderen, wenn $b_{21} \cdot b_{32} \cdots b_{n\,n-1} \neq 0$. Wir setzen $x_n(\lambda; \alpha) = 1$ und erhalten

$$p(\lambda) = (-1)^{n+1}\alpha(\lambda)b_{21} \cdot b_{32} \cdots b_{nn-1}.$$

Der Faktor $\alpha(\lambda)$ ist dabei für jedes feste λ eindeutig bestimmt. Er wird aus dem Gleichungssystem (∗) ermittelt, indem $x_n(\lambda) = 1$ gesetzt und nacheinander, mit der letzten Gleichung beginnend, $x_{n-1}(\lambda), \ldots, x_1(\lambda)$ berechnet werden. Die Auswertung der ersten Gleichung ergibt schließlich den Wert $\alpha(\lambda)$. Zur Berechnung von

$$p'(\lambda) = (-1)^{n+1}\alpha'(\lambda)b_{21} \cdot b_{32} \cdots b_{nn-1}$$

muß $\alpha'(\lambda)$ bestimmt werden. Differenzieren des Gleichungssystems (∗) nach λ ergibt

$$
\begin{aligned}
(b_{11} - \lambda)x_1'(\lambda) - x_1(\lambda) \quad &+ b_{12}x_2'(\lambda) + \quad \cdots + \\
&+ b_{1n}x_n'(\lambda) \quad\quad\quad = \alpha'(\lambda) \\
b_{21}x_1'(\lambda) \quad\quad &+ (b_{22} - \lambda)x_2'(\lambda) - x_2(\lambda) + \cdots + \\
&+ b_{2n}x_n'(\lambda) \quad\quad\quad = 0 \\
\vdots \quad\quad\quad &\quad\quad \vdots \quad\quad\quad \vdots \\
\vdots \quad\quad\quad &\quad\quad \vdots \\
b_{nn-1}x_{n-1}'(\lambda) + (b_{nn} - \lambda)x_n'(\lambda) &- x_n(\lambda) \quad\quad\quad = 0.
\end{aligned}
$$

(∗∗)

Beachtet man, daß $x_n(\lambda) = 1$ ist und die Komponenten $x_{n-1}(\lambda), \ldots, x_1(\lambda)$ bereits aus (∗) berechnet wurden, so kann man $x_{n-1}'(\lambda), x_{n-2}'(\lambda), \ldots, x_1'(\lambda)$ aus der n-ten bis zur zweiten Gleichung von (∗∗) nacheinander bestimmen. Die Auswertung der ersten Gleichung ergibt dann $\alpha'(\lambda)$.

Damit sind für festes λ sowohl $p(\lambda)$ wie auch $p'(\lambda)$ bekannt, und das Newton-Verfahren zur Berechnung der Nullstellen ist anwendbar. Die Wahl der Startwerte kann problematisch sein. Wir werden später Methoden kennenlernen, die Lage der Eigenwerte abzuschätzen. Dadurch erhält man möglicherweise geeignete Startwerte.

1.4 Aufgaben. 1) Zeigen Sie, daß durch LR-Zerlegung mit Hilfe von Frobeniusmatrizen und Permutationsmatrizen eine symmetrische Matrix auf Tridiagonalgestalt transformiert werden kann. Ist die Matrix nicht symmetrisch, so erhält man eine Hessenberg-Matrix.

2) Berechnen Sie die Komplexität des Algorithmus zur Transformation einer Matrix $A \in \mathbb{R}^{(n,n)}$ auf Hessenberg-Form durch Householder-Matrizen.

3) Zeigen Sie, daß durch eine Ähnlichkeitstransformation mit einer Diagonalmatrix D jede Hessenberg-Matrix so umgeformt werden kann, daß unterhalb der Hauptdiagonalen nur noch Elemente mit dem Wert Null oder Eins auftreten.

4) Man zeige, daß die Komponenten $x_\mu(\lambda)$, $1 \le \mu \le n$, des Lösungsvektors $x(\lambda)$ in 1.3 Polynome in λ vom Grad $n - \mu$ sind.

5) Machen Sie sich klar, wie man die Vorgehensweise in 1.3 zur Berechnung der Eigenwerte einer Hessenberg-Matrix $B = (b_{\mu\nu})$ zu modifizieren hat, wenn die Voraussetzung $b_{21} \cdot b_{32} \cdots b_{n\,n-1} \ne 0$ verletzt ist.

6) Schreiben Sie ein Computerprogramm zur Berechnung aller Eigenwerte des Eigenwertproblems $Ax = \lambda x$ mit der μ-ten Gleichung

$$e^{-2\mu h}\left(\left(-\frac{1}{h^2} - \frac{1}{2h}\right)x_{\mu-1} + \frac{2}{h^2}x_\mu + \left(-\frac{1}{h^2} + \frac{1}{2h}\right)x_{\mu+1}\right) = \lambda x_\mu$$

und $h := 1/n + 1$, $x_0 := 0$, $x_{n+1} := 0$ nach dem Newton-Verfahren. Startwerte verschaffe man sich gemäß Satz 1.2. Führen Sie die Berechnungen für $n = 4$ und für $n = 9$ durch.

§ 2. Die Jacobi-Rotation; Eigenwertabschätzungen

Durch das Householder-Verfahren wurde eine Matrix $A \in \mathbf{R}^{(n,n)}$ in endlich vielen Schritten mittels Ähnlichkeitstransformationen auf Tridiagonalgestalt bzw. auf Hessenberg-Form transformiert. Für Matrizen dieser speziellen Struktur existieren dann schnelle Algorithmen zur Berechnung ihrer Eigenwerte. Wie etwa das Newton-Verfahren in dieser Situation angewandt werden kann, wurde in 1.2 und 1.3 gezeigt. Jetzt wollen wir Verfahren studieren, die in allerdings unendlich vielen Iterationsschritten die Eigenwerte gewisser Matrizen A unmittelbar liefern.

2.1 Das Jacobi-Verfahren. Es sei A eine reelle symmetrische $(n \times n)$-Matrix. Dann hat A bekanntlich lauter reelle Eigenwerte, und es existieren orthogonale Matrizen, die A auf Diagonalgestalt transformieren. In der Diagonalen stehen die Eigenwerte von A. Es ist jetzt das Ziel, durch eine unendliche Folge von orthogonalen Ähnlichkeitstransformationen A auf Diagonalgestalt zu bringen.

Definition. Die $(n \times n)$-Matrix

$$
\Omega_{\mu\nu}(\varphi) := \begin{pmatrix}
1 & & & & & & & & & \\
 & \ddots & & & & & 0 & & & \\
 & & 1 & & & & & & & \\
 & & & \cos\varphi & \cdots & & -\sin\varphi & & & \\
 & & & & 1 & & & & & \\
 & & & & & \ddots & & & & \\
 & & & & & & 1 & & & \\
 & & & \sin\varphi & & & \cos\varphi & & & \\
 & & 0 & & & & & 1 & & \\
 & & & & & & & & \ddots & \\
 & & & & & & & & & 1
\end{pmatrix}
\begin{matrix}
\\ \\ \leftarrow \mu\text{-te Zeile} \\ \\ \\ , \\ \\ \leftarrow \nu\text{-te Zeile} \\ \\ \\
\end{matrix}
$$

mit $|\varphi| \leq \pi$ heißt *Jacobi-Rotation*.

Offenbar bewirkt die Anwendung der Matrix $\Omega_{\mu\nu}(\varphi)$ auf einen Vektor dessen Drehung in einer Ebene um den Winkel φ. Man konstruiert nun in dem nach Jacobi benannten Verfahren eine unendliche Folge solcher Jacobi-Rotationen, deren Anwendung auf A dazu führt, daß die Nichtdiagonalelemente der Folge der transformierten Matrizen gegen Null konvergieren.

CARL GUSTAV JACOBI (1804–1851), dessen Name uns an mehreren Stellen des Buches begegnet, wirkte in Königsberg und in Berlin. Seine zahlreichen Veröffentlichungen beziehen sich auf fast alle Teile der reellen und der komplexen Analysis, auf Fragen der Zahlentheorie und der Mechanik. Auf die numerische Mathematik nahm er besonders durch Beiträge zur Behandlung linearer Gleichungssysteme und zur numerischen Integration Einfluß. Jacobis Interesse an Gleichungssystemen war durch das Studium der Arbeiten von Gauß über die Methode der kleinsten Quadrate geweckt worden.

Beim *klassischen Jacobi-Verfahren*, – nur dieses wollen wir hier genauer darstellen –, sucht man im ersten Schritt ein betragsgrößtes Nichtdiagonalelement $a_{\mu\nu}$. Da $A_0 := A = (a_{\mu\nu})$ als symmetrisch vorausgesetzt war, reicht es natürlich, unter den Elementen $a_{\mu\nu}$ mit $\mu < \nu$ zu suchen. Das auf diese Weise bestimmte Matrixelement sei $a_{\mu(0)\nu(0)}$. Wir betrachten die Jacobi-Rotation $\Omega_{\mu(0)\nu(0)}(\varphi)$, $\varphi := \varphi(0)$, und transformieren A in $A_1 := \Omega_{\mu(0)\nu(0)}^{-1}(\varphi) A \Omega_{1\mu(0)\nu(0)}(\varphi)$. Die Matrix A_1 habe die Elemente $a_{\mu\nu}^{(1)}$. Dabei wird der Drehwinkel φ so gewählt, daß $a_{\mu(0)\nu(0)}^{(1)} = 0$ gilt. Da $\Omega_{\mu(0)\nu(0)}(\varphi)$ eine orthogonale Matrix ist, hat man $A_1 = \Omega_{\mu(0)\nu(0)}^{T}(\varphi) A_0 \Omega_{\mu(0)\nu(0)}(\varphi)$. Man erkennt, daß sich A_1 von A_0 nur in den ν-ten und μ-ten Spalten und Zeilen unterscheidet.

Da $A = A_0$ symmetrisch ist, gilt

$$
\begin{pmatrix} \cos\varphi & \sin\varphi \\ -\sin\varphi & \cos\varphi \end{pmatrix}
\begin{pmatrix} a_{\mu(0)\mu(0)} & a_{\mu(0)\nu(0)} \\ a_{\mu(0)\nu(0)} & a_{\nu(0)\nu(0)} \end{pmatrix}
\begin{pmatrix} \cos\varphi & -\sin\varphi \\ \sin\varphi & \cos\varphi \end{pmatrix}
= \begin{pmatrix} a_{\mu(0)\mu(0)}^{(1)} & a_{\mu(0)\nu(0)}^{(1)} \\ a_{\mu(0)\nu(0)}^{(1)} & a_{\nu(0)\nu(0)}^{(1)} \end{pmatrix}.
$$

Zur Berechnung des Winkels φ multiplizieren wir aus:

$$a^{(1)}_{\mu(0)\nu(0)} =$$

$$= \Big(a_{\mu(0)\mu(0)}\cos\varphi + a_{\mu(0)\nu(0)}\sin\varphi,\, a_{\mu(0)\nu(0)}\cos\varphi + a_{\nu(0)\nu(0)}\sin\varphi\Big)\begin{pmatrix}-\sin\varphi\\ \cos\varphi\end{pmatrix}$$

$$= -a_{\mu(0)\mu(0)}\sin\varphi\cos\varphi - a_{\mu(0)\nu(0)}\sin^2\varphi + a_{\mu(0)\nu(0)}\cos^2\varphi + a_{\nu(0)\nu(0)}\sin\varphi\cos\varphi$$

$$= (a_{\nu(0)\nu(0)} - a_{\mu(0)\mu(0)})\sin\varphi\cos\varphi + a_{\mu(0)\nu(0)}(\cos^2\varphi - \sin^2\varphi)$$

$$= \frac{1}{2}(a_{\nu(0)\nu(0)} - a_{\mu(0)\mu(0)})\sin 2\varphi + a_{\mu(0)\nu(0)}\cos 2\varphi.$$

Die Forderung $a^{(1)}_{\mu(0)\nu(0)} = 0$ führt folglich auf die Formel

$$\tan 2\varphi = \frac{2a_{\mu(0)\nu(0)}}{a_{\mu(0)\mu(0)} - a_{\nu(0)\nu(0)}}, \quad |\varphi| \le \frac{\pi}{4}.$$

Allgemein berechnet man im Schritt κ den Winkel φ, der gewählt werden muß, um das Element $a^{(\kappa)}_{\mu(\kappa-1)\nu(\kappa-1)}$ zu Null zu machen, aus der Formel

$$(*) \qquad \tan 2\varphi(\kappa - 1) = \frac{2a^{(\kappa-1)}_{\mu(\kappa-1)\nu(\kappa-1)}}{a^{(\kappa-1)}_{\mu(\kappa-1)\mu(\kappa-1)} - a^{(\kappa-1)}_{\nu(\kappa-1)\nu(\kappa-1)}}, \quad |\varphi| \le \frac{\pi}{4}.$$

Bemerkungen. 1) Tatsächlich braucht man bei der Durchführung einer Jacobi-Rotation den Drehwinkel φ nicht auszurechnen. Man benötigt nämlich nur die Zahlen $c := \cos\varphi$ und $s := \sin\varphi$. Diese ergeben sich durch Umformung der Formel $(*)$ mit Hilfe trigonometrischer Additonstheoreme. Setzt man zur Abkürzung

$$\tau := \frac{|a^{(\kappa-1)}_{\mu(\kappa-1)\mu(\kappa-1)} - a^{(\kappa-1)}_{\nu(\kappa-1)\nu(\kappa-1)}|}{((a^{(\kappa-1)}_{\mu(\kappa-1)\mu(\kappa-1)} - a^{(\kappa-1)}_{\nu(\kappa-1)\nu(\kappa-1)})^2 + 4(a^{(\kappa-1)}_{\mu(\kappa-1)\nu(\kappa-1)})^2)^{1/2}}$$

und $\sigma := \mathrm{sgn}((a^{(\kappa-1)}_{\mu(\kappa-1)\mu(\kappa-1)} - a^{(\kappa-1)}_{\nu(\kappa-1)\nu(\kappa-1)})a^{(\kappa-1)}_{\mu(\kappa-1)\nu(\kappa-1)})$, so ist $c = \left(\frac{1+\tau}{2}\right)^{1/2}$ und $s = \sigma \cdot \left(\frac{1-\tau}{2}\right)^{1/2}$ für $\sigma \ne 0$.

2) Bei der Herleitung der Formel $(*)$ und der Berechnung der Größen c und s wurde kein Gebrauch davon gemacht, daß $a^{(\kappa-1)}_{\mu(\kappa-1)\nu(\kappa-1)}$ das betragsgrößte Nichtdiagonalelement der Matrix $A_{\kappa-1}$ ist. Um in jedem Fall das Verfahren durchführen zu können, muß lediglich $a^{(\kappa-1)}_{\mu(\kappa-1)\nu(\kappa-1)}) \ne 0$ gelten.

Wenn im Schritt κ ein Matrixelement zu Null transformiert werden konnte, so wird diese Eigenschaft im darauffolgenden Schritt i. allg. wieder zerstört. Man zeigt aber den folgenden

Satz. *Beim klassischen Jacobi-Verfahren konvergiert die Folge der Matrizen* (A_κ), $A_{\kappa+1} = \Omega^T_{\mu(\kappa)\nu(\kappa)}(\varphi) \cdot A_\kappa \cdot \Omega_{\mu(\kappa)\nu(\kappa)}(\varphi)$ *und* $A_0 := A$, *elementweise gegen eine Diagonalmatrix, deren Elemente die Eigenwerte von A sind.*

Beweis. Da A eine symmetrische Matrix ist, gibt es eine orthogonale Matrix C und eine Diagonalmatrix D mit

$$D = \begin{pmatrix} \lambda_1 & & & \\ & \lambda_2 & & 0 \\ & & \ddots & \\ 0 & & & \lambda_n \end{pmatrix}$$

und $A = C^T D C$. Die Spur einer Matrix ist invariant unter Ähnlichkeitstransformationen (vgl. M. Koecher ([1983], S. 84)). Folglich gilt der Zusammenhang

$$\sum_{\mu=1}^{n} \sum_{\nu=1}^{n} a_{\mu\nu}^2 = \text{Spur } (A^T A) = \text{Spur } (C^T D C C^T D C) =$$

$$= \text{Spur } (C^T D^2 C) = \text{Spur } (D^2) = \sum_{\mu=1}^{n} \lambda_\mu^2.$$

Setzt man $N(A) := 2 \sum_{\mu=1}^{n} \sum_{\substack{\nu=1 \\ \nu > \mu}}^{n} a_{\mu\nu}^2$, so folgt daraus

$$\sum_{\mu=1}^{n} \lambda_\mu^2 = \sum_{\mu=1}^{n} a_{\mu\mu}^2 + N(A).$$

Diese Überlegung wenden wir auf den Übergang von $A_{\kappa-1}$ zu A_κ an und erhalten die Beziehung

$$N(A_\kappa) - N(A_{\kappa-1}) = \sum_{\mu=1}^{n} (a_{\mu\mu}^{(\kappa-1)})^2 - \sum_{\mu=1}^{n} (a_{\mu\mu}^{(\kappa)})^2 =$$

$$= (a_{\mu(\kappa-1)\mu(\kappa-1)}^{(\kappa-1)})^2 + (a_{\nu(\kappa-1)\nu(\kappa-1)}^{(\kappa-1)})^2 - (a_{\mu(\kappa-1)\mu(\kappa-1)}^{(\kappa)})^2 - (a_{\nu(\kappa-1)\nu(\kappa-1)}^{(\kappa)})^2,$$

weil durch die Ähnlichkeitstransformation mit $\Omega_{\mu(\kappa-1)\nu(\kappa-1)}(\varphi)$ nur die Elemente in den μ-ten und ν-ten Zeilen und Spalten verändert werden. Andererseits gilt wegen

$$\begin{pmatrix} a_{\mu(\kappa-1)\mu(\kappa-1)}^{(\kappa)} & a_{\mu(\kappa-1)\nu(\kappa-1)}^{(\kappa)} \\ a_{\mu(\kappa-1)\nu(\kappa-1)}^{(\kappa)} & a_{\nu(\kappa-1)\nu(\kappa-1)}^{(\kappa)} \end{pmatrix} =$$

$$= \begin{pmatrix} \cos\varphi & \sin\varphi \\ -\sin\varphi & \cos\varphi \end{pmatrix} \begin{pmatrix} a_{\mu(\kappa-1)\mu(\kappa-1)}^{(\kappa-1)} & a_{\mu(\kappa-1)\nu(\kappa-1)}^{(\kappa-1)} \\ a_{\mu(\kappa-1)\nu(\kappa-1)}^{(\kappa-1)} & a_{\nu(\kappa-1)\nu(\kappa-1)}^{(\kappa-1)} \end{pmatrix} \begin{pmatrix} \cos\varphi & -\sin\varphi \\ \sin\varphi & \cos\varphi \end{pmatrix}$$

und der Invarianz der Spur und der Determinante unter Ähnlichkeitstransformationen die Gleichung

$$(a^{(\kappa)}_{\mu(\kappa-1)\mu(\kappa-1)})^2 + (a^{(\kappa)}_{\nu(\kappa-1)\nu(\kappa-1)})^2 + 2(a^{(\kappa)}_{\mu(\kappa-1)\nu(\kappa-1)})^2 =$$
$$= (a^{(\kappa-1)}_{\mu(\kappa-1)\mu(\kappa-1)})^2 + (a^{(\kappa-1)}_{\nu(\kappa-1)\nu(\kappa-1)})^2 + 2(a^{(\kappa-1)}_{\mu(\kappa-1)\nu(\kappa-1)})^2.$$

Damit erhält man die Identität

$$N(A_\kappa) = N(A_{\kappa-1}) - 2((a^{(\kappa-1)}_{\mu(\kappa-1)\nu(\kappa-1)})^2 - (a^{(\kappa)}_{\mu(\kappa-1)\nu(\kappa-1)})^2) =$$
$$= N(A_{\kappa-1}) - 2(a^{(\kappa-1)}_{\mu(\kappa-1)\nu(\kappa-1)})^2.$$

Beim klassischen Jacobi-Verfahren gilt aber die Abschätzung

$$|a^{(\kappa-1)}_{\mu(\kappa-1)\nu(\kappa-1)}|^2 \geq \frac{N(A_{\kappa-1})}{n(n-1)}$$

und somit

$$N(A_\kappa) \leq N(A_{\kappa-1})(1 - \frac{2}{n(n-1)}), \quad n \geq 2.$$

Das heißt aber, daß alle Nichtdiagonalelemente der Folge (A_κ) für $\kappa \to \infty$ gegen Null konvergieren.   ☐

Ergänzung. Es gibt mehrere Varianten des klassischen Jacobi-Verfahrens. Da es beispielsweise sehr aufwendig ist, betragsgrößte Elemente einer Matrix zu suchen, benutzt man auch das *zyklische Jacobi-Verfahren*. Dabei werden nacheinander die Elemente der ersten Zeile und der zweiten bis zur n-ten Spalte und dann der zweiten Zeile und der dritten bis zur n-ten Spalte usw. zu Null gemacht. Den Prozeß durchläuft man zyklisch so oft, bis alle Nichtdiagonalelemente dem Betrage nach kleiner als eine vorgegebene Schranke $\varepsilon > 0$ sind.

Bei den Jacobi-Verfahren handelt es sich um in der Regel nicht abbrechende Iterationsverfahren. Natürlich kann man in der Praxis nur endlich viele Iterationen durchführen. Es stellt sich dann die Frage nach Abschätzungen des Fehlers, den man macht, wenn man die Diagonalelemente der letzten iterierten Matrix als Eigenwerte von A akzeptiert.

2.2 Abschätzungen der Eigenwerte. Sei $A = (a_{\mu\nu})$ eine beliebige $(n \times n)$-Matrix mit reellen oder komplexen Elementen. Die Gleichung $Ax = \lambda x$ lautet ausgeschrieben

$$(\lambda - a_{\mu\mu})x_\mu = \sum_{\substack{\kappa=1 \\ \kappa \neq \mu}}^{n} a_{\mu\kappa}x_\kappa, \quad 1 \leq \mu \leq n.$$

Sei nun ϱ ein Index, für den $|x_\varrho| = \|x\|_\infty$ gilt. Dann erhält man für die Eigenwerte λ die einfache Abschätzung

$$|\lambda - a_{\varrho\varrho}| \leq \sum_{\substack{\kappa=1 \\ \kappa \neq \varrho}}^{n} |a_{\varrho\kappa}|,$$

die 1931 von S. A. Gerschgorin angegeben wurde. Wir fassen diese Tatsache zusammen in dem

Satz von Gerschgorin. *Alle Eigenwerte λ einer $(n \times n)$-Matrix $A = (a_{\mu\nu})$ liegen in der Vereinigung aller Gerschgorin-Kreise*

$$K_\mu := \{z \in \mathbb{C} \mid |z - a_{\mu\mu}| \leq r_\mu\},$$

deren Radien durch $r_\mu := \sum_{\substack{\kappa=1 \\ \kappa \neq \mu}}^n |a_{\mu\kappa}|$ gegeben sind.

Bei einer Diagonalmatrix sind die Gerschgorin-Kreise auf ihre Mittelpunkte zusammengeschrumpft. Läßt man eine beliebige Matrix A durch stetige Änderung der Elemente außerhalb der Hauptdiagonalen aus der Matrix ihrer Diagonalelemente entstehen, so erkennt man, daß die damit einhergehende stetige Änderung der Wurzeln des charakteristischen Polynoms zu der folgenden Verfeinerung des Satzes von Gerschgorin führt.

Ergänzung zum Satz von Gerschgorin. *Bilden k Gerschgorin-Kreise eine einfach zusammenhängende Punktmenge G, die zu den restlichen Gerschgorin-Kreisen disjunkt ist, so liegen in G genau k Eigenwerte der Matrix A.*

Beispiel. Wir betrachten die Matrix

$$A := \begin{pmatrix} 1 + 0.5i & 0.5 & 0.1 \\ 0.3 & 1 - 0.5i & 0.5 \\ 0.4 & 0 & -0.5 \end{pmatrix}.$$

Als Gerschgorin-Radien berechnet man $r_1 = 0.6$, $r_2 = 0.8$ und $r_3 = 0.4$. Die nachfolgende Skizze zeigt die Gerschgorin-Kreise in der komplexen Ebene, in deren Vereinigung die drei Eigenwerte von A liegen. Die stark ausgezogenen Ränder begrenzen das in der folgenden Anmerkung definierte Einschließungsgebiet.

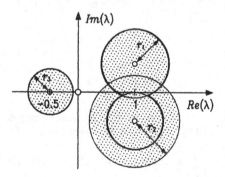

Anmerkung. Da eine Matrix dieselben Eigenwerte wie die zu ihr transponierte hat, liegen alle Eigenwerte auch in der Vereinigung der Kreise

$$K'_\mu := \{z \in \mathbb{C} \mid |z - a_{\mu\mu}| \leq r'_\mu\},$$

mit $r'_\mu := \sum_{\substack{\kappa=1 \\ \kappa \neq \mu}}^{n} |a_{\kappa\mu}|$. Man erhält daher häufig bessere Abschätzungen, wenn man die Eigenwerte in der Menge

$$\left(\bigcup_{\mu=1}^{n} K_\mu \right) \cap \left(\bigcup_{\mu=1}^{n} K'_\mu \right)$$

sucht. Eine andere Möglichkeit, die Abschätzungen zu verbessern, besteht darin, durch Ähnlichkeitstransformationen von A die Gerschgorin-Radien zu verkleinern.

Unter den zahlreichen weiteren Abschätzungstechniken für Eigenwerte wollen wir noch eine herausgreifen, die auf einer einfachen Betrachtung zum Defekt der Eigenwertgleichung beruht.

Satz. *Es sei $A \in \mathbb{C}^{(n,n)}$ eine hermitesche Matrix mit den Eigenwerten $\lambda_1, \lambda_2, \ldots, \lambda_n$. Für eine Zahl $\lambda \in \mathbb{R}$ und einen Vektor $x \in \mathbb{C}^n$, $x \neq 0$, sei $d := Ax - \lambda x$. Dann gilt die Abschätzung*

$$\min_{1 \leq \mu \leq n} |\lambda - \lambda_\mu| \leq \frac{\|d\|_2}{\|x\|_2}.$$

Beweis. Da A hermitesch ist, existiert eine Orthonormalbasis $x^1, x^2, \ldots, x^n$ des $\mathbb{C}^n$, die aus Eigenvektoren von A besteht. Es sei $x = \sum_{\mu=1}^{n} \alpha_\mu x^\mu$ die Basisdarstellung des Vektors x. Wegen $d = \sum_{\mu=1}^{n} \alpha_\mu \cdot (\lambda_\mu - \lambda) x^\mu$ erhält man die gewünschte Abschätzung aus

$$\|d\|_2^2 = \sum_{\mu=1}^{n} |\alpha_\mu|^2 |\lambda_\mu - \lambda|^2 \geq \min_\mu |\lambda_\mu - \lambda|^2 \cdot \|x\|_2^2. \qquad \square$$

Beispiel. Die Matrix

$$A = \begin{pmatrix} 6 & 4 & 3 \\ 4 & 6 & 3 \\ 3 & 3 & 7 \end{pmatrix}$$

hat die Eigenwerte $\lambda_1 = 13$, $\lambda_2 = 4$, $\lambda_3 = 2$. Zur Anwendung der Abschätzung des Satzes wählen wir $x = (0.9, 1, 1.1)^T$ und den Wert $\lambda = 12$. Dann erhält man aus

$$d = \begin{pmatrix} 12.7 \\ 12.9 \\ 13.4 \end{pmatrix} - \begin{pmatrix} 10.8 \\ 12 \\ 13.2 \end{pmatrix}$$ und $\min_{1 \leq \mu \leq 3} |\lambda - \lambda_\mu| \leq 1.22$ eine gute Abschätzung des größten Eigenwertes.

Weitere einfache Abschätzungen wie etwa $|\lambda| \leq \|A\|$ lassen sich leicht gewinnen; man vergleiche dazu etwa auch die Schrankeneigenschaft des Rayleigh-Quotienten 3.3.

2.3 Aufgaben. 1) Zeigen Sie, daß durch Anwendung endlich vieler Jacobi-Rotationen eine Matrix $A \in \mathbb{R}^{(n,n)}$ auf Hessenberg-Form gebracht werden kann (bzw., falls A symmetrisch ist, auf Tridiagonalform).

2) Man zeige, daß das zyklische Jacobi-Verfahren konvergiert, wenn man sich bei der Durchführung der Transformationen jeweils auf solche Elemente beschränkt, deren Wert oberhalb $N(A)/2n^2$ liegt.

3) Schreiben Sie ein Computerprogramm zur klassischen Jacobi-Rotation und berechnen Sie die Eigenwerte der Matrix

$$\begin{pmatrix} n & n-1 & n-2 & \cdots & 2 & 1 \\ n-1 & n-1 & n-2 & \cdots & 2 & 1 \\ n-2 & n-2 & n-2 & \cdots & 2 & 1 \\ \vdots & & & & & \\ 2 & 2 & 2 & \cdots & 2 & 1 \\ 1 & 1 & 1 & \cdots & 1 & 1 \end{pmatrix}$$

für $n = 12$.

Hinweis: Die Eigenwerte sind $\lambda_\mu = \frac{1}{2}(1 - \cos\frac{(2\mu-1)\pi}{2n+1})^{-1}$.

4) Man schätze die Eigenwerte der Matrix

$$\begin{pmatrix} 4.2 & 0.65 & 3.2 \\ 0.65 & 6.4 & 1.6 \\ 3.2 & 1.6 & 4.8 \end{pmatrix}$$

nach der Methode von Gerschgorin ab.

5) Beweisen Sie die folgende Aussage: Für jeden Eigenwert λ_μ einer Matrix $A \in \mathbb{C}^{(n,n)}$ und für eine beliebige Matrix $B \in \mathbb{C}^{(n,n)}$ gilt entweder die Gleichung $\det(\lambda_\mu I - B) = 0$, oder es ist $\lambda_\mu \in T := \{\lambda \in \mathbb{C} \mid \|(\lambda I - B)^{-1} \cdot (A - B)\| \geq 1\}$.

6) Unter Verwendung von Aufgabe 5 beweise man den Satz von Gerschgorin. *Hinweis:* Die Matrix B muß geeignet gewählt werden.

7) Man beweise: Wenn $A = (a_{\mu\nu})$ hermitesch ist, gibt es zu jedem Diagonalelement $a_{\mu\mu}$ einen Eigenwert λ der Matrix A, der der Abschätzung

$$|\lambda - a_{\mu\mu}| \leq \Big(\sum_{\substack{\nu=1 \\ \nu \neq \mu}}^{n} |a_{\mu\nu}|^2\Big)^{1/2}$$

genügt.

§ 3. Die Potenzmethode

Die bisher angegebenen Verfahren zur Berechnung der Eigenwerte einer Matrix sind so angelegt, daß sie sämtliche Eigenwerte liefern. In vielen praktisch auftretenden Fällen interessiert man sich jedoch gar nicht für alle Eigenwerte, sondern nur für einige, insbesondere für den oder die betragsgrößten bzw. betragskleinsten Eigenwerte. Es hat deshalb Sinn, sich nach Möglichkeiten umzusehen, nur diese Eigenwerte auf möglichst einfache Art zu gewinnen. Allgemein machen wir in diesem Paragraphen die Annahme, daß die Matrix A diagonalisierbar sei.

3.1 Ein iterativer Ansatz. Sei $A \in \mathbb{C}^{(n,n)}$ eine diagonalisierbare Matrix. Beginnend mit einem beliebigen Anfangsvektor $z^{(0)} \in \mathbb{C}^n$ machen wir den Iterationsansatz

$$z^{(\kappa)} := A z^{(\kappa-1)}, \quad (\kappa = 1, 2, \cdots),$$

bzw.

$$z^{(\kappa)} = A^\kappa z^{(0)}.$$

Sind die Eigenwerte nach fallendem Betrag geordnet,

$$|\lambda_1| \geq |\lambda_2| \geq \cdots \geq |\lambda_n|,$$

und ist

$$z^{(0)} = \alpha_1 x^1 + \alpha_2 x^2 + \cdots + \alpha_n x^n$$

eine Zerlegung von $z^{(0)}$ nach einer Basis $\{x^1, \ldots, x^n\}$ von Eigenvektoren der Matrix A, dann liefert die Iteration die Vektoren

$$z^{(\kappa)} = \alpha_1 \lambda_1^\kappa x^1 + \alpha_2 \lambda_2^\kappa x^2 + \cdots + \alpha_n \lambda_n^\kappa x^n =$$
$$= \lambda_1^\kappa \left[\alpha_1 x^1 + \alpha_2 \left(\frac{\lambda_2}{\lambda_1}\right)^\kappa x^2 + \cdots + \alpha_n \left(\frac{\lambda_n}{\lambda_1}\right)^\kappa x^n \right].$$

Wir wollen nun annehmen, daß $z^{(0)}$ so gewählt wurde, daß $\alpha_1 \neq 0$ ist. Dann unterscheiden wir die Fälle

(i) $|\lambda_1| > |\lambda_2|$ und

(ii) $|\lambda_1| = \cdots = |\lambda_m|$ mit $|\lambda_m| > |\lambda_{m+1}|$, falls $m < n$.

Im Fall (i) erkennt man

$$\lim_{\kappa \to \infty} \frac{1}{\lambda_1^\kappa} z^{(\kappa)} = \alpha_1 x^1;$$

für den Quotienten $q_\nu^{(\kappa)} := \frac{z_\nu^{(\kappa)}}{z_\nu^{(\kappa-1)}}$, $z_\nu^{(\kappa-1)} \neq 0$, gilt also

(∗) $$\lim_{\kappa \to \infty} q_\nu^{(\kappa)} = \lambda_1, \quad \text{falls } x_\nu^1 \neq 0.$$

Bessere Konvergenz erzielt man für die Folge $(q^{(\kappa)})$ mit $q^{(\kappa)} := \frac{\|z^{(\kappa)}\|}{\|z^{(\kappa-1)}\|}$, die allerdings nur

(∗∗) $$\lim_{\kappa \to \infty} q^{(\kappa)} = |\lambda_1|$$

liefert.

Im Regelfall $A \in \mathbf{R}^{(n,n)}$ bedeutet die Annahme $|\lambda_1| > |\lambda_2|$ gleichzeitig, daß λ_1 reell ist. Bei reeller Wahl von $z^{(0)}$ spielt sich die Iteration dann ganz im Reellen ab.

Praktischer Hinweis. Es ist zweckmäßig, die Iterierten $z^{(\kappa)}$ nach jedem Schritt zu normieren. Damit werden starke Änderungen der Größenordnung vermieden.

Die Annahme $\alpha_1 \neq 0$ läßt sich von vornherein nicht kontrollieren, da ja x^1 vor Beginn der Rechnung unbekannt ist. Ein beliebig gewählter Anfangsvektor $z^{(0)}$ besitzt allerdings i. allg. eine Komponente in Richtung x^1. Sollte das nicht der Fall sein, so wird doch im Lauf der Rechnung durch Rundungsfehler ein solcher Anteil eingeschleppt, so daß schließlich Konvergenz gegen λ_1 eintritt.

(ii) Im Fall $|\lambda_1| = \cdots = |\lambda_m|$ ist das Konvergenzverhalten unterschiedlich. Ist z. B. $\lambda_1 = \cdots = \lambda_m$, so liegt eine gleiche Situation wie im Fall (i) vor, so daß für die Folgen $(q_\nu^{(\kappa)})$ und $(q^{(\kappa)})$ wieder die Limesbeziehungen (∗) und (∗∗) gelten.

Ist dagegen etwa $\lambda_2 = -\lambda_1$, $m = 2$, so erkennt man

$$z^{(2\rho)} = \lambda_1^{2\rho}[\alpha_1 x^1 + \alpha_2 x^2 + y^{(2\rho)}],$$
$$z^{(2\rho+1)} = \lambda_1^{2\rho+1}[\alpha_1 x^1 - \alpha_2 x^2 + y^{(2\rho+1)}]$$

mit $\lim_{\kappa \to \infty} y^{(\kappa)} = 0$. Also gilt

$$\lim_{\kappa \to \infty} \frac{z_\nu^{(\kappa+2)}}{z_\nu^{(\kappa)}} = \lambda_1^2, \quad \text{falls } x_\nu^1 \neq 0,$$

und

$$\lim_{\kappa \to \infty} \frac{\|z^{(\kappa+2)}\|}{\|z^{(\kappa)}\|} = |\lambda_1|^2.$$

Das Eintreten des Falls $\lambda_2 = -\lambda_1$ erkennt man am Aussehen der Folge $(z^{(\kappa)})$, die in diesem Fall nach Normierung in zwei konvergente Teilfolgen zerfällt.

Die Diskussion weiterer Situationen des Falls (ii) soll hier nicht fortgesetzt werden, da sie nach demselben Muster verläuft; s. auch Aufgabe 1.

Die Potenzmethode wird häufig auch *Von-Mises-Iteration* genannt. RICHARD EDLER VON MISES (1883–1953) empfahl dieses Verfahren und untersuchte es zusammen mit anderen numerischen Methoden zur Behandlung linearer Gleichungssysteme (R. v. Mises und H. Pollaczek-Geiringer [1929]). R. v. Mises wirkte in Wien, Brünn, Straßburg, Dresden, Berlin, Istanbul und an der Harvard-Universität. Seine weitgespannten praktisch-mathematischen Interessen reichten von der Mechanik bis zur Wahrscheinlichkeitsrechnung. U. a. lieferte er auch Beiträge zur Tragflügeltheorie und zur Grenzschichttheorie und trat sogar als Flugzeugkonstrukteur hervor.

3.2 Berechnung der Eigenvektoren und weiterer Eigenwerte. Den
Ausführungen (i) in 3.1 entnimmt man, daß im Fall $|\lambda_1| > |\lambda_2|$ die normierten
Iterierten $z^{(\kappa)}/\|z^{(\kappa)}\|$ gegen den normierten Eigenvektor x^1 konvergieren. In
den Fällen (ii) findet die Konvergenz jeweils gegen eine Linearkombination der
Eigenvektoren der beteiligten Eigenwerte statt, aus der sich dann die Eigenvektoren selbst bestimmen lassen; s. auch Aufgabe 2.

Soll nicht der betragsgrößte, sonder der betragskleinste von Null verschiedene Eigenwert einer diagonalisierbaren Matrix A berechnet werden, dann bietet sich der Ansatz

$$z^{(\kappa)} = A^{-1} z^{(\kappa-1)}$$

an. Er läßt sich auch in der Form

$$A z^{(\kappa)} = z^{(\kappa-1)}$$

durchführen. Man erspart sich dabei die Berechnung der Inversen A^{-1}, hat
aber dafür bei jedem Iterationsschritt ein Gleichungssystem zu lösen; es hängt
von der Beschaffenheit von A ab, welcher der beiden Ansätze zweckmäßiger ist.

Um weitere Eigenwerte zu berechnen, bedarf es der Abänderung der Matrix A. Das kann durch *Deflation* geschehen; dazu wird A in eine Matrix
transformiert, die statt λ_1 den Eigenwert Null und im übrigen die Eigenwerte
$\lambda_2, \ldots, \lambda_n$ besitzt. Eine andere Möglichkeit ist die der *Reduktion* von A; hierbei
wird aus A eine $(n-1) \times (n-1)$-Matrix erzeugt, die die Eigenwerte $\lambda_2, \ldots, \lambda_n$
hat. Für beide Transformationen benötigt man Eigenwert λ_1 und Eigenvektor
x^1. Die Genauigkeit, mit der diese bekannt sind, entscheidet über die numerische Brauchbarkeit dieser Methoden. Genaueres darüber findet man z. B. bei
H. Werner [1970]. Wir begnügen uns mit diesem Hinweis, da die Potenzmethode hauptsächlich zur Berechnung des betragsgrößten und des betragskleinsten Eigenwerts Anwendung findet. Benötigt man sämtliche Eigenwerte, ist
eines der in den Paragraphen 1 und 2 dieses Kapitels dargestellten Verfahren
vorzuziehen.

3.3 Der Rayleigh-Quotient. Sei A eine hermitesche Matrix, $A = \overline{A}^T$. Dann
lassen sich die Eigenwerte von A durch die Extremaleigenschaft des *Rayleigh-
Quotienten* $\frac{\overline{x}^T A x}{\|x\|_2^2}$ folgendermaßen charakterisieren.

Für jede Matrix $A \in \mathbb{C}^{(n,n)}$ folgt aus der Gleichung $Ax^\mu = \lambda_\mu x^\mu$ für
einen Eigenwert λ_μ mit zugehörigem Eigenvektor x^μ, $\|x^\mu\|_2 = 1$, die Beziehung
$\lambda_\mu = (\overline{x}^\mu)^T A x^\mu$. Ist nun A hermitesch, so nimmt die quadratische Form $\overline{x}^T A x$
wegen $\overline{x}^T A x = \overline{x}^T \overline{A}^T x = \overline{x^T A \overline{x}} = \overline{\overline{x}^T A x}$ für alle $x \in \mathbb{C}^n$ nur reelle Werte an.

Seien nun $\lambda_1 \geq \cdots \geq \lambda_n$ die Eigenwerte und $\{x^1, \ldots, x^n\}$ ein zugehöriges
Orthonormalsystem von Eigenvektoren einer hermiteschen Matrix A. Dann
hat ein beliebiger normierter Vektor $x \in \mathbb{C}^n$ eine Darstellung

$$x = \alpha_1 x^1 + \cdots + \alpha_n x^n \quad \text{mit } |\alpha_1|^2 + \cdots + |\alpha_n|^2 = 1,$$

so daß die Abschätzung

$$\overline{x}^T Ax = \overline{\left(\sum_{\nu=1}^{n} \alpha_\nu x^\nu\right)}^T \left(\sum_{\nu=1}^{n} \alpha_\nu \lambda_\nu x^\nu\right) = \sum_{\nu=1}^{n} |a_\nu|^2 \lambda_\nu \leq \lambda_1$$

gilt. Berücksichtigt man $(\overline{x}^1)^T Ax^1 = \lambda_1$, so erkennt man die

Extremaleigenschaft des Rayleigh-Quotienten

$$\lambda_1 = \max_{\|x\|_2=1} \overline{x}^T Ax \quad \text{und analog} \quad \lambda_n = \min_{\|x\|_2=1} \overline{x}^T Ax.$$

Auch die weiteren Eigenwerte einer hermiteschen Matrix sind Extremwerte des Rayleigh-Quotienten. Man kann nämlich zeigen, daß für $1 \leq k \leq n-2$ die Extremaleigenschaften

$$\lambda_{k+1} = \max_{\|x\|_2=1} \overline{x}^T Ax$$

unter den Nebenbedingungen $\overline{x}^T x^\nu = 0$ für $1 \leq \nu \leq k$

gelten. Der Beweis läßt sich mit der Methode der Lagrange-Multiplikatoren führen und wird dem Leser überlassen (Aufgabe 3).

JOHN WILLIAM STRUTT, dritter Baron RAYLEIGH (1842–1919), wirkte in Cambridge und London und wurde durch experimentelle und theoretische Arbeiten in fast allen Bereichen der klassischen Physik berühmt; dazu gehören seine Untersuchungen der Eigenwertprobleme von Schwingungsgleichungen. Er erhielt 1904 den Nobelpreis für Physik.

Bei der Durchführung der Potenzmethode zur Berechnung des betragsgrößten Eigenwerts einer hermiteschen Matrix läßt sich die Extremaleigenschaft des Rayleigh-Quotienten nutzbar machen; man beachte, daß in der Bezeichnung dieses Abschnitts 3.3 entweder λ_1 oder λ_n betragsgrößter Eigenwert ist. Er sei mit λ^* bezeichnet, der zugehörige Eigenvektor mit x^*. Dann liefert das Restglied der Taylorentwicklung von $\overline{x}^T Ax$ um den Extremalpunkt x^* die Beziehung

$$\overline{x}^T Ax = \lambda^* + O(\|x - x^*\|_2^2)$$

für alle Vektoren $x \in U := \{x \in \mathbb{C}^n \mid \|x - x^*\|_2 < \delta\}$.

Daraus erkennt man zunächst, daß die Folge der Rayleigh-Quotienten $((\overline{z^{(\kappa)}})^T A z^{(\kappa)})$ mit der Normierung $\|z^{(\kappa)}\|_2 = 1$ *quadratisch* gegen den Extremalwert $\lambda^* = (\overline{x}^*)^T Ax^*$ konvergiert. Weiterhin liefert sie das richtige Vorzeichen des betragsgrößten Eigenwerts und stellt eine Folge unterer Schranken ($\lambda^* > 0$) bzw. oberer Schranken ($\lambda^* < 0$) für λ^* dar.

3.4 Aufgaben. 1) Seien $A \in \mathbb{R}^{(n,n)}$ und λ_1 mit $\lambda_2 = \overline{\lambda_1}$ ein Paar konjugiert komplexer Eigenwerte, $|\lambda_1| > |\lambda_3|$. Man untersuche das Verhalten der Folge $(z^{(\kappa)})$, $z^{(0)} \in \mathbb{R}^n$, und zeige: Nach hinreichend vielen Iterationsschritten besteht im Rahmen der numerischen Genauigkeit eine lineare Abhängigkeit $\gamma_0 z^{(\kappa)} + \gamma_1 z^{(\kappa+1)} + z^{(\kappa+2)} = 0$, so daß die Eigenwerte λ_1 und $\overline{\lambda_1}$ nach Berechnen von γ_0 und γ_1 als Wurzeln der Gleichung $\gamma_0 + \gamma_1 \lambda + \lambda^2 = 0$ gewonnen werden können.

2) Seien $A \in \mathbb{C}^{(n,n)}$, $\lambda_2 = -\lambda_1$ und $|\lambda_2| > |\lambda_3|$. Man zeige: Die Eigenvektoren x^1 und x^2 ergeben sich bei der Potenzmethode als

$$\frac{x^1}{\|x^1\|} = \lim_{\rho \to \infty} \frac{\lambda_1^{2\rho} z^{(2\rho)} + z^{(2\rho+1)}}{\|\lambda_1^{2\rho} z^{(2\rho)} + z^{(2\rho+1)}\|}$$

und

$$\frac{x^2}{\|x^2\|} = \lim_{\rho \to \infty} \frac{\lambda_1^{2\rho} z^{(2\rho)} - z^{(2\rho+1)}}{\|\lambda_1^{2\rho} z^{(2\rho)} - z^{(2\rho+1)}\|}.$$

3) Man beweise die Extremaleigenschaft des Rayleigh-Quotienten 3.3 einer hermiteschen Matrix für die Eigenwerte $\lambda_2, \ldots, \lambda_{n-1}$ als Extrema unter Nebenbedingungen. Man beschränke sich dazu auf reelle Matrizen und stelle die notwendigen Bedingungen für das Eintreten eines relativen Extremwerts mit Hilfe der Methode der Lagrange-Multiplikatoren auf.

4) Da $(n+1)$ Vektoren in $\mathbb{C}^n$ stets linear abhängig sind, besteht zwischen den Iterierten $z^{(0)}, \ldots, z^{(n)}$ einer Matrix $A \in \mathbb{C}^{(n,n)}$ eine Gleichung

$$\alpha_0 z^{(0)} + \cdots + \alpha_{n-1} z^{(n-1)} = -z^{(n)}.$$

Man zeige:

a) Die Koeffizienten $\alpha_0, \ldots, \alpha_{n-1}$ sind gerade die Koeffizienten der charakteristischen Gleichung

$$p(\lambda) = \det(A - \lambda I) = (-1)^n (\alpha_0 + \alpha_1 \lambda + \cdots + \lambda^n) = 0.$$

Hinweis: Man benutze dazu die Identität $p(A) = 0$ (Satz von Cayley-Hamilton).

b) Sind alle Eigenwerte einfach, so gilt $\det(z^{(0)}, \cdots, z^{(n-1)}) \neq 0$; damit können die Koeffizienten $\alpha_0, \ldots, \alpha_{n-1}$ berechnet werden.

c) Man diskutiere den Fall mehrfacher Eigenwerte. Bei dem in dieser Aufgabe zu untersuchenden Verfahren zur Berechnung der charakteristischen Gleichung einer Matrix handelt es sich um das *Verfahren von Krylov*.

§ 4. Der QR-Algorithmus

Die Grundlagen eines weiteren Verfahrens der iterativen Berechnung aller Eigenwerte einer reellen Matrix wurden mit dem Satz von der QR-Zerlegung 2.3.3 vorbereitet. Zu jeder Matrix $A \in \mathbb{R}^{(n,n)}$ existieren nämlich eine orthogonale Matrix Q und eine obere Dreiecksmatrix R mit $A = Q \cdot R$. Diese Tatsache wird zur Konstruktion einer Matrixfolge $(A_\kappa)_{\kappa \in \mathbb{N}}$ herangezogen, die durch

$$A_0 := A,$$
$$A_{\kappa+1} := R_\kappa \cdot Q_\kappa, \quad \kappa \in \mathbb{N},$$

definiert ist, wobei die orthogonale Matrix Q_κ und die obere Dreiecksmatrix R_κ durch die Zerlegung $A_\kappa = Q_\kappa \cdot R_\kappa$ gemäß 2.3.3 konstruiert werden. Es läßt sich nun zeigen, daß die Folge unter bestimmten Voraussetzungen gegen eine Grenzmatrix konvergiert, aus der man alle Eigenwerte der Matrix A ablesen kann. Das Verfahren in dieser Form heißt *QR-Algorithmus* und geht auf J. G. F. Francis [1961] zurück. Bereits vorher hatte H. Rutishauser [1958] ein analoges Verfahren – den *LR-Algorithmus* – angegeben, das auf der LR-Zerlegung einer Matrix beruht (vgl. 2.1.3). Wir werden uns im wesentlichen auf die Konvergenzuntersuchungen zum QR-Algorithmus beschränken, weil sein Anwendungsbereich größer ist.

4.1 Konvergenz des QR-Algorithmus. Bevor wir den Konvergenzsatz formulieren, führen wir eine Hilfsüberlegung durch.

Vorbemerkung. *Es sei* $D = \mathrm{diag}\,(d_{\mu\mu}) \in \mathbf{R}^{(n,n)}$ *eine Diagonalmatrix mit*

$$|d_{\mu\mu}| > |d_{\mu+1\mu+1}| > 0$$

für alle $1 \le \mu \le n - 1$. *Ferner sei* $L = (\ell_{\mu\nu})$ *eine* $(n \times n)$-*Matrix der Form*

$$L = \begin{pmatrix} 1 & & & \\ \ell_{21} & 1 & & \text{\Large 0} \\ \vdots & & \ddots & \\ \ell_{n1} & \cdots & \ell_{nn-1} & 1 \end{pmatrix}$$

und $\hat{L}_\kappa := (\ell_{\mu\nu} \cdot \frac{d_{\mu\mu}^\kappa}{d_{\nu\nu}^\kappa}) \in \mathbf{R}^{(n,n)}$. *Dann gilt* $D^\kappa L = \hat{L}_\kappa D^\kappa$, *und* $\hat{L}_\kappa$ *konvergiert für* $\kappa \to \infty$ *gegen die Einheitsmatrix.*

Beweis. Die Identität $D^\kappa L = \hat{L}_\kappa D^\kappa$ gilt trivialerweise für $\kappa = 0$. Wir nehmen jetzt an, sie sei für $\imath \in \mathbf{N}$ richtig, und führen den Induktionsschritt auf $(\imath + 1)$ durch:

$$D^{\imath+1}L = D(D^\imath L) = D(\hat{L}_\imath D^\imath) = (d_{\mu\mu} \cdot \ell_{\mu\nu} \frac{d_{\mu\mu}^\imath}{d_{\nu\nu}^\imath} d_{\nu\nu}^\imath) =$$

$$= (\ell_{\mu\nu} \frac{d_{\mu\mu}^{\imath+1}}{d_{\nu\nu}^{\imath+1}} d_{\nu\nu}^{\imath+1}) = \hat{L}_{\imath+1} D^{\imath+1}.$$

Die Konvergenz $\hat{L}_\kappa \to I$ für $\kappa \to \infty$ folgt unmittelbar aus der speziellen Gestalt von L und der Eigenschaft der Matrixelemente $d_{\mu\mu}$. □

Wir formulieren den Konvergenzsatz des QR-Verfahrens für eine spezielle Situation. Für allgemeinere Konvergenzbetrachtungen verweisen wir auf das Buch von H. R. Schwarz ([1986], S. 262 ff.).

Satz. *Es sei A eine reelle $(n \times n)$-Matrix mit den Eigenwerten $\lambda_1, \lambda_2, \ldots, \lambda_n$ und $|\lambda_1| > |\lambda_2| > \cdots > |\lambda_n| > 0$. Die zugehörigen Eigenvektoren seien $x^1, x^2, \ldots, x^n$. Die Matrix T^{-1} mit $T := (x^1, x^2, \ldots, x^n)$ besitze eine LR-Zerlegung.*

Dann konvergiert die Matrixfolge (Q_κ) des QR-Algorithmus gegen eine Diagonalmatrix. Die Folge (A_κ) besitzt konvergente Teilfolgen, die jeweils gegen eine obere Dreiecksmatrix konvergieren, deren Diagonalelemente $r_{\mu\mu}$ die Eigenwerte λ_μ, $1 \leq \mu \leq n$, sind.

Beweis. Aus der Konstruktion der Matrixfolge (A_κ) fließt die Darstellung

$$(*) \qquad \begin{aligned} A_{\kappa+1} &= Q_\kappa^{-1} A_\kappa Q_\kappa = Q_\kappa^{-1} Q_{\kappa-1}^{-1} A_{\kappa-1} Q_{\kappa-1} Q_\kappa = \cdots = \\ &= (Q_0 \cdot Q_1 \cdots Q_\kappa)^{-1} A_0 (Q_0 \cdot Q_1 \cdots Q_\kappa) = Q_{0\kappa}^{-1} A_0 Q_{0\kappa}, \end{aligned}$$

wobei zur Abkürzung $Q_{0\kappa} = Q_0 \cdot Q_1 \cdots Q_\kappa$ gesetzt wurde. Aus der Beziehung $(*)$ entnimmt man, daß $A_{\kappa+1}$ und A_0 ähnliche Matrizen sind und folglich dieselben Eigenwerte haben. Wie man ferner aus der Gleichung

$$A^\kappa = A_0^\kappa = A_0^{\kappa-1} Q_0 R_0 = A^{\kappa-2} Q_0 A_1 R_0 = A^{\kappa-2} Q_0 Q_1 R_1 R_0 = \cdots = \\ = Q_0 Q_1 \cdots Q_{\kappa-1} R_{\kappa-1} R_{\kappa-2} \cdots R_0$$

erkennt, erzeugt der QR-Algorithmus eine QR-Zerlegung

$$(**) \qquad\qquad A^\kappa = Q_{0\kappa-1} \cdot R_{\kappa-10}$$

der Potenzen A^κ von A mit $R_{\kappa-10} := R_{\kappa-1} \cdots R_0$. Diese Zerlegung ist nach Aufgabe 3 in 2.3.5 eindeutig bestimmt, wenn man festlegt, daß die Diagonalelemente der Matrizen R_μ, $0 \leq \mu \leq \kappa-1$, positiv sind.

Da die Eigenvektoren x^ν zu den Eigenwerten λ_ν der Matrix A auch Eigenvektoren zu den Eigenwerten λ_ν^κ der Matrix A^κ sind, gilt andererseits für A^κ die Darstellung

$$A^\kappa = T D^\kappa T^{-1}$$

mit $D := \text{diag}\,(\lambda_\mu)$.

Nach Voraussetzung besitzt die Matrix T^{-1} eine LR-Zerlegung

$$T^{-1} = L \cdot R.$$

Die Diagonalelemente von R seien positiv; dies läßt sich stets erreichen. Setzt man oben ein, führt das schließlich auf

$$A^\kappa = T D^\kappa L R.$$

In der Vorbemerkung haben wir uns klargemacht, daß dann eine Matrix $\hat{L}_\kappa$ mit $D^\kappa \cdot L = \hat{L}_\kappa \cdot D^\kappa$ und $\hat{L}_\kappa \to I$ für $\kappa \to \infty$ existiert. Das führt auf

$$A^\kappa = T\hat{L}_\kappa D^\kappa R$$

und mit der QR-Zerlegung $T = \hat{Q} \cdot \hat{R}$ weiter auf

$$A^\kappa = \hat{Q}\hat{R}\hat{L}_\kappa D^\kappa R.$$

Hierbei wurde die QR-Zerlegung von T wieder so vorgenommen, daß die Diagonalelemente von $\hat{R}$ positiv sind.

Setzt man für $\hat{R}\hat{L}_\kappa$ die QR-Zerlegung $\hat{R}\hat{L}_\kappa = \check{Q}_\kappa\check{R}_\kappa$ mit positiven Diagonalelementen in $\check{R}_\kappa$ an, so muß wegen $\hat{L}_\kappa \to I$ für $\kappa \to \infty$ das Produkt $\check{Q}_\kappa \cdot \check{R}_\kappa$ gegen $\hat{R}$ und $\check{Q}_\kappa$ gegen die Einheitsmatrix konvergieren, weil die QR-Zerlegung von $\hat{R}$ eindeutig ist. Man hat also

$$A^\kappa = \hat{Q}\check{Q}_\kappa\check{R}_\kappa D^\kappa R$$

und

$$\lim_{\kappa\to\infty} \check{Q}_\kappa = I.$$

Daraus erhält man gegenüber (∗∗) mit

$$A^\kappa = (\hat{Q}\check{Q}_\kappa\Sigma^\kappa)(\Sigma^\kappa\check{R}_\kappa D^\kappa R)$$

eine weitere QR-Zerlegung von A^κ, wobei $\Sigma^\kappa := \mathrm{diag}\,(\mathrm{sgn}\lambda_\mu^\kappa)$ gesetzt wurde.

Man überlegt sich leicht, daß die Diagonalelemente der Matrix $\Sigma^\kappa\check{R}_\kappa D^\kappa R$ alle positiv sind. Wegen der Eindeutigkeit einer solchen QR-Zerlegung liefert daher ein Vergleich mit (∗∗) die Beziehung

$$Q_{0\kappa-1} = \hat{Q}\check{Q}_\kappa\Sigma^\kappa$$

und diese in (∗) eingesetzt schließlich

$$\begin{aligned}A_{\kappa+1} &= \Sigma^{\kappa+1}\check{Q}_{\kappa+1}^{-1}\hat{Q}^{-1}A\hat{Q}\check{Q}_{\kappa+1}\Sigma^{\kappa+1} = \\ &= \Sigma^{\kappa+1}\check{Q}_{\kappa+1}^{-1}\hat{R}T^{-1}AT\hat{R}^{-1}\check{Q}_{\kappa+1}\Sigma^{\kappa+1} = \\ &= \Sigma^{\kappa+1}\check{Q}_{\kappa+1}^{-1}\hat{R}D\hat{R}^{-1}\check{Q}_{\kappa+1}\Sigma^{\kappa+1}.\end{aligned}$$

Aus der Konvergenz $\check{Q}_\kappa \to I$ folgt damit

$$\lim_{\kappa\to\infty} \Sigma^{\kappa+1}A_{\kappa+1}\Sigma^{\kappa+1} = \hat{R}D\hat{R}^{-1}.$$

Betrachtet man hier nur die Diagonalelemente, so erhält man die behauptete Konvergenz

$$\lim_{\kappa\to\infty} a_{\mu\mu}^{(\kappa+1)} = \lambda_\mu.$$

für $1 \leq \mu \leq n$. Ferner hat die Identität

$$Q_\kappa = Q_{0\kappa-1}^{-1} \cdot Q_{0\kappa}$$

zusammen mit $\lim_{\kappa \to \infty} \Sigma^\kappa Q_\kappa \Sigma^{\kappa+1} = \lim_{\kappa \to \infty} \check{Q}_\kappa^{-1} \cdot \check{Q}_{\kappa+1} = I$ zur Folge, daß

$$\lim_{\kappa \to \infty} Q_\kappa = \text{diag}\left(\frac{\lambda_\mu}{|\lambda_\mu|}\right)$$

gilt. Damit ist der Satz vollständig bewiesen.   □

Dieser Beweis geht auf J. H. Wilkinson [1965] zurück.

   Bei der praktischen Anwendung des QR-Algorithmus transformiert man besser die Matrix A zunächst auf Hessenberg- oder Tridiagonalgestalt (vgl. 1.1 und 1.3) und wendet darauf dann den QR-Algorithmus an. Das erspart erhebliche Rechenzeit, da zur QR-Zerlegung solcher Matrizen weniger Rechenoperationen benötigt werden. Ferner haben alle QR-Transformierten A_κ einer Hessenberg-Matrix wieder Hessenberg-Form und alle A_κ sind wieder symmetrische Tridiagonalmatrizen, falls A eine symmetrische Tridiagonalmatrix ist.

Bemerkung. Eine genauere Konvergenzanalyse des QR-Algorithmus zeigt die Verwandtschaft dieses Verfahrens mit der Vektoriteration auf (vgl. 3.1). Einzelheiten findet man bei J. Stoer und R. Bulirsch ([1973], S. 45 ff). Die Konvergenzgeschwindigkeit, mit der die Subdiagonalelemente $A_{\mu+1\mu}^{(\kappa)}$, $1 \leq \mu \leq n$, gegen Null streben, hängt davon ab, wie schnell der Quotient $|\frac{\lambda_{\mu+1}}{\lambda_\mu}|^\kappa$ für $\kappa \to \infty$ gegen Null geht. Unter Umständen muß man sehr viele QR-Transformationen ausführen. Das Verfahren läßt sich aber beschleunigen, wenn man bei jedem Schritt eine geeignete *Spektralverschiebung* vornimmt. Ist σ etwa eine gute Näherung an den Eigenwert $\lambda_{\mu+1}$, so wird $|\lambda_{\mu+1} - \sigma| \ll |\lambda_\mu - \sigma|$ gelten und der Quotient $|\lambda_{\mu+1} - \sigma|^\kappa / |\lambda_\mu - \sigma|^\kappa$ schnell gegen Null gehen für $\kappa \to \infty$. Der entsprechend modifizierte *QR-Algorithmus mit Shift* hat die Form

$$A_0 := A,$$
$$A_{\kappa+1} := R_\kappa \cdot Q_\kappa + \sigma_\kappa I, \quad \kappa \in \mathbb{N},$$

wobei jetzt von der QR-Zerlegung $A_\kappa - \sigma_\kappa I = Q_\kappa \cdot R_\kappa$ ausgegangen wird.

   Auf eine genauere Analyse der Shift-Technik wollen wir hier verzichten.

4.2 Bemerkungen zum LR-Algorithmus. Es sei jetzt A eine reelle $(n \times n)$-Matrix, die eine LR-Zerlegung ohne vorherige Multiplikation mit einer Permutationsmatrix besitzt (vgl. 2.1.3). Analog zum Vorgehen in Abschnitt 4.1 definieren wir den *LR-Algorithmus* durch

$$A_0 := A,$$
$$A_{\kappa+1} := R_\kappa \cdot L_\kappa, \quad \kappa \in \mathbb{N},$$

mit der LR-Zerlegung $A_\kappa = L_\kappa \cdot R_\kappa$.

   Ist A eine positiv definite symmetrische Matrix, so existiert eine Cholesky-Zerlegung; dann kann R_κ als L_κ^T gewählt werden. Für diesen Fall wollen wir die Konvergenzanalyse des LR-Algorithmus durchführen.

Satz. *Es sei $A \in \mathbf{R}^{(n,n)}$ positiv definit und symmetrisch mit den Eigenwerten $\lambda_1 > \lambda_2 > \cdots > \lambda_n > 0$. Für die mit dem LR-Algorithmus durch Cholesky-Zerlegung erzeugte Matrixfolge (A_κ) gilt dann*

$$\lim_{\kappa \to \infty} A_\kappa = \text{diag} \, (\lambda_\mu).$$

Beweis. Wegen $A_{\kappa+1} = L_\kappa^{-1} A_\kappa L_\kappa$ sind alle Matrizen A_κ der Folge (A_κ) zueinander ähnlich und besitzen daher die gleichen Eigenwerte. Alle Matrizen $A_\kappa = (a_{\nu\mu}^{(\kappa)})$ sind positv definit. Dann sind alle Diagonalelemente $a_{\mu\mu}^{(\kappa)}$ positiv, und für die Spuren

$$s_\rho^{(\kappa)} = \sum_{\imath=1}^{\rho} a_{\imath\imath}^{(\kappa)}$$

der Hauptabschnittsmatrizen von A_κ gelten die Ungleichungen

$$0 < s_1^{(\kappa)} < s_2^{(\kappa)} < \cdots < s_n^{(\kappa)}.$$

Da $s := \text{Spur} \, A = \text{Spur} \, A_\kappa = s_n^{(\kappa)}$ gilt, ist $s_n^{(\kappa)}$ nicht von κ abhängig. Aus der Cholesky-Zerlegung $A_\kappa = L_\kappa \cdot L_\kappa^T$ mit $L_\kappa = (\ell_{\mu\nu}^{(\kappa)})$ erkennt man den Zusammenhang

$$a_{\mu\mu}^{(\kappa)} = \sum_{\imath=1}^{\mu} (\ell_{\mu\imath}^{(\kappa)})^2,$$

und aus $A_{\kappa+1} = L_\kappa^T \cdot L_\kappa$ folgt

$$a_{\nu\nu}^{(\kappa+1)} = \sum_{\imath=\nu}^{n} (\ell_{\imath\nu}^{(\kappa)})^2.$$

Durch Aufsummieren beider Gleichungen erhalten wir

$$s_\rho^{(\kappa)} = \sum_{\mu=1}^{\rho} a_{\mu\mu}^{(\kappa)} = \sum_{\mu=1}^{\rho} \sum_{\imath=1}^{\mu} (\ell_{\mu\imath}^{(\kappa)})^2 = \sum_{\imath=1}^{\rho} \sum_{\mu=\imath}^{\rho} (\ell_{\mu\imath}^{(\kappa)})^2, \quad s_\rho^{(\kappa+1)} = \sum_{\imath=1}^{\rho} \sum_{\mu=\imath}^{n} (\ell_{\mu\imath}^{(\kappa)})^2$$

und weiter

$$s_\rho^{(\kappa+1)} - s_\rho^{(\kappa)} = \sum_{\imath=1}^{\rho} \sum_{\mu=\rho+1}^{n} (\ell_{\mu\imath}^{(\kappa)})^2 \geq 0.$$

Damit ist die Folge $(s_\rho^{(\kappa)})$ monoton wachsend und außerdem durch s beschränkt. Sie muß deshalb konvergieren. Das hat aber $\lim_{\kappa \to \infty} \ell_{\mu\imath}^{(\kappa)} = 0$ für $1 \leq \imath \leq \rho$ und $\rho < \mu \leq n$ zur Folge. Der Index ρ war aber unter der Einschränkung $1 \leq \rho \leq n$ beliebig gewählt, also hat man

$$\lim_{\kappa \to \infty} \ell_{\mu\imath}^{(\kappa)} = 0 \quad \text{für} \ 1 \leq \imath < \mu \leq n.$$

Die Diagonalelemente $\ell_{\mu\mu}^{(\kappa)}$ konvergieren ebenfalls für $\kappa \to \infty$, weil mit $\lim_{\kappa\to\infty} s_\rho^{(\kappa)}$ auch

$$\lim_{\kappa\to\infty} (s_{\rho+1}^{(\kappa)} - s_\rho^{(\kappa)}) = \lim_{\kappa\to\infty} (a_{\rho+1\,\rho+1}^{(\kappa)})^2$$

existiert. Zusammenfassend haben wir also gezeigt, daß

$$\lim_{\kappa\to\infty} A_\kappa = \lim_{\kappa\to\infty} L_\kappa \cdot L_\kappa^T$$

existiert und eine Diagonalmatrix ist. Dann folgt

$$\lim_{\kappa\to\infty} A_\kappa = \text{diag}\,(\lambda_\mu). \qquad \square$$

Unter den speziellen Voraussetzungen dieses Satzes ergänzen wir unsere Überlegungen durch eine Anmerkung zur

Konvergenzgeschwindigkeit. Es sei A eine reelle, positiv definite und symmetrische $(n \times n)$-Matrix mit lauter einfachen Eigenwerten. Dann haben die Matrixelemente $a_{\mu\nu}^{(\kappa)}$ der Matrix A_κ für $\nu > \mu$ folgendes asymptotisches Verhalten:

$$a_{\mu\nu}^{(\kappa)} = O\left(\left(\frac{\lambda_\nu}{\lambda_\mu}\right)^{\frac{\kappa}{2}} \right) \quad \text{für} \quad \kappa \to \infty.$$

Dabei seien die Eigenwerte gemäß $\lambda_1 > \lambda_2 > \cdots > \lambda_n$ numeriert.

Diese Asymptotik macht man sich plausibel, indem man davon ausgeht, daß die Matrix A_κ schon fast Diagonalgestalt hat; d.h. daß die Nichtdiagonalelemente dem Betrag nach klein gegen Eins sind und in der Hauptdiagonalen bereits gute Näherungen $\tilde\lambda_\mu$ an die Eigenwerte λ_μ stehen:

$$A_\kappa := \begin{pmatrix} \tilde\lambda_1 & & & \\ & \tilde\lambda_2 & & \varepsilon_{\mu\nu} \\ & & \ddots & \\ \varepsilon_{\mu\nu} & & & \tilde\lambda_n \end{pmatrix}, \quad |\varepsilon_{\mu\nu}| \ll 1 \text{ und } |\tilde\lambda_\mu - \lambda_\mu| \ll 1.$$

Aus den Formeln für die Matrixelemente $\ell_{\mu\nu}$ der Cholesky-Zerlegung 2.2.2 erhält man bei Vernachlässigung der quadratischen Glieder in $\varepsilon_{\mu\nu}$ die Näherungen

$$\tilde\ell_{\mu\mu} = \sqrt{\tilde\lambda_\mu}, \quad 1 \le \mu \le n \text{ und } \tilde\ell_{\nu\mu} = \tilde\ell_{\mu\nu} = \frac{1}{\sqrt{\tilde\lambda_\mu}}\varepsilon_{\mu\nu}, \quad 1 < \mu < \nu \le n,$$

an die Elemente $\ell_{\mu\nu}$. Im nächsten Schritt des LR-Algorithmus erhalten wir dann durch

$$\tilde{A}_{\kappa+1} := \begin{pmatrix} \tilde\lambda_1 & & & \\ & \tilde\lambda_2 & & \varepsilon_{\mu\nu}\sqrt{\frac{\tilde\lambda_\nu}{\tilde\lambda_\mu}} \\ & \ddots & & \\ \varepsilon_{\mu\nu}\sqrt{\frac{\tilde\lambda_\nu}{\tilde\lambda_\mu}} & & & \tilde\lambda_n \end{pmatrix}$$

eine Näherung an $A_{\kappa+1}$, wobei auch hier wieder bei der Produktbildung $\tilde{L}_\kappa^T \cdot \tilde{L}_\kappa$ Glieder von zweiter Ordnung in $\varepsilon_{\mu\nu}$ vernachlässigt wurden. Bei jedem Schritt werden also die Nichtdiagonalelemente mit dem Faktor $\left(\frac{\tilde{\lambda}_\nu}{\tilde{\lambda}_\mu}\right)^{1/2}$ multipliziert. Daraus kann man auf die behauptete Asymptotik schließen. Mit mehr technischem Aufwand lassen sich diese Überlegungen präzisieren.

Analog zu den Ausführungen in der Bemerkung 4.1 ist es sinnvoll, zur Konvergenzbeschleunigung die Shift-Technik anzuwenden. Auf Einzelheiten gehen wir hier nicht weiter ein.

4.3 Aufgaben. 1) Zeigen Sie, daß die QR-Transformierten A_κ einer Hessenberg-Matrix bzw. einer symmetrischen Tridiagonalmatrix A wieder Hessenberg-Matrizen bzw. symmetrische Tridiagonalmatrizen sind.

2) Man beweise, daß die QR-Zerlegung einer Hessenberg-Matrix oder einer symmetrischen Tridiagonalmatrix $A \in \mathbb{R}^{(n,n)}$ mit $(n-1)$ Rotationsmatrizen durchführbar ist.

3) Schreiben Sie ein Computerprogramm zum QR-Algorithmus (bzw. LR-Algorithmus) und berechnen Sie die Eigenwerte der Matrix A in Beispiel 8.4.3. Wie wirkt sich die Shift-Technik auf die Konvergenzgeschwindigkeit aus? Wieviele Schritte sind nötig, wenn man nur den Spektralradius berechnen möchte?

4) Beweisen Sie: Ist A eine symmetrische Bandmatrix, so sind alle LR-Transformierten nach Cholesky wieder Bandmatrizen derselben Bandbreite.

5) Analog zu Satz 4.1 beweise man: Die Matrixfolge (A_κ), die durch den LR-Algorithmus erzeugt wird, konvergiert gegen eine obere Dreiecksmatrix, wobei für die Eigenwerte λ_μ der Matrix A die Beziehung

$$|\lambda_1| > |\lambda_2| > \cdots > |\lambda_n| > 0$$

gilt und die Matrizen $T = (x^1, x^2, \ldots, x^n)$ der zugehörigen Eigenvektoren sowie T^{-1} eine LR-Zerlegung besitzen.

Kapitel 4. Approximation

Nach den vorbereitenden Betrachtungen des Kapitels 1 und dem Studium der Methoden der numerischen linearen Algebra in den Kapiteln 2 und 3 wenden wir uns jetzt einer anderen zentralen Frage der angewandten und insbesondere der numerischen Mathematik zu. Wir wollen uns damit befassen, Näherungen für mathematische Objekte zu studieren. Weite Bereiche mathematischer Untersuchungen lassen sich als solche zur Approximation auffassen.

§ 1. Vorbereitungen

Der geeignete Rahmen für Approximationstheorie und praktische Approximation wird durch die Theorie der Vektorräume bereitgestellt, aus der sich die praktischen Methoden der Funktionalanalysis und der Anwendung von Operatoren entwickeln. Wir werden in diesem Lehrbuch einige Begriffsbildungen und einfache Beziehungen benötigen, die teils zum Inhalt der heute üblichen Anfängervorlesungen gehören oder auch kurz bewiesen werden. Dieser erste Paragraph enthält vereinzelt auch Erläuterungen ohne Beweise, die zur Abrundung sinnvoll erscheinen, aber in diesem Buch keine Verwendung finden.

1.1 Normierte Vektorräume. Im Anschluß an 2.4.1 bezeichnen wir mit $(V, \| \cdot \|)$ einen mit der Norm $\| \cdot \|$ versehenen Vektorraum V beliebiger Dimension über dem Körper $\mathbb{K} := \mathbb{C}$ oder dem Körper $\mathbb{K} := \mathbb{R}$. Handelt es sich bei den Elementen des Vektorraums um Funktionen einer oder mehrerer Veränderlichen, so heißen diese $f, g, \ldots$ oder $\varphi, \psi, \ldots$. Jedes Element $f \in V$, $f \neq 0$, läßt sich durch $\frac{f}{\|f\|}$ auf Eins normieren. Ein Element der Norm Eins heißt *normiertes Element*.

Metrik. Durch die Definition $d(f, g) := \|f - g\|$ wird dem normierten Vektorraum $(V, \| \cdot \|)$ eine Metrik d zugeordnet. Denn d leistet eine Abbildung $d : V \times V \to [0, \infty)$ und genügt infolge der Normbedingungen 2.4.1 den definierenden Eigenschaften einer Metrik. Für alle $f, g, h \in V$ gilt nämlich

$$d(f, g) = 0 \Leftrightarrow f = g \qquad \text{nach (i)},$$
$$d(f, g) = d(g, f) \qquad \text{nach (ii)},$$
$$d(f, g) \leq d(f, h) + d(h, g) \qquad \text{nach (iii)}.$$

Beispiel. Ein Standardbeispiel eines normierten, unendlichdimensionalen Vektorraums ist der Raum $(C[a,b], \| \cdot \|_\infty)$ aller über einem abgeschlossenen Intervall $[a,b]$ stetigen reellen Funktionen, der mit der Norm $\|f\|_\infty := \max_{x \in [a,b]} |f(x)|$ für alle $f \in C[a,b]$, der sogenannten *Tschebyschev-Norm*, versehen ist. Der Grundkörper ist hier der Körper $\mathbb{R}$ der reellen Zahlen. Versteht man die Addition zweier Funktionen $f, g \in C[a,b]$ punktweise, so erkennt man, daß $C[a,b]$ ein Vektorraum ist, und daß die Abbildung $\| \cdot \|_\infty$ die Eigenschaften einer Norm besitzt.

Strenge Normen. Unter den Normen sind diejenigen ausgezeichnet, für die Gleichheit in der Dreiecksungleichung nur dann eintritt, wenn die beiden darin vorkommenden Elemente des Vektorraums V linear abhängig sind. Eine solche Norm nennen wir *strenge Norm*. Sie ist also durch die Forderung definiert, daß das Bestehen der Gleichung

$$\|f + g\| = \|f\| + \|g\|$$

für je zwei Elemente $f, g \in V$, $f \neq 0$, $g \neq 0$, die Existenz einer Zahl $\lambda \in \mathbb{C}$ zur Folge hat, so daß $g = \lambda f$ gilt.

Man erkennt, daß dann sogar $\lambda \in \mathbb{R}$ und $\lambda \geq 0$ gelten muß. Denn aus $\|f + g\| = \|f + \lambda f\| = \|f\| + \|\lambda f\|$ folgt wegen $\|f + \lambda f\| = |1 + \lambda| \|f\|$ und $\|f\| + \|\lambda f\| = (1 + |\lambda|)\|f\|$ die Gleichheit $|1 + \lambda| = 1 + |\lambda|$ und damit $\lambda = |\lambda|$.

So ist $\| \cdot \|_2$ in $\mathbb{C}^n$ eine strenge Norm. Denn man macht sich leicht klar, daß hier die Gleichheit in der Dreiecksungleichung nur dann eintritt, wenn sie in der Cauchyschen Ungleichung $|\sum_1^n x_\nu \bar{y}_\nu| \leq \|x\|_2 \|y\|_2$ gilt; das ist aber nur der Fall, wenn x und y linear abhängig sind. Damit folgt auch die lineare Abhängigkeit von $x, y \in \mathbb{C}^n$ aus der Gültigkeit der Gleichung $\|x + y\|_2 = \|x\|_2 + \|y\|_2$.

Demgegenüber ist der Vektorraum $(C[a,b], \| \cdot \|_\infty)$ nicht streng normiert. Man erkennt das an dem Beispiel $f(x) := 1$ und $g(x) := x$ für $[a,b] := [0,1]$; f und g sind linear unabhängig, obwohl $\|f + g\|_\infty = \|f\|_\infty + \|g\|_\infty$ gilt.

1.2 Banachräume. Konvergiert jede Cauchy-Folge von Elementen eines Vektorraums $(V, \| \cdot \|)$ im Sinn der Norm gegen ein Element von V, so nennen wir V *vollständig* oder einen *Banachraum*.

STEFAN BANACH (1892–1945) wirkte in Krakau und Lemberg (Polen). Um 1930 fand sich in Lemberg eine bedeutende Gruppe von Mathematikern zusammen, zu der mit anderen St. Banach, St. Mazur, H. Steinhaus, J. Schauder und St. Ulam gehörten. Es wird überliefert, daß ihr bevorzugter Treffpunkt das "Schottische Café" gewesen sei, wo sie ihre Probleme auf die Marmorplatten der Tische zu schreiben pflegten. Aus dieser Gruppe heraus wuchsen entscheidende Teile der modernen Funktionalanalysis, durch die das geeignete Werkzeug zur mathematischen Erfassung und Durchdringung vieler Fragestellungen der numerischen Mathematik bereitgestellt wird. Dazu gehört auch der berühmte *Banachsche Fixpunktsatz* oder auch *Fixpunktsatz für kontrahierende Abbildungen*, in dem das Kontraktionsprinzip für allgemeine Operatoren formuliert wird.

$(C[a, b], \| \cdot \|_\infty)$ ist ein Banachraum, da die Elemente von $C[a, b]$ stetige Funktionen sind und die Konvergenz bezüglich der Tschebyschev-Norm gleichmäßig ist. In diesem Fall konvergiert bekanntlich jede Cauchy-Folge gegen eine stetige Funktion, also gegen ein Element von $C[a, b]$; damit ist der Vektorraum vollständig.

Auch der Vektorraum $(\mathbb{C}^n, \|\cdot\|_2)$ ist wie jeder endlichdimensionale normierte Vektorraum vollständig. Denn Konvergenz einer Cauchy-Folge bedeutet, daß diese komponentenweise konvergiert. Dann liegen n konvergente Cauchy-Folgen in $\mathbb{C}$ vor, deren jede gegen ein Element in $\mathbb{C}$ konvergiert.

Die Räume $C_m(G)$. Außer dem endlichdimensionalen Vektorraum $\mathbb{C}^n$ bzw. $\mathbb{R}^n$ sind es vor allem die Vektorräume der stetigen und der stetig differenzierbaren Funktionen, die in numerischen Untersuchungen eine Rolle spielen. Wir wählen dazu die folgende Darstellung.

Sei G ein beschränktes Gebiet im $\mathbb{R}^n$, $\overline{G}$ der Abschluß von G. Mit $C(G)$ bezeichnen wir den Vektorraum aller in G stetigen reellen Funktionen.

Ein Multi-Index γ ist ein n-Tupel von natürlichen Zahlen $\gamma = (\gamma_1, \ldots, \gamma_n)$; wir erklären $|\gamma| := \sum_1^n \gamma_\nu$ und eine partielle Ableitung der Ordnung γ einer Funktion f der Veränderlichen $x = (x_1, \ldots, x_n)$ durch

$$D^\gamma f := \frac{\partial^{|\gamma|} f}{\partial x_1^{\gamma_1} \cdots \partial x_n^{\gamma_n}}.$$

Unter dem Vektorraum $C_m(G)$ verstehen wir den Raum aller in G einschließlich sämtlicher Ableitungen $D^\gamma f$ der Ordnung $|\gamma| \leq m$ stetigen Funktionen. Entsprechend ist $C_m(\overline{G})$ erklärt. Mit der Norm

$$\|f\|_\infty := \sum_{|\gamma| \leq m} \max_{x \in \overline{G}} |D^\gamma f(x)|,$$

wird $C_m(\overline{G})$ ein Banachraum (Aufgabe 3).

Bei $C_m(a, b)$ handelt es sich demzufolge um den Vektorraum der in (a, b) m-mal stetig differenzierbaren Funktionen; dabei ist $C_0(a, b) =: C(a, b)$. Mit $(C_m[a, b], \| \cdot \|_\infty)$ meinen wir den Banachraum der im abgeschlossenen Intervall $[a, b]$ m-mal stetig differenzierbaren Funktionen mit Tschebyschev-Norm; unter den Ableitungen in a und in b sind dabei die rechts- bzw. linksseitigen Ableitungen zu verstehen.

1.3 Hilberträume und Prae-Hilberträume. Diejenigen normierten Vektorräume, deren Norm durch ein inneres Produkt induziert wird, zeichnen sich durch zusätzliche Eigenschaften aus. Sie verdienen deshalb besondere Beachtung.

Wir nennen eine Abbildung $\langle \cdot, \cdot \rangle : V \times V \to \mathbb{C}$ *inneres Produkt*, wenn sie für alle $f, g, h \in V$ und $\alpha \in \mathbb{C}$ die folgenden Eigenschaften besitzt:

$$\begin{aligned}
\langle f + g, h \rangle &= \langle f, h \rangle + \langle g, h \rangle && \text{Linearität ,} \\
\langle \alpha f, g \rangle &= \alpha \langle f, g \rangle && \text{Homogenität ,} \\
\langle f, g \rangle &= \overline{\langle g, f \rangle} && \text{Symmetrie} \\
\langle f, f \rangle &> 0 \text{ für } f \neq 0 && \text{Positivität.}
\end{aligned}$$

Dann wird durch die Definition $\|f\| := \langle f, f \rangle^{\frac{1}{2}}$ auf V eine Norm erklärt. Die Gültigkeit der Normbedingungen (i) und (ii) in 2.4.1 erkennt man unmittelbar; zur Nachprüfung der Dreiecksungleichung (iii) benötigt man die

Schwarzsche Ungleichung. Für zwei Elemente $f, g \in V$ gilt stets die Abschätzung

$$|\langle f, g \rangle| \leq \|f\| \, \|g\|.$$

Beweis. Da die Abschätzung für $f := 0$ oder $g := 0$ sicher richtig ist, können wir $f \neq 0$ und $g \neq 0$ annehmen.

Für alle $\lambda \in \mathbb{C}$ gilt $\langle \lambda f + g, \lambda f + g \rangle \geq 0$, also

$$|\lambda|^2 \langle f, f \rangle + \overline{\lambda} \langle g, f \rangle + \lambda \langle f, g \rangle + \langle g, g \rangle \geq 0.$$

Wählen wir $\lambda := -\frac{\langle g, f \rangle}{\langle f, f \rangle} \Rightarrow \overline{\lambda} = -\frac{\overline{\langle g, f \rangle}}{\langle f, f \rangle} \Rightarrow |\lambda|^2 = \frac{|\langle g, f \rangle|^2}{\langle f, f \rangle^2}$, so erhalten wir

$$|\langle f, g \rangle|^2 \leq \langle f, f \rangle \langle g, g \rangle. \qquad \square$$

Einen normierten Vektorraum, dessen Norm durch ein inneres Produkt induziert wird, nennen wir *Prae-Hilbertraum*. Wir können nun feststellen, daß Prae-Hilberträume stets streng normierte Vektorräume sind; denn Gleichheit in der Dreiecksungleichung kann vermöge der Abschätzungen

$$\begin{aligned}
\langle f + g, f + g \rangle &= \|f\|^2 + \|g\|^2 + \langle f, g \rangle + \langle g, f \rangle \\
&\leq \|f\|^2 + \|g\|^2 + 2|\langle f, g \rangle|, \\
\|f + g\|^2 &\leq (\|f\| + \|g\|)^2
\end{aligned}$$

nur dann eintreten, wenn dies in der Schwarzschen Ungleichung der Fall ist, also für $\langle \lambda f + g, \lambda f + g \rangle = 0$. Das aber bedeutet $\lambda f + g = 0$, d.h. lineare Abhängigkeit, und damit gleichzeitig auch $\langle f, g \rangle = \langle g, f \rangle = |\langle f, g \rangle|$.

Ein einfaches Beispiel dafür ist natürlich der Raum $(\mathbb{C}^n, \| \cdot \|_2)$, da die euklidische Norm $\| \cdot \|_2$ durch das innere Produkt $\langle x, y \rangle := \sum_1^n x_\nu \cdot \overline{y}_\nu$ zweier Vektoren $x, y \in \mathbb{C}^n$ induziert wird.

Weiter ist der Raum $(C[a,b], \|\cdot\|_2)$, dessen Norm durch $\|f\| = [\int_a^b f^2(x)dx]^{\frac{1}{2}}$ erklärt ist und aus $\langle f, g \rangle := \int_a^b f(x)g(x)dx$ hergeleitet wird, ein wichtiger Prae-Hilbertraum. Eine Verallgemeinerung erhält man durch Einführen einer Gewichtsfunktion $w : (a,b) \to \mathbb{R}$, $w(x) > 0$ für $x \in (a,b)$, so daß die Bedingung

$0 < \int_a^b w(x)dx < \infty$ gilt. Dann ist $\langle f,g \rangle := \int_a^b w(x)f(x)g(x)dx$ ein zulässiges inneres Produkt und $\|f\| = [\int_a^b w(x)f^2(x)dx]^{\frac{1}{2}}$ die dadurch induzierte Norm. Betrachtet man einen Vektorraum, dessen Elemente komplexwertige Funktionen über $[a,b]$ sind, so ist die Bildung des inneren Produkts $\langle f,g \rangle$ wegen der Symmetriebedingung zu

$$\langle f,g \rangle := \int_a^b f(x)\overline{g}(x)dx$$

zu modifizieren.

Von dem Raum $(\mathbb{C}^n, \|\cdot\|_2)$ haben wir in 1.2 bereits gezeigt, daß er vollständig ist. Besitzt ein Prae-Hilbertraum diese Eigenschaft, so heißt er *Hilbertraum*.

Die Situation für den Vektorraum $(C[a,b], \|\cdot\|_2)$ ist allerdings davon verschieden. Dieser Raum ist nicht vollständig, denn man kann sich klarmachen, daß nicht jede Cauchy-Folge stetiger Funktionen, die im Sinne von $\|\cdot\|_2$ konvergiert, wieder gegen eine stetige Funktion konvergieren muß (Aufgabe 5). Um $(C[a,b], \|\cdot\|_2)$ zu einem Hilbertraum zu machen, muß er zum Raum $L^2[a,b]$ der im Lebesgueschen Sinn quadratisch integrierbaren Funktionen erweitert werden.

DAVID HILBERT (1862–1943), aufgewachsen in Königsberg in Ostpreußen, wirkte von 1895 an in Göttingen. Er war einer der wahrhaft größten Mathematiker seiner Zeit. Seine Arbeiten von der Zahlentheorie bis hin zur Physik waren richtungweisend für die Entwicklung der reinen und angewandten Mathematik in unserem Jahrhundert. In einem Nachruf "David Hilbert and His Mathematical Work", Bull. Amer. Math. Soc. 50, 612–654 (1944), schreibt H. Weyl (1885–1955), ein anderer der großen Mathematiker dieses Jahrhunderts: "A great master of mathematics passed away when David Hilbert died in Göttingen on February the 14th, 1943, at the age of eighty-one. In retrospect it seems to us that the era of mathematics upon which he impressed the seal of his spirit and which is now sinking below the horizon achieved a more perfect balance than prevailed before and after, between the mastering of single concrete problems and the formation of general abstract concepts ...". Aus Hilberts Untersuchungen über Integralgleichungen, die besonders als mathematische Modelle für physikalische Phänomene interessierten, entstanden die Überlegungen, die zu dem Begriff des später so genannten Hilbertraums führten. Ausführliche Biographie Hilberts in dem Buch von C. Reid [1970].

1.4 Die Räume $L^p[a,b]$. Der Vollständigkeit halber seien auch die Vektorräume solcher reellen Funktionen aufgeführt, für die $|f|^p$ mit $1 \le p < \infty$ im Lebesgueschen Sinn integrierbar ist und deren Norm durch die Definition

$$\|f\|_p := [\int_a^b |f(x)|^p dx]^{\frac{1}{p}}$$

festgelegt wird. Man erkennt sofort, daß die Normbedingungen (i) und (ii) erfüllt sind. Bei der Bedingung (iii), der Dreiecksungleichung, handelt es sich hier wie in 3.4.1 um die

Minkowskische Ungleichung

$$\|f + g\|_p \le \|f\|_p + \|g\|_p$$

(vgl. W. Walter [1985], S. 310, für Integrale im Riemannschen Sinn; sie gilt jedoch auch für das Lebesgue-Integral).

Bezüglich dieser Norm ist auch die

Höldersche Ungleichung

$$|\langle f, g \rangle| \le \|f\|_p \|g\|_q$$

für $p, q > 1$ mit $\frac{1}{p} + \frac{1}{q} = 1$ zu erwähnen, für deren Gültigkeitsbereich dasselbe wie für die Minkowskische Ungleichung gilt (W. Walter [1985], S. 309). Sie fällt für $p = q = 2$ mit der Schwarzschen Ungleichung zusammen.

Alle diese Räume sind Banachräume; der einzige Hilbertraum unter ihnen ist der Raum $L^2[a, b]$. Für $p = \infty$ und den Raum $C[a, b]$ geht die Norm $\| \cdot \|_p$ in die Tschebyschev-Norm über; man erhält den Banachraum $(C[a, b], \| \cdot \|_\infty)$ mit $\|f\|_\infty = \max_{x \in [a,b]} |f(x)|$.

Außer in den Fällen $p = 2$ und $p = \infty$ ist in der numerischen Mathematik noch der Fall $p = 1$ von einem gewissen Interesse. Insbesondere gilt das für den normierten Vektorraum $(C[a, b], \| \cdot \|_1)$; dieser Vektorraum ist allerdings nicht vollständig, weil das Grenzelement einer bezüglich $\| \cdot \|_1$ konvergenten Cauchy-Folge keine stetige Funktion zu sein braucht (Aufgabe 5).

Von den normierten Funktionenräumen der Typen $C_m(G)$ und $L^p[a, b]$ werden in den Betrachtungen dieses Buchs die Banachräume $(C_m(\overline{G}), \| \cdot \|_\infty)$, der Prae-Hilbertraum $(C[a, b], \| \cdot \|_2)$, der Hilbertraum $L^2[a, b]$ und der nicht vollständige normierte Vektorraum $(C[a, b], \| \cdot \|_1)$ herangezogen.

1.5 Lineare Operatoren. Um die Abbildung eines Vektorraums in einen anderen Vektorraum oder in sich zu beschreiben, schließen wir an die Begriffe 2.4.2 an. Seien X und Y Vektorräume und Q eine Vorschrift, die den Elementen einer Teilmenge $D \subset X$ eindeutig Elemente einer Teilmenge $W \subset Y$ zuordnet. Dann nennen wir Q einen *Operator*, D seinen *Definitionsbereich* und W seinen *Wertebereich*; wir schreiben $Q : D \to W$.

Ist D linearer Unterraum von X, so heißt Q *linearer Operator*, wenn

$$Q(\alpha f + \beta g) = \alpha Q f + \beta Q g$$

für alle $\alpha, \beta \in K$ und für alle $f, g \in D$ gilt.

1. Beispiel. Sei $f \in C[a, b]$; das bestimmte Integral $Jf := \int_a^b w(x) f(x) dx$ mit der Gewichtsfunktion w kann durch den linearen Operator J beschrieben werden. Der Operator J bildet $C[a, b]$ nach $\mathbb{R}$ ab.

Ein linearer Operator, der wie in diesem Beispiel eine Abbildung nach $\mathbb{R}$ oder $\mathbb{C}$ leistet, heißt *lineares Funktional*.

2. Beispiel. Natürlich ist auch die Matrix $A := (a_{\mu\nu})_{\substack{\mu=1,\ldots,m \\ \nu=1,\ldots,n}}$, $a_{\mu\nu} \in \mathbb{C}$, ein linearer Operator. Er bildet den Vektorraum $\mathbb{C}^n$ in $\mathbb{C}^m$ ab.

Beschränkte lineare Operatoren. Der lineare Operator L heißt beschränkt, falls es eine Zahl $K \in \mathbb{R}$ gibt, so daß für alle Elemente $x \in D$ die Abschätzung

$$\|Lx\| \leq K\|x\|$$

gilt.

Dieser Begriff der Beschränktheit eines Operators ist die Verallgemeinerung der Lipschitz-Beschränktheit von Funktionen auf allgemeine lineare Operatoren. Denn einerseits gilt $\|L(x-y)\| = \|Lx - Ly\| \leq K\|x-y\|$ für einen beschränkten Operator L, und umgekehrt folgt aus der Lipschitz-Beschränktheit $\|Lx - Ly\| \leq K\|x - y\|$ mit $y := 0$ die Beschränktheit von L, da ja $L0 = 0$ für jeden linearen Operator gilt.

Nun ist es auch möglich, die *Norm* eines beschränkten linearen Operators einzuführen.

Definition. Als Norm eines beschränkten linearen Operators L definieren wir die Zahl $\|L\| := \inf\{K \in \mathbb{R} \mid \|Lx\| \leq K\|x\|$ für alle $x \in D\}$. Damit ist

$$\|Lx\| \leq \|L\|\,\|x\|.$$

Folgerung. Es gilt $\|L\| = \sup_{0 \neq x \in D} \frac{\|Lx\|}{\|x\|}$. Denn einerseits gilt $\frac{\|Lx\|}{\|x\|} \leq \|L\|$ für alle $x \in D, x \neq 0$, insbesondere auch $\sup_{0 \neq x \in D} \frac{\|Lx\|}{\|x\|} =: M \leq \|L\|$; andererseits ist $\|Lx\| = \frac{\|Lx\|}{\|x\|}\|x\| \leq M\|x\|$ für $0 \neq x \in D$, also $\|L\| \leq M$.
Damit gilt $M \leq \|L\| \leq M$ und die Folgerung. $\qquad\qquad\qquad\Box$

Die Darstellung von $\|L\|$ kann auch in der Form $\|L\| = \sup_{\|x\|=1} \|Lx\|$ gegeben werden.

Man weist leicht nach, daß die Abbildung $\|L\|$ die Normbedingungen erfüllt. Darüberhinaus gilt für das *Produkt* zweier linearer Operatoren L_1 und L_2, $(L_1 L_2)x := L_1(L_2 x)$, die Abschätzung

$$\|L_1 L_2\| \leq \|L_1\|\,\|L_2\|,$$

da $\|(L_1 L_2)x\| \leq \|L_1\|\,\|L_2 x\| \leq \|L_1\|\,\|L_2\|\,\|x\|$.

Anwendung. Wir betrachten nochmals die beiden Beispiele für lineare Operatoren.

1. Beispiel. Auf dem Raum $(C[a,b], \|\cdot\|_\infty)$ ist der Integraloperator $J : C[a,b] \to \mathbb{R}$ ein beschränkter linearer Operator. Denn es gilt

$$|Jf| = |\int_a^b w(x)f(x)dx| \le \int_a^b w(x)dx\|f\|_\infty \quad \text{für } w(x) > 0 \text{ in } (a,b),$$

also $\|J\| = \sup_{\|f\|_\infty=1} |Jf| \le \int_a^b w(x)dx$. J ist ein beschränkter linearer Operator bzw. ein beschränktes lineares Funktional.

Daneben gilt die Abschätzung $\sup_{\|f\|_\infty=1} |Jf| \ge |Jf^*| = \int_a^b w(x)dx$ für das Element $f^* := 1$; also gilt auch $\|J\| \ge \int_a^b w(x)dx$. Insgesamt folgt daraus für die Norm $\|J\| = \int_a^b w(x)dx$.

2. Beispiel. Nach 2.4.2 sind endlichdimensionale Matrizen stets beschränkte lineare Operatoren. Verschiedene Normen wurden in 2.4.3 berechnet.

1.6 Aufgaben. 1) Man zeige, daß durch die Abbildung

$$a : C_1[0,1] \to \mathbb{R}, \quad a(f) := (\int_0^1 |f'(x)|^2 w(x)dx)^{\frac{1}{2}} + \sup_{x\in[0,1]} |f(x)|$$

eine Norm auf $C_1[0,1]$ definiert wird. Ist diese Norm für $w(x) := 1$ streng ?

2) Seien $\|\cdot\|_a$ und $\|\cdot\|_b$ Normen auf dem Vektorraum V; $\|\cdot\|_a$ sei streng. Man zeige: Dann ist auch die durch $\|v\| := \|v\|_a + \|v\|_b$, $v \in V$, definierte Norm auf V streng.

3) Man zeige, daß durch die Abbildung

$$a : C_m(\overline{G}) \to \mathbb{R}, \quad a(f) := \sum_{|\gamma|\le m} \max_{x\in\overline{G}} |D^\gamma f(x)|$$

eine Norm auf dem Vektorraum $C_m(\overline{G})$ erklärt wird; $C_m(\overline{G})$, versehen mit dieser Norm, bildet einen Banachraum.

4) Sei $(V, \|\cdot\|)$ ein normierter Vektorraum über $\mathbb{R}$. Man zeige: Die Norm $\|\cdot\|$ wird genau dann durch ein inneres Produkt $\langle\cdot,\cdot\rangle$ induziert, wenn die "Parallelogrammgleichung"

$$\|f+g\|^2 + \|f-g\|^2 = 2(\|f\|^2 + \|g\|^2)$$

für alle $f,g \in V$ gilt. Man mache sich klar, daß die Parallelogrammgleichung in $(\mathbb{R}^2, \|\cdot\|_2)$ für $\langle x,y\rangle = 0$ in den Satz des Pythagoras übergeht. *Hinweis:* Man setze $\langle f,g\rangle := \frac{1}{4}(\|f+g\|^2 - \|f-g\|^2)$ an.

5) Man zeige für $[a,b] := [-1,+1]$ und durch Untersuchung der Konvergenz der Folge $(f_n)_{n\in\mathbb{Z}_+}$,

$$f_n(x) := \begin{cases} -1 & \text{für } x \in [-1, -\frac{1}{n}] \\ nx & \text{für } x \in [-\frac{1}{n}, +\frac{1}{n}] , \\ 1 & \text{für } x \in [\frac{1}{n}, 1] \end{cases} \quad \text{daß der Vektorraum } C[a,b]$$

weder bezüglich der Norm $\|\cdot\|_2$ noch bezüglich $\|\cdot\|_1$ vollständig ist.

6) Man zeige, daß auf dem normierten Vektorraum $(C[a,b], \|\cdot\|_\infty)$ durch die Vorschrift $Ff := \sum_1^n \alpha_\nu f(x_\nu)$, $\alpha_\nu \in \mathbb{R}$ und $f \in C[a,b]$, ein beschränktes lineares Funktional definiert wird und daß $\|F\| = \sum_1^n |\alpha_\nu|$ gilt.

§ 2. Die Approximationssätze von Weierstraß

Wir leiten unsere Betrachtungen zur Approximation mit dem klassischen Problem der Approximation von Funktionen ein, bevor wir diesen Fragenbereich in einen allgemeineren Rahmen stellen. Die Approximationssätze von Weierstraß geben eine erste Antwort auf die Frage, unter welchen Bedingungen eine beliebige stetige Funktion durch einfache Funktionen näherungsweise dargestellt werden kann.

2.1 Approximation durch Polynome. Aus der Analysis ist bekannt, daß eine analytische Funktion f durch eine Potenzreihe

$$f(x) = a_0 + a_1 x + \cdots + a_n x^n + \cdots$$

dargestellt werden kann, die innerhalb eines gewissen Konvergenzintervalls gleichmäßig gegen die Funktion f konvergiert.

Betrachtet man die Folge $(\sigma_n)_{n \in \mathbb{N}}$ der Teilsummen dieser Potenzreihe

$$\sigma_n(x) = a_0 + a_1 x + \cdots + a_n x^n,$$

so heißt das, daß für jedes $\varepsilon > 0$ eine Zahl $N(\varepsilon) \in \mathbb{N}$ existiert, so daß $\|f - \sigma_n\|_\infty < \varepsilon$ für jedes $n > N$ gilt. Es gibt also in anderen Worten stets Polynome, die eine analytische Funktion in einem gewissen Intervall beliebig genau gleichmäßig approximieren.

Man kann sich nun die Frage stellen, ob eine ähnliche Aussage auch dann noch gilt, wenn von f nur die Stetigkeit verlangt wird. Sicherlich wird eine solche Aussage nicht in eine Darstellung der Funktion durch Potenzreihen münden; denn diese sind ja bekanntlich beliebig oft differenzierbar und haben damit eine Eigenschaft, die gewiß nicht jede stetige Funktion besitzt.

Zur Beantwortung dieser Frage beweisen wir im nächsten Abschnitt 2.2 zunächst einen klassischen Approximationssatz für stetige Funktionen von Weierstraß. Obwohl wir später den allgemeineren Satz von Korovkin bzw. eine vereinheitlichende Variante dieses Satzes beweisen und diskutieren werden, ist es der ursprüngliche Weierstraßsche Satz mit einem direkten Beweis wert, an die Spitze gestellt zu werden. Denn erstens läßt sich der Satz in vorbildlicher Weise einfach formulieren; zum zweiten führen wir einen konstruktiven Beweis durch, den S. N. BERNSTEIN 1912 angegeben hat und der die später folgenden Ergebnisse von P. P. KOROVKIN motiviert.

KARL WEIERSTRASS (1815–1897) formulierte und bewies die Approximationssätze in der Abhandlung "Über die analytische Darstellbarkeit sogenannter willkürlicher Funktionen reeller Argumente" (Sitzg. ber. Kgl. Preuß. Akad. d. Wiss. Berlin

1885, S. 663–639 u. 789–805). Er gibt nicht-konstruktive Beweise dieser Sätze an. Weierstraß ist vor allem durch seine entscheidenden Beiträge zur Analysis bekannt geworden. Er gilt als einer der Begründer der modernen Funktionentheorie; der Ausgangspunkt seiner Untersuchungen ist die Potenzreihe. Daneben war sich Weierstraß der großen Bedeutung der Mathematik wegen ihrer Anwendbarkeit auf Probleme der Physik und der Astronomie bewußt. Er räumte der Mathematik deshalb eine hervorragende Stellung ein, "weil durch sie allein ein wahrhaft befriedigendes Verständnis der Naturerscheinungen vermittelt wird". (Zitat nach I. Runge ([1949], S. 29)).

Im Hinblick auf Anwendungsmöglichkeiten ziehen wir den konstruktiven Beweis des Approximationssatzes für stetige Funktionen von S. N. Bernstein vor. Die darin auftretenden Bernstein-Polynome sind ursprünglich wahrscheinlichkeitstheoretisch begründet worden.

Im übrigen gibt es noch eine Reihe weiterer Beweise der Approximationssätze, so von E. LANDAU (1908), H. LEBESGUE (1908) u.a. Eine Verallgemeinerung von M. H. STONE (1948) auf topologische Räume ist ebenfalls zu erwähnen.

2.2 Der Approximationssatz für stetige Funktionen. Dieser Approximationssatz sagt aus, daß jede auf einem endlichen, abgeschlossenen Intervall stetige Funktion durch Polynome beliebig genau gleichmäßig approximiert werden kann. Das bedeutet, daß die Polynome im Raum C[a, b] der stetigen Funktionen dicht liegen.

Bezeichnen wir mit P_n den $(n + 1)$-dimensionalen Vektorraum aller Polynome vom Höchstgrad n über dem Körper $\mathbb{R}$,

$$P_n := \{p \in C(-\infty, +\infty) \mid p(x) = \sum_{\nu=0}^{n} a_\nu x^\nu \text{ mit } a_\nu \in \mathbb{R} \text{ für } 0 \le \nu \le n\},$$

dann kann der Satz so formuliert werden:

Approximationssatz von Weierstraß. *Gegeben sei eine beliebige stetige Funktion $f \in C[a, b]$, $-\infty < a < b < +\infty$. Dann gibt es zu jedem $\varepsilon > 0$ ein $n \in \mathbb{N}$ und ein Polynom $p \in P_n$, so daß $\|f - p\|_\infty < \varepsilon$ ist.*

Beweis. Da jedes Intervall $[a, b]$ linear auf $[0,1]$ transformiert werden kann, beschränken wir uns auf den Fall $[a, b] := [0, 1]$. Der Beweis besteht darin zu zeigen, daß die Folge $(B_n f)$ der *Bernstein-Polynome*

$$(B_n f)(x) := \sum_{\nu=0}^{n} f\left(\frac{\nu}{n}\right) \binom{n}{\nu} x^\nu (1 - x)^{n-\nu}, \quad (n = 1, 2, \cdots),$$

auf $[0, 1]$ gleichmäßig gegen f konvergiert.

Man bemerkt, daß $(B_n f)(0) = f(0)$ und $(B_n f)(1) = f(1)$ für alle n gilt. Mit

$$1 = [x + (1 - x)]^n = \sum_{\nu=0}^{n} \binom{n}{\nu} x^\nu (1 - x)^{n-\nu} =: \sum_{\nu=0}^{n} q_{n\nu}(x)$$

ist

(∗) $$f(x) - (B_n f)(x) = \sum_{\nu=0}^{n} \left[f(x) - f\left(\frac{\nu}{n}\right) \right] q_{n\nu}(x),$$

also

$$|f(x) - (B_n f)(x)| \le \sum_{\nu=0}^{n} \left| f(x) - f\left(\frac{\nu}{n}\right) \right| q_{n\nu}(x)$$

für alle $x \in [0, 1]$.

Wegen der (gleichmäßigen) Stetigkeit von f gibt es für jedes $\varepsilon > 0$ einen von x unabhängigen Wert δ, so daß $|f(x) - f(\frac{\nu}{n})| < \frac{\varepsilon}{2}$ für alle Teilpunkte gilt, die $|x - \frac{\nu}{n}| < \delta$ erfüllen.

Für jedes $x \in [0, 1]$ lassen sich die Mengen

$$N' := \left\{ \nu \in \{0, 1, \ldots, n\} \;\middle|\; \left| x - \frac{\nu}{n} \right| < \delta \right\} \quad \text{und}$$

$$N'' := \left\{ \nu \in \{0, 1, \ldots, n\} \;\middle|\; \left| x - \frac{\nu}{n} \right| \ge \delta \right\} \quad \text{bilden.}$$

Zerlegt man die Summe $\sum_{\nu=0}^{n} = \sum_{\nu \in N'} + \sum_{\nu \in N''}$, so gilt zunächst

$$\sum_{\nu \in N'} \left| f(x) - f\left(\frac{\nu}{n}\right) \right| q_{n\nu}(x) \le \frac{\varepsilon}{2} \sum_{\nu \in N'} q_{n\nu}(x) \le \frac{\varepsilon}{2} \sum_{\nu=0}^{n} q_{n\nu}(x) = \frac{\varepsilon}{2}.$$

Mit $M := \max_{x \in [0,1]} |f(x)|$ gilt weiter

$$\sum_{\nu \in N''} \left| f(x) - f\left(\frac{\nu}{n}\right) \right| q_{n\nu}(x) \le \sum_{\nu \in N''} \left| f(x) - f\left(\frac{\nu}{n}\right) \right| q_{n\nu}(x) \frac{(x - \frac{\nu}{n})^2}{\delta^2} \le$$

$$\le \frac{2M}{\delta^2} \sum_{\nu=0}^{n} q_{n\nu}(x) \left(x - \frac{\nu}{n} \right)^2.$$

In dieser Summe treten wegen $(x - \frac{\nu}{n})^2 = x^2 - 2x\frac{\nu}{n} + (\frac{\nu}{n})^2$ die folgenden Anteile auf:

(1) $$\sum_{\nu=0}^{n} \binom{n}{\nu} x^\nu (1 - x)^{n-\nu} = 1;$$

(2) $\displaystyle\sum_{\nu=0}^{n}\binom{n}{\nu}x^{\nu}(1-x)^{n-\nu}\frac{\nu}{n}=x\sum_{\nu=1}^{n}\binom{n-1}{\nu-1}x^{\nu-1}(1-x)^{(n-1)-(\nu-1)}=x;$

(3) $\displaystyle\sum_{\nu=0}^{n}\binom{n}{\nu}x^{\nu}(1-x)^{n-\nu}\left(\frac{\nu}{n}\right)^{2}=$

$$=\frac{x}{n}\sum_{\nu=1}^{n}(\nu-1)\binom{n-1}{\nu-1}x^{\nu-1}(1-x)^{(n-1)-(\nu-1)}+\frac{x}{n}=$$

$$=\frac{x^{2}}{n}(n-1)\sum_{\nu=2}^{n}\binom{n-2}{\nu-2}x^{\nu-2}(1-x)^{(n-2)-(\nu-2)}+\frac{x}{n}=x^{2}\left(1-\frac{1}{n}\right)+\frac{x}{n}=$$

$$=x^{2}+\frac{x}{n}(1-x).$$

Damit ist für alle $x\in[0,1]$

(∗∗) $\displaystyle\sum_{\nu=0}^{n}q_{n\nu}(x)\left(x-\frac{\nu}{n}\right)^{2}=x^{2}\cdot1-2x\cdot x+x^{2}+\frac{x(1-x)}{n}\leq\frac{1}{4n}$

und

$$\sum_{\nu\in N''}\mid f(x)-f\left(\frac{\nu}{n}\right)\mid q_{n\nu}(x)\leq\frac{2M}{\delta^{2}}\frac{1}{4n}<\frac{\varepsilon}{2},$$

falls nur $n>\frac{M}{\delta^{2}\varepsilon}$ gewählt wird. Insgesamt ergibt sich damit die Abschätzung

$$|f(x)-(B_{n}f)(x)|<\frac{\varepsilon}{2}+\frac{\varepsilon}{2}=\varepsilon$$

für alle $x\in[0,1]$, so daß die gleichmäßige Konvergenz der Folge $(B_{n}f)$ gesichert ist.   □

Abgrenzung. Eine Antwort auf die in 2.1 gestellte Frage ist nun möglich. Während jede analytische Funktion in eine Potenzreihe entwickelt werden kann, kann jede stetige Funktion durch eine Entwicklung nach Polynomen dargestellt werden. Eine solche Entwicklung ist

$$f(x)=(B_{1}f)(x)+[(B_{2}f)(x)-(B_{1}f)(x)]+\cdots+[(B_{n}f)(x)-(B_{n-1}f)(x)]+\cdots.$$

Diese Reihe konvergiert gleichmäßig, läßt sich aber i. allg. nicht zu einer Potenzreihe umordnen.

2.3 Der Gedankenkreis von Korovkin. Wenn wir den vorausgegangenen Beweis nochmals durchdenken, so erkennen wir, daß die Berechnung der Summen (1) – (3) den entscheidenden Teil der Konvergenzuntersuchung der

Summe $(*)$ bildet. Das kann man auch so auffassen, daß diese Konvergenzuntersuchung im wesentlichen auf den Nachweis der gleichmäßigen Konvergenz der Summen (1), (2) und (3) gegen die Funktionen $e_1(x) := 1$ bzw. $e_2(x) := x$ bzw. $e_3(x) := x^2$ hinausläuft. Es scheint, daß die Konvergenz der Folge der Bernstein-Polynome für beliebige stetige Funktionen bereits durch ihr Konvergenzverhalten bezüglich der drei Elemente e_1, e_2, $e_3 \in C[a, b]$ bestimmt wird.

Diese Vermutung erweist sich als richtig. P. P. Korovkin bewies 1953 einen allgemeinen Approximationssatz, der diese Aussage enthält. Eine wesentliche Rolle spielt darin der Begriff der

Monotonie eines linearen Operators. Seien $f, g \in C(I)$ zwei Funktionen, für die $f \leq g$ gilt; das soll bedeuten, daß $f(x) \leq g(x)$ für alle $x \in I$ richtig ist. Dann heißt ein linearer Operator $L : C(I) \to C(I)$ *monoton*, falls auch $Lf \leq Lg$ gilt. Äquivalent damit ist die Eigenschaft der *Positivität*, d. h. daß $Lf \geq 0$ aus $f \geq 0$ folgt. Wir werden in 2.4 die Monotonie der dort eingeführten Bernsteinoperatoren ausnützen.

Korovkin untersuchte solche Folgen $(L_n)_{n \in \mathbb{N}}$ linearer monotoner Operatoren $L_n : C(I) \to C(I)$, $I := [0, 1]$ bzw. $I := [-\pi, \pi]$, die einer stetigen Funktion $f \in C(I)$ bzw. einer stetigen und 2π-periodischen Funktion $f \in C_{2\pi}(I)$ jeweils ein algebraisches bzw. ein trigonometrisches Polynom vom Höchstgrad n zuordnen. Er zeigte, daß die Folge $(L_n f)$ für jedes $f \in C(I)$ bzw. für jedes $f \in C_{2\pi}(I)$ gleichmäßig gegen f konvergiert, falls nur die gleichmäßige Konvergenz für die drei Funktionen $e_1(x) := 1$, $e_2(x) := x$, $e_3(x) := x^2$ bzw. $e_1(x) := 1$, $e_2(x) := \sin(x)$, $e_3(x) := \cos(x)$ eintritt.

Die von Korovkin angegebenen Beweise sind in beiden Fällen ähnlich, aber nicht völlig gleich. Wir folgen deshalb einer vereinheitlichenden und verallgemeinernden Darstellung von E. Schäfer [1989], die wiederum etwas vereinfacht werden kann, wenn man wie wir nur die beiden oben genannten Fälle der Approximation stetiger Funktionen im Auge hat.

Dazu betrachten wir den Vektorraum $(C(I), \| \cdot \|_\infty)$. Sei $Q := \{f_1, \ldots, f_k\}$, $Q \subset C(I)$, und es sei $e_1 \in \text{span}(Q)$. Wir nennen die Menge Q *Testmenge*, wenn es eine Funktion $p \in C(I \times I)$ mit den Eigenschaften $p(t, x) := \sum_{\kappa=1}^{k} a_\kappa(t) f_\kappa(x)$ mit $a_\kappa \in C(I)$ für $1 \leq \kappa \leq k$ und $p(t, x) \geq 0$ für alle $(t, x) \in I \times I$ sowie $p(t, t) = 0$ für alle $t \in I$ gibt.

Weiter sei mit $Z(g) := \{(t, x) \in I \times I \mid g(t, x) = 0\}$ die Nullstellenmenge eines Elements $g \in C(I \times I)$ bezeichnet; zu gegebenem $f \in C(I)$ bezeichne $d_f(t, x) := f(x) - f(t)$ die zugehörige "Differenzfunktion". Dann gilt der

Satz. *Sei* $(L_n)_{n \in \mathbb{N}}$, $L_n : C(I) \to C(I)$, *eine Folge monotoner linearer Operatoren, und sei* Q *eine Testmenge mit zugehöriger Funktion* p. *Für jedes Element* $f \in Q$ *gelte* $\lim_{n \to \infty} \|L_n f - f\|_\infty = 0$. *Dann gilt* $\lim_{n \to \infty} \|L_n f - f\|_\infty = 0$ *sogar für alle Elemente* $f \in C(I)$, *die die Bedingung* $Z(p) \subset Z(d_f)$ *erfüllen.*

Beweis. In Teil (a) des Beweises zeigen wir, daß für $\lim_{n \to \infty} \|f - L_n f\|_\infty = 0$ die Bedingung $\lim_{n \to \infty} \max_{t \in I} |(L_n d_f(t, \cdot))(t)| = 0$ hinreichend ist. Der Nachweis dafür, daß $\lim_{n\to\infty} \max_{t\in I} |(L_n d_f(t,\cdot))(t)| = 0$ für alle Elemente $f \in C(I)$ gilt, die $Z(p) \subset Z(d_f)$ erfüllen, folgt dann in Teil (b).

(a) Mit $d_f(t,\cdot) = f - f(t)e_1$ gilt $f - L_n f = f - f(t)L_n e_1 - L_n d_f(t,\cdot)$. Daraus ergibt sich an der Stelle $t \in I$ die Abschätzung

$$|f(t) - (L_n f)(t)| \le \|f\|_\infty \|e_1 - L_n e_1\|_\infty + \max_{t\in I} |(L_n d_f(t,\cdot))(t)|,$$

die gleichmäßig für alle $t \in I$ gilt. Dann folgt $\lim_{n\to\infty} \|e_1 - L_n e_1\|_\infty = 0$, da $e_1 \in \mathrm{span}(Q)$, so daß die Beziehung $\lim_{n\to\infty} \max_{t\in I} |(L_n d_f(t,\cdot))(t)| = 0$ schließlich auch $\lim_{n\to\infty} \|f - L_n f\|_\infty = 0$ zur Folge hat.

(b) Die Differenzfunktion hängt von den Veränderlichen x und t stetig ab. Zu jedem $\varepsilon > 0$ gibt es also eine offene Umgebung Ω von $Z(d_f)$, in der $|d_f(t,x)| < \varepsilon$ für alle $(t,x) \in \Omega$ gilt. Die Diagonale $D := \{(t,x) \in I \times I \mid t = x\}$ gehört dabei sicher zur Nullstellenmenge $Z(d_f)$. Der Annahme $Z(p) \subset Z(d_f)$ zufolge gilt $p(t,x) > 0$ im Komplement $\Omega' := I \times I \setminus \Omega$.

Ω' ist abgeschlossen und infolgedessen kompakt, so daß also das Minimum $0 < m := \min_{(t,x)\in\Omega'} p(t,x)$ existiert. Deshalb gilt

$$|d_f(t,x)| \le \|d_f\|_\infty \frac{p(t,x)}{m} \quad \text{für} \quad (t,x) \in \Omega',$$

insgesamt also

$$|d_f(t,x)| \le \frac{\|d_f\|_\infty}{m} p(t,x) + \varepsilon \quad \text{für} \quad (t,x) \in I \times I.$$

Anwendung des monotonen Operators L_n bezüglich x bei festem t ergibt

$$|(L_n d_f(t,\cdot))(t)| \le \frac{\|d_f\|_\infty}{m} (L_n p(t,\cdot))(t) + \varepsilon (L_n e_1)(t) \le$$

$$\le \frac{\|d_f\|_\infty}{m} \max_{t\in I} (L_n p(t,\cdot))(t) + \varepsilon \|L_n e_1\|_\infty.$$

Wegen $p(t,t) = 0$ für alle $t \in I$ können wir

$$(L_n p(t,\cdot))(t) = \sum_{\kappa=1}^{k} a_\kappa(t)[(L_n f_\kappa)(t) - f_\kappa(t)]$$

schreiben. Die Konvergenz der Folge (L_n) auf $\mathrm{span}(Q)$ zieht also

$$\lim_{n\to\infty} \max_{t\in I} (L_n p(t,\cdot))(t) = 0$$

nach sich. Da auch $\|L_n e_1\|_\infty$ gleichmäßig in n beschränkt ist, gilt schließlich

$$\lim_{n\to\infty} \max_{t\in I} |(L_n d_f(t,\cdot))(t)| = 0. \qquad \square$$

2.4 Anwendungen des Satzes 2.3. Unter den Anwendungen des Satzes 2.3 greifen wir nun diejenigen heraus, die zu den klassischen Approximationssätzen von Weierstraß führen. Obwohl wir den Approximationssatz für stetige Funktionen bereits in 2.2 gesondert bewiesen haben, wollen wir uns auch klarmachen, daß er aus dem Satz 2.3 fließt.

Um den Satz 2.3 auszunützen, müssen wir jeweils eine geeignete Testmenge sowie eine Folge monotoner Operatoren finden, die auf dieser Testmenge konvergiert. Wir wenden uns zunächst dem Approximationssatz 2.2 zu und untersuchen dazu die Folge der

Bernstein-Operatoren. Die im Beweis 2.2 eingeführten Bernstein-Polynome $B_n f$ stellen eine Abbildung des Raums der Funktionen in den linearen Unterraum der Polynome P_n dar. Faßt man B_n als Operator $B_n : C(I) \to C(I)$ auf, so ist B_n linear und monoton. Denn aus der Definition

$$(B_n f)(x) = \sum_{\nu=0}^{n} f\left(\frac{\nu}{n}\right) \binom{n}{\nu} x^\nu (1-x)^{n-\nu}$$

folgt erstens sofort $B_n(\alpha f + \beta g) = \alpha B_n f + \beta B_n g$, also die Linearität. Zweitens folgt aus $f \geq 0$ auch $B_n f \geq 0$, also die Positivität und damit die Monotonie.

Als Testmenge Q bietet sich mit $p(x,t) := (t-x)^2 = t^2 - 2tx + x^2$ die durch $f_1(x) := e_1(x) = 1$, $f_2(x) := e_2(x) = x$, $f_3(x) := e_3(x) = x^2$ definierte Menge $\{f_1, f_2, f_3\}$ an; die Bedingung $Z(p) \subset Z(d_f)$ ist für jedes $f \in C(I)$ erfüllt, da $p(x,t) = 0$ genau für $x = t$ gilt.

Die Wahl der Elemente e_1, e_2, e_3 zur Bildung der Menge Q wird dadurch motiviert, daß im Beweis 2.2 die Konvergenz $\lim_{n\to\infty} \|B_n e_\kappa - e_\kappa\|_\infty = 0$ für $\kappa = 1, 2, 3$ bereits gezeigt wurde. Daraus folgt $\lim_{n\to\infty} \|B_n f - f\|_\infty = 0$ für alle Elemente $f \in C(I)$ nach Satz 2.3. Damit haben wir den Approximationssatz 2.2 als Anwendung des Satzes 2.3 wiedergewonnen.

Periodische Funktionen. Um eine 2π-periodische Funktion durch eine Linearkombination gegebener Elemente näherungsweise darzustellen, eignet sich die Fourier-Entwicklung nach trigonometrischen Funktionen. Wir wissen jedoch, daß die Folge $(S_n f)_{n \in \mathbb{N}}$ der Fourier-Summen

$$(S_n f)(x) = \frac{a_0}{2} + \sum_{\nu=1}^{n} [a_\nu \cos(\nu x) + b_\nu \sin(\nu x)]$$

mit

$$a_\nu = \frac{1}{\pi} \int_{-\pi}^{+\pi} f(x) \cos(\nu x) dx \quad \text{für} \quad \nu = 0, \dots, n,$$

$$b_\nu = \frac{1}{\pi} \int_{-\pi}^{+\pi} f(x) \sin(\nu x) dx \quad \text{für} \quad \nu = 1, \dots, n$$

nicht für jede stetige Funktion $f \in C_{2\pi}[-\pi, +\pi]$ gleichmäßig gegen f konvergiert, ja daß sogar nicht einmal immer punktweise die Konvergenz eintritt.

Hier hilft jedoch die *Cesáro-Summation* nach E. Cesáro (1859–1906), nämlich die Bildung der arithmetischen Mittel der Folgenglieder $S_0 f, \ldots, S_{n-1} f$

$$F_n f := \frac{S_0 f + \cdots + S_{n-1} f}{n}.$$

Damit leiten wir zunächst eine Summenformel für $(F_n f)(x)$ her. Wir gehen dazu von der Integraldarstellung der Fourier-Summe

$$(S_j f)(x) = \frac{1}{2\pi} \int_{-\pi}^{+\pi} f(t) \frac{\sin((2j+1)\frac{t-x}{2})}{\sin \frac{t-x}{2}} dt$$

mit Hilfe des Dirichlet-Kerns aus (vgl. z. B. Ph. Davis [1963], chap. XII). Daneben gilt nach Anwendung der Additionstheoreme

$$\sin((j + \frac{1}{2})u) \sin \frac{u}{2} = \frac{1}{2}[\cos(ju) - \cos((j+1)u)],$$

so daß wir

$$\sum_{j=0}^{n-1} \sin((j + \frac{1}{2})u) \sin \frac{u}{2} = \frac{1}{2} \sum_{j=0}^{n-1} [\cos(ju) - \cos((j+1)u)] =$$

$$= \frac{1}{2}[1 - \cos(nu)] = \sin^2 \frac{nu}{2}$$

erhalten. Damit ergibt sich

$$(F_n f)(x) = \frac{1}{2\pi n} \int_{-\pi}^{+\pi} f(t) \left[\sum_{j=0}^{n-1} \frac{\sin((2j+1)\frac{t-x}{2})}{\sin \frac{t-x}{2}} \right] dt =$$

$$= \frac{1}{2\pi n} \int_{-\pi}^{+\pi} f(t) \frac{\sin^2 \frac{n(t-x)}{2})}{\sin^2 \frac{t-x}{2}} dt.$$

Der Operator $F_n : C_{2\pi}[-\pi, +\pi] \to C_{2\pi}[-\pi, +\pi]$ heißt *Fejér-Operator* nach L. Fejér (1880–1959). Man erkennt unmittelbar, daß er linear und positiv, also monoton ist.

Eine Testmenge zur Anwendung des Satzes 2.3 wird durch $f_1(x) := 1$, $f_2(x) := \cos(x)$, $f_3(x) := \sin(x)$ mit zugehörigem $p(t,x) := 1 - \cos(t - x) = 1 - \cos(t)\cos(x) - \sin(t)\sin(x)$ definiert. Die Nullstellenmenge $Z(p)$ ist jetzt $Z(p) = D \cup \{(-\pi, +\pi), (+\pi, -\pi)\}$ mit der im Beweis definierten Diagonalen D. Wegen der Periodizität eines jeden Elements f aus $C_{2\pi}[-\pi, +\pi]$ gilt einerseits

$\{(-\pi, +\pi), (+\pi, -\pi)\} \subset Z(d_f)$, außerdem ist natürlich $D \subset Z(d_f)$, so daß also $Z(p) \subset Z(d_f)$ gilt.

Damit fehlt nur noch der Nachweis, daß $\lim_{n\to\infty} \|F_n f_\kappa - f_\kappa\|_\infty = 0$ für $\kappa = 1, 2, 3$ gilt. Er fließt jedoch sofort aus den Identitäten $(F_n f_1)(x) = 1$ für $n \geq 0$, $(F_n f_2)(x) = \frac{n-1}{n}\cos(x)$ und $(F_n f_3)(x) = \frac{n-1}{n}\sin(x)$ für $n \geq 1$.

So ergibt sich auch

Der Weierstraßsche Approximationssatz für periodische Funktionen. *Jede stetige periodische Funktion kann durch trigonometrische Polynome beliebig genau gleichmäßig approximiert werden.*

Funktionen mehrerer Veränderlichen. Sei f eine stetige Funktion der m Veränderlichen $x_1, \ldots, x_m \in [0, 1]$. In direkter Verallgemeinerung der Situation bei einer Veränderlichen lassen sich dann die Bernstein-Polynome

$$(B_{n_1\cdots n_m} f)(x_1, \ldots, x_m) := \sum_{\nu_1=0}^{n_1} \cdots \sum_{\nu_m=0}^{n_m} f(\frac{\nu_1}{n_1}, \ldots, \frac{\nu_m}{n_m}) \cdot q_{n_1\nu_1}(x_1) \cdots q_{n_m\nu_m}(x_m)$$

bilden. Der zugehörige Operator $B_{n_1\cdots n_m}$ ist wieder linear und monoton. Eine Testmenge zur Anwendung von Satz 2.3 erhalten wir durch die Definition

$$p(t_1, \ldots, t_m, x_1, \cdots, x_m) := \sum_{\mu=1}^{m} (t_\mu - x_\mu)^2$$

und durch die sich daraus ergebenden Funktionen $f_1(x_1, \ldots, x_m) = 1$, $f_\kappa(x_1, \ldots, x_m) = x_{\kappa-1}$ für $\kappa = 2, \cdots, m+1$ sowie $f_{m+2}(x_1, \ldots, x_m) = \sum_{\mu=1}^{m} x_\mu^2$.

In gleicher Weise wie im Beweis 2.2 kann nun gezeigt werden, daß die Folge $(B_{n_1\cdots n_m} f_\kappa)$ für $\kappa = 1, \ldots, m+2$ gleichmäßig gegen f_κ konvergiert, falls $\min_{1\leq\mu\leq m} n_\mu \to \infty$ gilt. Damit folgt die Gültigkeit des Weierstraßschen Approximationssatzes 2.2 auch für stetige Funktionen mehrerer Veränderlichen. Auch der Approximationssatz für Polynome mehrerer Veränderlichen findet sich bereits bei K. Weierstraß [1885].

2.5 Approximationsgüte. Die grundsätzliche Frage nach der Möglichkeit, eine stetige Funktion durch Polynome zu approximieren, wird durch den Approximationssatz von Weierstraß 2.2 geklärt. Danach erhebt sich die Frage, wie brauchbar denn die Methode der Näherung durch Bernstein-Polynome sei. Man darf natürlich nicht erwarten, daß für alle stetigen Funktionen dasselbe Konvergenzverhalten eintritt. Läßt doch die Eigenschaft der Stetigkeit einer Funktion noch sehr verschiedenartige Erscheinungen zu, die auch diese Konvergenz beeinflussen werden.

Um die verschiedenen Abstufungen der Stetigkeit zu berücksichtigen, wollen wir den Approximationsfehler $|f(x) - (B_n f)(x)|$ in Abhängigkeit vom *Stetigkeitsmodul*

$$\omega_f(\delta) := \sup_{\substack{|x'-x''| \leq \delta \\ x',x'' \in [0,1]}} |f(x') - f(x'')|$$

untersuchen.

Dazu sei die Zahl $\lambda = \lambda(x', x''; \delta)$ als das größte Ganze $[\frac{|x'-x''|}{\delta}]$ definiert. Dann gilt wegen $\omega_f(\delta_1) \leq \omega_f(\delta_2)$ für $\delta_1 \leq \delta_2$ zunächst

$$|f(x') - f(x'')| \leq \omega_f(|x' - x''|) \leq \omega_f((\lambda + 1)\delta)$$

und wegen $\omega_f(\mu\delta) \leq \mu\omega_f(\delta)$ für $\mu \in \mathbf{N}$ folgt daraus

$$|f(x') - f(x'')| \leq (\lambda + 1)\omega_f(\delta).$$

Sei nun $\mathbf{N}^* := \{\nu \in \{0, \ldots, n\} \mid \lambda(x, \frac{\nu}{n}; \delta) \geq 1\}$; dann gilt, beginnend wie in Beweis 2.2, die Abschätzung

$$|f(x) - (B_n f)(x)| \leq \sum_{\nu=0}^{n} |f(x) - f(\frac{\nu}{n})| q_{n\nu}(x) \leq \omega_f(\delta) \sum_{\nu=0}^{n} (1 + \lambda(x, \frac{\nu}{n}; \delta)) q_{n\nu}(x);$$

da $\lambda(x, \frac{\nu}{n}; \delta) = 0$ für alle Werte $\nu \notin \mathbf{N}^*$ gilt, folgt weiter

$$|f(x) - (B_n f)(x)| \leq \omega_f(\delta)(1 + \sum_{\nu \in \mathbf{N}^*} \lambda(x, \frac{\nu}{n}; \delta) q_{n\nu}(x)) \leq$$

$$\leq \omega_f(\delta)(1 + \delta^{-1} \sum_{\nu \in \mathbf{N}^*} |x - \frac{\nu}{n}| q_{n\nu}(x)) \leq$$

$$\leq \omega_f(\delta)(1 + \delta^{-2} \sum_{\nu=0}^{n} (x - \frac{\nu}{n})^2 q_{n\nu}(x)) \leq$$

$$\leq \omega_f(\delta)(1 + \frac{1}{4n\delta^2}) \quad \text{wegen } (**) \text{ in 2.2 .}$$

Bei der Wahl $\delta := \frac{1}{\sqrt{n}}$ ergibt sich daraus gleichmäßig für alle Werte $x \in [0,1]$ die

Abschätzung

$$|f(x) - (B_n f)(x)| \leq \frac{5}{4}\omega_f(\frac{1}{\sqrt{n}}).$$

Erläuterung. Gilt für eine Funktion $f \in C[0,1]$ beispielsweise $\omega_f(\delta) \leq K\delta^\alpha$, ist also f hölderstetig ($0 < \alpha < 1$) bzw. lipschitzbeschränkt ($\alpha := 1$), so wird daraus

$$|f(x) - (B_n f)(x)| \leq \frac{5}{4}K n^{-\frac{\alpha}{2}}.$$

Kommentar. Abhängig vom Stetigkeitsmodul kann die Schranke in der Abschätzung beliebig langsam konvergieren. Andererseits läßt die bei höheren Anforderungen an die Stetigkeit von f besser konvergierende Schranke eine schnellere Konvergenz der Folge $(B_n f)$ gegen f erwarten. Diese Erscheinung wird uns noch häufig begegnen.

Tatsächlich hat die Methode der Approximation durch Bernstein-Polynome keine praktische Bedeutung für die Aufgabe, stetige Funktionen näherungsweise darzustellen; man beachte dazu jedoch die Bemerkung zu Aufgabe 4. Die Konvergenz der Folge $(B_n f)$ ist im allgemeinen verhältnismäßig langsam, und wir werden wirkungsvollere Verfahren kennenlernen. Der Wert der Betrachtungen dieses Paragraphen besteht jedoch darin, daß durch die Sätze von Weierstraß und durch ihre Beweise grundsätzliche Tatsachen festgestellt werden, aus denen sich eine Approximationstheorie entwickeln kann. Nach der ersten Antwort, die diese Sätze geben, drängt sich jetzt die Frage nach *besten Näherungen* auf; ein allgemeines Maß für die Güte einer Näherung muß dazu noch präzisiert werden. Diese Präzisierung, der Übergang zu normierten Vektorräumen, die Gewinnung allgemeiner Approximationsaussagen sowie die Entwicklung praktisch brauchbarer Verfahren zur Berechnung bester Näherungen bilden den Inhalt der weiteren Paragraphen 3 – 6 dieses Kapitels.

2.6 Aufgaben.   1) Sei $f \in C[a,b]$, $0 \le \varepsilon_1 < \varepsilon_2$. Man zeige, daß es stets ein Polynom p gibt, für das $\|f - p\|_\infty \le \varepsilon_2$ und $f(x) - p(x) \ge \varepsilon_1$ für alle $x \in [a,b]$ gilt. Man interpretiere den Fall $\varepsilon_1 = 0$.

2) Man zeige: a) Jede in $C[a,b]$ bezüglich der Norm $\| \cdot \|_\infty$ konvergente Folge konvergiert auch bezüglich $\| \cdot \|_1$.

b) Die Umkehrung der Behauptung a) ist falsch.

3) Sei $f : [0,1] \to \mathbb{R}$, $f(x) := x^3$. Man zeige: a) Für alle $n \ge 3$ ist $B_n f$ ein Polynom vom Grad 3.

b) Es gilt $\lim_{n \to \infty} \max_{x \in [0,1]} |f(x) - (B_n f)(x)| = 0$.

4) Man zeige, daß für eine Funktion $f : [0,1] \to \mathbb{R}$ und das zugehörige Bernsteinpolynom $(B_n f)(x) = \sum_{\nu=0}^{n} f\left(\frac{\nu}{n}\right) \binom{n}{\nu} x^\nu (1-x)^{n-\nu}$ die folgenden Beziehungen gelten:

a) Ist f monoton, so ist auch $B_n f$ im selben Sinn monoton.

b) Ist f konvex bzw. konkav, so ist auch $B_n f$ konvex bzw. konkav.

Bemerkung. Obwohl das Bernstein-Polynom $B_n f$ für kleines n i. allg. keine gute gleichmäßige Näherung an f darstellt, übernimmt es globale geometrische Eigenschaften von f; das ist der Ausgangspunkt für Anwendungen der Bernstein-Polynome zur geometrischen Modellierung.

5) Man zeige durch Konstruktion eines Gegenbeispiels, daß der für periodische Funktionen in 2.4 durch den Dirichlet-Kern definierte Operator nicht monoton ist.

6) Sei $f : [a, b] \to \mathbf{R}$.

a) Man zeige: f ist genau dann gleichmäßig stetig auf $[a, b]$, wenn für den Stetigkeitsmodul $\lim_{\delta \to 0} \omega_f(\delta) = 0$ gilt.

b) Man berechne $\omega_f(\delta)$ für $f(x) := \sqrt{x}$, $[a, b] := [0, 1]$.

c) Man bestimme damit ein $N \in \mathbf{N}$, so daß für alle $n \geq N$ die Abschätzung $|(B_n \sqrt{\cdot})(x) - \sqrt{x}| \leq 10^{-2}$ gilt.

7) Sei $f \in C[0, 1]$ und lipschitzbeschränkt, also $\omega_f(\delta) \leq K\delta$. Man zeige durch direktes Vorgehen, daß der Faktor $\frac{5}{4}$ in der Abschätzung 2.5 auf $\frac{1}{2}$ verbessert werden kann.

8) Sei $f : [0, 1] \times [0, 1] \to \mathbf{R}$ mit $f(0, 0) = f(0, 1) = f(1, 0) = f(1, 1) = 0$, $f(0, \frac{1}{2}) = f(1, \frac{1}{2}) = f(\frac{1}{2}, 0) = f(\frac{1}{2}, 1) = 1$, $f(\frac{1}{2}, \frac{1}{2}) = \lambda \geq 2$. Man untersuche und skizziere die durch das Bernsteinpolynom $B_{22}f$ in zwei Veränderlichen erzeugte Fläche; wie ändert sich diese, wenn sich λ ändert?

§ 3. Das allgemeine Approximationsproblem

Der Begriff der Näherung oder Approximation spielt eine entscheidende Rolle in der Mathematik. Vor allem gilt das für die Anwendungen der Mathematik; Approximationen und Näherungsverfahren der verschiedensten Art bilden den Hauptgegenstand der Untersuchungen im Bereich der numerischen Mathematik.

Wir wollen zunächst eine allgemeine Formulierung treffen, die es in verschiedenen Ausprägungen gestattet, die vielfältigen Typen von Approximationen zu erfassen. Dazu gehen wir von normierten Vektorräumen aus. Die durch die Norm gegebene Metrik liefert dann ein Maß zur Beurteilung einer Näherung.

3.1 Beste Näherungen. Sei $(V, \| \cdot \|)$ ein normierter Vektorraum, $T \subset V$ eine beliebige Teilmenge. Ein Element $u \in T$ wird man als eine umso bessere Näherung an ein gegebenes Element $v \in V$ bezeichnen, je kleiner der Abstand $\|v - u\|$ der beiden Elemente ist. Eine *beste Näherung* $\tilde{u} \in T$ oder ein *Proximum* liegt dann vor, wenn für jedes Element $u \in T$ die Abschätzung $\|v - \tilde{u}\| \leq \|v - u\|$ gilt.

Daß die Existenz eines Proximums nicht selbstverständlich ist, machen wir uns an zwei einfachen Fällen klar:

1. Beispiel. Sei $V := \mathbf{R}^2$, $\| \cdot \| := \| \cdot \|_2$, und sei $T := \{x \in V \mid \|x\| \leq 1\}$. Zu jedem Element $y \in V$ existiert ein Proximum $\tilde{x} \in T$, wie die aus der Skizze ersichtliche elementare geometrische Überlegung zeigt.

2. Beispiel. In $(C[0, 1], \| \cdot \|_\infty)$ sei $T := \{u \in V \mid u(x) = e^{\beta x}, \beta > 0\}$. Gefragt wird nach einem Proximum $\tilde{u} \in T$ an das Element $v \in V$, das durch die konstante Funktion $v(x) := \frac{1}{2}$ erklärt ist. Für $\tilde{u}$ müßte $\tilde{u}(x) = e^{\beta x}$ gelten, so daß der Wert $\max_{x \in [0,1]} |\frac{1}{2} - e^{\beta x}|$ unter allen $\beta > 0$ minimal wird. Da aber $\max_{x \in [0,1]} |\frac{1}{2} - e^{\beta x}| =$

$= e^\beta - \frac{1}{2}$ ist und da $\inf_{\beta>0}(e^\beta - \frac{1}{2}) = \frac{1}{2}$ von keinem Element aus T angenommen wird, besitzt die Approximationsaufgabe keine Lösung.

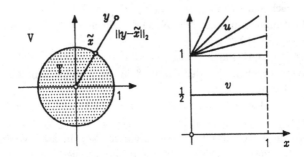

Definition des Proximums. Sei T eine Teilmenge des normierten Vektorraums $(V, \|\cdot\|)$; dann heißt $\tilde{u} \in T$ *Proximum* an $v \in V$, falls $\|v - \tilde{u}\| =$ $= \inf_{u\in T} \|v - u\|$. Die Zahl $E_T(v) := \inf_{u\in T} \|v - u\|$ heißt *Minimalabstand* des Elements v von der Teilmenge T.

Bemerkung. Der triviale Fall $v \in T$ ist nicht ausgeschlossen. In diesem Fall existiert stets ein Proximum, und zwar ist $\tilde{u} = v$, also $\|v - \tilde{u}\| = 0$.

3.2 Existenz eines Proximums. Der entscheidende Unterschied zwischen den beiden Beispielen ist der, daß die ausgewählte Teilmenge T im ersten Beispiel eine kompakte Teilmenge von V war und im zweiten nicht. Wir wollen dieser Tatsache nachgehen.

Minimalfolgen. Sei $(u_\nu)_{\nu\in\mathbb{N}}$ eine Folge von Elementen aus $T \subset V$. Sie heißt *Minimalfolge* in T für $v \in V$, wenn $\lim_{\nu\to\infty} \|v - u_\nu\| = E_T(v)$ gilt. Aus der Definition des Minimalabstandes $E_T(v)$ erkennt man, daß in jeder nichtleeren Teilmenge T für jedes Element $v \in V$ stets eine Minimalfolge existiert. Da aber bei einer Minimalfolge nur die Norm $\|v - u_\nu\|$ zu konvergieren braucht, folgt daraus für eine beliebige Teilmenge T nicht die Konvergenz von (u_ν) gegen ein Element von T oder auch nur gegen ein Element von V. Jedoch gilt für Minimalfolgen das

Lemma. *Sei $v \in V$. Dann ist jeder in T liegende Häufungspunkt einer Minimalfolge Proximum in T an v.*

Beweis. Sei (u_ν) Minimalfolge, d.h. $\lim_{\nu\to\infty} \|v - u_\nu\| = E_T(v)$. Die Teilfolge $(u_{\mu(\nu)})$ konvergiere gegen das Element $u^* \in T$. Dann gilt die Abschätzung $\|v - u^*\| \le \|v - u_\mu\| + \|u_\mu - u^*\|$ für alle μ, also $\|v - u^*\| \le E_T(v)$ wegen $\lim_{\mu\to\infty} \|v - u_\mu\| = E_T(v)$ und $\lim_{\mu\to\infty} \|u_\mu - u^*\| = 0$. Gleichzeitig gilt für den Minimalabstand die Abschätzung $E_T(v) \leq \|v - u\|$ für alle $u \in T$, also ist $\|v - u^*\| = E_T(v)$ und damit ist u^* Proximum. $\square$

Satz. *Sei* $T \subset V$ *eine kompakte Teilmenge. Dann existiert zu jedem* $v \in V$ *ein Proximum* $\tilde{u} \in T$.

Beweis. Sei $(u_\nu)_{\nu \in \mathbb{N}}$ Minimalfolge in T für $v \in V$. Da T kompakt ist, enthält diese Minimalfolge eine konvergente Teilfolge. Nach dem Lemma konvergiert diese gegen ein Proximum $\tilde{u} \in T$. $\square$

3.3 Eindeutigkeit des Proximums. An die Frage der Existenz eines Proximums schließt sich diejenige nach der Eindeutigkeit an. Das Proximum im 1. Beispiel 3.1 ist offensichtlich eindeutig bestimmt. Wenn wir aber das Beispiel so abändern, daß ein Proximum an $x \in V$ in

$$\hat{T} := T \setminus T^*, \quad T^* := \{x \in V \mid \|x\| \leq 1 \text{ mit } x_1 > 0, x_2 > 0\}$$

gesucht wird, so sind etwa die Punkte $(0,1)$ sowie $(1,0)$ die Proxima an $(1,1)$.

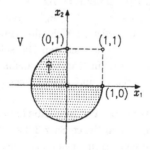

Entscheidend für die Eindeutigkeit des Proximums im 1. Beispiel 3.1 ist die

Konvexität. Die Teilmenge $T \subset V$ heißt *konvex*, wenn mit zwei beliebigen Elementen u_1 und u_2 aus T auch alle Elemente der Menge $\{\lambda u_1 + (1 - \lambda)u_2$ für $0 < \lambda < 1\}$ in T liegen. Sie heißt *streng konvex*, wenn diese Elemente für beliebiges $u_1 \neq u_2$ innere Punkte der Menge T sind.

Erläuterung. Konvexität einer Teilmenge T bedeutet also, daß mit u_1 und u_2 auch alle Punkte auf der Verbindungsstrecke zu T gehören. Strenge Konvexität heißt, daß der Rand von T keine geradlinigen Stücke enthält.

Damit gilt die folgende

Eindeutigkeitsaussage. *Sei* T *eine kompakte und streng konvexe Teilmenge in einem normierten Vektorraum* V. *Dann gibt es in* T *genau ein Proximum an* $v \in$ V.

Beweis. Seien $\tilde{u}_1$ und $\tilde{u}_2$, $\tilde{u}_1 \neq \tilde{u}_2$, Proxima in T an $v \in$ V. Dann gilt $\|\frac{1}{2}(\tilde{u}_1 + \tilde{u}_2) - v\| \leq \frac{1}{2}\|\tilde{u}_1 - v\| + \frac{1}{2}\|\tilde{u}_2 - v\| \Rightarrow \|\frac{1}{2}(\tilde{u}_1 + \tilde{u}_2) - v\| \leq E_T(v) \Rightarrow \|\frac{1}{2}(\tilde{u}_1 + \tilde{u}_2) - v\| = E_T(v)$. Da T streng konvex ist, gibt es Werte $\lambda \in (0,1)$, für die $\tilde{u} := \frac{1}{2}(\tilde{u}_1 + \tilde{u}_2) + \lambda[v - \frac{1}{2}(\tilde{u}_1 + \tilde{u}_2)]$ in T liegt. Ist $\hat{\lambda} > 0$ einer dieser Werte, dann gilt

$$\|\tilde{u} - v\| = \|\frac{1}{2}(1 - \hat{\lambda})(\tilde{u}_1 + \tilde{u}_2) - (1 - \hat{\lambda})v\| = (1 - \hat{\lambda})E_T(v) \Rightarrow \|\tilde{u} - v\| < E_T(v).$$

Die Annahme $\tilde{u}_1 \neq \tilde{u}_2$ war also falsch, und damit ist die Eindeutigkeit bewiesen.   □

3.4 Lineare Approximation. Für die Anwendungen ist vor allem der Fall wichtig, daß T := U ein endlichdimensionaler linearer Unterraum von V ist. Sei etwa U := span$(u_1, u_2, \ldots, u_n)$. Die Frage nach einem Proximum $\tilde{u} \in$ U an ein Element $v \in$ V läuft also darauf hinaus, unter allen Linearkombinationen $u = \alpha_1 u_1 + \cdots + \alpha_n u_n$ ein Proximum $\tilde{u} = \tilde{\alpha}_1 u_1 + \cdots + \tilde{\alpha}_n u_n$ zu finden, so daß der Abstand $d(\alpha) := \|v - (\alpha_1 u_1 + \cdots + \alpha_n u_n)\|$ minimal wird.

Im trivialen Fall $v \in$ U reduziert sich die Approximationsaufgabe hier auf die Darstellungsaufgabe, $\tilde{u} = v$ nach den Basiselementen $(u_1, u_2, \ldots, u_n)$ zu zerlegen. Dieser Fall wird uns in Kapitel 5 ausführlicher beschäftigen. Er ist durch $d(\tilde{\alpha}) = 0$ charakterisiert und braucht jetzt nicht ausgeschlossen zu werden.

Mit der eigentlichen Approximationsaufgabe haben wir es für $v \notin$ U zu tun. Dieser Fall wird nicht unmittelbar durch Satz 3.2 erfaßt, da die Voraussetzung der Kompaktheit für einen endlichdimensionalen linearen Unterraum nicht erfüllt ist.

Es genügt jedoch, eine beschränkte Teilmenge von U zu betrachten, wenn wir eine Minimalfolge in U für $v \in$ V untersuchen. Das drückt der folgende Hilfssatz aus.

Hilfssatz. *Jede Minimalfolge in* U *ist beschränkt.*

Beweis. Sei $(u_\nu)_{\nu \in \mathbb{N}}$ Minimalfolge in U für $v \in$ V. Dann gilt

$$E_U(v) \leq \|v - u_\nu\| \leq E_U(v) + 1$$

für alle $\nu \geq N$. Also ist $\|u_\nu\| \leq \|v - u_\nu\| + \|v\| \leq E_U(v) + 1 + \|v\| =: K_1$ für $\nu \geq N$. Sei nun $K_2 \geq \|u_\nu\|$ für $\nu < N$ und $K := \max\{K_1, K_2\}$. Dann gilt $\|u_\nu\| \leq K$ für alle $\nu \in \mathbb{N}$.   □

Damit sind wir in der Lage, die folgende grundsätzliche Aussage über die Existenz eines Proximums zu machen.

Fundamentalsatz der Approximationstheorie in normierten Vektorräumen. *Ist U ein endlichdimensionaler linearer Unterraum des normierten Vektorraums V, so existiert zu jedem Element $v \in V$ ein Proximum $\tilde{u} \in U$.*

Beweis. Nach dem Hilfssatz ist jede Minimalfolge für $v \in V$ beschränkt. Sie besitzt folglich einen Häufungspunkt u^*. Da U abgeschlossen ist, liegt er auch in U. Nach Lemma 3.2 ist dann u^* ein Proximum $\tilde{u}$. □

Bemerkung. Für die Aussage des Fundamentalsatzes der Approximationstheorie ist es wesentlich, daß der lineare Raum U eine endliche Dimension hat. Man macht sich leicht klar, daß der Approximationssatz von Weierstraß ein Beispiel dafür ist, daß auf die endliche Dimension nicht verzichtet werden kann. Die Bedeutung des Fundamentalsatzes, die auch seinen Namen berechtigt erscheinen läßt, liegt darin, daß er die Grundlage für die Lösung der folgenden Aufgabe bildet: Ein gegebenes Element eines normierten Vektorraums wie etwa eine nur in komplizierter Form geschlossen darstellbare Funktion, eine punktweise berechnete oder eine mit Hilfe experimentell gewonnener Werte näherungsweise bekannte Funktion soll "möglichst gut" durch eine Linearkombination endlich vieler vorgegebener Elemente approximiert werden.

Im folgenden wollen wir die Approximation aus einem endlichdimensionalen linearen Unterraum weiter untersuchen.

3.5 Eindeutigkeit in endlichdimensionalen linearen Unterräumen. Zur Beantwortung der Frage nach der Eindeutigkeit des Proximums beweisen wir die folgende

Eindeutigkeitsaussage. *Sei V streng normiert. Dann ist das Proximum an $v \in V$ in einem beliebigen endlichdimensionalen linearen Unterraum U eindeutig bestimmt.*

Beweis. Ist $v \in U$, dann ist selbstverständlich $\tilde{u} = v$ in jedem normierten Vektorraum eindeutig festgelegt. Wir nehmen deshalb $v \notin U$ an. Sind $\tilde{u}_1$ und $\tilde{u}_2$ Proxima, so gilt wie in 3.3

$$\left\| v - \frac{1}{2}(\tilde{u}_1 + \tilde{u}_2) \right\| \leq \frac{1}{2}\|v - \tilde{u}_1\| + \frac{1}{2}\|v - \tilde{u}_2\| = E_U(v), \text{ also}$$

$$\|(v - \tilde{u}_1) + (v - \tilde{u}_2)\| = \|v - \tilde{u}_1\| + \|v - \tilde{u}_2\|; \text{ demnach ist}$$

$$v - \tilde{u}_1 = \lambda(v - \tilde{u}_2)$$

$$(1 - \lambda)v = \tilde{u}_1 - \lambda\tilde{u}_2,$$

da die Norm $\| \cdot \|$ streng ist. Wegen $v \notin U$ ist diese Gleichung nur für $\lambda = 1$ erfüllt, so daß $\tilde{u}_1 = \tilde{u}_2$ und damit die Eindeutigkeit des Proximums folgt.   □

Verzichtet man auf die Annahme, daß V streng normiert sei, so kann man der ersten Zeile des Beweises immer noch entnehmen, daß mit $\tilde{u}_1$ und $\tilde{u}_2$ auch $\frac{1}{2}(\tilde{u}_1 + \tilde{u}_2)$ Proximum ist; man kann sogar erkennen, daß dann jedes Element $\lambda\tilde{u}_1 + (1 - \lambda)\tilde{u}_2$ für beliebiges $\lambda \in [0, 1]$ Proximum ist. Damit gilt die folgende

Bemerkung. In einem normierten Vektorraum V ist das Proximum an ein Element $v \in V$ aus einem endlichdimensionalen linearen Unterraum entweder eindeutig bestimmt oder es gibt unendlich viele Proxima.

1. Beispiel. Sei $V := C[a, b]$, $\| \cdot \| := \| \cdot \|_2$. Die Norm $\| \cdot \|_2$ ist eine strenge Norm. Denn für jede aus einem inneren Produkt hervorgegangene Norm gilt die Schwarzsche Ungleichung $|\langle v_1, v_2\rangle| \leq \|v_1\| \|v_2\|$, in der Gleichheit nach 1.3 genau dann eintritt, wenn v_1 und v_2 linear abhängig sind. Nach 1.3 hat das dieselbe Eigenschaft für die Dreiecksungleichung zur Folge. Die Approximationsaufgabe, $\tilde{u} \in U$ an $v \in V$ zu finden, ist also stets eindeutig lösbar.

2. Beispiel. Sei $V := \mathbf{R}^3$, $\| \cdot \| := \| \cdot \|_\infty$. Dieser Vektorraum ist nicht streng normiert. Denn für die Elemente $x := (1, 0, 0) \in V$, $y := (1, 1, 0) \in V$ gilt $\|x\|_\infty = \|y\|_\infty = 1$ sowie $\|x + y\|_\infty = 2$, also $\|x + y\|_\infty = \|x\|_\infty + \|y\|_\infty$, ohne daß x und y linear abhängig sind.

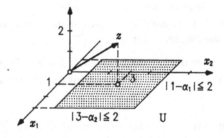

In einem Unterraum $U \subset V$ kann es hier in der Tat an ein Element $z \notin U$ unendlich viele Proxima geben. Seien etwa die Proxima an $z := (1, 3, 2)$ in der Ebene $U := \mathrm{span}(x^1, x^2)$ mit $x^1 := (1, 0, 0)$, $x^2 := (0, 1, 0)$ anzugeben. Dann ist

$$\|z - \tilde{z}\|_\infty = \min_{\alpha_1, \alpha_2 \in \mathbf{R}} \|z - (\alpha_1 x^1 + \alpha_2 x^2)\|_\infty = 2.$$

Das Minimum wird für alle Werte α_1, α_2 angenommen, für die $|1 - \alpha_1| \leq 2$ und $|3 - \alpha_2| \leq 2$ gilt.

Im 2. Beispiel stellt sich die Tschebyschev-Norm im Raum $\mathbf{R}^3$ als nicht streng heraus. Das gleiche gilt nach 1.1 für den Vektorraum der stetigen Funktionen, versehen mit der Tschebyschev-Norm. Von den Eigenschaften der Norm her kann man also in diesem Vektorraum auf Eindeutigkeit des Proximums nicht schließen.

Dieselben Funktionen f und g, mit denen in 1.1 gezeigt wurde, daß der Raum $(C[0,1], \|\cdot\|_\infty)$ nicht streng normiert ist, liefern die entsprechende Aussage für den Vektorraum $(C[0,1], \|\cdot\|_1)$. Wieder gilt $\|f+g\|_1 = \|f\|_1 + \|g\|_1$, ohne daß f und g linear abhängig sind.

Allerdings ist es gerade der Raum $(C[a,b], \|\cdot\|_\infty)$, der für die Approximation von Funktionen besonders wichtig ist. Ist es doch die Tschebyschev-Norm, die punktweise die größte Abweichung einer besten Näherung von einer gegebenen Funktion mißt und die deshalb numerischen Fehlerabschätzungen zugrundeliegt.

Die Behandlung des 1. Beispiels zeigt uns, daß in jedem Prae-Hilbertraum V das Proximum an ein beliebiges Element $v \in V$ in einem endlichdimensionalen linearen Unterraum stets eindeutig bestimmt ist; diese Tatsache geht auf die Eigenschaften der Schwarzschen Ungleichung zurück. Versieht man den Vektorraum $V := \mathbb{C}^n$ mit einer der im Beispiel 2.4.1 eingeführten Normen $\|\cdot\|_p$, $1 < p < \infty$, so erhält man ebenfalls einen streng normierten Vektorraum. Denn die Dreiecksungleichung stimmt ja mit der für jede der Normen $\|\cdot\|_p$ gültigen Minkowskischen Ungleichung 2.4.1 überein, in der Gleichheit für $1 < p < \infty$ nur bei linearer Abhängigkeit der eingehenden Elemente eintritt. Dasselbe gilt für die Vektorräume $L^p[a,b]$ und insbesondere auch für den mit einer der Normen $\|\cdot\|_p$, $1 < p < \infty$, ausgestatteten Raum $C[a,b]$. Wie wir oben erkannt haben, sind die Verhältnisse für $p=1$ und für $p=\infty$ davon verschieden.

Die strenge Normierung eines Vektorraums ist hinreichend dafür, daß in jedem endlichdimensionalen linearen Unterraum ein eindeutig bestimmtes Proximum an ein beliebiges Element existiert. Daneben gibt es endlichdimensionale lineare Unterräume nicht streng normierter Vektorräume, bezüglich derer die Approximationsaufgabe ebenfalls eindeutig lösbar ist. Gerade damit werden wir uns im Falle des $(C[a,b], \|\cdot\|_\infty)$ noch genauer zu beschäftigen haben (§4). Zunächst wollen wir uns jedoch noch vor Augen führen, daß in einem nicht streng normierten Vektorraum auch stets Nicht-Eindeutigkeit des Proximums eintreten kann. Dazu werden in dem folgenden Beispiel in einem beliebigen nicht streng normierten Vektorraum V über $\mathbb{R}$ ein endlichdimensionaler linearer Unterraum $U \subset V$ konstruiert und ein Element $v \in V$ angegeben, so daß mehr als ein Proximum aus U an v existiert.

3. Beispiel. a) Da V nicht streng normiert ist, gibt es zwei linear unabhängige Elemente v_1^* und v_2^*, $0 < \|v_1^*\| \leq \|v_2^*\|$, für die die Dreiecksungleichung zur Gleichheit wird: $\|v_1^* + v_2^*\| = \|v_1^*\| + \|v_2^*\|$. Dasselbe gilt dann auch für die normierten Elemente $v_1 := \frac{v_1^*}{\|v_1^*\|}$ und $v_2 := \frac{v_2^*}{\|v_2^*\|}$. Denn es ist ja

$$\|v_1 + v_2\| = \|\frac{v_1^*}{\|v_1^*\|} + \frac{v_2^*}{\|v_2^*\|}\| = \|(\frac{v_1^*}{\|v_1^*\|} + \frac{v_2^*}{\|v_1^*\|}) - (\frac{v_2^*}{\|v_1^*\|} - \frac{v_2^*}{\|v_2^*\|})\| \ge$$

$$\ge \frac{1}{\|v_1^*\|}\|v_1^* + v_2^*\| - |\frac{1}{\|v_1^*\|} - \frac{1}{\|v_2^*\|}|\|v_2^*\| = \frac{1}{\|v_1^*\|}(\|v_1^*\| + \|v_2^*\|) -$$

$$- (\frac{1}{\|v_1^*\|} - \frac{1}{\|v_2^*\|})\|v_2^*\| = 2,$$

d. h. also $\|v_1+v_2\| \ge 2$; zusammen mit der Abschätzung $\|v_1+v_2\| \le \|v_1\|+\|v_2\| = 2$ führt das auf die Gleichung $\|v_1 + v_2\| = \|v_1\| + \|v_2\|$.

Mit v_1 und v_2 bilden wir den eindimensionalen Unterraum $U := \text{span}(v_1 - v_2)$, bestehend aus den Elementen $u(\lambda) := \lambda(v_1 - v_2)$, $\lambda \in \mathbb{R}$.

Soll nun das Element $w := -v_2 \notin U$ aus U approximiert werden, so sind sowohl $u(0) = 0$ als auch $u(1) = v_1 - v_2$ Proxima. Um das einzusehen, machen wir uns klar, daß für alle $\lambda \in \mathbb{R}$ die Abschätzung $\|w - u(0)\| = \|w - u(1)\| \le \|w - u(\lambda)\|$ gilt.

Sei dazu $d(\lambda) := u(\lambda) - w = \lambda v_1 + (1 - \lambda)v_2$. Mit $d(0) = v_2$ und $d(1) = v_1$ ist $\|d(0)\| = \|d(1)\| = 1$. Um zu zeigen, daß $\|d(\lambda)\| \ge 1$ für alle Werte von λ gilt, machen wir die Fallunterscheidung

1) $\lambda < 0$: Die Darstellung $v_2 = \frac{-\lambda}{1-2\lambda}(v_1 + v_2) + \frac{1}{1-2\lambda}[\lambda v_1 + (1 - \lambda)v_2]$ führt über

$$\|v_2\| \le \frac{-\lambda}{1 - 2\lambda}(\|v_1\| + \|v_2\|) + \frac{1}{1 - 2\lambda}\|d(\lambda)\|,$$

$$\|d(\lambda)\| \ge (1 - 2\lambda)\|v_2\| + \lambda(\|v_1\| + \|v_2\|) = 1$$

zum Ziel.

Für die weiteren Werte von λ eignen sich die folgenden Darstellungen:

2) $0 < \lambda < \frac{1}{2}$: $v_1 + v_2$ $= \frac{1-2\lambda}{1-\lambda}v_1 + \frac{1}{1-\lambda}d(\lambda)$;

3) $\lambda = \frac{1}{2}$: $\frac{1}{2}(v_1 + v_2)$ $= d(\frac{1}{2})$;

4) $\frac{1}{2} < \lambda < 1$: $v_1 + v_2$ $= \frac{2\lambda-1}{\lambda}v_2 + \frac{1}{\lambda}d(\lambda)$;

5) $1 < \lambda$: v_1 $= \frac{\lambda-1}{2\lambda-1}(v_1 + v_2) + \frac{1}{2\lambda-1}d(\lambda)$.

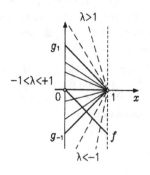

b) Das Beispiel soll an dem konkreten Fall des nicht streng normierten Vektorraums $(C[0,1], \|\cdot\|_\infty)$ illustriert werden. Seien dazu v_1 und v_2 als $v_1(x) := 1$, $v_2(x) := x$ für $x \in [0,1]$ gewählt. Also ist U das Geradenbüschel $g_\lambda(x) := \lambda(1-x)$, aus dem das Element $f(x) := -x$ zu approximieren ist. Es ist $d_\lambda(x) := \lambda + (1-\lambda)x$, also $\|d(\lambda)\| = 1$ für $\lambda \in [-1, +1]$ und $\|d(\lambda)\| > 1$ für alle übrigen Werte von λ.

Proxima sind also nicht nur g_0 und g_1, sondern entsprechend der Bemerkung 3.5 alle Elemente g_λ für $\lambda \in [0,1]$.

3.6 Aufgaben.   1) In dem normierten Vektorraum $(C[0,1], \|\cdot\|_\infty)$ betrachten wir die Teilmenge $T := \{u \in C[0,1] \mid u(0) = 0\}$. Man zeige, daß die Folge $(u_\nu)_{\nu \in \mathbb{N}}$, $u_\nu(t) := t^\nu$, eine Minimalfolge für das Element v, $v(t) := 1$, ist, die nicht gegen ein Element aus T konvergiert.

2) a) Man zeige: In $(\mathbb{R}^2, \|\cdot\|_2)$ gibt es zu jedem Element $x = (x_1, x_2)$ ein eindeutig bestimmtes Proximum in der abgeschlossenen unteren Halbebene.

b) In dem normierten Vektorraum $(V, \|\cdot\|)$ sei $T := \{u \in V \mid \|u\| \leq 1\}$ die abgeschlossene Einheitskugel. Man zeige, daß ein Proximum $\tilde{u} \in T$ an ein Element $v \in V$ durch $\tilde{u} := \begin{cases} v, & \text{falls } v \in T \\ \frac{v}{\|v\|}, & \text{falls } v \notin T \end{cases}$ gegeben ist.

3) Man zeige: Die Menge aller Polynome mit nichtnegativen Koeffizienten ist konvex.

4) Man skizziere die Einheitskreise $\|x\| = 1$, $x \in \mathbb{R}^2$, bei Vorgabe der Normen $\|\cdot\|_1$, $\|\cdot\|_2$ und $\|\cdot\|_\infty$. Welche Eigenschaft der Norm läßt sich aus der Konvexität bzw. strengen Konvexität der Einheitskreise ablesen?

5) Man entscheide, ob in den folgenden normierten Räumen das Proximum in einem endlichdimensionalen linearen Teilraum stets eindeutig bestimmt ist:

a) $V := C_2[0,1]$, $\|f\| := \left(\int_0^1 |f''(x)|^2 dx\right)^{\frac{1}{2}} + |f(0)| + |f(1)|$;

b) $V := C_n[0,1]$, $\|f\| := \left(\sum_0^n \int_0^1 |f^{(\nu)}(x)|^2 dx\right)^{\frac{1}{2}}$, $n \in \mathbb{N}$;

c) $V := \{(x_\nu)_{\nu \in \mathbb{N}} \mid x_1 = 0, \sum_1^\infty |x_{\nu+1} - x_\nu| < \infty\}$, $\|x\| := \sum_1^\infty |x_{\nu+1} - x_\nu|$.

6) Sei $V := P_1$, versehen mit der Norm $\|p\| = |p(0)| + |p(1)|$. Man bestimme die Menge aller Proxima aus $U := P_0$ an das Polynom $p(x) := x$.

§ 4. Gleichmäßige Approximation

Das Problem der Approximation stetiger Funktionen durch eine endliche Linearkombination vorgegebener Funktionen kann unter verschiedenen Gesichtspunkten betrachtet werden. Für den Zweck der Darstellung einer beliebigen stetigen Funktion durch elementare Funktionen, etwa durch Polynome, bietet sich die Maximalabweichung der Näherung vom Ausgangselement als Maß für die Güte der Näherung an. Der entsprechende normierte Vektorraum ist der $C[a,b]$, versehen mit der Tschebyschev-Norm $\|\cdot\|_\infty$. Man spricht hier von *gleichmäßiger Approximation*, weil die Tschebyschev-Norm der Abweichung eine gleichmäßige Schranke für das gesamte Intervall darstellt.

PAFNUTII LVOVITSCH TSCHEBYSCHEV (1821–1894) wirkte hauptsächlich in St. Petersburg, dem heutigen Leningrad. Er war ein universeller Mathematiker, dessen Arbeiten immer noch in verschiedenen Bereichen der Mathematik fortwirken. So stammen von ihm Beiträge zur Zahlentheorie, zur Wahrscheinlichkeitstheorie, zur Theorie der Orthogonalfunktionen und zur theoretischen Mechanik. Tschebyschev gilt als Wegbereiter der konstruktiven Funktionentheorie, von der die Theorie der gleichmäßigen Approximation ein Teil ist. Der grundlegende Alternantensatz 4.3 wurde von ihm zuerst formuliert und bewiesen.

Die Existenz eines Proximums $\tilde{f}$ in einem endlichdimensionalen linearen Unterraum U an das Element $f \in C[a, b]$ ist nach dem Fundamentalsatz 3.4 gesichert; die Eindeutigkeit ist nicht allgemein gewährleistet. Für spezielle Unterräume kann jedoch gezeigt werden, daß Eindeutigkeit des Proximums eintritt, obwohl $(C[a, b], \| \cdot \|_\infty)$ nicht streng normiert ist.

4.1 Approximation durch Polynome. Wir beginnen mit der Untersuchung der Approximation einer stetigen Funktion durch Polynome von vorgegebenem Höchstgrad, also mit der Wahl des Unterraums $U := P_{n-1} = \mathrm{span}(g_1, \ldots, g_n)$ mit $g_j(x) := x^{j-1}, 1 \leq j \leq n$. Wir wollen zunächst ein Kriterium kennenlernen, mit dessen Hilfe man ein Proximum erkennen kann.

Satz. *Sei $g \in P_{n-1}$, $f \in C[a, b]$ und $\rho := \|f - g\|_\infty$. Es gebe $(n + 1)$ Punkte $a \leq x_1 < x_2 < \cdots < x_{n+1} \leq b$, so daß $(f - g)$ dort die Maximalabweichung ρ mit abwechselndem Vorzeichen annimmt: $|f(x_\nu) - g(x_\nu)| = \rho$ für $1 \leq \nu \leq n + 1$ und $f(x_{\nu+1}) - g(x_{\nu+1}) = -[f(x_\nu) - g(x_\nu)]$ für $1 \leq \nu \leq n$.*
Dann ist g Proximum an f.

Beweis. Zum Beweis verschaffen wir uns zunächst eine andere Charakterisierung eines Proximums. Dazu betrachten wir ein Polynom $p^* \in P_{n-1}$ und die Menge M der Stellen, in denen die Differenz $d^* := f - p^*$ die Extremwerte $\pm\|f - p^*\|_\infty$ annimmt:

$$M := \{x \in [a, b] \mid |f(x) - p^*(x)| = \|f - p^*\|_\infty\}.$$

Ist p^* nicht Proximum, dann läßt sich ein Proximum $\tilde{f}$ mit Hilfe eines geeigneten Elements $p \in P_{n-1}$ in der Form $\tilde{f} = p^* + p$, $p \neq 0$, darstellen. Dann gilt

$$|f(x) - (p^*(x) + p(x))| < |f(x) - p^*(x)|$$

für $x \in M$ bzw. $|d^*(x) - p(x)| < |d^*(x)|$. Das ist nur möglich, wenn in diesen Stellen das Vorzeichen von $p(x)$ mit dem von $d^*(x)$ übereinstimmt, wenn also $[f(x) - p^*(x)]p(x) > 0$ für $x \in M$ gilt. Gibt es also *kein* Polynom $p \in P_{n-1}$, das diese Bedingung erfüllt, so ist p^* bereits Proximum.

Gilt nun für ein Element $g \in P_{n-1}$ an $(n + 1)$ Stellen

$$a \leq x_1 < x_2 < \cdots < x_{n+1} \leq b$$

die Gleichheit $|f(x_\nu)-g(x_\nu)| = \rho$, und ist dabei gleichzeitig $f(x_{\nu+1})-g(x_{\nu+1}) =$
$= -[f(x_\nu) - g(x_\nu)]$, so kann es kein Polynom $p \in P_{n-1}$ geben, das die Bedingungen $[f(x_\nu) - g(x_\nu)]p(x_\nu) > 0$ für alle $1 \le \nu \le n + 1$ erfüllt. Denn dazu
müßte p in $[a, b]$ (mindestens) n-mal das Vorzeichen wechseln, also (mindestens) n Nullstellen besitzen; nach dem Fundamentalsatz der Algebra ist das
nicht möglich. $\Box$

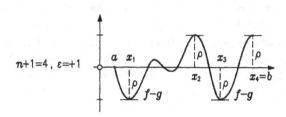

$n+1=4$, $\varepsilon=+1$

Bemerkung. Ist die Funktion $f \in C[a, b]$ punktweise gegeben und soll sie in
den $m \ge n + 1$ Funktionswerten $f(x_\mu)$, $1 \le \mu \le m$ und $x_1 < x_2 < \cdots < x_m$
bezüglich der Tschebyschev-Norm bestmöglich approximiert werden, so gilt
derselbe Satz mit $\rho := \max_{1 \le \mu \le m} |f(x_\mu)-g(x_\mu)|$. Der Beweis für diese Variante
des Satzes kann wörtlich übernommen werden.

Erläuterung. Der Satz besagt nur, daß man auf das Vorliegen eines Proximums schließen kann, wenn *mindestens* $(n + 1)$ Punkte existieren, die der
Voraussetzung genügen. Die Anzahl der Punkte mit Minimalabweichung kann
durchaus höher sein. Man approximiere etwa die Funktion $f(x) := \sin(3x)$ in
$C[0, 2\pi]$ durch Polynome. Wie der Satz lehrt, ist in den Unterräumen P_{n-1},
$n - 1 \le 4$, jeweils $g = 0 = \tilde{f}$ Proximum. Dabei tritt die Maximalabweichung
sechsmal auf, während der Satz etwa für $n = 2$ nur dreimaliges Auftreten fordert. Für $n - 1 = 5$, also $n + 1 = 7$, erfüllt jedoch $g = 0$ die Voraussetzung
des Satzes nicht mehr. In der Tat ist auch $g = 0$ nicht Proximum aus P_5;
denn die Voraussetzungen des Satzes sind nicht nur hinreichend, sondern auch
notwendig für das Vorliegen eines Proximums, wie wir in 4.3 sehen werden.

4.2 Haarsche Räume. Als spezielle Eigenschaft des Unterraumes P_{n-1} haben wir beim Beweis des Satzes 4.1 nur die benutzt, daß für Polynome der
Fundamentalsatz der Algebra gilt. Für den Beweis würde sogar die schwächere
Aussage genügen, daß ein Polynom vom Grad $(n - 1)$ *höchstens* $(n - 1)$ verschiedene Nullstellen in $[a, b]$ besitzt. Diese Eigenschaft der Polynome haben
jedoch auch andere Klassen von Funktionen.

Definition. Besitzen n linear unabhängige Elemente $g_1, \ldots, g_n \in C[a, b]$ die
Eigenschaft, daß jedes Element $g \in \mathrm{span}(g_1, \ldots, g_n)$, $g \ne 0$, in $[a, b]$ *höchstens*

$(n-1)$ verschiedene Nullstellen hat, dann heißt $U := \mathrm{span}(g_1, \ldots, g_n)$ *Haarscher Raum.*

Diese Benennung erinnert an den österreich-ungarischen Mathematiker ALFRED HAAR (1885 – 1933), der vor allem durch seine Arbeiten zur Funktionalanalysis bekannt geworden ist. Er lehrte nach seiner Habilitation (1910) in Göttingen, ab 1912 in dem damals ungarischen Klausenburg und, nachdem dieses rumänisch geworden war, ab 1920 in Szeged. In Szeged begründete Haar zusammen mit Friedrich Riesz (1880 – 1956) ein mathematisches Zentrum, in dem wesentliche Beiträge zur modernen Funktionalanalysis entstanden sind.

Tschebyschev-Systeme. Eine Basis $\{g_1, \ldots, g_n\}$ eines Haarschen Raumes nennt man auch ein *Tschebyschev-System.* Beispiele für Tschebyschev-Systeme, die von dem System $\{1, x, \cdots, x^{n-1}\}$ verschieden sind, sind etwa die Systeme $\{1, e^x, \cdots, e^{(n-1)x}\}$, $x \in \mathbb{R}$ und $\{1, \sin(x), \cdots, \sin(mx), \cos(x), \cdots, \cos(mx)\}$, $x \in [0, 2\pi)$.

Im ersteren Fall erkennt man diese Eigenschaft durch die Transformation $t := e^x$ und im zweiten Fall bei Übergang zu komplexer Schreibweise:

$$\sum_{\mu=0}^{m} (\alpha_\mu \sin(\mu x) + \beta_\mu \cos(\mu x)) = \sum_{|\mu| \leq m} \gamma_\mu e^{i\mu x} = e^{-imx} q(e^{ix}) \ , \gamma_\mu \in \mathbb{C},$$

mit einem passenden Polynom q vom Höchstgrad $2m$ in e^{ix}, das höchstens $2m = n-1$ Nullstellen besitzt. Infolge der Periodizität der trigonometrischen Funktionen gilt dieselbe Eigenschaft in jedem Intervall $[a, b]$ mit $0 < b-a < 2\pi$.

Satz 4.1 macht eine hinreichende Aussage dafür, daß ein Element g Proximum an f ist. Der Satz gilt also allgemein, falls U ein Haarscher Raum ist.

4.3 Der Alternantensatz. Satz 4.1 läßt sich als Kriterium für das Vorliegen eines Proximums auffassen und verwenden. Er läßt sich aber darüber hinaus zu einer hinreichenden und notwendigen Aussage vervollständigen. Wir treffen dazu die

Definition. Eine Menge von $(n+1)$ Punkten $a \leq x_1 < \cdots < x_{n+1} \leq b$ nennen wir *Alternante* für $f \in C[a, b]$ und $g \in \mathrm{span}(g_1, \ldots, g_n)$, falls mit $d := f - g$ die Vorzeichenbeziehung $\mathrm{sgn}\, d(x_\nu) = \varepsilon(-1)^\nu$ mit $\varepsilon \in \{-1, +1\}$, $1 \leq \nu \leq n+1$, gilt.

Damit wollen wir die Vervollständigung des Satzes 4.1 formulieren. Auch diese Vervollständigung gilt allgemein für Proxima in Haarschen Räumen; wir wollen uns jedoch bei der Formulierung des Satzes und beim Beweis auf den wichtigsten Fall $U := P_{n-1}$ beschränken.

Alternantensatz. *Das Element $g \in P_{n-1}$ ist genau dann Proximum an das Element $f \in C[a, b]$, wenn eine Alternante $a \leq x_1 < \cdots < x_{n+1} \leq b$ existiert, so daß $|f(x_\nu) - g(x_\nu)| = \|f - g\|_\infty$ für $\nu = 1, \cdots, n+1$ gilt.*

Beweis. Die hinreichende Aussage des Alternantensatzes bildet den Inhalt des Satzes 4.1 und ist damit schon bewiesen. Zum Nachweis der notwendigen Aussage zeigen wir im Anschluß an den Beweis von Satz 4.1, daß die Näherung durch ein Polynom $p^* \in P_{n-1}$ stets verbessert werden kann, falls ein Polynom $p \in P_{n-1}$ existiert, das die Bedingung $d^*(x)p(x) = [f(x) - p^*(x)]p(x) > 0$ für alle $x \in M$ erfüllt.

Wir nehmen dazu an, daß $|p(x)| \leq 1$ für alle $x \in [a,b]$ für dieses Polynom p gelte; dann können wir einsehen, daß stets eine Zahl $\theta > 0$ gefunden werden kann, so daß $\max_{x \in [a,b]} |d^*(x) - \theta p(x)| < \max_{x \in [a,b]} |d^*(x)|$ gilt.

Betrachten wir die Menge M' aller Werte x, für die $d^*(x)p(x) \leq 0$ gilt; diese Menge ist abgeschlossen, und da M und M' disjunkt sind, gilt für den Wert $d := \max_{x \in M'} |d^*(x)|$ die Abschätzung $d < \max_{x \in M} |d^*(x)|$. Ist M' leer, setzen wir $d := 0$.

Sei nun $\theta := \frac{1}{2}[\max_{x \in [a,b]} |d^*(x)| - d]$, und sei $\xi \in [a,b]$ ein Wert, für den $|d^*(\xi) - \theta p(\xi)| = \max_{x \in [a,b]} |d^*(x) - \theta p(x)|$ gilt. Ist dann $\xi \in M'$, gilt die Abschätzung

$$\max_{x \in [a,b]} |d^*(x) - \theta p(x)| \leq |d^*(\xi)| + |\theta p(\xi)| \leq d + \theta$$

$$= \frac{1}{2}[\max_{x \in [a,b]} |d^*(x)| + d] < \max_{x \in [a,b]} |d^*(x)|.$$

Ist andererseits $\xi \notin M'$, dann gilt wegen des gleichen Vorzeichens von $d^*(\xi)$ und $p(\xi)$ die Abschätzung

$$|d^*(\xi) - \theta p(\xi)| < \max[|d^*(\xi)|, |\theta p(\xi)|].$$

In jedem Fall ist also $p^* + \theta p$ eine bessere Näherung an f als p^*.

Existiert nun keine Alternante, gibt es also höchstens n Werte ξ_ν, so daß $|d(\xi_\nu)| = \|d\|_\infty$ und sgn $d(\xi_\nu) = \varepsilon(-1)^\nu$ für $\nu = 1, \ldots, k$ gilt, dann läßt sich auch stets ein Polynom p finden, das die Bedingung $[f(\xi_\nu) - g(\xi_\nu)]p(\xi_\nu) > 0$ für $\nu = 1, \cdots, k$ mit $1 \leq k \leq n$ erfüllt. Dazu wähle man etwa ein Polynom, das in $[a,b]$ genau die einfachen Nullstellen $\xi'_1, \cdots, \xi'_{k-1}$ mit $\xi_\kappa < \xi'_\kappa < \xi_{\kappa+1}$, $1 \leq \kappa \leq k-1$, besitzt. □

Bemerkung. Wie Satz 4.1 gilt auch der Alternantensatz aufgrund desselben Beweises für eine punktweise gegebene Funktion; dabei ist nur wieder die Existenz einer Alternanten mit $|f(x_\nu) - g(x_\nu)| = \rho := \max_{1 \leq \mu \leq m} |f(x_\mu) - g(x_\mu)|$ zu fordern.

Vervollständigung. Die im Beweis ausgenützte Möglichkeit, stets ein Polynom $p \in P_{n-1}$ angeben zu können, das die Bedingung $[f(\xi_\nu) - g(\xi_\nu)]p(\xi_\nu) > 0$ für $\nu = 1, \cdots, k$ bei $k \leq n$ erfüllt, besteht allgemein für Tschebyschev-Systeme. Sie folgt beispielsweise aus Satz 5.1.1 über Interpolation in Haarschen Räumen.

Mit dieser Ergänzung ist der Beweis des Alternantensatzes auch allgemein für Haarsche Räume zu führen. Infolgedessen gilt der Alternantensatz auch in dem Fall, daß $g_1, \ldots, g_n$ Elemente eines Tschebyschev-Systems sind und damit einen Haarschen Raum aufspannen.

4.4 Eindeutigkeit. Der Alternantensatz 4.3 gibt uns die Möglichkeit, die beste Näherung aus einem Haarschen Unterraum an eine stetige Funktion zu charakterisieren. Mit Hilfe des Alternantensatzes ist auch der Nachweis der Eindeutigkeit eines solchen Proximums möglich. Wir beweisen die folgende

Eindeutigkeitsaussage. *Sei* $U := \mathrm{span}(g_1, \ldots, g_n)$ *ein Haarscher Unterraum von* $C[a, b]$. *Dann ist das Proximum* $\tilde{f} \in U$ *an ein Element* $f \in C[a, b]$ *eindeutig bestimmt.*

Beweis. Seien h_1 und h_2 Proxima aus U an f. Nach der Bemerkung 3.4 ist dann auch das Element $\frac{1}{2}(h_1 + h_2)$ Proximum. Nach dem Alternantensatz existiert dann eine Alternante $a \leq x_1 < x_2 < \cdots < x_{n+1} \leq b$, so daß

$$f(x_\nu) - \frac{1}{2}[h_1(x_\nu) + h_2(x_\nu)] = \varepsilon(-1)^\nu \rho \ \text{ mit } \ \varepsilon = \pm 1 \ \text{ für } \ \nu = 1, \ldots, n+1$$

gilt. Also ist

$$\frac{1}{2}[f(x_\nu) - h_1(x_\nu)] + \frac{1}{2}[f(x_\nu) - h_2(x_\nu)] = \varepsilon(-1)^\nu \rho;$$

wegen $|f(x_\nu) - h_j(x_\nu)| \leq \rho$, $(j = 1, 2)$, folgt $f(x_\nu) - h_1(x_\nu) = f(x_\nu) - h_2(x_\nu)$, also $h_1(x_\nu) = h_2(x_\nu)$ für $\nu = 1, \ldots, n+1$ und damit $h_1 = h_2$, da U ein Haarscher Raum ist.   □

4.5 Eine Abschätzung. Der Satz 4.1 erlaubt es, in einfachen Fällen das Proximum an eine stetige Funktion anzugeben. Sei beispielsweise eine Funktion $f \in C_2[a, b] \subset C[a, b]$, deren zweite Ableitung das Vorzeichen nicht wechselt, durch ein lineares Polynom zu approximieren. Eine Alternante, bestehend aus drei Punkten, wird durch die Werte $a = x_1 < x_2 < x_3 = b$ gebildet, wobei x_2 so bestimmt sei, daß $f'(x_2) = \frac{f(b)-f(a)}{b-a}$ gilt. Dann ist das lineare Polynom

$$\tilde{p}(x) = \frac{f(b) - f(a)}{b - a}(x - \frac{a + x_2}{2}) + \frac{1}{2}[f(a) + f(x_2)],$$

das Proximum.

Im allgemeinen wird man jedoch bei der Durchführung einer Approximationsaufgabe nicht auf eine Näherung stoßen, auf die Satz 4.1 angewandt werden kann. Deshalb ist es nützlich, die Güte einer Näherung beurteilen zu können, falls eine Alternante bekannt ist. Wir beweisen dazu eine Abschätzung, die auf CH. DE LA VALLÉE-POUSSIN (1866–1962) zurückgeht.

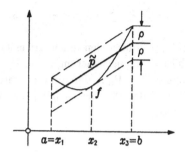

Abschätzung. *Sei* U := span$(g_1, \ldots, g_n)$ *ein Haarscher Unterraum von* C$[a, b]$. *Für* $d = f - g$, $f \in$ C$[a, b]$, $g \in$ U, *sei* $x_1, \ldots, x_{n+1}$ *eine Alternante. Für die Minimalabweichung* $E_U(f) = \|f - \tilde{f}\|_\infty$ *gilt mit* $\delta := \min_{1 \le \nu \le n+1} |d(x_\nu)|$ *und* $\Delta := \max_{x \in [a,b]} |d(x)|$ *dann die Abschätzung* $\delta \le E_U(f) \le \Delta$.

Beweis. Die rechte Seite der Abschätzung ist selbstverständlich. Um die linke Seite nachzuweisen, führen wir die Annahme $E_U(f) < \delta$ zum Widerspruch. Würde nämlich

$$\max_{1 \le \nu \le n+1} |f(x_\nu) - \tilde{f}(x_\nu)| \le \|f - \tilde{f}\|_\infty < \min_{1 \le \nu \le n+1} |f(x_\nu) - g(x_\nu)|$$

gelten, so würde aus $\tilde{f} - g = (f - g) - (f - \tilde{f})$ auch

$$\mathrm{sgn}[\tilde{f}(x_\nu) - g(x_\nu)] = \mathrm{sgn}[f(x_\nu) - g(x_\nu)] = \varepsilon(-1)^\nu$$

für $\nu = 1, \ldots, n+1$ folgen. $\tilde{f} - g \in$ U hätte also dann in jedem der n Teilintervalle $(x_\nu, x_{\nu+1})$, $1 \le \nu \le n$, mindestens eine Nullstelle, so daß $g = \tilde{f}$ im Widerspruch zur Annahme gelten müßte. $\qquad\square$

Kennt man also zu einer Näherung g eine Alternante, so geben die Schranken δ und Δ darüber Auskunft, wie weit man noch von der Minimalabweichung entfernt ist.

4.6 Berechnung des Proximums. Der Satz 4.1 bildet auch die Grundlage für ein Verfahren zur Konstruktion des Proximums an eine stetige Funktion. Das Verfahren ist allgemein für Tschebyschev-Systeme durchführbar. Als den praktisch wichtigsten Fall stellen wir hier den der Approximation durch ein Polynom im einzelnen dar.

Das Austauschverfahren von Remez. Sei $f \in$ C$[a, b]$; gesucht ist das Proximum $\tilde{p} \in$ P$_{n-1}$.

Das Verfahren beginnt mit der Vorgabe von $(n + 1)$ Punkten

$$a \leq x_1^{(0)} < x_2^{(0)} < \cdots < x_{n+1}^{(0)} \leq b,$$

die eine Alternante für $f - p^{(0)}$ darstellen sollen. Im ersten Schritt des Verfahrens hat man die zugehörige Anfangsnäherung $p^{(0)} \in P_{n-1}$ zu bestimmen.

1. Schritt: Wir bestimmen $p^{(0)} \in P_{n-1}$ durch die Forderungen, daß $\{x_\nu^{(0)}\}_{\nu=1}^{n+1}$ Alternante für $f - p^{(0)}$ und daß der Betrag $|\rho^{(0)}|$ der Abweichung in jedem Alternantenpunkt gleich sei.

Diese Forderungen

$$(f - p^{(0)})(x_\nu^{(0)}) = (-1)^{\nu-1}\rho^{(0)}, \quad 1 \leq \nu \leq n + 1,$$

führen mit $p^{(0)}(x) =: \alpha_0^{(0)} + \alpha_1^{(0)} x + \cdots + \alpha_{n-1}^{(0)} x^{n-1}$ auf das Gleichungssystem

$$(-1)^{\nu-1}\rho^{(0)} + \alpha_0^{(0)} + \alpha_1^{(0)} x_\nu^{(0)} + \cdots + \alpha_{n-1}^{(0)}(x_\nu^{(0)})^{n-1} = f(x_\nu^{(0)}),$$

$1 \leq \nu \leq n + 1$, für die Unbekannten $\rho^{(0)}, \alpha_0^{(0)}, \ldots, \alpha_{n-1}^{(0)}$.

Die Lösung ist eindeutig bestimmt; denn für die Determinante der Matrix $A^{(0)}$ des Gleichungssystems gilt

$$\det(A^{(0)}) := \begin{vmatrix} 1 & 1 & x_1^{(0)} & \cdots & (x_1^{(0)})^{n-1} \\ -1 & 1 & x_2^{(0)} & & (x_2^{(0)})^{n-1} \\ \vdots & \vdots & & & \vdots \\ (-1)^n & 1 & x_{n+1}^{(0)} & \cdots & (x_{n+1}^{(0)})^{n-1} \end{vmatrix} = \sum_{\lambda=1}^{n+1} \det(A_\lambda^{(0)})$$

mit den Vandermondeschen Unterdeterminanten

$$\det(A_\lambda^{(0)}) := \begin{vmatrix} 1 & x_1^{(0)} & \cdots & (x_1^{(0)})^{n-1} \\ \vdots & & & \\ 1 & x_{\lambda-1}^{(0)} & \cdots & (x_{\lambda-1}^{(0)})^{n-1} \\ 1 & x_{\lambda+1}^{(0)} & \cdots & (x_{\lambda+1}^{(0)})^{n-1} \\ \vdots & & & \\ 1 & x_{n+1}^{(0)} & \cdots & (x_{n+1}^{(0)})^{n-1} \end{vmatrix} = \prod_{\mu>\nu}(x_\mu^{(0)} - x_\nu^{(0)}),$$

$(\mu, \nu = 1, \ldots, \lambda - 1, \lambda + 1, \cdots, n + 1)$, $1 \leq \lambda \leq n + 1$. Da $(x_\mu^{(0)} - x_\nu^{(0)}) > 0$ für $\mu > \nu$, ist $\det(A_\lambda^{(0)}) > 0$ für $1 \leq \lambda \leq n + 1$ und damit auch $\det(A^{(0)}) > 0$.

Sei nun $\xi^{(1)} \in [a, b]$ ein Wert, für den $\|f - p^{(0)}\|_\infty = |f(\xi^{(1)}) - p^{(0)}(\xi^{(1)})|$ gilt. Ist $\xi^{(1)} \in \{x_1^{(0)}, \cdots, x_{n+1}^{(0)}\}$, dann ist $\|f - p^{(0)}\|_\infty = |f(x_\nu^{(0)}) - p^{(0)}(x_\nu^{(0)})|$ für alle Alternantenpunkte $1 \leq \nu \leq n+1$ mit wechselndem Vorzeichen, so daß wir in $p^{(0)} =: \tilde{p}$ bereits das Proximum gefunden haben. Andernfalls wird einer der Punkte $x_1^{(0)}, \cdots, x_{n+1}^{(0)}$ gegen $\xi^{(1)}$ nach der Vorschrift ausgetauscht, die unten allgemein formuliert ist. Durch den Austausch wird erreicht, daß die übrigen n Punkte aus $\{x_1^{(0)}, \cdots, x_{n+1}^{(0)}\}$ zusammen mit $\xi^{(1)}$ ein $(n+1)$-Tupel $x_1^{(1)} < \cdots < x_{n+1}^{(1)}$ ergeben, das eine neue Alternante für $f - p^{(0)}$ bildet. Für die Abweichung im Alternantenpunkt $\xi^{(1)}$ ist dabei $\|f - p^{(0)}\|_\infty > \delta^{(0)} := |\rho^{(0)}|$; der Wert $\delta^{(0)}$ ist der Betrag der Abweichung in den n weiteren Punkten dieser Alternante.

Die allgemeine Austauschvorschrift zur Erzeugung der $(j+1)$-ten Alternanten $\{x_1^{(j+1)}, x_2^{(j+1)}, \cdots, x_{n+1}^{(j+1)}\}$ lautet folgendermaßen:

$\xi^{(j+1)} \in$	$\mathrm{sgn}[f - p^{(j)}](\xi^{(j+1)}) =$	Durch $\xi^{(j+1)}$ wird ersetzt
$[a, x_1^{(j)})$	$+\mathrm{sgn}[f - p^{(j)}](x_1^{(j)})$	$x_1^{(j)}$
	$-\mathrm{sgn}[f - p^{(j)}](x_1^{(j)})$	$x_{n+1}^{(j)}$
$(x_\nu^{(j)}, x_{\nu+1}^{(j)})$	$+\mathrm{sgn}[f - p^{(j)}](x_\nu^{(j)})$	$x_\nu^{(j)}$
$\nu = 1, \ldots, n$	$-\mathrm{sgn}[f - p^{(j)}](x_\nu^{(j)})$	$x_{\nu+1}^{(j)}$
$(x_{n+1}^{(j)}, b]$	$+\mathrm{sgn}[f - p^{(j)}](x_{n+1}^{(j)})$	$x_{n+1}^{(j)}$
	$-\mathrm{sgn}[f - p^{(j)}](x_{n+1}^{(j)})$	$x_1^{(j)}$

2. Schritt: Im 2. Schritt wird nun dasjenige Polynom $p^{(1)} \in P_{n-1}$ ermittelt, für das $\{x_1^{(1)}, \ldots, x_{n+1}^{(1)}\}$ eine Alternante für $f - p^{(1)}$ ist und die Abweichung in jedem Alternantenpunkte denselben Wert $\delta^{(1)} := |\rho^{(1)}|$ hat. Wir erhalten es aus der Lösung des Gleichungssystems

$$(*) \qquad (-1)^{\nu-1}\rho^{(1)} + \alpha_0^{(1)} + \cdots + \alpha_{n-1}^{(1)}(x_\nu^{(1)})^{n-1} = f(x_\nu^{(1)}), \quad 1 \leq \nu \leq n+1,$$

mit der Systemmatrix $A^{(1)}$.

Sicher gilt nun $\delta^{(1)} > \delta^{(0)}$. Denn subtrahiert man in $(*)$ auf beiden Seiten jeweils den Wert $p^{(0)}(x_\nu^{(1)})$, $1 \leq \nu \leq n-1$, so erhält man das Gleichungssystem

$$(-1)^{\nu-1}\rho^{(1)} + (\alpha_0^{(1)} - \alpha_0^{(0)}) + \cdots + (\alpha_{n-1}^{(1)} - \alpha_{n-1}^{(0)})(x_\nu^{(1)})^{n-1} = (f - p^{(0)})(x_\nu^{(1)}),$$

$1 \leq \nu \leq n+1$, das nach der Cramerschen Regel mit den Unterdeterminanten $\det(A_\lambda^{(1)})$ den Wert

$$\rho^{(1)} = \left[\sum_{\lambda=1}^{n+1} \det(A_\lambda^{(1)})\right]^{-1} \sum_{\lambda=1}^{n+1} (-1)^{\lambda+1} \det(A_\lambda^{(1)})(f - p^{(0)})(x_\lambda^{(1)})$$

liefert. Wegen der Vorzeichenwechsel von $f - p^{(0)}$ gilt

$$\delta^{(1)} = \left[\sum_{\lambda=1}^{n+1} \det(A_\lambda^{(1)})\right]^{-1} \sum_{\lambda=1}^{n+1} \det(A_\lambda^{(1)})|(f - p^{(0)})(x_\lambda^{(1)})|;$$

als gewichtetes Mittel ist also $\delta^{(1)} > \delta^{(0)}$, da ja $\delta^{(0)} < \|f - p^{(0)}\|_\infty$ angenommen wurde.

Weitere Schritte: Das Verfahren wird solange fortgesetzt, bis das Proximum $\tilde{p}$ mit ausreichender Genauigkeit erreicht ist. Vollständige Konvergenzbetrachtungen für das Austauschverfahren findet man in dem Buch von G. Meinardus [1964]. In dem praktisch meist vorliegenden Fall der Ermittlung des Proximums bezüglich $m \geq n + 1$ diskreter Werte $f(x_\nu)$, $1 \leq \nu \leq m$, tritt die Konvergenzfrage nicht auf. Denn es gibt ja nur $\binom{m}{n+1}$ Möglichkeiten, aus diesen Punkten verschiedene $(n + 1)$-Tupel $\{x_1^{(j)}, x_2^{(j)}, \cdots, x_{n+1}^{(j)}\}$ zu bilden, und als Folge der Monotonie $\delta^{(j)} < \delta^{(j+1)}$ kann dasselbe $(n+1)$-Tupel im Verlauf des Verfahrens nicht wiederkehren.

Beispiel. Ein einfaches Beispiel soll den Ablauf des Remez-Verfahrens veranschaulichen. Gesucht sei für $x \in [0, 1]$ das Proximum aus P_1 an $f(x) := x^2$.

Als Startalternante wählen wir $\{x_1^{(0)}, x_2^{(0)}, x_3^{(0)}\} = \{0, \frac{1}{3}, 1\}$.

1. Schritt: Wir bestimmen $p^{(0)}$ aus den Gleichungen

$$\begin{aligned}
\rho^{(0)} + \alpha_0^{(0)} &&&= 0 \\
-\rho^{(0)} + \alpha_0^{(0)} &+ \alpha_1^{(0)} \tfrac{1}{3} &&= \tfrac{1}{9} \\
\rho^{(0)} + \alpha_0^{(0)} &+ \alpha_1^{(0)} &&= 1
\end{aligned}$$

mit der Lösung $\alpha_0^{(0)} = -\frac{1}{9}$, $\alpha_1^{(0)} = 1$ und $\rho^{(0)} = \frac{1}{9}$ zu $p^{(0)}(x) = -\frac{1}{9} + x$. Dies ist die beste Näherung auf der Menge $\{0, \frac{1}{3}, 1\}$. Für sie gilt

$$\|f - p^{(0)}\|_\infty = \max_{x \in [0,1]} |x^2 - x + \frac{1}{9}| = \frac{5}{36} > \frac{1}{9};$$

dieser Wert wird für $\xi^{(1)} = \frac{1}{2}$ angenommen. Also ist der Alternantenpunkt $x_2^{(0)}$ gegen $\xi^{(1)}$ auszutauschen. Damit ist $\{x_1^{(1)}, x_2^{(1)}, x_3^{(1)}\} = \{0, \frac{1}{2}, 1\}$ die neue Alternante für $p^{(1)}$.

2. Schritt: $p^{(1)}$ sowie $\rho^{(1)}$ erhalten wir aus

$$\begin{aligned}
\rho^{(1)} + \alpha_0^{(1)} &&&= 0 \\
-\rho^{(1)} + \alpha_0^{(1)} &+ \alpha_1^{(1)} \tfrac{1}{2} &&= \tfrac{1}{4} \\
\rho^{(1)} + \alpha_0^{(1)} &+ \alpha_1^{(1)} &&= 1
\end{aligned}$$

zu $\alpha_0^{(1)} = -\frac{1}{8}$, $\alpha_1^{(1)} = 1$ und $\rho^{(1)} = \frac{1}{8}$. Also ist $p^{(1)}(x) = -\frac{1}{8} + x$ und es gilt $\|f - p^{(1)}\|_\infty = \max_{x \in [0,1]} |x^2 - x + \frac{1}{8}| = \frac{1}{8}$. Da dieser Wert für $x_1^{(1)} = 0$, $x_2^{(1)} = \frac{1}{2}$ und $x_3^{(1)} = 1$ angenommen wird, ist $p^{(1)}$ das Proximum; das Verfahren bricht ab.

In der Regel darf man natürlich nicht damit rechnen, daß der Algorithmus wie in diesem leicht durchschaubaren Beispiel nach wenigen Schritten mit der exakten Lösung endet. Man beendet das Verfahren, wenn nach k Schritten die Schranken $\delta^{(k)}$ und $\|f - p^{(k)}\|_\infty$ nahe genug beieinanderliegen.

4.7 Tschebyschev-Polynome 1. Art.

Der Alternantensatz erlaubt die Lösung der Aufgabe, das Monom $f(x) := x^n$ in $[-1, +1]$ durch ein Polynom aus P_{n-1}, $(n = 1, 2, \ldots)$, bestmöglich gleichmäßig zu approximieren.

Wir suchen also das eindeutig bestimmte Polynom $\tilde{p} \in P_{n-1}$, für das

$$\max_{x \in [-1, +1]} |x^n - (\tilde{\alpha}_{n-1}x^{n-1} + \cdots + \tilde{\alpha}_0)| =$$

$$= \min_{\alpha \in \mathbb{R}^n} \max_{x \in [-1, +1]} |x^n - (\alpha_{n-1}x^{n-1} + \cdots + \alpha_0)|$$

gilt.

Lösung: Für $n = 1$ ist

$$\min_{\alpha_0 \in \mathbb{R}} \max_{x \in [-1, +1]} |x - \alpha_0| = \min_{\alpha_0 \in \mathbb{R}} \max(|1 - \alpha_0|, |-1 - \alpha_0|) = 1,$$

also $\tilde{\alpha}_0 = 0$.

Damit ist $\tilde{p} = 0$, $\tilde{p} \in P_0$, das Proximum.

Für $n = 2$ fließt die Lösung aus der Konstruktion 4.5: Das Proximum $\tilde{p} \in P_1$ an $f(x) := x^2$ in $[-1, +1]$ ist $\tilde{p}(x) = \frac{1}{2}$; denn für $d(x) = x^2 - \frac{1}{2}$ gilt $d(-1) = -d(0) = d(1) = \frac{1}{2}$, so daß die Punkte $\{-1, 0, 1\}$ eine Alternante mit Maximalabweichung bilden.

Allgemein wird die Lösung durch die Polynome $\tilde{p}(x) = x^n - \hat{T}_n(x)$ mit $\hat{T}_n(x) := \frac{1}{2^{n-1}}T_n(x)$, $T_n(x) := \cos(n \arccos(x))$, dargestellt. Denn es gilt

1) $\tilde{p} \in P_{n-1}$: Wir berechnen $T_1(x) = \cos(\arccos(x)) = x$ und $\hat{T}_1(x) = x$, also $\tilde{p}(x) = 0$ für $n = 1$. Mit der Substitution $\theta := \arccos(x)$ bzw. $x = \cos(\theta)$, $\theta : [-1, +1] \to [-\pi, 0]$, wird $T_n(x(\theta)) = \cos(n\theta)$.

Aus $\cos((n + 1)\theta) + \cos((n - 1)\theta) = 2\cos(\theta)\cos(n\theta)$ erhält man damit die Rekursionsformel $T_{n+1}(x) = 2xT_n(x) - T_{n-1}(x)$, $n \in \mathbb{Z}_+$; danach ist mit $T_0(x) = 1$

$$T_2(x) = 2x^2 - 1, T_3(x) = 4x^3 - 3x, \ldots, T_n(x) = 2^{n-1}x^n - \cdots \text{ usw.}$$

Die Polynome $\hat{T}_n$ sind also auf Höchstkoeffizient 1 normiert, so daß $\tilde{p} \in P_{n-1}$ durch $\tilde{p}(x) = x^n - \hat{T}_n(x)$ entsteht.

2) $\tilde{p} \in P_{n-1}$ ist Proximum: Denn für die Punkte $n\theta_\nu := -(n - \nu + 1)\pi$, $1 \le \nu \le n + 1$, gilt $T_n(x(\theta_\nu)) = \cos(n\theta_\nu) = (-1)^{n-\nu+1}$. Die Punkte $x_\nu := \cos(-\frac{n-\nu+1}{n}\pi) = \cos((1 - \frac{\nu-1}{n})\pi)$ bilden also eine Alternante für $d(x) := \hat{T}_n(x) = x^n - \tilde{p}(x)$, und wegen $|\hat{T}_n(x_\nu)| = \frac{1}{2^{n-1}} = \|d\|_\infty$ wird dort

die Maximalabweichung angenommen. Also gilt $d(x_\nu) = \varepsilon(-1)^\nu \|d\|_\infty$ mit $\varepsilon = \pm 1$ für $\nu = 1, \ldots, n+1$.

Wie man weiter erkennt, besitzt das Polynom T_n die n einfachen, im Intervall $(-1, +1)$ liegenden Nullstellen $x_\nu = \cos\frac{2\nu-1}{2n}\pi$, $1 \le \nu \le n$.

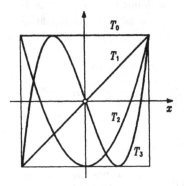

Die Polynome $T_n(x) = \cos(n \arccos(x))$ heißen *Tschebyschev-Polynome 1. Art.* Sie sind für $n \ge 0$ erklärt.

Man kann dem Approximationsproblem dieses Abschnitts auch die folgende Fassung geben: Man bestimme ein Polynom n-ten Grades mit Höchstkoeffizient Eins, dessen Maximum in $[-1, +1]$ minimal ist; das ist gleichbedeutend mit der Aufgabe, daß dieses Polynom in $[-1, +1]$ das Element $f = 0$ bestmöglich annähere. In der Teilmenge

$$\hat{P}_n := \{p \in P_n \mid p(x) = x^n + \alpha_{n-1}x^{n-1} + \cdots + \alpha_0\}$$

löste $\bar{p}(x) = x^n - \hat{T}_n(x)$ die Aufgabe, $\|d\|_\infty$ mit $d(x) = x^n - p(x)$ bezüglich aller Polynome $p \in P_{n-1}$ zu minimieren. Wegen $d(x) = \hat{T}_n(x)$ ist also $\hat{T}_n$ dasjenige Polynom, das in der Teilmenge $\hat{P}_n$ die Minimaleigenschaft $\|\hat{T}_n\|_\infty \le \|p\|_\infty$ besitzt.

In der letzten Fassung stellt die Approximationsaufgabe dieses Abschnitts ein allerdings noch einfaches nichtlineares Approximationsproblem dar; denn die Teilmenge $\hat{P}_n$ ist zwar kein Vektorraum, aber immer noch ein affiner Teilraum eines Vektorraums. Die bemerkenswerte Minimaleigenschaft der Tschebyschev-Polynome 1. Art konnten wir aus der Formulierung als lineares Approximationsproblem herausarbeiten, die hier möglich war.

4.8 Entwicklung nach Tschebyschev-Polynomen. Aus der Darstellung der Tschebyschev-Polynome 1. Art durch trigonometrische Funktionen erkennt man, daß sie ein Orthogonalsystem bezüglich der durch $w(x) := \frac{1}{\sqrt{1-x^2}}$ definierten Gewichtsfunktion bilden. Denn es gilt ja

$$\int_{-1}^{+1} T_k(x)T_\ell(x)\frac{dx}{\sqrt{1-x^2}} = \int_0^\pi \cos(k\theta)\cos(\ell\theta)\frac{\sin\theta}{\sin\theta}d\theta = 0 \quad \text{für} \quad k \neq \ell$$

sowie

$$\int_{-1}^{+1} T_k^2(x)\frac{dx}{\sqrt{1-x^2}} = \begin{cases} \pi & \text{für } k = 0 \\ \frac{\pi}{2} & \text{für } k \neq 0 \end{cases}.$$

Aus der Analysis ist bekannt, daß sich eine Funktion $f \in C[a,b]$ nach den Elementen eines vollständigen Orthogonalsystems entwickeln läßt. Die Teilsummen einer solchen Fourierentwicklung stellen Näherungen an f dar, die im Sinne der mit der Gewichtsfunktion w gebildeten Norm $\|f\| := [\int_a^b f^2(x)w(x)dx]^{\frac{1}{2}}$ konvergieren (siehe z.B. W. Walter [1986]). In 5.5-5.8 werden wir darauf nochmals und besonders für den Fall der Norm $\|\cdot\|_2$ zu sprechen kommen. Hier benötigen wir zunächst nur die Koeffizientendarstellung

$$c_k = \frac{2}{\pi}\int_{-1}^{+1} f(x)T_k(x)\frac{dx}{\sqrt{1-x^2}}, \quad k \in \mathbb{N},$$

bzw.

$$c_k = \frac{2}{\pi}\int_0^\pi f(\cos\theta)\cos(k\theta)d\theta = \frac{1}{\pi}\int_{-\pi}^\pi f(\cos\theta)\cos(k\theta)d\theta$$

der Entwicklung von f nach den Tschebyschev-Polynomen $T_0, T_1, \cdots$, mit denen die Näherungen

$$\tilde{f}_n(x) = \frac{c_0}{2} + \sum_{k=1}^n c_k T_k(x)$$

gebildet werden.

Unter geeigneten Voraussetzungen tritt sogar Konvergenz dieser Näherungen im Sinn von $\|\cdot\|_\infty$ gegen f ein. Dabei gilt für jede gleichmäßig konvergente Entwicklung einer Funktion $f \in C[a,b]$ nach einem System $\{\psi_0, \psi_1, \cdots\}$ von Polynomen, die durch $|\psi_k(x)| \leq 1$ in $[a,b]$ normiert sind, die Abschätzung

$$|f(x) - \tilde{f}_n(x)| = |\sum_{k=n+1}^\infty c_k\psi_k(x)| \leq \sum_{k=n+1}^\infty |c_k|.$$

Sind die Koeffizienten c_k für $k \geq n+1$ vernachlässigbar klein, stellt also $\tilde{f}_n$ eine gute Näherung an das Proximum $\tilde{p} \in P_n$ an f bezüglich der Tschebyschev-Norm dar. Wir wollen uns klarmachen, daß das unter der Einschränkung $f \in C_2[-1,+1]$ für die Entwicklung von f nach Tschebyschev-Polynomen im Intervall $[-1,+1]$ zutrifft. Es gilt nämlich der

Entwicklungssatz. *Sei $f \in C_2[-1,+1]$. Dann konvergiert die Entwicklung von f nach den Tschebyschev-Polynomen 1. Art T_k für $x \in [-1,+1]$ gleichmäßig, und für die Entwicklungskoeffizienten gilt die Abschätzung*

$$|c_k| \le \frac{A}{k^2}$$

mit einer nur von f abhängigen Konstanten A.

Beweis. Aus der Koeffizientendarstellung erhält man mit $\varphi(\theta) := f(\cos\theta)$ durch zweimalige partielle Integration

$$c_k = -\frac{2}{\pi k} \int_0^\pi \frac{d\varphi}{d\theta} \sin(k\theta) d\theta = \frac{2}{\pi k^2} \frac{d\varphi}{d\theta} \cos(k\theta) \Big|_0^\pi - \frac{2}{\pi k^2} \int_0^\pi \frac{d^2\varphi}{d\theta^2} \cos(k\theta) d\theta.$$

Damit gilt zunächst $|c_k| \le \frac{A}{k^2}$, und weiter folgt die Existenz einer Funktion $g \in C[-1,+1]$, so daß $\lim_{n\to\infty} \|\tilde{f}_n - g\|_\infty = 0$ ist. Da auch $\lim_{n\to\infty} \|\tilde{f}_n - f\| = 0$ gilt und $\|\tilde{f}_n - g\|$ durch

$$\|\tilde{f}_n - g\| = \left[\int_{-1}^{+1} (\tilde{f}_n(x) - g(x))^2 \frac{dx}{\sqrt{1-x^2}} \right]^{\frac{1}{2}} \le \|\tilde{f}_n - g\|_\infty \left(\int_{-1}^{+1} \frac{dx}{\sqrt{1-x^2}} \right)^{\frac{1}{2}}$$

abgeschätzt werden kann, folgt aus der Ungleichung

$$\|f - g\| \le \|f - \tilde{f}_n\| + \|\tilde{f}_n - g\|$$

die Gleichheit $f = g$ und damit die Behauptung.   □

Praktische Folgerung. Eine gute Näherung an das Proximum $\tilde{p} \in P_n$ kann demnach für eine Funktion $f \in C_2[-1,+1]$ durch Berechnung einer Teilsumme $\tilde{f}_n = \sum_0^n c_k T_k$ gewonnen werden. Diese Möglichkeit bietet sich dann an, wenn die Koeffizienten c_k einfach zu berechnen sind.

Beispiel. Die Funktion $f(x) := \sqrt{1-x^2}$ soll in $[-1,+1]$ durch Teilsummen ihrer Entwicklung nach Tschebyschev-Polynomen approximiert werden. Hier ist

$$c_k = \frac{2}{\pi} \int_0^\pi \cos(kt) \sin t \, dt = \begin{cases} \frac{4}{\pi} \frac{1}{1-k^2} & \text{für } k = 2\kappa \\ 0 & \text{für } k = 2\kappa + 1 \end{cases}, \quad \kappa \in \mathbb{N}.$$

Das führt auf die Näherungen

$$\tilde{f}_0(x) = \frac{2}{\pi}, \quad \tilde{f}_2(x) = \frac{2}{3\pi}(5 - 4x^2),$$

$$\tilde{f}_4(x) = \frac{2}{15\pi}(23 - 4x^2 - 16x^4) \quad \text{usw.}$$

Man bemerkt, daß die im Entwicklungssatz angegebene Schranke für $|c_k|$ auch in diesem Beispiel gilt, obwohl f nur in $(-1,+1)$ zweimal stetig differenzierbar ist.

Meist wird man jedoch nicht wie in diesem Beispiel die Entwicklungskoeffizienten c_k durch Integration explizit bestimmen können. Es ist dann erforderlich, numerische Quadratur einzusetzen. Ein Beispiel dafür bildet Aufgabe 7 in 7.4.4.

4.9 Konvergenz der Proxima. Die Frage nach der Konvergenz der im Sinne von Tschebyschev bestapproximierenden Polynome im Raum C[a, b] läßt sich mit Hilfe des Approximationssatzes von Weierstraß 2.2 beantworten. Sei nämlich $(p_n)_{n \in \mathbb{N}}$ eine gegen $f \in C[a, b]$ gleichmäßig konvergente Folge von Polynomen $p_n \in P_n$, d.h. es gelte $\lim_{n \to \infty} \|f - p_n\|_\infty = 0$. Sei daneben $\tilde{p}_n \in P_n$ das jeweilige Proximum aus P_n an f. Dann gilt $\|f - \tilde{p}_n\|_\infty \leq \|f - p_n\|_\infty$ für alle $n \in \mathbb{N}$, so daß $\lim_{n \to \infty} \|f - p_n\|_\infty = 0$ unmittelbar $\lim_{n \to \infty} \|f - \tilde{p}_n\|_\infty = 0$ zur Folge hat. Damit folgt der

Konvergenzsatz. *Sei $f \in C[a, b]$; dann konvergiert die Folge $(\tilde{p}_n)_{n \in \mathbb{N}}$ der Proxima $\tilde{p}_n \in P_n$ bezüglich der Norm $\|\cdot\|_\infty$ gleichmäßig gegen f.*

4.10 Zur nichtlinearen Approximation. Unter den Möglichkeiten der Approximation aus nichtlinearen Teilmengen spielt im Vektorraum $(C[a, b], \|\cdot\|_\infty)$ die Approximation durch rationale Funktionen eine wichtige Rolle. Wir wollen uns im wesentlichen damit begnügen, die Existenz eines Proximums in dieser Teilmenge nachzuweisen.

Sei $R_{n,m}[a, b]$ die Menge der im Intervall $[a, b]$ stetigen rationalen Funktionen der Gestalt $r(x) := \frac{p(x)}{q(x)}$; dabei sei $p \in P_n$, $q \in P_m$, $\|q\|_\infty = 1$ sowie $q(x) > 0$ für $x \in [a, b]$. Weiter seien gemeinsame Linearfaktoren von p und q durch Kürzen beseitigt, so daß diese Polynome auch außerhalb $[a, b]$ keine gemeinsamen Nullstellen besitzen. Dann gilt für die Existenz eines Proximums $\tilde{r} \in R_{n,m}[a, b]$ der

Satz. *Sei $f \in C[a, b]$; dann existiert in der Menge $R_{n,m}[a, b]$ stetiger rationaler Funktionen stets ein Proximum $\tilde{r}$ an f.*

Beweis. Sei $(r_\nu)_{\nu \in \mathbb{N}}$ eine Minimalfolge für f in $R_{n,m}$, $r_\nu = \frac{p_\nu}{q_\nu}$ mit teilerfremden $p_\nu \in P_n$ und $q_\nu \in P_m$. Wegen $\|q_\nu\|_\infty = 1$ ist (q_ν) beschränkt in P_m und enthält eine konvergente Teilfolge $(q_{\nu(\kappa)})$, die für $\kappa \to \infty$ gegen $q^* \in P_m$, $\|q^*\|_\infty = 1$, konvergiert, da P_m endlichdimensional ist.

Nach dem Hilfssatz 3.4 ist die Minimalfolge (r_μ), $\mu := \nu(\kappa)$, selbst beschränkt. Aus $\frac{|p_\mu(x)|}{|q_\mu(x)|} \leq C$ für $x \in [a, b]$ folgt dann $\|p_\mu\|_\infty \leq C$ und daraus wiederum die Existenz einer gegen $p^* \in P_n$ konvergenten Teilfolge $(p_{\mu(\kappa)})$. Außerdem gilt auch $|p^*(x)| \leq C|q^*(x)|$; sind also $x_1, \ldots, x_k$ Nullstellen von q^*, $k \leq m$, so sind sie auch Nullstellen von p^*, so daß durch k-maliges Kürzen aus

$\frac{p^*}{q^*}$ eine rationale Funktion $\frac{\hat{p}}{\hat{q}} \in R_{n,m}$ mit $\hat{q}(x) > 0$ für $x \in [a,b]$ entsteht. Dann gilt

$$|f(x) - \frac{\hat{p}(x)}{\hat{q}(x)}| = |f(x) - \frac{p^*(x)}{q^*(x)}| \le |f(x) - \frac{p_{\mu(\kappa)}(x)}{q_{\mu(\kappa)}(x)}| + |\frac{p_{\mu(\kappa)}(x)}{q_{\mu(\kappa)}(x)} - \frac{p^*(x)}{q^*(x)}|$$

$$\Rightarrow \|f - \frac{p^*}{q^*}\|_\infty \le \|f - \frac{p_{\mu(\kappa)}}{q_{\mu(\kappa)}}\|_\infty + \|\frac{p_{\mu(\kappa)}}{q_{\mu(\kappa)}} - \frac{p^*}{q^*}\|_\infty .$$

Mit $\lim_{\kappa \to \infty} \|f - \frac{p_{\mu(\kappa)}}{q_{\mu(\kappa)}}\|_\infty = E_{R_{n,m}}(f)$ und $\lim_{\kappa \to \infty} \|\frac{p_{\mu(\kappa)}}{q_{\mu(\kappa)}} - \frac{p^*}{q^*}\|_\infty = 0$ führt das zu $\|f - \frac{p^*}{q^*}\|_\infty \le E_{R_{n,m}}(f)$, und da natürlich wegen $\frac{p^*}{q^*} \in R_{n,m}[a,b]$ auch die Abschätzung $E_{R_{n,m}}(f) \le \|f - \frac{p^*}{q^*}\|_\infty$ gilt, ist schließlich $\|f - \frac{p^*}{q^*}\|_\infty = E_{R_{n,m}}(f)$ bzw. $\frac{p^*}{q^*}$ ist Proximum an f in $R_{n,m}[a,b]$.   □

Für die weiteren Eigenschaften der Approximation durch rationale Funktionen beschränken wir uns im Rahmen dieses Lehrbuchs auf die beiden folgenden Hinweise zur Eindeutigkeit und zur Berechnung eines Proximums.

Eindeutigkeitsaussage.   *Das Proximum $\tilde{r} \in R_{n,m}[a,b]$ an $f \in C[a,b]$ ist eindeutig bestimmt.*

Einen Beweis findet man z. B. in dem Buch von G. A. Watson [1980].

Berechnung des Proximums.   Da auch für die Approximation durch rationale Funktionen ein Alternantensatz gilt, kann zur Berechnung des Proximums $\tilde{r} \in R_{n,m}[a,b]$ ebenfalls ein Austauschverfahren durchgeführt werden. Eine Darstellung dieses Verfahrens, das eine Übertragung des Remez-Algorithmus auf rationale Funktionen darstellt, findet man z. B. bei H. Werner [1966].

4.11 Bemerkungen zur Approximationsaufgabe in $(C[a,b], \|\cdot\|_1)$. Gelegentlich spielt die Aufgabe eine Rolle, eine stetige Funktion bezüglich der Norm $\|\cdot\|_1$ zu approximieren. Ist insbesondere nach der besten Näherung durch Polynome gefragt, liegt dann die Aufgabe vor, unter allen Polynomen $p \in P_n$ ein Polynom $\tilde{p}$ zu finden, so daß $\int_a^b |f(x) - p(x)|dx$ einen minimalen Wert annimmt.

Nach dem Fundamentalsatz der Approximationstheorie in normierten Vektorräumen 3.4 ist die Existenz eines Proximums $\tilde{p} \in P_n$ auch bei dieser Aufgabe gesichert. Allerdings läßt sich die Eindeutigkeitsaussage 3.5 hier nicht einsetzen; denn im Anschluß an das 2. Beispiel 3.5 haben wir uns bereits klargemacht, daß der Vektorraum $(C[a,b], \|\cdot\|_1)$ nicht streng normiert ist. Man kann jedoch zeigen, daß wie im Fall der Tschebyschev-Approximation auch hier die Proxima in Haarschen Unterräumen eindeutig bestimmt sind; einen Beweis findet man in dem Buch von G. A. Watson [1980].

Die beschriebene Approximationsaufgabe kann in solchen Fällen angebracht sein, in denen es darauf ankommt, daß das Proximum an eine stetige

Funktion von lokalen Änderungen nicht abhängt. Es zeigt sich nämlich, daß ein Proximum $\tilde{p}$ an f seine Eigenschaft auch bei Abänderung der Werte $f(x)$ behält, solange sich nur das Vorzeichen der Differenz $(f(x) - \tilde{p}(x))$ nicht ändert. Demgemäß beruhen auch die Charakterisierungssätze für diesen Approximationstyp auf den Eigenschaften der Funktion $\text{sgn}(f - \tilde{p})$. Im allereinfachsten Fall der Approximation durch eine Konstante $p \in P_0$ kann das durch eine elementare Betrachtung verständlich gemacht werden.

Sei etwa f eine in $[a, b]$ streng monoton fallende stetige Funktion. Dann ist $\tilde{p} = f(\frac{a+b}{2})$ das Proximum in P_0. Ist nämlich $p = f(\xi)$, $\xi \in [a, b]$, so hat der bezüglich ε und $\delta(\varepsilon)$ lineare Anteil der Änderung der Größe $\|f - p\|_1$ bei Verrücken von p um ε nach oben den Wert $-(\xi - a)\varepsilon + (b - \xi)\varepsilon = [\frac{a+b}{2} - \xi]2\varepsilon$ und bei Verrücken um ε nach unten den Wert $(\xi - a)\varepsilon - (b - \xi)\varepsilon = [\xi - \frac{a+b}{2}]2\varepsilon$. Gilt nun $\xi \neq \frac{a+b}{2}$, so läßt sich also $\|f - p\|_1$ vermindern. Demnach muß für das Proximum $\xi = \frac{a+b}{2}$ gelten.

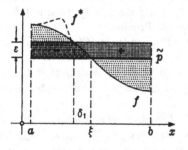 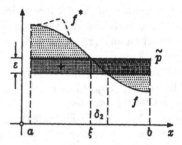

Insbesondere erkennt man, daß eine Abänderung der Funktionswerte von f, wie sie etwa in der Skizze durch die Variante f^* angedeutet ist, an dieser Überlegung und damit an $\tilde{p}$ nichts ändert, solange nur die Funktion $\text{sgn}(f - \tilde{p})$ nicht davon betroffen wird.

4.12 Aufgaben. 1) Sei $f \in C_{n+1}[a, b]$ mit der Eigenschaft $f^{(n+1)}(x) \neq 0$ für alle $x \in [a, b]$. Sei $g_j(x) := x^{j-1}$, $1 \leq j \leq n + 1$. Man zeige: $\{g_1, \ldots, g_{n+1}, f\}$ ist ein Tschebyschev-System.

2) Seien $g_1, \ldots, g_n \in C[a, b]$. Man zeige die Äquivalenz der folgenden Aussagen:

a) $\{g_1, \ldots, g_n\}$ bildet ein Tschebyschev-System.

b) Für je n beliebige, paarweise verschiedene Punkte $x_1, \cdots, x_n \in [a, b]$ gilt $\det(g_\mu(x_\nu))_{\mu,\nu=1}^n \neq 0$.

3) Man bestimme in $(C[0, 1], \|\cdot\|_\infty)$ die Proxima aus P_1 an die folgenden Funktionen:

a) $f(x) := \cos(2\pi x) + x$; b) $f(x) := e^x$; c) $f(x) := \min(5x - 2x^2, 22(1 - x)^2)$.

4) In $(C[-1,1], \| \cdot \|_\infty)$ ist das Proximum $\tilde{p} \in P_2$ an $f(x) := x|x|$ zu berechnen.

a) Man führe drei Schritte des Remez-Algorithmus mit der Startalternanten $x_1^{(0)} := -\frac{1}{2}$, $x_2^{(0)} := 0$, $x_3^{(0)} := \frac{1}{2}$, $x_4^{(0)} := 1$ durch.

b) Um wieviel Prozent ist man nach 3 Schritten vom Minimalabstand höchstens noch entfernt?

c) Man bestimme $\tilde{p}$ durch Einzelüberlegung und halte tabellarisch das Konvergenzverhalten der Näherungen $\delta^{(j)}$, $\alpha_0^{(j)}$, $\alpha_1^{(j)}$ und $\alpha_2^{(j)}$ für $j = 1, 2, 3$ fest.

5) Man bestimme in $(C[-1, +1], \| \cdot \|_\infty)$ das Proximum aus P_{n-1} an ein Polynom $p \in P_n$.

6) Man setze das Beispiel 4.8 durch Berechnung der Schranken aus der Abschätzung 4.5 für die Näherungen $\tilde{f}_2$ und $\tilde{f}_4$ fort, um die Güte der Approximation zu beurteilen. Weiter vergleiche man diese Näherungen mit den Näherungspolynomen gleichen Grades, die man durch Abbrechen der Taylorentwicklung um $x = 0$ erhält; mit Skizze.

Man vergleiche die berechnete Näherung mit dem Polynom 2. Grades, das man bei Abbrechen der Taylorentwicklung von f um $x = 0$ erhält; mit Skizze.

7) Man berechne und vergleiche folgende Proxima:

a) Proxima an $f(x) := \alpha x + \beta$, $(\alpha, \beta \in \mathbb{R})$, aus P_0 in $(C[a,b], \| \cdot \|_\infty)$ sowie in $(C[a,b], \| \cdot \|_1)$.

b) Proximum an $f(x) := e^x$ aus P_0 in $(C[0,1], \| \cdot \|_\infty)$ sowie in $(C[0,1], \| \cdot \|_1)$.

8) Sei $\sum_{\nu=1}^{n} a_{\mu\nu} x_\nu = b_\mu$, $1 \leq \mu \leq m$ und $m > n$, ein überbestimmtes lineares Gleichungssystem.

a) Man zeige durch Formulierung als Tschebyschevsches Approximationsproblem, daß die Aufgabe eine Lösung besitzt, $\max_\mu |\sum_{\nu=1}^{n} a_{\mu\nu} x_\nu - b_\mu|$ durch Bestimmen geeigneter Werte $\tilde{x}_1, \ldots, \tilde{x}_n$ zum Minimum zu machen.

b) Man zeige weiter, daß die Lösung $\tilde{x}_1, \ldots, \tilde{x}_n$ genau dann eindeutig bestimmt ist, wenn die Matrix $A := (a_{\mu\nu})_{\substack{\mu=1,\ldots,m \\ \nu=1,\ldots,n}}$ mit allen n-reihigen Untermatrizen Höchstrang hat.

9) Im Fall $\nu = 1$ läßt sich Aufgabe 8a) graphisch veranschaulichen. Man bestimme die Lösung der Aufgabe 8a) für $A := \begin{pmatrix} 1 \\ 2 \\ -1 \end{pmatrix}$, $b := \begin{pmatrix} 2 \\ 1 \\ 1 \end{pmatrix}$ mit Hilfe einer Skizze.

§ 5. Approximation in Prae-Hilberträumen

Neben der in §4 behandelten gleichmäßigen Approximation, der die Tschebyschev-Norm zugrundeliegt, ist im Hinblick auf die Anwendungen besonders die Approximationsaufgabe bezüglich der Norm $\| \cdot \|_2$ wichtig. Während bei gleichmäßiger Approximation die größte Abweichung die Güte einer Näherung bestimmt, wirkt die Norm $\| \cdot \|_2$ hingegen ausgleichend und mittelt den Gesamtfehler einer Näherung. Wir behandeln auch hier den Fall der Approximation aus einem endlichdimensionalen linearen Unterraum.

5.1 Charakterisierung des Proximums. Sei V ein Vektorraum, in dem das innere Produkt $\langle f, g \rangle$ für je zwei Elemente f und g aus V erklärt und der mit der induzierten Norm $\|f\| := \langle f, f \rangle^{1/2}$ versehen ist. Sei weiter $U \subset V$ ein endlich-dimensionaler linearer Unterraum dieses Prae-Hilbertraumes. Nach dem Fundamentalsatz 3.4 und wegen der Strenge der Norm in jedem Prae-Hilbertraum existiert zu jedem Element $f \in V$ ein eindeutig bestimmtes Proximum $\tilde{f} \in U$.

Charakterisierungssatz. $\tilde{f}$ *ist genau dann Proximum aus U an* $f \in V$, *wenn* $\langle f - \tilde{f}, g \rangle = 0$ *für alle Elemente* $g \in U$ *gilt.*

Beweis. ($\Leftarrow$): Es gelte $\langle f - \tilde{f}, g \rangle = 0$ für jedes $g \in U$. Wir zerlegen $g = \tilde{f} + g'$, $g' \in U$. Dann ist $\|f - g\|^2 = \|(f - \tilde{f}) - g'\|^2 = \|f - \tilde{f}\|^2 + \|g'\|^2$, so daß $\|f - \tilde{f}\|^2 \leq \|f - g\|^2$ folgt.

($\Rightarrow$): Sei $\tilde{f}$ Proximum. Wir untersuchen die Antithese, daß ein Element $g^* \in U$ existiere, so daß $\langle f - \tilde{f}, g^* \rangle = c \neq 0$ gilt.

Mit $h := \tilde{f} + c \frac{g^*}{\|g^*\|^2} \in U$ gilt dann

$$\|f - h\|^2 = \|f - \tilde{f}\|^2 - \frac{c}{\|g^*\|^2}\langle g^*, f - \tilde{f} \rangle - \frac{\bar{c}}{\|g^*\|^2}\langle f - \tilde{f}, g^* \rangle + |c|^2 \frac{1}{\|g^*\|^2},$$

also $\|f - h\|^2 = \|f - \tilde{f}\|^2 - \frac{|c|^2}{\|g^*\|^2}$ und damit $\|f - h\| < \|f - \tilde{f}\|$. Widerspruch! $\qquad\qquad\square$

Aus dem Charakterisierungssatz ziehen wir sofort die

Folgerung. Für die Abweichung $\|f - \tilde{f}\|$ gilt stets $\|f - \tilde{f}\|^2 = \|f\|^2 - \|\tilde{f}\|^2$. Denn es ist ja $\|f\|^2 = \|(f - \tilde{f}) + \tilde{f}\|^2$, und die Folgerung ergibt sich wegen $\langle f - \tilde{f}, \tilde{f} \rangle = 0$.

5.2 Die Normalgleichungen. Sei nun $U := \text{span}(g_1, \ldots, g_n)$. Das Proximum $\tilde{f} = \tilde{\alpha}_1 g_1 + \cdots + \tilde{\alpha}_n g_n$ ergibt sich unmittelbar aus dem Charakterisierungssatz: Da $\langle f - \tilde{f}, g \rangle = 0$ für alle Elemente $g \in U$ und insbesondere für $g := g_k$, $1 \leq k \leq n$ gilt, erhalten wir $\tilde{\alpha} = (\tilde{\alpha}_1, \ldots, \tilde{\alpha}_n)$ als Lösung der *Normalgleichungen* $\langle f - \sum_{j=1}^{n} \alpha_j g_j, g_k \rangle = 0$ bzw.

$$\sum_{j=1}^{n} \alpha_j \langle g_j, g_k \rangle = \langle f, g_k \rangle, \; 1 \leq k \leq n.$$

Die Lösung der Normalgleichungen ist stets eindeutig bestimmt. Denn wegen der linearen Unabhängigkeit der Elemente $g_1, \ldots, g_n$ ist die Matrix des Systems der linearen Normalgleichungen eine positiv definite Gramsche Matrix, für die bekanntlich $\det(\langle g_j, g_k \rangle)_{j,k=1}^{n} \neq 0$ gilt (vgl. z. B. M. Koecher [1984]).

Die Normalgleichungen erlauben eine sehr einfache Berechnung des Proximums; eine ebenso einfache Berechnung der Abweichung $\|f - \tilde{f}\|$ ist nach der Folgerung 5.1 möglich: Wegen

$$\|\tilde{f}\|^2 = \langle \tilde{f} - f + f, \tilde{f} \rangle = \langle \tilde{f} - f, \tilde{f} \rangle + \langle f, \tilde{f} \rangle = \langle f, \tilde{f} \rangle$$

gilt

$$\|f - \tilde{f}\|^2 = \|f\|^2 - \langle f, \tilde{f} \rangle,$$

so daß wir

$$\|f - \tilde{f}\| = [\|f\|^2 - \sum_{j=1}^{n} \tilde{\alpha}_j \langle f, g_j \rangle]^{1/2}$$

erhalten.

Mittlere quadratische Abweichung. Der Vektorraum $C[a, b]$, versehen mit dem inneren Produkt $\langle f, g \rangle := \int_a^b f(x)g(x)dx$, also mit der Norm $\|f\| :=$ $= \|f\|_2 = [\int_a^b [f(x)]^2]^{1/2}$, ist ein Prae-Hilbertraum. Man pflegt hier die aus dem quadratischen Fehler $\|f - \tilde{f}\|_2^2$ durch Mittelung über das Integrationsintervall entstehende Größe $\mu := \frac{\|f - \tilde{f}\|_2}{\sqrt{b-a}}$ als *mittlere quadratische Abweichung* zu bezeichnen.

5.3 Orthonormalsysteme. Die Lösung der Normalgleichungen gestaltet sich besonders einfach, wenn die Elemente $g_1, \ldots, g_n$ orthonormiert gewählt sind. Denn mit $\langle g_j, g_k \rangle = \delta_{jk}$ schrumpft die Gramsche Systemmatrix der Normalgleichungen auf die Einheitsmatrix zusammen, und die Lösung der Normalgleichungen 5.2 ist

$$\tilde{\alpha}_k = \langle f, g_k \rangle, \ 1 \leq k \leq n.$$

Man hat hier den weiteren Vorteil, daß die Dimension n von U nicht von vornherein festgelegt zu werden braucht. Die Berechnung von $\tilde{\alpha}_\ell$ ist ja von den Werten $\tilde{\alpha}_k$, $k < \ell$, unabhängig. Um die Genauigkeit einer Näherung zu erhöhen, kann also die Dimension von U nach Bedarf vergrößert werden, ohne daß sich die bereits berechneten Koeffizienten $\tilde{\alpha}_k$ ändern.

Aus jedem System $\{g_1, \ldots, g_n\}$ linear unabhängiger Elemente kann ein Orthonormalsystem (ONS) gewonnen werden. Das ergibt sich aus dem geläufigen Orthonormalisierungsverfahren von E. Schmidt, das gleichzeitig eine Möglichkeit zur Konstruktion eines ONS darstellt.

Die Besselsche Ungleichung. Aus der Darstellung der Abweichung $\|f - \tilde{f}\|$ in 5.2 erhält man die Ungleichung $0 \leq \|f\|^2 - \sum_1^n \tilde{\alpha}_j \langle f, g_j \rangle$. Bilden nun die Elemente $g_1, \ldots, g_n$ ein ONS, so wird daraus die Ungleichung $\sum_1^n \tilde{\alpha}_j^2 \leq \|f\|^2$. Sie bleibt auch richtig, wenn das ONS $\{g_1, \ldots, g_n\}$ zu einem ONS unendlicher Dimension erweitert wird. Man erhält dann die *Besselsche Ungleichung*

$$\sum_{j=1}^{\infty} \tilde{\alpha}_j^2 \leq \|f\|^2.$$

Damit erhebt sich auch die Frage, ob die Näherung $\tilde{f}_n := \sum_1^n \tilde{\alpha}_k g_k$ im Sinne der Norm beliebig genau gemacht werden kann, falls nur n groß genug gewählt wird. Die nachfolgenden Betrachtungen dienen der Beantwortung dieser Frage.

Konvergenzbetrachtungen. Sei V ein Prae-Hilbertraum und mögen die Elemente $g_1, g_2, \ldots$ ein endliches oder unendliches ONS in V bilden. Zur Beantwortung der Frage nach der Möglichkeit einer beliebig genauen Approximation eines Elementes $f \in V$ durch eine Linearkombination von Elementen des ONS treffen wir die folgende

Definition. Das ONS $\{g_1, g_2, \ldots\}$ von Elementen des Prae-Hilbertraums V heißt *vollständig in* V, wenn es zu jedem Element $f \in V$ eine Folge $(f_n)_{n=1,2,\cdots}$ gibt, $f_n \in \text{span}(g_1, \cdots, g_n)$, so daß $\lim_{n \to \infty} \|f - f_n\| = 0$ gilt.

Ist V endlich-dimensional, so ist natürlich auch jedes ONS endlich, und jedes ONS, das die Dimension von V hat, ist vollständig.

Die Vollständigkeit eines ONS ist also die entscheidende Eigenschaft für die Möglichkeit, zu einem Element $f \in V$ ein Proximum $\tilde{f}$ von beliebiger vorgegebener Genauigkeit zu konstruieren. Ein vollständiges ONS kann auch in folgender Weise charakterisiert werden.

Die Vollständigkeitsrelation. Sei $\{g_1, g_2, \ldots\}$ ein vollständiges ONS. Wir betrachten eine Folge (f_n), $f_n \in \text{span}(g_1, \ldots, g_n)$, für die $\lim_{n \to \infty} \|f - f_n\| = 0$ gilt, und daneben die Folge der Proxima aus denselben linearen Unterräumen. Dann gilt $\|f - \tilde{f}_n\| \leq \|f - f_n\|$ für alle n und $\|f - \tilde{f}_n\|^2 = \|f\|^2 - \sum_1^n \tilde{\alpha}_k^2$ nach 5.2 und 5.3. Wegen $\lim_{n \to \infty} \|f - f_n\| = 0$ gilt erst recht $\lim_{n \to \infty} \|f - \tilde{f}_n\| = 0$, also $\lim_{n \to \infty} (\|f\|^2 - \sum_1^n \tilde{\alpha}_k^2) = 0$ und damit $\sum_1^\infty \tilde{\alpha}_k^2 = \|f\|^2$.

Ist andererseits $\lim_{n \to \infty} (\|f\|^2 - \sum_1^n \tilde{\alpha}_k^2) = 0$, so folgt $\lim_{n \to \infty} \|f - \tilde{f}_n\| = 0$ und damit die Vollständigkeit des ONS $\{g_1, g_2, \cdots\}$. Wir haben damit eine Äquivalenz bewiesen:

$$\{g_1, g_2, \cdots\} \text{ ist vollständiges ONS } \Leftrightarrow \sum_{k=1}^\infty \tilde{\alpha}_k^2 = \|f\|^2.$$

Wir bezeichnen diese Äquivalenz als

Vollständigkeitsrelation. *Notwendig und hinreichend für die Vollständigkeit des ONS* $\{g_1, g_2, \ldots\}$ *ist die Vollständigkeitsrelation*

$$\sum_{k=1}^\infty \tilde{\alpha}_k^2 = \|f\|^2.$$

Die in der Literatur verwendete Bezeichnungsweise ist hier uneinheitlich. Ein nach unserer Definition *vollständiges* ONS wird von verschiedenen Autoren *abgeschlossen*, von anderen *total* genannt. Entsprechend wird dann die

Bezeichnung *vollständig* für die Eigenschaft eines ONS verwendet, daß ein zu allen Elementen eines ONS orthogonales Element notwendig das Element $f = 0$ sein muß. In Prae-Hilberträumen folgt allerdings die Vollständigkeit im letztgenannten Sinn aus der Vollständigkeit unserer Definition, so daß die verschiedenen Bezeichnungen im Rahmen unserer Betrachtung keine falschen Schlüsse provozieren können. Eine allgemeine Warnung, die in der Literatur gebräuchlichen Bezeichnungen jeweils sorgfältig zu prüfen, ist jedoch angebracht.

Für die Vollständigkeitsrelation gilt ähnliches; sie wird häufig auch *Parsevalsche Gleichung* genannt, und in der russischen Literatur findet man den Namen *Parseval-Steklov-Gleichung*. Die Vielzahl der Benennungen ist sicherlich ein Hinweis auf die Bedeutung der betroffenen Eigenschaften und Relationen.

5.4 Die Legendreschen Polynome. Als Beispiel eines ONS wollen wir dasjenige System von Polynomen kennenlernen, das durch Orthonormalisieren der Monome $g_j(t) := t^{j-1}$, $(j = 1, 2, \ldots)$,$t \in [-1, +1]$, entsteht. Gesucht wird also ein System $\{L_k\}$ von Polynomen $L_k \in \mathrm{P}_k$, für das bezüglich des inneren Produkts $\langle L_k, L_\ell \rangle := \int_{-1}^{+1} L_k(t) L_\ell(t) dt$ die Orthonormalitätsbeziehung $\langle L_k, L_\ell \rangle = \delta_{k\ell}$ für k, $\ell = 0, 1, \cdots$ gilt.

Das Polynom L_n erfüllt die Orthogonalitätsbedingungen $\langle L_n, L_k \rangle = 0$ für $k < n$. Hinreichend dafür ist die Orthogonalität $\langle L_n, g_j \rangle = 0$ für $j < n$; denn dann gilt auch $\langle L_n, p_k \rangle = 0$ für alle Polynome $p_k \in \mathrm{P}_k$, $k < n$, also auch $\langle L_n, L_k \rangle = 0$. Wir benützen diesen Zusammenhang, um die Polynome L_k zu bestimmen.

Sei nämlich $L_n = \frac{1}{\|\varphi_n\|} \varphi_n$, und φ_n werde in der Form $\varphi_n(t) =: \dfrac{d^n \chi_n(t)}{dt^n}$ mit den Stammfunktionen $\chi_n^{(n-k)}(t) := \int_{-1}^{t} \chi_n^{(n-k+1)}(\tau) d\tau$, $1 \le k \le n$, angesetzt; dann gilt $\chi_n^{(n-k)}(-1) = 0$.

Sei nun $p \in \mathrm{P}_{n-1}$:

$$\int_{-1}^{+1} p(t) \chi_n^{(n)}(t) dt = p(t) \chi_n^{(n-1)}(t) \Big|_{-1}^{+1} - \cdots + (-1)^{n-1} p^{(n-1)}(t) \chi_n(t) \Big|_{-1}^{+1}.$$

Die Orthogonalitätsforderung $\langle \varphi_n, g_j \rangle = \langle \chi_n^{(n)}, g_j \rangle = 0$ führt für $j = 1$, $p(t) = g_j(t) := 1$, zunächst zu $\chi_n^{(n-1)}(+1) = 0$. Für $j = 2, \ldots, n$ gilt

$$\sum_{i=1}^{j} (-1)^{i-1} (j-1) \cdots (j-i+1) \chi_n^{(n-i)}(+1) = 0,$$

so daß $\chi_n^{(n-k)}(+1) = 0$ auch für $k = 2, \ldots, n$ folgt. χ_n ist also von der Form $\chi_n(t) = c_n(t^2 - 1)^n$ mit der Normierungskonstanten c_n; daraus ergibt sich $\varphi_n(t) = c_n \frac{d^n (t^2 - 1)^n}{dt^n}$. Damit bilden die Polynome

$$\hat{L}_n(t) = \frac{n!}{(2n)!} \frac{d^n (t^2 - 1)^n}{dt^n} = t^n + \cdots, \ n \ge 0,$$

ein Orthogonalsystem und haben den Höchstkoeffizienten Eins.

Mit $\hat{\chi}_n(t) := (t^2 - 1)^n$ lautet die Normierungsforderung

$$\|L_n\|_2^2 = 1 \Rightarrow c_n^2 \int_{-1}^{+1} [\hat{\chi}_n^{(n)}(t)]^2 dt = 1.$$

$$\int_{-1}^{+1} [\hat{\chi}_n^{(n)}(t)]^2 dt = \hat{\chi}_n^{(n-1)}(t)\hat{\chi}_n^{(n)}(t) - \hat{\chi}_n^{(n-2)}(t)\hat{\chi}^{(n+1)}(t) + \cdots +$$

$$+ (-1)^{n-1}\hat{\chi}_n(t)\hat{\chi}_n^{(2n-1)}(t) \Big|_{-1}^{+1} + (-1)^n \int_{-1}^{+1} \hat{\chi}_n(t)\hat{\chi}_n^{(2n)}(t) dt =$$

$$= (-1)^n (2n)! \int_{-1}^{+1} \hat{\chi}_n(t) dt.$$

Mit $I_n := \int_{-1}^{+1} \hat{\chi}_n(t) dt$ wird also $c_n = [(-1)^n (2n)! I_n]^{-1/2}$ gefordert. Es ist

$$I_n = \int_{-1}^{+1} (t^2 - 1)^n dt = \int_{-1}^{+1} t^2 (t^2 - 1)^{n-1} dt - I_{n-1} =$$

$$= t\frac{1}{2n}(t^2 - 1)^n \Big|_{-1}^{+1} - \frac{1}{2n} \int_{-1}^{+1} (t^2 - 1)^n dt - I_{n-1} = -\frac{1}{2n} I_n - I_{n-1};$$

$$I_n = -\frac{2n}{2n+1} I_{n-1} = (-1)^n \frac{2n}{2n+1}\frac{2n-2}{2n-1} \cdots \frac{2}{3} I_0,$$

und mit $I_0 = 2$ ergibt sich $I_n = (-1)^n \frac{2^n n!}{(2n+1)(2n-1)\cdots 3} 2$, also

$$c_n = \left[(2n)! \frac{2^n n!}{(2n+1)(2n-1)\cdots 3} 2 \right]^{-1/2} = \left[\frac{(2^n n!)^2}{2n+1} 2 \right]^{-1/2} = \left(\frac{2n+1}{2} \right)^{\frac{1}{2}} \frac{1}{2^n n!}.$$

So erhalten wir für die normierten *Legendreschen Polynome* die Formel

$$L_n(t) = \frac{1}{2^n n!} \sqrt{\frac{2n+1}{2}} \frac{d^n (t^2 - 1)^n}{dt^n};$$

$$L_0(t) = \frac{1}{\sqrt{2}}, L_1(t) = \sqrt{\frac{3}{2}} t, \; L_2(t) = \frac{1}{2}\sqrt{\frac{5}{2}}(3t^2 - 1), L_3(t) = \frac{1}{2}\sqrt{\frac{7}{2}}(5t^3 - 3t) \text{ usw.}$$

Diese Darstellung der Legendreschen Polynome wird nach dem französischen Bankier und Mathematiker OLINDE RODRIGUES (1794–1851) benannt.

Minimaleigenschaft der Legendreschen Polynome. Ähnlich wie in 4.6 können wir nun die Aufgabe stellen, das Monom $f(t) := t^n$ in $[-1, +1]$ durch ein Polynom aus P_{n-1} bestmöglich bezüglich der Norm $\|\cdot\|_2$ zu approximieren.

Gesucht ist also das Polynom $\tilde{p} = \tilde{\alpha}_1 g_1 + \cdots + \tilde{\alpha}_n g_n$, das Proximum an f, $f(t) := t^n$, ist. Es ergibt sich als Lösung der Normalgleichungen 5.2

$$\langle f - (\alpha_1 g_1 + \cdots + \alpha_n g_n), g_k \rangle = 0, \ 1 \leq k \leq n.$$

Die eindeutig bestimmte Lösung dieses Gleichungssystems liefern uns, wie oben gezeigt wurde, die Legendreschen Polynome mit Höchstkoeffizient Eins

$$\hat{L}_n = f - (\tilde{\alpha}_1 g_1 + \cdots + \tilde{\alpha}_n g_n), \ \text{also} \ \tilde{p} = f - \hat{L}_n.$$

Dieses Ergebnis läßt sich auch in der folgenden Aussage formulieren: Die Legendreschen Polynome $\hat{L}_n$ besitzen im Intervall $[-1, +1]$ die Minimaleigenschaft $\|\hat{L}_n\|_2 \leq \|p\|_2$ unter allen Polynomen $p \in \hat{P}_n$,

$$\hat{P}_n := \{p \in P_n | p(t) = t^n + a_{n-1}t^{n-1} + \cdots + a_0\}.$$

Es sind die Legendreschen Polynome mit Höchstkoeffizient Eins, die die Funktion $f = 0$ in $[-1, +1]$ bezüglich der Norm $\| \cdot \|_2$ bestmöglich approximieren.

5.5 Eigenschaften orthonormierter Polynome. Die Legendreschen Polynome sind nur *ein* Beispiel für ein System orthonormierter Polynome. Man wird auf sie durch die Wahl des Integrationsintervalls $[a, b] := [-1, +1]$ und der Gewichtsfunktion $w(x) = 1$ für $x \in [-1, +1]$ bei der Definition des inneren Produkts $\langle f, g \rangle := \int_a^b f(x)g(x)w(x)dx$ geführt.

Wir wollen eine Nullstelleneigenschaft allgemeiner Orthonormalsysteme von Polynomen kennenlernen. Dazu benötigen wir das folgende

Lemma. *Jedes Polynom $p \in P_n$ kann in eindeutiger Weise als Linearkombination der Elemente $\psi_0, \ldots, \psi_n$ eines Systems orthonormierter Polynome dargestellt werden.*

Beweis. Für $p \in P_n$ gilt ja $p \in \text{span}(\psi_0, \ldots, \psi_n)$, so daß aus den Normalgleichungen $p = \sum_0^n \beta_k \psi_k$ mit $\beta_k = \langle p, \psi_k \rangle$ folgt.   □

Jedes Polynom ist bekanntlich durch seine Nullstellen bis auf eine multiplikative Konstante eindeutig bestimmt. Für die Nullstellen und ihre Verteilung in einem ONS von Polynomen gilt nun der folgende bemerkenswerte

Nullstellensatz. *Bildet die Menge der Polynome $\{\psi_0, \psi_1, \ldots\}$, $\psi_n \in P_n$, ein ONS in $[a, b]$ bezüglich der Gewichtsfunktion w, so besitzt jedes dieser Polynome lauter einfache, reelle Nullstellen, die alle in (a, b) liegen.*

Beweis. Seien $x_{n1}, x_{n2}, \ldots, x_{nn}$ die Nullstellen des Polynoms ψ_n. Dann gilt $\langle \psi_n, \psi_0 \rangle = 0$ für $n > 0$, also $\int_a^b (x - x_{n1}) \cdots (x - x_{nn})w(x)dx = 0$. Es gibt also *mindestens eine* reelle Nullstelle mit Zeichenwechsel in (a, b), d. h. von ungeradzahliger Vielfachheit. Sei $\{x_{n\nu} \mid \nu \in H \subset N := \{1, \dots, n\}\}$ die Menge *aller* reellen Nullstellen ungeradzahliger Vielfachheit von ψ_n in (a, b), in der mehrfache Nullstellen nur einmal auftreten. Mit dem Produkt $\pi(x) := \prod_{\nu \in H}(x - x_{n\nu})$, $\pi \in P_n$, gilt dann $\psi_n(x)\pi(x) \geq 0$ oder $\psi_n(x)\pi(x) \leq 0$ für alle $x \in (a, b)$; deshalb ist sicher $\langle \psi_n, \pi \rangle \neq 0$, also π ein Vielfaches von ψ_n und damit $H = N$, da infolge des Lemmas $\langle \psi_n, p \rangle = 0$ für alle $p \in P_{n-1}$ gilt. $\square$

Beispielsweise haben wir in 4.8 bereits von der Orthogonalitätseigenschaft der Tschebyschev-Polynome 1. Art Gebrauch gemacht. Daraus geht hervor, daß die Polynome $\frac{1}{\sqrt{\pi}}T_0$, $\sqrt{\frac{2}{\pi}}T_k$ für $k = 1, 2, \cdots$ in $[-1, +1]$ ein ONS bezüglich der Gewichtsfunktion $w(x) := \frac{1}{\sqrt{1-x^2}}$ bilden. In 4.7 wurde festgestellt, daß die Werte $x_{n\nu} = \cos(\frac{2\nu-1}{n}\pi)$, $1 \leq \nu \leq n$, die n einfachen, reellen und in $(-1, +1)$ liegenden Nullstellen von T_n sind.

Minimaleigenschaft. Man erkennt, daß sich die Minimaleigenschaft der Legendreschen Polynome 5.4 auf allgemeine Systeme orthogonaler Polynome überträgt. Das auf Höchstkoeffizient Eins normierte Polynom n-ten Grades eines Orthogonalsystems minimiert also die jeweilige Norm, verglichen mit allen anderen Polynomen n-ten Grades und Höchstkoeffizient Eins.

5.6 Konvergenz in C[a,b] . Um der Frage der Konvergenz der Proxima in einem konkreten Fall nachzugehen, betrachten wir den Vektorraum C$[a, b]$, versehen mit der Norm $\| \cdot \|_2$, und in diesem Vektorraum die Approximation einer stetigen Funktion durch Polynome. Die in 5.4 untersuchten Legendreschen Polynome $L_0, L_1, \cdots$ bilden nach einer Variablentransformation auf das Intervall $[a, b]$ das zugehörige ONS. Die Konvergenz bezüglich der Norm $\| \cdot \|_2$ nennen wir wie üblich *Konvergenz im Mittel*.

Wir beweisen zunächst den folgenden

Hilfssatz. *Die gleichmäßige Konvergenz einer Folge* $(f_n)_{n \in \mathbb{N}}$ *stetiger Funktionen zieht die Konvergenz im Mittel nach sich.*

Beweis. Gleichmäßige Konvergenz bedeutet, daß $|f(x) - f_n(x)| < \frac{\varepsilon}{\sqrt{b-a}}$ unabhängig von $x \in [a, b]$ für alle $n > N$ gilt, falls nur N hinreichend groß gewählt wird. Dann ist aber $\|f - f_n\|_2 = [\int_a^b |f(x) - f_n(x)|^2 dx]^{1/2} < \varepsilon$, d.h. es gilt $\lim_{n \to \infty} \|f - f_n\|_2 = 0$. $\square$

Damit kommen wir zu dem angestrebten

Konvergenzsatz. *Sei* $f \in$ C$[a, b]$; *dann konvergiert die Folge* $(\bar{p}_n)_{n \in \mathbb{N}}$ *der Proxima bezüglich der Norm* $\| \cdot \|_2$, $\bar{p}_n \in P_n$, *im Mittel gegen* f.

Beweis. Nach dem Approximationssatz von Weierstraß 2.2 gibt es eine Folge $(p_n)_{n \in \mathbb{N}}$ von Polynomen $p_n \in P_n$, die gleichmäßig gegen f konvergiert. Nach dem Hilfssatz bringt die gleichmäßige Konvergenz einer Folge die Konvergenz dieser Folge im Mittel mit sich, so daß also $\lim_{n \to \infty} \|f - p_n\|_2 = 0$ gilt. Wegen $\|f - \tilde{p}_n\|_2 \leq \|f - p_n\|_2$ gilt also umso mehr $\lim_{n \to \infty} \|f - \tilde{p}_n\|_2 = 0$. $\qquad \Box$

Korollar. *Das System* $\{L_0^*, L_1^*, \ldots\}$ *der auf das Intervall* $[a, b]$ *transformierten Legendreschen Polynome ist vollständig in* $(C[a, b], \| \cdot \|_2)$.

Beweis. Nach dem Lemma 5.5 gilt $\tilde{f}_n = \sum_{k=0}^{n} \langle \tilde{f}_n, L_k^* \rangle L_k^*$. Daraus folgt die Vollständigkeit des ONS $\{L_0^*, L_1^*, \ldots\}$ nach der Definition 5.3. $\qquad \Box$

5.7 Approximation stückweise stetiger Funktionen. Bei manchen in der Praxis auftretenden Approximationsproblemen geht es darum, Funktionen mit Sprungstellen näherungsweise darzustellen. Wir wollen uns klarmachen, daß diese Aufgabe bezüglich der Norm $\| \cdot \|_2$ mit den gleichen Mitteln zu lösen ist wie diejenige für stetige Funktionen.

Der geeignete Vektorraum ist jetzt der Raum $C_{-1}[a, b]$ aller in $[a, b]$ stückweise stetigen Funktionen. Als stückweise stetig bezeichnen wir dabei wie üblich eine bis auf endlich viele endliche Sprünge stetige Funktion. Seien f, $g \in C_{-1}[a, b]$; seien weiter $\xi_1, \ldots, \xi_{m-1}$ die Sprungstellen der Funktion $f \cdot g$. Mit $\xi_0 := a$ und $\xi_m := b$ definieren wir das innere Produkt

$$\langle f, g \rangle := \int_a^b f(x)g(x)dx = \sum_{\mu=0}^{m-1} \int_{\xi_\mu}^{\xi_{\mu+1}} f(x)g(x)dx$$

und damit die Norm $\|f\| := \|f\|_2 = \langle f, f \rangle^{1/2}$.

Damit ist ein Prae-Hilbertraum definiert, in dem das Proximum $\tilde{f}$ in einem endlichdimensionalen linearen Unterraum U an ein Element $f \in C_{-1}[a, b]$ eindeutig bestimmt ist und sich als Lösung der Normalgleichungen berechnen läßt.

Auch in diesem Prae-Hilbertraum gilt nun der folgende

Satz. *Sei* $f \in C_{-1}[a, b]$; *dann konvergiert die Folge* $(\tilde{p}_n)_{n \in \mathbb{N}}$ *der Proxima* $\tilde{p}_n$ *in* P_n *im Mittel gegen* f.

Beweis. Der Beweis beruht darauf, die unstetige Funktion f durch stetige Funktionen im Mittel beliebig genau zu approximieren und die Folge der Proxima an diese stetigen Funktionen zu untersuchen.

Aus $f \in C_{-1}[a, b]$ mit den Sprungstellen $\xi_1, \ldots, \xi_{m-1}$ erzeugen wir die stetige Funktion h,

$$h(x) := \begin{cases} f(\xi_\mu - \delta) + \frac{f(\xi_\mu + \delta) - f(\xi_\mu - \delta)}{2\delta}[x - (\xi_\mu - \delta)] & \text{für } x \in [\xi_\mu - \delta, \xi_\mu + \delta], \\ & 1 \leq \mu \leq m-1, \\ \\ f(x) & \text{sonst} \end{cases}$$

mit $\delta \leq \frac{1}{2} \min_{0 \leq \mu \leq m-1}(\xi_{\mu+1} - \xi_\mu)$.

Sei $\tilde{q}_n$ Proximum in P_n an h. Dann gilt $\|h - \tilde{q}_n\|_2 < \frac{\varepsilon}{2}$ für alle $n > N$ bei hinreichend großem N. Weiter ist

$$\|f - \tilde{q}_n\|_2 = \|(f - h) + (h - \tilde{q}_n)\|_2 \le \|f - h\|_2 + \|h - \tilde{q}_n\|_2$$

und

$$\|f - h\|_2^2 = \sum_{\mu=0}^{m-1} \int_{\xi_\mu}^{\xi_{\mu+1}} [f(x) - h(x)]^2 dx = \sum_{\mu=1}^{m-1} \int_{\xi_\mu-\delta}^{\xi_\mu+\delta} [f(x) - h(x)]^2 dx.$$

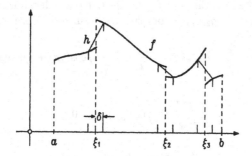

Mit $M := \max_{x\in[a,b]} |f(x)|$ gilt die Abschätzung $|h(x) - f(x)| \le 2M$ unabhängig von δ für $x \in [a,b]$, so daß also $\|f - h\|_2^2 \le 4M^2(m-1)2\delta$ folgt. Damit wird

$$\|f - h\|_2 < \frac{\varepsilon}{2} \text{ für } \delta < \frac{\varepsilon^2}{32M^2(m-1)} \text{ und } \|f - \tilde{q}_n\|_2 < \varepsilon.$$

$\tilde{q}_n \in P_n$ ist Proximum an h; umso mehr gilt also für das Proximum $\tilde{p}_n \in P_n$ an die unstetige Funktion f die Ungleichung $\|f - \tilde{p}_n\|_2 \le \|f - \tilde{q}_n\|_2 < \varepsilon$ und damit die Aussage des Satzes.   □

5.8 Trigonometrische Approximation. In zahlreichen Anwendungen geht es darum, periodische Vorgänge näherungsweise darzustellen. Wenn man etwa an Schaltvorgänge denkt, erkennt man, daß es vor allem auch die stückweise stetigen periodischen Funktionen sind, die besondere Aufmerksamkeit verdienen.

Sei $f \in C_{-1}[-\pi, +\pi]$ und periodisch, $f(x) = f(x + 2\pi)$. Einen geeigneten Unterraum zur Gewinnung einer Näherung wird man aus 2π-periodischen linear unabhängigen Funktionen aufbauen. Dafür bieten sich die trigonometrischen

Funktionen an. Sie stellen bereits eine Orthogonalbasis bezüglich der Norm
$\|\cdot\|_2$ dar, die man nur noch zu normieren hat, um über ein zur Berechnung
eines Proximums geeignetes ONS zu verfügen. Wir erhalten das

ONS der trigonometrischen Funktionen. Das ONS $\{g_1, \ldots, g_{2m+1}\}$,
$g_k : [-\pi, +\pi] \to \mathbb{R}$, $1 \le k \le 2m + 1$, ist erklärt als

$$g_1(x) := \frac{1}{\sqrt{2\pi}}$$

$$g_{2j}(x) := \frac{1}{\sqrt{\pi}} \cos(jx), \quad g_{2j+1}(x) := \frac{1}{\sqrt{\pi}} \sin(jx) \quad \text{für } 1 \le j \le m.$$

Das Proximum $\tilde{f}$ an ein Element $f \in C_{-1}[-\pi, +\pi]$ aus dem linearen Unterraum
$U_{2m+1} = \text{span}(g_1, \ldots, g_{2m+1})$ ergibt sich als Lösung der Normalgleichungen zu

$$\tilde{f}(x) = \sum_{k=1}^{2m+1} \tilde{\alpha}_k g_k(x) =: \frac{a_0}{2} + \sum_{j=1}^{m} [a_j \cos(jx) + b_j \sin(jx)]$$

mit

$$a_j = \frac{1}{\pi} \int_{-\pi}^{+\pi} f(x) \cos(jx) dx, \quad 0 \le j \le m,$$

$$b_j = \frac{1}{\pi} \int_{-\pi}^{+\pi} f(x) \sin(jx) dx, \quad 1 \le j \le m.$$

Bei den Koeffizienten $a_0, a_1, \ldots, a_m, b_1, \cdots, b_m$ handelt es sich um die Fourierkoeffizienten der periodischen Funktion f. Das Proximum an f aus U_{2m+1}
ist ja nichts anderes als die m-te Teilsumme der Fourierentwicklung von f.
Im Rahmen unserer Betrachtungen zur Approximation stellen die Teilsummen
der Fourierreihe Proxima aus speziellen Teilräumen dar; die aus der Analysis
bekannte Minimaleigenschaft dieser Teilsummen ist die Proximumseigenschaft.

Für die Abweichung $\|f - \tilde{f}\|_2$ erhalten wir hier

$$\|f - \tilde{f}\|_2 = [\|f\|_2^2 - \sum_{k=1}^{2m+1} \tilde{\alpha}_k^2]^{1/2} = [\|f\|_2^2 - \pi(\frac{a_0^2}{2} + \sum_{j=1}^{m} (a_j^2 + b_j^2))]^{1/2},$$

und für die Besselsche Ungleichung ergibt sich

$$\frac{a_0^2}{2} + \sum_{j=1}^{m} (a_j^2 + b_j^2) \le \frac{1}{\pi} \|f\|_2^2.$$

Beispiel. Die periodische Funktion f sei durch die Festsetzung

$$f(x) := \begin{cases} -1 & \text{für } -\pi \le x < 0 \\ 0 & \text{für } x = 0 \\ +1 & \text{für } 0 < x < \pi \end{cases}, \quad f(x + 2\pi) = f(x) \text{ definiert.}$$

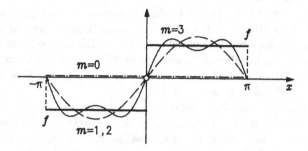

Da f ungerade ist, gilt $a_j = 0$ für $0 \leq j \leq m$, und man berechnet

$$b_j = \frac{2}{\pi} \int_0^\pi \sin(jx)dx = \begin{cases} \frac{4}{\pi j} & \text{für } j \text{ ungerade} \\ 0 & \text{für } j \text{ gerade} \end{cases}.$$

Damit ergeben sich für $m = 0, 1, 2, 3$ die in der Figur dargestellten Proxima.

Konvergenz. Ist die periodische Funktion f insgesamt stetig, so folgt die Konvergenz im Mittel der Proxima aus dem Weierstraßschen Approximationssatz für periodische Funktionen 2.4. Der Beweis verläuft analog dem Beweis des Konvergenzsatzes 5.6. Dieser zweite Approximationssatz von Weierstraß sichert zunächst die Existenz einer Folge von trigonometrischen Polynomen aus U_{2m+1}, die gleichmäßig gegen f konvergieren. Daraus folgt ihre Konvergenz im Mittel, die wiederum die Konvergenz der Proxima aus U_{2m+1} bezüglich der Norm $\| \cdot \|_2$, also im Mittel, nach sich zieht. Auch die Ausdehnung der Betrachtungen auf stückweise stetige Funktionen folgt der Darlegung in 5.7; damit gilt der

Satz. *Sei* $f \in C_{-1}[-\pi, +\pi]$ *und periodisch mit der Periode* 2π. *Dann konvergiert die Folge der Proxima bezüglich* $\| \cdot \|_2$ *aus den linearen Unterräumen* U_{2m+1} *der trigonometrischen Polynome im Mittel gegen* f.

Folgerung. Nach Definition 5.3 ist also das System der trigonometrischen Funktionen vollständig im Raum der stückweise stetigen periodischen Funktionen $(C_{-1}[-\pi, +\pi], \| \cdot \|_2)$. Es kann natürlich auch Sinn haben, eine nichtperiodische, in $[a, b]$ stetige Funktion durch trigonometrische Polynome zu approximieren. Transformiert man $[a, b]$ auf $[-\pi, +\pi]$, so liegt dieselbe Situation wie im periodischen Fall vor; die außerhalb $[-\pi, +\pi]$ erklärten periodischen Fortsetzungen bleiben dann außer Betracht. Mit den auf $[a, b]$ transformierten und normierten trigonometrischen Funktionen kennen wir ein weiteres in $(C_{-1}[a, b], \| \cdot \|_2)$ vollständiges ONS.

Bemerkungen. Die Folge der Proxima bezüglich $\| \cdot \|_2$ aus U_{2m+1} an eine stetige periodische Funktion ist i. allg. verschieden von der gleichmäßig konvergenten Folge trigonometrischer Polynome aus U_{2m+1}, von der im zweiten Approximationssatz von Weierstraß die Rede ist. Die letzteren konvergieren in $(C[-\pi, +\pi], \| \cdot \|_\infty)$, während die ersteren im Mittel auch gegen nur stückweise stetige Funktionen, also in $(C_{-1}[-\pi, +\pi], \| \cdot \|_2)$ konvergieren; diese Konvergenz ist jedoch i. allg. nicht gleichmäßig.

Die scheinbar unzulänglichen Konvergenzeigenschaften der Fourierentwicklungen - Überschießen der Näherungen an Sprungstellen (Gibbssches Phänomen), selbst im stetigen Fall gleichmäßige Konvergenz nur unter Hinzunahme weiterer Bedingungen usw. - finden ihre Erklärung darin, daß die Tschebyschev-Norm den Orthogonalreihen nicht angemessen ist. Wie wir gesehen haben, treten solche Probleme bei der Verwendung derjenigen Normen nicht auf, die durch das jeweils definierte innere Produkt induziert werden.

5.9 Aufgaben. 1) a) Man mache sich die geometrische Bedeutung des Charakterisierungssatzes 5.1 in dem Fall klar, daß ein Vektor in $\mathbb{R}^3$ durch einen Vektor aus $\mathbb{R}^2$ bezüglich der euklidischen Norm approximiert werden soll.

b) Man zeige: In einem reellen Prae-Hilbertraum V gilt für zwei Elemente $f, g \in V$ genau dann $\langle f, g \rangle = 0$, wenn $\|\alpha f + g\| \geq \|g\|$ für alle $\alpha \in \mathbb{R}$ richtig ist.

2) Sei $f \in C[-1, +1]$, $f(x) := e^x$. Man bestimme die Proxima an f aus P_k, $0 \leq k \leq 2$, bezüglich der Norm $\| \cdot \|_2$

a) über die Normalgleichungen;

b) durch Entwickeln von f nach Legendre-Polynomen.

Man vergleiche die Proxima aus P_0 und aus P_1 mit dem Resultat der Aufgabe 3b) bzw. 7b) in 4.12.

3) a) Sei $f \in C[-\pi, +\pi]$; dann gilt $\lim_{j \to \infty} \int_{-\pi}^{+\pi} f(x) \sin(jx) dx = 0$ sowie $\lim_{j \to \infty} \int_{-\pi}^{+\pi} f(x) \cos(jx) dx = 0$, $j \in \mathbb{N}$.

b) Sei $f \in C[-1, +1]$; dann gilt

$$\lim_{k \to \infty} \int_{-1}^{+1} f(x) L_k(x) dx = 0, \quad k \in \mathbb{N}.$$

4) Gegeben sei der Prae-Hilbertraum $(C[-1, +1], \| \cdot \|)$, dessen Norm durch das innere Produkt $\langle f, g \rangle := \int_{-1}^{+1} \sqrt{1 - x^2} f(x) g(x) dx$ induziert wird. Man zeige:

a) In diesem Prae-Hilbertraum bilden die Funktionen

$$U_n(x) := \sqrt{\frac{2}{\pi}} \frac{\sin((n + 1) \arccos(x))}{\sqrt{1 - x^2}}$$

ein Orthonormalsystem.

b) Die Funktionen U_n sind Polynome n-ten Grades in x. (Es handelt sich um die *Tschebyschev-Polynome 2. Art.*)

c) Es gilt $T_n'(x) = n\, U_{n-1}(x)$.

5) Man begründe, daß das ONS der Legendreschen Polynome auch im Raum $(C[-1, +1], \|\cdot\|_\infty)$ vollständig ist; Vollständigkeit in diesem normierten Vektorraum wird dabei entsprechend der Definition 5.3 erklärt. Dasselbe gilt für $(C[-1, +1], \|\cdot\|_1)$.

6) In $(C[-1, +1], \|\cdot\|_2)$ sei die Folge $f_n(x) := [\frac{n}{1+n^4 x^2}]^{\frac{1}{2}}$ gegeben. Man zeige: Die Folge konvergiert im Mittel gegen das Element $f = 0$; sie konvergiert jedoch nicht punktweise.

7) Sei $f \in C(-\infty, +\infty)$ und periodisch, $f(x) := x^2$ für $x \in [-\pi, +\pi]$.

a) Man gebe die Fourierentwicklung von f nach trigonometrischen Funktionen an und skizziere den Verlauf der Proxima an f aus span(g_1, g_2, g_3) und aus span$(g_1, \ldots, g_5)$.

b) Wie kann man aus dieser Entwicklung den Wert von π berechnen und wieviele Glieder benötigt man, um π mit einer Genauigkeit von $5 \cdot 10^{-k}$ zu erhalten?

§ 6. Die Methode der kleinsten Quadrate

Als C. F. Gauß im Jahre 1820 unter König Georg IV. den Auftrag erhielt, das Königreich Hannover zu vermessen, konnte er auf frühere Untersuchungen im Zusammenhang mit der Auswertung von Meßergebnissen und auf Ideen zur Fehlerkorrektur zurückgreifen, die er von 1794 an teils im Rahmen geodätischer, teils anläßlich astronomischer Fragen angestellt hatte. Er hatte schon frühzeitig die Methode der kleinsten Quadrate zur Ausgleichung von Meßfehlern entdeckt. Mit dieser Methode war es ihm 1801 gelungen, die Bahn des Planetoiden Ceres so genau zu berechnen, daß dieser an der vorhergesagten Stelle wiederaufgefunden werden konnte, nachdem er nach seiner Entdeckung durch den Astronomen G. Piazzi aus Palermo ein Jahr lang unauffindbar gewesen war. Die erste Veröffentlichung über diese Methode stammt allerdings von A.-M. Legendre (1806). Das Problem war schon lange bekannt. In seiner einfachsten Form besteht es darin, aus einer Reihe von Einzelmessungen einen mittleren Wert so zu bestimmen, daß seine Abweichung von den Meßwerten möglichst klein ist. Noch 1799 hatte Laplace empfohlen, die Summe der Absolutbeträge der Fehler zum Minimum zu machen. Für dieses Verfahren, das auf die Approximation bezüglich der Norm $\|\cdot\|_1$ im diskreten Fall hinausläuft, spricht die Tatsache, daß dabei der Einfluß großer Einzelfehler in einer Meßreihe unterdrückt wird; dieselbe Erscheinung haben wir in 4.11 bei der Approximation stetiger Funktionen bemerkt. Die Ermittlung eines solchen mittleren Werts ist jedoch schwierig. Demgegenüber schlug Gauß vor, die Summe der Quadrate der Fehler minimal zu machen. In der Statistik wird gezeigt, daß dieser Vorschlag der Annahme normalverteilter Meßfehler angemessen ist und dadurch eine natürliche Rechtfertigung findet. Man kann sich im Fall von n Einzelmessungen $y_1, \cdots, y_n$ einer Meßgröße leicht klarmachen, daß sich dann gerade das arithmetische Mittel dieser Werte als mittlerer Wert ergibt: Gesucht wird eine Zahl $\bar{y}$, die die Quadratsumme der Fehler $(y - y_1)^2 + \cdots + (y - y_n)^2$ zum Minimum macht. Eine notwendige Bedingung für das Eintreten eines Minimums ist $(y - y_1) + \cdots + (y - y_n) = 0$ mit der Lösung $\bar{y} = \frac{1}{n} \sum_1^n y_\nu$.

Aus der *Methode der kleinsten Quadrate* nach Gauß entwickelt sich die *Ausgleichsrechnung*, die wir jetzt in den Rahmen der Approximation in Prae-Hilberträumen stellen wollen.

6.1 Diskrete Approximation. Seien N Wertepaare $(x_1, y_1), \cdots, (x_N, y_N)$ gegeben. Bei der Aufgabe der diskreten Approximation geht es darum, eine Linearkombination vorgegebener Funktionen $g_1, \ldots, g_n$ zu finden, die an den Stellen $x_\nu \in [a, b]$, $1 \le \nu \le N$, die zugeordneten Werte $y_1, \ldots, y_N$ möglichst gut annähert. Mit dieser Aufgabe hat man es in dem eingangs erwähnten Fall der Ausgleichung und Darstellung der Ergebnisse eines Experiments oder von Messungen ebenso zu tun wie bei dem Vorhaben, den Verlauf einer nur punktweise gegebenen Funktion zu approximieren.

Wir beschäftigen uns hier mit der Approximation durch stetige Funktionen $g_k \in C[a, b]$, $1 \le k \le n$. Gesucht ist also jetzt eine stetige Funktion $\tilde{f} \in U = $ $= \mathrm{span}(g_1, \ldots, g_n)$; sie sei Lösung der

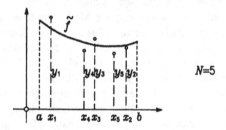

$N=5$

Ausgleichsaufgabe. Man bestimme $\tilde{f} \in U$, so daß

$$\sum_{\nu=1}^N [y_\nu - \tilde{f}(x_\nu)]^2 \le \sum_{\nu=1}^N [y_\nu - g(x_\nu)]^2$$

für alle $g \in U$ gilt.

Um unsere bisherigen Untersuchungen zur Approximation anwenden zu können, müssen wir diese Ausgleichsaufgabe in einem geeigneten Prae-Hilbertraum behandeln. Wir wählen dazu den euklidischen Raum $V := \mathbf{R}^N$ mit dem inneren Produkt $\langle \underline{u}, \underline{v} \rangle := \sum_1^N u_\nu v_\nu$ für $\underline{u}, \underline{v} \in \mathbf{R}^N$. Damit ist $\|\underline{u}\| := \|\underline{u}\|_2 = $ $= [\sum_1^N u_\nu^2]^{1/2}$. In diesem Paragraphen operieren wir parallel in $C[a, b]$ und in $\mathbf{R}^N$. Um Verwechslungen zu vermeiden, werden alle Vektoren in $\mathbf{R}^N$ durch Unterstreichen kenntlich gemacht; es ist also z. B. $g_k \in C[a, b]$, aber $\underline{g}_k \in \mathbf{R}^N$.

Mit den Vektoren $\underline{y} := (y_1, \ldots, y_N)^T$ und $\underline{g}_k := (g_k(x_1), \ldots, g_k(x_N))^T$ sowie $\underline{g} := \sum_1^n \alpha_k \underline{g}_k$ formulieren wir jetzt in $\mathbf{R}^N$ die

Approximationsaufgabe. Man bestimme eine Lösung $\underline{\tilde{f}} \in \mathrm{span}(\underline{g}_1, \ldots, \underline{g}_n)$, so daß $\|\underline{y} - \underline{\tilde{f}}\|_2 \le \|\underline{y} - \underline{g}\|_2$ für alle $\underline{g} \in \mathrm{span}(\underline{g}_1, \ldots, \underline{g}_n)$ gilt.

Für $n > N$ sind die Vektoren $\underline{g}_1, \ldots, \underline{g}_n$ stets linear abhängig. Es hat also nur Sinn, im folgenden $n \le N$ anzunehmen. Überdies wollen wir uns vorderhand auf paarweise verschiedene Stützstellen $x_\nu \ne x_\mu$ für $\nu \ne \mu$ beschränken.

Die Approximationsaufgabe besitzt nach 5.1 die eindeutig bestimmte Lösung

$$\underline{\tilde{f}} = \sum_{k=1}^n \tilde{\alpha}_k \underline{g}_k = \left(\sum_{k=1}^n \tilde{\alpha}_k g_k(x_1), \ldots, \sum_{k=1}^n \tilde{\alpha}_k g_k(x_N) \right)^T.$$

Von der durch $\tilde{\alpha} = (\tilde{\alpha}_1, \ldots, \tilde{\alpha}_n)$ bestimmten Lösung der Approximationsaufgabe kommen wir mit $\tilde{f} = \sum_1^n \tilde{\alpha}_k g_k$ zu einer Lösung der Ausgleichsaufgabe. $\tilde{f}$ ist dann eindeutig bestimmt, wenn die
Normalgleichungen

$$\sum_{k=1}^n \alpha_k \langle \underline{g}_k, \underline{g}_\ell \rangle = \langle \underline{y}, \underline{g}_\ell \rangle, \quad 1 \le \ell \le n,$$

zur Berechnung von $\tilde{\alpha}$ eine eindeutige Lösung besitzen.

6.2 Die Lösung der Normalgleichungen. Die Lösung des Systems der Normalgleichungen ist genau dann eindeutig bestimmt, wenn die Gramsche Determinante $\det(\langle \underline{g}_k, \underline{g}_\ell \rangle)_{k,\ell=1}^n \ne 0$ ist. Notwendig und hinreichend dafür ist die lineare Unabhängigkeit der Vektoren $\underline{g}_1, \ldots, \underline{g}_n$. Um das sicherzustellen, reicht aber die lineare Unabhängigkeit der Elemente $g_k \in U$, $1 \le k \le n$, nicht aus. Vielmehr müssen wir verlangen, daß U ein Haarscher Raum im Sinn von 4.2 ist. Es gilt nämlich der

Satz. *Die Vektoren $\underline{g}_k \in \mathbf{R}^N$, $1 \le k \le n$, sind für $n \le N$ genau dann bei jeder Auswahl der Werte $x_\nu \in [a,b]$, $1 \le \nu \le N$, $x_\nu \ne x_\mu$ für $\nu \ne \mu$, linear unabhängig, wenn die Elemente $g_k \in U$, $1 \le k \le n$, ein Tschebyschev-System bilden.*

Beweis. Lineare Unabhängigkeit der Vektoren $\underline{g}_1, \ldots, \underline{g}_n$ bedeutet

$$\sum_{k=1}^n \beta_k \underline{g}_k = \underline{0} \Rightarrow \beta_k = 0 \text{ für } 1 \le k \le n.$$

Das heißt also, daß das lineare Gleichungssystem

$$\sum_{k=1}^n \beta_k g_k(x_\nu) = 0, \ 1 \le \nu \le N, \ x_\nu \ne x_\mu \text{ für } \nu \ne \mu,$$

nur die triviale Lösung besitzt. Die Implikation

$$\sum_{k=1}^{n} \beta_k g_k(x_\nu) = 0 \Rightarrow \beta_k = 0 \text{ für } 1 \le k \le n$$

muß also für *alle* Auswahlen von N Stützstellen $x_1, \ldots, x_N$ gelten, die paarweise verschieden sind. Das ist genau dann der Fall, wenn die Elemente $g_1, \ldots, g_n$ ein Tschebyschev-System bilden.   ☐

Insgesamt erhalten wir also das

Korollar. *Bilden die Elemente $g_k \in U$, $1 \le k \le n$, ein Tschebyschev-System, dann besitzen die Ausgleichsaufgabe und das diskrete Approximationsproblem für jede Auswahl paarweise verschiedener Werte x_ν, $1 \le \nu \le N$, bei $n \le N$ eine eindeutig bestimmte Lösung $\tilde{f} = \sum_1^n \tilde{\alpha}_k g_k$. Dabei ist $\tilde{\alpha} = (\tilde{\alpha}_1, \cdots, \tilde{\alpha}_n)$ die eindeutig bestimmte Lösung der Normalgleichungen 6.1.*

Im einzelnen können die beiden folgenden Fälle eintreten:

(i) $n < N$: Dies ist der Normalfall der Approximation; ist dabei der Vektor $\underline{y} \notin \text{span}(\underline{g}_1, \cdots, \underline{g}_n)$, so gilt $\|\underline{y} - \underline{\tilde{f}}\|_2 > 0$ für das Proximum $\underline{\tilde{f}}$ der Approximationsaufgabe. Die Lösung $\tilde{f}$ der Ausgleichsaufgabe macht die Quadratsumme der Fehler zum Minimum.

Ist jedoch $\underline{y} \in \text{span}(\underline{g}_1, \ldots, \underline{g}_n)$, so läuft die Approximationsaufgabe auf eine Darstellung von $\underline{y}$ durch die Basisvektoren $\underline{g}_1, \ldots, \underline{g}_n$ hinaus. Wegen $\underline{\tilde{f}} = \underline{y}$ ist dann $\|\underline{y} - \underline{\tilde{f}}\|_2 = 0$. Für die Lösung $\tilde{f}$ der Ausgleichsaufgabe gilt $\tilde{f}(x_\nu) = y_\nu$ in allen Punkten x_ν, $1 \le \nu \le N$.

Im letzteren Fall besitzt $\tilde{f}$ die *Interpolationseigenschaft*. Diese Situation tritt beispielsweise ein, wenn die Punkte (x_ν, y_ν) auf einer Geraden angeordnet sind und die Basis $g_1, \ldots, g_n$ durch $g_k(x) := x^{k-1}$ vorgegeben wird. Die eindeutig bestimmte Lösung der Ausgleichsaufgabe ist dann $\tilde{f}(x) = \tilde{\alpha}_1 + \tilde{\alpha}_2 x$, nämlich diejenige Gerade, auf der sämtliche Punkte $(x_1, y_1), \ldots, (x_N, y_N)$ liegen.

(ii) $n = N$: In diesem Fall ist stets $\underline{y} \in \text{span}(\underline{g}_1, \ldots, \underline{g}_n)$. Das Approximationsproblem geht über in die *Interpolationsaufgabe*. Die eindeutig bestimmte Lösung $\tilde{f}$ erfüllt die Interpolationsbedingungen $\tilde{f}(x_\nu) = y_\nu$ in allen Punkten x_ν, $1 \le \nu \le N$. Die Interpolationsaufgabe wird uns in Kapitel 5 noch weiter beschäftigen.

6.3 Ausgleichung durch Polynome. Die Monome als Standardbeispiel eines Tschebyschev-Systems und damit die Polynome bieten sich wieder als Ansatzfunktion zur Lösung der Ausgleichsaufgabe an. Wir wollen den Fall der Approximation der N Punkte $(x_1, y_1), \cdots, (x_N, y_N)$ durch eine Gerade, also die Approximation durch ein lineares Polynom, durchrechnen.

Wir haben dann $g_1(x) := 1$, $g_2(x) := x$ zu wählen und erhalten demzufolge mit $\underline{g}_1 := (1, \ldots, 1)$ und $\underline{g}_2 := (x_1, \cdots, x_N)$ die Normalgleichungen 6.1

$$\alpha_1 N + \alpha_2 \sum_{\nu=1}^{N} x_\nu = \sum_{\nu=1}^{N} y_\nu$$

$$\alpha_1 \sum_{\nu=1}^{N} x_\nu + \alpha_2 \sum_{\nu=1}^{N} x_\nu^2 = \sum_{\nu=1}^{N} y_\nu x_\nu$$

mit der Lösung

$$\tilde{\alpha}_1 = \frac{(\sum_1^N y_\nu)(\sum_1^N x_\nu^2) - (\sum_1^N x_\nu)(\sum_N^1 y_\nu x_\nu)}{N \sum_1^N x_\nu^2 - (\sum_1^N x_\nu)^2},$$

$$\tilde{\alpha}_2 = \frac{N \sum_1^N x_\nu y_\nu - (\sum_1^N y_\nu)(\sum_1^N x_\nu)}{N \sum_1^N x_\nu^2 - (\sum_1^N x_\nu)^2}.$$

Ausgleichspolynom: $\tilde{f}(x) = \tilde{\alpha}_1 + \tilde{\alpha}_2 x$.

In der Statistik ist man daran interessiert, die Abhängigkeit einer Zufallsvariablen von vorgegebenen variablen Werten zu beschreiben. Im Rahmen dieser Theorie bezeichnet man die Ermittlung von besten Näherungen nach der Methode der kleinsten Quadrate als *Regressionsrechnung*. Von *linearer Regression* spricht man, wenn eine beste Näherung als Linearkombination gegebener Funktionen gesucht wird. Dieser Fall bildet den Gegenstand unserer Ausgleichsaufgabe, sofern nach einer stetigen besten Näherung gefragt wird. Das eben berechnete Ausgleichspolynom 1. Grades ist eine *Regressionsgerade*.

Man erkennt, daß der *Schwerpunkt* $(\xi, \eta) := (\frac{1}{N} \sum_1^N x_\nu, \frac{1}{N} \sum_1^N y_\nu)$ der N Punkte $(x_1, y_1), \cdots, (x_N, y_N)$ auf der Regressionsgeraden liegt. Faßt man nun y als unabhängige und x als abhängige Variable auf, so kann man in gleicher Weise die Regressionsgerade $\tilde{\varphi}(y) = \tilde{\beta}_1 + \tilde{\beta}_2 y$ berechnen. Natürlich liegt der Schwerpunkt auch auf dieser Regressionsgeraden, ist also der Schnittpunkt beider. Die durch den Schnittwinkel gekennzeichnete Abweichung der beiden Geraden voneinander ist ein Maß dafür, ob von einem näherungsweise linearen Zusammenhang der Werte x_ν und y_ν, $1 \leq \nu \leq N$, gesprochen werden kann. Ist die Abweichung gering, so sagt man, es liege *lineare Korrelation* vor. Die Statistik beschäftigt sich mit der genaueren Bewertung dieses Sachverhalts.

Bei der Berechnung von $\tilde{\varphi}$ tritt möglicherweise der Fall $y_\nu = y_\mu$ für $\nu \neq \mu$ auf. Er war bisher ausdrücklich ausgeschlossen. Wir werden uns anschließend von dieser Einschränkung befreien und diejenigen Situationen charakterisieren, in denen sie eine Rolle spielt.

6.4 Zusammenfallende Stützstellen. Wir lassen jetzt zu, daß $x_\nu = x_\mu$ für $\nu \neq \mu$ eintreten kann.

Diese Verallgemeinerung berührt zunächst nicht die Lösung der Approximationsaufgabe in $\mathbb{R}^N$. Die Approximationsaufgabe 6.1 besitzt in jedem Fall eine eindeutig bestimmte Lösung; denn in ihr ist ja nach dem Proximum $\tilde{f}$ aus dem Unterraum $\text{span}(\underline{g}_1, \cdots, \underline{g}_n)$ an $\underline{f}$ im Prae-Hilbertraum $(\mathbb{R}^N, \|\cdot\|_2)$ gefragt. Freilich können jetzt zwischen den Vektoren $\underline{g}_1, \ldots, \underline{g}_n$ lineare Abhängigkeiten bestehen; durch diese wird die Dimension von $\text{span}(\underline{g}_1, \ldots, \underline{g}_n)$ verkleinert, jedoch die eindeutige Lösbarkeit der Approximationsaufgabe in $\mathbb{R}^N$ nicht beeinflußt.

Wohl aber kann die eindeutige Lösbarkeit der Normalgleichungen verlorengehen, und als Folge davon auch die Eindeutigkeit der Lösung der Ausgleichsaufgabe.

Um das zu erkennen, betrachten wir neben der Menge $\text{H} := \{1, \ldots, N\}$, in der jeder Stützstelle soviele Elemente entsprechen, wie ihre Vielfachheit beträgt, die Menge $\text{H}' := \text{H} \setminus \{\mu \in \text{H} \mid x_\nu = x_\mu \text{ für ein } \nu \in \text{H} \text{ mit } \mu > \nu\}$, zu der eine mehrfache Stützstelle nur *ein* Element beisteuert. Die Anzahl $N' \leq N$ der Elemente von H' ist also die Anzahl der *verschiedenen* unter den Werten x_ν, $\nu \in \text{H}$.

Mit $x_\nu = x_\mu$ nehmen die ν-te und die μ-te Komponente aller Vektoren $\underline{g}_1, \ldots, \underline{g}_n$ denselben Wert an: $g_k(x_\nu) = g_k(x_\mu)$ für $k = 1, \ldots, n$. Lineare Unabhängigkeit von $\underline{g}_1, \ldots, \underline{g}_n$, also die Implikation

$$\sum_{k=1}^n \beta_k \underline{g}_k = \underline{0} \Rightarrow \beta_k = 0 \text{ für } 1 \leq k \leq n$$

liegt jetzt vor, wenn gilt:

$$\sum_{k=1}^n \beta_k g_k(x_\nu) = 0 \text{ für alle } \nu \in \text{H}' \Rightarrow \beta_k = 0 \text{ für } 1 \leq k \leq n.$$

Ist nun $n \leq N'$, so reicht für die Gültigkeit dieser Implikation wie in 6.2 wieder die Eigenschaft der Elemente $g_1, \ldots, g_n$ hin, ein Tschebyschev-System zu bilden. Die Lösung der Normalgleichungen ist dann eindeutig bestimmt, und es gilt die folgende

Verallgemeinerung des Korollars 6.2.   *Bilden die Elemente $g_1, \cdots, g_n \in \text{U}$ ein Tschebyschev-System, besitzt die Ausgleichsaufgabe auch dann eine eindeutig bestimmte Lösung $\tilde{f} \in \text{U}$, wenn die Werte x_ν nicht mehr paarweise verschieden sind, falls nur $n \leq N'$ gilt.*

Die Lösung der Normalgleichungen und damit die Lösung der Ausgleichsaufgabe ist jedoch nicht mehr eindeutig bestimmt, wenn $n > N'$ eintritt. Denn dann sind die Vektoren $\underline{g}_1, \ldots, \underline{g}_n$ stets linear abhängig. Die Matrix der Normalgleichungen hat den Rang N', und es ist $(n - N')$ die Dimension ihres

Lösungsraums. Zwar ist $\tilde{f}$ nach wie vor eindeutig bestimmt, aber $\tilde{f} = \sum_1^n \tilde{\alpha}_k g_k$, das Proximum in U, ist es nicht mehr. Die Ausgleichsaufgabe besitzt eine $(n - N')$-dimensionale Mannigfaltigkeit von Lösungen.

Beispiel: $(x_1, y_1) := (1, 1)$ $(x_3, y_3) := (2, 1)$
 $(x_2, y_2) := (1, 2)$ $(x_4, y_4) := (2, 3)$

Hier liegen die beiden doppelten Stützstellen $x_1 = x_2$ und $x_3 = x_4$ vor. Es ist also $N = 4$, $N' = 2$. Sei $g_1(x) := 1$, $g_2(x) := x$, $g_3(x) := x^2$, also $n = 3$. Wir erhalten

$$\underline{g}_1 = (1, 1, 1, 1), \underline{g}_2 = (1, 1, 2, 2), \underline{g}_3 = (1, 1, 4, 4),\ \underline{y} = (1, 2, 1, 3)$$

und die Normalgleichungen

$$\alpha_1 \langle \underline{g}_1, \underline{g}_1 \rangle + \alpha_2 \langle \underline{g}_2, \underline{g}_1 \rangle + \alpha_3 \langle \underline{g}_3, \underline{g}_1 \rangle = \langle \underline{y}, \underline{g}_1 \rangle$$
$$\alpha_1 \langle \underline{g}_1, \underline{g}_2 \rangle + \alpha_2 \langle \underline{g}_2, \underline{g}_2 \rangle + \alpha_3 \langle \underline{g}_3, \underline{g}_2 \rangle = \langle \underline{y}, \underline{g}_2 \rangle,$$

also

$$4\alpha_1 + 6\alpha_2 + 10\alpha_3 = 7$$
$$6\alpha_1 + 10\alpha_2 + 18\alpha_3 = 11$$

mit der Lösung $(\tilde{\alpha}_1, \tilde{\alpha}_2, \tilde{\alpha}_3) = (1 + 2\alpha_3, \frac{1}{2} - 3\alpha_3, \alpha_3)$.

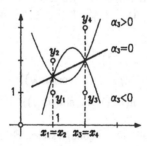

Damit ist $\tilde{\underline{f}} = \tilde{\alpha}_1 \underline{g}_1 + \tilde{\alpha}_2 \underline{g}_2 + \tilde{\alpha}_3 \underline{g}_3 = (\frac{3}{2}, \frac{3}{2}, 2, 2)$ die eindeutige Lösung der Approximationsaufgabe in $\mathbf{R}^4$; Lösungen der Ausgleichsaufgabe, also Proxima $\tilde{f} \in U$, sind die Elemente

$$\tilde{f} = (1 + 2\alpha_3)g_1 + (\frac{1}{2} - 3\alpha_3)g_2 + \alpha_3 g_3 \ \text{für alle}\ \alpha_3 \in \mathbf{R}\ \text{bzw.}$$
$$\tilde{f}(x) = (1 + 2\alpha_3) + (\frac{1}{2} - 3\alpha_3)x + \alpha_3 x^2.$$

Es gilt also $\tilde{f}(1) = \frac{3}{2}$ und $\tilde{f}(2) = 2$ für alle Werte $\alpha_3 \in \mathbf{R}$. Die Menge der Proxima $\tilde{f}$ wird durch die Schar von Parabeln dargestellt, die die Punkte $(1, \frac{3}{2})$ und $(2, 2)$ gemeinsam haben.

6.5 Diskrete Approximation durch trigonometrische Funktionen.

Wenn es darum geht, eine periodische Funktion nach der Methode der kleinsten Quadrate zu approximieren, bieten sich wieder die trigonometrischen Funktionen an. Das zugehörige Orthogonalsystem $\{g_1, \ldots, g_{2m+1}\}$, $g_1(x) := 1$, $g_{2j}(x) := \cos(jx)$, $g_{2j+1}(x) := \sin(jx)$, $1 \le j \le m$, bzw. das durch Normieren daraus entstehende ONS, wurde bereits in 5.8 verwendet. Es bildet in $[-\pi, +\pi)$ nach 4.2 ein Tschebyschev-System, so daß die Überlegungen 6.2 auch hier zutreffen. Gilt $n \le N'$, $n = 2m + 1$, so läßt sich das eindeutig bestimmte Proximum $\tilde{f} \in U$ über die Normalgleichungen berechnen.

Eine bemerkenswerte Besonderheit ergibt sich dann, wenn die Stützstellen x_ν, $1 \le \nu \le N$, äquidistant verteilt sind. Das System $\{\underline{g}_1, \ldots, \underline{g}_{2m+1}\}$ der Vektoren $\underline{g}_\ell \in \mathbf{R}^N$, $1 \le \ell \le 2m + 1$, ist dann nämlich für $n \le N$ ebenfalls ein Orthogonalsystem, so daß die Normalgleichungen

$$\sum_{k=1}^{2m+1} \alpha_k \langle \underline{g}_k, \underline{g}_\ell \rangle = \langle \underline{y}, \underline{g}_\ell \rangle, \quad 1 \le \ell \le 2m + 1,$$

die Lösung $\tilde{\alpha}_k = \frac{1}{\|\underline{g}_k\|_2^2} \langle \underline{y}, \underline{g}_k \rangle$ besitzen. Um das einzusehen, beweisen wir die

Orthogonalitätsrelation im $\mathbf{R}^N$. *Im Intervall $[0, 2\pi)$ seien die N äquidistanten Stützstellen $x_\nu := (\nu - 1)\frac{2\pi}{N}$, $1 \le \nu \le N$ ausgewählt. Die mit ihnen gebildeten Vektoren*

$$\underline{g}_1 := (1, \ldots, 1),$$
$$\underline{g}_{2\mu} := (\cos(\mu x_1), \ldots, \cos(\mu x_N)), \ 1 \le \mu \le m,$$
$$\underline{g}_{2\mu+1} := (\sin(\mu x_1), \ldots, \sin(\mu x_N)), \ 1 \le \mu \le m,$$

$n = 2m + 1 \le N$, bilden ein Orthogonalsystem: Es gilt $\langle \underline{g}_j, \underline{g}_\ell \rangle = 0$ für $j \ne \ell$, $1 \le j, \ell \le n$.

Beweis. Wir erkennen

$$\sum_{\nu=1}^N [\cos(\mu x_\nu) + i \sin(\mu x_\nu)] = \sum_{\nu=1}^N e^{i\mu x_\nu} = \sum_{\nu=1}^N e^{i\mu(\nu-1)2\pi/N} = \frac{1 - e^{i\mu 2\pi}}{1 - e^{i\mu 2\pi/N}} = 0$$

für $\mu = 1, \ldots, N - 1$. Also gilt zunächst $\langle \underline{g}_1, \underline{g}_\ell \rangle = 0$ für $\ell = 2, \ldots, n$. Weiter ist $\langle \underline{g}_1, \underline{g}_1 \rangle = N$.

Für μ, $\kappa = 1, \ldots, m = \frac{n-1}{2}$ erhalten wir bei Anwendung der Additionstheoreme auch die weiteren Relationen:

$$\langle \underline{g}_{2\mu}, \underline{g}_{2\kappa+1} \rangle = \sum_{\nu=1}^{N} \cos(\mu x_\nu) \sin(\kappa x_\nu) =$$

$$= \frac{1}{2} \sum_{\nu=1}^{N} [\sin((\mu - \kappa)x_\nu) + \sin((\mu + \kappa)x_\nu)] = 0;$$

$$\langle \underline{g}_{2\mu}, \underline{g}_{2\kappa} \rangle = \sum_{\nu=1}^{N} \cos(\mu x_\nu) \cos(\kappa x_\nu) =$$

$$= \frac{1}{2} \sum_{\nu=1}^{N} [\cos((\mu - \kappa)x_\nu) + \cos((\mu + \kappa)x_\nu)] = \begin{cases} \frac{N}{2} & \text{für } \mu = \kappa \\ 0 & \text{für } \mu \neq \kappa \end{cases};$$

$$\langle \underline{g}_{2\mu+1}, \underline{g}_{2\kappa+1} \rangle = \sum_{\nu=1}^{N} \sin(\mu x_\nu) \sin(\kappa x_\nu) =$$

$$= \frac{1}{2} \sum_{\nu=1}^{N} [\cos((\mu - \kappa)x_\nu) - \cos((\mu + \kappa)x_\nu)] = \begin{cases} \frac{N}{2} & \text{für } \mu = \kappa \\ 0 & \text{für } \mu \neq \kappa \end{cases}.$$

Damit gilt

$$\|\underline{g}_k\|_2^2 = \begin{cases} N & \text{für } k = 1 \\ \frac{N}{2} & \text{für } k = 2, \ldots, n \end{cases},$$

so daß sich mit den üblichen Bezeichnungen

$$\frac{\tilde{a}_0}{2} := \tilde{\alpha}_1, \quad \tilde{a}_\mu := \tilde{\alpha}_{2\mu} \quad \text{und} \quad \tilde{b}_\mu := \tilde{\alpha}_{2\mu+1} \quad \text{für } \mu = 1, \ldots, m$$

die Lösung der Normalgleichungen zu

$$\tilde{a}_\mu = \frac{2}{N} \sum_{\nu=1}^{N} y_\nu \cos(\mu x_\nu), \quad 0 \leq \mu \leq m,$$

$$\tilde{b}_\mu = \frac{2}{N} \sum_{\nu=1}^{N} y_\nu \sin(\mu x_\nu), \quad 1 \leq \mu \leq m,$$

ergibt. $\qquad\qquad\qquad\qquad\qquad\qquad\qquad\qquad\qquad\qquad\qquad\qquad$ $\square$

Die Lösung der Ausgleichsaufgabe lautet also

$$\tilde{f}(x) = \frac{\tilde{a}_0}{2} + \sum_{\mu=1}^{m} \tilde{a}_\mu \cos(\mu x) + \sum_{\mu=1}^{m} \tilde{b}_\mu \sin(\mu x).$$

Ist $n = 2m + 1 < N$, so haben wir das Proximum $\tilde{f} \in \mathrm{span}(g_1, \ldots, g_{2m+1})$ gefunden. Ist $2m + 1 = N$, so löst $\tilde{f}$ wieder die Interpolationsaufgabe; dann gilt also $\tilde{f}(x_\nu) = y_\nu$ für $\nu = 1, \ldots, 2m + 1$.

Vergleicht man die Formeln zur Berechnung der Koeffizienten $\tilde{a}_\mu$ und $\tilde{b}_\mu$ mit den in 5.8 angegebenen Formeln für die Koeffizienten a_j und b_j der Fourierentwicklung einer 2π-periodischen Funktion f, so erkennt man folgendes: $\tilde{a}_\mu$ und $\tilde{b}_\mu$ sind die Werte, die man erhält, wenn man die Integrale a_j und b_j näherungsweise mit Hilfe einer Rechteckregel 7.1.1, also mittels Annäherung durch Summen von Rechtecken der Breite $\frac{2\pi}{N}$, berechnet. In 7.4.3 werden wir erkennen, daß die i. allg. nicht sehr genaue Rechteckregel im Fall eines periodischen Integranden in einem dort genauer präzisierten Sinn bestmögliche Werte liefert. Die numerische Berechnung von Fourierkoeffizienten läuft also auf die Berechnung der Lösung der Ausgleichsaufgabe hinaus.

Eine einfache zusammenfassende Darstellung erhalten wir bei Verwendung der komplexen Schreibweise. Führen wir nämlich mit $\tilde{b}_0 = 0$ die Koeffizienten

$$c_\mu := \frac{1}{2}(\tilde{a}_\mu - i\tilde{b}_\mu) \quad \text{und} \quad c_{-\mu} := \frac{1}{2}(\tilde{a}_\mu + i\tilde{b}_\mu) \quad \text{für} \ \ 0 \le \mu \le m$$

und die Veränderliche

$$z := e^{ix} = \cos(x) + i\sin(x)$$

ein, so läßt sich die Lösung der Ausgleichsaufgabe als

$$\tilde{f}(x) = \sum_{\mu=-m}^{+m} c_\mu e^{i\mu x} = \sum_{\mu=-m}^{+m} c_\mu z^\mu$$

schreiben. Die Stützstellen $x_\nu := (\nu - 1)\frac{2\pi}{N}$, $1 \le \nu \le N$, werden dabei in die N-ten Einheitswurzeln $e^{i(\nu-1)\frac{2\pi}{N}} =: \zeta_N^{(\nu-1)}$ transformiert. Die Lösung der Normalgleichungen nimmt dann die Form

$$c_\mu = \frac{1}{N}\sum_{\nu=1}^{N} y_\nu \zeta_N^{(\nu-1)\mu}, \quad 0 \le |\mu| \le m,$$

an.

Man erkennt, daß in den Summen zur Berechnung der Koeffizienten c_μ bzw. $\tilde{a}_\mu$ und $\tilde{b}_\mu$ infolge der Symmetrieeigenschaften der trigonometrischen Funktionen numerisch gleiche Faktoren auftreten. Wir werden in 5.5.4 im Rahmen der Behandlung des speziellen Falls der trigonometrischen Interpolation genauer darauf eingehen, wie diese Tatsache zur Reduzierung der Rechenarbeit ausgenützt werden kann.

6.6 Aufgaben. 1) Man bestimme nach der Methode der kleinsten Quadrate alle Proxima aus P_2 und aus P_3 an die folgenden Punkte:
$(x_1, y_1) = (-1, 0)$; $(x_2, y_2) = (-1, 1)$; $(x_3, y_3) = (0, 1)$; $(x_4, y_4) = (1, 2)$;
$(x_5, y_5) = (1, 3)$.

2) Man bestimme nach der Methode der kleinsten Quadrate die Proxima an $(x_1, y_1) = (1, 2)$, $(x_2, y_2) = (2, 1)$, $(x_3, y_3) = (3, 3)$ aus P_1 und aus P_2 und skizziere die Lösungen.

3) Man bestimme nach der Methode der kleinsten Quadrate die Proxima an die Punkte

x_ν	1 2 1 3 1 2 3 2 3
y_ν	0 2 2 2 1 1 0 0 1

aus $\mathrm{span}(1, e^x)$, aus P_2 und aus P_3.

4) Wir betrachten die Menge $\{\frac{1}{\sqrt{2}} T_0, T_1, \ldots, T_{n-1}, \frac{1}{\sqrt{2}} T_n\}$ von Tschebyschev-Polynomen 1. Art. Man zeige, daß sie bezüglich des diskreten inneren Produkts

$$\langle f, g \rangle := \frac{1}{n}[f(x_0)g(x_0) + 2 \sum_{\nu=1}^{n-1} f(x_\nu)g(x_\nu) + f(x_n)g(x_n)]$$

mit $x_\nu := \cos(\frac{\nu\pi}{n})$, $0 \leq \nu \leq n$, ein ONS bilden.

5) Sei $n \in \mathbf{N}$, $n \geq 1$. Für $f, g : [-n, n] \to \mathbf{R}$ sei das diskrete innere Produkt $\langle f, g \rangle := \sum_{-n}^{+n} f(\nu)g(\nu)$ definiert. Man bestimme ein System $\{q_0, q_1, q_2\}$ orthonormierter Polynome $q_0 \in P_0$, $q_1 \in P_1$ und $q_2 \in P_2$ bezüglich $< ., . >$.

6) Sei $f \in \mathrm{C}[-\pi, +\pi]$, $f(x) := x^2$, und periodisch fortgesetzt. Man berechne das Proximum aus $\mathrm{span}(1, \cos x, \sin x, \cos(2x), \sin(2x))$ bezüglich der durch das innere Produkt $\langle f, g \rangle := \sum_1^6 f(x_\nu)g(x_\nu)$ mit $x_\nu := (\nu - 1)\frac{2\pi}{6}$, $1 \leq \nu \leq 6$, induzierten Norm auf $\mathbf{R}^6$.
Man vergleiche das Ergebnis mit dem der Aufgabe 7a) in 5.9.

7) Sei $a_{\mu_1} x_1 + a_{\mu_2} x_2 = b_\mu$, $1 \leq \mu \leq n$ und $n > 2$, ein überbestimmtes lineares Gleichungssystem für (x_1, x_2). Man bestimme eine Näherungslösung, so daß $\sum_1^n (a_{\mu_1} x_1 + a_{\mu_2} x_2 - b_\mu)^2$ minimal wird. Ist die Lösung eindeutig bestimmt?

8) Man approximiere die Punkte (x_ν, y_ν, z_ν) im $\mathbf{R}^3$, $1 \leq \nu \leq N$, bestmöglich durch eine Ebene im Sinne der Methode der kleinsten Quadrate. Man diskutiere Existenz und Eindeutigkeit der Lösung.

Kapitel 5. Interpolation

Man spricht von *Interpolation*, wenn eine Funktion konstruiert werden soll, die an vorgegebenen *Stützstellen* gegebene *Stützwerte* annimmt. Es handelt sich also bei der Interpolationsaufgabe um ein spezielles Problem der diskreten Approximation. Jedoch verdient die Interpolationsaufgabe eine gesonderte und ausführlichere Behandlung. Die Ergebnisse der Theorie der Interpolation sind einerseits grundlegend als Teil einer konstruktiven Theorie der Funktionen; andererseits lassen sich daraus zahlreiche Verfahren zur numerischen Integration, zur numerischen Behandlung von Differentialgleichungen sowie zur Diskretisierung allgemeiner Operatorgleichungen gewinnen.

§ 1. Das Interpolationsproblem

In Kapitel 4 haben wir erkannt, daß Approximation durch eine Linearkombination vorgegebener Funktionen theoretisch und praktisch gut beherrscht wird. Für die Interpolation beschäftigen wir uns ausschließlich mit diesem Fall.

1.1 Interpolation in Haarschen Räumen. Um das Problem der Interpolation durch eine Linearkombination vorgegebener Funktionen zu formulieren, gehen wir von einem Tschebyschev-System $\{g_0, ..., g_n\}$ und von $(n+1)$ Wertepaaren (x_ν, y_ν), $0 \leq \nu \leq n$, mit paarweise verschiedenen Stützstellen $x_\nu \neq x_\mu$ für $\nu \neq \mu$ aus. Gefragt wird nach einem Element $\tilde{f} \in \mathrm{span}(g_0, ..., g_n)$, das die Interpolationsbedingungen $\tilde{f}(x_\nu) = y_\nu$ für $\nu = 0, ..., n$ erfüllt. Eine Antwort entnehmen wir dem Korollar 4.6.2 Fall (ii) und formulieren sie in dem

Satz. *Gegeben seien das Tschebyschev-System $\{g_0, ..., g_n\}$ in einem Funktionenraum und die $(n+1)$ Wertepaare $(x_0, y_0), ..., (x_n, y_n)$ mit paarweise verschiedenen Stützstellen $x_\nu \neq x_\mu$ für $\nu \neq \mu$. Dann existiert genau ein Element $\tilde{f} \in \mathrm{span}(g_0, ..., g_n)$, das die Interpolationsforderungen $\tilde{f}(x_\nu) = y_\nu$ für $\nu = 0, ..., n$ erfüllt.*

Lösung der Interpolationsaufgabe. Wie in 4.6.2 kann $\tilde{f}$ über die Normalgleichungen berechnet werden. Für die Interpolation erscheint dieser Weg jedoch etwas umständlich, da auch ein direkter Ansatz zum Ziel führt. Soll nämlich das Element $f = \alpha_0 g_0 + \cdots + \alpha_n g_n$ die Interpolationsforderungen $f(x_\nu) = y_\nu$ für

$\nu = 0, \ldots, n$ erfüllen, so bedeutet das die Gültigkeit der Gleichungen

$$\alpha_0 g_0(x_\nu) + \cdots + \alpha_n g_n(x_\nu) = y_\nu$$

für $\nu = 0, \ldots, n$. Die Vektoren $\underline{g}_j \in \mathbf{R}^{n+1}$, $\underline{g}_j = (g_j(x_0), \ldots, g_j(x_n))^T$ sind linear unabhängig, wie der Satz 4.6.2 aussagt. Damit ist $\det(\underline{g}_0, \ldots, \underline{g}_n) \neq 0$, so daß die eindeutig bestimmte Lösung $\tilde{\alpha} = (\tilde{\alpha}_0, \ldots, \tilde{\alpha}_n)$ unmittelbar berechnet werden kann. Die Lösung der Interpolationsaufgabe ist dann

$$\tilde{f}(x) = \tilde{\alpha}_0 g_0(x) + \cdots + \tilde{\alpha}_n g_n(x).$$

1.2 Interpolation durch Polynome. Das Tschebyschev-System der Monome bietet sich wegen seiner besonderen Einfachheit auch für die Lösung der Interpolationsaufgabe an. Mit diesem klassischen Fall der Interpolation durch Polynome wollen wir uns genauer befassen.

In der Sprache der Polynome können wir den Satz 1.1 so aussprechen:

Satz. *Unter allen Polynomen vom Höchstgrad n gibt es genau eines, das an den $(n + 1)$ paarweise verschiedenen Stützstellen $x_0, \ldots, x_n$ die vorgegebenen Stützwerte $y_0, \ldots, y_n$ annimmt.*

Beweis. Mit $g_j(x) := x^j$, $0 \leq j \leq n$, ist span$(g_0, \ldots, g_n) = \mathrm{P}_n$. □

Direkter Beweis. Die Richtigkeit dieses Satzes ist auch über den direkten Ansatz $p(x) = a_0 + a_1 x + \cdots + a_n x^n$ unmittelbar einzusehen. Denn die Determinante des linearen Gleichungssystems

$$a_0 + a_1 x_\nu + \cdots + a_n x_\nu^n = y_\nu, \; 0 \leq \nu \leq n,$$

zur Bestimmung der Koeffizienten $\tilde{a} = (\tilde{a}_0, \ldots, \tilde{a}_n)$ des Interpolationspolynoms $\tilde{p} \in \mathrm{P}_n$ ist gerade die Vandermonde-Determinante

$$\det(x_\nu^\kappa)_{\nu, \kappa = 0, \ldots, n} = \prod_{0 \leq \nu < \mu \leq n} (x_\mu - x_\nu),$$

die wegen $x_\nu \neq x_\mu$ für $\nu \neq \mu$ von Null verschieden ist. □

Erläuterung. Das Interpolationspolynom $\tilde{p} \in \mathrm{P}_n$ ist *genau* von n-tem Grad, wenn sich $\tilde{a}_n \neq 0$ ergibt. Das braucht nicht immer einzutreten. Ist beispielsweise die Sinusfunktion im Intervall $[-\frac{\pi}{2}, +\frac{\pi}{2}]$ in den Punkten $(x_0, y_0) := (-\frac{\pi}{2}, -1)$, $(x_1, y_1) := (0, 0)$, $(x_2, y_2) := (\frac{\pi}{2}, 1)$ zu interpolieren, so ist offenbar $\tilde{p}(x) := \frac{2}{\pi} x$ das eindeutig bestimmte Interpolationspolynom aus P_2, also $\tilde{a}_2 = 0$.

Allerdings gibt es beliebig viele Polynome höheren Grades, die die Interpolationseigenschaft haben. Mit dem *Stützstellenpolynom* $\Phi(x) := (x - x_0) \ldots (x - x_n)$ gilt nämlich das

Lemma. *Unter allen Polynomen $p \in P_m$, $m > n$, besitzen genau diejenigen die Interpolationseigenschaft $p(x_\nu) = y_\nu$ für $\nu = 0, \dots, n$, die in der Form*

$$p(x) = \tilde{p}(x) + \Phi(x)q(x), \quad q \in P_{m-n-1},$$

dargestellt werden können.

Beweis. ($\Rightarrow$): Wegen $\Phi(x_\nu) = 0$, $0 \leq \nu \leq n$, gilt $p(x_\nu) = \tilde{p}(x_\nu)$, so daß mit $\tilde{p}$ auch p interpoliert.

($\Leftarrow$): Soll $p(x_\nu) - \tilde{p}(x_\nu) = 0$ für $\nu = 0, \dots, n$ gelten, so folgt aus der Produktdarstellung von Polynomen $p(x) - \tilde{p}(x) = \Phi(x)q(x)$ mit einem passenden $q \in P_{m-(n+1)}$. $\square$

1.3 Das Restglied. Bisher spielte es keine Rolle für die Interpolation, ob die Stützwerte y_ν in irgendeiner Weise zusammenhängen. Ein solcher Zusammenhang wird jedoch wichtig, wenn wir nach den Eigenschaften der Interpolierenden zwischen den Stützwerten fragen, auf die es uns hier besonders ankommt.

Handelt es sich bei den Stützwerten y_ν um die Werte, die eine im Intervall $[a,b]$ erklärte Funktion f an den Stellen $x_\nu \in [a,b]$ für $\nu = 0, \dots, n$ annimmt, so hat es Sinn, nach der Abweichung des Interpolationspolynoms $\tilde{p}$ von f im gesamten Definitionsintervall zu fragen. Das wird allerdings nur unter einschränkenden Annahmen an f aussichtsreich sein.

Nehmen wir deshalb an, daß $y_\nu := f(x_\nu)$ für $f \in C_{n+1}[a,b]$ gelte. Wir wollen uns eine Darstellung des *Restglieds* $R_n := f - \tilde{p}$ beschaffen, der insbesondere eine Abschätzung der Werte

$$R_n(f;x) = f(x) - \tilde{p}(x)$$

für $x \neq x_\nu$ zu entnehmen ist. Für eine solche Stelle $x \neq x_\nu$ betrachten wir die Hilfsfunktion $\eta : [a,b] \to \mathbf{R}$,

$$\eta(t) := f(t) - \tilde{p}(t) - \frac{f(x) - \tilde{p}(x)}{\Phi(x)} \, \Phi(t), \quad \eta \in C_{n+1}[a,b].$$

Wir haben $\eta(x_\nu) = f(x_\nu) - \tilde{p}(x_\nu) - \frac{f(x)-\tilde{p}(x)}{\Phi(x)} \, \Phi(x_\nu) = 0$ für $\nu = 0, \dots, n$ sowie

$$\eta(x) = f(x) - \tilde{p}(x) - \frac{f(x) - \tilde{p}(x)}{\Phi(x)} \, \Phi(x) = 0.$$

Im Intervall $[\min_\nu(x_\nu, x), \max_\nu(x_\nu, x)] \subset [a,b]$ hat also die Funktion η mindestens die $(n+2)$ Nullstellen $x_0, \dots, x_n, x$; nach dem Satz von Rolle besitzt demzufolge $\eta^{(n+1)}$ mindestens eine Nullstelle $\xi \in (\min_\nu(x_\nu, x), \max_\nu(x_\nu, x))$; die Zwischenstelle ξ hängt von dem gewählten Wert x ab.

$$\eta^{(n+1)}(t) = f^{(n+1)}(t) - \frac{f(x) - \tilde{p}(x)}{\Phi(x)}(n+1)! \, ;$$

$$\eta^{(n+1)}(\xi(x)) = 0 \quad \Rightarrow \quad f^{(n+1)}(\xi(x)) = \frac{f(x) - \tilde{p}(x)}{\Phi(x)}(n+1)! \, .$$

$f^{(n+1)}(\xi(x))$ ändert sich demnach für $x \neq x_\nu$ stetig mit x; durch die Festsetzung

$$f^{(n+1)}(\xi(x)) := \frac{f'(x_\nu) - \bar{p}'(x_\nu)}{\varPhi'(x_\nu)}(n+1)! \quad \text{für} \quad x := x_\nu, \ 0 \leq \nu \leq n,$$

wird $f^{(n+1)}(\xi(x))$ zu einer für alle $x \in [a,b]$ stetigen Funktion ergänzt. Wir erhalten für $x \in [a,b]$ die
Restglieddarstellung

$$\boxed{R_n(f;x) = \frac{f^{(n+1)}(\xi(x))}{(n+1)!}(x - x_0)\cdots(x - x_n)}\ ;$$

es gilt

$$R_n(f;x_\nu) = 0 \quad \text{für} \quad \nu = 0,\ldots,n \quad \text{und}$$

$$f(x) = \bar{p}(x) + \frac{f^{(n+1)}(\xi(x))}{(n+1)!}\varPhi(x).$$

1.4 Abschätzungen. Mit der Schranke

$$\sup_{x \in [a,b]} |f^{(n+1)}(x)| = \|f^{(n+1)}\|_\infty \leq M_{n+1}$$

erhalten wir aus der Restglieddarstellung 1.3 die
Restgliedabschätzung

$$|R_n(f;x)| \leq \frac{M_{n+1}}{(n+1)!}|(x - x_0)\cdots(x - x_n)|;$$

daraus folgt die allgemeine
Interpolationsfehlerabschätzung

$$\boxed{\|f - \bar{p}\| \leq \frac{M_{n+1}}{(n+1)!}\|\varPhi\|}\ ,$$

die für jede der Normen $\|\cdot\|_p$, $1 \leq p \leq \infty$, gilt.

Bemerkung. Diese Abschätzungen sind in verschiedener Hinsicht typisch. Sie wurden unter der Annahme $(n+1)$-maliger stetiger Differenzierbarkeit von f hergeleitet. Man kommt zwar auch mit der leichten Abschwächung aus, für die Restglieddarstellung 1.3 nur $f \in C_n[a,b]$ sowie die Differenzierbarkeit von $f^{(n)}$ in (a,b) und für die Abschätzung 1.4 zusätzlich die Beschränktheit von $f^{(n+1)}$ zu fordern; bei noch geringeren Differenzierbarkeitseigenschaften läßt sich jedoch i. allg. auch nur eine geringere Interpolationsgenauigkeit und demzufolge auch nur eine schlechtere Abschätzung erreichen.

Hingegen läßt sich die Abschätzung auch bei Forderung höherer Differenzierbarkeit nicht allgemein verbessern. Sie ist auch in dem Sinn optimal, daß man explizit eine Funktion angeben kann, für die die Schranke angenommen wird. Dazu braucht nur $f := \varPhi$ gewählt zu werden; dann nämlich können wir

$M_{n+1} := (n+1)!$ setzen, so daß $|R_n(f;x)| \leq |(x-x_0)...(x-x_n)| = |\Phi(x)|$ entsteht. Da aber in diesem Fall $\tilde{p} = 0$ ist – das einzige Polynom aus P_n, das in $x_0, \ldots, x_n$ mit Φ übereinstimmt –, gilt sogar $|R_n(f;x)| = |\Phi(x)|$.

Durch nochmaliges Abschätzen der Schranke für $\|f - \tilde{p}\|$ läßt sich bei der Wahl $\|\cdot\| := \|\cdot\|_\infty$ eine besonders handliche Abschätzung für den Interpolationsfehler gewinnen, falls x im Intervall $I := [\min_\nu x_\nu, \max_\nu x_\nu]$ liegt. Dazu machen wir uns klar, daß dann für das Stützstellenpolynom Φ die Abschätzung

$$\|\Phi\|_\infty = \max_{x \in I} |(x-x_0) \cdots (x-x_n)| \leq \frac{n!}{4} h^{n+1}$$

gilt, wenn mit h der *größte Abstand zweier benachbarter Stützstellen* bezeichnet wird, $n \geq 1$. Es sei angemerkt, daß wir bisher keine Voraussetzung über die Anordnung der Stützstellen zu machen brauchten.

Beweis. Seien $x_\nu < x_\mu$ zwei benachbarte Stützstellen; wir betrachten einen Wert $x \in [x_\nu, x_\mu]$. Dann gilt $|(x-x_\nu)(x-x_\mu)| \leq \frac{h^2}{4}$; indem man die weiteren Intervalle zwischen je zwei Stützstellen nacheinander in die Betrachtung einbezieht, erkennt man die Gültigkeit der Schranke für $\|\Phi\|_\infty$.   □

Für den Interpolationsfehler erhalten wir damit die gleichmäßige

Fehlerschranke

$$\boxed{\|f - \tilde{p}\|_\infty \leq \frac{\|f^{(n+1)}\|_\infty}{4(n+1)} h^{n+1}}.$$

Erläuterung. Um diese Schranke richtig zu verstehen, müssen wir uns vorstellen, daß Interpolationspolynome $\tilde{p} \in P_n$ bei festem n in Abhängigkeit von h betrachtet werden. Die Ordnung $O(h^{n+1})$ einer Fehlerschranke macht dann eine Aussage über die Änderung der Interpolationsgenauigkeit bei Änderung des Interpolationsintervalls $[x_0, x_n]$. Das spielt für den Fall eine Rolle, daß das Interpolationsintervall variabel ist oder daß Interpolationspolynome gleichen Höchstgrades stückweise zusammengesetzt werden, um eine stetige interpolierende Funktion $\tilde{f}$ zu erzeugen. Die Ausarbeitung der Idee, stückweise aus Polynomen gebildete Näherungen zu konstruieren, wird Gegenstand von Kapitel 6 sein.

Die Fehlerschranke ist zwar durch Vergröberung des Interpolationsfehlers entstanden; sie gibt jedoch die richtige Fehlerordnung in h wieder.

Abschätzung der Ableitungen. Die Argumentation, die zur Restglieddarstellung 1.3 führte, läßt sich auch auf die Ableitungen $(f - \tilde{p})^{(k)}$ für $k = 1, \ldots, n$ übertragen.

Für $k := 1$ besitzt $(f' - \tilde{p}')$ mindestens die n Nullstellen $\xi_1, \ldots, \xi_n$, die jeweils zwischen zwei benachbarten Stützstellen der Interpolation liegen. Damit bilden wir $\psi(x) := (x - \xi_1) \cdots (x - \xi_n)$. Dann führt die Betrachtung 1.3 auf die Ungleichung

$$\|f' - \tilde{p}'\| \leq \frac{M_{n+1}}{n!} \|\psi\|.$$

Auch diese Schranke läßt sich handlicher gestalten. Dazu bemerken wir die offensichtliche Abschätzung

$$\|\psi\|_\infty = \max_{x \in I} |(x - \xi_1) \cdots (x - \xi_n)| \leq n! \, h^n;$$

sie führt uns auf die Fehlerschranke

$$\|f' - \tilde{p}'\|_\infty \leq \|f^{(n+1)}\|_\infty \, h^n.$$

Dieses Abschätzungsverfahren läßt sich auf die weiteren Ableitungen ausdehnen. Dann ergibt sich die allgemeine

Fehlerschranke für Ableitungen

$$\boxed{\|f^{(k)} - \tilde{p}^{(k)}\|_\infty \leq \frac{\|f^{(n+1)}\|_\infty \, n!}{(k-1)!(n+1-k)!} h^{n+1-k}}$$

für $k = 1, \ldots, n$ (Aufgabe 8).

1.5 Aufgaben. 1) Seien $g_0, \ldots, g_n \in C[a, b]$ Elemente eines Tschebyschev-Systems und $x_0, \ldots, x_n \in [a, b]$ paarweise verschiedene Stützstellen. Für je zwei Elemente $f, g \in C[a, b]$ sei $\langle f, g \rangle := \sum_0^n f(x_\nu) g(x_\nu)$ (vgl. Aufgabe 5 in 4.6.6). Man zeige auf direktem Weg: Erfüllt $\tilde{f} \in \text{span}(g_0, \ldots, g_n)$ die Normalgleichungen für das Proximum an f bezüglich $\langle \cdot, \cdot \rangle$, dann interpoliert $\tilde{f}$ in $x_0, \ldots, x_n$.

2) Im Raum $\text{span}(g_0, g_1)$ mit $g_0(x) := 1$, $g_1(x) := x^2$ betrachte man die Interpolationsaufgabe für die Punkte

a) $(x_0, y_0) := (-\frac{1}{2}, 1)$; $(x_1, y_1) := (1, 2)$.

b) $(x_0, y_0) := (-1, 1)$; $(x_1, y_1) := (1, 2)$.

c) $(x_0, y_0) := (0, -1)$; $(x_1, y_1) := (1, 2)$.

Warum ist die Interpolationsaufgabe nicht stets eindeutig lösbar, wenn $x_0 \neq x_1$ beliebig aus $[-1, +1]$ gewählt werden, wohl aber, wenn $x_0, x_1 \in [0, 1]$ gilt?

3) Seien die paarweise verschiedenen Stützstellen $x_0, \ldots, x_n$ fest vorgegeben. Man zeige: Die Koeffizienten $a_0, \ldots, a_n$ des Interpolationspolynoms $\tilde{p} \in P_n$ hängen stetig von den Stützwerten $y_0, \ldots, y_n$ ab.

4) Gegeben seien die Funktion $f \in C_1[a, b]$ und die paarweise verschiedenen Stützstellen $x_0, \ldots, x_n \in [a, b]$. Man zeige: Zu jedem $\varepsilon > 0$ gibt es ein Polynom p, so daß $\|f - p\|_\infty < \varepsilon$ gilt und die Interpolationsbedingungen $p(x_\nu) = f(x_\nu)$, $0 \leq \nu \leq n$, erfüllt sind.

5) Die Funktion $f \in C[a, b]$, $f(x) := |x|$, werde für $a < 0, b > 0$ an den paarweise verschiedenen Stützstellen $x_0, \ldots, x_n \in [a, b]$ durch $\tilde{p} \in P_n$ interpoliert. Man zeige: Für beliebige Stützstellenzahl gilt dann $\sup_{x \in I} |f'(x) - \tilde{p}'(x)| \geq 1$, $I := [a, b] \setminus \{0\}$.

6) a) In einer Tafel der Logarithmen zur Basis 10 seien 5 Stellen bei der Schrittweite 10^{-3} ausgedruckt. Ist es erlaubt, in dieser Tafel linear zu interpolieren?

b) Die Sinusfunktion wird im Intervall $[0, \frac{\pi}{6}]$ und $[\frac{\pi}{6}, \frac{\pi}{2}]$ jeweils durch das Polynom $\tilde{p} \in P_2$ approximiert, das in den Intervallenden und in der Intervallmitte interpoliert. Man schätze den maximalen Interpolationsfehler ab.

7) Wie groß darf der maximale Abstand zweier benachbarter Stützstellen höchstens gewählt werden, damit bei einer Interpolation der Exponentialfunktion in $[-1, +1]$ durch $\tilde{p} \in P_5$ der Abstand $\|f - \tilde{p}\|_\infty$ höchstens $5 \cdot 10^{-8}$ und gleichzeitig $\|f' - \tilde{p}'\|_\infty$ höchstens $5 \cdot 10^{-7}$ beträgt?

8) Durch eine detaillierte Betrachtung leite man die Fehlerschranke für Ableitungen 1.4 her.

§ 2. Interpolationsmethoden und Restglied

In §1 wurden grundsätzliche Fragen behandelt, die sich im Zusammenhang mit dem Interpolationsproblem ergeben. In diesem und in den beiden folgenden Paragraphen werden wir einige detaillierte Untersuchungen durchführen, die weitgehend die Praxis der Interpolation betreffen. Zunächst sollen zwei klassische Methoden zur Berechnung von Interpolationspolynomen vorgestellt werden, die sich durch ihre vorbildliche Einfachheit auszeichnen. Wir beginnen mit dem

2.1 Ansatz von Lagrange. Um das eindeutig bestimmte Interpolationspolynom $\tilde{p} \in P_n$ explizit darzustellen, gehen wir nach Lagrange von dem Ansatz

$$\tilde{p}(x) = \ell_{n0}(x)y_0 + \cdots + \ell_{nn}(x)y_n$$

aus. Durch die Forderungen $\ell_{n\kappa} \in P_n$ und $\ell_{n\kappa}(x_\nu) = \delta_{\kappa\nu}$ für $\kappa, \nu = 0, ..., n$ erreichen wir die Erfüllung der Interpolationsbedingungen $\tilde{p}(x_\nu) = y_\nu$. Die Faktoren $\ell_{n\kappa}$ sind dadurch nach Satz 1.2 eindeutig bestimmt. Da $\ell_{n\kappa}$ die Nullstellen $x_0, ..., x_{\kappa-1}, x_{\kappa+1}, ..., x_n$ hat und da $\ell_{n\kappa}(x_\kappa) = 1$ gelten soll, läßt sich sofort die explizite Gestalt der

Lagrange-Faktoren

$$\ell_{n\kappa}(x) = \prod_{\substack{\nu=0 \\ \nu \neq \kappa}}^{n} \frac{x - x_\nu}{x_\kappa - x_\nu}$$

angeben. Unter Benutzung des bereits in 1.2 eingeführten Stützstellenpolynoms $\Phi(x) = \Pi_0^n(x - x_\kappa)$ können wir auch

$$\ell_{n\kappa}(x) = \begin{cases} \dfrac{\Phi(x)}{(x - x_\kappa)\,\Phi'(x_\kappa)} & \text{für } x \neq x_\kappa \\ 1 & \text{für } x = x_\kappa \end{cases}$$

schreiben. Man erkennt auch die Beziehung $\sum_{\kappa=0}^{n} \ell_{n\kappa}(x) = 1$; denn Interpolation von $f(x) = 1$ liefert $\tilde{p} = 1$ für jedes n. Graphische Darstellungen einiger Lagrange-Faktoren findet man in dem Buch von W. Walter [1985].

Mit dem Ansatz von Lagrange ist es möglich, das Interpolationspolynom $\tilde{p}$ anzuschreiben, ohne ein Gleichungssystem zur Berechnung der Koeffizienten zu lösen. Man erkennt aber auch einen Nachteil dieser Darstellung: Wird die Anzahl der Stützwerte einer Interpolation erhöht, kann von der bereits bekannten Darstellung von $\tilde{p}$ nicht Gebrauch gemacht werden. Diesen Umstand vermeidet der ältere

2.2 Ansatz von Newton. Das Interpolationspolynom $\tilde{p} \in \mathrm{P}_n$ soll in der Form

$$\tilde{p}(x) = \gamma_0 + \gamma_1(x - x_0) + \gamma_2(x - x_0)(x - x_1) + \cdots$$
$$\cdots + \gamma_n(x - x_0)...(x - x_{n-1})$$

aufgebaut werden. Die Koeffizienten $\gamma_0, ..., \gamma_n$ lassen sich aus den Interpolationsforderungen $\tilde{p}(x_\nu) = y_\nu$ für $\nu = 0, ..., n$ nacheinander berechnen:

$$\tilde{p}(x_0) = y_0 \Rightarrow \gamma_0 = y_0$$

$$\tilde{p}(x_1) = y_1 \Rightarrow \gamma_1 = \frac{y_1 - y_0}{x_1 - x_0} \quad \text{usw.}$$

Man kann Existenz und Eindeutigkeit des Interpolationspolynoms auch ausgehend von den Ansätzen nach Lagrange oder nach Newton beweisen. Denn einerseits erkennt man ja unmittelbar, daß jeder der beiden Ansätze zu einem Polynom von höchstens n-tem Grad führt, das die Interpolationsbedingungen erfüllt. Die Eindeutigkeit andererseits folgt aus der Annahme, daß zwei Polynome $\tilde{p}, \tilde{q} \in \mathrm{P}_n$ die Interpolationseigenschaft $\tilde{p}(x_\nu) = \tilde{q}(x_\nu) = y_\nu$, $0 \leq \nu \leq n$, hätten. Das Polynom $\tilde{p} - \tilde{q} \in \mathrm{P}_n$ hätte dann die $(n + 1)$ Nullstellen $x_0, ..., x_n$; nach dem Fundamentalsatz der Algebra folgt daraus $\tilde{p} - \tilde{q} = 0$, also $\tilde{p} = \tilde{q}$ und damit die Eindeutigkeit.

Der Ansatz von Newton hat den Vorteil, daß die Hinzunahme weiterer Stützstellen $x_{n+1}, ..., x_{n+m}$ lediglich die zusätzliche Berechnung der Koeffizienten $\gamma_{n+1}, ..., \gamma_{n+m}$ erfordert; $\gamma_0, ..., \gamma_n$ bleiben dagegen unverändert. Da die Anordnung der Stützstellen willkürlich ist, kann durch Hinzunahme weiterer Interpolationsforderungen sowohl das Intervall, in dem Interpolation erwünscht ist, erweitert, als auch eine dichtere Lage der Stützstellen erreicht werden, um möglicherweise die Interpolationsgenauigkeit zu erhöhen.

Das Interesse von Sir ISAAC NEWTON (1642–1727) an der Interpolation war aus dem Wunsch entstanden, eine Kurve näherungsweise zu integrieren (vgl. 7.1.5). Dagegen war JOSEF LOUIS DE LAGRANGE (1736–1813) durch seine Studien rekurrenter Reihen auf das Interpolationsproblem gekommen.

2.3 Steigungen. γ_1 hat die Gestalt eines Differenzenquotienten. Wir nennen diesen Quotienten *Steigung erster Ordnung* und verwenden die Symbolik

$$[x_1 x_0] := \frac{y_1 - y_0}{x_1 - x_0}.$$

Um die Bildungsvorschrift der weiteren Koeffizienten γ_ν, $2 \leq \nu \leq n$, einheitlich formulieren zu können, führen wir die *Steigung m-ter Ordnung* ein:

$$[x_m x_{m-1} \ldots x_0] := \frac{[x_m \ldots x_1] - [x_{m-1} \ldots x_0]}{x_m - x_0}.$$

Sei nun $y := f(x)$ und wie oben $y_\nu := f(x_\nu)$; wir bilden die Steigungen der Funktion f bei Hinzunahme einer weiteren Stelle $x \neq x_\nu$ zu den Stützstellen $x_0, \ldots, x_n$:

$$[x_0 x] = \frac{f(x_0) - f(x)}{x_0 - x}$$

$$[x_1 x_0 x] = \frac{[x_1 x_0] - [x_0 x]}{x_1 - x}$$

$$\vdots$$

$$[x_n x_{n-1} \ldots x_0 x] = \frac{[x_n \ldots x_0] - [x_{n-1} \ldots x]}{x_n - x}.$$

Falls es zur Unterscheidung notwendig ist, bezeichnen wir die mit den Werten einer Funktion f gebildete Steigung $[x_m \ldots x_0]$ auch durch $[x_m \ldots x_0]f$.

Von $[x_n, \ldots, x]$ ausgehend, erhält man durch aufeinanderfolgendes Einsetzen die

Newtonsche Identität

$$f(x) = f(x_0) + [x_1 x_0](x - x_0) + [x_2 x_1 x_0](x - x_0)(x - x_1) + \cdots$$
$$+ [x_n \ldots x_0](x - x_0) \cdots (x - x_{n-1}) + [x_n \ldots x](x - x_0) \cdots (x - x_n).$$

Die Newtonsche Identität ist zunächst einmal eine Entwicklung von f mit Hilfe der Symbolik der Steigungen, die für jede beliebige Funktion f richtig ist und keine weiteren Annahmen über f erfordert. f wird in dieser Identität in eine Summe aus einem Polynom $p \in P_n$ und einem Rest

$$r(x) = f(x) - p(x) = [x_n \ldots x](x - x_0) \cdots (x - x_n)$$

aufgelöst. Es gilt $r(x_\nu) = 0$ für $\nu = 0, \ldots, n$ und damit $f(x_\nu) = p(x_\nu)$, so daß p das Interpolationspolynom $\bar{p} \in P_n$ ist.

Ein Vergleich mit dem Ansatz von Newton zeigt

$$\gamma_0 = f(x_0)$$

$$\gamma_1 = [x_1 x_0]$$

$$\gamma_2 = [x_2 x_1 x_0]$$

$$\vdots$$

$$\gamma_n = [x_n \ldots x_0]$$

und für den Rest r mit Hilfe des Stützstellenpolynoms Φ die Darstellung

$$r(x) = [x_n \ldots x_0 x]\, \Phi(x).$$

Für den Newtonschen Ansatz und für die Symbolik der Steigungen haben wir keine Vorschriften über die Reihenfolge der Stützstellen $x_0, \ldots, x_m$ gemacht. Das Interpolationspolynom $\tilde{p} \in \mathrm{P}_n$ ist eindeutig bestimmt. Sein Höchstkoeffizient ist $[x_n \cdots x_0]f$; dieser Wert ist davon unabhängig, in welcher Reihenfolge die Stützstellen zur Interpolation herangezogen werden. Infolgedessen besitzen die Steigungen die

Symmetrieeigenschaft. *Die Steigung $[x_m \ldots x_0]$ hängt nicht von der Reihenfolge der Argumente ab.*

Ebenfalls aus der Eindeutigkeit des Interpolationspolynoms folgt die Eigenschaft der

Linearität der Steigungen. *Ist $f = \alpha u + \beta v$, dann gilt*

$$[x_m \ldots x_0]f = \alpha[x_m \ldots x_0]u + \beta[x_m \ldots x_0]v.$$

Schließlich betrachten wir noch die Steigungen einer Funktion f, die als Produkt $f = u \cdot v$ bzw. $f(x) = u(x) \cdot v(x)$ für $x \in [a, b]$ dargestellt ist. Für die Steigungen gilt dann die

Leibnizsche Regel.

$$[x_{j+k} \ldots x_j]f = \sum_{\iota=j}^{j+k} ([x_j \ldots x_\iota]u)([x_\iota \ldots x_{j+k}]v);$$

dabei ist $[x_\iota] := f(x_\iota)$ zu setzen.

Beweis. Sei $\varphi(x) :=$

$$= \{\sum_{\iota=j}^{j+k} (x-x_j) \cdots (x-x_{\iota-1})[x_j \ldots x_\iota]u\} \cdot \{\sum_{\kappa=j}^{j+k} (x-x_{\kappa+1}) \cdots (x-x_{j+k})[x_\kappa \ldots x_{j+k}]v\};$$

hier ist $(x - x_i) \cdots (x - x_\ell) := 1$ für $\ell < i$. Dann gilt

$$\varphi(x_\iota) = u(x_\iota)v(x_\iota) = f(x_\iota) \quad \text{für } \iota = j, \ldots, j+k,$$

da die beiden Klammern gerade die Interpolationspolynome an u bezüglich der Stützstellen $x_j, \ldots, x_{j+k}$ bzw. an v bezüglich $x_{j+k}, \cdots, x_j$ sind. Mit der abkürzenden Bezeichnung $\varphi(x) =: (\sum_{\iota=j}^{j+k} a_\iota(x))(\sum_{\kappa=j}^{j+k} b_\kappa(x))$ gilt nun

$$(\sum_{\iota=j}^{j+k} a_\iota)(\sum_{\kappa=j}^{j+k} b_\kappa) = \sum_{\iota,\kappa=j}^{j+k} a_\iota b_\kappa = \sum_{\iota \leq \kappa} a_\iota b_\kappa + \sum_{\iota > \kappa} a_\iota b_\kappa.$$

Da $\sum_{\iota > \kappa} a_\iota(x_\lambda) b_\kappa(x_\lambda)$ für $\lambda = j, \ldots, j+k$ verschwindet, muß

$$\sum_{\iota \leq \kappa} a_\iota(x_\lambda) b_\kappa(x_\lambda) = f(x_\lambda)$$

gelten. Der Vergleich der Höchstkoeffizienten des Polynoms $\sum_{\iota \leq \kappa} a_\iota b_\kappa \in P_k$ und des Interpolationspolynoms an f bezüglich der Stützstellen $x_j, \ldots, x_{j+k}$ liefert die Leibnizsche Regel. $\Box$

2.4 Die allgemeine Peanosche Restglieddarstellung. Wir wollen jetzt neben der Restglieddarstellung 1.3 eine weitere Form des Restglieds kennenlernen, die dadurch allgemeineren Charakter hat, daß sie nicht nur für die Interpolation verwendet werden kann. Die entscheidende Rolle bei der Berechnung des Interpolationsrestglieds 1.3 spielt der Wert $f^{(n+1)}(\xi)$. Daraus wird deutlich, daß jedes Element $f \in P_n$ durch sein Interpolationspolynom $\tilde{p} \in P_n$ exakt dargestellt wird: $f^{(n+1)} = 0$ für $f \in P_n$. Bereits G. PEANO hat bemerkt, daß diese Tatsache für eine allgemeinere Restglieddarstellung ausgenützt werden kann. Wir formulieren diese Feststellung mit Hilfe funktionalanalytischer Begriffe.

Die Berechnung des Restglieds $r(x) = f(x) - \tilde{p}(x)$ kann so verstanden werden, daß das lineare Restgliedfunktional auf die Elemente $f \in C_{n+1}[a, b]$ wirkt und alle Elemente $p \in P_n \subset C_{n+1}[a, b]$ annulliert. Peano zeigte, daß ein lineares Funktional, das diese Eigenschaft besitzt, stets eine Darstellung erlaubt, in der die $(n+1)$-te Ableitung von f auftritt.

Wir arbeiten nun im Raum $C_{m+1}[a, b]$, $m \geq 0$, und betrachten lineare Funktionale in einer allgemeinen Form, die den Interpolationsfehler einschließt, aber ebenso beispielsweise auch das Fehlerfunktional bei numerischer Integration (vgl. Kapitel 7).

Sei L ein aus Integral- und Punktfunktionalen zusammengesetztes lineares Funktional der Form

$$Lf = \int_a^b [w_0(x)f(x) + w_1(x)f'(x) + \cdots + w_k(x)f^{(k)}(x)]dx +$$

$$+ \sum_{\kappa=1}^{k_0} \beta_{\kappa 0} f(x_{\kappa 0}) + \sum_{\kappa=1}^{k_1} \beta_{\kappa 1} f'(x_{\kappa 1}) + \cdots + \sum_{\kappa=1}^{k_k} \beta_{\kappa k} f^{(k)}(x_{\kappa k}),$$

das alle $f \in P_m$ annulliert; dabei sei $k \leq m + 1$, so daß die in Lf wirklich auftretenden Ableitungen von f existieren. Weiter sei $w_\mu \in C_{-1}[a, b]$, $0 \leq \mu \leq k$, und es gelte $x_{\nu \mu} \in [a, b]$ für alle Stützstellen der Punktfunktionale. Wir definieren die Funktion q_m durch $q_m(x, t) := (x - t)_+^m$ mit

$$(x - t)_+^m := \begin{cases} (x - t)^m & \text{für } x \geq t \\ 0 & \text{für } x < t \end{cases} \quad ; \text{ dabei ist } (x - t)_+^0 := 1 \text{ für } x \geq t.$$

Dann können wir die

Restglieddarstellung von Peano angeben: *Gilt $Lf = 0$ für alle $f \in P_m$, dann kann Lf für alle $f \in C_{m+1}[a, b]$ in der Form*

$$Lf = \int_a^b f^{(m+1)}(t) K_m(t) dt,$$

$$K_m(t) := \frac{1}{m!} L\, q_m(\cdot, t),$$

dargestellt werden.

Die m-te Ableitung von $q_m(\cdot, t)$ an der Stelle $x = t$ ist dabei durch den rechtsseitigen Differentialquotienten zu ersetzen.

Beweis. Die Taylorsche Formel mit dem Restglied in Integralform lautet

$$f(x) = f(a) + f'(a)(x - a) + \ldots$$

$$+ \frac{f^{(m)}(a)(x - a)^m}{m!} + \frac{1}{m!} \int_a^x f^{(m+1)}(t)(x - t)^m dt.$$

Nun ist

$$\int_a^x f^{(m+1)}(t)(x - t)^m dt = \int_a^b f^{(m+1)}(t)(x - t)_+^m dt$$

und damit

$$Lf = \frac{1}{m!} L\left(\int_a^b f^{(m+1)}(t)\, q_m(\cdot, t)\, dt\right)$$

$$= \frac{1}{m!} \int_a^b f^{(m+1)}(t) L\, q_m(\cdot, t)\, dt,$$

da das Funktional L und die Integration hier vertauscht werden dürfen.   □

K_m heißt ein zu L gehöriger *Peano-Kern*.

Folgerung. Wechselt $K_m(t)$ sein Vorzeichen nicht in $[a, b]$, dann gilt

$$Lf = \frac{f^{(m+1)}(\xi)}{(m+1)!} L(x^{m+1}), \quad \xi \in (a, b).$$

Beweis. Nach dem Mittelwertsatz der Integralrechnung ist dann

$$Lf = f^{(m+1)}(\xi) \int_a^b K_m(t) dt;$$

daneben gilt für $f(x) := x^{m+1}$

$$Lf = (m + 1)! \int_a^b K_m(t) dt$$

und damit die Folgerung.   □

Die Peanosche Darstellung des Restglieds eignet sich sowohl für Fehlerabschätzungen als auch für weitere Untersuchungen des Fehlerverhaltens. Insbesondere läßt sie sich auch für den Fall verwenden, daß f nur geringe Differenzierbarkeitseigenschaften besitzt. Denn wenn das Funktional L alle Polynome $f \in P_m$ annulliert, so sind darin ja alle $f \in P_\mu$ mit $\mu < m$ eingeschlossen, so daß eine Restglieddarstellung angegeben werden kann, in der die niedrigere Ableitung $f^{(\mu+1)}$ auftritt. Über die Restglieddarstellung 1.3 hinaus können also damit auch Abschätzungen unter schwächeren Annahmen an f gemacht werden.

GIUSEPPE PEANO (1858–1932) wirkte an der Universität Turin. Er wurde vor allem durch seine Beiträge zur formalen Logik, durch das nach ihm benannte Axiomensystem und durch seine Untersuchungen zur Analysis bekannt. In mehreren Arbeiten, die in den Jahren 1913–1918 erschienen sind, beschäftigte er sich mit der Frage der Darstellung des Fehlers numerischer Approximationen durch Integrale; er ging dabei von den Restgliedern verschiedener Quadraturformeln aus. So entstand die Restglieddarstellung durch Peano-Kerne. Eine Reihe weiterer Veröffentlichungen widmete G. Peano daneben auch anderen Problemen der numerischen Analysis.

Eine erste Anwendung der Peanoschen Restglieddarstellung auf das Interpolationspolynom in der von Lagrange angegebenen Form 2.1 liefert das

Interpolationsrestglied nach Kowalewski. Dazu betrachten wir für die paarweise verschiedenen Stützstellen $x_0, \ldots, x_n \in [a, b]$ und für einen festen Wert $x \in [a, b]$ das Fehlerfunktional

$$Lf := R_n(f; x) = f(x) - \sum_{\nu=0}^{n} f(x_\nu)\ell_{n\nu}(x).$$

Der Peano-Kern ergibt sich zu

$$m! K_m(x, t) = (Lq_m(\cdot, t))(x) = (x - t)_+^m - \sum_{\nu=0}^{n} (x_\nu - t)_+^m \ell_{n\nu}(x)$$

$$= \sum_{\nu=0}^{n} [(x - t)_+^m - (x_\nu - t)_+^m] \ell_{n\nu}(x),$$

da $\sum_{\nu=0}^{n} \ell_{n\nu}(x) = 1$ gilt. Wegen

$$\int_a^b [(x - t)_+^m - (x_\nu - t)_+^m] f^{(m+1)}(t) dt =$$

$$\int_a^x [(x - t)^m - (x_\nu - t)^m] f^{(m+1)}(t) dt + \int_{x_\nu}^x (x_\nu - t)^m f^{(m+1)}(t) dt$$

ist dann

$$m! \int_a^b K_m(x, t) f^{(m+1)}(t) dt = \int_a^x f^{(m+1)}(t) \sum_{\nu=0}^{n} [(x - t)^m - (x_\nu - t)^m] \ell_{n\nu}(x) dt +$$

$$+ \sum_{\nu=0}^{n} \ell_{n\nu}(x) \int_{x_\nu}^x (x_\nu - t)^m f^{(m+1)}(t) dt.$$

Dabei ist

$$\sum_{\nu=0}^{n}[(x-t)^m - (x_\nu - t)^m]\ell_{n\nu}(x) = (x-t)^m - \sum_{\nu=0}^{n}(x_\nu - t)^m\ell_{n\nu}(x);$$

$\sum_{\nu=0}^{n}(x_\nu - t)^m\ell_{n\nu}(x)$ ist aber für $m \leq n$ das Interpolationspolynom $\tilde{p} \in P_n$ für $f(x) := (x-t)^m$, so daß die eckige Klammer verschwindet. Dann bleibt

$$Lf = f(x) - \tilde{p}(x) = \int_a^b K_m(x,t)f^{(m+1)}(t)dt,$$

also das Restgliedfunktional

$$R_n(f;x) = \frac{1}{m!}\sum_{\nu=0}^{n}\ell_{n\nu}(x)\int_{x_\nu}^{x}(x_\nu - t)^m f^{(m+1)}(t)dt, \ 0 \leq m \leq n.$$

Beispiel. Peano-Darstellung des Restglieds bei Interpolation durch $\tilde{p} \in P_2$, also $n = 2$. Sei $x_0 = -1$, $x_1 = 0$, $x_2 = 1$; dann ergibt sich für $f \in C_3[-1,+1]$, also für $m = 2$, das Restglied

$$R_2(f;x) = \frac{1}{2}\sum_{\nu=0}^{2}\ell_{2\nu}(x)\int_{x_\nu}^{x}(x_\nu - t)^2 f'''(t)dt$$

mit $\ell_{20}(x) = \frac{1}{2}x(x-1)$, $\ell_{21}(x) = 1 - x^2$, $\ell_{22}(x) = \frac{1}{2}x(x+1)$, also

$$2R_2(f;x) = \ell_{20}(x)\int_{-1}^{x}(-1-t)^2 f'''(t)dt + \ell_{21}(x)\int_{0}^{x}t^2 f'''(t)dt +$$
$$+ \ell_{22}(x)\int_{1}^{x}(1-t)^2 f'''(t)dt.$$

Sei nun $x \leq 0$:

$$2R_2(f;x) = \ell_{20}(x)\int_{-1}^{x}(1+t)^2 f'''(t)dt - \ell_{21}(x)\int_{x}^{0}t^2 f'''(t)dt -$$
$$- \ell_{22}(x)\int_{x}^{0}(1-t)^2 f'''(t)dt - \ell_{22}(x)\int_{0}^{1}(1-t)^2 f'''(t)dt.$$

Somit ist

$$R_2(f;x) = \frac{1}{2}\int_{-1}^{+1}K_2(x,t)f'''(t)dt;$$

für $x \leq 0$ gilt dabei

$$K_2(x,t) = \begin{cases} \ell_{20}(x)(1+t)^2 & \text{falls} & -1 \leq t \leq x \\ -\ell_{21}(x)t^2 - \ell_{22}(x)(1-t)^2 & \text{falls} & x \leq t \leq 0 \\ -\ell_{22}(x)(1-t)^2 & \text{falls} & 0 \leq t \leq 1 \end{cases}.$$

Ebenso erhält man für $x \geq 0$ den Peano-Kern

$$K_2(x, t) = \begin{cases} \ell_{20}(x)(1+t)^2 & \text{falls} & -1 \leq t \leq 0 \\ \ell_{20}(x)(1+t)^2 + \ell_{21}(x)t^2 & \text{falls} & 0 \leq t \leq x \\ -\ell_{22}(x)(1-t)^2 & \text{falls} & x \leq t \leq 1 \end{cases}.$$

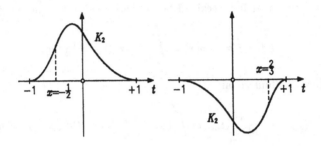

Sei nun $m = 1$:

$$R_2(f; x) = \sum_{\nu=0}^{2} \ell_{2\nu}(x) \int_{x_\nu}^{x} (x_\nu - t) f''(t) dt =$$

$$= -\ell_{20}(x) \int_{-1}^{x} (1+t) f''(t) dt - \ell_{21}(x) \int_{0}^{x} t f''(t) dt +$$

$$+ \ell_{22}(x) \int_{1}^{x} (1-t) f''(t) dt.$$

Also ist

$$R_2(f; x) = \int_{-1}^{+1} K_1(x, t) f''(t) dt$$

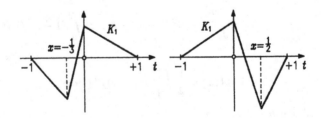

mit dem Peano-Kern

$$K_1(x,t) = \begin{cases} -\ell_{20}(x)(1+t) & \text{für} \quad -1 \le t \le x \\ \ell_{21}(x)t - \ell_{22}(x)(1-t) & \text{für} \quad x \le t \le 0 \qquad \text{bei } x \le 0, \\ -\ell_{22}(x)(1-t) & \text{für} \quad 0 \le t \le 1 \end{cases}$$

$$K_1(x,t) = \begin{cases} -\ell_{20}(x)(1+t) & \text{für} \quad -1 \le t \le 0 \\ -\ell_{20}(x)(1+t) - \ell_{21}(x)t & \text{für} \quad 0 \le t \le x \qquad \text{bei } x \ge 0. \\ -\ell_{22}(x)(1-t) & \text{für} \quad x \le t \le 1 \end{cases}$$

Schließlich erhalten wir für $m = 0$

$$R_2(f;x) = \sum_{\nu=0}^{2} \ell_{2\nu}(x) \int_{x_\nu}^{x} f'(t)dt =$$

$$= \ell_{20}(x)\int_{-1}^{x} f'(t)dt + \ell_{21}(x)\int_{0}^{x} f'(t)dt + \ell_{22}(x)\int_{1}^{x} f'(t)dt$$

$$= \int_{-1}^{+1} K_0(x,t)f'(t)dt$$

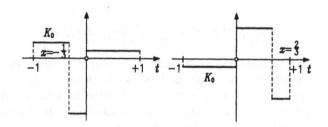

mit dem stückweise konstanten Peano-Kern

$$K_0(x,t) = \begin{cases} \ell_{20}(x) & \text{für} \quad -1 < t \le x \\ -\ell_{21}(x) - \ell_{22}(x) & \text{für} \quad x < t \le 0 \qquad \text{bei } x \le 0, \\ -\ell_{22}(x) & \text{für} \quad 0 < t \le 1 \end{cases}$$

$$K_0(x,t) = \begin{cases} \ell_{20}(x) & \text{für} \quad -1 < t \le 0 \\ \ell_{20}(x) + \ell_{21}(x) & \text{für} \quad 0 < t \le x \qquad \text{bei } x \ge 0. \\ -\ell_{22}(x) & \text{für} \quad x < t \le 1 \end{cases}$$

Weitere Anwendungen der Peanoschen Restglieddarstellung werden sich bei den Fehleruntersuchungen zur numerischen Differentation in 3.3 und zur numerischen Integration in Kap. 7 ergeben.

2.5 Eine ableitungsfreie Fehlerabschätzung. Die Restgliedabschätzung 1.4 erfordert die Ermittlung einer Schranke für $|f^{(n+1)}(x)|$. Der Zwang, eine höhere Ableitung abzuschätzen, erschwert die praktische Verwendbarkeit dieser Schranke. Neben den Möglichkeiten, die die Peanosche Restglieddarstellung für die Erniedrigung der Ordnung von Ableitungen bietet, soll hier noch eine andere Methode erwähnt werden. Sie benützt die Cauchysche Integralformel (s. R. Remmert [1984]) und ist deshalb auf solche Funktionen beschränkt, die im Komplexen betrachtet in einem Gebiet G holomorph sind, das das Interpolationsintervall $[a, b]$ ganz enthält.

Sei also $x \in [a, b]$, $[a, b] \subset$ G und Γ eine geschlossene, doppelpunktfreie und rektifizierbare Kurve, die $[a, b]$ umschließt und ganz in G verläuft. Dann gilt die Darstellung

$$f^{(m)}(x) = \frac{m!}{2\pi i} \int_\Gamma \frac{f(\zeta)}{(\zeta - x)^{m+1}} d\zeta.$$

Wählt man für Γ etwa den Kreis $|z - \frac{a+b}{2}| = \rho$, $\rho > \frac{b-a}{2}$, so folgt daraus die Abschätzung

$$|f^{(m)}(x)| \le \frac{m!}{2\pi} \frac{1}{(\rho - \frac{b-a}{2})^{m+1}} \max_{|z - \frac{a+b}{2}| = \rho} |f(z)| 2\pi\rho,$$

also

$$\max_{x \in [a,b]} |f^{(m)}(x)| \le m! \frac{\rho}{(\rho - \frac{b-a}{2})^{m+1}} \max_{z \in \Gamma} |f(z)|.$$

Wenn auch diese Abschätzung i. allg. nicht sehr gute Schranken liefert, so ist doch ihre Einfachheit bemerkenswert. Neben der Abschätzung über die Cauchysche Integralformel gibt es noch andere, verfeinerte Methoden zur Gewinnung ableitungsfreier Schranken auf dem Umweg über das Komplexe, die jedoch ebenfalls auf holomorphe Funktionen beschränkt sind.

2.6 Verbindung zur Analysis. Haben wir es bei f mit einer $(n+1)$-mal stetig differenzierbaren Funktion zu tun, dann liefert der Vergleich der Restglieddarstellung in der Newtonschen Identität 2.3 mit dem Restglied 1.3 die Gleichheit

$$[x_n \ldots x_0 x] = \frac{1}{(n+1)!} f^{(n+1)}(\xi)$$

für $f \in C_{n+1}[a, b]$.

Aus dieser Beziehung und unter Berücksichtigung der Bemerkung 1.4 bezüglich der Abschwächung der Forderung der $(n+1)$-maligen stetigen Differenzierbarkeit von f läßt sich die

Erweiterung des Mittelwertsatzes der Differentialrechnung auf höhere Ableitungen ablesen:

Sei $f \in C_{m-1}[a, b]$ und m-mal differenzierbar in (a, b). Dann gibt es für jede Auswahl von paarweise verschiedenen Werten $x_0, \ldots, x_m \in [a, b]$ einen Wert ξ aus dem Intervall $(\min_\mu x_\mu, \max_\mu x_\mu) \subset (a, b)$, so daß

$$[x_m \ldots x_0] = \frac{1}{m!} f^{(m)}(\xi) \quad gilt.$$

Von der Interpolation her gewinnt man über den Ansatz von Newton auch einen natürlichen Zugang zur Taylorschen Formel. Läßt man nämlich unter den Differenzierbarkeitsannahmen des erweiterten Mittelwertsatzes an f in der Newtonschen Identität alle Stützstellen x_ν gegen eine, etwa gegen $x_0 \in (a, b)$, rücken, so entsteht die *Taylorsche Formel*

$$f(x) = f(x_0) + f'(x_0)(x - x_0) + \cdots + \frac{f^{(n)}(x_0)}{n!}(x - x_0)^n +$$
$$+ \frac{f^{(n+1)}(\xi)}{(n+1)!}(x - x_0)^{n+1}, \quad \xi \in (a, b).$$

Die Taylorsche Formel mit dem Restglied von Lagrange erscheint so als Grenzfall eines Interpolationsvorgangs. Anstelle von $(n+1)$ verschiedenen Stützstellen hat man jetzt die $(n+1)$-fache Stützstelle x_0; das Interpolationspolynom geht in ein Polynom über, das f mit allen Ableitungen bis zur n-ten in x_0 interpoliert. Diesen Weg hat B. Taylor (1685–1731) selbst in seiner "Methodus incrementorum" eingeschlagen.

Das Taylorpolynom ist eine Näherung, die f im allgemeinen sehr gut in der Umgebung des Entwicklungszentrums x_0 approximiert. Es ist bekanntlich von fundamentaler Bedeutung in der Analysis. Seine praktische Verwendbarkeit ist jedoch dadurch eingeschränkt, daß die Berechnung von Ableitungen notwendig ist, zumal da die explizite Gestalt der zu approximierenden Funktion f häufig gar nicht bekannt ist.

Mit dem Interpolationspolynom wird demgegenüber zwar nur Übereinstimmung der Funktionswerte selbst erreicht. Da das aber in $(n+1)$ verschiedenen Stützstellen geschieht, kann das Interpolationspolynom über ein größeres Intervall eine brauchbare Näherung an f liefern. Jedoch ist bei Interpolationspolynomen Vorsicht angebracht. Interpolationspolynome höheren Grades können stark oszillieren, so daß sich die Qualität der Näherung mit wachsendem Grad nicht immer steigert. Wir werden darauf in §4 genauer zu sprechen kommen.

In der Regel ist es vorzuziehen, mit Interpolationspolynomen von niedrigem Grad, etwa bis zum dritten oder vierten Grad, zu arbeiten und diese Interpolationspolynome stückweise zusammenzusetzen. Die aus dieser Vorstellung entspringende Theorie und Praxis der *Splines* wird Gegenstand von Kapitel 6 sein.

Natürlich kann auch die

Leibnizsche Regel für Ableitungen eines Produkts $f(x) = u(x)v(x)$,

$$f^{(k)}(x) = \sum_{\kappa=0}^{k} \binom{k}{\kappa} u^{(\kappa)}(x) v^{(k-\kappa)}(x),$$

durch Grenzübergang aus der Leibnizschen Regel für Steigungen 2.3 gewonnen werden. Denn daraus erhält man bei $x_\imath \to x_j$ für $\imath = j+1, \ldots, j+k$ zunächst

$$\frac{1}{k!} f^{(k)}(x_j) = \sum_{\imath=j}^{j+k} \frac{u^{(\imath-j)}(x_j)}{(\imath-j)!} \frac{v^{(j+k-\imath)}(x_j)}{(j+k-\imath)!}$$

bzw.

$$f^{(k)}(x) = \sum_{\kappa=0}^{k} k! \frac{u^{(\kappa)}(x)}{\kappa!} \frac{v^{(k-\kappa)}(x)}{(k-\kappa)!}$$

und wegen

$$\frac{k!}{\kappa!(k-\kappa)!} = \binom{k}{\kappa}$$

die Leibnizsche Regel für Ableitungen.

2.7 Aufgaben. 1) Sei $I_n f := \bar{p} \in P_n$ das Interpolationspolynom an f bezüglich der Stützstellen $x_0, \ldots, x_n \in [a, b]$. Man zeige für den Operator

$$I_n : (C[a,b], \|\cdot\|_\infty) \to (P_n, \|\cdot\|_\infty)$$

a) I_n ist linear und beschränkt.

b) Es gilt $\sup\{\|I_n f\|_\infty \mid \|f\|_\infty = 1\} = \|\sum_{\nu=0}^{n} |\ell_{n\nu}|\|_\infty$.

2) Man bestimme nach Lagrange und nach Newton die Interpolationspolynome aus P_2 bzw. aus P_3 an den Stützstellen $x_0 = -1$, $x_1 = 0$, $x_2 = 1$ und bei Hinzunahme der Stützstelle $x_3 = \frac{1}{2}$ für die Funktionen $f(x) := \frac{2}{1+x^2}$ und $f(x) := \cos(\pi x)$.

3) Man weise die Symmetrieeigenschaft der Steigungen 2.3 nach, indem man die Gültigkeit der Darstellung $[x_m \cdots x_0] = \sum_{\mu=0}^{m} \frac{y_\mu}{\Phi'(x_\mu)}$ durch Induktion zeigt.

4) Für die paarweise verschiedenen Stützstellen $x_0, \ldots, x_n$ und für die Monome $g_k(x) := x^k$ zeige man

$$[x_0 \cdots x_n] g_k = \sum_{\nu=0}^{n} \frac{x_\nu^k}{\Phi'(x_\nu)} = \begin{cases} 0 & \text{für } 0 \le k \le n-1 \\ 1 & \text{für } k = n \\ x_0 + \cdots + x_n & \text{für } k = n+1 \end{cases}.$$

5) Mit Hilfe des Peanokerns K_2 im Beispiel 2.4 gebe man eine Abschätzung des Interpolationsrestglieds in der Form $|R_2(f;x)| \le \sigma(x) \max_{x \in [-1,+1]} |f'''(x)|$ mit einer geeigneten Schrankenfunktion σ an. Man vergleiche die Güte dieser Abschätzung mit der Fehlerschranke 1.4.

6) Man berechne die Peano-Darstellung des Restglieds der linearen Interpolation für $x_0 = a$, $x_1 = b$ unter der Annahme $f \in C_2[a, b]$ sowie für $f \in C_1[a, b]$. Man zeige, daß die Abschätzung $|R_1(f; x)| \leq \max_{x \in [a,b]} |f'(x)|(b - a)$ gilt.

7) Man interpoliere die Funktion $f \in C[-1, +1]$ in den Stützstellen $x_0 = -1$, $x_1 = 0$, $x_2 = 1$, wobei $f(x) := \begin{cases} 0 & \text{für} \quad -1 \leq x \leq 0 \\ x^2 & \text{für} \quad 0 \leq x \leq 1 \end{cases}$, und stelle den Interpolationsfehler mit Hilfe des Peano-Kerns K_0 des Beispiels 2.4 dar. Wie groß ist die maximale Abweichung $\|f - \tilde{p}\|_\infty$ und wo wird sie angenommen?

§ 3. Gleichabständige Stützstellen

Der Newtonsche Ansatz kann noch weiter vereinfacht werden, wenn man äquidistante Lage der Stützstellen annimmt. Wir wählen jetzt die Indizierung der Stützstellen so, daß $x_\nu = x_0 + \nu h$, $0 \leq \nu \leq n$, mit der festen *Schrittweite* h gilt und führen die

m-te vorwärtsgenommene Differenz ein:

$$\Delta^0 y_\nu := y_\nu$$
$$\Delta^m y_\nu := \Delta^{m-1} y_{\nu+1} - \Delta^{m-1} y_\nu \quad \text{für} \quad m \geq 1.$$

Die in 2.3 eingeführten Steigungen m-ter Ordnung werden damit zu

$$[x_1 x_0] = \frac{y_1 - y_0}{x_1 - x_0} = \frac{\Delta y_0}{h} \quad (\Delta y_0 := \Delta^1 y_0),$$
$$[x_2 x_1 x_0] = \frac{\frac{\Delta y_1}{h} - \frac{\Delta y_0}{h}}{2h} = \frac{1}{2} \frac{\Delta^2 y_0}{h^2},$$
$$\vdots$$
$$[x_m \ldots x_0] = \cdots = \frac{1}{m!} \frac{\Delta^m y_0}{h^m}.$$

Der erweiterte Mittelwertsatz 2.6 lautet einfach

$$\frac{\Delta^m f(x_0)}{h^m} = f^{(m)}(\xi), \quad \xi \in (x_0, x_m),$$

falls $f \in C_m[x_0, x_m]$.

Das Interpolationspolynom nach dem Ansatz von Newton nimmt die Gestalt

$$\tilde{p}(x) = y_0 + \frac{\Delta y_0}{h}(x - x_0) + \cdots + \frac{\Delta^n y_0}{n! h^n}(x - x_0) \cdots (x - x_{n-1})$$

an, und das Restglied r der Newtonschen Identität $f = \tilde{p} + r$ hat für $f \in C_{n+1}[a, b]$ mit $x, x_\nu \in [a, b]$ den Wert

$$r(x) = \frac{f^{(n+1)}(\xi)}{(n + 1)!}(x - x_0) \cdots (x - x_n), \quad \xi \in (\min(x, x_0), \max(x, x_n)).$$

3.1 Das Differenzenschema. Die Berechnung der Koeffizienten des Interpolationspolynoms ist mit Hilfe eines *Differenzenschemas* einfach durchzuführen.

$$
\begin{array}{cccc}
x_0 & y_0 & & \\
 & & \Delta y_0 & \\
x_1 & y_1 & & \Delta^2 y_0 \\
 & & \Delta y_1 & & \cdot \\
x_2 & y_2 & & \Delta^2 y_1 & \cdot \\
 & & \Delta y_2 & & \cdot \\
x_3 & y_3 & & \Delta^2 y_2 & \cdot \\
 & & & \cdot \\
 & \cdot & \cdot & \cdot & \cdot
\end{array}
$$

Die Indizierung der vorwärtsgenommenen Differenzen in diesem Schema ist so gewählt, daß gleich indizierte Differenzen sich auf absteigenden Linien finden. Man spricht deshalb auch von *absteigenden* Differenzen. Das Schema kann bei Hinzunahme weiterer Stützstellen $x_{n+1}, x_{n+2}, \cdots$ beliebig erweitert werden.

Der Numerierung der vorwärtsgenommenen Differenzen liegt die Vorstellung zugrunde, daß das Interpolationspolynom von der am weitesten links liegenden Stützstelle her aufgebaut wird. Es hängt von der jeweiligen Aufgabenstellung ab, in deren Rahmen Interpolationen benötigt werden, ob diese Reihenfolge die zweckmäßigste ist. Sie ist es augenscheinlich, wenn man etwa bei der numerischen Behandlung der Anfangswertaufgabe einer gewöhnlichen Differentialgleichung eine Näherungslösung durch Interpolationspolynome vom Anfangswert $y(x_0)$ der Lösung schrittweise in Richtung wachsender Werte der Veränderlichen x entwickelt. Behandelt man jedoch eine Randwertaufgabe und ermittelt eine Näherung durch Polynomansatz schrittweise vom rechten Rand her, so leuchtet es ein, daß dann eine Darstellung des Interpolationspolynoms günstig erscheint, die sich ebenfalls vom rechten Intervallende her nach links aufbaut. Um dieses Ziel zu erreichen, erscheint es zweckmäßig, verschiedene Differenzenschreibweisen einzuführen.

3.2 Darstellungen des Interpolationspolynoms. Zu einer besonders einfachen Form des uns bereits bekannten Interpolationspolynoms, das mittels absteigender Differenzen dargestellt ist, kommen wir durch folgende Vereinbarungen:

Transformation $t: [x_0, x_n] \to [0, n]$, $\quad t(x) := \dfrac{x - x_0}{h}$.

Bezeichnung $p^*(t) := \bar{p}(x(t))$, $\quad r^*(t) := r(x(t))$, $\quad f^*(t) := f(x(t))$.

Damit erhalten wir die
Interpolationsformel Gregory-Newton I

$$
p^*(t) = y_0 + \Delta y_0 \binom{t}{1} + \Delta^2 y_0 \binom{t}{2} + \cdots + \Delta^n y_0 \binom{t}{n}
$$

mit dem Restglied

$$r^*(t) = \binom{t}{n+1} \frac{d^{n+1} f^*(t)}{dt^{n+1}}\big|_{t=\tau}, \quad \tau \in (\min(t,0), \max(t,n)).$$

Geht man nun von der Vorstellung aus, daß das Interpolationspolynom von der am weitesten rechts liegenden Stützstelle her entwickelt wird, so wählt man bei $x_{n-\nu} = x_n - \nu h$, $0 \le \nu \le n$, die Bezeichnung
Rückwärtsgenommene Differenzen

$$\nabla^0 y_{n-\nu} := y_{n-\nu}$$
$$\nabla^m y_{n-\nu} := \nabla^{m-1} y_{n-\nu} - \nabla^{m-1} y_{n-\nu-1} \quad \text{für } m \ge 1,$$

so daß das Differenzenschema

$$
\begin{array}{cccc}
x_{n-2} & y_{n-2} & & \nabla^2 y_{n-1} \\
 & & \nabla y_{n-1} & \\
x_{n-1} & y_{n-1} & & \nabla^2 y_n \\
 & & \nabla y_n & \\
x_n & y_n & &
\end{array}
$$

entsteht, das nach oben beliebig ergänzt werden kann. Man spricht bei dieser Darstellung auch von *aufsteigenden* Differenzen.

Die Transformation $t : [x_0, x_n] \to [-n, 0]$, $t(x) := \frac{x - x_n}{h}$ führt zu der
Interpolationsformel Gregory-Newton II.

$$p^*(t) = y_n + \nabla y_n \binom{t}{1} + \nabla^2 y_n \binom{t+1}{2} + \cdots + \nabla^n y_n \binom{t+n-1}{n}$$

mit dem Restglied

$$r^*(t) = \binom{t+n}{n+1} \frac{d^{n+1} f^*(t)}{dt^{n+1}}\big|_{t=\tau}, \quad \tau \in (\min(t,-n), \max(t,0)).$$

Schließlich kann die Situation eintreten, daß das Interpolationspolynom von einer inneren Stützstelle her zu entwickeln ist. Die weiteren Stützstellen werden dann nacheinander in symmetrischer Reihenfolge herangezogen. Man wählt dazu $x_\nu = x_0 + \nu h$, $(\nu = 0, \pm 1, \cdots \pm k)$, und die Bezeichnung
Zentrale Differenzen

$$\delta^0 y_\nu := y_\nu$$
$$\delta^m y_{\nu+\frac{1}{2}} := \delta^{m-1} y_{\nu+1} - \delta^{m-1} y_\nu \quad \text{für } m \ge 1 \text{ und ungerade,}$$
$$\delta^m y_\nu := \delta^{m-1} y_{\nu+\frac{1}{2}} - \delta^{m-1} y_{\nu-\frac{1}{2}} \quad \text{für } m \ge 2 \text{ und gerade.}$$

Differenzenschema

$$
\begin{array}{cccccc}
& \cdot & & \cdot & & \cdot \\
x_{-1} & y_{-1} & & & \delta^2 y_{-1} & \cdot \\
& & \delta y_{-1/2} & & & \cdot \\
x_0 & y_0 & & & \delta^2 y_0 & \cdot \\
& & \delta y_{1/2} & & & \cdot \\
x_1 & y_1 & & & \delta^2 y_1 & \cdot \\
& \cdot & & \cdot & & \cdot
\end{array}
$$

Die Mittelbildung $\overline{\delta}^m y_0 := \frac{1}{2}(\delta^m y_{1/2} + \delta^m y_{-1/2})$ für $m \geq 1$ und ungerade und die Transformation

$$
t : [x_{-k}, x_{+k}] \to [-k, +k], \quad t(x) := \frac{x - x_0}{h},
$$

ergeben die
Stirlingsche Interpolationsformel

$$
p^*(t) = y_0 + \overline{\delta} y_0 t + \delta^2 y_0 \frac{t^2}{2!} + \overline{\delta}^3 y_0 \frac{t(t^2 - 1)}{3!} + \cdots
$$
$$
+ \delta^{2k} y_0 \frac{t^2(t^2 - 1) \cdots (t^2 - (k-1)^2)}{(2k)!}
$$

mit dem Restglied

$$
r^*(t) = \binom{t + k}{2k + 1} \frac{d^{2k+1} f^*(t)}{dt^{n+1}} \Big|_{t=\tau}, \quad \tau \in (\min(t, -k), \max(t, k)).
$$

Man erkennt natürlich, daß es stets dieselben numerischen Werte sind, die in den verschiedenen Differenzenschemata auftreten. Verschieden ist nur die Bezeichnung, die der Reihenfolge angepaßt ist, in der die Differenzen bei der Bildung des Interpolationspolynoms herangezogen werden. Ebenso unterscheiden sich die verschiedenen Darstellungen des Interpolationspolynoms nur formal. Es handelt sich immer um ein und dasselbe Polynom, das durch die vorgegebenen Stützwerte bestimmt ist.

JAMES GREGORY (1638–1675) behandelte wie Newton das Interpolationsproblem im Zusammenhang mit der Frage der angenäherten Integration, während JAMES STIRLING (1692–1770) es sich zur Aufgabe gemacht hatte, die für das Newtonsche Interpolationsverfahren notwendigen Rechnungen bequemer darzustellen.

3.3 Numerische Differentiation. Zur angenäherten Differentiation einer Funktion $f \in C_j[a, b]$, $j \geq 1$, gehen wir von einem Interpolationspolynom aus. Legen wir zunächst die Stirlingsche Interpolationsformel 3.2 um eine innere Stützstelle x_ν zugrunde. Mit

$$
\tilde{p}' = \frac{dp^*}{dt} \frac{dt}{dx} = \frac{1}{h} \frac{dp^*}{dt}, \quad t(x) = \frac{x - x_\nu}{h},
$$

erhalten wir die erste Ableitung des Interpolationspolynoms

$$h\tilde{p}'(x) = \overline{\delta}y_\nu + t\delta^2 y_\nu + \frac{3t^2 - 1}{3!}\overline{\delta}^3 y_\nu + \cdots.$$

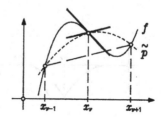

Verwendet man nun das Interpolationspolynom $\tilde{p} \in P_2$, so ergibt sich aus $h\tilde{p}'(x) = \overline{\delta}y_\nu + t\delta^2 y_\nu$ an der Stelle x_ν der
1. Näherungswert der ersten Ableitung

$$(*)\qquad\qquad \tilde{p}'(x_\nu) = \frac{1}{2h}(y_{\nu+1} - y_{\nu-1}),\ 1 \leq \nu \leq n - 1.$$

$\tilde{p} \in P_4$ liefert $h\tilde{p}'(x_\nu) = \overline{\delta}y_\nu - \frac{1}{3!}\overline{\delta}^3 y_\nu$ und damit den
2. Näherungswert der ersten Ableitung

$$\tilde{p}'(x_\nu) = \frac{1}{12h}(-y_{\nu+2} + 8y_{\nu+1} - 8y_{\nu-1} + y_{\nu-2}),\ 2 \leq \nu \leq n - 2.$$

Ebenso verfährt man mit der zweiten Ableitung. Mit $\tilde{p}''(x) = \frac{1}{h^2}\frac{d^2 p^*}{dt^2}$ entsteht für $\tilde{p} \in P_2$ der
1. Näherungswert der zweiten Ableitung

$$\tilde{p}''(x_\nu) = \frac{1}{h^2}(y_{\nu+1} - 2y_\nu + y_{\nu-1}),\ 1 \leq \nu \leq n - 1,$$

und für $\tilde{p} \in P_4$ der
2. Näherungswert der zweiten Ableitung

$$\tilde{p}''(x_\nu) = \frac{1}{12h^2}(-y_{\nu+2} + 16y_{\nu+1} - 30y_\nu + 16y_{\nu-1} - y_{\nu-2}),\ 2 \leq \nu \leq n - 2.$$

Die Erweiterung auf höhere Ableitungen liegt auf der Hand.

Fehlerbetrachtung zu (*). Um den Fehler dieser Näherungswerte abzuschätzen, bedienen wir uns wieder der Restglieddarstellung von Peano 2.4. Mit

$$Lf := R_n(f; x_\nu) = f'(x_\nu) - \tilde{p}'(x_\nu)$$

erhalten wir so für den 1. Näherungswert der ersten Ableitung mit $n = 2$ und unter der Annahme $f \in C_3[a, b]$, $m = 2$, die Fehlerdarstellung

$$R_2(f; x_\nu) = \int_a^b K_2(t) f'''(t) dt$$

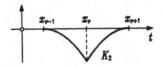

mit

$$K_2(t) = \frac{1}{2}(R_2(q_2; x_\nu))(t) = (x_\nu - t)_+ - \frac{1}{4h}[(x_{\nu+1} - t)_+^2 - (x_{\nu-1} - t)_+^2],$$

also

$$K_2(t) = \begin{cases} (x_\nu - t) - \frac{1}{4h}(x_{\nu+1} - t)^2 & \text{für } x_{\nu-1} \leq t \leq x_\nu \\ -\frac{1}{4h}(x_{\nu+1} - t)^2 & \text{für } x_\nu \leq t \leq x_{\nu+1} \end{cases}.$$

Da K_2 einerlei Vorzeichen hat, gilt

$$R_2(f; x_\nu) = f'''(\xi) \int_{x_{\nu-1}}^{x_{\nu+1}} K_2(t) dt, \quad x_{\nu-1} < \xi < x_{\nu+1},$$

so daß wir die

Fehlerdarstellung

$$\boxed{R_2(f; x_\nu) = -\frac{h^2}{6} f'''(\xi)}$$

erhalten.

Nehmen wir jedoch nur $f \in C_2[a, b]$, also $m = 1$ an, so kann man über den Peano-Kern

$$K_1(t) = (R_2(q_1; x_\nu))(t) = \begin{cases} 1 - \frac{1}{2h}(x_{\nu+1} - t) & \text{für } x_{\nu-1} \leq t \leq x_\nu \\ -\frac{1}{2h}(x_{\nu+1} - t) & \text{für } x_\nu < t \leq x_{\nu+1} \end{cases}$$

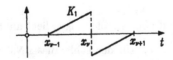

für eine allgemeine Funktion f nur die
Abschätzung

$$|R_2(f;x_\nu)| \leq \frac{h}{2} \max_x |f''(x)|, \quad x \in [x_{\nu-1}, x_{\nu+1}],$$

erreichen.

Die in 1.4 angegebene allgemeine Fehlerschranke für Ableitungen würde für den Näherungswert (∗) die Schranke $|R_2(f;x)| \leq h^2 \max_{x \in [x_{\nu-1}, x_{\nu+1}]} |f'''(x)|$ liefern. Sie ist schlechter als die obige Darstellung von R_2 für $f \in C_3[a,b]$, gilt jedoch dafür nicht nur in den Stützstellen, sondern für alle Werte x im betrachteten Intervall. Sie gibt auch bereits die richtige Fehlerordnung bezüglich der Schrittweite h wieder.

Erwartungsgemäß liegt die Fehlerordnung bei angenäherter erster Ableitung um Eins niedriger als die der vergleichbaren Interpolationsformel. In diesem Sinn spricht man von der *aufrauhenden* Wirkung der numerischen Differentiation.

Fehlerdarstellungen und Fehlerabschätzungen sind für die anderen angegebenen Näherungen ebenso wie für (∗) mit Hilfe der Peanoschen Darstellung zu gewinnen.

Einseitige Ableitungen. Die bisher betrachteten Formeln zur numerischen Differentiation ergaben sich aus der Stirlingschen Darstellung des Interpolationspolynoms und benützen demzufolge Stützstellen zu beiden Seiten von x_ν. Sie können zur Berechnung von Ableitungen an einem Intervallende nicht verwendet werden. In diesem Fall hat man von einer der Interpolationsformeln Gregory-Newton I bzw. Gregory-Newton II nach 3.2 auszugehen. So erhalten wir etwa aus

$$\tilde{p}'(x_0) = \frac{\Delta y_0}{h} + \frac{\Delta^2 y_0}{2h^2}(x_0 - x_1) + \cdots + \frac{\Delta^n y_0}{n!h^n}(x_0 - x_1)\cdots(x_0 - x_{n-1}),$$

$x_\nu = x_0 + \nu h$ mit $1 \leq \nu \leq n$ bei der Wahl $\tilde{p} \in P_1$, $n = 1$, die
1. rechtsseitige Näherung an die erste Ableitung

$$\tilde{p}'(x_0) = \frac{\Delta y_0}{h} = \frac{1}{h}(y_1 - y_0)$$

und bei $\tilde{p} \in P_2$, $n = 2$, die

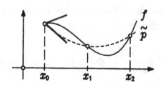

2. rechtsseitige Näherung an die erste Ableitung

$$\tilde{p}'(x_0) = \frac{1}{2h}(-y_2 + 4y_1 - 3y_0).$$

Für diese letzte Näherung erhalten wir bei $f \in C_3[a, b]$, $m = 2$, die Fehlerdarstellung $R_2(f; x_0) = \int_{x_0}^{x_2} K_2(t) f'''(t) dt$ mit dem unsymmetrischen Peano-Kern

$$K_2(t) = \begin{cases} \frac{1}{4h}[(x_2 - t)^2 - 4(x_1 - t)^2] & \text{für } x_0 \leq t \leq x_1 \\ \frac{1}{4h}(x_2 - t)^2 & \text{für } x_1 < t \leq x_2 \end{cases},$$

die zu

$$R_2(f; x_0) = \frac{h^2}{3} f'''(\xi_0), \quad x_0 < \xi_0 < x_2,$$

führt. Die Einseitigkeit der Formel bedingt eine geringere Genauigkeit der Näherung verglichen mit der Näherung (∗). Die Größenordnung $O(h^2)$ des Fehlers bleibt jedoch erhalten.

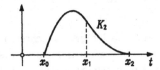

Die Übertragung auf linksseitige Näherungen, auf höhere Ableitungen und auf andere Stützstellenauswahlen bleibt dem Leser überlassen.

3.4 Aufgaben. 1) Man interpoliere die Funktion f der Aufgabe 7 in 2.7 in den Stützstellen $x_0 = -1$, $x_1 = -\frac{1}{3}$, $x_2 = \frac{1}{3}$, $x_3 = 1$, berechne das Restglied $f - \tilde{p}$ und stelle es graphisch dar.

2) Man zeige:

a) Der Operator Δ^n annulliert alle Elemente $f \in P_{n-1}$.

b) Bei gegebenen Stützwerten $y_0, \ldots, y_n$ gilt

$$\Delta^n y_0 = \nabla^n y_n = \sum_{\nu=0}^{n} (-1)^{n-\nu} \binom{n}{\nu} y_\nu.$$

3) Nach 1.3 gilt bei Interpolation einer Funktion $f \in C_{n+1}[a, b]$ durch $\tilde{p} \in P_n$ die Restglieddarstellung $R_n(f; x) = \frac{f^{(n+1)}(\xi(x))}{(n+1)!} \Phi(x)$.

a) Man leite daraus für den Wert des Restglieds der Ableitung $f' - \tilde{p}'$ an einer Stützstelle x_ν die Darstellung

$$R_n'(f; x_\nu) = \frac{f^{(n+1)}(\xi_\nu)}{(n+1)!} \Phi'(x_\nu), \quad \xi_\nu \in \left(\min_{0 \leq \nu \leq n} x_\nu, \max_{0 \leq \nu \leq n} x_\nu \right),$$

her.

Hinweis: Für diese Herleitung kommt man damit aus, daß $f^{(n+1)}(\xi(x))$ zu einer stetigen Funktion ergänzt werden kann; nur dies wurde in 1.3 gezeigt.

b) Man wende diese Darstellung an, um die Fehler der Näherungswerte für erste Ableitungen in 3.3 zu gewinnen.

4) Man leite eine Darstellung des Fehlers des 1. Näherungswerts der zweiten Ableitung in 3.3 her, indem man von der Taylorentwicklung von f ausgeht.

5) Der Operator Δ^3 annulliert alle Elemente $f \in P_2$. Man berechne in der Darstellung $\Delta^3 y_0 = \int_{x_0}^{x_3} K_2(t) f'''(t) dt$ für $f \in C_3[x_0, x_3]$ den Peano-Kern K_2 und leite daraus die Erweiterung des Mittelwertsatzes 2.6 her.

6) Man gebe einen Näherungswert für $f'(\frac{1}{4})$, $f \in C_3[-1, +1]$, durch Berechnung der Ableitung des Interpolationspolynoms in den Stützstellen $x_0 = -1$, $x_1 = 0$, $x_2 = 1$ an. Dazu stelle man den Fehler mit Hilfe des Peano-Kerns dar.

§ 4. Konvergenz von Interpolationspolynomen

Die Interpolation durch Polynome erscheint als ein natürliches Verfahren, Näherungen für eine gegebene Funktion zu gewinnen, von der man nur einige Funktionswerte zu kennen braucht. Die Erwartung scheint gerechtfertigt, daß beispielsweise eine stetige Funktion beliebig genau im Sinne der Tschebyschev-Norm durch Interpolationspolynome approximiert werden kann, falls nur die Anzahl der Stützstellen der Interpolation groß genug ist. Immerhin kennen wir den Weierstraßschen Approximationssatz, der im Prinzip die Möglichkeit der beliebig genauen Approximation einer stetigen Funktion durch Polynome ausdrückt.

Die Beantwortung der Frage nach der Konvergenz von Interpolationspolynomen bereitet jedoch mehr Schwierigkeiten als man auf den ersten Blick erwarten sollte. Es wird sich zeigen, daß angefangen von der gleichmäßigen Konvergenz einer Folge von Interpolationspolynomen bis hin zur Divergenz in sämtlichen Punkten eines Intervalls alle Erscheinungen auftreten können, und es wird einer genauen Unterscheidung der analytischen Eigenschaften einer zu approximierenden Funktion und der sorgfältigen Auswahl der jeweiligen Lage der Stützstellen der Interpolation bedürfen, um zu Konvergenzsätzen zu kommen.

Zunächst soll die Frage behandelt werden, wie durch geeignete Stützstellenwahl der Interpolationsfehler möglichst klein gemacht werden kann.

4.1 Beste Interpolation. Sei $f \in C_{n+1}[a, b]$. Um den Interpolationsfehler 1.3

$$r(x) = \frac{f^{(n+1)}(\xi(x))}{(n+1)!} \, \Phi(x)$$

möglichst klein zu machen, müßten die Ableitung $f^{(n+1)}$ und die Abhängigkeit der Zwischenstelle ξ von x bekannt sein. Da das i. allg. nicht der Fall sein wird, fällt diese Möglichkeit weg. Wohl aber läßt sich die Fehlerschranke 1.4 für den Interpolationsfehler

$$\|r\| \leq M_{n+1} \|\Phi\|$$

dadurch zum Minimum machen, daß $\| \Phi \|$, $\Phi(x) = (x - x_0) \cdots (x - x_n)$, durch geeignete Wahl der Stützstellen $x_0, \ldots, x_n$ minimiert wird. Die Lage der günstigsten Stützstellen hängt natürlich von der gewählten Norm ab.

In der Skizze ist der Verlauf des Stützstellenpolynoms Φ im Intervall $[-5, +5]$ bei Annahme äquidistanter Lage der Stützstellen $x_0, \ldots, x_n$ für $n = 2$, $n = 5$ und $n = 10$ wiedergegeben. Die starken Schwankungen von Φ lassen die Minimierung von $\| \Phi \|$ lohnend erscheinen. Man beachte den für die Ordinate gewählten Maßstab!

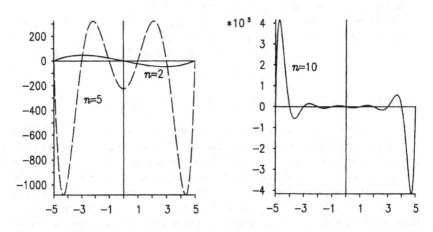

Wir gehen zur Minimierung von dem normierten Intervall $[a, b] := [-1, +1]$ aus. Sei nun

$\| \cdot \| := \| \cdot \|_\infty$: In 4.4.7 wurde gezeigt, daß unter allen auf Höchstkoeffizient Eins normierten Polynomen $p \in \hat{P}_{n+1}$ die Tschebyschev-Polynome 1. Art $\hat{T}_{n+1}$ die Extremaleigenschaft $\|\hat{T}_{n+1}\|_\infty \leq \|p\|_\infty$ besitzen. Um $\| \Phi \|_\infty$ minimal zu machen, hat man also als Stützstellen $x_0, \ldots, x_n$ der Interpolation die Nullstellen des Tschebyschev-Polynoms $\hat{T}_{n+1}$ zu wählen. Verglichen mit der äquidistanten Lage in der Skizze drängen sich die Nullstellen von $\hat{T}_{n+1}$ an den Intervallenden zusammen; dadurch wird dort das starke Ausschlagen der Werte $\Phi(x)$ gedämpft.

$\| \cdot \| := \| \cdot \|_2$: Die Minimaleigenschaft 4.5.4 der Legendreschen Polynome bedeutet, daß $\|\hat{L}_{n+1}\|_2 \leq \|p\|_2$ für alle $p \in \hat{P}_{n+1}$ gilt. $\| \Phi \|_2$ wird also minimal, wenn die Nullstellen der Legendreschen Polynome als Stützstellen der Interpolation gewählt werden. Auch diese Nullstellen liegen an den Intervallenden dichter als im Zentrum; die Nullstellen der ersten Legendreschen Polynome findet man tabelliert in 7.3.6.

4.2 Konvergenzprobleme. Das Studium des Konvergenzverhaltens von Interpolationspolynomen gab Anlaß zu einer Reihe von Einzeluntersuchungen. Insbesondere konnte am Beispiel speziell gewählter Funktionen die ganze Breite von Erscheinungen deutlich gemacht werden, mit denen hier zu rechnen ist.

Betrachten wir eine stetige Funktion $f \in C[a, b]$. Die Vermutung erscheint natürlich, daß die Folge der Interpolationspolynome, die sich bei gleichabständiger Stützstellenverteilung ergeben, mit wachsender Zahl der Stützstellen gegen f konvergiere. S. N. Bernstein [1912] (vgl. auch I. P. Natanson [1965], Vol. III, S. 30) konnte jedoch durch ein Gegenbeispiel zeigen, daß diese Vermutung nicht zutrifft: Die Folge der Interpolationspolynome der Funktion $f(x) = |x|$ in $[-1, +1]$ divergiert für sämtliche Werte $0 < |x| < 1$. Zur Erläuterung sei bemerkt, daß die Konvergenz für $x = \pm 1$ selbstverständlich ist; denn diese Intervallendpunkte sind Stützstellen bei jeder äquidistanten Intervallteilung. Man erkennt auch unmittelbar, daß es Teilfolgen der Folge der Interpolationspolynome geben muß, die in einzelnen Stützstellen konvergieren; z. B. ist $x = 0$ Stützstelle jeder Teilung bei geradzahliger Anzahl der Teilintervalle, so daß also die zugehörige Teilfolge der Interpolationspolynome dort konvergiert. Dagegen ist die Konvergenz der vollständigen Folge für $x = 0$ nicht trivial; sie wurde tatsächlich auch erst später bewiesen. Es handelt sich im übrigen bei dieser Funktion keineswegs um eine der sogenannten pathologischen, sondern um eine Funktion, die bis auf den Wert $x = 0$ sogar überall differenzierbar ist.

Werfen wir also einen Blick auf analytische Funktionen. Hier kennt man das von Runge untersuchte Beispiel der Funktion $f(x) = \frac{1}{1+x^2}$ in $[-5, +5]$, die in äquidistanten Stützstellen interpoliert wird. C. Runge [1901] konnte zeigen, daß die Folge der Interpolationspolynome nur für $|x| \leq 3.63$ konvergiert und im übrigen, ausgenommen für $|x| = 5$, divergiert. Dieses Verhalten ist der Tatsache zuzuschreiben, daß f zwar eine im Reellen analytische Funktion ist, daß aber $f(z)$ Singularitäten für $z_{1,2} = \pm i$ besitzt.

Wiederum ein anderes Verhalten zeigt das folgende Beispiel der in $[0, 1]$ stetigen Funktion $f : [0, 1] \rightarrow \mathbb{R}$ mit $f(x) := x \sin(\frac{\pi}{x})$ für $x \in (0, 1]$ und $f(0) := 0$. Als Stützstellen des Interpolationspolynoms $\tilde{p}_n \in P_n$ wählen wir die Werte $x_{n\nu} := \frac{1}{\nu+1}$ für $0 \leq \nu \leq n$. Da $f(x_{n\nu}) = 0$ für $\nu = 0, \ldots, n$ gilt, ist $\tilde{p}_n \in P_0$ mit $\tilde{p}_n(x) = 0$ in $0 \leq x \leq 1$ für alle $n \in \mathbb{N}$ das Interpolationspolynom. Also konvergiert die Folge $(\tilde{p}_n)_{n \in \mathbb{N}}$, und es gilt $\lim_{n \to \infty} \tilde{p}_n = 0$. Wir haben es also mit einem Fall zu tun, in dem die Folge der Interpolationspolynome zwar gleichmäßig konvergiert, jedoch außerhalb der Stützstellen nicht gegen die Werte $f(x)$.

4.3 Konvergenzaussagen. Die Stützstellen einer Folge von Interpolationspolynomen ordnen wir in einem Stützstellenschema S an. Seien $x_{n0}, \ldots, x_{nn}$ die paarweise verschiedenen Stützstellen des Interpolationspolynoms $\tilde{p}_n \in P_n$, so daß $\tilde{p}_n(x_{n\nu}) = f(x_{n\nu})$ für $\nu = 0, \ldots, n$ gilt. Dann ist

$$
S : \quad
\begin{array}{llll}
x_{00} & & & \\
x_{10} & x_{11} & & \\
\vdots & \vdots & \ddots & \\
x_{n0} & x_{n1} & \cdots & x_{nn} \\
\vdots & & & \vdots
\end{array}
$$

Um zu einer positiven Konvergenzaussage zu kommen, beginnen wir nach den Erfahrungen in 4.2 mit einer starken Voraussetzung an f. Das Rungesche Beispiel in 4.2 gab einen Hinweis darauf, daß das Verhalten der holomorphen Ergänzung der reellen Funktion f für $z \in \mathbb{C}$ die Konvergenz der Folge der Interpolationspolynome beeinflußt. Wir ziehen jetzt mit $f : [a, b] \to \mathbb{R}$ auch die holomorphe Ergänzung in Betracht und nehmen an, daß f eine ganze Funktion sei. Die Potenzreihenentwicklung $f(z) = \sum_0^\infty a_j z^j$ konvergiere also in der gesamten komplexen Ebene. Die Annahme $f(x) \in \mathbb{R}$ für $x \in [a, b] \subset \mathbb{R}$ bedeutet dabei, daß alle Koeffizienten a_j reell sind.

Dann gilt der folgende

Konvergenzsatz. *Sei f eine ganze, für reelle Argumente reellwertige Funktion. Dann konvergiert die Folge $(\tilde{p}_n)_{n \in \mathbb{N}}$ der Interpolationspolynome bei beliebigem Stützstellenschema S, $x_{n\nu} \in [a, b]$ für $n = 0, 1, \cdots$ und $0 \leq \nu \leq n$, gleichmäßig gegen f.*

Beweis. Wir führen den Konvergenzbeweis über eine Abschätzung des Interpolationsrestglieds 1.3

$$r_n(x) = \frac{f^{(n+1)}(\xi)}{(n+1)!} \, \Phi(x), \; \Phi(x) = (x - x_{n0}) \cdots (x - x_{nn}).$$

Die Abschätzung geht von der Cauchyschen Integralformel aus:

Sei $x \in [a, b]$ und Γ_x ein Kreis um x mit dem Radius $\rho = 2(b - a)$. Seien $M(x) := \max_{z \in \Gamma_x} |f(z)|$ und $M := \sup_{x \in [a,b]} M(x) < \infty$.
Dann gilt die aus der Cauchyschen Integralformel

$$\frac{f^{(k)}(x)}{k!} = \frac{1}{2\pi i} \int_{\Gamma_x} \frac{f(\zeta)}{(\zeta - x)^{k+1}} d\zeta$$

fließende Cauchysche Abschätzungsformel

$$|\frac{f^{(k)}(x)}{k!}| \leq \frac{1}{2\pi} M(x) \, 2\pi\rho \frac{1}{\rho^{k+1}} = \frac{M(x)}{\rho^k}$$

und damit gleichmäßig für alle $x \in [a, b]$ die Abschätzung

$$|\frac{f^{(n+1)}(x)}{(n+1)!}| \leq \frac{M}{2^{n+1}(b - a)^{n+1}}.$$

Zusammen mit $\| \Phi \|_\infty \leq (b - a)^{n+1}$ führt das auf

$$\|r_n\|_\infty \leq \frac{M}{2^{n+1}},$$

so daß $\lim_{n \to \infty} \|r_n\|_\infty = 0$ gilt. $\qquad\qquad\qquad\square$

Beispiel. $f(x) := e^x$ in $x \in [0,1]$. Hier gilt $f^{(n+1)}(x) = e^x$, also die Abschätzung $|\frac{f^{(n+1)}(\xi)}{(n+1)!}| < \frac{e}{(n+1)!}$ und damit

$$\|r_n\|_\infty < \frac{e}{(n+1)!} \|\Phi\|_\infty \leq \frac{e}{(n+1)!} \to 0 \quad \text{für} \quad n \to \infty.$$

Zur Frage der Konvergenz der Interpolationspolynome einer stetigen Funktion beweisen wir den

Satz von Marcinkiewicz. *Zu jeder Funktion $f \in C[a,b]$ kann ein Stützstellenschema $S, x_{n\nu} \in [a,b]$ für $n = 0, 1, \cdots$ und $0 \leq \nu \leq n$, angegeben werden, so daß die Folge $(\tilde{p}_n)_{n\in\mathbb{N}}$ der Interpolationspolynome gleichmäßig gegen f konvergiert.*

Beweis. Aus dem Alternantensatz 4.4.3 folgt, daß das stets existierende und eindeutig bestimmte Proximum $\tilde{p}_n \in P_n$ bezüglich der Norm $\| \cdot \|_\infty$ in mindestens $(n+1)$ Werten $a < \xi_{n0} < \cdots < \xi_{nn} < b$ die gegebene Funktion f interpoliert: $\tilde{p}_n(\xi_{n\nu}) = f(\xi_{n\nu})$. Das Proximum $\tilde{p}_n$ kann deshalb als das Interpolationspolynom an f zu den Stützstellen $\xi_{n\nu}, 0 \leq \nu \leq n$, aufgefaßt werden. Der Konvergenzsatz 4.4.9 sagt aus, daß die Folge dieser Proxima bzw. Interpolationspolynome gleichmäßig gegen f konvergiert. Als Stützstellenschema ist also ein Schema mit den Einträgen $\xi_{n\nu}$ für $n = 0, 1, \cdots$ und $0 \leq \nu \leq n$ zu wählen.   ☐

Neben dem Satz von Marcinkiewicz gilt aber auch der

Satz von Faber. *Zu jedem vorgegebenen Stützstellenschema $S, x_{n\nu} \in [a,b]$ für $n = 0, 1, \cdots$ und $0 \leq \nu \leq n$, kann eine Funktion $f \in C[a,b]$ angegeben werden, so daß die Folge $(\tilde{p}_n)_{n\in\mathbb{N}}$ der Interpolationspolynome nicht gleichmäßig gegen f konvergiert.*

Zum Beweis. Der vollständige Beweis würde hier zu weit führen. Er beruht auf der Konstruktion einer geeigneten stetigen Funktion f. Der Beweis steht bei G. Faber [1914], vgl. auch I. P. Natanson ([1965], Vol. III, S. 27).   ☐

Erläuterung. Der Satz von Faber zeigt uns, daß es kein Stützstellenschema geben kann, das für jede stetige Funktion Konvergenz der Folge der Interpolationspolynome sichert. Der Satz von Marcinkiewicz andererseits garantiert die Existenz einer Stützstellenmatrix zu jeder vorgegebenen stetigen Funktion, für die Konvergenz eintritt. Ein brauchbares Verfahren zur Konstruktion der Matrix bei gegebenem f liefern jedoch weder der Satz noch der Beweis.

Konvergenz im Mittel. Bisher war in diesem Paragraphen stets von der gleichmäßigen Konvergenz, d. h. also von der Konvergenz bezüglich der Tschebyschev-Norm $\| \cdot \|_\infty$ die Rede. Nach Hilfssatz 4.5.6 folgt die Konvergenz im Mittel oder Konvergenz bezüglich $\| \cdot \|_2$ aus der gleichmäßigen Konvergenz. Da die Konvergenz im Mittel die schwächere ist, kann man erwarten, daß bezüglich dieser Konvergenz weitergehende Aussagen gemacht werden können. In der Tat kann z. B. folgendes gezeigt werden: Sei $\{\psi_1, \psi_2, \cdots\}$ ein System von Polynomen, die bezüglich einer Gewichtsfunktion w in $[a, b]$ ein Orthonormalsystem bilden. Die Nullstellen dieser Polynome – nach dem Nullstellensatz 4.5.5 stets einfach, reell und in (a, b) liegend– können zu einem Stützstellenschema angeordnet werden. Dann konvergiert die Folge der Interpolationspolynome bei diesem Stützstellenschema für jede stetige Funktion f bezüglich der Norm $\|f\| := (\int_a^b w(x) f^2(x) dx)^{\frac{1}{2}}$. Handelt es sich bei dem System $\{\psi_1, \psi_2, \cdots\}$ etwa um die Legendreschen Polynome, so ist damit die Konvergenz im Mittel einer Folge von Interpolationspolynomen im Intervall $[-1, +1]$ gesichert.

Im Gegensatz zum Konvergenzverhalten bezüglich der Tschebyschev-Norm tritt jetzt Konvergenz der Interpolationspolynome für jede stetige Funktion bei ein und demselben Stützstellenschema ein. Der Beweis bildet den Inhalt der Aufgaben 5 und 6.

4.4 Aufgaben. 1) Sei $f \in C[a, b]$ und seien $x_\nu := a + \nu \frac{b-a}{n}$ mit $0 \leq \nu \leq n$ die Stützstellen einer äquidistanten Intervallteilung. s_n sei der Streckenzug, der f in den Stützstellen interpoliert. Man zeige: $\lim_{n \to \infty} \|s_n - f\|_\infty = 0$.

2) Man zeige: a) Interpoliert man die Funktion $f(x) := \frac{1}{1+x}$ an den Stützstellen $x_\nu = \frac{\nu}{n}$, $0 \leq \nu \leq n$, so konvergiert die Folge $(\tilde{p}_n)_{n \in \mathbb{N}}$ der Interpolationspolynome $\tilde{p}_n \in P_n$ im Intervall $[0, 1]$ gleichmäßig gegen f.

b) Dasselbe gilt für die Stützstellenverteilung $x_\nu = \alpha^\nu$ mit $\alpha < 1$.

c) Man skizziere die Restglieder $f - \tilde{p}_n$ in den Fällen a) und b) für $n = 1, \ldots, 5$.

3) Sei $f \in C_\infty[0, \infty)$, und es gelte $|f^{(k)}(x)| \leq 1$ für $x \geq 0$ und für $k \in \mathbb{N}$. f werde in den Stützstellen $x_\nu = \nu h$, $0 \leq \nu \leq n$, bei fester Schrittweite h durch ein Polynom $\tilde{p}_n \in P_n$ interpoliert. Man gebe eine Schranke h_0 an, so daß für alle Werte $h \leq h_0$ die gleichmäßige Konvergenz $\lim_{n \to \infty} \tilde{p}_n(x) = f(x)$ für $0 \leq x \leq 1$ eintritt.

4) Sei $f \in C_{n+1}[-1, +1]$ und $\tilde{p} \in P_n$ das zugehörige Interpolationspolynom bezüglich der Stützstellen $x_0 \cdots, x_n$. Man zeige:

a) Sind $x_0, \ldots, x_n$ die Nullstellen des Tschebyschev-Polynoms T_{n+1}, so gilt

$$\|f - \tilde{p}\|_\infty \leq \frac{1}{2^n (n+1)} \|f^{(n+1)}\|_\infty.$$

b) Sind $x_0, \ldots, x_n$ die Nullstellen des Legendre-Polynoms L_{n+1}, so gilt

$$\|f - \tilde{p}\|_2 \leq \sqrt{\frac{2}{2n+3}} \cdot \frac{1}{(2n+1)(2n-1)\cdots 1} \|f^{(n+1)}\|_\infty.$$

5) Seien $x_0, \ldots, x_n$ die Nullstellen des Legendre-Polynoms L_{n+1}. Man zeige:

a) Für jedes Polynom $p \in P_n$ gilt

$$\|p\|_2 \leq \sqrt{2} \max_{0 \leq \nu \leq n} |p(x_\nu)|.$$

Hinweis: Man gehe von der Lagrangeschen Interpolationsformel aus und benütze die Orthogonalitätsrelationen der Legendre-Polynome (vgl. auch 7.3.1–7.3.2).

b) Sei $f \in C[-1, +1]$ und $\tilde{p}_n \in P_n$ das in $x_0, \cdots, x_n$ interpolierende Polynom. Dann gilt

$$\lim_{n \to \infty} \|f - \tilde{p}_n\|_2 = 0.$$

Hinweis: Man vergleiche $\tilde{p}_n$ mit dem jeweiligen Proximum $\tilde{q}_n$ bezüglich $\| \cdot \|_\infty$ und wende den Approximationssatz von Weierstraß an.

6) Man übertrage die Aussage der Aufgabe 5 b) auf allgemeine, bezüglich einer Gewichtsfunktion orthogonale Systeme von Polynomen. Daraus folgere man: Sind die Stützstellen $x_0, \ldots, x_n$ die Nullstellen des Tschebyschev-Polynoms T_{n+1}, so gilt ebenfalls $\lim_{n \to \infty} \|f - \tilde{p}_n\| = 0$ bezüglich der mit dieser Gewichtsfunktion gebildeten Norm $\| \cdot \|$.

§ 5. Spezielle Interpolationen

In §3 richteten wir das Augenmerk darauf, das vollständige Interpolationspolynom zu konstruieren und seine Eigenschaften zu untersuchen. Da Interpolationspolynome häufig verwendet werden, lohnt es sich, über einige Fragen der praktischen Handhabung von Interpolationen noch weiter nachzudenken. Die allererste Frage, die dabei auftritt, lautet: Wie kann der Wert $p(\xi)$ eines Polynoms p an einer Stelle ξ möglichst rationell berechnet werden? Bereits in 1.4.4 wurde darauf hingewiesen, daß der "naive Algorithmus" durch einen wesentlich günstigeren ersetzt werden kann.

5.1 Das Hornerschema. Wir wollen den Wert $p(\xi)$ des Polynoms $p \in P_n$ mit $p(x) = a_0 + a_1 x + \cdots + a_n x^n$ berechnen. Das geschieht entsprechend der Klammerung

$$p(\xi) = a_0 + \xi(a_1 + \xi(a_2 + \cdots + \xi a_n) \cdots),$$

die dem Algorithmus

a_n	a_{n-1}	a_{n-2}	$\cdots$	a_1	a_0
	$+a_n' \xi$	$+a_{n-1}' \xi$	$\cdots$	$+a_2' \xi$	$+a_1' \xi$
$a_n =: a_n'$	a_{n-1}'	a_{n-2}'	$\cdots$	a_1'	$a_0' = p(\xi)$

zugrundeliegt.

Der Algorithmus liefert die Entwicklung

$$p(x) = a_0' + (x - \xi)(a_1' + a_2' x + \cdots + a_n' x^{n-1}),$$

wie man bei Ausmultiplizieren erkennt. Daraus ergibt sich

$$p'(\xi) = a_1' + a_2' \xi + \cdots + a_n' \xi^{n-1}.$$

Der Wert $p'(\xi)$ läßt sich also durch erneute Anwendung des Algorithmus leicht berechnen. Mit

$$a_j'' := a_j' + a_{j+1}''\xi \quad \text{für} \quad j = 1, \ldots, n-1 \quad \text{und} \quad a_n'' := a_n'$$

kommt man zu der Darstellung

$$p(x) = a_0' + (x - \xi)a_1'' + (x - \xi)^2(a_2'' + a_3''x + \cdots + a_n x^{n-2}) \Rightarrow$$

$$\frac{1}{2}p''(\xi) = a_2'' + a_3''\xi + \cdots + a_n\xi^{n-2} \quad \text{usw.}$$

Der vollständige Horner-Algorithmus:

Der vollständige Horner-Algorithmus liefert also die Entwicklung des Polynoms p um die Stelle ξ:

$$p(x) = a_0' + a_1''(x - \xi) + a_2'''(x - \xi)^2 + \cdots + a_n(x - \xi)^n.$$

5.2 Der Algorithmus von Aitken-Neville. Der vollständige Horner-Algorithmus gestattet es, den Wert eines mit allen Koeffizienten bekannten Polynoms an einer festen Stelle einschließlich sämtlicher Ableitungen einfach zu berechnen. Bei der Interpolation kann nun der Fall eintreten, daß nur der Wert eines Interpolationspolynoms an einer festen Stelle ξ interessiert, ohne daß das vollständige Polynom berechnet werden soll; weiter möchte man die Möglichkeit haben, durch Hinzunahme zusätzlicher Stützstellen die Qualität des Näherungswertes $p(\xi)$ zu verbessern.

Dazu hat man nacheinander die Werte der Interpolationspolynome steigenden Grades an der Stelle ξ zu ermitteln, bis die gewünschte Genauigkeit erreicht ist.

Aus zwei Polynomen n-ten Grades, deren eines bezüglich der Stützstellen $x_m, \ldots, x_{m+n}$ und deren anderes bezüglich der Stützstellen $x_{m+1}, \cdots, x_{m+n+1}$ interpoliert, läßt sich in einfacher Weise das Polynom $(n+1)$-ten Grades erzeugen, das an den Stützstellen $x_m, \ldots, x_{m+n+1}$ mit f übereinstimmt. Seien nämlich die Polynome $p_1, p_2 \in P_n$, so daß $p_1(x_\nu) = p_2(x_\nu) = y_\nu$ für $\nu = m+1, \ldots, m+n$ gilt; weiter seien $p_1(x_m) = y_m$ und $p_2(x_{m+n+1}) = y_{m+n+1}$. Dann hat $q \in P_{n+1}$,

$$q(x) := \frac{1}{x_{m+n+1} - x_m} \begin{vmatrix} p_1(x) & x_m - x \\ p_2(x) & x_{m+n+1} - x \end{vmatrix},$$

die Interpolationseigenschaft $q(x_\nu) = y_\nu$ für $\nu = m, \ldots, m+n+1$.

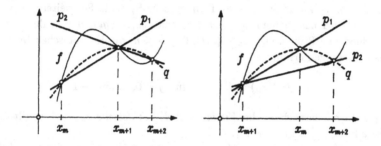

Mit $\quad p(x_m, \ldots, x_{m+n}; \xi) := p_1(\xi), \quad p(x_{m+1}, \ldots, x_{m+n+1}; \xi) := p_2(\xi),$
$p(x_m, \ldots, x_{m+n+1}; \xi) := q(\xi)$

ergibt sich das folgende Schema, in dem p jeweils an der Stelle ξ ausgewertet wird:

x_ν	y_ν	$p \in P_1$	$p \in P_2$	$p \in P_3$
x_0	y_0			
		$p(x_0, x_1; \xi)$		
x_1	y_1		$p(x_0, x_1, x_2; \xi)$	
		$p(x_1, x_2; \xi)$		$p(x_0, \ldots, x_3; \xi)$
x_2	y_2		$p(x_1, x_2, x_3; \xi)$	
		$p(x_2, x_3; \xi)$		$p(x_1, \ldots, x_4; \xi)$
x_3	y_3		$p(x_2, x_3, x_4; \xi)$	
$\vdots$	$\vdots$	$\vdots$	$\vdots$	$\vdots$

5.3 Hermite-Interpolation. Der Gedanke liegt nahe, die Güte der Approximation durch eine interpolierende Funktion dadurch zu verbessern, daß zusätzlich zur Forderung der Interpolation von f auch die Interpolation von Ableitungen von f verlangt wird. Wir formulieren diese Fragestellung für Tschebyschev-Systeme differenzierbarer Funktionen. Im Anschluß an Definition 4.4.2 treffen wir dazu die

Definition. Unter einem *erweiterten Tschebyschev-System* verstehen wir $(k+1)$ linear unabhängige Elemente $\{g_0, \ldots, g_k\}$, $g_\kappa \in C_k[a,b]$, $0 \leq \kappa \leq k$, mit der Eigenschaft, daß jedes Element $g \in \text{span}(g_0, \ldots, g_k)$, $g \neq 0$, in $[a,b]$ höchstens k Nullstellen besitzt; jetzt wird jedoch jede Nullstelle entsprechend ihrer Vielfachheit gezählt.

Die Vielfachheit einer Nullstelle ist dabei wie üblich mit Hilfe der Ableitungen erklärt: Gilt $g(\xi) = g'(\xi) = \cdots = g^{(m-1)}(\xi) = 0$, aber $g^{(m)}(\xi) \neq 0$, $m \leq k$, so ist ξ eine m-fache Nullstelle von g.

Das Hermitesche Interpolationsproblem. Sei $\{g_0, \ldots, g_k\}$, $g_\kappa \in C_k[a,b]$ für $\kappa = 0, \ldots, k$, ein erweitertes Tschebyschev-System. Sei weiter $f \in C_k[a,b]$. Gefragt wird nach einem Element $\tilde{f} \in \text{span}(g_0, \ldots, g_k)$, das in den paarweise verschiedenen Stützstellen $x_\nu \in [a,b]$, $0 \leq \nu \leq n$, die Hermiteschen Interpolationsbedingungen erfüllt:

$$\tilde{f}^{(j)}(x_\nu) = f^{(j)}(x_\nu) \quad \text{für} \quad j = 0, \ldots, m_\nu - 1.$$

Die Zahl m_ν bezeichnet die *Vielfachheit der Stützstelle* x_ν, und es gilt die Beschränkung $\sum_{\nu=0}^{n} m_\nu = k + 1$.

Die Antworten auf die Fragen nach der Existenz und Eindeutigkeit der Lösung des Hermiteschen Interpolationsproblems ergeben sich in gleicher Weise wie für die einfache Interpolation. Sie werden ausgedrückt durch den

Satz. *Das Hermitesche Interpolationsproblem ist für ein erweitertes Tschebyschev-System stets eindeutig lösbar.*

Beweis. Jedes Element $g \in \text{span}(g_0, \ldots, g_k)$ läßt sich darstellen in der Form $g(x) = \sum_{\kappa=0}^{k} \alpha_\kappa g_\kappa(x)$. Das lineare Gleichungssystem

$$\sum_{\kappa=0}^{k} \alpha_\kappa g_\kappa^{(j)}(x_\nu) = f^{(j)}(x_\nu),$$

$$0 \leq j \leq m_\nu - 1 \quad \text{und} \quad 0 \leq \nu \leq n,$$

bestehend aus $k + 1 = \sum_{\nu=0}^{n} m_\nu$ Gleichungen für die Unbekannten $\alpha_0, \ldots, \alpha_k$, besitzt stets eine eindeutig bestimmte Lösung. Um das einzusehen, brauchen wir nur die Argumentation im Beweis von Satz 4.6.2 dahingehend zu ergänzen, daß nun mehrfache Nullstellen des Tschebyschev-Systems in Betracht gezogen werden müssen. Die Annahme $\det(g_\kappa^{(j)}(x_\nu)) = 0$ würde ja bedeuten, daß das homogene

Gleichungssystem $\sum_{\kappa=0}^{k} \alpha_{\kappa} g_{\kappa}^{(j)}(x_{\nu}) = 0$ eine nichttriviale Lösung besäße. Das führt zum Widerspruch, da das Tschebyschev-System $\{g_0, \ldots, g_k\}$ höchstens k Nullstellen, jede entsprechend ihrer Vielfachheit gezählt, besitzen kann.   □

Den wichtigsten Fall stellt auch hier die Interpolation durch Polynome dar. Dafür läßt sich auch eine einfache Darstellung des Interpolationsfehlers angeben.

Restglieddarstellung für Polynome. Sei $\tilde{p} \in P_k$ die Lösung eines Hermiteschen Interpolationsproblems. Ist $f \in C_{k+1}[a, b]$, so läßt sich das Restglied $r = f - \tilde{p}$ in der Form

$$r(x) = \frac{f^{(k+1)}(\xi)}{(k+1)!} \, \Phi_H(x)$$

mit

$$\Phi_H(x) := \prod_{\nu=0}^{n} (x - x_{\nu})^{m_\nu}$$

darstellen.

Zum Beweis ist in der Herleitung 1.3 des Restglieds bei einfacher Polynominterpolation Φ durch Φ_H zu ersetzen. Dieselbe Argumentation unter Berücksichtigung der Vielfachheit der Nullstellen von Φ_H führt dann zum Ziel.

Einfache Hermite-Interpolation. Den einfachsten Fall der Hermite-Interpolation durch ein Polynom $\tilde{p} \in P_k$ haben wir bei Vorgabe der Interpolationsbedingungen $\tilde{p}^{(j)}(x_\nu) = f^{(j)}(x_\nu)$ für $j = 0, 1$ und für $\nu = 0, \ldots, n$ vor uns. Hier wird also Interpolation von f und von f' an allen Stützstellen gefordert; damit ist $k = 2n + 1$. $\tilde{p} \in P_{2n+1}$ ergibt sich aus dem

Ansatz

$$\tilde{p}(x) = \sum_{\nu=0}^{n} [\psi_{2n+1,\nu}(x) f(x_\nu) + \chi_{2n+1,\nu}(x) f'(x_\nu)]$$

unter den Forderungen $\psi_{2n+1,\nu}, \chi_{2n+1,\nu} \in P_{2n+1}$ und

$$\psi_{2n+1,\mu}(x_\nu) = \delta_{\mu\nu} \quad \text{und} \quad \psi'_{2n+1,\mu}(x_\nu) = 0$$

sowie

$$\chi_{2n+1,\mu}(x_\nu) = 0 \quad \text{und} \quad \chi'_{2n+1,\mu}(x_\nu) = \delta_{\mu\nu}$$

für $0 \le \mu, \nu \le n$.

Also gilt $\chi_{2n+1,\mu}(x) = \ell_{n\mu}^2(x)(x - x_\mu)$, und $\psi_{2n+1,\mu}(x)$ muß von der Form $\psi_{2n+1,\mu}(x) = \ell_{n\mu}^2(x)(c_{2n+1,\mu}x + d_{2n+1,\mu})$ sein, in der die Koeffizienten $c_{2n+1,\mu}$ und $d_{2n+1,\mu}$ sich aus den Forderungen $\psi_{2n+1,\mu}(x_\mu) = 1$ und $\psi'_{2n+1,\mu}(x_\mu) = 0$ bestimmen lassen. Man berechnet

$$c_{2n+1,\mu} = -2 \sum_{\substack{\nu=0 \\ \nu \neq \mu}}^{n} \frac{1}{x_\mu - x_\nu} \quad \text{und} \quad d_{2n+1,\mu} = 1 - c_{2n+1,\mu} x_\mu.$$

Für das Restglied ergibt sich

$$r(x) = \frac{f^{(2n+2)}(\xi)}{(2n+2)!}(x - x_0)^2 \cdots (x - x_n)^2,$$

$\xi \in (\min(x, x_\nu), \max(x, x_\nu))$.

Eine Verallgemeinerung des Hermiteschen Interpolationsproblems besteht darin, an den Stützstellen x_ν nicht notwendigerweise die Interpolation *aller* Ableitungen $f^{(j)}(x_\nu)$ für $j = 0, \ldots, m_\nu - 1$ zu fordern; die Reihe der Ableitungen darf Lücken enthalten. Sie geht auf eine schon 1906 erschienene Arbeit von G. D. Birkhoff zurück. Die Birkhoff-Interpolation kann hier nicht genauer behandelt werden. Einzelheiten enthält das Buch von Lorentz-Jetter-Riemenschneider [1983].

5.4 Trigonometrische Interpolation. Die trigonometrische Interpolation für äquidistante Stützstellen und ein Verfahren zur Berechnung der Koeffizienten des trigonometrischen Interpolationspolynoms wurden bereits in 4.6.5 im Rahmen der Methode der kleinsten Quadrate dargestellt. Allerdings beschränkten wir uns dort auf $n = 2m + 1$; für die Interpolation mit $n = N$ bedeutet das die Festlegung auf eine ungerade Zahl von Stützstellen. Wir greifen die Interpolation jetzt auch für den Fall $n = 2m$ auf.

Die Orthogonalitätsrelationen 4.6.5 für $\mu, \kappa = 1, \ldots, \frac{n}{2} - 1$ bleiben davon unbeeinflußt; aber es gilt

$$\langle \underline{g}_{2m}, \underline{g}_{2m} \rangle = \sum_{\nu=1}^{2m} \cos^2(m x_\nu) = n,$$

da mit $x_\nu = (\nu - 1)\frac{2\pi}{2m}$ für $\nu = 1, \ldots, n$ jetzt $m x_\nu = (\nu - 1)\pi$, also $\cos^2(m x_\nu) = 1$ ist.

Infolgedessen erhalten wir das trigonometrische Interpolationspolynom

$$\tilde{f}(x) = \frac{\tilde{a}_0}{2} + \sum_{\mu=1}^{m} \tilde{a}_\mu \cos(\mu x) + \sum_{\mu=1}^{m-1} \tilde{b}_\mu \sin(\mu x)$$

mit den Koeffizienten

$$\tilde{a}_\mu = \frac{2}{n} \sum_{\nu=1}^{n} y_\nu \cos(\mu x_\nu) \text{ für } \mu = 0, 1, \ldots, m - 1,$$

$$\tilde{b}_\mu = \frac{2}{n} \sum_{\nu=1}^{n} y_\nu \sin(\mu x_\nu) \text{ für } \mu = 1, \ldots, m - 1,$$

$$\tilde{a}_m = \frac{1}{n} \sum_{\nu=1}^{n} y_\nu (-1)^{\nu-1}.$$

Die Numerierung der Interpolationspunkte (x_ν, y_ν), $1 \leq \nu \leq n$, wurde von 4.6.5 übernommen. Der Koeffizient $\tilde{b}_m$ tritt wegen $\sin(mx_\nu) = 0$ für $1 \leq \nu \leq n$ nicht mehr auf.

Die Zerlegung einer punktweise gegebenen periodischen Funktion in ihre Anteile trigonometrischer Funktionen durch Berechnung ihrer Interpolationskoeffizienten nennt man *Diskrete Fourieranalyse*. Ihre rechnerische Durchführung erfordert die Berechnung von n Koeffizienten, deren jeder als n-gliedrige Summe zu ermitteln ist; die Komplexität dieser Rechnung ist also zunächst $O(n^2)$. Sie läßt sich reduzieren, wenn man die Symmetrieeigenschaften der trigonometrischen Funktionen ausnützt. Diese Möglichkeit wurde bereits 1903 von C. Runge bemerkt. Er unterzieht insbesondere die Interpolationsaufgabe bei gerader Stützstellenzahl einer besonderen Betrachtung und gibt für $n = 12$ und für $n = 24$ Rechenschemata an, die im Zeitalter der mechanischen Tischrechner häufig verwendet wurden. Verbesserte Rechenvorschriften für andere Stützstellenzahlen folgten. In den sechziger Jahren wurde das Problem erneut aufgegriffen, und unter der Bezeichnung *Schnelle Fouriertransformation* (FFT = Fast Fourier Transform) wurden hochwirksame Verfahren zur Berechnung der Interpolationskoeffizienten entwickelt.

Carl David Tolmé Runge (1856 - 1927) war ab 1904 der erste Inhaber des Lehrstuhls für angewandte Mathematik an der Universität Göttingen, nachdem er bereits seit 1886 als Ordinarius an der TH Hannover gewirkt hatte. Die Schaffung dieses Lehrstuhls war das Ergebnis der Bemühungen Felix Kleins, der damit darauf hinwirkte, die angewandte Mathematik als mathematisches Teilgebiet einzurichten. Runge hatte in München und Berlin studiert und war besonders durch Weierstraß beeinflußt worden. Nach Arbeiten über Fragen der Differentialgeometrie, der Algebra und der Funktionentheorie führten ihn seine vielfältigen Interessen auf Probleme der Physik, der Geodäsie und der Astronomie und damit auf die numerische Anwendung mathematischer Methoden auf praktische Aufgabenstellungen. Runge hat die Entwicklung der angewandten Mathematik entscheidend beeinflußt. Eine der drei Thesen, die er 1880 anläßlich seiner Promotion in Berlin zu verteidigen hatte, lautete: "Der Wert einer mathematischen Disziplin ist nach ihrer Anwendbarkeit auf empirische Wissenschaften zu schätzen." Erläuternd fügte er später hinzu: "Das war nicht der Sinn meiner These, daß jeder Satz eine praktische Anwendung haben soll. Ich meine nur, die Mathematik als Selbstzweck steht auf der gleichen Stufe mit dem Schachspiel oder anderen Spielereien. Sie überragt sie an Wert erst durch die Beziehungen zu Erfahrungswissenschaften. Der Mathematiker nun, der sich mit einer Disziplin beschäftigen will, soll meiner Meinung nach sich nach der Möglichkeit ihrer Anwendbarkeit auf Erfahrungswissenschaften fragen, ehe er ihr seine Zeit und seine Kraft widmet. Männer wie Gauß, Lagrange, Jacobi etc. haben dies auch ohne Frage getan." Auch hundert Jahre später ist dieses Credo eines angewandten Mathematikers bemerkenswert. (Zitat nach I. Runge [1949]). E. Trefftz charakterisiert Runge in einer Laudatio anläßlich seines 70. Geburtstags so: "Wenn es Runge gelungen ist, hier die Brücke zu schlagen zwischen der Mathematik und den technischen Wissenschaften, so beruht das auf zwei Eigenschaften, die den wahren angewandten Mathematiker ausmachen. Erstens seinen tiefgehenden mathematischen Kenntnissen, die sich schon in seinen ersten, rein mathematischen Arbeiten offenbaren und die immer wieder dort hervortreten, wo er später die Probleme der angewandten Mathematik nach ihrer prinzipiellen, d. h. rein-mathematischen Seite hin verfolgt. Zweitens der unermüdlichen

Energie, mit der er seine Methoden bis zur wirklichen praktischen Brauchbarkeit durch-
bildete, nicht bloß bis zu dem Punkte, den der Mathematiker "einfach" nennt, sondern
bis dahin, wo der rechnende Praktiker seine Abneigung gegen den mathematischen Me-
chanismus verliert." (Z. angew. Math. Mech. 6, 423 - 424 (1926)).

Die schnelle Fouriertransformation. Wir stellen die Idee der schnellen Fouriertransformation zunächst für eine gerade Anzahl $n = 2m$ von Stützstellen dar
und folgen einem Vorschlag von Sande und Tukey, der in dem Bericht von W. M.
Gentleman – G. Sande [1966] zu finden ist; daneben ist noch das ältere Verfahren
von J. W. Cooley und J. W. Tukey [1965] zu erwähnen.

Dazu gehen wir von der Koeffizientendarstellung

$$c_\mu = \frac{1}{2m} \sum_{\nu=1}^{2m} y_\nu \zeta_{2m}^{(\nu-1)\mu}, \qquad 0 \le |\mu| \le m,$$

nach 4.6.5 aus.

Das Verfahren benutzt die einfache und unmittelbar ersichtliche Eigenschaft

$$\zeta_{2m}^{2(\nu-1)\rho} = \left(\zeta_{2m}^{(\nu-1)\rho}\right)^2 = \zeta_m^{(\nu-1)\rho}$$

der $2m$-ten primitiven Einheitswurzel ζ_{2m}; dabei seien $m, \nu, \rho \in \mathbb{Z}_+$.

Für geradzahlig indizierte Koeffizienten gilt daher

$$c_{2\rho} = \frac{1}{2m} \sum_{\nu=1}^{2m} y_\nu \zeta_{2m}^{2(\nu-1)\rho} = \frac{1}{2m} \sum_{\nu=1}^{2m} y_\nu \zeta_m^{(\nu-1)\rho},$$

und mit $\zeta_m^{(m+\nu-1)\rho} = \zeta_m^{m\rho} \cdot \zeta_m^{(\nu-1)\rho} = \zeta_m^{(\nu-1)\rho}$ wegen $\zeta_m^m = 1$ läßt sich diese Summe
durch Zusammenfassen komplementärer Summanden auf

$$c_{2\rho} = \frac{1}{2m} \sum_{\nu=1}^{m} (y_\nu + y_{m+\nu}) \zeta_m^{(\nu-1)\rho}$$

verkürzen. Für ungeradzahligen Index $\mu = 2\rho + 1$ dagegen ist

$$c_{2\rho+1} = \frac{1}{2m} \sum_{\nu=1}^{2m} y_\nu \zeta_{2m}^{(\nu-1)(2\rho+1)} = \frac{1}{2m} \sum_{\nu=1}^{2m} (y_\nu \zeta_{2m}^{(\nu-1)}) \zeta_m^{(\nu-1)\rho}$$

und damit wegen $\zeta_{2m}^m = -1$

$$c_{2\rho+1} = \frac{1}{2m} \sum_{\nu=1}^{m} \left[(y_\nu - y_{m+\nu}) \zeta_{2m}^{(\nu-1)} \right] \zeta_m^{(\nu-1)\rho}.$$

Nach diesen Formeln sind zur Berechnung eines Koeffizienten des trigonometrischen Interpolationspolynoms nur noch Summen der Länge $m = \frac{n}{2}$ zu bilden.

Ist nun n eine Zweierpotenz, $n = 2^p$, so läßt sich dieses Verfahren p-mal fortsetzen und führt zu einem Algorithmus A, dessen Zeitkomplexität $T_A^S(n)$ (vgl. 1.4.3) nur noch $O(n \log_2 n)$ ist. Der Aufwand für den Algorithmus beträgt nämlich bei jedem Schritt das Doppelte von $T_A^S(\frac{n}{2})$; dazu kommt bei der Berechnung eines Interpolationswerts nochmals eine n-fache Summation, so daß für die Komplexität die Funktionalgleichung

$$T_A^S(n) = n + 2T_A^S(\frac{n}{2})$$

besteht. Sie wird durch

$$T_A^S(n) = n \log_2 n = O(n \log_2 n)$$

erfüllt.

5.5 Interpolation im Komplexen. Wir haben unsere Betrachtungen zur Interpolation auf reelle Funktionen beschränkt. Wie in der gesamten reellen Analysis liefert jedoch häufig erst das Studium der Eigenschaften einer Funktion im Komplexen die Erklärung für ihr Verhalten im Reellen. Das zeigte sich etwa hier bei den Konvergenzaussagen in 4.3 und in dem in 4.2 erwähnten Beispiel von Runge. Es ist deshalb nützlich, auch einen Blick auf die Möglichkeiten der Interpolation im Komplexen zu werfen, obgleich die praktische Bedeutung dieser Frage geringer ist.

Das einfache Interpolationproblem für Polynome lautet im Komplexen: Seien $(n + 1)$ Paare komplexer Zahlen (z_ν, w_ν), $0 \le \nu \le n$, mit paarweise verschiedenen Stützstellen z_ν gegeben. Gefragt ist nach einem komplexen Polynom $\tilde{p}$ vom Höchstgrad n, das die Interpolationsbedingungen $\tilde{p}(z_\nu) = w_\nu$ für $\nu = 0, \ldots, n$ erfüllt.

Wie in 1.2 ergeben sich Existenz und Eindeutigkeit von $\tilde{p}$ aus den Bestimmungsgleichungen. Auch die Darstellungen 2.1 nach Lagrange und 2.2 nach Newton können direkt aus dem Reellen übernommen werden.

Handelt es sich um die Interpolation einer holomorphen Funktion $f(z)$, können wir jetzt das Interpolationspolynom durch ein komplexes Integral darstellen, das uns auch das Restglied liefert. Es gilt nämlich die

Integraldarstellung. *Sei f holomorph in einem einfach zusammenhängenden Gebiet G, das die geschlossene, doppelpunktfreie und rektifizierbare Kurve Γ ganz enthalte. Die paarweise verschiedenen Stützstellen z_ν liegen alle im Innern von Γ, $0 \le \nu \le n$. Unter Verwendung des Stützstellenpolynoms Φ ist dann*

$$\tilde{p}(z) = \frac{1}{2\pi i} \int_\Gamma \frac{\Phi(\zeta) - \Phi(z)}{\zeta - z} \frac{f(\zeta)}{\Phi(\zeta)} d\zeta \quad , \quad z \in G,$$

dasjenige Interpolationspolynom $\tilde{p} \in P_n$, das die Forderungen $\tilde{p}(z_\nu) = f(z_\nu)$ für $\nu = 0, \ldots, n$ erfüllt.

Beweis. Aus $\Phi(z) = (z - z_0) \cdots (z - z_n)$ erkennt man bei Beachtung des Residuensatzes (s. R. Remmert [1984]), daß $\tilde{p} \in P_n$ gilt. Für $z := z_\nu$ gilt $\Phi(z_\nu) = 0$, also

$$\tilde{p}(z_\nu) = \frac{1}{2\pi i} \int_\Gamma \frac{f(\zeta)}{\zeta - z_\nu} d\zeta = f(z_\nu),\ 0 \le \nu \le n,$$

so daß auch die Interpolationsbedingungen erfüllt sind.   □

Restglied. Aus der Integraldarstellung fließt auch eine geschlossene Restglieddarstellung für $r = f - \tilde{p}$. Denn es gilt

$$f(z) - \tilde{p}(z) = \frac{1}{2\pi i} \int_\Gamma \left\{ \frac{f(\zeta)}{\zeta - z} - \frac{\Phi(\zeta) - \Phi(z)}{\zeta - z} \frac{f(\zeta)}{\Phi(\zeta)} \right\} d\zeta$$

und damit

$$r(z) = \frac{1}{2\pi i} \int_\Gamma \frac{\Phi(z)}{\Phi(\zeta)} \frac{f(\zeta)}{\zeta - z} d\zeta.$$

Auf das Hermitesche Interpolationsproblem im Komplexen lassen sich Existenz- und Eindeutigkeitsaussage ebenfalls übertragen. Auch gilt die Integraldarstellung, wobei wieder jede Stützstelle entsprechend ihrer Vielfachheit in $\Phi(z)$ auftritt.

5.6 Aufgaben. 1) Man programmiere den vollständigen Horner-Algorithmus 5.1 und berechne mit diesem Programm die Koeffizienten der Entwicklung des Polynoms $p(x) = 3x^5 - 7x^4 + 2x^2 + 4x + 12$ um die Stellen $\xi := 2$, $\xi := -1$, $\xi = -3$. Vgl. dazu auch das 2. Beispiel 1.4.4.

2) Inverse Interpolation: Zur Lösung der Gleichung $\sin(x) = 0.75$ vertausche man die Rollen von Stützstellen und Stützwerten. Man berechne den im Intervall $(\frac{\pi}{4}, \frac{\pi}{3})$ liegenden gesuchten Wert näherungsweise durch Interpolation unter Verwendung der Stützstellen $\sin(0) = 0$, $\sin(\frac{\pi}{6}) = \frac{1}{2}$, $\sin(\frac{\pi}{4}) = \frac{1}{2}\sqrt{2}$, $\sin(\frac{\pi}{3}) = \frac{1}{2}\sqrt{3}$, $\sin(\frac{\pi}{2}) = 1$.

3) Seien $x_0, \ldots, x_{n+k}$ paarweise verschiedene Stützstellen und $y_0, \ldots, y_{n+k}$ zugehörige Stützwerte. Man berechne das zugehörige Interpolationspolynom $\tilde{p} \in P_{n+k}$ aus den Interpolationspolynomen $p_\kappa \in P_n$ bezüglich der Stützstellen $x_0, \ldots, x_{n-1}, x_{n+\kappa}$ und der zugehörigen Stützwerte $y_0, \cdots, y_{n-1}, y_{n+\kappa}$ für alle $0 \le \kappa \le k$.

4) Mit dem Algorithmus von Aitken-Neville berechne man Näherungswerte für

a) $\exp(0.53)$ unter Verwendung der Stützstellen $x_\nu = 0.3 + \nu h$, $h = 0.1$ für $0 \le \nu \le 5$;

b) $f(1.4)$ für $f(x) := \frac{1}{x^2}$ unter Verwendung der Stützstellen $x_0 = 0.2$, $x_1 = 0.5$, $x_2 = 1.0$, $x_3 = 1.5$, $x_4 = 2.0$, $x_5 = 3.0$.
Man kontrolliere die erreichte Genauigkeit und gebe eine Erklärung für das Resultat b).

5) a) Man approximiere die Funktion $f(x) = \sin(\frac{\pi}{2}x)$ für $x \in [0,1]$ durch einfache kubische Hermite-Interpolation mit den Stützstellen $x_0 = 0$ und $x_1 = 1$.

Welcher relative Interpolationsfehler entsteht höchstens in den Intervallen $[0, \frac{1}{4}]$, $[\frac{1}{4}, \frac{3}{4}]$, $[\frac{3}{4}, 1]$?

b) Man interpoliere dieselbe Funktion in den Intervallen $[0, \frac{1}{2}]$ und $[\frac{1}{2}, 1]$ jeweils durch einfache kubische Hermite-Interpolation mit Stützstellen in den Intervallenden.

6) Man entscheide, ob die folgenden Interpolationsaufgaben lösbar bzw. eindeutig lösbar sind und berechne gegebenenfalls die Lösungen:

a) Finde $p \in \mathrm{P}_3$, so daß $p(0) = p(1) = 1$, $p''(0) = 0$ und $p'(1) = 1$ gilt.

b) Finde $p \in \mathrm{P}_2$, so daß $p(-1) = p(1) = 1$, $p'(0) = 0$ gilt.

c) Finde $p \in \mathrm{P}_2$, so daß $p(-1) = p(1) = 1$, $p'(0) = 1$ gilt.

d) Finde $p \in \mathrm{P}_2$, so daß $p(0) = 1$, $p'(0) = 1$ und $\int_{-1}^{+1} p(x)dx = 1$ gilt.

7) Man berechne die Lagrange-Faktoren $\lambda_{n\nu}$ für die trigonometrische Interpolation bei ungerader Stützstellenzahl $n = 2m + 1$, so daß die Darstellung $\tilde{f}(x) = \sum_{\nu=1}^{n} y_\nu \lambda_{n\nu}(x)$ gilt.

8) Sei f holomorph in dem einfach zusammenhängenden Gebiet $G \subset \mathbb{C}$, das die geschlossene, doppelpunktfreie und rektifizierbare Kurve Γ ganz enthalte. Seien $z_0, \ldots, z_n \in G$ paarweise verschieden und im Innern von Γ gelegen. Man zeige:

$$[z_0 \cdots z_n]f = \frac{1}{2\pi i} \int_\Gamma \frac{f(z)}{(z - z_0) \cdots (z - z_n)} dz.$$

§ 6. Mehrdimensionale Interpolation

Die Fragestellung der Interpolation läßt sich in natürlicher Weise auf mehrere Dimensionen verallgemeinern. Wir betrachten exemplarisch die zweidimensionale Situation. An die Stelle des Intervalls $[a, b]$ tritt dann ein abgeschlossenes Gebiet $\overline{G}$ in der (x, y)-Ebene, über dem eine Funktion $f : \overline{G} \to \mathbb{R}$ zu interpolieren ist. Geometrisch gesprochen handelt es sich also um die angenäherte Darstellung einer über $\overline{G}$ gegebenen Fläche im $\mathbb{R}^3$ durch Interpolation.

Selbst bei Beschränkung auf Interpolation durch Polynome haben wir es jetzt mit weit komplizierteren Verhältnissen zu tun als in einer Dimension. Ebenso vollständige Antworten wie dort sind jetzt nur für spezielle Gebiete bzw. Verteilungen der Stützstellen zu erwarten.

6.1 Verschiedene Interpolationsaufgaben. Wenn man die Analogie zur Taylorentwicklung von Funktionen zweier Veränderlichen im Auge hat, wird man zunächst an die folgende Fragestellung denken: Sei

$$\mathrm{P}_{(n)} := \{p \mid p(x,y) = \sum_{0 \le \mu+\kappa \le n} a_{\mu\kappa} x^\mu y^\kappa, a_{\mu\kappa} \in \mathbb{R}\}$$

der Vektorraum aller Polynome von höchstens n-tem Gesamtgrad. Wie ist eine sinnvolle Interpolationsaufgabe in diesem Vektorraum zu formulieren?

Wir erkennen, daß die $1 + 2 + \cdots + (n + 1) = \binom{n+2}{2}$ linear unabhängigen Elemente $g_{\mu\kappa}$, $g_{\mu\kappa}(x,y) := x^\mu y^\kappa$, $0 \le \mu + \kappa \le n$, eine Basis dieses Vektorraums bilden; also gilt dim $(P_{(n)}) = \binom{n+2}{2}$. Damit bietet sich die Aufgabe an, die Stützstellen (x_λ, y_λ) und die zugehörigen Stützwerte $f(x_\lambda, y_\lambda)$, $1 \le \lambda \le \binom{n+2}{2}$, vorzugeben und nach einem Polynom $p \in P_{(n)}$ zu fragen, das die Bedingungen $p(x_\lambda, y_\lambda) = f(x_\lambda, y_\lambda)$ für $1 \le \lambda \le \binom{n+2}{2}$ erfüllt.

Ohne die Frage der Auswahl der Stützstellen allgemein aufzurollen, beweisen wir den folgenden

Satz. *Seien die Werte $x_0, \ldots, x_n$ und $y_0, \cdots, y_n$ jeweils paarweise verschieden. Dann gibt es genau ein Polynom $p \in P_{(n)}$, das in den Stützstellen (x_ρ, y_σ) vorgeschriebene Werte $f(x_\rho, y_\sigma)$, $0 \le \rho + \sigma \le n$, annimmt.*

Beweis. Zum Beweis zeigen wir, daß diese Interpolationsaufgabe bei der Vorgabe $f(x_\rho, y_\sigma) = 0$ in den $\binom{n+2}{2}$ Stützstellen im Raum $P_{(n)}$ genau die Lösung $\tilde{p} = 0$ besitzt.

Schreiben wir nämlich $p(x,y) = \sum_{0 \le \mu+\kappa \le n} a_{\mu\kappa} x^\mu y^\kappa$ in der Form $p(x,y) = \sum_{\lambda=0}^n q_\lambda(x) y^{n-\lambda}$ mit $q_\lambda \in P_\lambda$, so folgt aus $p(x_\rho, y_\sigma) = 0$ für $0 \le \rho + \sigma \le n$:

a) $p(x_0, y_\sigma) = 0$ für $0 \le \sigma \le n$ und $p(x_0, \cdot) \in P_n$ hat $p(x_0, y) = 0$ für alle y zur Folge, also gilt $q_\lambda(x_0) = 0$ für $0 \le \lambda \le n$ und damit $q_0 = 0$, so daß $p(x, \cdot) \in P_{n-1}$ ist.

b) $p(x_1, y_\sigma) = 0$ für $0 \le \sigma \le n - 1$ und $p(x_1, \cdot) \in P_{n-1}$ hat $p(x_1, y) = 0$ für alle y zur Folge, also gilt $q_\lambda(x_1) = 0$ für $1 \le \lambda \le n$; zusammen mit $q_\lambda(x_0) = 0$ ergibt sich daraus $q_1 = 0$, so daß $p(x, \cdot) \in P_{n-2}$ ist.

c) Setzt man diesen Schluß fort, bis sich schließlich $q_n = 0$ ergibt, so ist der Satz bewiesen. $\qquad\Box$

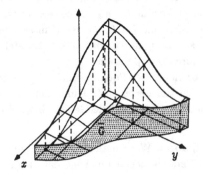
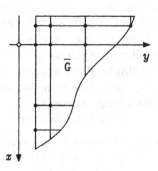

Die Lösung dieser Interpolationsaufgabe bedeutet anschaulich, eine über einem Gebiet $\overline{G}$ der in der rechten Skizze angedeuteten Gestalt gegebene Funktion zu interpolieren, deren Werte punktweise in Ecken eines Rechteckgitters gegeben sind.

Eine zweite Interpolationsaufgabe von besonderer praktischer Bedeutung geht von einem rechteckigen Gebiet $\overline{G}$ aus. Sie besteht darin, ein Interpolationspolynom zu konstruieren, das in den $(n+1)(k+1)$ Stützstellen (x_ν, y_κ), $0 \leq \nu \leq n$ und $0 \leq \kappa \leq k$, vorgeschriebene Werte annimmt. Dazu definieren wir jetzt den Vektorraum aller Polynome von höchstens n-tem Grad in x und höchstens k-tem Grad in y

$$\mathbf{P}_{nk} := \{p \mid p(x,y) = \sum_{\substack{0 \leq \nu \leq n \\ 0 \leq \kappa \leq k}} a_{\nu\kappa} x^\nu y^\kappa, \ a_{\nu\kappa} \in \mathbf{R}\},$$

der den Überlegungen der folgenden Abschnitte zugrundegelegt wird.

6.2 Interpolation auf Rechtecken. Es sei jetzt auf einem rechteckigen Gebiet $\overline{G} := \{(x,y) \in \mathbf{R}^2 \mid a \leq x \leq b, c \leq y \leq d\}$ durch die Stützstellen (x_ν, y_κ) mit

$$a = x_0 < x_1 < \cdots < x_n = b, \ c = y_0 < y_1 < \cdots < y_k = d$$

ein rechteckiges Netz mit $(n+1)(k+1)$ Gitterpunkten erklärt. Dann lautet die Interpolationsaufgabe: Zu vorgegebenen Stützwerten $f(x_\nu, y_\kappa)$ bestimme man ein Polynom $p \in \mathbf{P}_{nk}$, so daß die Interpolationsforderungen

$$p(x_\nu, y_\kappa) = f(x_\nu, y_\kappa)$$

für $\nu = 0, \ldots, n$ und $\kappa = 0, \cdots, k$ erfüllt werden.

Existenz eines Interpolationspolynoms. Mit den Lagrange-Faktoren $\ell_{n\nu}$ von n-tem und $\ell_{k\kappa}$ von k-tem Grad bilden wir

$$\ell_{\nu\kappa}^{nk}(x,y) := \ell_{n\nu}(x)\ell_{k\kappa}(y).$$

Dann ist

$$p(x,y) = \sum_{\substack{0 \leq \nu \leq n \\ 0 \leq \kappa \leq k}} f(x_\nu, y_\kappa)\ell_{\nu\kappa}^{nk}(x,y)$$

ein Polynom von höchstens n-tem Grad in x und höchstens k-tem Grad in y, das die Interpolationsbedingungen erfüllt.

Eindeutigkeit des Interpolationspolynoms. Die Eindeutigkeit folgt aus der Eindeutigkeit des Interpolationspolynoms in einer Dimension. Ist nämlich

$$q(x,y) = \sum_{\nu=0}^{n} \sum_{\kappa=0}^{k} a_{\nu\kappa} x^\nu y^\kappa$$

ein Interpolationspolynom, so interpoliert das eindimensionale Interpolationspolynom

$$q_\iota(y) := q(x_\iota, y) = \sum_{\kappa=0}^{k} \left(\sum_{\nu=0}^{n} a_{\nu\kappa} x_\iota^\nu \right) y^\kappa = \sum_{\kappa=0}^{k} b_{\iota\kappa} y^\kappa$$

für $\imath = 0, \ldots, n$ bezüglich y die Werte $f(x_\imath, y_\kappa)$, $0 \le \kappa \le k$. Die Koeffizienten $b_{\imath\kappa}$ sind also eindeutig bestimmt. Mit ihnen können die $(k+1)$ Gleichungssysteme

$$\sum_{\nu=0}^{n} a_{\nu\kappa} x_\imath^\nu = b_{\imath\kappa}, \ 0 \le \imath \le n,$$

für $\kappa = 0, \ldots, k$ zur Berechnung der Koeffizienten $a_{\nu\kappa}$ gebildet werden. Diese Gleichungssysteme sind wiederum eindeutig lösbar, da sie Vandermondesche Determinanten besitzen. Also gilt der

Satz. *Unter allen Polynomen $p \in \mathrm{P}_{nk}$ vom Höchstgrad n in x und Höchstgrad k in y gibt es genau eines, das die $(n+1)(k+1)$ Interpolationsforderungen $p(x_\nu, y_\kappa) = f(x_\nu, y_\kappa)$ für $\nu = 0, \ldots, n$ und $\kappa = 0, \cdots, k$ erfüllt.*

Zweidimensionale Lagrange-Faktoren. Die explizite Darstellung des Interpolationspolynoms mit Hilfe der Lagrange-Faktoren $\ell_{\nu\kappa}^{nk}$ wurde bereits verwendet. Wegen $\ell_{\nu\kappa}^{nk} = \ell_{n\nu} \cdot \ell_{k\kappa}$ kennen wir diese vom eindimensionalen Fall her. Zwei Skizzen sollen ihr Aussehen veranschaulichen. Die linke Figur zeigt einen in x linearen und in y kubischen, die rechte einen in x und y quadratischen Lagrange-Faktor.

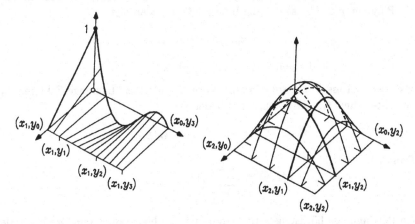

6.3 Abschätzung des Interpolationsfehlers. Durch Verallgemeinerung der Fehlerbetrachtungen im eindimensionalen Fall können wir bei rechteckigen Netzen Fehlerabschätzungen gewinnen. Dazu betrachten wir für einen festen Wert $x \in [a, b]$ das Interpolationspolynom $P_y f$ an $f(x, y)$ bezüglich der Stützstellen $y_0, \ldots, y_k$:

$$(P_y f)(x, y) = \sum_{\kappa=0}^{k} f(x, y_\kappa) \ell_{k\kappa}(y)$$

und entsprechend $P_x f$ an $f(x, y)$ für festes $y \in [c, d]$ bezüglich $x_0, \ldots, x_n$:

$$(P_x f)(x, y) = \sum_{\nu=0}^{n} f(x_\nu, y) \ell_{n\nu}(x).$$

Dann ist

$$(Pf)(x,y) := (P_x P_y f)(x,y) = \sum_{\substack{0 \le \nu \le n \\ 0 \le \kappa \le k}} f(x_\nu, y_\kappa) \ell_{n\nu}(x) \ell_{k\kappa}(y) = \tilde{p}(x,y)$$

mit $P_x P_y f = P_y P_x f = \tilde{p}$.
Weiterhin gilt mit $D_x^j g := \frac{\partial^j g}{\partial x^j}$, $D_y^j g := \frac{\partial^j g}{\partial y^j}$ auch

$$(D_x^j P_y f)(x,y) = (P_y D_x^j f)(x,y)$$
$$\text{bzw.} \quad (D_y^j P_x f)(x,y) = (P_x D_y^j f)(x,y).$$

Sei nun $f \in C_{n+k+2}(\overline{G})$; dann gilt mit $h_y := \max_{0 \le \kappa \le k-1} |y_{\kappa+1} - y_\kappa|$ nach 1.4 für $k \ge 1$ die Fehlerschranke

$$(*) \qquad \|f - P_y f\|_\infty \le \frac{\|D_y^{k+1} f\|_\infty}{4(k+1)} h_y^{k+1}.$$

Nun ist

$$\|f - Pf\| \le \|f - P_y f\| + \|P_y f - Pf\|$$

und wieder mit der Fehlerschranke $(*)$ für $n \ge 1$, $h_x := \max_{0 \le \nu \le n-1} |x_{\nu+1} - x_\nu|$,

$$\|P_y f - Pf\|_\infty = \|P_y f - P_x(P_y f)\|_\infty \le \frac{\|D_x^{n+1}(P_y f)\|_\infty}{4(n+1)} h_x^{n+1}.$$

Da nun $D_x^{n+1}(P_y f) = P_y(D_x^{n+1} f)$ gilt, ist dieser Ausdruck nichts anderes als das Interpolationspolynom vom Höchstgrad k bezüglich y an $D_x^{n+1} f$, für das wir die Schranke

$$\|D_x^{n+1} f - P_y(D_x^{n+1} f)\|_\infty \le \frac{\|D_y^{k+1} D_x^{n+1} f\|_\infty}{4(k+1)} h_y^{k+1}.$$

kennen. Damit ist

$$\|D_x^{n+1}(P_y f)\|_\infty \le \|D_x^{n+1} f\|_\infty + \frac{\|D_y^{k+1} D_x^{n+1} f\|_\infty}{4(k+1)} h_y^{k+1},$$

so daß letztendlich die
Fehlerabschätzung

$$\boxed{\begin{aligned} \|f - Pf\|_\infty \le &\frac{\|D_x^{n+1} f\|_\infty}{4(n+1)} h_x^{n+1} + \frac{\|D_y^{k+1} f\|_\infty}{4(k+1)} h_y^{k+1} + \\ &\frac{\|D_x^{n+1} D_y^{k+1} f\|_\infty}{16(n+1)(k+1)} h_x^{n+1} h_y^{k+1} \end{aligned}}$$

entsteht.

Im Fall quadratischer Netze mit $n = k$ und $h_x = h_y =: h$ wird daraus die Abschätzung

$$\|f - Pf\|_\infty \le \frac{h^{n+1}}{4(n+1)} \left\{ \|D_x^{n+1} f\|_\infty + \|D_y^{n+1} f\|_\infty + \frac{\|D_x^{n+1} D_y^{n+1} f\|_\infty}{4(n+1)} h^{n+1} \right\}.$$

Sie ist besonders dann nützlich, wenn die interpolierende Funktion $\tilde f$ maschenweise aus zweidimensionalen Interpolationspolynomen zusammengesetzt wird. Hier gilt die Erläuterung zur Fehlerschranke 1.4 analog.

Im bilinearen Fall $n = 1$ und $k = 1$ ist noch eine Vereinfachung möglich. Denn für die lineare Interpolation einer Funktion $g : [y_0, y_1] \to \mathbb{R}$ gilt ja

$$(Pg)(y) = g(y_0) \frac{y_1 - y}{y_1 - y_0} + g(y_1) \frac{y - y_0}{y_1 - y_0},$$

also

$$|(Pg)(y)| \le |g(y_0)| \frac{y_1 - y}{y_1 - y_0} + |g(y_1)| \frac{y - y_0}{y_1 - y_0} \le \|g\|_\infty$$

für $y_0 \le y \le y_1$. Damit gilt

$$\|P_y f - Pf\|_\infty = \|P_y(f - P_x f)\|_\infty \le \|f - P_x f\|_\infty$$

und insgesamt

$$\|f - Pf\|_\infty \le \|f - P_y f\|_\infty + \|f - P_x f\|_\infty.$$

Mit der Fehlerschranke (∗) ergibt sich daraus für $f \in C_2([x_0, x_1] \times [y_0, y_1])$ die

Fehlerabschätzung des bilinearen Interpolationspolynoms

$$\boxed{\|f - Pf\|_\infty \le \frac{1}{8}(\|D_x^2 f\|_\infty h_x^2 + \|D_y^2 f\|_\infty h_y^2).}$$

Diese Abschätzung kommt mit geringeren Voraussetzungen an die Differenzierbarkeit von f aus.

6.4 Aufgaben. 1) Die Funktion $f \in C_1([x_0, x_1] \times [y_0, y_1])$ werde durch die Konstante $p(x, y) = f(\frac{x_0 + x_1}{2}, \frac{y_0 + y_1}{2})$ interpoliert. Man leite die Fehlerabschätzung $\|f - p\|_\infty \le \frac{1}{2}(\|D_x f\|_\infty h_x + \|D_y f\|_\infty h_y)$ her.

2) Man berechne das in x und in y lineare Interpolationspolynom, das die Bedingungen $p(0, 0) = 1$, $p(1, 0) = p(0, 1) = p(1, 1) = 0$ erfüllt. Man skizziere die entstehende Fläche $p(x, y)$, indem man die auf der Fläche liegenden Geradenscharen darstellt, und berechne die Schnittkurve der Fläche mit der Ebene $y = x$. Man erkläre den Namen "Hyperbolisches Paraboloid" dieser Fläche.

3) Seien die paarweise verschiedenen Punkte (x_λ, y_λ), $1 \le \lambda \le \binom{n+2}{2}$, gegeben. Zu jedem $f : \mathbb{R}^2 \to \mathbb{R}$ existiere ein $p \in P_{(n)}$, das die Interpolationsbedingungen $p(x_\lambda, y_\lambda) = f(x_\lambda, y_\lambda)$ für $1 \le \lambda \le \binom{n+2}{2}$ erfüllt. Man zeige:

a) p ist dann eindeutig bestimmt.

b) Es gibt eindeutig bestimmte Funktionen $\ell_\lambda \in P_{(n)}$, $1 \leq \lambda \leq \binom{n+2}{2}$, so daß die Darstellung $p(x,y) = \sum_{1 \leq \lambda \leq \binom{n+2}{2}} f(x_\lambda, y_\lambda) \ell_\lambda(x,y)$ gilt.

c) Jedes ℓ_λ hat genau den Gesamtgrad n.

Hinweis: Zur Lösung von c) weise man nach, daß die Annahme $\ell_\lambda \in P_{(n-1)}$ der Eindeutigkeit der ℓ_λ widerspricht.

4) a) Man interpoliere $f(x,y) = \sin(\pi x)\sin(\pi y)$ für $(x,y) \in [0,1] \times [0,1]$ über einem quadratischen Gitter mit den Schrittweiten $h_x = h_y = \frac{1}{2}$ durch ein in x und in y quadratisches Polynom.

b) Bei welchem in x und in y gleichen Grad und quadratischem Gitter kann man eine Interpolationsgenauigkeit von $\pm 1 \cdot 10^{-2}$ garantieren?

5) Im Anschluß an 5.3 gebe man eine Darstellung eines bikubischen hermiteschen Interpolationspolynoms für f an, das in den vier Ecken (x_ν, y_κ) eines Rechtecks die folgenden Bedingungen erfüllt:

$$p(x_\nu, y_\kappa) = f(x_\nu, y_\kappa), \ (D_x p)(x_\nu, y_\kappa) = (D_x f)(x_\nu, y_\kappa),$$
$$(D_y p)(x_\nu, y_\kappa) = (D_y f)(x_\nu, y_\kappa), \ (D_x D_y p)(x_\nu, y_\kappa) = (D_x D_y f)(x_\nu, y_\kappa),$$
$$0 \leq \nu, \kappa \leq 1.$$

Ist dieses Interpolationspolynom eindeutig bestimmt?

6) Für die *Methode der finiten Elemente* ist es erforderlich, Flächenapproximationen über Dreieckszerlegungen ebener Gebiete zu betrachten. Ist T_μ ein Dreieck einer solchen *Triangulation* und $p_\mu : T_\mu \to \mathbb{R}$, $p_\mu(x,y) = a_\mu x + b_\mu y + c_\mu$ ein Ebenenstück über T_μ, dann setzt sich die dreiecksweise linear interpolierende Fläche $\tilde{f}$ aus den Flächenelementen p_μ stetig zusammen. Eine Basis zur Darstellung von $\tilde{f}$ über endlich vielen Dreiecken T_μ wird durch Pyramidenfunktionen q_ν, $0 \leq \nu \leq n$, gebildet, deren Seitenflächen die Dreiecke über den Dreiecken der Triangulation mit gemeinsamem Scheitel π_ν sind, für die $q_\lambda(\pi_\nu) = \delta_{\lambda\nu}$ gilt.

Wie lautet die Darstellung der in den Punkten π_ν die Fläche f interpolierenden Fläche $\tilde{f}$? Man konstruiere explizit die Basispyramiden q_ν bezüglich des Pyramidenscheitels $(x_\nu, y_\nu, 1)$; die Fußpunkte der eine Seitenfläche begrenzenden Kanten seien $(x_\rho, y_\rho, 0)$ und $(x_\sigma, y_\sigma, 0)$.

7) Sei $\overline{G} \subset \mathbb{R}^2$ ein Gebiet mit polygonalem Rand, $f \in C_2(\overline{G})$ und es gelte die gleichmäßige Schranke $M_2 := \max\{\|f_{xx}\|_\infty, \|f_{xy}\|_\infty, \|f_{yy}\|_\infty\}$; sei h die größte Seitenlänge eines Dreiecks einer Triangulation von $\overline{G}$. Man zeige, daß dann in $\overline{G}$ die Fehlerschranke $\|f - \tilde{f}\|_\infty \leq (\frac{3}{2} + \sqrt{3})M_2 h^2$ gilt. Man betrachte dazu die Taylorentwicklung von $(f - \tilde{f})$ und benütze die Fehlerschranke für Ableitungen 1.4.

Kapitel 6. Splines

Unter einem *Spline* einer reellen Veränderlichen verstehen wir eine Funktion, die stückweise auf Intervallen definiert wird und deren Teile an den Nahtstellen nach bestimmten Glattheitsforderungen verheftet sind. Die Bezeichnung Spline-Funktionen (Spline Functions) geht auf I. J. Schoenberg [1946] zurück. Die so bezeichneten Funktionen waren jedoch schon früher immer wieder bei verschiedenen Aufgabenstellungen benutzt worden. So kann man etwa bereits das Eulersche Polygonzugverfahren, das zur numerischen Berechnung der Lösung der Anfangswertaufgabe einer gewöhnlichen Differentialgleichung erster Ordnung dient und das man heute auch im Beweis des Satzes von Peano über die Existenz einer Lösung dieses Problems zu verwenden pflegt, als eine Anwendung einfacher Splines ansehen. Auch C. Runge [1901], W. Quade und L. Collatz [1938], J. Favard [1940] und R. Courant [1943] sind hier zu nennen, ohne daß dies eine vollständige Aufzählung sein könnte. Überhaupt ist die Entstehung der Theorie der Splines ein Beispiel für eine Entwicklung, die durch praktische Erfordernisse ins Leben gerufen wurde. Diese praktischen Erfordernisse bestanden damals in der Notwendigkeit, über anwendbare Methoden zur glatten Approximation empirischer Tabellen im Zusammenhang mit ballistischen Untersuchungen zu verfügen. Die Erarbeitung der Theorie folgte erst später; heute gibt es weit über tausend Veröffentlichungen, die Splines zum Gegenstand haben. Es ist deshalb verständlich, wenn wir uns im Rahmen dieses Lehrbuchs nur einführend mit einem Ausschnitt dieses großen Gebiets befassen können. Wir wählen dazu solche Splines aus, die sich aus Polynomen aufbauen lassen.

§ 1. Polynom-Splines

Durch Splines, die sich stückweise aus Polynomen zusammensetzen, kann man die Vorteile einer glatten Interpolation mit denjenigen verbinden, die der Umgang mit Polynomen niedrigen Grades mit sich bringt. Wir beginnen damit, Splines in den Rahmen unserer approximationstheoretischen Begriffe einzufügen.

1.1 Splineräume. Durch die *Knotenmenge* $\Omega_n := \{x_\nu\}_{\nu=0}^n$ wird eine *Zerlegung* des Intervalls $[a, b] \subset \mathbb{R}$ bestimmt; dabei soll $a = x_0 < x_1 < \cdots < x_n = b$ gelten. $x_1, \ldots, x_{n-1}$ sind *innere Knoten*, x_0 und x_n die *Randknoten*.

Definition der Polynom-Splines. Eine Funktion $s : [a, b] \to \mathbb{R}$ heißt *Polynom-Spline vom Grad* ℓ, ($\ell = 0, 1, \cdots$), wenn sie die folgenden Eigenschaften besitzt:

        a) $s \in C_{\ell-1}[a, b]$;

        b) $s \in P_\ell$ für $x \in [x_\nu, x_{\nu+1})$, $0 \le \nu \le n - 1$.

Unter $C_{-1}[a, b]$ ist wie früher der Raum der auf $[a, b]$ stückweise stetigen Funktionen zu verstehen.

Die Menge aller Polynom-Splines vom Grad ℓ zur Zerlegung Ω_n bezeichnen wir mit $S_\ell(\Omega_n)$. Wenn fortan schlechthin von *Splines* gesprochen wird, sind stets Polynom-Splines gemeint.

Erläuterung. Jedes Polynom vom Grad ℓ ist ein Spline aus $S_\ell(\Omega)$ zu jeder Zerlegung Ω. Aber natürlich ist nicht jeder Spline insgesamt ein Polynom.

1. Beispiel. Sind die $(n + 1)$ Punkte $(x_0, y_0), \ldots, (x_n, y_n)$ gegeben, so stellt der Polygonzug, der durch geradlinige Verbindung dieser Punkte entsteht, einen Spline $s \in S_1(\Omega_n)$ dar. (Linke Figur).

2. Beispiel. Die bereits im Zusammenhang mit der Peanoschen Restglieddarstellung 5.2.4 eingeführten Funktionen

$$q_{\ell\nu} : [a, b] \to \mathbb{R}, \quad 0 \le \nu \le n - 1,$$

$$q_{\ell\nu}(x) = (x - x_\nu)_+^\ell = \begin{cases} (x - x_\nu)^\ell & \text{für } x \ge x_\nu \\ 0 & \text{für } x < x_\nu \end{cases}$$

sind Splines vom Grad ℓ zur Zerlegung Ω_n; $q_{\ell 1}, \cdots, q_{\ell,n-1}$ sind jedoch keine Polynome auf $[a, b]$. Bezeichnung hier: $q_{\ell\nu}(x) := q_\ell(x, x_\nu)$. (Rechte Figur).

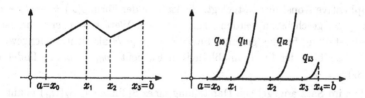

Als nächstes stellt sich die Frage nach der Struktur der Menge $S_\ell(\Omega_n)$. Aus der Definition erkennt man, daß diese Mengen lineare Räume sind, und zwar Unterräume $S_\ell(\Omega_n) \subset C_{\ell-1}[a, b]$. Somit fragen wir nach einer Basis.

1.2 Basis eines Splineraums. Über Dimension und Basisdarstellung von $S_\ell(\Omega_n)$ gibt der folgende Satz Auskunft; hier gehen die Funktionen $q_{\ell\nu}$ des 2. Beispiels 1.1 für $\nu = 1, \dots, n-1$ ein.

Satz. *Die Menge $S_\ell(\Omega_n)$ bildet einen linearen Raum der Dimension $(n + \ell)$. Mit $p_\lambda(x) := x^\lambda$, $0 \le \lambda \le \ell$, bilden die Elemente $\{p_0, \dots, p_\ell, q_{\ell 1}, \cdots, q_{\ell,n-1}\}$ eine Basis von $S_\ell(\Omega_n)$.*

Beweis. Wir haben zu zeigen, daß es für jedes $s \in S_\ell(\Omega_n)$ eine eindeutige Darstellung der Form

$$s(x) = \sum_{\lambda=0}^{\ell} a_\lambda x^\lambda + \sum_{\nu=1}^{n-1} b_\nu (x - x_\nu)_+^\ell, \qquad x \in [a, b],$$

gibt. Das erkennt man durch Induktion bezüglich des Index ν der Zerlegung Ω_n. Denn zunächst ist jedes $s \in S_\ell(\Omega_n)$ für $x \in I_1$, $I_1 := [x_0, x_1]$, ein Polynom aus $P_\ell : s(x) = a_0 + a_1 x + \cdots + a_\ell x^\ell$. Damit ist die Darstellung

$$s(x) = \sum_{\lambda=0}^{\ell} a_\lambda x^\lambda + \sum_{\nu=1}^{k-1} b_\nu (x - x_\nu)_+^\ell$$

sicher richtig für $k = 1$ auf $I_k := [x_0, x_k]$, wobei $\sum_{\nu=1}^{0} b_\nu (x - x_\nu)_+^\ell := 0$ gesetzt wurde.

Wir betrachten nun

$$\rho(x) := s(x) - \sum_{\lambda=0}^{\ell} a_\lambda x^\lambda - \sum_{\nu=1}^{k-1} b_\nu (x - x_\nu)_+^\ell.$$

Dann ist $\rho \in C_{\ell-1}(I_{k+1})$ und $\rho = 0$ für $x \in I_k$. Für $x \in [x_k, x_{k+1}]$ ist außerdem $\rho \in P_\ell$, so daß ρ als Lösung der Differentialgleichung $y^{(\ell+1)}(x) = 0$ aufgefaßt werden kann, die die Bedingungen $y(x_k) = y'(x_k) = \cdots = y^{(\ell-1)}(x_k) = 0$ erfüllt. Die Lösung dieser Anfangswertaufgabe ist dadurch nur bis auf eine multiplikative Konstante festgelegt. Sie kann in der Form $\rho(x) = -b_k(x - x_k)_+^\ell$ für $x \ge x_k$ geschrieben werden. Hat man den Wert $k = n$ erreicht, ist die Basisdarstellung für das gesamte Intervall $I_n = [a, b]$ als richtig nachgewiesen. Durch Abzählen der linear unabhängigen Elemente $p_0, \dots, q_{\ell,n-1}$ findet man $\dim(S_\ell) = n + \ell$. $\qquad\square$

Die im Satz angegebene Darstellung eines Splines $s \in S_\ell(\Omega_n)$ nennt man die Darstellung durch *einseitige Splines*.

1.3 Proxima in Splineräumen. Die Frage nach der Existenz eines Proximums in einem Splineraum läßt sich jetzt bereits beantworten. Ist $S_\ell(\Omega_n)$

Unterraum eines normierten Vektorraums V, so gibt der Fundamentalsatz 4.3.4 die vollständige Auskunft, daß zu jedem Element $v \in V$ infolge der endlichen Dimension von $S_\ell(\Omega_n)$ stets ein Proximum $s \in S_\ell(\Omega_n)$ existiert. Unser Interesse gilt vor allem den Räumen $(C[a, b], \|\cdot\|_\infty)$ und $(C[a, b], \|\cdot\|_2)$. In diesen Räumen existiert also stets bei vorgegebener Knotenmenge und bei gegebenem Grad ein Spline, der eine stetige Funktion im Sinne der Norm am besten approximiert.

Ist diese Norm streng, dann ist das Proximum sogar eindeutig bestimmt. Das gilt für den Raum $(C[a, b], \|\cdot\|_2)$. Auf den Raum $(C[a, b], \|\cdot\|_\infty)$ ist aber dieser Eindeutigkeitsschluß nicht anzuwenden. Damit drängt sich die Frage auf, ob denn $S_\ell(\Omega_n)$ ein Haarscher Raum sei. Sie läßt sich sofort negativ beantworten. Denn das 2. Beispiel 1.1 zeigt, daß es Splines gibt, die ein Kontinuum von Nullstellen besitzen, ohne daß sie auf dem ganzen Intervall $[a, b]$ verschwinden. Ein Haarscher Raum der Dimension m war aber nach der Definition 4.4.2 gerade dadurch charakterisiert, daß ein Element höchstens $(m - 1)$ isolierte Nullstellen haben kann. Auch von dieser Seite ist also keine Auskunft über die Eindeutigkeit eines Proximums oder über eine eindeutige Lösung der Interpolationsaufgabe zu erhoffen.

Nullstellen von Splines. Trotzdem ist es interessant, nach den Nullstellen von Splines zu fragen. Wir unterscheiden dabei zwischen solchen Teilintervallen $[x_\nu, x_{\nu+1}]$, in denen $s(x) = 0$ für alle x gilt und solchen, in denen das nicht der Fall ist. Dazu dient die

Definition. Die Stelle $\xi \in [x_\nu, x_{\nu+1}) \subset [a, b]$, $0 \leq \nu \leq n - 1$, heißt *wesentliche Nullstelle* des Splines $s \in S_\ell(\Omega_n)$, wenn $s(\xi) = 0$ gilt, ohne daß s für alle Werte $x \in [x_\nu, x_{\nu+1})$ verschwindet. Ist $s(b) = 0$, so ist der Wert b wesentliche Nullstelle.

Nach dieser Definition trägt jedes maximale Teilintervall $[x_\nu, x_{\nu+\mu}]$, in dem identisch $s(x) = 0$ gilt, mit der ℓ-fachen Nullstelle $x_{\nu+\mu}$ zur Zahl der wesentlichen Nullstellen bei. Denn wegen $s \in C_{\ell-1}[a, b]$ gilt ja an dieser Stelle
$$s(x_{\nu+\mu}) = s'(x_{\nu+\mu}) = \cdots = s^{(\ell-1)}(x_{\nu+\mu}) = 0.$$
Für die wesentlichen Nullstellen eines Splines gilt der

Nullstellensatz. *Jeder Spline $s \in S_\ell(\Omega_n)$ besitzt in $[a, b]$ höchstens $(n+\ell-1)$ wesentliche Nullstellen, wobei jede so oft gezählt wird, wie ihre Vielfachheit angibt.*

Beweis. Sei r die Anzahl der wesentlichen Nullstellen in $[a, b]$. Nach dem Satz von Rolle besitzt $s^{(\ell-1)} \in S_1(\Omega_n)$ mindestens $r - (\ell - 1) = r - \ell + 1$ wesentliche Nullstellen. Der stetige und stückweise lineare Spline $s^{(\ell-1)}$ besitzt in $[a, b]$ höchstens n wesentliche Nullstellen. Also gilt $r - \ell + 1 \leq n$ und damit $r \leq n + \ell - 1$. □

Zusatz. *Die Abschätzung $r \leq n + \ell - 1$ ist optimal.*

Beweis. Die Schranke $r = n+\ell-1$ wird nämlich angenommen. Dazu betrachten wir den Spline

$$s(x) = \left(\frac{x-a}{x_1-a}\right)^\ell + \sum_{\nu=1}^{n-1} b_\nu(x-x_\nu)_+^\ell$$

mit den rekursiv erklärten Koeffizienten

$$b_\nu := \frac{1}{(x_{\nu+1}-x_\nu)^\ell}\left[(-1)^\nu - \left(\frac{x_{\nu+1}-a}{x_1-a}\right)^\ell - \sum_{\mu=1}^{\nu-1} b_\mu(x_{\nu+1}-x_\mu)^\ell\right]$$

für $\nu = 1,\ldots,n-1$.

Daraus läßt sich $s(x_\mu) = (-1)^{\mu-1}$ für $\mu = 1,\ldots,n$ berechnen; s besitzt also in jedem der Intervalle $(x_\nu, x_{\nu+1})$, $1 \le \nu \le n-1$, mindestens eine Nullstelle. Außerdem ist $x := a$ eine ℓ-fache Nullstelle, das sind zusammen $(n+\ell-1)$ wesentliche Nullstellen in $[a,b]$. $\qquad\square$

Der Nullstellensatz zeigt, daß ein Spline $s \in S_\ell(\Omega_n)$ sich hinsichtlich seiner wesentlichen Nullstellen wie ein Polynom aus dem Raum $P_{n+\ell-1}$ derselben Dimension $(n+\ell)$ verhält.

Abschließend wollen wir noch eine Verschärfung des Satzes kennenlernen, die für spezielle Splines gilt und auf die wir in 4.3 zurückkommen werden. Es handelt sich um das

Korollar. *Hat der Spline $s \in S_\ell(\Omega_n)$ die Eigenschaft $s(x) = 0$ für $x \in [x_0, x_\sigma]$ und für $x \in [x_\tau, x_n]$, $0 < \sigma < \tau < n$ und $\tau - \sigma \ge \ell+1$, und verschwindet er in keinem weiteren Teilintervall identisch, so gilt für die Anzahl r der wesentlichen Nullstellen in (x_σ, x_τ) die schärfere Schranke*

$$r \le \tau - (\sigma + \ell + 1).$$

Beweis. Sei $\Omega_{(\tau-\sigma)} := \{x_\sigma, \ldots, x_\tau\}$. Wendet man den Nullstellensatz auf den Splineraum $S_\ell(\Omega_{(\tau-\sigma)})$ an, so erhält man für die Anzahl r der wesentlichen Nullstellen eines Splines $s \in S_\ell(\Omega_{(\tau-\sigma)})$ die Abschätzung $r \le \tau - \sigma + \ell - 1$. Gilt nun $s(x_\sigma) = s'(x_\sigma) = \cdots = s^{(\ell-1)}(x_\sigma) = 0$ sowie $s(x_\tau) = s'(x_\tau) = \cdots = s^{(\ell-1)}(x_\tau) = 0$, dann steuern der Anfangsknoten x_σ und der Endknoten x_τ je eine ℓ-fache Nullstelle dazu bei. In (x_σ, x_τ) kann es deshalb nur noch $r \le \tau - \sigma + \ell - 1 - 2\ell = \tau - (\sigma + \ell + 1)$ Nullstellen geben. Geht man auf den Splineraum $S_\ell(\Omega_n)$ über, so folgt wegen $\Omega_{(\tau-\sigma)} \subset \Omega_n$ die Behauptung. $\qquad\square$

Ergänzung. Das Korollar bedarf noch einer Ergänzung für den offenen Fall $\tau - \sigma < \ell + 1$. Der Inhalt der Bemerkung 3.1 wird es sein zu zeigen, daß dann $s(x) = 0$ für $x \in (x_\sigma, x_\tau)$ folgt.

1.4 Aufgaben. 1) Seien $p, q \in P_\ell$ und $\hat{x} \in \mathbf{R}$, und es gelte $p^{(\kappa)}(\hat{x}) = q^{(\kappa)}(\hat{x})$ für $0 \le \kappa \le k$. Man zeige, daß es dann für die Differenz $p - q$ eine Darstellung $p(x) - q(x) = \sum_{k+1}^{\ell} \alpha_\lambda(x-\hat{x})^\lambda$ gibt.

2) Wir definieren für $-1 \leq \mu < \ell$ den linearen Raum

$$S_\ell^\mu(\Omega_n) := \{s \in C_\mu[a,b] \mid s \in P_\ell \text{ für } x \in [x_\nu, x_{\nu+1}], 0 \leq \nu \leq n-1\}.$$

Man zeige: Die Elemente $\{p_0, \ldots, p_\ell, q_{\lambda 1}, \cdots, q_{\lambda, n-1}\}$ bilden eine Basis von $S_\ell^\mu(\Omega_n)$, $\lambda = \mu + 1, \ldots, \ell$.

3) Sei $\Omega_2 := \{0, \frac{1}{2}, 1\}$ und $\ell = 1$. Man berechne das Proximum bezüglich $\|\cdot\|_2$ aus $S_1(\Omega_2)$ an die Funktion $f(x) := x^2$, $x \in [0,1]$, direkt aus der Darstellung durch Kardinalsplines und skizziere die Situation.

4) Für den kubischen Spline $s \in S_3(\Omega_3)$ gelte $s(x) = 0$ für $x \in [x_0, x_1]$ sowie für $x \in [x_2, x_3]$. Man zeige, daß dann auch $s(x) = 0$ für $x \in [x_1, x_2]$ gilt, und zwar

a) durch direktes Nachrechnen und

b) durch Anwenden des Nullstellensatzes.

5) Sei $\Omega_2 := \{0, 1, 2\}$, $\ell \in \mathbb{N}$ und $f_\ell : [0,2] \to \mathbb{R}$,

$$f_\ell(x) := \begin{cases} \sin((\ell+2)\pi x) & \text{für } x \in [0,1] \\ 0 & \text{sonst} \end{cases}.$$

Man zeige: Die Splines $g_\alpha \in S_\ell(\Omega_2)$ mit $g_\alpha(x) := \alpha(x-1)_+^\ell$ sind für jedes $\alpha \in [-1, +1]$ Proxima an f_ℓ bezüglich $\|\cdot\|_\infty$.

§ 2. Interpolierende Splines

Die Ausführungen im vorausgegangenen Paragraphen lassen es verständlich erscheinen, daß es besonderer Überlegungen bedarf, um zu eindeutig lösbaren Interpolationsaufgaben zu kommen. Wir werden uns mit diesem Ziel zunächst mit Splines ungeraden Grades befassen; exemplarisch folgt dann der quadratische Spline. Besonders lineare, quadratische und kubische Splines kommen in Approximationsverfahren zur Anwendung. Die letzteren verbinden in hervorragender Weise die besonderen Vorzüge der einfachen Darstellung durch Polynome niedrigen Grades und des glatten Gesamtverlaufs, die Splines auszeichnen, ohne daß diese die Nachteile von Polynomen höheren Grades besäßen.

2.1 Splines ungeraden Grades. Der lineare Spline als einfachster Spline ungeraden Grades läßt sich vorwegnehmen. Bedeutet doch die Interpolationsaufgabe in diesem Fall nichts anderes, als daß ein Polygonzug zu bilden ist, der die $(n+1)$ Punkte $(x_0, y_0), \ldots, (x_n, y_n)$, $x_0 < x_1 < \cdots < x_n$, verbindet. Die Aufgabe ist uns schon im 1. Beispiel 1.1 begegnet und eindeutig lösbar. Die Lösung setzt sich aus den in jedem Teilintervall eindeutig bestimmten linearen Interpolationspolynomen zusammen.

Die nichttrivialen Fälle werden durch das Interpolationsproblem für Splines von höherem Grad gebildet. Wir untersuchen zunächst Splines von ungeradem Grad $\ell = 2m - 1$ für $m \geq 2$.

Da $\dim(S_{2m-1}) = n + 2m - 1$ gilt, können noch $(2m - 2)$ freie Parameter bestimmt werden, wenn man die $(n+1)$ Interpolationsforderungen in den Knoten $x_0, \ldots, x_n$ stellt. Wir werden zeigen, daß die folgenden Aufgabenstellungen sinnvoll sind:

(i) **Interpolation mit Hermite-Endbedingungen.**

Sei $f \in C_m[a,b]$; man bestimme $s \in S_{2m-1}(\Omega_n)$, so daß die Bedingungen

  a) $s(x_\nu) = f(x_\nu)$ für $\nu = 0, \ldots, n$

und

  b) $s^{(\mu)}(a) = f^{(\mu)}(a)$ sowie $s^{(\mu)}(b) = f^{(\mu)}(b)$ für $\mu = 1, \ldots, m-1$

erfüllt sind.

(ii) **Interpolation mit natürlichen Endbedingungen.**

Sei $f \in C_m[a,b]$ und $2 \le m \le n + 1$; man bestimme $s \in S_{2m-1}(\Omega_n)$, so daß die Bedingungen

  a) $s(x_\nu) = f(x_\nu)$ für $\nu = 0, \ldots, n$

und

  b) $s^{(\mu)}(a) = s^{(\mu)}(b) = 0$ für $\mu = m, \ldots, 2m - 2$

erfüllt sind.

(iii) **Interpolation mit periodischen Endbedingungen.**

Sei $f \in C_m[a,b]$, und es gelte: $f^{(\kappa)}(a) = f^{(\kappa)}(b)$ für $\kappa = 0, \ldots, m - 1$; man bestimme $s \in S_{2m-1}(\Omega_n)$, so daß die Bedingungen

  a) $s(x_\nu) = f(x_\nu)$ für $\nu = 0, \ldots, n$

und

  b) $s^{(\mu)}(a) = s^{(\mu)}(b)$ für $\mu = 1, \ldots, 2m - 2$

erfüllt sind.

Um zu zeigen, daß es sich bei (i) – (iii) um eindeutig lösbare Probleme handelt, benötigen wir noch die

Integralrelation.   *Sei* $f \in C_m[a,b]$, $m \ge 2$, *und sei* $s \in S_{2m-1}(\Omega_n)$ *ein interpolierender Spline. Die Abweichung* $f(x) - s(x) =: d(x)$ *erfülle die Randbedingung*

$$\sum_{\mu=0}^{m-2} (-1)^\mu s^{(m+\mu)}(a) d^{(m-\mu-1)}(a) = \sum_{\mu=0}^{m-2} (-1)^\mu s^{(m+\mu)}(b) d^{(m-\mu-1)}(b).$$

Dann gilt die Integralbeziehung

$$\int_a^b [f^{(m)}(x)]^2 dx = \int_a^b [f^{(m)}(x) - s^{(m)}(x)]^2 dx + \int_a^b [s^{(m)}(x)]^2 dx.$$

Erläuterung der Randbedingung. Durch diese formale Randbedingung kann man die Fälle (i) – (iii) gemeinsam erfassen. Etwa im Fall $m = 2$ des kubischen

Splines lautet sie $s''(a)d'(a) = s''(b)d'(b)$. Diese Gleichung wird z. B. erfüllt, falls

$$d'(a) = d'(b) = 0, \qquad \text{also durch Splines vom Typ i);}$$

oder falls

$$s''(a) = s''(b) = 0, \qquad \text{also durch Splines vom Typ (ii);}$$

oder falls

$$s''(a) = s''(b) \text{ und } d'(a) = d'(b), \text{ also durch Splines vom Typ (iii) .}$$

Beweis der Integralrelation. Wir haben zu zeigen, daß

$$\hat{J} := \int_a^b [f^{(m)}(x)s^{(m)}(x) - (s^{(m)}(x))^2]dx = 0$$

gilt. Denn es ist

$$\hat{J} = \int_a^b s^{(m)}(x)d^{(m)}(x)dx = s^{(m)}(x)d^{(m-1)}(x)|_a^b - \int_a^b s^{(m+1)}(x)d^{(m-1)}(x)dx$$

und bei wiederholter partieller Integration

$$\hat{J} = \sum_{\mu=0}^{m-3}(-1)^\mu s^{(m+\mu)}(x)d^{(m-\mu-1)}(x)|_a^b + (-1)^{m-2}\int_a^b s^{(2m-2)}(x)d''(x)dx.$$

Da nur $s \in C_{2m-2}[a,b]$ gilt, müssen wir aufspalten:

$$\int_a^b s^{(2m-2)}(x)d''(x)dx = \sum_{\nu=0}^{n-1}[(s^{(2m-2)}(x)d'(x) - s^{(2m-1)}(x)d(x))|_{x_\nu}^{x_{\nu+1}} +$$
$$+ \int_{x_\nu}^{x_{\nu+1}} s^{(2m)}(x)d(x)dx] =$$
$$= s^{(2m-2)}(x)d'(x)|_a^b,$$

da ja $s^{(2m)} = 0$ und $d(x_\nu) = 0$ für $\nu = 0,\ldots,n$ gelten. Wir haben also

$$\hat{J} = \sum_{\mu=0}^{m-2}(-1)^\mu s^{(m+\mu)}(x)d^{(m-\mu-1)}(x)|_a^b;$$

wegen der Randbedingung ist $\hat{J} = 0$, und daraus folgt die Integralrelation.   □

Wir können jetzt zeigen, daß die Interpolationsaufgaben (i) – (iii) eine Lösung besitzen. Es gilt nämlich der

Satz. *Die Interpolationsaufgaben (i) – (iii) sind stets eindeutig lösbar.*

Beweis. Aus der Darstellung durch einseitige Splines 1.2 erkennt man, daß die Interpolationsforderungen (i) – (iii) jeweils die Lösung eines Systems von $(n+\ell)$ linearen Gleichungen für die $(n+\ell)$ Unbekannten $(a_0, \ldots, a_\ell, b_1, \cdots, b_{n-1})$ nötig machen. Wir zeigen, daß die Determinante dieses Systems nicht verschwindet, weil das zugehörige homogene Gleichungssystem nur die triviale Lösung besitzt.

In den Fällen (i) – (iii) wird das System homogen, wenn $f = 0$ zu interpolieren ist. Dann aber ist $s = 0$ interpolierender Spline. Wir machen uns klar, daß es auch der einzige ist: Da nach der Integralrelation mit $f^{(m)} = 0$ auch $s^{(m)} = 0$ gilt, folgern wir aus der Darstellung

$$s(x) = \sum_{\lambda=0}^{2m-1} a'_\lambda \frac{x^\lambda}{\lambda!} + \sum_{\nu=1}^{n-1} b'_\nu \frac{(x-x_\nu)_+^{2m-1}}{(2m-1)!}$$

die Beziehung

$$s^{(m)}(x) = \sum_{\lambda=m}^{2m-1} a'_\lambda \frac{x^{\lambda-m}}{(\lambda-m)!} + \sum_{\nu=1}^{n-1} b'_\nu \frac{(x-x_\nu)_+^{m-1}}{(m-1)!} = 0$$

für alle $x \in [a,b]$. Da $s^{(m)} \in S_{m-1}(\Omega_n)$ nach 1.2 eine Linearkombination linear unabhängiger Funktionen ist, folgt

$$a'_m = \cdots = a'_{2m-1} = b'_1 = \cdots = b'_{n-1} = 0,$$

so daß $s(x) = a_0 + a_1 x + \cdots + a_{m-1} x^{m-1}$ gelten muß.

Interpolationsforderungen (i): Aus $s(a) = s'(a) = \cdots = s^{(m-1)}(a) = 0$ folgt dann $a_0 = a_1 = \cdots = a_{m-1} = 0$.

Interpolationsforderungen (ii): Aus $s(x_0) = s(x_1) = \cdots = s(x_n) = 0$ folgt dann $a_0 = a_1 = \cdots = a_{m-1} = 0$ für $m \leq n+1$.

Interpolationsforderungen (iii): Aus $s(a) = s(b), \ldots, s^{(m-2)}(a) = s^{(m-2)}(b)$ folgt zunächst $a_1 = a_2 = \cdots = a_{m-1} = 0$, und aus $s(a) = 0$ ergibt sich dann auch $a_0 = 0$.

In allen Fällen ist also $s = 0$ der einzige interpolierende Spline für $f = 0$; das homogene Gleichungssystem besitzt nur die triviale Lösung. $\quad\Box$

2.2 Eine Extremaleigenschaft der Splines. Aus der Integralrelation für Splines vom Grad $(2m-1)$ ergibt sich noch die folgende

Extremaleigenschaft. Sei $f \in C_m[a,b]$, $m \geq 2$, und sei $\tilde{s} \in S_{2m-1}(\Omega_n)$ der interpolierende Spline bezüglich einer der Interpolationsforderungen (i) – (iii).

Sei g eine beliebige Funktion aus $C_m[a, b]$, die in einem der Fälle (i) oder (ii) dieselben Interpolationsforderungen wie $\tilde{s}$ erfüllt, im Fall (iii) periodisch ist und ebenfalls dieselben Interpolationsforderungen wie $\tilde{s}$ erfüllt. Dann gilt stets

$$\|\tilde{s}^{(m)}\|_2 \leq \|g^{(m)}\|_2.$$

Beweis. Aus der Integralrelation folgt unmittelbar

$$\|\tilde{s}^{(m)}\|_2^2 \leq \|f^{(m)}\|_2^2;$$

man entnimmt dem Beweis der Integralrelation, daß die Stelle von f dabei von jeder Funktion g eingenommen werden kann, die die oben formulierten Bedingungen erfüllt. $\square$

Kubische Splines. Kubische Splines ($m = 2$) werden am häufigsten für Approximationen aus Splineräumen herangezogen. Sie verdienen eine besondere Würdigung.

Die Extremaleigenschaft des kubischen Splines wird durch die Ungleichung

$$\int_a^b [\tilde{s}''(x)]^2 dx \leq \int_a^b [g''(x)]^2 dx$$

ausgedrückt. Sie läßt eine geometrische und eine mechanische Deutung zu.

Geometrische Interpretation. Die Krümmung κ der durch eine Funktion $y = g(x)$ beschriebenen Kurve in der (x, y)-Ebene dient zur Beschreibung ihrer geometrischen Eigenschaften. Eine differentialgeometrische Betrachtung liefert für die lokale Krümmung bekanntlich die Formel

$$\kappa(x) = \frac{g''(x)}{(1 + [g'(x)]^2)^{\frac{3}{2}}}.$$

Nehmen wir nun an, daß $|g'(x)| \ll 1$ für $x \in [a, b]$ gelte; dann wird der Wert $\|\kappa\|_2^2$ näherungsweise durch den Wert $\int_a^b [g''(x)]^2 dx$ gegeben. Die Extremaleigenschaft des kubischen Splines bedeutet nun, daß der interpolierende kubische Spline $\tilde{s}$ unter allen Funktionen $g \in C_2[a, b]$, die dieselben Interpolationsforderungen erfüllen, näherungsweise die Norm $\|\kappa\|_2$ der Krümmung minimiert.

Mechanische Interpretation. In der Festigkeitslehre zeigt man, daß das lokale Biegemoment eines homogenen, isotropen Stabes, dessen Biegelinie durch eine Funktion $y = g(x)$ beschrieben wird, den Wert

$$M(x) = c_1 \frac{g''(x)}{(1 + [g'(x)]^2)^{\frac{3}{2}}}$$

mit einer geeigneten Konstanten c_1 hat. Unter der Annahme $|g'(x)| \ll 1$ für alle $x \in [a, b]$ wird linearisiert, und für die Biegeenergie $E(g) = c_2 \int_a^b M^2(x)dx$ erhält man dadurch den Näherungswert $c_3 \int_a^b [g''(x)]^2 dx$. Wird ein gebogener Stab durch Lager in gewissen "Interpolationspunkten" so festgehalten, daß dort nur Kräfte senkrecht zur Biegelinie aufgenommen werden, so wird er eine Endlage einnehmen, die durch minimale aufzuwendende Biegeenergie $E(g)$ bestimmt wird. Die Extremaleigenschaft sagt aus, daß diese Endlage der Biegelinie durch den kubischen interpolierenden Spline angenähert wird.

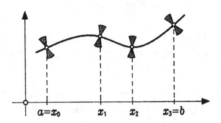

Natürliche Splines. Außerhalb des Intervalls $[a, b]$, wo der Stab nicht zwangsweise fixiert wird, nimmt er die durch $g''(x) = 0$ bestimmte spannungsfreie "natürliche" Lage ein. Die Biegelinie verläuft für $x \leq a$ und für $b \leq x$ geradlinig. In diesem Sinn sind die Endbedingungen $s''(a) = 0$ und $s''(b) = 0$ der Interpolationsaufgabe (ii) als "natürlich" zu verstehen. Deshalb spricht man bei Splines, die die Forderungen (ii) erfüllen, von *natürlichen Splines*.

Bezeichnung. Damit kommen wir schließlich auch zu einer Erklärung für Schoenbergs Wahl der Bezeichnung "Spline Functions". Mit dem Wort Spline wird im Englischen ursprünglich ein biegsames Lineal benannt, das zum Zeichnen glatter Kurven verwendet wird, die durch vorgegebene Punkte verlaufen. Solche Kurvenlineale werden außer für technische Zeichnungen auch bei der Navigation verwendet. Die mechanische Interpretation erklärt die Übernahme dieser Benennung zur Bezeichnung der von uns untersuchten Klasse von Funktionen. Andere Benennungsversuche wie "Latteninterpolation" oder "Strakfunktionen" haben sich nicht durchgesetzt.

2.3 Quadratische Splines. Der Raum $S_2(\Omega_n)$ der quadratischen Splines zu der Zerlegung Ω_n mit den $(n+1)$ Knoten $x_0, \ldots, x_n$ hat die Dimension $(n+2)$. Würde man die Interpolationsforderungen in diesen Knoten stellen, bliebe noch *ein* freier Parameter übrig; deshalb ist es dann nicht möglich, symmetrische Endbedingungen wie für Splines ungeraden Grades zu fordern.

Wir geben zwei Aufgabenstellungen an, die zu eindeutig bestimmten quadratischen Splines führen und in denen symmetrische Interpolations- und Endbedingungen gestellt werden. Jedoch verzichten wir darauf, Interpolation *in den Knoten* zu fordern.

Seien dazu

$$\Omega_{n-1} : a = \xi_0 < \xi_1 < \cdots < \xi_{n-} = b$$

und

$$\Omega_n : a = x_0 < x_1 < \cdots < x_n = b$$

zwei Zerlegungen von $[a, b]$, für die

$$x_0 = \xi_0 < x_1 < \xi_1 < \cdots < x_{n-1} < \xi_{-1} = x_n$$

gilt.

Der Splineraum $S_2(\Omega_{n-1})$ hat die Dimension $(n+1)$; $S_2(\Omega_n)$ hat die Dimension $(n+2)$.

Wir formulieren das

Interpolationsproblem (i) für quadratische Splines. Man bestimme $s \in S_2(\Omega_{n-1})$, so daß die Interpolationsbedingungen

$$s(x_\nu) = f(x_\nu) \quad \text{für} \quad \nu = 0, \ldots, n$$

für die Werte einer beliebigen Funktion f erfüllt werden.

Daneben betrachten wir das

Interpolationsproblem (ii) für quadratische Splines. Sei $f \in C_1[a, b]$; man bestimme $s \in S_2(\Omega_n)$, so daß die Bedingungen

$$s(\xi_\nu) = f(\xi_\nu) \quad \text{für} \quad \nu = 0, \ldots, n-1$$

und

$$s'(\xi_0) = f'(\xi_0), s'(\xi_{n-1}) = f'(\xi_{n-1})$$

erfüllt werden.

Dann gilt der

Satz. *Die Interpolationsprobleme (i) und (ii) für quadratische Splines sind eindeutig lösbar.*

Beweis für Problem (i). Der Satz ist richtig, wenn das homogene Interpolationsproblem nur die triviale Lösung besitzt.

Da $s \in C_1[a, b]$, kann in jedem der Intervalle $(x_\nu, x_{\nu+1})$, $0 \le \nu \le n - 1$, der Satz von Rolle angewandt werden: In $(x_\nu, x_{\nu+1})$ gibt es mindestens einen Wert x_ν^*, für den $s'(x_\nu^*) = 0$ gilt. s genügt also den $(2n + 1)$ Gleichungen

$$s(x_\nu) = 0 \quad \text{für} \quad \nu = 0, \ldots, n \quad \text{und} \quad s'(x_\nu^*) = 0 \quad \text{für} \quad \nu = 0, \ldots, n - 1.$$

Die Zerlegung Ω_{n-1} besteht aus $(n - 1)$ Teilintervallen; unter diesen muß es also mindestens *eines* geben, $[\xi_\mu, \xi_{\mu+1}]$, in dem mehr als zwei dieser Gleichungen bestehen, in dem also die Punkte x_μ^*, $x_{\mu+1}$ und $x_{\mu+1}^*$ liegen, für die $s'(x_\mu^*) = 0$, $s(x_{\mu+1}) = 0$ sowie $s'(x_{\mu+1}^*) = 0$ gilt. Diese drei Bedingungen bestimmen in $[\xi_\mu, \xi_{\mu+1}]$ eindeutig das quadratische Polynom $s = 0$, für das dann auch $s(\xi_\mu) = s'(\xi_\mu) = 0$ und $s(\xi_{\mu+1}) = s'(\xi_{\mu+1}) = 0$ folgt. In den benachbarten Teilintervallen $[\xi_{\mu-1}, \xi_\mu]$ und $[\xi_{\mu+1}, \xi_{\mu+2}]$ wird dadurch und durch die Interpolationsforderung $s(x_\mu) = 0$ bzw. $s(x_{\mu+2}) = 0$ wieder eindeutig $s = 0$ als quadratische Interpolierende bestimmt. Diese Argumentation wiederholt man endlich oft, bis $s = 0$ auf ganz $[a, b]$ nachgewiesen ist.

Beweis für Problem (ii). Die Argumentation verläuft ähnlich wie bei Problem (i). Nach dem Satz von Rolle verschwindet s' mindestens einmal in jedem der $(n-1)$ Intervalle $(\xi_\nu, \xi_{\nu+1})$, $0 \le \nu \le n - 2$, und überdies in ξ_0 und in ξ_{n-1}, also insgesamt mindestens $(n+1)$-mal. Unter den n Teilintervallen der Zerlegung Ω_n muß es also mindestens *eines* geben, in dem s' zweimal verschwindet. Unter den quadratischen Polynomen leistet das nur $s = 0$. Dann ist aber auch $s(x_\mu) = = s'(x_\mu) = 0$ und $s(x_{\mu+1}) = s'(x_{\mu+1}) = 0$, so daß man wegen $s(\xi_{\mu-1}) = 0$ und $s(\xi_{\mu+1}) = 0$ auf $s = 0$ in den benachbarten Teilintervallen $[x_{\mu-1}, x_\mu]$ und $[x_{\mu+1}, x_{\mu+2}]$ schließen kann, usw. $\qquad\Box$

2.4 Konvergenzverhalten. Einer der Nachteile der einfachen Interpolationspolynome ist es, daß ihr Konvergenzverhalten unbefriedigend ist. Selbst unter der starken Voraussetzung der Analytizität findet ja beispielsweise Konvergenz der Folge der Interpolationspolynome wachsenden Grades nicht in allen Fällen statt.

Bei Splines stellt sich nun die Konvergenzfrage anders: Man hat nicht die Folge von Splines wachsenden Grades zu betrachten, sondern die Folge der Splines festen Grades bei wachsender Knotenzahl. Das führt zu einem wesentlich günstigeren Konvergenzverhalten. Man kann allgemein sagen, daß interpolierende Splines unter schwachen Voraussetzungen an f und an die Knotenabstände bei wachsender Knotenzahl gleichmäßig gegen f konvergieren.

Wir machen uns diese Konvergenzeigenschaft zunächst für den linearen Spline klar.

Konvergenz linearer Splines. Der lineare interpolierende Spline ist einfach explizit darzustellen, so daß man eine Reihe seiner Eigenschaften direkt herleiten kann. Wir betrachten dazu das lineare Interpolationsproblem im Teil-intervall $[x_\nu, x_{\nu+1}]$. Die zugehörigen Lagrange-Faktoren $\ell_{1\nu}$ und $\ell_{1,\nu+1}$ lauten nach 5.2.1

$$\ell_{1\nu}(x) = \frac{x - x_{\nu+1}}{x_\nu - x_{\nu+1}} \quad \text{und} \quad \ell_{1,\nu+1}(x) = \frac{x - x_\nu}{x_{\nu+1} - x_\nu}.$$

Damit ist

$$\tilde{s}(x) = f(x_\nu)\ell_{1\nu}(x) + f(x_{\nu+1})\ell_{1,\nu+1}(x)$$

der die Funktion f interpolierende Spline für $x \in [x_\nu, x_{\nu+1}]$, $0 \le \nu \le n-1$. Sei nun $f \in C[a, b]$. Wir betrachten die Abweichung in $x \in [x_\nu, x_{\nu+1}]$: Wegen der Identität $\ell_{1\nu}(x) + \ell_{1,\nu+1}(x) = 1$ ist nach 5.2.1

$$f(x) - \tilde{s}(x) = f(x)[\ell_{1\nu}(x) + \ell_{1,\nu+1}(x)] - f(x_\nu)\ell_{1\nu}(x) - f(x_{\nu+1})\ell_{1,\nu+1}(x) =$$
$$= \ell_{1\nu}(x)[f(x) - f(x_\nu)] + \ell_{1,\nu+1}(x)[f(x) - f(x_{\nu+1})],$$

und mit $\ell_{1\nu}(x) \ge 0$, $\ell_{1,\nu+1}(x) \ge 0$ gilt

$$|f(x) - \tilde{s}(x)| \le \max\{|f(x) - f(x_\nu)|, |f(x) - f(x_{\nu+1})|\}$$

und damit

$$\max_{x \in [x_\nu, x_{\nu+1}]} |f(x) - \tilde{s}(x)| \le \max_{x \in [x_\nu, x_{\nu+1}]} \max\{|f(x) - f(x_\nu)|, |f(x) - f(x_{\nu+1})|\}.$$

Mit dem Stetigkeitsmodul ω_f der Funktion f wird daraus

$$\max_{x \in [x_\nu, x_{\nu+1}]} |f(x) - \tilde{s}(x)| \le \omega_f(|x_{\nu+1} - x_\nu|).$$

Ist nun $h := \max_{\nu=0,\dots,n-1} |x_{\nu+1} - x_\nu|$, so erhalten wir also die gleichmäßige

Fehlerabschätzung.

$$\|f - \tilde{s}\|_\infty \le \omega_f(h).$$

Daraus ergibt sich die gleichmäßige Konvergenz des linearen interpolierenden Splines gegen $f \in C[a, b]$ für $h \to 0$.

Wir beschränken uns an dieser Stelle auf den linearen Spline und kommen in 5.4 nochmals auf die Frage der Konvergenz interpolierender Splines zurück.

2.5 Aufgaben. 1) Man gebe das kubische Polynom an, das in den Endpunk-ten des Intervalls $[x_\nu, x_{\nu+1}]$ die Werte $p(x_\nu)$, $p''(x_\nu)$ und $p(x_{\nu+1})$, $p''(x_{\nu+1})$ annimmt.

2) Man berechne den interpolierenden kubischen Spline zur Zerlegung Ω_n für die Fälle (i), (ii) und (iii) in 2.1. Dazu gehe man von der Darstellung in

Aufgabe 1) aus und benutze die Stetigkeit von s', um ein Gleichungssystem zur Berechnung der Werte $s''(x_\nu)$, $1 \le \nu \le n-1$, zu gewinnen.

3) Ausgehend von dem in Aufgabe 2 gewonnenen Gleichungssystem zeige man, daß die Interpolationsaufgaben (i), (ii) und (iii) für den kubischen Spline eine eindeutig bestimmte Lösung besitzen.

4) In ähnlicher Weise wie den kubischen Spline in den Aufgaben 1 und 2 behandle man den quadratischen Spline, Fall (i).

5) Die Funktion $f \in C_1[a, b]$ werde bei äquidistanter Zerlegung Ω_n durch einen Spline $\tilde{s} \in S_0(\Omega_n)$ interpoliert. Wie hat man die Interpolationsstellen $\xi_\nu \in (x_\nu, x_{\nu+1})$, $0 \le \nu \le n-1$, zu wählen, so daß in der für jedes f gültigen Abschätzung $\|f - \tilde{s}\|_\infty \le \alpha h \|f'\|_\infty$ der Faktor α möglichst klein ist?

6) Sei Ω_n eine Zerlegung von $[0,1]$ und $\tilde{s} \in S_1(\Omega_n)$ der interpolierende Spline für die Funktion $f(x) := \sqrt{x}$. Man berechne den Fehler $\|f - \tilde{s}\|_\infty$ für

a) äquidistante Zerlegung,

b) die Zerlegung $x_\nu := (\frac{\nu}{n})^4$, $0 \le \nu \le n$.

§ 3. B-Splines

In §1 haben wir eine Basis des $(n + \ell)$-dimensionalen Raums $S_\ell(\Omega_n)$ der Splines vom Grad ℓ zur Knotenmenge Ω_n kennengelernt. Sie setzt sich aus Polynomen und den "abgeschnittenen Potenzen" $q_{\ell\nu}$ zusammen. Es ist wünschenswert, noch über eine andere Basis eines Splineraums zu verfügen, die aus gleichartigen Funktionen besteht und sich für die Berechnung von Splines eignet. Bereits Schoenberg studierte solche "Basic Spline Curves", die dann später einfach *B-Splines* genannt wurden. Wir beginnen damit, in einem unendlich-dimensionalen Splineraum die Existenz von Elementen mit kompaktem Träger nachzuweisen, die dann als Basiselemente dienen können.

3.1 Existenz von B-Splines. Um auf Endbedingungen keine Rücksicht nehmen zu müssen, betrachten wir die unendliche Knotenmenge $\Omega_\infty := \{x_\nu\}_{\nu \in \mathbb{Z}}$, $x_\nu < x_{\nu+1}$ mit $x_\nu \to -\infty$ für $\nu \to -\infty$ und $x_\nu \to \infty$ für $\nu \to \infty$. Wir machen uns klar, daß es für jedes $\nu \in \mathbb{Z}$ stets genau einen Spline $s \in S_\ell(\Omega_\infty)$ gibt, für den

$$s(x) = 0 \quad \text{für} \quad x < x_\nu \quad \text{und für} \quad x_{\nu+\ell+1} \le x \text{ gilt und der die}$$

Normierungsbedingung

$$\int_{-\infty}^{+\infty} s(x)dx = \int_{x_\nu}^{x_{\nu+\ell+1}} s(x)dx = 1$$

erfüllt.

Begründung. Betrachten wir zunächst das Intervall $[x_{\nu-1}, x_{\nu+\ell+2}]$, so erkennen wir, daß in der Basisdarstellung 1.2 wegen $s(x) = 0$ für alle $x \leq x_\nu$ kein Polynomanteil auftreten kann. Er muß sich also in der Form

$$s(x) = \sum_{\kappa=0}^{k} b_\kappa (x - x_{\nu+\kappa})_+^\ell$$

mit einem noch zu bestimmenden Wert k darstellen lassen. Für $k := \ell+1$ ergibt sich ein eindeutig lösbares Gleichungssystem für die Koeffizienten $b_0, \ldots, b_{\ell+1}$. Denn $s(x) = 0$ für $x \geq x_{\nu+\ell+1}$ hat

$$\sum_{\kappa=0}^{\ell+1} b_\kappa (x - x_{\nu+\kappa})^\ell = 0 \quad \text{für} \quad x \geq x_{\nu+\ell+1}$$

zur Folge; für $x \geq x_{\nu+\ell+1}$ ist ja $(x - x_{\nu+\kappa})_+^\ell = (x - x_{\nu+\kappa})^\ell$.

Ordnet man diese Summe nach Potenzen von x, so erhält man für die Koeffizienten $b_0, \ldots, b_{\ell+1}$ die Gleichungen

$$(*) \quad \begin{array}{llll} b_0 & +b_1 & +\cdots & +b_{\ell+1} & = 0 \\ b_0 x_\nu & +b_1 x_{\nu+1} & +\cdots & +b_{\ell+1} x_{\nu+\ell+1} & = 0 \\ \vdots & & & \vdots & \\ b_0 x_\nu^\ell & +b_1 x_{\nu+1}^\ell & +\cdots & +b_{\ell+1} x_{\nu+\ell+1}^\ell & = 0. \end{array}$$

Die Normierungsbedingung liefert schließlich noch

$$\sum_{\kappa=0}^{\ell+1} \frac{b_\kappa}{\ell+1} (x_{\nu+\ell+1} - x_{\nu+\kappa})^{\ell+1} = 1;$$

bei Einsetzen der $(\ell + 1)$ Gleichungen $(*)$ wird daraus

$$b_0 x_\nu^{\ell+1} + b_1 x_{\nu+1}^{\ell+1} + \cdots + b_{\ell+1} x_{\nu+\ell+1}^{\ell+1} = (-1)^{\ell+1} (\ell + 1)$$

als $(\ell+2)$-te Gleichung für $b_0, \ldots, b_{\ell+1}$. Das System hat eine Vandermondesche Determinante und besitzt deshalb eine eindeutig bestimmte Lösung. $\quad\square$

Bemerkung. Die Wahl $k \leq \ell$ führt zu der Erkenntnis, daß nur der Spline $s = 0$ die Bedingungen $s(x) = 0$ für $x < x_\nu$ und für $x_{\nu+k} \leq x$ erfüllt. Denn das Gleichungssystem $(*)$ wird dann mindestens um die letzte Spalte verkürzt, so daß $(\ell + 1)$ homogene Gleichungen für die $k + 1 \leq \ell + 1$ Unbekannten $b_0, \ldots, b_k$ übrigbleiben. Die Vandermonde-Matrix dieses Systems hat Höchstrang, so daß $b_0, \ldots, b_k = 0$ die einzige Lösung ist. Es gibt also keinen nichttrivialen Spline vom Grad ℓ, dessen Träger in demjenigen des B-Splines desselben Grads echt enthalten ist. Der B-Spline hat *minimalen Träger*.

Durch diese Bemerkung wird die in der Ergänzung 1.3 erwähnte Lücke gefüllt, die das Korollar 1.3 noch für $\tau - \sigma < \ell + 1$ enthält.

3.2 Lokale Basen. Nachdem in der vorgestellten Überlegung 3.1 die Existenz von B-Splines bereits nachgewiesen wurde, wollen wir nun auch durch formale Definition normierte B-Splines einführen. Dann ist zu zeigen, daß die so definierten Funktionen die in 3.1 geforderten Eigenschaften haben; dabei wissen wir bereits, daß diese Splines eindeutig bestimmt sind.

Zur Definition benutzen wir wieder die Funktionen q_ℓ aus 5.2.4, jetzt aber mit der Benennung $q_\ell(t, x) := (t - x)_+^\ell$ und bezeichnen die Knoten x_ν vorübergehend mit $t_\nu := x_\nu$, um dadurch auszudrücken, daß die Steigungen in der nachfolgenden Definition bezüglich der Veränderlichen t zu bilden sind.

Unter dieser Vereinbarung treffen wir die

Definition. Der B-Spline vom Grad ℓ zum Knoten t_ν der Knotenmenge Ω_∞ wird durch die Vorschrift

$$B_{\ell\nu}(x) := (t_{\nu+\ell+1} - t_\nu)[t_\nu \ldots t_{\nu+\ell+1}]q_\ell(\cdot, x)$$

erklärt.

Erläuterung. Das Ergebnis der Aufgabe 3 in 5.2.7 zeigt, daß nach dieser Definition $B_{\ell\nu}$ in der Form

$$B_{\ell\nu}(x) = \sum_{k=\nu}^{\nu+\ell+1} \left(\prod_{\substack{r=\nu \\ r \neq k}}^{\nu+\ell+1} (t_k - t_r) \right)^{-1} (t_k - x)_+^\ell$$

geschrieben werden kann, also ein Spline ist.

Die Definition von $B_{\ell\nu}$ läuft auf eine Normierung hinaus, die von der im Existenzbeweis 3.1 benutzten verschieden ist. Ihre Zweckmäßigkeit wird sich im folgenden erweisen (siehe dazu Summationsformel 3.3).

Zunächst machen wir uns klar, daß es sich bei den Funktionen $B_{\ell\nu}$ abgesehen von der Normierung um die Splines handelt, deren Existenz in 3.1 nachgewiesen wurde. Dazu genügt es zu zeigen, daß $B_{\ell\nu}$ den Träger $[t_\nu, t_{\nu+\ell+1}]$ hat. Ist nämlich $x < t_\nu$, dann ist $q_\ell(\cdot, x) \in P_\ell$ bezüglich t, und für $t_{\nu+\ell+1} \leq x$ gilt $q_\ell(t, x) = 0$. Für alle Werte $x \notin [t_\nu, t_{\nu+\ell+1}]$ verschwindet also die Steigung $[t_\nu \cdots t_{\nu+\ell+1}]q_\ell(\cdot, x)$ von $(\ell+1)$-ter Ordnung, wie man es etwa dem erweiterten Mittelwertsatz 5.2.6 entnehmen kann. Also gilt $B_{\ell\nu}(x) = 0$ für $x < t_\nu$ sowie für $t_{\nu+\ell+1} \leq x$. Daß aber $B_{\ell\nu}$ für $x \in (t_\nu, t_{\nu+\ell+1})$ nicht verschwindet, zeigt die

Positivität der B-Splines. Nach dem Nullstellensatz 1.3 besitzt der Spline $B_{\ell\nu}$ in $[t_\nu, t_{\nu+\ell+1}]$ höchstens 2ℓ wesentliche Nullstellen. In t_ν und $t_{\nu+\ell+1}$ liegt jeweils eine ℓ-fache Nullstelle, denn es gilt ja $B_{\ell\nu} \in C_{\ell-1}(-\infty, +\infty)$. In $(t_\nu, t_{\nu+\ell+1})$ kann deshalb keine weitere Nullstelle mehr liegen. Überdies gilt $B_{\ell\nu}(x) = (\prod_{r=\nu}^{\nu+\ell}(t_{\nu+\ell+1} - t_r))^{-1}(t_{\nu+\ell+1} - x)^\ell > 0$ in $[t_{\nu+\ell}, t_{\nu+\ell+1}]$, so daß $B_{\ell\nu}$ im ganzen Intervall $(t_\nu, t_{\nu+\ell+1})$ nur positive Werte annimmt.

Betrachten wir nun den Raum $S_\ell(\Omega_n)$ der in $[x_0, x_n]$ erklärten Splines vom Grad ℓ. Von den eben definierten B-Splines nehmen genau $B_{\ell,-\ell}, \cdots, B_{\ell,n-1}$ in $[x_0, x_n]$ von Null verschiedene Werte an. Um zu erkennen, daß diese $(n + \ell)$ Elemente eine Basis von $S_\ell(\Omega_n)$ bilden, müssen wir uns klarmachen, daß sie linear unabhängig sind.

Lineare Unabhängigkeit. Die B-Splines $B_{\ell,-\ell}, \ldots, B_{\ell,n-1}$ sind dann linear unabhängig, wenn die Gleichung

$$s(x) = \beta_{-\ell}B_{\ell,-\ell}(x) + \cdots + \beta_{n-1}B_{\ell,n-1}(x) = 0 \quad \text{für alle} \quad x \in [x_0, x_n]$$

nur mit den Koeffizienten $\beta_{-\ell} = \cdots = \beta_{n-1} = 0$ bestehen kann. Um einzusehen, daß dies der Fall ist, führen wir einen zusätzlichen Knoten $x_{-\ell-1} < x_{-\ell}$ ein; nach der Definition der B-Splines ist dann $s(x) = 0$ für $x \in [x_{-\ell-1}, x_{-\ell}]$. Nehmen wir nun $s(x) = 0$ in $[x_0, x_1]$ an; mit den Bezeichnungen des Korollars 1.3, angewandt auf $[x_{-\ell-1}, x_1]$, ist $\tau := 0$ und $\sigma := -\ell$, also $\tau - \sigma = \ell < \ell + 1$. Aus der Ergänzung 1.3 folgt dann $s(x) = 0$ für alle Werte $x \in [x_{-\ell-1}, x_1]$.

Damit ist die Annahme $s(x) = 0$ für $x \in [x_0, x_n]$ gleichbedeutend mit dem Verschwinden von $s(x)$ für alle $x \in [x_{-\ell}, x_n]$. Daher ist die lineare Unabhängigkeit von $B_{\ell,-\ell}, \ldots, B_{\ell,n-1}$ in $[x_{-\ell}, x_n]$ hinreichend für die lineare Unabhängigkeit in $[x_0, x_n]$. Die lineare Unabhängigkeit in $[x_{-\ell}, x_n]$ ist nun leicht einzusehen:

Um zu verstehen, daß die Gleichung $s(x) = 0$ für $x \in [x_{-\ell}, x_n]$ nur mit den Koeffizienten $\beta_{-\ell} = \cdots = \beta_{n-1} = 0$ gelten kann, gehen wir schrittweise vor. Im Teilintervall $[x_{-\ell}, x_{-\ell+1}]$ reduziert sie sich auf die Gleichung $\beta_{-\ell}B_{\ell,-\ell}(x) = 0$, aus der $\beta_{-\ell} = 0$ folgt. Dann läßt die Betrachtung des Teilintervalls $[x_{-\ell+1}, x_{-\ell+2}]$ erkennen, daß auch $\beta_{-\ell+1} = 0$ gilt; so liefert die aufeinanderfolgende Durchmusterung aller Teilintervalle das Resultat.

Wir haben damit bewiesen, daß die B-Splines $B_{\ell,-\ell}, \ldots, B_{\ell,n-1}$ im Intervall $[x_0, x_n]$ eine Basis des Splineraums $S_\ell(\Omega_n)$ bilden. Das findet seinen Ausdruck in dem

Darstellungssatz. *Jeder Spline $s \in S_\ell(\Omega_n)$ besitzt im Intervall $[x_0, x_n]$ eine eindeutige Darstellung durch B-Splines*

$$s = \sum_{\nu=-\ell}^{n-1} \alpha_\nu B_{\ell\nu}, \quad \alpha_\nu \in \mathbb{R}.$$

Warnung. Der Schluß von der linearen Unabhängigkeit eines Systems von Funktionen in einem Intervall $[a, b]$ auf die lineare Unabhängigkeit in einem größeren Intervall $[a', b'] \supset [a, b]$ ist allgemein richtig. Der Nachweis der linearen Unabhängigkeit der B-Splines enthält jedoch einen Schluß in umgekehrter Richtung, der nicht allgemein zulässig ist und deshalb besonders begründet werden mußte.

3.3 Weitere Eigenschaften von B-Splines. Der Umgang mit B-Splines und ihre Berechnung wird durch einige Formeln erleichtert, die wir jetzt bereitstellen wollen. Dazu gehört als erste eine Formel, die aus der Definition 3.2 fließt. Für die B-Splines $B_{\ell\nu}$ gilt nämlich die
Zerlegung der Einheit

$$\sum_{\nu \in \mathbb{Z}} B_{\ell\nu}(x) = 1 \quad \text{für alle} \quad x \in (-\infty, +\infty).$$

Beweis. Die Summationsformel ist für $\ell = 0$ richtig, da aus der Definition $B_{0\nu}(x) = 1$ für $x \in [x_\nu, x_{\nu+1})$ und $B_{0\nu}(x) = 0$ sonst folgt. Da sich $B_{\ell\nu}(x)$ für $\ell \geq 1$ in der Form

$$B_{\ell\nu}(x) = [t_{\nu+1} \ldots t_{\nu+\ell+1}]q_\ell(\cdot, x) - [t_\nu \ldots t_{\nu+\ell}]q_\ell(\cdot, x)$$

schreiben läßt (vgl. 5.2.3), gilt für $x \in [t_\mu, t_{\mu+1}]$

$$\sum_{\nu \in \mathbb{Z}} B_{\ell\nu}(x) = \sum_{\nu=\mu-\ell}^{\mu} B_{\ell\nu}(x) =$$

$$= \sum_{\nu=\mu-\ell}^{\mu} [t_{\nu+1} \ldots t_{\nu+\ell+1}]q_\ell(\cdot, x) - \sum_{\nu=\mu-\ell}^{\mu} [t_\nu \ldots t_{\nu+\ell}]q_\ell(\cdot, x)$$

$$= [t_{\mu+1} \ldots t_{\mu+\ell+1}]q_\ell(\cdot, x) - [t_{\mu-\ell} \ldots t_\mu]q_\ell(\cdot, x);$$

dabei ist $[t_{\mu+1} \ldots t_{\mu+\ell+1}]q_\ell(\cdot, x) = 1$, da es sich um die Steigung ℓ-ter Ordnung bezüglich t des Polynoms $(t - x)^\ell$ handelt; zudem gilt $[t_{\mu-\ell} \ldots t_\mu]q_\ell(\cdot, x) = 0$, weil $q_\ell(t, x) = 0$ für $x \in [t_\mu, t_{\mu+1}]$ gilt. Damit ist die Summationsformel bewiesen. $\square$

Weiterhin genügen die B-Splines $B_{\ell\nu}$ für $\ell \geq 1$ der
Rekursionsformel

$$B_{\ell\nu}(x) = \frac{x - x_\nu}{x_{\nu+\ell} - x_\nu} B_{\ell-1,\nu}(x) + \frac{x_{\nu+\ell+1} - x}{x_{\nu+\ell+1} - x_{\nu+1}} B_{\ell-1,\nu+1}(x).$$

Diese Rekursionsformel ergibt sich durch Anwenden der Leibnizschen Regel 5.2.3 auf

$$q_\ell(t, x) = (t - x)_+^\ell = (t - x)(t - x)_+^{\ell-1} = (t - x)q_{\ell-1}(t, x).$$

Dann ist

$$[t_\nu \ldots t_{\nu+\ell+1}]q_\ell(\cdot, x) = (t_\nu - x)[t_\nu \ldots t_{\nu+\ell+1}]q_{\ell-1}(\cdot, x) +$$
$$+ [t_{\nu+1} \ldots t_{\nu+\ell+1}]q_{\ell-1}(\cdot, x);$$

mit

$$[t_\nu \ldots t_{\nu+\ell+1}]q_{\ell-1}(\cdot, x) =$$
$$= \frac{1}{t_{\nu+\ell+1} - t_\nu}([t_{\nu+1} \ldots t_{\nu+\ell+1}]q_{\ell-1}(\cdot, x) - [t_\nu \ldots t_{\nu+\ell}]q_{\ell-1}(\cdot, x))$$

folgt daraus

$$[t_\nu \ldots t_{\nu+\ell+1}]q_\ell(\cdot, x) = \frac{t_{\nu+\ell+1} - x}{t_{\nu+\ell+1} - t_\nu}[t_{\nu+1} \ldots t_{\nu+\ell+1}]q_{\ell-1}(\cdot, x) -$$
$$- \frac{t_\nu - x}{t_{\nu+\ell+1} - t_\nu}[t_\nu \ldots t_{\nu+\ell}]q_{\ell-1}(\cdot, x)$$

bzw.

$$(t_{\nu+\ell+1} - t_\nu)[t_\nu \ldots t_{\nu+\ell+1}]q_\ell(\cdot, x) =$$
$$= \frac{t_{\nu+\ell+1} - x}{t_{\nu+\ell+1} - t_{\nu+1}}(t_{\nu+\ell+1} - t_{\nu+1})[t_{\nu+1} \ldots t_{\nu+\ell+1}]q_{\ell-1}(\cdot, x) -$$
$$- \frac{t_\nu - x}{t_{\nu+\ell} - t_\nu}(t_{\nu+\ell} - t_\nu)[t_\nu \ldots t_{\nu+\ell}]q_{\ell-1}(\cdot, x)$$

und mit $x := t$ die Rekursionsformel.

Auch das Differenzieren von Splines wird erleichtert durch die **Rekursionsformel für Ableitungen**

$$\boxed{B'_{\ell\nu}(x) = \ell\left(\frac{B_{\ell-1,\nu}}{x_{\nu+\ell} - x_\nu} - \frac{B_{\ell-1,\nu+1}}{x_{\nu+\ell+1} - x_{\nu+1}}\right).}$$

Diese sieht man so ein: Mit

$$q'_\ell(t, x) := \frac{dq_\ell(t, x)}{dx} = -\ell(t - x)_+^{\ell-1} = -\ell q_{\ell-1}(t, x)$$

ergibt sich aus der schon beim Nachweis der Summationsformel benutzten Darstellung von $B_{\ell\nu}$ für die Ableitung

$$B'_{\ell\nu}(x) = [t_{\nu+1} \ldots t_{\nu+\ell+1}]q'_\ell(\cdot, x) - [t_\nu \ldots t_{\nu+\ell}]q'_\ell(\cdot, x)$$
$$= -\ell([t_{\nu+1} \ldots t_{\nu+\ell+1}]q_{\ell-1}(\cdot, x) - [t_\nu \ldots t_{\nu+\ell}]q_{\ell-1}(\cdot, x))$$
$$= -\ell\frac{B_{\ell-1,\nu+1}(x)}{t_{\nu+\ell+1} - t_{\nu+1}} + \ell\frac{B_{\ell-1,\nu}(x)}{t_{\nu+\ell} - t_\nu}$$

und damit die Rekursionsformel für $B'_{\ell\nu}$.

Die Rekursionsformeln erlauben eine schnelle und wirksame Programmierung der B-Splines. Die rekursive Berechnung kann von dem trivialen Fall konstanter B-Splines her durchgeführt werden. Wie wir bereits im Beweis der Summationsformel bemerkt haben, gilt für diese $B_{0\nu}(x) = 1$ für $x \in [x_\nu, x_{\nu+1})$.

Für unsere Zwecke benötigen wir die explizite Darstellung einiger B-Splines. Wir wollen diese für die wichtigsten Splineräume bereitstellen.

3.4 Lineare B-Splines.
Lineare B-Splines lassen sich sofort explizit angeben. Sie verlaufen in $[x_\nu, x_{\nu+2}]$ stückweise linear, sind stetig und sind außerhalb des Intervalls $[x_\nu, x_{\nu+2}]$ gleich Null; außerdem gilt $B_{1,\nu-1}(x) + B_{1\nu}(x) = 1$ für alle $x \in [x_\nu, x_{\nu+1}]$.

Deshalb ist

$$B_{1\nu}(x) = \begin{cases} \dfrac{x - x_\nu}{x_{\nu+1} - x_\nu} & \text{für} \quad x_\nu \leq x < x_{\nu+1} \\[2ex] \dfrac{x_{\nu+2} - x}{x_{\nu+2} - x_{\nu+1}} & \text{für} \quad x_{\nu+1} \leq x < x_{\nu+2} \end{cases}$$

und $B_{1\nu}(x) = 0$ für $x < x_\nu$ sowie für $x_{\nu+2} \leq x$.

Der lineare interpolierende Spline, der in $x_0, \ldots, x_n$ die Werte $y_0, \ldots, y_n$ annimmt, hat die Form

$$\tilde{s}(x) = \sum_{\nu=-1}^{n-1} y_{\nu+1} B_{1\nu}(x).$$

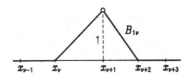

Diese Darstellung haben wir im wesentlichen auch schon in 2.4 benutzt; $B_{1\nu}$ setzt sich ja aus linearen Lagrange-Faktoren 5.2.1 zusammen. Liegt eine äquidistante Knotenverteilung vor, entstehen B-Splines der Form

$$B_{1\nu}(x) = \frac{1}{h} \begin{cases} (x - x_\nu) & \text{für} \quad x_\nu \leq x < x_{\nu+1} \\[2ex] (x_{\nu+2} - x) & \text{für} \quad x_{\nu+1} \leq x < x_{\nu+2} \end{cases}$$

und $B_{1\nu}(x) = 0$ für $x < x_\nu$ sowie für $x_{\nu+2} \leq x$; dabei ist $x_\nu = x_0 + \nu h$, $1 \leq \nu \leq n$, mit $h := \frac{b-a}{n}$.

3.5 Quadratische B-Splines. Wir beschränken uns jetzt auf die äquidistante Knotenverteilung. Der quadratische B-Spline $B_{2\nu}$ läßt sich durch Anwendung der Rekursionsformel 3.3 aus dem linearen gewinnen. Die direkte Berechnung ist natürlich ebenfalls möglich; denn $B_{2\nu}$ setzt sich aus drei Polynomen zweiten Grades zusammen; also sind 9 freie Parameter zu bestimmen. Die Stetigkeitsforderung an $B_{2\nu}$ und $B'_{2\nu}$ in den inneren Knoten ergibt 4 lineare Gleichungen, die Forderungen $B_{2\nu}(x_\nu) = B'_{2\nu}(x_\nu) = 0$ und $B_{2\nu}(x_{\nu+3}) = B'_{2\nu}(x_{\nu+3}) = 0$ liefern 4 weitere. Zusammen mit der Summationsformel 3.3 läßt sich daraus $B_{2\nu}$ eindeutig berechnen. Man erhält

$$B_{2\nu}(x) = \frac{1}{2h^2} \begin{cases} (x - x_\nu)^2 & \text{für} \quad x_\nu \ \leq x < x_{\nu+1} \\ h^2 + 2h(x - x_{\nu+1}) - 2(x - x_{\nu+1})^2 & \text{für} \quad x_{\nu+1} \leq x < x_{\nu+2} \\ (x_{\nu+3} - x)^2 & \text{für} \quad x_{\nu+2} \leq x < x_{\nu+3} \end{cases}$$

und $B_{2\nu}(x) = 0$ für $x < x_\nu$ sowie für $x_{\nu+3} \leq x$.

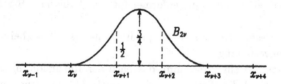

3.6 Kubische B-Splines. Der kubische B-Spline bei äquidistanter Knotenverteilung lautet

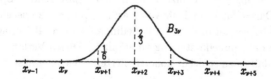

$$B_{3\nu}(x) =$$

$$= \frac{1}{6h^3} \begin{cases} (x - x_\nu)^3 & \text{für} \quad x_\nu \leq x < x_{\nu+1} \\ \begin{aligned} h^3 + 3h^2(x - x_{\nu+1}) + 3h(x - x_{\nu+1})^2 - \\ -3(x - x_{\nu+1})^3 \end{aligned} & \text{für} \quad x_{\nu+1} \leq x < x_{\nu+2} \\ \begin{aligned} h^3 + 3h^2(x_{\nu+3} - x) + 3h(x_{\nu+3} - x)^2 - \\ -3(x_{\nu+3} - x)^3 \end{aligned} & \text{für} \quad x_{\nu+2} \leq x < x_{\nu+3} \\ (x_{\nu+4} - x)^3 & \text{für} \quad x_{\nu+3} \leq x < x_{\nu+4} \end{cases}$$

und $B_{3\nu}(x) = 0$ für $x < x_\nu$ sowie für $x_{\nu+4} \leq x$.

3.7 Aufgaben. 1) Für die Knotenverteilung $x_\nu := \nu$, $\nu \in \mathbb{Z}$, zeige man, daß

$$B_{\ell\nu}(x) = \sum_{j=0}^{\ell+1} (-1)^{\ell+1-j} \binom{\ell+1}{j} \frac{(\nu + j - x)_+^\ell}{\ell!}$$

gilt.

2) Man zeige:

$$[x_\nu \cdots x_{\nu+\ell+1}]f = \frac{1}{x_{\nu+\ell+1} - x_\nu} \frac{1}{\ell!} \int_{\mathbb{R}} B_{\ell\nu}(x) f^{(\ell+1)}(x) dx.$$

3) a) Die B-Splines $B_{\ell,-\ell}, \ldots, B_{\ell,n-1}$ sind im Intervall $[a,b]$ linear unabhängig. Sind sie auf ganz $\mathbb{R}$ linear unabhängig?

b) Man verifiziere die Summenformel für den kubischen B-Spline an der Stelle $x := x_\nu + \frac{h}{2}$.

4) Man berechne eine Basis von quadratischen B-Splines bei nicht-äquidistanter Knotenverteilung.

5) Man erstelle ein Programm, das nach der Rekursionsformel für einen Wert $x \in [x_\nu, x_{\nu+1})$ die Werte $B_{\ell,\nu-\ell}(x), \ldots, B_{\ell,\nu}(x)$ berechnet, und ermittle damit einige Werte des quadratischen und des quintischen B-Splines an ausgewählten Stellen.

§ 4. Berechnung interpolierender Splines

Zur Berechnung der Koeffizienten eines interpolierenden Splines könnte man von der Darstellung mit Hilfe von Kardinalsplines 1.2 ausgehen, um nach Einsetzen der Interpolations- und Endbedingungen ein Gleichungssystem für die Parameter der Splinedarstellung zu erhalten. Dieses Verfahren hat jedoch den Nachteil, daß es zu schlecht konditionierten Gleichungssystemen führt.

Eine zweite Möglichkeit besteht darin, von der Tatsache Gebrauch zu machen, daß bei $s \in S_\ell(\Omega_n)$ stets $s^{(\ell-1)} \in S_1(\Omega_n)$ ist. Durch mehrfache Integration und Verwendung sowohl der Interpolationsforderungen als auch der Stetigkeit aller Ableitungen von s bis zur $(\ell-1)$-ten in den inneren Knoten entsteht wieder ein lineares Gleichungssystem, das die Splineparameter zu berechnen erlaubt. Diese recht umständliche Rechnung (vgl. Aufgabe 2 in 2.5) kann jedoch durch ein ökonomischeres Berechnungsverfahren ersetzt werden.

Hier bietet sich die lokale Basis der B-Splines an. Jeder Spline $s \in S_\ell(\Omega_n)$ läßt sich in der Form $s(x) = \sum_{\nu=-\ell}^{n-1} \alpha_\nu B_{\ell\nu}(x)$ mit Hilfe der gleichartigen Basiselemente $B_{\ell\nu}$ darstellen; wir beschränken uns auf äquidistante Knotenverteilung und führen die zusätzlichen Knoten $x_{-\ell}, \ldots, x_{-1}$ ein. Einsetzen der Interpolationsforderungen führt zu einem linearen Gleichungssystem für die Koeffizienten $\alpha_{-\ell}, \cdots, \alpha_{n-1}$. Haben wir es insbesondere mit den Aufgaben (i)–(iii) nach 2.1 zu tun, bei denen alle Interpolationsforderungen in den Knoten gestellt werden, dann kann die Matrix dieses Gleichungssystems ein für allemal angegeben werden.

Die Interpolationsaufgabe für lineare Splines wurde bereits in 2.4 explizit gelöst. Wir führen jetzt den kubischen Fall durch.

4.1 Kubische Splines. Zur Aufstellung der Bestimmungsgleichungen benötigen wir die Werte der B-Splines $B_{3\nu}$ in $x_0, \ldots, x_n$ für $\nu = -3, \ldots, n-1$ sowie die der Ableitungen $B'_{3\nu}$ bzw. $B''_{3\nu}$ in x_0 und x_n für $\nu = -3, -2, -1$ bzw. für $\nu = n-3, n-2, n-1$. Aus 3.6 berechnet man die Werte der Tabelle

	x_ν	$x_{\nu+1}$	$x_{\nu+2}$	$x_{\nu+3}$	$x_{\nu+4}$
$B_{3\nu}(x)$	0	$\frac{1}{6}$	$\frac{2}{3}$	$\frac{1}{6}$	0
$B'_{3\nu}(x)$	0	$\frac{1}{2h}$	0	$-\frac{1}{2h}$	0
$B''_{3\nu}(x)$	0	$\frac{1}{h^2}$	$-\frac{2}{h^2}$	$\frac{1}{h^2}$	0

Die Bestimmungsgleichungen erhalten wir mit

$$s(x) = \sum_{\nu=-3}^{n-1} \alpha_\nu B_{3\nu}(x)$$

in allen Fällen (i) – (iii) aus den Interpolationsforderungen

$$\sum_{\nu=\kappa-3}^{\kappa-1} \alpha_\nu B_{3\nu}(x_\kappa) = f(x_\kappa), \ 0 \le \kappa \le n;$$

außerdem aus den Endbedingungen

$$\text{Fall (i):} \quad \sum_{\nu=\kappa-3}^{\kappa-1} \alpha_\nu B'_{3\nu}(x_\kappa) = f'(x_\kappa), \ (\kappa = 0, n);$$

$$\text{Fall (ii):} \quad \sum_{\nu=\kappa-3}^{\kappa-1} \alpha_\nu B''_{3\nu}(x_\kappa) = 0, \quad (\kappa = 0, n);$$

$$\text{Fall (iii):} \quad \sum_{\nu=-3}^{-1} \alpha_\nu B'_{3\nu}(x_0) = \sum_{\nu=n-3}^{n-1} \alpha_\nu B'_{3\nu}(x_n)$$

$$\sum_{\nu=-3}^{-1} \alpha_\nu B''_{3\nu}(x_0) = \sum_{\nu=n-3}^{n-1} \alpha_\nu B''_{3\nu}(x_n).$$

In dem Gleichungssystem $B\alpha = b$ zur Berechnung des Koeffizientenvektors $\tilde{\alpha} := (\tilde{\alpha}_{-3}, \ldots, \tilde{\alpha}_{n-1})^T$ des interpolierenden Splines $\tilde{s} \in S_3(\Omega_n)$ haben also die Matrix B und die rechte Seite b folgendes Aussehen:

Fall (i)   (Hermite-Endbedingungen)

$$B = \frac{1}{6}
\begin{pmatrix}
-\frac{3}{h} & 0 & \frac{3}{h} \\
1 & 4 & 1 & 0 \\
0 & 1 & 4 & 1 & 0 & & & & 0 \\
& \ddots & \ddots & \ddots & \ddots & \ddots \\
& & & \ddots & \ddots & \ddots & \ddots & \ddots \\
& & & & \ddots & \ddots & \ddots & \ddots & \ddots \\
& & & & & \ddots & \ddots & \ddots & \ddots & 0 \\
& 0 & & & & 0 & 1 & 4 & 1 \\
& & & & & & -\frac{3}{h} & 0 & \frac{3}{h}
\end{pmatrix},$$

$b = (f'(x_0), f(x_0), \ldots, f(x_n), f'(x_n))^T.$

Fall (ii)   (Natürlicher Spline)

$$B = \frac{1}{6}
\begin{pmatrix}
\frac{6}{h^2} & -\frac{12}{h^2} & \frac{6}{h^2} \\
1 & 4 & 1 & 0 & & 0 \\
0 & \ddots & \ddots & \ddots & \ddots \\
& \ddots & \ddots & \ddots & \ddots & \ddots \\
& & \ddots & \ddots & \ddots & \ddots & 0 \\
& 0 & & 0 & 1 & 4 & 1 \\
& & & & \frac{6}{h^2} & -\frac{12}{h^2} & \frac{6}{h^2}
\end{pmatrix},$$

$b = (0, f(x_0), \ldots, f(x_n), 0)^T.$

Fall (iii)   (Periodischer Spline)

$$
B = \frac{1}{6}
\begin{pmatrix}
-\frac{3}{h} & 0 & \frac{3}{h} & 0 & \cdots & & 0 & \frac{3}{h} & 0 & -\frac{3}{h} \\[4pt]
\frac{6}{h^2} & -\frac{12}{h^2} & \frac{6}{h^2} & 0 & \cdots & & 0 & -\frac{6}{h^2} & \frac{12}{h^2} & -\frac{6}{h^2} \\[4pt]
1 & 4 & 1 & 0 & \cdots & & & & & \\
 & \ddots & \ddots & \ddots & \ddots & & & 0 & & \\
 & & \ddots & \ddots & \ddots & \ddots & & & & \\
 & & & \ddots & \ddots & \ddots & \ddots & & & \\
 & 0 & & & \ddots & \ddots & \ddots & \ddots & & \\
 & & & & & \ddots & \ddots & \ddots & \ddots & \\
 & & & & & & 1 & 4 & 1 & 0 \\
 & & & & & & & 1 & 4 & 1
\end{pmatrix},
$$

$b = (0, 0, f(x_0), \ldots, f(x_{n-1}), f(x_0))^T.$

4.2 Quadratische Splines. Sei $h := \frac{b-a}{n-1}$. In Problem (i) sind die Knoten $\xi_0, \ldots, \xi_{n-1}$ mit $\xi_\nu = \xi_0 + \nu h$, $1 \le \nu \le n-1$, nach 2.3 gegeben; Interpolation wird in den Stellen $x_\kappa \in (\xi_{\kappa-1}, \xi_\kappa)$ für $\kappa = 1, \cdots, n-1$ sowie in $x_0 = \xi_0$ und in $x_n = \xi_{n-1}$ gefordert. Die Gleichungen zur Bestimmung der Koeffizienten $\tilde{a}_{-2}, \ldots, \tilde{a}_{n-2}$ des interpolierenden Splines fließen also aus

$$
s(x) = \sum_{\nu=-2}^{n-2} \alpha_\nu B_{2\nu}(x)
$$

und lauten

$$
\sum_{\nu=-2}^{n-2} \alpha_\nu B_{2\nu}(x_\kappa) = f(x_\kappa), \quad 0 \le \kappa \le n.
$$

Wählen wir nun exemplarisch als innere Interpolationsstellen $x_\kappa := \xi_{\kappa-1} + \frac{h}{2}$, so benötigen wir also die Werte des Splines $B_{2\nu}$ in den Knoten $\xi_0 = x_0$ und $\xi_{n-1} = x_n$ sowie in $x_\kappa = \xi_{\kappa-1} + \frac{h}{2}$ für $1 \le \kappa \le n-1$.

	ξ_ν	$\xi_{\nu+1}$	$\xi_{\nu+2}$	$\xi_{\nu+3}$
$B_{2\nu}(x)$	0	$\frac{1}{2}$	$\frac{1}{2}$	0

	$x_{\nu+1} = \xi_\nu + \frac{h}{2}$	$x_{\nu+2} = \xi_{\nu+1} + \frac{h}{2}$	$x_{\nu+3} = \xi_{\nu+2} + \frac{h}{2}$
$B_{2\nu}(x)$	$\frac{1}{8}$	$\frac{3}{4}$	$\frac{1}{8}$

$\tilde{\alpha} = (\tilde{a}_{-2}, \ldots, \tilde{a}_{n-2})^T$ berechnet sich also aus dem Gleichungssystem $B\alpha = b$ mit

$$B = \frac{1}{2} \begin{pmatrix} 1 & 1 & & & & & \\ \frac{1}{4} & \frac{3}{2} & \frac{1}{4} & & 0 & & \\ & \frac{1}{4} & \frac{3}{2} & \frac{1}{4} & & & \\ & & \ddots & \ddots & \ddots & \ddots & \\ & 0 & & \ddots & \frac{1}{4} & \frac{3}{2} & \frac{1}{4} \\ & & & & & 1 & 1 \end{pmatrix},$$

$b = (f(x_0), \ldots, f(x_n))^T$.

Problem (ii).

Hier sind $x_0, \ldots, x_n$ die Knoten; $h := \frac{b-a}{n}$. Interpolationsbedingungen sind:
$s(\xi_\nu) = f(\xi_\nu)$ für $0 \le \nu \le n-1$ und $\xi_\nu \in (x_\nu, x_{\nu+1})$, $1 \le \nu \le n-2$, sowie
$s'(\xi_0) = f'(\xi_0)$, $s'(\xi_{n-1}) = f'(\xi_{n-1})$.

Bei der Wahl $\xi_\nu = x_\nu + \frac{h}{2}$, $1 \le \nu \le n-2$ benötigen wir noch zusätzlich die Werte aus der nachfolgenden Tabelle:

	x_ν	$x_{\nu+1}$	$x_{\nu+2}$	$x_{\nu+3}$
$B'_{2\nu}(x)$	0	$\frac{1}{h}$	$-\frac{1}{h}$	0

Das System $B\alpha = b$ hat jetzt die Gestalt

$$B = \frac{1}{2} \begin{pmatrix} -2/h & 2/h & & & & & & \\ 1 & 1 & 0 & & & & 0 & \\ & 1/4 & 3/2 & 1/4 & & & & \\ & & \ddots & \ddots & \ddots & & & \\ & & & \ddots & \ddots & \ddots & & \\ & & & & \ddots & \ddots & \ddots & \\ & & & & \ddots & \ddots & \ddots & \\ & 0 & & & & 1/4 & 3/2 & 1/4 \\ & & & & & 0 & 1 & 1 \\ & & & & & & -2/h & 2/h \end{pmatrix},$$

$b = (f'(\xi_0), f(\xi_0), \ldots, f(\xi_{n-1}), f'(\xi_{n-1}))^T$.

4.3 Ein allgemeines Interpolationsproblem. In dem $(n+\ell)$-dimensionalen Splineraum $S_\ell(\Omega_n)$ scheint es auch sinnvoll, das folgende Interpolationsproblem zu formulieren: Ist es möglich, stets einen Spline $s \in S_\ell(\Omega_n)$ zu finden, der in $(n + \ell)$ willkürlich vorgegebenen (aber paarweise verschiedenen) Stützstellen $\xi_j \in [a, b]$, $1 \leq j \leq n + \ell$, die Werte y_j annimmt?

Die Lösung dieses Interpolationsproblems läuft auf die Lösung eines Systems von $(n + \ell)$ linearen Gleichungen für ebensoviele Unbekannte hinaus; es besteht damit Aussicht auf eine positive Antwort.

Im Grunde ist die eben gestellte Frage überhaupt die erste und nächstliegende, die sich im Zusammenhang mit der Interpolation aufdrängt. Wir werden jedoch gleich sehen, daß das Problem nur unter Einschränkungen an die Lage der Stützstellen lösbar ist. Eine Lösung wie beim allgemeinen Interpolationsproblem für Polynome oder auch in Haarschen Räumen existiert nicht in jedem Fall. Aus diesem Grund haben wir bis jetzt bei der Interpolation durch Splines die Stützstellen immer speziell gewählt, sei es in den Knoten oder auch wie beim quadratischen Spline gezielt nicht in diesen. Im übrigen läßt der Begriff der B-Splines, der uns anfangs noch nicht zur Verfügung stand, erst die Einschränkungen richtig verstehen, die im allgemeinen Fall für die Lage der Stützstellen gemacht werden müssen.

Wir ergänzen dazu die $(n + 1)$ Knoten $x_0, \ldots, x_n$ durch die zusätzlichen Knoten $x_{-\ell}, \cdots, x_{-1}$ und $x_{n+1}, \ldots, x_{n+\ell}$. Dann können wir mit der Basis $B_{\ell,-\ell}, \ldots, B_{\ell,n-1}$ von B-Splines in $S_\ell(\Omega_n)$ arbeiten. Das Interpolationsproblem ist nämlich genau dann für beliebige Stützwerte $y_1, \ldots, y_{n+\ell}$ eindeutig lösbar, wenn jede Stützstelle ξ_j im Innern des Trägers des zugehörigen B-Splines $B_{\ell,-\ell+j-1}$ liegt. Dieser Sachverhalt kommt zum Ausdruck in dem zuerst von I. J. Schoenberg und A. Whitney [1953] bewiesenen

Interpolationssatz. *Gegeben seien die Knoten*

$$x_{-\ell} < \cdots < x_0 < \cdots < x_n < \cdots < x_{n+\ell}.$$

Dazu existiert genau dann ein eindeutig bestimmter Spline $s \in S_\ell(\Omega_n)$, der in den $(n + \ell)$ Stützstellen $\xi_1 < \xi_2 < \cdots < \xi_{n+\ell}$ die beliebig vorgegebenen Werte $y_1, \ldots, y_{n+\ell}$ annimmt, wenn $B_{\ell,-\ell+j-1}(\xi_j) \neq 0$ für $1 \leq j \leq n + \ell$ gilt.

Beweis. Für $\ell = 0$ ist die Aussage des Satzes selbstverständlich; deshalb nehmen wir im Beweis $\ell \geq 1$ an. Wir machen uns im ersten Schritt klar, daß die Bedingungen $B_{\ell,-\ell+j-1}(\xi_j) \neq 0$ notwendig sind.

Ausgehend von der Darstellung $s(x) = \sum_{\nu=-\ell}^{n-1} \alpha_\nu B_{\ell\nu}(x)$ bedeuten die Interpolationsforderungen, daß

$$\sum_{\nu=-\ell}^{n-1} \alpha_\nu B_{\ell\nu}(\xi_j) = y_j$$

für $j = 1, \ldots, n + \ell$ gelten muß. Wir nehmen nun $B_{\ell,-\ell+j-1}(\xi_j) = 0$ an für einen Wert j. Dann gilt entweder $\xi_j \leq x_{-\ell+j-1}$ oder $x_j \leq \xi_j$. Im ersten Fall gilt überdies $B_{\ell\nu}(x) = 0$ für alle $x \leq \xi_j$ bei $\nu \geq -\ell+j-1$. Infolgedessen lauten die ersten j Interpolationsforderungen

$$\sum_{\nu=-\ell}^{-\ell+j-2} \alpha_\nu B_{\ell\nu}(\xi_i) = y_i, \quad (i = 1, \ldots, j).$$

Dies sind j Gleichungen für die $(j-1)$ Unbekannten $\alpha_{-\ell}, \cdots, \alpha_{-\ell+j-2}$; nicht für jede rechte Seite existiert also eine Lösung dieses Gleichungssystems. Ist andererseits $x_j \leq \xi_j$, dann haben die letzten $n+\ell-(j-1)$ Interpolationsforderungen die Form

$$\sum_{\nu=-\ell+j}^{n-1} \alpha_\nu B_{\ell\nu}(\xi_i) = y_i, \quad (j \leq i \leq n + \ell).$$

Wiederum ist die Anzahl der Gleichungen um Eins höher als die der Unbekannten, so daß nicht stets eine Lösung existiert.

Damit ist gezeigt, daß die Bedingungen $B_{\ell,-\ell+j-1}(\xi_j) \neq 0$ für $1 \leq j \leq n+\ell$ *notwendig* dafür sind, daß das Interpolationsproblem stets eine Lösung besitzt.

Diese Bedingungen sind aber auch *hinreichend* für eine eindeutig bestimmte Lösung, wie man im zweiten Schritt einsieht. Wir zeigen, daß $y_i = 0$ für $i = 1, \ldots, n + \ell$ zu $\alpha_\nu = 0$ für $\nu = -\ell, \ldots, n - 1$ führt, daß also dieses homogene Interpolationsproblem nur die Lösung $s = 0$ besitzt, falls die Bedingungen erfüllt sind.

Dazu nehmen wir an, daß $B_{\ell,-\ell+j-1}(\xi_j) \neq 0$ für $j = 1, \ldots, n+\ell$ gelte, daß aber nicht $s = 0$ sei. In diesem Fall gibt es mindestens ein Intervall $[x_\sigma, x_\tau]$, in dem s höchstens isolierte Nullstellen besitzt, während $s(x) = 0$ in $[x_{\sigma-1}, x_\sigma]$ sowie in $[x_\tau, x_{\tau+1}]$ gilt. Der Ergänzung 1.3 können wir entnehmen, daß dabei $\tau - \sigma \geq \ell + 1$ gesichert ist. Die Träger der B-Splines $B_{\ell\sigma}, \ldots, B_{\ell,\tau-(\ell+1)}$ liegen ganz in $[x_\sigma, x_\tau]$. Deshalb liegen *mindestens* die $\tau - (\sigma + \ell)$ Stützstellen $\xi_\sigma, \ldots, \xi_{\tau-(\ell+1)}$ in (x_σ, x_τ), in denen $s(\xi_j) = 0$ gefordert wird. Korollar 1.3, angewandt auf die Zerlegung $x_{\sigma-1} < \cdots < x_{\tau+1}$, gibt aber die Schranke $r \leq \tau - (\sigma + \ell + 1)$ für die Anzahl der Nullstellen in diesem Intervall an. Also muß $s(x) = 0$ für alle Werte $x \in [x_\sigma, x_\tau]$ gelten, und daraus folgt $s = 0$ als einzige Lösung des homogenen Interpolationsproblems. □

Praktische Berechnung. Zur Berechnung dieses interpolierenden Splines geht man zweckmäßigerweise auch hier von der Darstellung durch B-Splines aus. Die Matrix des linearen Gleichungssystems zur Berechnung der Koeffizienten $\tilde{\alpha}_{-\ell}, \ldots, \tilde{\alpha}_{n-1}$ des interpolierenden Splines $\tilde{s} \in S_\ell(\Omega_n)$ ist wie in 4.1 und 4.2 jeweils eine Bandmatrix, für die eine Reihe von Rechenvorteilen besteht. Genaueres darüber sowie Programme findet man in dem Buch von C. de Boor ([1978], Chap. XIII).

4.4 Aufgaben. 1) Für die Funktion $f(x) := ln(x)$ berechne man den im Intervall $[0.01, 1.01]$ interpolierenden kubischen Spline mit hermiteschen Endbedingungen für $n = 5$ und $n = 10$ und skizziere Funktion und Näherungen.

2) Für das Rungesche Beispiel $f(x) := \frac{1}{1+x^2}$, $x \in [-5, +5]$, berechne man den interpolierenden kubischen Spline mit natürlichen Endbedingungen für $n = 10$ und $n = 20$. Wie kann man in diesem Beispiel die Größe der Gleichungssysteme auf die Hälfte reduzieren?

3) Man vergleiche den zur Lösung von Aufgabe 1 und 2 nötigen Rechenaufwand mit dem der Methode zur Berechnung von Splines, die in Aufgabe 2 in 2.5 angewandt wurde.

4) Für die Funktion $f(x) := \sin(2\pi x)$ berechne man

a) für $x \in [0, 1]$ den interpolierenden kubischen Spline mit periodischen Endbedingungen für $n = 4$, 8 und 16;

b) für $x \in [0, \frac{1}{4}]$ den interpolierenden kubischen Spline mit Hermite-Endbedingungen für $n = 2$ und für $n = 4$.

c) Man vergleiche im Intervall $[0, \frac{1}{4}]$ die kubischen Splines aus a) für $n = 8$ und aus b) für $n = 2$ mit den in Aufgabe 5b), Abschn. 5.5.6, berechneten hermiteschen Interpolationspolynomen für eine Viertelperiode des Sinus. Welche der drei Näherungen liefert den genauesten Wert für $\sin(\frac{\pi}{3})$?

5) Es seien die Knoten $x_\nu = x_0 + \nu h$, $0 \leq \nu \leq 4$, mit $x_0 = 0$ und $h = \frac{1}{4}$ gegeben. Man berechne den quadratischen Spline, der die Funktion $f(x) := \exp(-\frac{1}{x^2})$, $f(0) = 0$, in den Stützstellen $\xi_\mu = x_0 + (\mu - 1)h'$, $1 \leq \mu \leq 6$ und $h' = \frac{1}{5}$, interpoliert.

§ 5. Abschätzungen und Approximation durch Splines

Die Untersuchung des Konvergenzverhaltens linearer interpolierender Splines in 2.4 führte uns auch zu einer Fehlerabschätzung für den linearen Spline mit Hilfe des Stetigkeitsmoduls. Man kann erwarten, daß stärkere Voraussetzungen an die Funktion f schnellere Konvergenz der Folge der interpolierenden Splines $(\tilde{s}_n)_{n \in \mathbb{Z}_+}$, $\tilde{s}_n \in S_1(\Omega_n)$, zur Folge haben und daß deshalb auch bessere Fehlerabschätzungen gelten. Interpolation und Approximation durch Splines hängen eng zusammen. Wir werden deshalb in diesem Paragraphen die beiden Problemstellungen für Fehleruntersuchungen miteinander verflechten. Im wesentlichen werden wir uns dabei mit der Approximation bezüglich der Norm $\| \cdot \|_2$ beschäftigen. Ein genaueres Studium der Tschebyschev-Approximation durch Splines hingegen erfordert einige weitergehende Überlegungen, die zwar zu sehr interessanten Ergebnissen führen, aber über den Rahmen dieses Lehrbuchs hinausgehen. Wir beginnen mit

5.1 Fehlerabschätzungen für lineare Splines. Setzen wir lediglich voraus, daß f eine in $[a, b]$ stetige Funktion sei, so gilt für den interpolierenden Spline $\tilde{s} \in S_1(\Omega_n)$ die Fehlerabschätzung 2.4

$$\|f - \tilde{s}\|_\infty \le \omega_f(h).$$

Bei bekanntem Stetigkeitsmodul ist diese Abschätzung praktisch verwendbar. Ist etwa f hölderstetig in $[a, b]$, so daß $|f(x) - f(z)| \le K|x - z|^\alpha$ für einen Wert $0 < \alpha < 1$ gilt, oder lipschitzbeschränkt, $\alpha = 1$, entsteht die Fehlerschranke

$$\|f - \tilde{s}\|_\infty \le Kh^\alpha.$$

Ist f lipschitzbeschränkt, konvergiert also die Folge der linearen interpolierenden Splines gleichmäßig *linear* bezüglich des maximalen Knotenabstands h gegen f.

Nehmen wir nun $f \in C_1[a, b]$ an. Aus der Newtonschen Identität 5.2.3 erhalten wir für $\tilde{s} \in S_1(\Omega_n)$ in $[x_\nu, x_{\nu+1}]$ die Fehlerdarstellung

$$f(x) - \tilde{s}(x) = (x - x_\nu)(x - x_{\nu+1})[x_{\nu+1}\, x_\nu\, x]f,$$

in der

$$[x_{\nu+1}\, x_\nu\, x]f = [x_{\nu+1}\, x\, x_\nu]f = \frac{1}{x_{\nu+1} - x_\nu}([x_{\nu+1}x]f - [xx_\nu]f)$$

bzw.

$$[x_{\nu+1}\, x_\nu\, x]f = \frac{1}{x_{\nu+1} - x_\nu}\left(\frac{f(x) - f(x_{\nu+1})}{x - x_{\nu+1}} - \frac{f(x) - f(x_\nu)}{x - x_\nu}\right)$$

ist. Nach dem Mittelwertsatz gibt es Zwischenstellen $\eta_\nu, \zeta_\nu \in (x_\nu, x_{\nu+1})$, so daß

$$f'(\eta_\nu) = \frac{f(x) - f(x_{\nu+1})}{x - x_{\nu+1}} \quad \text{und} \quad f'(\zeta_\nu) = \frac{f(x) - f(x_\nu)}{x - x_\nu}$$

gilt. Deshalb ist

$$|f(x) - \tilde{s}(x)| \le \frac{x_{\nu+1} - x_\nu}{4} \max_{\eta, \zeta \in [x_\nu, x_{\nu+1}]} |f'(\eta) - f'(\zeta)|$$

in $[x_\nu, x_{\nu+1}]$ und schließlich gleichmäßig in $[a, b]$

$$(*) \qquad \qquad \|f - \tilde{s}\|_\infty \le \frac{h}{4}\omega_{f'}(h).$$

Bei lipschitzbeschränkter Ableitung von f bedeutet das beispielsweise

$$\|f - \tilde{s}\|_\infty \le \frac{K}{4}h^2,$$

also *quadratische* Konvergenz bezüglich h.

Gehen wir weiter zu der Annahme $f \in C_2[a, b]$, so folgt aus

$$[x_{\nu+1}\, x_\nu\, x] = \frac{1}{2} f''(\xi), \quad \xi \in (x_\nu, x_{\nu+1}),$$

nach 5.2.6 und aus der Fehlerdarstellung oben für $x \in [x_\nu, x_{\nu+1}]$

$$|f(x) - \tilde{s}(x)| \le \frac{(x_{\nu+1} - x_\nu)^2}{8} \max_{t \in [x_\nu, x_{\nu+1}]} |f''(t)|$$

und damit

(∗∗)
$$\left\| f - \tilde{s} \right\|_\infty \le \frac{h^2}{8} \| f'' \|_\infty$$

als Fehlerabschätzung in $[a, b]$. Diese Abschätzung ist uns aus der Fehler-schranke 5.1.4 im wesentlichen schon bekannt. Die zur Herleitung verwendete Fehlerdarstellung zeigt, daß man auch bei zweimaliger stetiger Differenzierbar-keit von f i. allg. über die quadratische Konvergenz nicht hinauskommt.

5.2 Zur gleichmäßigen Approximation durch lineare Splines. In 1.3 haben wir uns schon klargemacht, daß in einem Splineraum $S_\ell(\Omega_n)$ stets ein Proximum an eine stetige Funktion f bezüglich der Tschebyschev-Norm $\| \cdot \|_\infty$ existiert. Allerdings können wir uns mit der Berechnung der Proxima bezüglich dieser Norm hier nicht allgemein beschäftigen. Im Fall des linearen Splines können wir jedoch leicht darüber Aufschluß erhalten, wieweit man durch In-terpolation einem Proximum nahekommen kann.

Sei $\tilde{s} \in S_1(\Omega_n)$ der Spline, der f in den Knoten interpoliert. Dann gilt

$$\|\tilde{s}\|_\infty = \max_\nu |\tilde{s}(x_\nu)| = \max_\nu |f(x_\nu)| \le \|f\|_\infty, \ 0 \le \nu \le n;$$

für einen beliebigen Spline $s \in S_1(\Omega_n)$ folgt daraus

$$\|\tilde{s} - s\|_\infty \le \|f - s\|_\infty,$$

da ja $(\tilde{s} - s)$ die Funktion $(f - s)$ interpoliert. Dann gilt auch

$$\|f - \tilde{s}\|_\infty = \|(f - s) - (\tilde{s} - s)\|_\infty \le \|f - s\|_\infty + \|\tilde{s} - s\|_\infty \le 2\|f - s\|_\infty$$

und damit für den Minimalabstand $E_{S_1(\Omega_n)}(f) = \min_{s \in S_1(\Omega_n)} \|f - s\|_\infty$ die

Abschätzung

$$E_{S_1(\Omega_n)}(f) \le \|f - \tilde{s}\|_\infty \le 2E_{S_1(\Omega_n)}(f).$$

Der interpolierende lineare Spline stellt also einen brauchbaren Ersatz für ein Proximum an f aus $S_1(\Omega_n)$ dar.

5.3 Ausgleichen durch lineare Splines. Das Proximum $\hat{s} \in S_\ell(\Omega_n)$ bezüglich der Norm $\| \cdot \|_2$ an eine stetige Funktion erhalten wir nach 4.5.2 aus den Normalgleichungen. Da $S_\ell(\Omega_n) = \mathrm{span}(B_{\ell,-\ell}, \ldots, B_{\ell,n-1})$, lauten diese

$$\sum_{\nu=-\ell}^{n-1} \alpha_\nu \langle B_{\ell\nu}, B_{\ell\mu} \rangle = \langle f, B_{\ell\mu} \rangle$$

für $\mu = -\ell, \ldots, n-1$ bzw. im linearen Fall

$$\sum_{\nu=-1}^{n-1} \alpha_\nu \langle B_{1\nu}, B_{1\mu} \rangle = \langle f, B_{1\mu} \rangle$$

für $\mu = -1, \ldots, n-1$ mit dem inneren Produkt $\langle u,v \rangle := \int_a^b u(x)v(x)dx$ für je zwei Funktionen $u, v \in C[a,b]$. Infolge der Struktur der B-Splines hat die Matrix $B := (\langle B_{1\nu}, B_{1\mu} \rangle)_{\nu,\mu=-1}^{n-1}$ Bandstruktur. Man berechnet für *gleichabständige Knoten* mit dem Knotenabstand h

$$B = \frac{h}{6} \begin{pmatrix} 2 & 1 & & & & \\ 1 & 4 & 1 & & 0 & \\ & \ddots & \ddots & \ddots & & \\ & & \ddots & \ddots & \ddots & \\ & 0 & & 1 & 4 & 1 \\ & & & & 1 & 2 \end{pmatrix}.$$

Die Gramsche Matrix B ist nichtsingulär, übrigens sogar diagonaldominant, so daß sich die Koeffizienten $\hat{\alpha}_\nu$ in der Darstellung $\hat{s} = \sum_{\nu=-1}^{n-1} \hat{\alpha}_\nu B_{1\nu}$ des Proximums eindeutig aus den Normalgleichungen ergeben.

Ein Vergleich des Fehlers $\|f - \hat{s}\|_\infty$ mit der Minimalabweichung $E_{S_1(\Omega_n)}(f)$ bezüglich der Tschebyschev-Norm ist auch hier einfach zu gewinnen. Es gilt nämlich die

Abschätzung. Sei $f \in C[a,b]$, und sei $\hat{s} \in S_1(\Omega_n)$ das Proximum an f bezüglich der Norm $\| \cdot \|_2$. Dann gilt

$$\|f - \hat{s}\|_\infty \le 4E_{S_1(\Omega_n)}(f).$$

Beweis. Für $\mu = 0, \ldots, n-2$ lautet jede der Normalgleichungen

$$\frac{h}{6}\alpha_{\mu-1} + \frac{2h}{3}\alpha_\mu + \frac{h}{6}\alpha_{\mu+1} = \langle f, B_{1\mu} \rangle;$$

ist $\hat{\alpha}_\rho$ ein betragsgrößter unter den Koeffizienten $\hat{\alpha}_\nu$, $|\hat{\alpha}_\rho| = \max\limits_{\nu=-1,\dots,n-1} |\hat{\alpha}_\nu|$, so folgt daraus zunächst, falls $\rho \in \{0, \dots, n-2\}$ ist,

$$|2\hat{\alpha}_\rho| = |\frac{3}{h}\langle f, B_{1\rho}\rangle - (\frac{1}{2}\hat{\alpha}_{\rho-1} + \frac{1}{2}\hat{\alpha}_{\rho+1})| \le \frac{3}{h}|\langle f, B_{1\rho}\rangle| + |\hat{\alpha}_\rho|$$

und damit

$$|\hat{\alpha}_\rho| \le \frac{3}{h}|\langle f, B_{1\rho}\rangle|.$$

Da aber

$$\frac{1}{h}|\langle f, B_{1\mu}\rangle| \le \|f\|_\infty \frac{1}{h}\int_{x_\mu}^{x_{\mu+2}} B_{1\mu}(x)dx = \|f\|_\infty$$

für $\mu = 0, \dots, n-2$ gilt, führt das zu $|\hat{\alpha}_\rho| \le 3\|f\|_\infty$.

Ist ρ einer der Werte -1 oder $(n-1)$, folgt aus der ersten bzw. der letzten der Normalgleichungen dieselbe Abschätzung. Mit

$$\|\hat{s}\|_\infty = \max_\nu |\hat{s}(x_\nu)| = \max_\nu |\hat{\alpha}_\nu|$$

gilt also

$$\|\hat{s}\|_\infty \le 3\|f\|_\infty.$$

Sei nun $s \in S_1(\Omega_n)$ beliebig; dann ist

$$\|f - \hat{s}\|_\infty = \|(f-s) - (\hat{s}-s)\|_\infty \le \|f-s\|_\infty + \|\hat{s}-s\|_\infty \le$$
$$\le \|f-s\|_\infty + 3\|f-s\|_\infty = 4\|f-s\|_\infty,$$

da $(\hat{s}-s)$ Proximum an die Funktion $(f-s)$ ist.   □

5.4 Fehlerabschätzungen für Splines höheren Grades.

Mit dem Ziel einer exemplarischen Fehlerabschätzung wollen wir uns nun unter der Annahme $f \in C_4[a,b]$ den kubischen interpolierenden Spline mit Hermite-Endbedingungen (Typ (i)) vornehmen. Wir schicken dazu ein Lemma voraus, das einen Zusammenhang zwischen diesem Spline und dem eindeutig bestimmten Proximum bezüglich der Norm $\|\cdot\|_2$ aus $S_1(\Omega_n)$ an f'' herstellt.

Lemma. *Sei $f \in C_2[a,b]$ und sei $\tilde{s} \in S_3(\Omega_n)$ der interpolierende kubische Spline mit Hermite-Endbedingungen. Dann ist $\tilde{s}''$ das Proximum aus $S_1(\Omega_n)$ an f'' bezüglich der Norm $\|\cdot\|_2$, also*

$$\|f'' - \tilde{s}''\|_2 \le \|f'' - s\|_2$$

für alle $s \in S_1(\Omega_n)$.

Beweis. Vorbemerkung zur Bezeichnung: In diesem Beweis wird der interpolierende kubische Spline vom Typ (i) an eine Funktion $u \in C_2[a,b]$ mit $\tilde{s}_u$ bezeichnet.

Sei $s \in S_1(\Omega_n)$ beliebig; mit diesem Spline s definieren wir eine Funktion $\sigma(x) := \int_a^b (x - t)_+ s(t)dt$. Für diese gilt $\sigma'' = s$, also ist $\sigma \in S_3(\Omega_n)$, und $\tilde{s}_\sigma$ ist mit σ identisch: $\tilde{s}_\sigma = \sigma$.

Schreiben wir die Integralrelation 2.1 in der Form

$$\|g''\|_2^2 = \|g'' - \tilde{s}_g''\|_2^2 + \|\tilde{s}_g''\|_2^2$$

und das Element f als $f = g + \sigma$, so wird daraus mit $g = f - \sigma$ und mit $\tilde{s}_{(f-\sigma)} = \tilde{s}_f - \tilde{s}_\sigma$

$$\|f'' - \sigma''\|_2^2 = \|f'' - \sigma'' - (\tilde{s}_f - \tilde{s}_\sigma)''\|_2^2 + \|\tilde{s}_f - \tilde{s}_\sigma\|_2^2$$

bzw.

$$\|f'' - s\|_2^2 = \|f'' - \tilde{s}_f''\|_2^2 + \|\tilde{s}_f - \tilde{s}_\sigma\|_2^2.$$

Also gilt

$$\|f'' - \tilde{s}_f''\|_2^2 \leq \|f'' - s\|_2^2$$

für alle $s \in S_1(\Omega_n)$; Gleichheit tritt genau für $\tilde{s}_f = \tilde{s}_\sigma$, d. h. für $s := \tilde{s}_f''$ ein, so daß $\tilde{s}_f''$ das Proximum aus $S_1(\Omega_n)$ an f'' ist. $\Box$

Nun wenden wir uns dem Fehler des interpolierenden kubischen Splines $\tilde{s} \in S_3(\Omega_n)$ vom Typ (i) einer Funktion $f \in C_4[a, b]$ *bei gleichabständigen Knoten* zu. Für $d := f - \tilde{s}$ lautet die Newtonsche Identität in jedem der Teilintervalle $[x_\nu, x_{\nu+1}]$, $0 \leq \nu \leq n - 1$,

$$d(x) = d(x_\nu) + (x - x_\nu)[x_\nu x_{\nu+1}]d + (x - x_\nu)(x - x_{\nu+1})\frac{d''(\xi)}{2} =$$
$$= (x - x_\nu)(x - x_{\nu+1})\frac{d''(\xi)}{2}, \quad \xi \in (x_\nu, x_{\nu+1}),$$

da ja $d(x_\nu) = 0$ und $[x_\nu, x_{\nu+1}]d = 0$ gilt.

Also ist

$$|d(x)| \leq \frac{h^2}{8} \max_{t \in [x_\nu, x_{\nu+1}]} |d''(t)|$$

für jeden Wert x in jedem der Teilintervalle $[x_\nu, x_{\nu+1}]$, d. h.

$$\|f - \tilde{s}\|_\infty \leq \frac{h^2}{8}\|f'' - \tilde{s}''\|_\infty \leq \frac{h^2}{2} E_{S_1(\Omega_n)}(f'')$$

kraft des Lemmas und der Abschätzung 5.3.

Für den Minimalabstand gilt nun erst recht die Fehlerschranke $(\ast\ast)$ in 5.1

$$E_{S_1(\Omega_n)}(f'') \leq \frac{h^2}{8}\|f^{(4)}\|_\infty;$$

damit erhalten wir schließlich für den Fehler des interpolierenden kubischen Splines vom Typ (i) *bei gleichabständigen Knoten* die

Fehlerschranke

$$\|f - \tilde{s}\|_\infty \leq \frac{h^4}{16} \|f^{(4)}\|_\infty.$$

Diese Fehlerschranke ist optimal bezüglich der Ordnung des Knotenabstandes h, jedoch nicht bezüglich der Konstanten 1/16. Durch verfeinerte Betrachtungen konnte C. A. Hall [1968] zeigen, daß sie zu dem Wert 5/384 verbessert werden kann; dieser Wert ist der bestmögliche.

Um optimale Abschätzungen zu gewinnen, müßten wir die Splines verschiedener Typen und Grade einzeln untersuchen. Stattdessen soll jetzt unter Preisgabe der Optimalität eine für alle interpolierenden Splines ungeraden Grades $(2m - 1)$ der Typen (i) – (iii) mit $m \geq 2$ gültige Fehlerabschätzung hergeleitet werden, die auch Auskunft über die Konvergenz der Ableitungen gibt. Sie gilt für beliebige Knotenverteilung. Mit $h := \max_\nu |x_{\nu+1} - x_\nu|$ erhält man die

Fehlerabschätzung. *Sei $f \in C_m[a, b]$ und sei $\tilde{s} \in S_{2m-1}(\Omega_n)$ interpolierender Spline eines der Typen (i) – (iii). Dann gilt die Abschätzung*

$$\|f^{(j)} - \tilde{s}^{(j)}\|_\infty \leq \frac{m!}{\sqrt{m}} \frac{1}{j!} h^{m-j-\frac{1}{2}} \|f^{(m)}\|_2$$

für $m = 2, \cdots$ und $0 \leq j \leq m - 1$.

Beweis. Für $d := f - \tilde{s} \in C_m[a, b]$ gilt $d(x_\nu) = 0$ für $\nu = 0, \ldots, n$. Wir untersuchen die Lage der Nullstellen von $d^{(j)}$.

Nach dem Satz von Rolle liegt zwischen je zwei benachbarten Interpolationsknoten mindestens eine Nullstelle von d'; in jedem Intervall $[x_\nu, x_{\nu+j}]$, $\nu + j \leq n$, liegen also mindestens deren j, demzufolge mindestens $(j - 1)$ Nullstellen von d'' usw. und endlich mindestens eine Nullstelle von $d^{(j)}$.

Sei nun ζ_j ein Wert, für den $|d^{(j)}(\zeta_j)| = \|d^{(j)}\|_\infty$ gilt. Die nächstgelegene Nullstelle ξ_j von $d^{(j)}$ ist um weniger als $(j + 1)$ Teilintervalle von ζ_j entfernt: $|\zeta_j - \xi_j| < (j + 1)h$.

Damit gilt für $j \leq m - 2$

$$\|d^{(j)}\|_\infty = \left| \int_{\xi_j}^{\zeta_j} d^{(j+1)}(x)dx \right| \leq (j + 1)h \|d^{(j+1)}\|_\infty \leq$$

$$\leq (j + 1)(j + 2)h^2 \|d^{(j+2)}\|_\infty \leq \cdots \leq$$

$$\leq (j + 1) \cdots (m - 1)h^{m-j-1} \|d^{(m-1)}\|_\infty = \frac{(m - 1)!}{j!} h^{m-j-1} \|d^{(m-1)}\|_\infty;$$

diese Relation gilt trivialerweise auch für $j = m - 1$.

Weiter fließt aus der Schwarzschen Ungleichung die Abschätzung

$$\|d^{(m-1)}\|_\infty = \left| \int_{\xi_{m-1}}^{\zeta_{m-1}} d^{(m)}(x)dx \right| \le (m\,h)^{\frac{1}{2}} \left| \int_{\xi_{m-1}}^{\zeta_{m-1}} (d^{(m)}(x))^2 dx \right|^{\frac{1}{2}} \le$$

$$\le (m\,h)^{\frac{1}{2}} \|d^{(m)}\|_2,$$

und vermöge der Integralrelation 2.1 gilt

$$\|d^{(m)}\|_2 \le \|f^{(m)}\|_2.$$

Also ergibt sich insgesamt die Abschätzung

$$\|d^{(j)}\|_\infty \le \frac{m!}{\sqrt{m}} \frac{1}{j!} h^{m-j-\frac{1}{2}} \|f^{(m)}\|_2. \qquad \square$$

Kommentar. Im Fall $m := 1$ des linearen Splines kennen wir bereits die Schranke (∗) in 5.1, die auch für eine Konvergenzaussage brauchbar ist.

Für $m := 2$, den kubischen Spline, liefert die Fehlerabschätzung die Schranken

$$\|f - \tilde{s}\|_\infty \le \sqrt{2} h^{\frac{3}{2}} \|f''\|_2$$

und

$$\|f' - \tilde{s}'\|_\infty \le \sqrt{2} h^{\frac{1}{2}} \|f''\|_2.$$

Diese Schranken sind weder für numerische Fehlerabschätzungen brauchbar noch optimal. Tatsächlich kann $\|f - \tilde{s}\|_\infty = O(h^2)$ und $\|f' - \tilde{s}'\|_\infty = O(h)$ für $f \in C_2[a, b]$ gezeigt werden. Unsere Fehlerabschätzung hat aber Bedeutung in zweierlei Hinsicht: Sie läßt eine Konvergenzaussage für $\|f - \tilde{s}\|_\infty$ zu und zeigt überdies, daß auch gleichmäßige Konvergenz der Ableitung der interpolierenden Splines gegen f' eintritt, wenn h gegen Null geht.

Allgemein gilt als Folge der Fehlerabschätzungen der

Konvergenzsatz. *Sei $\tilde{s}_n \in S_{2m-1}(\Omega_n)$ interpolierender Spline eines der Typen (i) – (iii) einer Funktion $f \in C_m[a, b]$. Dann konvergiert die Folge $(\tilde{s}_n)$ gleichmäßig gegen f, wenn der maximale Knotenabstand in der Zerlegung Ω_n für $n \to \infty$ gegen Null geht. Außerdem konvergieren für $m \ge 2$ auch die Folgen $(\tilde{s}_n^{(j)})$ der Ableitungen für $j = 1, \ldots, m-1$ gleichmäßig gegen die Ableitungen $f^{(j)}$.*

Erläuterung. Die Aussage des Konvergenzsatzes ist nicht ganz so einfach, wie man es nach unserer Untersuchung der linearen Splines in 2.4 vielleicht hätte erwarten können. Dort genügte die Bedingung $h \to 0$ für $n \to \infty$ bei nur stetigem f für die gleichmäßige Konvergenz der Folge der linearen interpolierenden Splines. Man kann auch für Splines höheren Grades unter der

Annahme $f \in C[a, b]$ Konvergenzsätze beweisen; das gelingt beispielsweise im Fall der kubischen Splines, wenn man noch annimmt, daß das Verhältnis von h zum minimalen Interpolationsknotenabstand in der Folge (Ω_n) der Zerlegungen gleichmäßig beschränkt ist.

5.5 Ausgleichssplines höheren Grades. Die Normalgleichungen 4.5.2 zur Berechnung des Ausgleichssplines $\hat{s} \in S_\ell(\Omega_n)$ an eine stetige Funktion f lauten wie in 5.3

$$\sum_{\nu=-\ell}^{n-1} \alpha_\nu \langle B_{\ell\nu}, B_{\ell\mu} \rangle = \langle f, B_{\ell\mu} \rangle$$

für $\mu = -\ell, \ldots, n-1$. Sie sind bestimmt durch die Matrix B, die für eine gegebene Zerlegung Ω_n ein für allemal berechnet werden kann, und durch die rechte Seite, die von Fall zu Fall bestimmt werden muß.

Für gleichabständige Knoten ist die Bandmatrix B symmetrisch und enthält außer der Hauptdiagonalen 2ℓ Nebendiagonalen, deren Elemente von Null verschieden sind. Sie hat jeweils die Gestalt

$$B = \begin{pmatrix} b_{11} & \cdots & b_{1,\ell+1} & & & & \\ \vdots & \ddots & \vdots & \ddots & & 0 & \\ b_{1,\ell+1} & & b_{\ell+1,\ell+1} & & \ddots & & \\ & \ddots & & \ddots & & \ddots & \\ & & \ddots & & b_{\ell+1,\ell+1} & \cdots & b_{1,\ell+1} \\ & 0 & & \ddots & \vdots & \ddots & \vdots \\ & & & & b_{1,\ell+1} & & b_{11} \end{pmatrix}$$

und wird durch die Angabe der oberen Dreiecksmatrix der $(\ell + 1)$-reihigen Hauptuntermatrix in der linken oberen Ecke von B vollständig beschrieben.

Für $\ell = 0$ ist $B = h\,I$ mit der Einheitsmatrix I. Für $\ell = 1$ wurde B in 5.3 schon angegeben. Die maßgebende obere Dreiecksmatrix berechnet man

für $\ell = 2$ zu $\quad \dfrac{h}{120} \begin{pmatrix} 6 & 13 & 1 \\ 0 & 60 & 26 \\ 0 & 0 & 66 \end{pmatrix} \quad$ und

für $\ell = 3$ zu $\quad \dfrac{h}{5040} \begin{pmatrix} 20 & 129 & 60 & 1 \\ 0 & 1208 & 1062 & 120 \\ 0 & 0 & 2396 & 1191 \\ 0 & 0 & 0 & 2416 \end{pmatrix}$.

5.6 Aufgaben. 1) Sei Ω_n eine Zerlegung des Intervalls $[a, b]$, $\tilde{s} \in S_1(\Omega_n)$ interpolierender Spline an eine Funktion $f \in C_2[a, b]$ und h maximaler Abstand zweier benachbarter Knoten. Mit Hilfe der Fehlerdarstellung durch den Peano-Kern leite man die Fehlerschranken

$$\|f - \tilde{s}\|_\infty \le \frac{h^2}{8}\|f''\|_\infty \quad \text{und} \quad \|f' - \tilde{s}'\|_\infty \le \frac{h}{2}\|f''\|_\infty \quad \text{her.}$$

2) Man beweise die folgende *Ungleichung von Wirtinger*: Sei $u \in C_1[0, 2\pi]$, $u(0) = u(2\pi)$ und $\int_0^{2\pi} u(t)dt = 0$. Dann gilt

$$\int_0^{2\pi} [u(t)]^2 dt \le \int_0^{2\pi} [\frac{du}{dt}]^2 dt.$$

Hinweis: Man setze für u eine Fourierentwicklung an.

Weiter zeige man, daß aus dieser Ungleichung für $f \in C_1[a, b]$ bei der Annahme $f(a) = f(b) = 0$ die Ungleichung

$$\pi^2 \int_a^b [f(x)]^2 dx \le (b - a)^2 \int_a^b [f'(x)]^2 dx$$

folgt.

3) a) Man zeige die Gültigkeit der Integralrelation 2.1 auch für lineare Splines ($m = 1$).

b) Damit und durch Anwendung der in Aufgabe 2 bewiesenen Ungleichung zeige man für den interpolierenden Spline $\tilde{s}$ die Abschätzung $\|f - \tilde{s}\|_2 \le \frac{h}{\pi}\|f'\|_2$ für $f \in C_1[a, b]$ über die Ungleichung $\|f - \tilde{s}\|_2 \le \frac{h}{\pi}\|f' - \tilde{s}'\|_2$.

4) a) Man beweise die "zweite Integralrelation": Sei $f \in C_2[a, b]$ und $\tilde{s} \in S_1(\Omega_n)$ interpolierender linearer Spline. Dann gilt

$$\|f' - \tilde{s}'\|_2^2 = \langle f - \tilde{s}, f'' \rangle.$$

b) Damit und unter Heranziehen der Aufgabe 3b) folgere man die Abschätzung

$$\|f - \tilde{s}\|_2 \le \frac{h^2}{\pi^2}\|f''\|_2.$$

5) Sei Ω_n eine Zerlegung des Intervalls $[a, b]$, $\tilde{s} \in S_3(\Omega_n)$ interpolierender kubischer Spline mit Hermite-Endbedingungen an eine Funktion $f \in C_4[a, b]$ und $h := \max_{\nu=0,\dots,n-1} |x_{\nu+1} - x_\nu|$. Man beweise die Abschätzung

$$\|f - \tilde{s}\|_2 \le 4\frac{h^4}{\pi^4}\|f^{(4)}\|_2$$

in folgenden Schritten:

a) Durch partielle Integration und Anwendung der Ungleichung aus Aufgabe 2 zeige man

$$\|f - \tilde{s}\|_2 \le \frac{h}{\pi}\|f' - \tilde{s}'\|_2;$$

b) Durch Anwendung des Satzes von Rolle auf $f - \tilde{s}$ zeige man

$$\|f' - \tilde{s}'\|_2^2 \leq \frac{(2h)^2}{\pi^2} \|f - \tilde{s}\|_2 \|f^{(4)}\|_2$$

und dann die Abschätzung.

6) Man löse die Aufgabe 3 in 1.4, das Proximum bezüglich $\|\cdot\|_2$ aus $S_1(\Omega_n)$ an $f(x) := x^2$ in $[0, 1]$ zu berechnen, für eine äquidistante Zerlegung mit $n = 5$ und $n = 10$ nach 5.3. Die Abschätzung 5.3 in Verbindung mit Abschätzung 5.2 sowie Formel $(**)$ in 5.1 ist für $\|f - \hat{s}\|_\infty$ durchzuführen und auf ihre Güte und Konvergenzordnung in h numerisch nachzuprüfen.

§ 6. Mehrdimensionale Splines

Wie wir es bereits von der mehrdimensionalen Interpolation aus 5.6 kennen, wirft die Verallgemeinerung des Splinekonzepts auf mehrere Dimensionen eine Reihe neuer Fragen auf. Wir behandeln in diesem Paragraphen rechteckige Grundgebiete in zwei Dimensionen. Wie in 5.6.2 stützen wir uns auf ein Netz von $(n + 1)(k + 1)$ Gitterpunkten

$$a = x_0 < \cdots < x_n = b,$$
$$c = y_0 < \cdots < y_k = d$$

und untersuchen solche Approximationen, die in x- und in y-Richtung als Splines darzustellen sind.

6.1 Bilineare Splines. Als Analoga der eindimensionalen linearen B-Splines führen wir die Basisfunktionen

$$B_{1\nu\kappa}(x, y) := \begin{cases} \dfrac{(x_{\nu+2}-x)(y_{\kappa+2}-y)}{(x_{\nu+2}-x_{\nu+1})(y_{\kappa+2}-y_{\kappa+1})} & \text{für } (x, y) \in \text{I} \\[2ex] \dfrac{(x-x_\nu)(y_{\kappa+2}-y)}{(x_{\nu+1}-x_\nu)(y_{\kappa+2}-y_{\kappa+1})} & \text{für } (x, y) \in \text{II} \\[2ex] \dfrac{(x-x_\nu)(y-y_\kappa)}{(x_{\nu+1}-x_\nu)(y_{\kappa+1}-y_\kappa)} & \text{für } (x, y) \in \text{III} \\[2ex] \dfrac{(x_{\nu+2}-x)(y-y_\kappa)}{(x_{\nu+2}-x_{\nu+1})(y_{\kappa+1}-y_\kappa)} & \text{für } (x, y) \in \text{IV} \end{cases}$$

für $\nu = -1, \ldots, n - 1$ und $\kappa = -1, \cdots, k - 1$ ein. Hierbei ist
$$\text{I} := [x_{\nu+1}, x_{\nu+2}] \times [y_{\kappa+1}, y_{\kappa+2}], \quad \text{II} := [x_\nu, x_{\nu+1}] \times [y_{\kappa+1}, y_{\kappa+2}],$$
$$\text{III} := [x_\nu, x_{\nu+1}] \times [y_\kappa, y_{\kappa+1}], \quad \text{IV} := [x_{\nu+1}, x_{\nu+2}] \times [y_\kappa, y_{\kappa+1}].$$

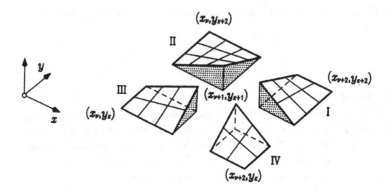

Mit ihrer Hilfe erhalten wir die Darstellung

$$s = \sum_{\substack{-1 \le \nu \le n-1 \\ -1 \le \kappa \le k-1}} \alpha_{\nu\kappa} B_{1\nu\kappa}$$

eines bezüglich x und y linearen, also *bilinearen* Splines. Der eindeutig bestimmte Spline, der in allen Gitterpunkten eine Funktion $f : [a, b] \times [c, d] \to \mathbb{R}$
interpoliert, ist gegeben durch

$$s(x, y) = \sum_{\substack{-1 \le \nu \le n-1 \\ -1 \le \kappa \le k-1}} f(x_{\nu+1}, y_{\kappa+1}) B_{1\nu\kappa}(x, y).$$

Bei den bilinearen Basiselementen $B_{1\nu\kappa}$ handelt es sich jetzt um die Produkte
$B_{1\nu\kappa}(x, y) = B_{1\nu}^x(x) B_{1\kappa}^y(y)$ der linearen B-Splines $B_{1\nu}^x$ in x-Richtung und $B_{1\kappa}^y$
in y-Richtung.

Sind nun $X_r := \text{span}(\varphi_1, \dots, \varphi_r)$ und $Y_m := \text{span}(\psi_1, \dots, \psi_m)$ zwei lineare
Funktionenräume der Dimension r bzw. m, so ist das

Tensorprodukt

$$X_r \otimes Y_m := \text{span}\{\varphi_\rho \psi_\mu \mid (\varphi_\rho \psi_\mu)(x, y) := \varphi_\rho(x) \psi_\mu(y) \text{ für } 1 \le \rho \le r, 1 \le \mu \le m\}$$

als lineare Hülle der $r \cdot m$ Produkte $\varphi_\rho \psi_\mu$ ein linearer Raum der Dimension
$r \cdot m$. Also ist der Raum der bilinearen Splines der Tensorproduktraum der
Dimension $(n + 1)(k + 1)$, der aus den Splineräumen $\text{span}(B_{1,-1}^x, \dots, B_{1,n-1}^x)$
und $\text{span}(B_{1,-1}^y, \dots, B_{1,k-1}^y)$ entsteht.

Den Fehler des bilinearen interpolierenden Splines $s(x, y)$ entnehmen wir
dem Interpolationsfehler 5.6.3. Ist nämlich $f \in C_2([a, b] \times [c, d])$ und ist

$$h_x := \max_{\nu=0,\dots,n-1} |x_{\nu+1} - x_\nu|, \quad h_y := \max_{\kappa=0,\dots,k-1} |y_{\kappa+1} - y_\kappa|,$$

so erhalten wir danach die

Fehlerabschätzung

$$\|f - \bar{s}\|_\infty \leq \frac{1}{8}(h_x^2\|D_x^2 f\|_\infty + h_y^2\|D_y^2 f\|_\infty).$$

6.2 Bikubische Splines. Die Tensorproduktbildung der Räume kubischer Splines mit einer aus den kubischen B-Splines $B_{3\mu}$, $(\mu = -3, \ldots, n-1)$, gebildeten Basis $\{B_{3,-3}^x, \ldots, B_{3,n-1}^x\}$ und $\{B_{3,-3}^y, \ldots, B_{3,k-1}^y\}$ führt zu der Darstellung

$$s(x,y) = \sum_{\substack{-3 \leq \nu \leq n-1 \\ -3 \leq \kappa \leq k-1}} \alpha_{\nu\kappa} B_{3\nu}^x(x) B_{3\kappa}^y(y).$$

Durch geeignete Bestimmung der $(n+3)(k+3)$ Parameter $\alpha_{\nu\kappa}$, $-3 \leq \nu \leq n-1$, $-3 \leq \kappa \leq k-1$, lassen sich die Interpolationsbedingungen

$$s(x_\nu, y_\kappa) = f(x_\nu, y_\kappa)$$

für $\nu = 0, \ldots, n$ und $\kappa = 0, \cdots, k$ erfüllen.

Dazu kommen etwa bei hermiteschen Randbedingungen die Forderungen

$$\left.\begin{array}{l} D_x s(x_0, y_\kappa) = D_x f(x_0, y_\kappa) \\ D_x s(x_n, y_\kappa) = D_x f(x_n, y_\kappa) \end{array}\right\}, 0 \leq \kappa \leq k,$$

$$\left.\begin{array}{l} D_y s(x_\nu, y_0) = D_y f(x_\nu, y_0) \\ D_y s(x_\nu, y_k) = D_y f(x_\nu, y_k) \end{array}\right\}, 0 \leq \nu \leq n,$$

samt den Eckenbedingungen

$$D_x D_y s(x_\nu, y_\kappa) = D_x D_y f(x_\nu, y_\kappa)$$

für $\nu = 0, n$ und für $\kappa = 0, k$. Durch diese

$$(n+1)(k+1) + 2(n+1) + 2(k+1) + 4 = (n+3)(k+3)$$

Bedingungen sind die Werte $\alpha_{\nu\kappa}$ eindeutig bestimmt. Entsprechend lassen sich natürliche und periodische Splines behandeln.

Ist $f \in C_4([a,b] \times [c,d])$, so gilt die

Fehlerabschätzung

$$\|f - \bar{s}\|_\infty \leq \frac{5}{384}h_x^4\|D_x^4 f\|_\infty + \frac{4}{9}h_x^2 h_y^2\|D_x^2 D_y^2 f\|_\infty + \frac{5}{384}h_y^4\|D_y^4 f\|_\infty.$$

Diese Abschätzung ist optimal; der Nachweis findet sich in der Arbeit von C. A. Hall [1968].

6.3 Blende-Splines. Eine von der Tensorproduktbildung verschiedene Verallgemeinerung eindimensionaler Splines auf zwei Dimensionen wird durch die Bildung von *Blende-Splines* (Spline-blended Functions) gegeben. Sie wurden ursprünglich mit dem Ziel entwickelt, die automatisierte Formgebung von Flächenteilen technischer Produkte zu steuern (W. J. Gordon [1969]).

Bezeichnen wir mit $\mathcal{P}_x f$ den in den Knoten interpolierenden Spline an eine Funktion zweier Veränderlichen $f : [a,b] \times [c,d] \to \mathbf{R}$ bezüglich der Veränderlichen x und mit $\mathcal{P}_y f$ den entsprechenden Spline bezüglich y. Der Tensorprodukt- Spline s läßt sich dann als $s(x,y) = ((\mathcal{P}_x\mathcal{P}_y)f)(x,y)$ schreiben (vgl. 6.2). Eine andere Approximation an f wird durch die *Boolesche Summe*

$$(\mathcal{P}_x \oplus \mathcal{P}_y)f := \mathcal{P}_x f + \mathcal{P}_y f - \mathcal{P}_x\mathcal{P}_y f$$

definiert, in die die Tensorprodukt-Näherung mit eingeht, die aber selbst keinen Spline erzeugt, sondern ein Gebilde, das sich aus Splines und aus Anteilen der zu approximierenden Funktion f zusammensetzt.

Durch die Boolesche Summenbildung werden die Blende-Splines erzeugt, die nun bemerkenswerte Eigenschaften besitzen. Für die Werte des Blende-Splines auf einer Gitterlinie (x_ν, y) oder (x, y_κ) gilt nämlich

$$
\begin{aligned}
((\mathcal{P}_x \oplus \mathcal{P}_y)f)(x_\nu, y) &= (\mathcal{P}_x f)(x_\nu, y) + (\mathcal{P}_y f)(x_\nu, y) - ((\mathcal{P}_x\mathcal{P}_y)f)(x_\nu, y) \\
&= f(x_\nu, y) + (\mathcal{P}_y f)(x_\nu, y) - (\mathcal{P}_y(\mathcal{P}_x f))(x_\nu, y) \\
&= f(x_\nu, y) + (\mathcal{P}_y f)(x_\nu, y) - (\mathcal{P}_y f)(x_\nu, y) \\
&= f(x_\nu, y)
\end{aligned}
$$

wegen der Symmetrie $(\mathcal{P}_x\mathcal{P}_y)f = (\mathcal{P}_y\mathcal{P}_x)f$ der Tensorproduktbildung, die auch die Vertauschbarkeit $(\mathcal{P}_x \oplus \mathcal{P}_y) = (\mathcal{P}_y \oplus \mathcal{P}_x)$ zur Folge hat. Entsprechend ergibt sich

$$((\mathcal{P}_x \oplus \mathcal{P}_y)f)(x, y_\kappa) = f(x, y_\kappa);$$

damit erkennen wir die

Interpolationseigenschaft. *Blende-Splines interpolieren nicht nur in den Gitterpunkten (x_ν, y_κ), sondern sogar auf den gesamten Gitterlinien (x_ν, y) und (x, y_κ), $0 \le \nu \le n$, $0 \le \kappa \le k$.*

Die Berechnung eines Blende-Splines $(\mathcal{P}_x \oplus \mathcal{P}_y)f =: \sigma$ geschieht über die Darstellung mit Hilfe der Basis der B-Splines. Er ist von der Form

$$\sigma(x,y) = \sum_{\nu=-\ell}^{n-1} \beta_\nu(y)B_{\ell\nu}(x) + \sum_{\kappa=-\ell}^{k-1} \gamma_\kappa(x)B_{\ell\kappa}(y) - \sum_{\substack{-\ell \le \nu \le n-1 \\ -\ell \le \kappa \le k-1}} \alpha_{\nu\kappa}B_{\ell\nu}(x)B_{\ell\kappa}(y).$$

Die Werte $\alpha_{\nu\kappa}$ sind die Koeffizienten des Tensorprodukt-Splines bezüglich des Gitters, und die Funktionen $\beta_\nu(y)$ bzw. $\gamma_\kappa(x)$ ergeben sich bei der Berechnung von $(\mathcal{P}_x f)(x,y)$ und $(\mathcal{P}_y f)(x,y)$.

Im linearen Fall gestaltet sich diese Darstellung wieder besonders einfach:

$$\sigma(x,y) = \sum_{\nu=-1}^{n-1} f(x_{\nu+1},y)B_{1\nu}(x) + \sum_{\kappa=-1}^{k-1} f(x,y_{\kappa+1})B_{1\kappa}(y) -$$
$$- \sum_{\substack{-1\le\nu\le n-1 \\ -1\le\kappa\le k-1}} f(x_{\nu+1},y_{\kappa+1})B_{1\nu}(x)B_{1\kappa}(y).$$

Interpolationsgenauigkeit. Die Interpolationseigenschaft des Blende-Splines läßt eine hohe Approximationsgenauigkeit erwarten. In der Tat kann man die Genauigkeit der Näherung durch Blende-Splines ausgehend von den Abschätzungen für die Genauigkeit der interpolierenden eindimensionalen Splines, aus denen die Blende-Splines hervorgehen, abschätzen.

Sei nämlich $\mathcal{P}\varphi$ ein eindimensionaler, die Funktion φ über dem Interpolationsintervall $I \subset \mathbb{R}$ interpolierender Spline, der für alle r-mal stetig differenzierbaren φ die Abschätzung

(∗) $\|\varphi - \mathcal{P}\varphi\|_\infty \le Ch^r\|\varphi^{(r)}\|_\infty$

mit einer Konstanten C erlaubt. Dann folgt daraus die

Fehlerabschätzung für Blende-Splines. *Sei $f \in C_{2r}([a,b] \times [c,d])$ und sei $\sigma := (\mathcal{P}_x \oplus \mathcal{P}_y)f$ ein Blende-Spline, so daß für $\mathcal{P}_x f$ und $\mathcal{P}_y f$ eine Abschätzung der Gestalt (∗) gilt. Dann gilt für den Fehler des Blende-Splines die Abschätzung*

$$\|f - \sigma\|_\infty \le C_1 C_2 h_x^r h_y^r \|D_x^r D_y^r f\|_\infty.$$

Beweis. Im Beweis machen wir von der im Prinzip bereits in 5.6.3 benützten und auch hier gültigen Vertauschbarkeitsregel

$$D_x^r(\mathcal{P}_y f) = \mathcal{P}_y(D_x^r f) \quad \text{bzw.} \quad D_y^r(\mathcal{P}_x f) = \mathcal{P}_x(D_y^r f)$$

Gebrauch. Dann ist nämlich

$$\|f - \sigma\|_\infty = \|(f - \mathcal{P}_x f) - \mathcal{P}_y(f - \mathcal{P}_x f)\|_\infty \le C_2 h_y^r\|D_y^r(f - \mathcal{P}_x f)\|_\infty =$$
$$= C_2 h_y^r\|D_y^r f - \mathcal{P}_x(D_y^r f)\|_\infty \le C_1 C_2 h_y^r h_x^r\|D_x^r D_y^r f\|_\infty. \qquad \square$$

Anwendung. Für lineare interpolierende Splines kennen wir die Fehlerabschätzung (∗∗) in 5.1

$$\|\varphi - \tilde{s}\|_\infty \le \frac{h^2}{8}\|\varphi''\|_\infty.$$

Demnach gilt also für den *linearen* Blende-Spline mit $r := 2$ die Abschätzung

$$\boxed{\|f - \sigma\|_\infty \leq \frac{h_x^2 h_y^2}{64} \|D_x^2 D_y^2 f\|_\infty.}$$

Für kubische interpolierende Splines mit Hermite-Endbedingungen haben wir bei gleichabständigen Knoten die Fehlerschranke 5.4

$$\|\varphi - \tilde{s}\|_\infty \leq \frac{h^4}{16} \|\varphi^{(4)}\|_\infty$$

hergeleitet. Sie führt uns mit $r := 4$ für den *kubischen* Blende-Spline mit hermiteschen Randbedingungen zu der Abschätzung

$$\boxed{\|f - \sigma\|_\infty \leq \frac{h_x^4 h_y^4}{256} \|D_x^4 D_y^4 f\|_\infty.}$$

Man rechnet nach, daß dieser Blende-Spline die hermiteschen Endbedingungen 6.2 des bikubischen Splines erfüllt.

Sind die Maschen der rechteckigen Gitter, über denen wir die Blende-Splines betrachten, sogar quadratisch, dann ist $h_x = h_y =: h$; wir erhalten im linearen Fall die Schranke

$$\|f - \sigma\|_\infty \leq \frac{h^4}{64} \|D_x^2 D_y^2 f\|_\infty,$$

und im kubischen Fall entsteht

$$\|f - \sigma\|_\infty \leq \frac{h^8}{256} \|D_x^4 D_y^4 f\|_\infty.$$

Kommentar. Verglichen mit dem Tensorprodukt-Spline verdoppelt sich die Ordnung des Fehlers des Blende-Splines. Fehlerordnungen wie $O(h^8)$ beim kubischen Blende-Spline sind außerordentlich hoch und lassen hervorragende Approximationseigenschaften erkennen. Diese Eigenschaften werden durch die komplizierte Struktur der Blende-Splines erkauft. Es muß von Fall zu Fall entschieden werden, welche zweidimensionale Approximation im Rahmen einer vorgegebenen Aufgabe die am besten geeignete ist.

Die Aufgabe, eine gegebene Fläche zu approximieren, ist nur eine unter den Problemstellungen, die zweidimensionale Näherungen notwendig machen. Wie auch in einer Dimension ist es vor allem die numerische Behandlung von Operatorgleichungen, für die solche Näherungen benötigt werden. Hier sind es in erster Linie partielle Differentialgleichungen und Integralgleichungen, in deren praktische Behandlung die Theorie mehrdimensionaler Approximationen eingeht.

6.4 Aufgaben. 1) Ausgehend von Aufgabe 4 in 5.6 weise man für interpolierende bilineare Splines unter der Annahme $f \in C_2([a, b] \times [c, d])$ die Gültigkeit der folgenden Abschätzungen nach:

$$\|f - \tilde{s}\|_2 \leq \frac{1}{\pi^2}(h_x^2\|D_x^2 f\|_2 + h_x h_y\|D_x D_y f\|_2 + h_y^2\|D_y^2 f\|_2);$$

$$\|D_x(f - \tilde{s})\|_2 \leq \frac{1}{\pi}(h_x\|D_x^2 f\|_2 + 2h_y\|D_x D_y f\|_2);$$

$$\|D_y(f - \tilde{s})\|_2 \leq \frac{1}{\pi}(h_y\|D_y^2 f\|_2 + 2h_x\|D_x D_y f\|_2).$$

2) Wie in Aufgabe 1 zeige man für bikubische Splines mit hermiteschen Endbedingungen unter der Annahme $f \in C_4([a, b] \times [c, d])$ die Gültigkeit der folgenden Abschätzung:

$$\|f - \tilde{s}\|_2 \leq \frac{4}{\pi^4}(h_x^4\|D_x^4 f\|_2 + h_x^2 h_y^2\|D_x^2 D_y^2 f\|_2 + h_y^4\|D_y^4 f\|_2).$$

3) Man leite Fehlerabschätzungen für $\|f - \sigma\|_2$ im Fall des linearen und des kubischen Blende-Splines her.

4) Man approximiere die Funktion $f(x, y) = \sin(\pi x)\sin(\pi y)$ für $x \in [0, 1]$, $y \in [0, 1]$

a) durch bilineare Tensorprodukt-Splines mit den folgenden Schrittweiten: $h_x = h_y = \frac{1}{2}$, $h_x = h_y = \frac{1}{3}$ und $h_x = h_y = \frac{1}{4}$;

b) durch lineare Blende-Splines für dieselben Schrittweiten.

c) Man berechne nach a) und b) die Näherungswerte für $x = y = \frac{5}{12}$ und kontrolliere numerisch die Fehlerordnungen $O(h^2)$ bzw. $O(h^4)$.

Kapitel 7. Integration

Die numerische Berechnung bestimmter Integrale ist eine der ältesten Aufgaben der Mathematik. Das Problem bestand schon seit Jahrtausenden, längst ehe der Begriff des Integrals im Rahmen der Entwicklung der Analysis im 17. und 18. Jahrhundert mathematisch erfaßt war: Es war die Aufgabe, den Inhalt krummlinig berandeter Flächen zu berechnen. Wohl am bekanntesten ist in diesem Zusammenhang das Problem der Quadratur des Zirkels, das auf das Studium der Zahl π und auf ihre Berechnung hinausläuft. Mit Hilfe eines numerischen Verfahrens, nämlich der Approximation eines Kreises durch einbeschriebene und umbeschriebene Polygone, konnte schon Archimedes (287–212 v. Chr.) für π die erstaunlich guten Schranken $3\frac{10}{71} < \pi < 3\frac{1}{7}$ angeben. Mehr hierüber findet man in Kap. 5 des Bandes "Zahlen" (H.-D. Ebbinghaus u.a. [1983]).

Die klassische Aufgabe der Quadratur des Kreises gab der numerischen Integration auch den Namen *numerische Quadratur*; handelt es sich um die numerische Berechnung zweidimensionaler bzw. n-dimensionaler Integrale, spricht man von *numerischer Kubatur* bzw. von n-dimensionaler numerischer Integration; sie werden in diesem Kapitel ebenfalls berührt.

Es sind die folgenden drei Situationen, in denen es zunächst notwendig ist, bestimmte Integrale näherungsweise zu berechnen. Die erste wohlbekannte Situation ist die, daß eine Stammfunktion eines Integrals sich nicht durch elementare Funktionen ausdrücken läßt. Beispiele dafür sind etwa die Aufgaben, $\int_0^\infty e^{-x^2}\,dx$ oder die Bogenlänge einer Ellipse zu berechnen. Die zweite Situation tritt auf, wenn zwar eine Stammfunktion ermittelt werden kann, diese aber von so komplizierter Bauart ist, daß die Anwendung eines Quadraturverfahrens ihrer numerischen Auswertung vorzuziehen ist. In der dritten Situation ist der Integrand nur punktweise gegeben, beispielsweise als Ergebnis von Messungen.

Mit dem letzteren Fall hat man es aber auch dann zu tun, wenn Quadraturverfahren zur numerischen Behandlung von Differential- oder Integralgleichungen verwendet werden. Darauf sind zahlreiche Methoden zur Diskretisierung solcher Gleichungen aufgebaut. Verfahren der numerischen Integration spielen damit eine zentrale Rolle bei der Lösung von Aufgaben, die aus den verschiedenen Anwendungsgebieten der Mathematik erwachsen.

§ 1. Interpolationsquadratur

Der Gedanke liegt nahe, zur angenäherten Berechnung des bestimmten Integrals $\int_a^b f(x)dx$ den Integranden f durch eine Näherung $\tilde{f}$ zu ersetzen, die einfach zu integrieren ist. Von der Funktion f soll zunächst nur verlangt werden, daß sie Riemann-integrierbar sei. Die Interpolation durch Polynome bietet sich dazu an, eine geeignete Näherung herzustellen.

Sei dazu eine Intervallteilung $a = x_0 < x_1 < \cdots < x_n = b$ gegeben; wir wollen als erste die Möglichkeit diskutieren, die Funktion f stückweise durch Konstanten zu interpolieren. Das führt uns zu den

1.1 Rechteckregeln. Interpoliert man in jedem der Teilintervalle $(x_\nu, x_{\nu+1})$, $0 \le \nu \le n-1$, die Funktion f durch eine Konstante $f(x_\nu^*)$, $x_\nu^* \in [x_\nu, x_{\nu+1}]$, so bildet die Summe

$$Qf := \sum_{\nu=0}^{n-1} f(x_\nu^*)(x_{\nu+1} - x_\nu)$$

einen Näherungswert an das bestimmte Integral $\int_a^b f(x)dx$. Da sich diese Summe geometrisch als eine Summe von Rechtecken deuten läßt, nennt man Quadraturformeln dieser Bauart *Rechteckregeln*. Insbesondere erscheint die folgende Auswahl natürlich:

(a) $x_\nu^* := x_\nu$ führt zu $Q_a f := \sum_0^{n-1} f(x_\nu)(x_{\nu+1} - x_\nu)$.
(b) $x_\nu^* := x_{\nu+1}$ führt zu $Q_b f := \sum_0^{n-1} f(x_{\nu+1})(x_{\nu+1} - x_\nu)$.

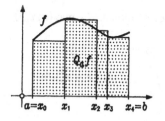 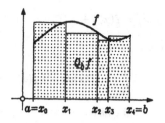

Die Wahl $x_\nu^* := \frac{x_{\nu+1} + x_\nu}{2}$ führt schließlich zur

Mittelpunktregel $\qquad Q_M f := \sum_{\nu=0}^{n-1} f(\frac{x_{\nu+1} + x_\nu}{2})(x_{\nu+1} - x_\nu).$

Ist die Intervallteilung äquidistant gewählt,

$$h := x_{\nu+1} - x_\nu = \frac{b-a}{n},\ 0 \le \nu \le n-1,\ \text{erhält man}$$

$$Q_a f = h \sum_{\nu=0}^{n-1} f(x_\nu),\quad Q_b f = h \sum_{\nu=1}^{n} f(x_\nu)\ \text{und}$$

$$Q_M f = h \sum_{\nu=0}^{n-1} f\left(x_\nu + \frac{h}{2}\right).$$

Die Möglichkeit einer Fehlerabschätzung und ihre Güte hängen von den Annahmen über f ab. Sei etwa f nur stetig, $f \in C[a,b]$, so ergeben sich im äquidistanten Fall aus der Abschätzung

$$\left| \int_{x_\nu}^{x_{\nu+1}} f(x)dx - hf(x_\nu^*) \right| = \left| \int_{x_\nu}^{x_{\nu+1}} [f(x) - f(x_\nu^*)]dx \right| \le$$
$$\le \max_{x \in [x_\nu, x_{\nu+1}]} |f(x) - f(x_\nu^*)| h$$

mit Hilfe des Stetigkeitsmoduls ω_f die

Fehlerschranken

$$\left| \int_a^b f(x)dx - Qf \right| \le \omega_f(h) \cdot (b-a)\ \text{für } Q := Q_a\ \text{und}\ Q := Q_b$$

sowie

$$\left| \int_a^b f(x)dx - Qf \right| \le \omega_f\left(\frac{h}{2}\right) \cdot (b-a)\ \text{für die Mittelpunktregel.}$$

Nehmen wir $f \in C_1[a,b]$ an, erhalten wir über den Mittelwertsatz

$$f(x) = f(x_\nu^*) + f'(\xi_\nu)(x - x_\nu^*),\ \xi_\nu \in (\min(x,x_\nu^*), \max(x,x_\nu^*)),$$

die Fehlerdarstellung

$$\int_{x_\nu}^{x_{\nu+1}} f(x)dx - hf(x_\nu^*) = \int_{x_\nu}^{x_{\nu+1}} f'(\xi_\nu)(x - x_\nu^*)dx.$$

Für $x_\nu^* := x_\nu$ gilt also

$$\int_{x_\nu}^{x_{\nu+1}} f(x)dx - hf(x_\nu) = f'(\xi_\nu^*)\frac{h^2}{2},\quad \xi_\nu^* \in (x_\nu, x_{\nu+1}),$$

da ξ_ν stetig von x abhängt. Für den Quadraturfehler $R_n f$, der bei der Näherung

$$\int_a^b f(x)dx = Q_a f + R_n f$$

auftritt, ergibt sich damit

$$R_n f = \frac{h^2}{2} \sum_{\nu=0}^{n-1} f'(\xi_\nu^*) = \frac{h}{2}(b-a)\frac{1}{n} \sum_{\nu=0}^{n-1} f'(\xi_\nu^*) = \frac{h}{2} f'(\xi)(b-a)$$

mit $\xi \in (a,b)$ nach dem Zwischenwertsatz. Für die Quadraturformel Q_b mit $x_\nu^* := x_{\nu+1}$ ergibt sich entsprechend $R_n f = -\frac{h}{2} f'(\hat{\xi})(b-a)$, $\hat{\xi} \in (a,b)$, so daß man sowohl für Q_a als auch für Q_b die

Fehlerschranke für die Rechteckregeln

$$\boxed{|R_n f| \le \frac{h}{2} \max_{x \in [a,b]} |f'(x)|(b-a)}$$

erhält.

Im Fall der Mittelpunktregel mit $x_\nu^* := \frac{x_\nu + x_{\nu+1}}{2}$ hat man

$$\left| \int_{x_\nu}^{x_{\nu+1}} f(x)dx - hf(\frac{x_\nu + x_{\nu+1}}{2}) \right| \le \int_{x_\nu}^{x_{\nu+1}} |f'(\xi_\nu)| \, |x - \frac{x_\nu + x_{\nu+1}}{2}| dx$$

und damit schließlich

$$|R_n f| \le \frac{h}{4} \max_{x \in [a,b]} |f'(x)|(b-a).$$

Bei der Mittelpunktregel ist jedoch mehr zu erreichen, falls wir jetzt die Annahme $f \in C_2[a,b]$ machen. Denn aus

$$f(x) = f(x_\nu + \frac{h}{2}) + f'(x_\nu + \frac{h}{2})[x - (x_\nu + \frac{h}{2})] + \frac{1}{2}f''(\xi_\nu)[x - (x_\nu + \frac{h}{2})]^2$$

erkennt man

$$\int_{x_\nu}^{x_{\nu+1}} f(x)dx - hf(x_\nu + \frac{h}{2}) = \frac{h^3}{24}f''(\xi_\nu^*), \ \xi_\nu^* \in (x_\nu, x_{\nu+1});$$

so ergibt sich wie oben der Quadraturfehler der Mittelpunktregel

$$R_n f = \frac{h^3}{24} \sum_{\nu=0}^{n-1} f''(\xi_\nu^*) = \frac{h^2}{24}f''(\xi)(b-a), \quad \xi \in (a,b).$$

Daraus fließt die

Fehlerschranke für die Mittelpunktregel

$$\boxed{|R_n f| \le \frac{h^2}{24} \max_{x \in [a,b]} |f''(x)|(b-a).}$$

Bemerkenswert hieran ist die Tatsache, daß diese Schranke von der Ordnung $O(h^2)$ ist. Obgleich die Mittelpunktregel wie auch die Rechteckregeln Q_a und Q_b aus der Näherung an f durch ein Polynom $p \in \mathrm{P}_0$ entsteht, zeigt sie *quadratische* Konvergenz in h.

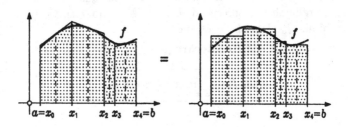

Man macht sich jedoch leicht klar, daß die Mittelpunktregel auch so gedeutet werden kann: Sie entsteht aus der Approximation der Funktion f im Intervall $[x_\nu, x_{\nu+1}]$ durch ihre Tangente im Punkt $(x_\nu + \frac{h}{2})$, die durch ein Polynom $p \in \mathrm{P}_1$ beschrieben wird; dieser Zusammenhang, der die quadratische Konvergenz erklärt, kommt in der Skizze zum Ausdruck. Für die Mittelpunktregel ist deshalb auch der Name *Tangententrapezregel* geläufig.

1.2 Die Sehnentrapezregel. Interpoliert man die Funktion f über den n Teilintervallen $[x_\nu, x_{\nu+1}]$, $0 \le \nu \le n-1$, stückweise linear, so erhält man in der Summe der entstehenden Sehnentrapezflächen

$$T_n f := \sum_{\nu=0}^{n-1} \frac{y_\nu + y_{\nu+1}}{2}(x_{\nu+1} - x_\nu),$$

$y_\nu := f(x_\nu)$, einen Näherungswert für das bestimmte Integral

$$\int_a^b f(x)dx = T_n f + R_n f.$$

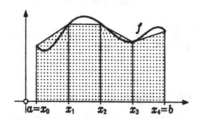

Bei gleichabständigen Stützstellen nimmt diese *Sehnentrapezregel* die Form

$$T_n f = h[\frac{1}{2}y_0 + \sum_{\nu=1}^{n-1} y_\nu + \frac{1}{2}y_n]$$

an.

Zur Abschätzung des Quadraturfehlers greifen wir auf die Peanosche Restglieddarstellung 5.2.4 zurück. Nehmen wir dazu zunächst $f \in C_1[a,b]$ an, so gilt ($m := 0$)

$$Rf := \int_{x_\nu}^{x_\nu} f(x)dx - \frac{h}{2}[f(x_\nu) \overset{+1}{+} f(x_{\nu+1})] = \int_{x_\nu}^{x_{\nu+1}} K_0(t)\,f'(t)dt$$

mit $K_0(t) = Rq_0(\cdot,t)$ und $q_0(x,t) = \begin{cases} 1 & \text{für } t \le x \\ 0 & \text{für } x < t \end{cases}$, da das Fehlerfunktional R
alle Elemente $f \in P_1$ und damit auch $f \in P_0$ annulliert.

$$Rq_0(\cdot,t) = \int_{x_\nu}^{x_{\nu+1}} q_0(x,t)dx - \frac{h}{2}[q_0(x_\nu,t) + q_0(x_{\nu+1},t)] =$$

$$= \int_{x_\nu}^{t} q_0(x,t)dx + \int_{t}^{x_{\nu+1}} q_0(x,t)dx - \frac{h}{2}[0+1] \quad \text{für} \quad x_\nu < t \le x_{\nu+1},$$

also

$$Rq_0(\cdot,t) = \int_{t}^{x_{\nu+1}} q_0(x,t)dx - \frac{h}{2} = x_{\nu+1} - t - \frac{h}{2} = x_\nu + \frac{h}{2} - t.$$

Daraus folgt

$$R_n f = \int_a^b f(x)dx - T_n f = \int_a^b K_0(t)\,f'(t)dt$$

mit dem Peano-Kern

$$K_0(t) = (x_\nu + \frac{h}{2}) - t \quad \text{für} \quad x_\nu < t \le x_{\nu+1},\ 0 \le \nu \le n-1.$$

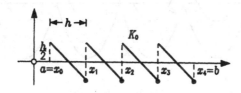

Man erkennt daraus unmittelbar die

Abschätzung

$$|R_n f| \le \frac{h}{4} \max_{x \in [a,b]} |f'(x)|(b-a)$$

für den Quadraturfehler, der bei Anwendung der Sehnentrapezregel T_n auf eine Funktion $f \in C_1[a,b]$ entsteht.

Da die Sehnentrapezregel jedoch alle linearen Funktionen exakt integriert, kann auch $m = 1$ gewählt werden. Ist also $f \in C_2[a,b]$, können wir eine bessere Fehlerabschätzung erwarten. Dazu gewinnen wir durch partielle Integration die Darstellung

$$(*) \qquad \int_a^b f(x)dx - T_n f = f'(t)\hat{K}(t)|_a^b - \int_a^b \hat{K}(t)f''(t)dt$$

mit $\hat{K}(t) := \int_t K_0(\tau)d\tau = -\frac{1}{2}[(x_\nu + \frac{h}{2}) - t]^2 + c_1$, $t \in [x_\nu, x_{\nu+1}]$, mit beliebigem $c_1 \in \mathbf{R}$.

Gelingt es uns nun, c_1 so zu wählen, daß $\hat{K}(a) = \hat{K}(b) = 0$ ausfällt, erhalten wir

$$R_n f = \int_a^b f(x)dx - T_n f = -\int_a^b \hat{K}(t)f''(t)dt,$$

so daß also für den Peano-Kern K_1 gerade $K_1(t) = -\hat{K}(t)$ gilt. Das erreicht man mit $c_1 := \frac{h^2}{8}$ und erhält so

$$K_1(t) = \frac{1}{2}[(x_\nu + \frac{h}{2}) - t]^2 - \frac{h^2}{8} = \frac{1}{2}(x_\nu - t)(x_{\nu+1} - t)$$

für $t \in [x_\nu, x_{\nu+1}]$, $0 \le \nu \le n-1$.

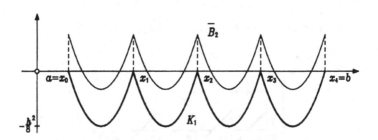

Da K_1 einerlei Vorzeichen hat, erhalten wir

$$R_n f = f''(\xi) \int_a^b K_1(t)dt = -f''(\xi)n \cdot \frac{h^3}{12}, \quad \xi \in (a,b), \quad \text{und damit den}$$

Quadraturfehler

$$R_n f = -\frac{h^2}{12} f''(\xi)(b-a)$$

bzw. die
Fehlerabschätzung

$$\boxed{|R_n f| \leq \frac{h^2}{12} \max_{x \in [a,b]} |f''(x)|(b-a)}.$$

1.3 Die Euler-MacLaurinsche Entwicklung. Man kann jedoch c_1 auch so bestimmen, daß die Forderung $\int_a^b \hat{K}(t) f''(t) dt = 0$ für alle $f \in P_2$ erfüllt wird; damit sind Varianten der Sehnentrapezregel zu gewinnen. Die Forderung führt zur Wahl $c_1 := \frac{h^2}{24}$ und aus $(*)$ in 1.2 folgt die Darstellung

$$(*) \qquad \int_a^b f(x)dx = T_n f - \frac{h^2}{12}[f'(b) - f'(a)] + h^2 \int_a^b \overline{B}_2(t) f''(t) dt$$

mit

$$\overline{B}_2(t) := \frac{1}{2}\left[\frac{t - x_\nu}{h} - \frac{1}{2}\right]^2 - \frac{1}{24} \quad \text{für} \ \ t \in [x_\nu, x_{\nu+1}], \ 0 \leq \nu \leq n-1.$$

Mit dieser Darstellung wird der Anfang einer Entwicklung gemacht, die fortgesetzt werden kann. Dazu definieren wir die *Bernoullischen Polynome* $B_j : [0,1] \to \mathbb{R}$, $(j = 0, 1, \cdots)$, durch die Rekursionsvorschrift

$$B_0(\xi) := 1, \ \frac{d}{d\xi} B_j(\xi) := B_{j-1}(\xi) \ \text{ mit}$$

$$\int_0^1 B_j(\xi) d\xi = 0 \ \text{ für } j = 1, 2, \cdots.$$

Man erhält $B_1(\xi) = \xi - \frac{1}{2}$, $B_2(\xi) = \frac{1}{2}(\xi - \frac{1}{2})^2 - \frac{1}{24}$, so daß also $\overline{B}_2(t) = B_2(\frac{t - x_\nu}{h})$ für $t \in [x_\nu, x_{\nu+1}]$ gilt. Die periodische Funktion $\overline{B}_2$ setzt sich stückweise aus den auf die Intervalle $[x_\nu, x_{\nu+1}]$ für $0 \leq \nu \leq n-1$ transformierten Bernoullischen Polynomen zusammen, wie es auch die Figur oben zeigt.

Eigenschaften der Bernoullischen Polynome.

(i) *Symmetrie.*

Da $\int_0^1 B_j(\xi)d\xi = B_{j+1}(1) - B_{j+1}(0) = 0$ für $j \geq 1$ gilt, erkennt man $B_{j+1}(0) = B_{j+1}(1)$. Allgemein gilt sogar die Symmetrie

$$B_j(\xi) = (-1)^j B_j(1 - \xi)$$

für $j \geq 0$. Wir beweisen sie durch Induktion:

Die Behauptung ist richtig für $j = 0$ und für $j = 1$. Weiter ist

$$B_{j+1}(\xi) - B_{j+1}(0) = \int_0^\xi B_j(\eta)d\eta = (-1)^j \int_0^\xi B_j(1-\eta)d\eta =$$

$$= (-1)^{j+1} \int_1^{1-\xi} B_j(\theta)d\theta = (-1)^{j+1}[B_{j+1}(1-\xi) - B_{j+1}(1)].$$

Sei nun für $m \geq 1$

(a) $j = 2m+1$: $B_{j+1}(0) = B_{j+1}(1)$, also
                              $B_{j+1}(\xi) = (-1)^{j+1}B_{j+1}(1-\xi)$;

(b) $j = 2m$: $B_{j+1}(0) = B_{j+1}(1)$, also
                              $B_{j+1}(\xi) + B_{j+1}(1-\xi) = 2B_{j+1}(0)$;

da $\int_0^1 B_{j+1}(\xi)d\xi = \int_0^1 B_{j+1}(1-\xi)d\xi$,
folgt $2B_{j+1}(0) = 2\int_0^1 B_{j+1}(0)d\xi = 2\int_0^1 B_{j+1}(\xi)d\xi = 0$,
also $B_{j+1}(0) = 0$ und damit $B_{j+1}(\xi) + B_{j+1}(1-\xi) = 0$ bzw. auch hier
$B_{j+1}(\xi) = (-1)^{j+1}B_{j+1}(1-\xi)$.

(ii) *Nullstellen.*

(a) Da $B_{j+1}(0) = B_{j+1}(1)$ und $B_j(\xi) = (-1)^j B_j(1-\xi)$ für alle $j \geq 1$ gilt,
folgt $B_j(0) = B_j(1) = 0$ für alle $j = 2m+1$, $m \geq 1$.

(b) Aus $B_j(\xi) = (-1)^j B_j(1-\xi)$ folgt
$B_j(\frac{1}{2}) = 0$ für alle $j = 2m+1$, $m \geq 0$.

(c) Für $j = 2m$, $m \geq 0$, gilt $B_j(0) = B_j(1) \neq 0$.
Denn die Behauptung ist richtig für $m = 0$ und für $m = 1$. Besitzt
nun B_{2m+1} nur die einfachen Nullstellen $0, \frac{1}{2}, 1$ in $[0,1]$ – das trifft
für B_3 zu –, so hat B_{2m+2} Extrema nur an diesen Stellen und nur je
eine einfache Nullstelle in $(0, \frac{1}{2})$ und $(\frac{1}{2}, 1)$. Also besitzt B_{2m+3} wegen
(ii)(b) in $[0,1]$ wieder genau die Nullstellen $0, \frac{1}{2}, 1$ usw.

(d) Die Herleitung (c) zeigt also, daß B_{2m} für $m \geq 1$ in $[0,1]$ genau je
eine einfache Nullstelle in $(0, \frac{1}{2})$ und in $(\frac{1}{2}, 1)$ besitzt. B_{2m+1} besitzt
für $m \geq 1$ in $[0,1]$ genau die einfachen Nullstellen $0, \frac{1}{2}, 1$.

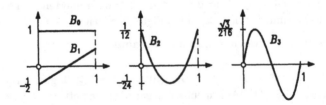

Unter Beachtung dieser Eigenschaften der Bernoullischen Polynome entsteht
nun durch fortgesetzte partielle Integration aus (∗) die

Euler-MacLaurinsche Entwicklung

$$\int_a^b f(x)dx = T_n f - \frac{h^2}{12}[f'(b) - f'(a)] + \frac{h^4}{720}[f'''(b) - f'''(a)] - \cdots$$

$$- h^{2m} B_{2m}(0)[f^{(2m-1)}(b) - f^{(2m-1)}(a)] +$$

$$+ h^{2m} \int_a^b \overline{B}_{2m}(t) f^{(2m)}(t) dt$$

mit den periodischen *Bernoullischen Funktionen*

$$\overline{B}_j(t) := B_j\left(\frac{t - x_\nu}{h}\right) \quad \text{für} \quad t \in [x_\nu, x_{\nu+1}].$$

Die Zahlen $B_j := j! B_j(0)$ sind die Bernoullischen Zahlen, die auch in der Potenzreihe $\frac{z}{e^z - 1} = \sum_0^\infty \frac{B_j}{j!} z^j$ auftreten. Näheres darüber findet man in den Büchern von R. Remmert [1984] und von W. Walter [1985].

Faßt man die beiden letzten Glieder der Euler-MacLaurinschen Entwicklung zusammen, erhält man

$$- h^{2m} B_{2m}(0)[f^{(2m-1)}(b) - f^{(2m-1)}(a)] + h^{2m} \int_a^b \overline{B}_{2m}(t) f^{(2m)}(t) dt =$$

$$= -h^{2m} \int_a^b [B_{2m}(0) - \overline{B}_{2m}(t)] f^{(2m)}(t) dt =$$

$$= -h^{2m} f^{(2m)}(\xi) \int_a^b [B_{2m}(0) - \overline{B}_{2m}(t)] dt =$$

$$= -h^{2m} f^{(2m)}(\xi) \frac{B_{2m}}{(2m)!}(b - a), \quad a < \xi < b,$$

da $B_{2m}(0) \geq \overline{B}_{2m}(t)$ oder $B_{2m}(0) \leq \overline{B}_{2m}(t)$ für alle $t \in [a, b]$ gilt und außerdem $\int_a^b \overline{B}_{2m}(t) dt = 0$ ist.

In der Euler-MacLaurinschen Entwicklung

$$\int_a^b f(x)dx - T_n f = \alpha_2 h^2 + \alpha_4 h^4 + \cdots + \alpha_{2m-2} h^{2m-2} + O(h^{2m})$$

erkennen wir damit eine Entwicklung des Quadraturfehlers der Sehnentrapezregel nach Potenzen der Schrittweite h, deren Koeffizienten nur von f und den Integrationsgrenzen abhängen.

LEONHARD EULER (1707–1783) ist die herausragende Mathematikergestalt des 18. Jahrhunderts. Sein mathematisches Wirken wird bei W. Walter [1985] gewürdigt. Auch für ihn ist wie für Gauß bezeichnend, daß er in der gesamten Breite der Mathematik sowie in zahlreichen Anwendungen wie in der Mechanik, der Hydrodynamik, der Optik und der Astronomie die bedeutendsten Leistungen vollbrachte. Wie recht behielt sein akademischer Lehrer JOHANN BERNOULLI in Basel mit seiner Beurteilung des zwanzigjährigen Euler, "von dessen Scharfsinn wir uns das Höchste versprechen, nachdem wir gesehen haben, mit welcher Leichtigkeit und Erfindungsgabe er in das innerste Wesen der Mathematik unter unseren Auspizien eingedrungen ist." (Nach E. A. Feldmann: Über einige mathematische Sujets im Briefwechsel Leonhard Eulers mit Johann Bernoulli, Zum Werk Leonhard Eulers, herausg. v. E. Knobloch, I. S. Lou-hivaara, J. Winkler, Birkhäuser Verlag 1984, 39–66.) Sein Leben verbrachte Euler von 1727–1741 an der Akademie in St. Petersburg, dann in Berlin. Der Unverstand des Königs Friedrich II. von Preußen trieb ihn aber 1766 wieder nach St. Petersburg, wo er dann bis zu seinem Tod wirkte; die "Wertschätzung", die Friedrich diesem großen Mann entgegenbrachte, drückte sich in einem Gehalt von 1.600 Talern aus, während Voltaire 20.000 Taler erhielt! Als Nachfolger in Berlin wurde Lagrange berufen. Eulers Grab befindet sich auf dem Newski-Friedhof in Leningrad. Zur Fülle und Bedeutung seines Werkes zitieren wir noch die Meinung von Gauß, daß "das Studium der Eulerschen Arbeiten die beste, durch nichts anderes zu ersetzende Schule für die verschiedenen mathematischen Gebiete bleiben wird".

Die in der Euler-MacLaurinschen Entwicklung auftretenden Bernoullischen Polynome gehen auf JAKOB BERNOULLI (1654–1705), den Bruder von Johann Bernoulli, zurück. Der Basler Familie Bernoulli entstammt eine Reihe bedeutender Mathematiker des 17. und des 18. Jahrhunderts, die besonders an der Entwicklung und Anwendung der noch neuen Infinitesimalrechnung maßgeblichen Anteil hatten.

COLIN MACLAURIN (1698–1746) veröffentlichte die Entwicklungsformel vermutlich 1737 unabhängig von Euler, der sie bereits 1730 angegeben hatte.

1.4 Die Simpsonsche Regel. Eine Näherung höheren Grades als durch die Sehnentrapezregel können wir dadurch erreichen, daß der Integrand f unter der Annahme $n = 2k$ jeweils über dem Doppelintervall $[x_{2\kappa}, x_{2\kappa+2}]$ durch ein Polynom $\bar{p} \in P_2$ interpoliert wird. Dann gilt

$$\bar{p}(x) = y_{2\kappa} + \frac{\Delta y_{2\kappa}}{h}(x - x_{2\kappa}) + \frac{\Delta^2 y_{2\kappa}}{2h^2}(x - x_{2\kappa})(x - x_{2\kappa+1}) \quad \text{für}$$

$x \in [x_{2\kappa}, x_{2\kappa+2}]$ und damit

$$\int_{x_{2\kappa}}^{x_{2\kappa+2}} \bar{p}(x)dx = \frac{h}{3}(y_{2\kappa} + 4y_{2\kappa+1} + y_{2\kappa+2}).$$

Diese Näherungsformel für den Wert eines bestimmten Integrals bei Verwendung von 3 äquidistanten Stützstellen hat bereits JOHANNES KEPLER (1571–1630) entwickelt, als er 1612 in Linz beim Kauf einiger Fässer Wein über die Methode zur Messung des Inhalts nachdachte. Die Formel ist deshalb unter dem Namen "Keplersche Faßregel" bekannt. Freilich handelt es sich bei der Aufgabe der Faßmessung um ein Problem der Kubatur, das jedoch bei kreisrundem Querschnitt vermöge der Guldinschen Regel einem solchen der Quadratur entspricht. Kepler behandelte die Aufgabe in der Schrift "Stereometria doliorum", so daß die "Doliometrie" (dolium (lat.) =das Faß) den Anfang der Kubatur bildet. Der Begriff des Integrals wurde allerdings erst gegen Ende des 17. Jahrhunderts geprägt.

Die Ausdehnung der Keplerschen Faßregel auf das Intervall $[x_0, x_{2k}]$ liefert $\int_{x_0}^{x_{2k}} f(x)dx = S_{2k}f + R_{2k}f$ und die

Simpsonsche Regel

$$S_{2k}f = \frac{h}{3}(y_0 + 4y_1 + 2y_2 + \cdots + 4y_{2k-1} + y_{2k}).$$

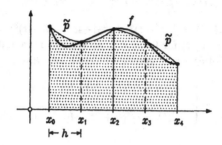

Der Name von THOMAS SIMPSON (1710–1761) ist uns durch diese Quadraturformel heute noch bekannt. Andere seiner mathematischen Leistungen in den Gebieten der Geometrie und Trigonometrie, der Wahrscheinlichkeitstheorie und der Astronomie sind eigentlich bedeutender. Die heute üblichen Bezeichnungen Sinus, Cosinus, Tangens und Cotangens für die trigonometrischen Funktionen wurden erstmals von Simpson verwendet.

Erhöhen wir nun den Grad des Interpolationspolynoms $\tilde{p} \in P_2$, aus dem die Keplersche Faßregel hervorgegangen ist, durch Hinzunahme einer weiteren Stützstelle $x^* \in (x_{2\kappa}, x_{2\kappa+2})$, $x^* \neq x_{2\kappa+1}$, dann entsteht das Interpolationspolynom $\pi \in P_3$ mit

$$\pi(x) = \tilde{p}(x) + ([x^*x_{2\kappa+2}x_{2\kappa+1}x_{2\kappa}]f)(x - x_{2\kappa})(x - x_{2\kappa+1})(x - x_{2\kappa+2}).$$

Wegen

$$\int_{x_{2\kappa}}^{x_{2\kappa+2}} (x - x_{2\kappa})(x - x_{2\kappa+1})(x - x_{2\kappa+2})dx = 0$$

gilt

$$\int_{x_{2\kappa}}^{x_{2\kappa+2}} \pi(x)dx = \int_{x_{2\kappa}}^{x_{2\kappa+2}} \tilde{p}(x)dx,$$

und wir erkennen, daß durch die Keplersche Faßregel sogar jedes Polynom $\pi \in P_3$ exakt integriert wird. Eine gleiche Erscheinung konnten wir schon bei der Mittelpunktregel beobachten.

Zur Fehlerabschätzung wissen wir also, daß es nach Peano unter der Annahme $f \in C_4[a, b]$ eine Darstellung

$$Rf = \int_{x_{2\kappa}}^{x_{2\kappa+2}} f(x)dx - \frac{h}{3}[f(x_{2\kappa}) + 4f(x_{2\kappa+1}) + f(x_{2\kappa+2})]$$

$$= \int_{x_{2\kappa}}^{x_{2\kappa+2}} K_3(t)f^{(4)}(t)dt$$

mit $K_3(t) = \frac{1}{3!}Rq_3(\cdot, t)$ und $q_3(x, t) = (x - t)_+^3$ gibt.

Beziehen wir uns jetzt der Einfachheit halber auf das Integrationsintervall $[x_{2\kappa}, x_{2\kappa+2}] := [-h, h]$, so wird für $-h < t < 0$

$$Rq_3(\cdot, t) = \int_t^h (x - t)^3 dx - \frac{h}{3}[-4t^3 + (h - t)^3],$$

also $K_3(t) = \frac{1}{3!} Rq_3(\cdot, t) = \frac{1}{4!}(h - t)^4 - \frac{h}{3 \cdot 3!}[-4t^3 + (h - t)^3]$.

Berechnet man $K_3(t)$ für $0 < t < h$, so erkennt man, daß der Peano-Kern der Keplerschen Faßregel eine gerade Funktion ist: $K_3(t) = K_3(-t)$. Es gilt nämlich

$$K_3(t) = \begin{cases} -\frac{1}{72}(h + t)^3(h - 3t) & \text{für} \quad -h \leq t \leq 0 \\ -\frac{1}{72}(h - t)^3(h + 3t) & \text{für} \quad 0 \leq t \leq h \end{cases}.$$

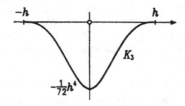

Da K_3 in $[-h, +h]$ einerlei Vorzeichen hat, ist also

$$Rf = f^{(4)}(\tau) \int_{-h}^{+h} K_3(t) dt = -\frac{h^5}{90} f^{(4)}(\tau), \quad -h < \tau < h.$$

Fassen wir nun k Intervalle der Länge $2h$ zusammen, so entsteht der

Quadraturfehler der Simpsonschen Regel

$$R_{2k}f = -\frac{h^4}{180} f^{(4)}(\xi)(b - a), \quad a < \xi < b,$$

und daraus die

Abschätzung des Quadraturfehlers

$$\boxed{|R_{2k}f| \leq \frac{h^4}{180} \max_{x \in [a,b]} |f^{(4)}(x)|(b - a)}.$$

Wegen der symmetrischen Lage der Stützstellen x_ν, $0 \leq \nu \leq n$, und der Symmetrie der Gewichte γ_ν, $0 \leq \nu \leq n$, in der Simpsonschen Regel

$$S_n f = \sum_{\nu=0}^{n} \gamma_\nu f(x_\nu)$$

gehört diese zu der Klasse der *symmetrischen Quadraturformeln*. Allgemein heißt eine Quadraturformel symmetrisch, wenn für die Gewichte γ_ν die Symmetriebeziehung $\gamma_\nu = \gamma_{n-\nu}$, $0 \leq \nu \leq n$, und für die Lage der Stützstellen $x_\nu - a = b - x_{n-\nu}$, $0 \leq \nu \leq n$, gilt. Auch die in 1.2 und in 1.1 behandelten Quadraturformeln sind symmetrisch. Da der Wert $\int_a^b f(x)dx$ sich bei der Spiegelung $t = (a+b) - x$ an der Mitte des Integrationsintervalls nicht ändert, ist es natürlich, wenn dieselbe Symmetrie auch für die Quadraturformel gilt. Deshalb sind die symmetrischen Quadraturformeln auch die wichtigsten.

Ein Peano-Kern einer Quadraturformel $Q_n f = \sum_0^n \gamma_\nu f(x_\nu)$ kann allgemein in der

Kerndarstellung

$$K_m(t) = \frac{(b-t)^{m+1}}{(m+1)!} - \frac{1}{m!} \sum_{\nu=0}^n \gamma_\nu (x_\nu - t)_+^m$$

oder als

$$K_m(t) = \frac{(a-t)^{m+1}}{(m+1)!} - \frac{(-1)^{m+1}}{m!} \sum_{\nu=0}^n \gamma_\nu (t - x_\nu)_+^m$$

geschrieben werden, wie man aus der Definition 5.2.4 und aus der Beziehung

$$\frac{(b-t)^{m+1}}{(m+1)!} - \frac{(a-t)^{m+1}}{(m+1)!} = \int_a^b \frac{(x-t)^m}{m!}dx = \frac{1}{m!} \sum_{\nu=0}^n \gamma_\nu (x_\nu - t)^m$$

erkennt. Daraus berechnet man für eine symmetrische Quadraturformel die

Symmetriebeziehung

$$K_m(t) = (-1)^{m+1} K_m(a + b - t).$$

Sie erleichtert auch die Berechnung von Peano-Kernen. Ist etwa $f \in C_2[a,b]$, erhält man eine Abschätzung des Quadraturfehlers der Simpsonschen Regel mit Hilfe des Peano-Kerns $K_1(t)$. Man berechnet

$$K_1(t) = \frac{1}{6}(h-t)(h-3t) \quad \text{für} \quad 0 \leq t \leq h$$

und $K_1(-t) = K_1(t)$.

Daraus läßt sich über die Abschätzung

$$\left| \int_{-h}^{+h} K_1(t)f''(t)dt \right| \leq \max_{t \in [-h,+h]} |f''(t)| \int_{-h}^{+h} |K_1(t)|dt$$

die Fehlerabschätzung

$$|R_{2k}f| \leq \frac{4h^2}{81} \max_{x \in [a,b]} |f''(x)|(b-a)$$

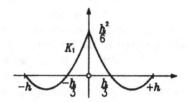

gewinnen. Ihre Qualität ist mit den Abschätzungen der Quadraturfehler von Sehnen- oder Tangententrapezregel für $f \in C_2[a,b]$ vergleichbar.

1.5 Newton-Cotes-Formeln. Die Reihe der Quadraturformeln, die ebenso wie die bisher in diesem Paragraphen behandelten Regeln auf Interpolation des Integranden zurückgehen, kann fortgesetzt werden. Man nennt diese Quadraturregeln allgemein *Newton-Cotes-Formeln*.

ROGER COTES (1682–1716) beschäftigte sich aufgrund der Bemerkungen Newtons ebenfalls mit der Interpolationsaufgabe. Wie hoch Newton ihn einschätzte, drückte er bei dessen frühem Tode so aus: "Had Cotes lived, we might have known something".

Erwähnenswert ist vor allem noch die Quadraturformel, die bei $n = 3k$ und Interpolation von f durch kubische Polynome entsteht, die in den Stützstellen $x_{3\kappa}$, $1 \le \kappa \le k$, zusammengesetzt werden. Man erhält die

Newtonsche $\frac{3}{8}$-Regel

$$\int_{x_0}^{x_{3k}} f(x)dx = \frac{3h}{8}(y_0 + 3y_1 + 3y_2 + 2y_3 + \cdots + 3y_{n-1} + y_n) + R_{3k}f$$

und die Fehlerdarstellung (Aufgabe 5)

$$R_{3k}f = -\frac{h^4}{80}f^{(4)}(\xi)(b-a), \ a < \xi < b, \ \text{für} \ f \in C_4[a,b].$$

Newton selbst nannte diese Quadraturformel "pulcherrima", die schönste, wegen der fast gleichen Gewichte, durch die ein unangemessener Einfluß einzelner Stützwerte, die mit zufälligen Fehlern behaftet sein könnten, vermieden wird. Eine Verbesserung der Fehlerordnung bezüglich der Schrittweite h wird durch diese Quadraturformel gegenüber der Simpsonschen Regel nicht erzielt. Das liegt an der uns bereits bekannten Erscheinung, daß bei äquidistanter Interpolation durch Polynome geraden Grades die Fehlerordnung in h der dadurch erzeugten Quadraturformeln gegenüber dem Interpolationsfehler um zwei erhöht wird, bei solchen ungeraden Grades jedoch nur um eine Ordnung.

1.6 Unsymmetrische Quadraturformeln. Interpolationsintervall und Integrationsintervall brauchen nicht immer gleich zu sein. Insbesondere kann es sinnvoll sein, Interpolationspolynome zu verwenden, deren Stützstellen über das Integrationsintervall hinausgreifen. Dadurch eröffnen sich sehr viele Möglichkeiten, zu weiteren symmetrischen, aber auch zu unsymmetrischen Quadraturformeln zu kommen.

Soll etwa der Wert $\int_{x_0}^{x_1} f(x)dx$ berechnet werden; ohne Zuhilfenahme weiterer Stützstellen stehen nur symmetrische Newton-Cotes-Formeln zur Verfügung, deren Genauigkeit höchstens $O(h^2)$ ist. Mit dem Interpolationspolynom $\tilde{p} \in P_2$, das die Bedingungen $\tilde{p}(x_k) = f(x_k)$ für $0 \leq k \leq 2$ erfüllt, gilt jedoch

$$\int_{x_0}^{x_1} f(x)dx = \int_{x_0}^{x_1} \tilde{p}(x)dx + Rf$$

mit

$$\int_{x_0}^{x_1} \tilde{p}(x)dx = \frac{h}{12}[5f(x_0) + 8f(x_1) - f(x_2)]$$

bei äquidistanter Stützstellenverteilung.

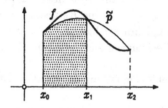

Den Fehler Rf erhält man am einfachsten aus dem Interpolationsfehler

$$r(x) = \frac{f'''(\xi)}{3!}(x - x_0)(x - x_1)(x - x_2), \quad \xi \in (x_0, x_2),$$

zu

$$Rf = \int_{x_0}^{x_1} r(x)dx = \frac{h^4}{4!}f'''(\hat{\xi}), \quad \hat{\xi} \in (x_0, x_2),$$

falls $f \in C_3[x_0, x_2]$. Hat f nur geringere Differenzierbarkeitseigenschaften, so lassen sich wieder mit Hilfe der entsprechenden Peano-Kerne angepaßte Fehlerabschätzungen angeben. Um die Ordnung des Fehlers in h mit derjenigen der symmetrischen Newton-Cotes-Formeln 1.1–1.5 zu vergleichen, muß man bedenken, daß es sich hier nur um die Integration über ein einziges Teilintervall handelt. Solche Formeln eignen sich beispielsweise zur Integration über Randintervalle.

1.7 Aufgaben. 1) Für $f \in C_1[0,n]$, $n \in \mathbb{Z}_+$, folgt aus der Peanoschen Restglieddarstellung in 1.2 die Beziehung

$$\sum_{\nu=0}^{n} f(\nu) = \frac{1}{2}[f(0) + f(n)] + \int_0^n f(x)dx + \sum_{\nu=1}^{n} \int_{\nu-1}^{\nu} (x - \nu + \frac{1}{2})f'(x)dx.$$

Daraus folgere man die Existenz der *Eulerschen Konstanten*

$$C := \lim_{n \to \infty} \left[\sum_{\nu=1}^{n} \frac{1}{\nu} - \log(n) \right]$$

und die Gleichheit $C = \frac{1}{2} - \int_0^{\infty} \frac{x - [x] - \frac{1}{2}}{(1+x)^2} dx$.

2) Aus der Euler-MacLaurinschen Entwicklung erhält man die *Quadraturformel von Chevilliet*

$$\int_a^b f(x)dx = \frac{1}{2}(b - a)[f(a) + f(b)] - \frac{1}{12}(b - a)^2[f'(b) - f'(a)] + Rf.$$

Man zeige $Rp = 0$ für alle $p \in P_3$ und gebe unter der Annahme $f \in C_4[a,b]$ eine Darstellung des Fehlers Rf mit Hilfe des Peano-Kerns K_3 an.

3) Man berechne die Peano-Kerne K_0 und K_2 für die Simpsonsche Regel und schätze damit den Quadraturfehler ab.

4) Man führe die Rechnungen zur Herleitung der Symmetriebeziehung 1.4 im einzelnen aus.

5) Man leite die Fehlerdarstellung der Newtonschen $\frac{3}{8}$-Regel 1.5 mit Hilfe des Peano-Kerns her.

6) Unter der Annahme $f \in C_2[x_0, x_2]$ schätze man den Fehler der unsymmetrischen Quadraturformel 1.6 ab.

7) Man bestimme bei äquidistanten Stützstellen die Gewichte der Quadraturformel $\int_{x_2}^{x_3} f(x)dx = \sum_{\nu=0}^{2} \gamma_\nu f(x_\nu) + Rf$, die durch Integration des Polynoms entsteht, das f in x_0, x_1, x_2 interpoliert.

Zur Erläuterung: Formeln dieses Typs verwendet man in sog. expliziten Mehrschrittverfahren zur Lösung von gewöhnlichen Differentialgleichungen.

§ 2. Schrittweitenextrapolation

In der Einleitung zu diesem Kapitel wurde als Beispiel einer klassischen numerischen Integration bereits die archimedische Methode erwähnt, die Zahl π näherungsweise durch Approximation des Inhalts eines Kreises vermöge ein- und umbeschriebener Polygone zu berechnen. Sei F_n der Inhalt eines dem Einheitskreis einbeschriebenen regelmäßigen n-Ecks; dann konvergiert die Folge

F_6, F_{12}, F_{24}, $\cdots$ monoton gegen die Zahl π. Bereits CHR. HUYGENS (1629–1695) erkannte, daß es sich hierbei um einen Prozeß handelt, der wie $(\frac{1}{n})^2$, also quadratisch konvergiert. Durch geeignete Linearkombination zweier aufeinanderfolgender Glieder gelang es ihm, daraus eine Folge zu erzeugen, die wie $(\frac{1}{n})^4$ konvergiert. Das ist der Grundgedanke, den wir jetzt systematisch zur Gewinnung von Quadraturmethoden ausarbeiten werden.

2.1 Das Halbierungsverfahren. Wir betrachten dazu zunächst eine Quadraturformel $(Q_0 f)(h)$, $h = \frac{b-a}{n}$, die eine Entwicklung des Quadraturfehlers in der Form

$$\int_a^b f(x)dx - (Q_0 f)(h) = \alpha_2 h^2 + \alpha_4 h^4 + \cdots + \alpha_{2m-2} h^{2m-2} + O(h^{2m})$$

gestattet, wie sie uns in 1.3 bereits begegnet ist. Dann gilt mit $0 < q < 1$

$$\int_a^b f(x)dx - (Q_0 f)(qh) = \alpha_2 (qh)^2 + \alpha_4 (qh)^4 + \cdots + \alpha_{2m-2}(qh)^{2m-2} + O(h^{2m}),$$

also

$$\int_a^b f(x)dx - \frac{(Q_0 f)(qh) - q^2 (Q_0 f)(h)}{1 - q^2} = \hat{\alpha}_4 \, h^4 + \cdots + \hat{\alpha}_{2m-2}\, h^{2m-2} + O(h^{2m})$$

mit $\hat{\alpha}_{2\mu+2} := -q^2 \frac{1-q^{2\mu}}{1-q^2} \alpha_{2\mu+2}$ für $1 \leq \mu \leq m - 2$.

In der Linearkombination

$$(Q_1 f)(h) := \frac{(Q_0 f)(qh) - q^2 (Q_0 f)(h)}{1 - q^2}$$

haben wir also eine Quadraturformel vor uns, die sich bezüglich der Ordnung des Quadraturfehlers in h wesentlich günstiger verhält als $(Q_0 f)(h)$.

Dieses Verfahren der Verminderung der Schrittweite durch einen geeigneten Faktor q und der anschließenden Bildung einer Linearkombination zur Erhöhung der Fehlerordnung läßt sich fortsetzen. Die Euler-MacLaurinsche Entwicklung 1.3 ist unter der Annahme, daß f hinreichend oft differenzierbar sei, eine Darstellung des Quadraturfehlers der Sehnentrapezregel, die nach Potenzen von h^2 fortschreitet. Wir können sie deshalb als Grundformel $Q_0 f$ des Verfahrens wählen. Setzen wir weiter $q := \frac{1}{2}$, so entsteht das

Halbierungsverfahren. Beginnend mit $(Q_0 f)(h) := (T_0 f)(h)$,

$$(T_0 f)(h) := \frac{h}{2}(y_0 + 2y_1 + \cdots + 2y_{n-1} + y_n) \quad \text{und}$$

$$(T_0 f)(\frac{h}{2}) = \frac{h}{4}(y_0 + 2y_{1/2} + 2y_1 + \cdots + 2y_{n-1} + 2y_{n-1/2} + y_n)$$

erhält man zunächst

$$(T_1f)(h) := \frac{4(T_0f)(\frac{h}{2}) - (T_0f)(h)}{3};$$

nach Berechnung des Werts $T_0f(\frac{h}{4})$ läßt sich

$$(T_1f)(\frac{h}{2}) = \frac{4(T_0f)(\frac{h}{4}) - (T_0f)(\frac{h}{2})}{3}$$

und damit

$$(T_2f)(h) := \frac{16(T_1f)(\frac{h}{2}) - (T_1f)(h)}{15}$$

bilden. Man erkennt, daß die Entwicklung des Fehlers der Quadraturformel T_2f mit einem Glied der Ordnung $O(h^6)$ beginnt usw.. Mit der Bezeichnung

$$T_j^k f := (T_jf)(\frac{h}{2^k})$$

ergibt sich die Bildungsvorschrift

$$T_j^k = \frac{4^j T_{j-1}^{k+1} - T_{j-1}^k}{4^j - 1}.$$

Die folgende Anordnung macht die Abhängigkeit der Näherungswerte $T_j^k f$ deutlich. In der ersten Spalte stehen diejenigen Werte, welche die Sehnentrapezregel für die Schrittweiten $\frac{h}{2^k}$, $(k = 0, 1, \cdots)$, liefert. Alle anderen Näherungswerte ergeben sich daraus spaltenweise gemäß dem

Romberg-Schema

$$
\begin{array}{ccccc}
T_0^0 & & & & \\
\vdots & \ddots & & & \\
T_0^1 & \cdots & T_1^0 & & \\
\vdots & \ddots & \vdots & \ddots & \\
T_0^2 & \cdots & T_1^1 & \cdots & T_2^0 \\
\cdot & & \cdot & & \cdot \\
\cdot & & \cdot & & \cdot \\
\cdot & & \cdot & & \cdot
\end{array}
$$

Das Halbierungsverfahren schlug W. Romberg 1955 vor und gab damit den Anstoß zu weiteren Untersuchungen dieser Quadraturmethode. Man spricht deshalb auch vom *Romberg-Verfahren*.

Wie man leicht nachrechnet, erscheinen in der zweiten Spalte des Romberg-Schemas die Näherungswerte, die die Simpsonsche Regel 1.4 mit den Schrittweiten $\frac{h}{2^k}$, $(k = 1, 2, \cdots)$, liefert. In der dritten Spalte ergeben sich die Näherungswerte der Newton-Cotes-Formel, beginnend mit $\hat{h} := \frac{h}{4}$,

$$\int_a^b f(x)dx = \frac{2\hat{h}}{45}[7y_0 + 32y_{1/4} + 12y_{1/2} + 32y_{3/4} + 14y_1 + \cdots + 7y_n] + Rf,$$

der sogenannten *Booleschen* oder *Milne-Regel*. Diese Formel entsteht bei Interpolation von f durch ein Polynom $p \in P_4$ und ist für alle $p \in P_5$ exakt. Die weiteren Spalten lassen sich jedoch nicht mehr als Newton-Cotes-Näherungen deuten; das Halbierungsverfahren stellt damit eine grundsätzlich andere Methode zur numerischen Integration dar. Weiteren Aufschluß darüber erhalten wir aus der folgenden

2.2 Fehlerbetrachtung. Jede Spalte des Romberg-Schemas entsteht durch Linearkombination der Werte der vorangehenden Spalte. Damit stellen die Werte in jeder Spalte schließlich Linearkombinationen der ersten Spalte dar, die die Werte $T_0^k f$, $(k = 0, 1, \cdots)$, enthält. Das Halbierungsverfahren ist weiter so angelegt, daß der Fehler der Näherungswerte $T_j^* f$ von der Ordnung $O(h^{2j+2})$ ist. Aus der Euler-MacLaurinschen Entwicklung 1.3 erkennt man, daß der Fehler des Quadraturverfahrens in der j-ten Spalte sich für $f \in C_{2j+2}[a, b]$ in der Form

$$\int_a^b f(x)dx - T_j^k f = h^{2j+2} \int_a^b b_{2j+2,k}(x) f^{(2j+2)}(x)dx$$

darstellen läßt. Dabei ist $b_{2j+2,k}$ eine Funktion, die sich als Linearkombination der Bernoullischen periodischen Funktionen $\overline{B}_{2j+2}$ bezüglich der Schrittweiten $\frac{h}{2^k}$ für $k = 0, \ldots, j$ zusammensetzt. Die Quadraturformeln $T_j^* f$ liefern also den Wert $\int_a^b f(x)dx$ exakt, falls $f^{(2j+2)} = 0$ gilt. In anderen Worten: Die Quadraturoperatoren T_j^* integrieren alle Polynome $p \in P_{2j+1}$ exakt.

Ein Vergleich mit den Newton-Cotes-Formeln, durch die ebenfalls Polynome bis zu einem gewissen Grad exakt integriert werden, zeigt nun das Folgende. Die Anzahl der in die Verfahren $T_j^0 f$ eingehenden Stützstellen ist $(1 + 2^j)$. Die Stützstellenanzahl ist maßgebend für den Exaktheitsgrad einer Newton-Cotes-Formel, während der Wert $(2j + 1)$ den Exaktheitsgrad einer Spalte des Romberg-Schemas bestimmt. Für $j = 1$ und $j = 2$ sind diese Werte gleich. Also repräsentieren die Spalten T_1^* und T_2^* zusammen mit den Sehnentrapezregeln T_0^* gerade Newton-Cotes-Formeln, wie wir es in 2.1 bereits festgestellt haben. Für $j \geq 3$ hingegen übertreffen die Newton-Cotes-Formeln diejenigen der Spalte T_j^* hinsichtlich des auf Polynome bezogenen Exaktheitsgrads.

Bemerkenswert ist hierbei, daß die Newton-Cotes-Formel, die dem Wert $j = 3$ entspricht, also durch Integration eines Interpolationspolynoms über

9 Stützstellen entsteht, gerade die erste in der Reihe dieser Formeln ist, in der negative Gewichte auftreten. Das Auftreten negativer Gewichte wirkt sich nachteilig auf die Stabilität einer Quadraturformel aus. Man kann zeigen, daß mit ansteigendem Interpolationsgrad immer wieder negative Gewichte in der Reihe der Newton-Cotes-Formeln auftreten. Diese Tatsache ist von entscheidender Bedeutung für das Konvergenzverhalten von Newton-Cotes-Formeln. Der Frage der Konvergenz wird in §4 dieses Kapitels nachgegangen.

Quadraturformeln, in denen nur positive Gewichte auftreten, nennt man *positive Quadraturformeln*. Zu ihnen gehören also die Newton-Cotes-Formeln, die aus Interpolationspolynomen mit höchstens 8 Stützstellen entstehen. Weiter kann man zeigen, daß sämtliche Spalten des Halbierungsverfahrens positive Quadraturformeln repräsentieren; für die im nächsten Abschnitt 2.3 eingeführte Verallgemeinerung des Halbierungsverfahrens braucht das nicht mehr zu gelten. Näheres darüber z. B. in dem Buch von H. Braß ([1977], S. 199 ff.).

Beispiele zum Halbierungsverfahren ($h = \frac{1}{2^k}$).

1. Romberg-Schema für $J_1 = \int_0^1 \cos(\frac{\pi}{2}x)dx$; der Integrand ist in $[0,1]$ beliebig oft stetig differenzierbar.

$k = 0$	0.50000000			
1	0.60355339	0.63807119		
2	0.62841744	0.63670546	0.63661441	
3	0.63457315	0.63662505	0.63661969	0.63661977

Wahrer Wert: $J_1 = \frac{2}{\pi} = 0.63661977$.

2. Romberg-Schema für $J_2 = \int_0^1 x^{3/2}dx$; der Integrand ist in $[0,1]$ einmal stetig differenzierbar.

$k = 0$	0.500000				
1	0.426777	0.402369			
2	0.407018	0.400432	0.400303		
3	0.401812	0.400077	0.400054	0.400050	
4	0.400463	0.400014	0.400009	0.400009	0.400009
5	0.400118	0.400002	0.400002	0.400002	0.400002	0.400002

Wahrer Wert: $J_2 = 0.4$; Fehler Rf bei $k = 5$: $|Rf| = 2 \cdot 10^{-6}$.

2.3 Extrapolation. Das Halbierungsverfahren ist in verschiedener Hinsicht verallgemeinerungsfähig. Es ist weder zwingend, von der Sehnentrapezregel als Grundformel auszugehen, noch ist es notwendig, die Schrittweite in geometrischer Progression zu verkleinern. Schließlich genügt es sogar, den Integranden f nur als Riemann-integrierbar vorauszusetzen, ohne daß dadurch die

Konvergenz zunichte gemacht würde. Freilich ist dann eine Motivierung, die auf der Euler-MacLaurinschen Fehlerentwicklung aufbaut, nicht mehr möglich. Wir wollen deshalb einen anderen Zugang aufzeigen, der auf dem Gedanken der Extrapolation bezüglich der Schrittweite beruht und auf die Arbeit von L. F. Richardson und J. A. Gaunt [1927] zurückgeht.

Sei dazu $[a, b] := [0, 1]$, $f : [0, 1] \to \mathbb{R}$ Riemann-integrierbar und $(h_k)_{k\in\mathbb{N}}$ mit $h_0 \leq 1$ eine monoton fallende Nullfolge von Schrittweiten. Sei weiter Q_0 ein Quadraturoperator, $Q_0^k f := (Q_0 f)(h_k)$, für den $\lim_{k\to\infty} Q_0^k f = \int_a^b f(x)dx$ gilt.

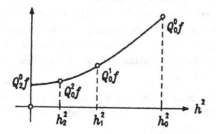

Nach Berechnung der Werte $Q_0^\kappa f$ für $\kappa = 0, \ldots, k$ können die Wertepaare $(h_0, Q_0^0 f), \ldots, (h_k, Q_0^k f)$ gebildet werden. Daraus läßt sich nun durch Extrapolation ein neuer Näherungswert an der Stelle $h = 0$ berechnen. Wählt man dazu ein gerades Interpolationspolynom, so ist dieses unter allen Polynomen vom Höchstgrad k in h^2 eindeutig bestimmt. Seine Lagrange-Darstellung lautet nach 5.2.1

$$\bar{p}(h^2) = \sum_{\kappa=0}^{k} Q_0^\kappa f \prod_{\substack{\imath=0 \\ \imath\neq\kappa}}^{k} \frac{h^2 - h_\imath^2}{h_\kappa^2 - h_\imath^2}.$$

Wir interessieren uns nur für den Wert $\bar{p}(0)$ dieses Interpolationspolynoms. Zu seiner Berechnung bietet sich der Algorithmus von Aitken-Neville 5.5.2 an. Beginnend mit den Wertepaaren $(h_0, Q_0^0 f)$ und $(h_1, Q_0^1 f)$ liefert danach zunächst das lineare Interpolationspolynom $q \in \mathbb{P}_1$ den Wert

$$q(0) = \frac{1}{h_1^2 - h_0^2} \begin{vmatrix} Q_0^0 f & h_0^2 \\ Q_0^1 f & h_1^2 \end{vmatrix} = \frac{h_1^2 Q_0^0 f - h_0^2 Q_0^1 f}{h_1^2 - h_0^2} =: Q_1^0 f,$$

der sich für $h_0 := h$, $h_1 := \frac{h_0}{2}$ und $Q_1^0 := T_1^0$ auch im Romberg-Schema 2.1 findet. Mit

$$Q_{\imath+1}^\kappa f := \frac{1}{h_{\kappa+\imath+1}^2 - h_\kappa^2} \begin{vmatrix} Q_\imath^\kappa f & h_\kappa^2 \\ Q_\imath^{\kappa+1} f & h_{\kappa+\imath+1}^2 \end{vmatrix} = \frac{h_\kappa^2 Q_\imath^{\kappa+1} f - h_{\kappa+\imath+1}^2 Q_\imath^\kappa f}{h_\kappa^2 - h_{\kappa+\imath+1}^2},$$

$0 \leq \kappa \leq k - 1, 0 \leq \imath \leq k - \kappa - 1$, stimmt das Schema des Algorithmus von Aitken-Neville formal mit dem Romberg-Schema überein, und es gilt

$$\tilde{p}(0) = Q_k^0 f.$$

Im Fall des Halbierungsverfahrens wird daraus mit $h_\kappa := 2^{-\kappa}$ und $Q_{\imath+1}^\kappa := T_{\imath+1}^\kappa$ die Bildungsvorschrift

$$T_{\imath+1}^\kappa f = \frac{4^{\imath+1} T_\imath^{\kappa+1} f - T_\imath^\kappa f}{4^{\imath+1} - 1}$$

wie in 2.1 ($\kappa =: k, \imath + 1 =: j$).

Die Berechnung der Werte $Q_k^0 f$ nach dem Romberg-Schema und ihre Auffassung als extrapolierte Werte für $h = 0$ stellt also die Verallgemeinerung des Halbierungsverfahrens dar. Wir wollen uns jetzt klarmachen, daß dieses Extrapolationsverfahren unter einer schwachen Voraussetzung an die Folge (h_k) für jede Riemann-integrierbare Funktion f konvergiert, falls nur die Folge $(Q_0^k f)$ gegen $\int_a^b f(x)dx$ konvergiert.

2.4 Konvergenz. Die Konvergenz der Extrapolationsmethode wurde erstmals von R. Bulirsch [1964] bewiesen. Der folgende Konvergenzsatz und Beweis schließen an diese Darstellung an.

Konvergenzsatz. *Sei $f : [0,1] \to \mathbb{R}$ Riemann-integrierbar. Für die Folge $(h_k)_{k \in \mathbb{N}}$ von Schrittweiten, $h_0 \leq 1$, gelte $\left(\frac{h_k}{h_{k+1}}\right)^2 \geq c$ mit $c > 1$. Sei Q_0 ein Quadraturoperator, $Q_0^k f := (Q_0 f)(h_k)$, für den $\lim_{k \to \infty} Q_0^k f = \int_0^1 f(x)dx$ gilt. Dann gilt auch*

$$\lim_{k \to \infty} Q_k^0 f = \int_0^1 f(x)dx \quad \text{für die Folge } (Q_k^0 f)_{k \in \mathbb{N}} \text{ der Werte,}$$

die das Extrapolationsverfahren liefert.

Beweis. Zum Beweis stellen wir zunächst unter (a)–(c) einige Eigenschaften der Lagrange-Faktoren 5.2.1 bereit.

(a)   Sei $\ell_{k\kappa} := \prod_{\substack{\imath=0 \\ \imath \neq \kappa}}^{k} \frac{h_\imath^2}{h_\imath^2 - h_\kappa^2}$ für $0 \leq \kappa \leq k$; dann ist nach 2.3

$$Q_k^0 f = \sum_{\kappa=0}^{k} (Q_0^\kappa f) \ell_{k\kappa} \quad \text{mit} \quad \sum_{\kappa=0}^{k} \ell_{k\kappa} = 1 \quad \text{nach 5.2.1.}$$

(b)   Es gilt $\lim_{k \to \infty} \ell_{k\kappa} = 0$ für $\kappa = 0, 1, \cdots$. Denn dies ist eine notwendige Bedingung für die Konvergenz der Reihe $\sum_{k=0}^{\infty} \ell_{k\kappa}$, die man dem Quotientenkriterium entnimmt:

$$\lim_{k \to \infty} \left| \frac{\ell_{k+1,\kappa}}{\ell_{k\kappa}} \right| = \lim_{k \to \infty} \left| \frac{h_{k+1}^2}{h_{k+1}^2 - h_\kappa^2} \right| = 0.$$

(c)   Es existiert für alle $k \in \mathbb{N}$ eine gleichmäßige obere Schranke Λ, so daß

$$\sum_{\kappa=0}^{k} |\ell_{k\kappa}| < \Lambda \quad \text{gilt.}$$

Dazu schreiben wir

$$\sum_{\kappa=0}^{k} |\ell_{k\kappa}| = \prod_{\imath=0}^{k-1} \left| 1 - \frac{h_k^2}{h_\imath^2} \right|^{-1} + \left| 1 - \frac{h_{k-1}^2}{h_k^2} \right|^{-1} \prod_{\imath=0}^{k-2} \left| 1 - \frac{h_{k-1}^2}{h_\imath^2} \right|^{-1} +$$

$$\cdots + \left| 1 - \frac{h_0^2}{h_1^2} \right|^{-1} \cdots \left| 1 - \frac{h_0^2}{h_k^2} \right|^{-1}$$

und beachten, daß nach Voraussetzung

$$\prod_{\imath=0}^{s-1} \left| 1 - \frac{h_s^2}{h_\imath^2} \right|^{-1} \leq \prod_{\imath=0}^{s-1} \left| 1 - \left(\frac{1}{c}\right)^{s-\imath} \right|^{-1} = \prod_{\imath=1}^{s} \left| 1 - \left(\frac{1}{c}\right)^{\imath} \right|^{-1}$$

für $s = 1, 2, \cdots$ gilt. Wegen $c > 1$ konvergiert $\sum_{\imath=1}^{\infty} (\frac{1}{c})^\imath$, also konvergiert bekanntlich auch $\prod_{\imath=1}^{\infty} |1 - (\frac{1}{c})^\imath|$, und es gibt eine Schranke Λ', so daß

$$\prod_{\imath=0}^{s-1} \left| 1 - \frac{h_s^2}{h_\imath^2} \right|^{-1} \leq \Lambda'$$

ist. Damit wird die Abschätzung

$$\sum_{\kappa=0}^{k} |\ell_{k\kappa}| \leq \Lambda' \left(1 + \frac{1}{c-1} + \frac{1}{c-1} \frac{1}{c^2-1} + \cdots + \frac{1}{c-1} \cdots \frac{1}{c^k-1} \right)$$

möglich. Das Quotientenkriterium zeigt die Konvergenz

$$\lim_{k \to \infty} \left(1 + \frac{1}{c-1} + \cdots + \frac{1}{c-1} \cdots \frac{1}{c^k-1} \right) = C,$$

so daß

$$\sum_{\kappa=0}^{k} |\ell_{k\kappa}| < \Lambda' \cdot C =: \Lambda$$

für alle $k \in \mathbb{N}$ gilt.

Nach den Vorbetrachtungen (a)–(c) können wir jetzt den Nachweis der Konvergenz der Folge $(Q_k^0 f)_{k \in \mathbb{N}}$ führen. Dazu gehen wir von der Folge $(Q_0^k f)$ aus, für die nach Voraussetzung $\lim_{k \to \infty} Q_0^k f = \int_0^1 f(x)dx =: Jf$ gilt. Also gibt es zu beliebigem $\varepsilon > 0$ eine Zahl $K \in \mathbf{N}$, so daß für alle Werte $k > K$ die Abschätzung

$$|Q_0^k f - Jf| < \frac{\varepsilon}{2\Lambda}$$

richtig ist. Damit gilt für $k > K$

$$|Q_k^0 f - Jf| \overset{(a)}{=} \left| Q_k^0 f - \sum_{\kappa=0}^{k} \ell_{k\kappa}(Jf) \right| \overset{(a)}{=} \left| \sum_{\kappa=0}^{k} \ell_{k\kappa}(Q_0^\kappa f - Jf) \right| <$$

$$< \sum_{\kappa=0}^{K} |\ell_{k\kappa}| \, |Q_0^\kappa f - Jf| + \sum_{\kappa=K+1}^{k} |\ell_{k\kappa}| \frac{\varepsilon}{2\Lambda} \overset{(c)}{<} \sum_{\kappa=0}^{K} |\ell_{k\kappa}| \, |Q_0^\kappa f - Jf| + \frac{\varepsilon}{2}.$$

Aus (b) folgt $|\ell_{k\kappa}| \, |Q_0^\kappa f - Jf| < \frac{\varepsilon}{2(K+1)}$ für alle $0 \le \kappa \le K$, falls nur $k > K'$ ist. Damit gilt für alle $k > \max(K, K')$

$$|Q_k^0 f - Jf| < \frac{\varepsilon}{2(K+1)}(K+1) + \frac{\varepsilon}{2} = \varepsilon,$$

so daß $\lim_{k \to \infty} Q_k^0 f = Jf$ folgt. □

Anwendung. Der Satz garantiert für jede Riemann-integrierbare Funktion die Konvergenz der durch Extrapolation gewonnenen Näherungswerte gegen den Wert Jf, falls nur $\lim_{k \to \infty} Q_0^k f = Jf$ gilt. Das ist etwa bei der Wahl $Q_0' := T_0'$ der Fall; denn die Werte $T_0^k f$ lassen sich durch Riemannsche Ober- und Untersummen zur Schrittweite h_k einschließen, so daß die Folge der Seh-nentrapezsummen für jede Riemann-integrierbare Funktion f gegen Jf konvergiert. Dasselbe gilt beispielsweise für die Simpsonsche Regel wie auch für alle anderen Quadraturverfahren, die im Romberg-Schema auftreten. Im Rahmen der Betrachtungen zur Konvergenz von Quadraturverfahren in §5 werden wir darauf nochmals zurückkommen.

Erläuterung. Während der Satz Konvergenz unter sehr schwachen Voraus-setzungen sicherstellt, wird damit nichts über die Konvergenzgeschwindigkeit gesagt. Diese hängt vor allem von den analytischen Eigenschaften von f ab. Die Fehlerbetrachtung 2.2 zeigt, wie sich die Voraussetzung hinreichend oftmaliger Differenzierbarkeit bzw. die Existenz einer Euler-MacLaurinschen Entwicklung auf die Konvergenzgüte auswirken.

Praktischer Hinweis. Die natürliche Wahl $h_k = 2^{-k}$, $k \in \mathbf{N}$, der Schrittwei-tenfolge des Halbierungsverfahrens läßt die Anzahl der notwendigen Funktions-auswertungen sehr rasch ansteigen. Dieser Nachteil wird beispielsweise bei der Rutishauser-Folge $h_{2\kappa} := 3^{-\kappa}$, $h_{2\kappa+1} := \frac{1}{2}3^{-\kappa}$ für $\kappa \in \mathbf{N}$ oder bei der ebenfalls in der Praxis bewährten Bulirsch-Folge $h_0 := 1$, $h_{2\kappa-1} := 2^{-\kappa}$, $h_{2\kappa} := \frac{1}{3}2^{-\kappa+1}$ für $\kappa \in \mathbf{Z}_+$ verringert.

2.5 Aufgaben. 1) Man zeige, daß die in der Einleitung von §2 erwähnte archimedische Methode zur Berechnung von π von der Ordnung $O(\frac{1}{n^2})$ konvergiert.

2) Zu berechnen seien die Integrale

$$J_1 f := \int_1^2 \frac{dx}{x}, \qquad J_2 f := \int_0^1 \sqrt{x}\,dx.$$

a) Man programmiere das Halbierungsverfahren, ausgehend von der Sehnentrapezregel.

b) Man führe die Rechnungen für $k = 0, 1, \ldots, 7$ durch und lasse gleichzeitig den Fehler jedes Näherungswerts bestimmen.

c) Man stelle numerisch die Konvergenzordnung in den einzelnen Spalten fest und erkläre das verschiedene Verhalten.

3) Man berechne die Quadraturformeln, die sich in den ersten drei Spalten des Schemas für das Halbierungsverfahren ergeben, wenn man von der Mittelpunktregel als Grundformel ausgeht. Erhält man dann auch positive Quadraturformeln?

4) Sei $f \in C_4[a, b]$ und $(Qf)(h)$ die Sehnentrapezregel mit der Schrittweite $h = \frac{b-a}{6m}$. Man konstruiere aus $(Qf)(2h)$ und $(Qf)(3h)$ eine Quadraturformel $\hat{Q}$, so daß $(\hat{Q}f)(h) - \int_a^b f(x)dx = O(h^4)$ gilt.

5) Man berechne das (zweistufige) Romberg-Schema, das sich bei der Wahl der Bulirsch-Folge als Schrittweitenfolge ergibt.

6) Im Fall der numerischen Differentiation liegt die gleiche Situation wie hier vor, die zur Extrapolationsmethode geführt hat. Ausgehend von der Formel $(*)$ in 5.3.3 zeige man, daß für den Fehler des Näherungswerts der 1. Ableitung eine Entwicklung nach Potenzen von h^2 existiert und entwerfe das Halbierungsverfahren zur Verbesserung des Näherungswerts.

§ 3. Numerische Integration nach Gauß

Den bisherigen Betrachtungen dieses Kapitels lag die Vorstellung vorgegebener Stützstellen zugrunde. In dem Ansatz

$$\int_a^b f(x)dx = \sum_{\nu=1}^n \gamma_{n\nu} f(x_{n\nu}) + R_n f$$

kann man jedoch nicht nur die Gewichte $\gamma_{n1}, \ldots, \gamma_{nn}$, sondern auch die Stützstellen $x_{n1}, \ldots, x_{nn}$ als Parameter ansehen und versuchen, sie so zu bestimmen, daß eine möglichst hohe Genauigkeit der Quadraturformel erreicht wird. Das ist der Ausgangspunkt für den

3.1 Ansatz von Gauß. Da die $2n$ Parameter $\gamma_{n\nu}$ und $x_{n\nu}$, $1 \leq \nu \leq n$, zur Verfügung stehen, hat die Forderung Sinn, daß durch die gesuchte Quadraturformel alle Polynome bis zum Höchstgrad $2n-1$ exakt integriert werden sollen. Wir verlangen also, daß

$$(*) \qquad \int_a^b p(x)dx = \sum_{\nu=1}^n \gamma_{n\nu} p(x_{n\nu})$$

für alle $p \in P_{2n-1}$ gelten soll.

Mit Hilfe des Ansatzes von Lagrange 5.2.1 können wir dasjenige Polynom $p^* \in P_{n-1}$, das in den n Stützstellen $x_{n1}, \ldots, x_{nn}$ die Werte $p(x_{n1}), \ldots, p(x_{nn})$ annimmt, in der Form

$$p^*(x) = \sum_{\nu=1}^n \ell_{n-1,\nu}(x) p(x_{n\nu})$$

darstellen. Nach dem Lemma 5.1.2 läßt sich dann jedes Polynom $p \in P_{2n-1}$ als

$$p(x) = p^*(x) + (x - x_{n1}) \cdots (x - x_{nn}) q(x)$$

mit $q \in P_{n-1}$ schreiben. Die Forderung $(*)$ an die Quadraturformel läuft also darauf hinaus, die Gleichheit

$$\sum_{\nu=1}^n \gamma_{n\nu} p(x_{n\nu}) = \sum_{\nu=1}^n \left(\int_a^b \ell_{n-1,\nu}(x)dx \right) p(x_{n\nu}) + \int_a^b (x - x_{n1}) \cdots (x - x_{nn}) q(x)dx$$

für alle $q \in P_{n-1}$ und für jede Auswahl der Werte $p(x_{n\nu})$, $1 \leq \nu \leq n$, zu verlangen.

Setzen wir $p(x_{n\nu}) = 0$ für $1 \leq \nu \leq n$, so erkennen wir, daß das

Orthogonalitätspostulat

$$\int_a^b (x - x_{n1}) \cdots (x - x_{nn}) q(x)dx = 0$$

für jedes Polynom $q \in P_{n-1}$ eine notwendige Bedingung zur Erfüllung dieser Forderung darstellt.

Bei dieser Bedingung handelt es sich um nichts anderes als um die Orthogonalitätsbeziehung, durch die in 4.5.4 die Legendreschen Polynome charakterisiert wurden. Wir setzen dazu $[a, b] := [-1, +1]$ und erkennen, daß das Orthogonalitätspostulat durch die Auswahl

$$(x - x_{n1}) \cdots (x - x_{nn}) = \hat{L}_n(x)$$

erfüllt wird. Die Nullstellen $x_{n\nu}$, $1 \leq \nu \leq n$, der Legendreschen Polynome sind nach dem Nullstellensatz 4.5.5 alle reell und einfach und liegen im Intervall $(-1, +1)$. Sie sind also als Stützstellen einer Quadraturformel brauchbar.

Die Auswahl $p(x_{n\nu}) = \delta_{n\nu}$ zeigt weiter, daß für die Gewichte einer Quadraturformel (∗) notwendig die Darstellung

$$\gamma_{n\nu} = \int_{-1}^{+1} \ell_{n-1,\nu}(x)dx$$

folgt.

Diese beiden notwendigen Bedingungen sind gemeinsam aber auch hinreichend zur Erfüllung der Forderung (∗). Wir kennen damit die

Stützstellen und Gewichte einer Gaußschen Quadraturformel. *Wählt man als Stützstellen* $x_{n\nu}$, $1 \leq \nu \leq n$, *einer Quadraturformel*

$$\int_{-1}^{+1} f(x)dx = \sum_{\nu=1}^{n} \gamma_{n\nu}f(x_{n\nu}) + R_n f$$

die Nullstellen des Legendreschen Polynoms L_n *und als Gewichte die Werte*

$$\boxed{\gamma_{n\nu} = \int_{-1}^{+1} \ell_{n-1,\nu}(x)dx} \ ,$$

so erreicht man die Gleichheit

$$\int_{-1}^{+1} f(x)dx = \sum_{\nu=1}^{n} \gamma_{n\nu}f(x_{n\nu}) \ \text{bzw.} \ R_n f = 0$$

für alle Polynome $f := p \in \mathrm{P}_{2n-1}$.

Bezeichnung. Gaußsche Quadraturformeln, die sich auf $\int_{-1}^{+1} w(x)f(x)dx$ mit $w(x) := 1$ für $x \in [-1, +1]$ beziehen, nennt man auch *Gauß-Legendre-Formeln.* Andere Gewichtsfunktionen w werden wir in 3.4 und 3.5 in die Betrachtung einbeziehen.

Normierung des Integrationsintervalls. Die Festlegung $[a, b] := [-1, +1]$ bedeutet keine Einschränkung, da sich jedes endliche Intervall $[a, b]$ durch die Transformation

$$t = 2\frac{x - a}{b - a} - 1$$

in $[-1, +1]$ überführen läßt.

Aufschlußreich ist die folgende Möglichkeit zur Berechnung der Gewichte $\gamma_{n\nu}$. Aus $\ell_{n-1,\nu} \in P_{n-1}$ folgt $\ell_{n-1,\nu}^2 \in P_{2n-2} \subset P_{2n-1}$; daraus ergibt sich zusammen mit $\ell_{n-1,\nu}(x_{n\mu}) = \delta_{\nu\mu}$ die Darstellung

$$\gamma_{n\nu} = \sum_{\mu=1}^{n} \gamma_{n\mu} \ell_{n-1,\nu}^2(x_{n\mu}) = \int_{-1}^{+1} \ell_{n-1,\nu}^2(x)dx,$$

so daß wir gleichzeitig die

Positivität der Gewichte

$$\boxed{\gamma_{n\nu} = \int_{-1}^{+1} \ell_{n-1,\nu}^2(x)dx > 0},$$

$1 \le \nu \le n$, erkennen. Gaußsche Quadraturformeln sind also positiv; man macht sich leicht klar, daß diese Aussage auch für beliebige Gewichtsfunktionen richtig bleibt und daß allgemein

$$\gamma_{n\nu} = \int_{-1}^{+1} w(x)\ell_{n-1,\nu}(x)dx = \int_{-1}^{+1} w(x)\ell_{n-1,\nu}^2(x)dx > 0$$

gilt.

Stützstellen und Gewichte für $1 \le n \le 5$ finden sich in 3.6.

3.2 Gauß-Quadratur als Interpolationsquadratur. Eine Gaußsche Quadraturformel kann auch als Interpolationsquadratur aufgefaßt werden. Um das zu erkennen, betrachten wir die einfache Hermite-Interpolation 5.5.3 für eine Funktion $f \in C_{2n}[-1,+1]$, als deren Stützstellen die Nullstellen $x_{n1}, \ldots, x_{nn}$ des Legendre-Polynoms L_n gewählt werden. Danach gilt die Identität

$$f(x) = \sum_{\nu=1}^{n}[\psi_{2n-1,\nu}(x)f(x_{n\nu}) + \chi_{2n-1,\nu}(x)f'(x_{n\nu})] + r(x)$$

mit

$$\chi_{2n-1,\nu}(x) = \ell_{n-1,\nu}^2(x)(x - x_\nu),$$
$$\psi_{2n-1,\nu}(x) = \ell_{n-1,\nu}^2(x) \cdot (c_{2n-1,\nu}x + d_{2n-1,\nu})$$

und $$r(x) = \frac{f^{(2n)}(\xi^*)}{(2n)!}(x - x_{n1})^2 \cdots (x - x_{nn})^2, \quad \xi^* \in (-1,+1).$$

Daraus erhalten wir

$$\int_{-1}^{+1} f(x)dx = \sum_{\nu=1}^{n}\left(\int_{-1}^{+1} \psi_{2n-1,\nu}(x)dx\right)f(x_{n\nu}) +$$
$$+ \sum_{\nu=1}^{n}\left(\int_{-1}^{+1} \chi_{2n-1,\nu}(x)dx\right)f'(x_{n\nu}) + R_n f.$$

Dabei ist für $1 \leq \nu \leq n$

$$\int_{-1}^{+1} \chi_{2n-1,\nu}(x)dx = \Big(\prod_{\substack{\mu=1 \\ \mu \neq \nu}}^{n} (x_{n\nu} - x_{n\mu}) \Big)^{-1} \int_{-1}^{+1} \hat{L}_n(x)\ell_{n-1,\nu}(x)dx = 0,$$

da $\ell_{n-1,\nu} \in P_{n-1}$.

Da überdies für $f \in P_{2n-1}$ der Quadraturfehler $R_n f = 0$ ist, haben wir es wieder mit der Gaußschen Quadraturformel zu tun.

3.3 Fehlerdarstellung. Ist $f \in C_{2n}[-1, +1]$, so führt uns das Restglied der Interpolationsquadratur 3.2 sofort auf den Fehler

$$R_n f = \int_{-1}^{+1} \frac{f^{(2n)}(\xi^*)}{(2n)!} (x - x_{n1})^2 \cdots (x - x_{nn})^2 dx = \frac{f^{(2n)}(\xi)}{(2n)!} \|\hat{L}_n\|_2^2,$$

$\xi \in (-1, +1)$. Der Diskussion der Legendreschen Polynome 4.5.4. entnimmt man den Wert

$$\|\hat{L}_n\|_2 = \frac{n!}{(2n)!} \frac{1}{c_n} = \frac{n!}{(2n)!} 2^n (n!) \Big(\frac{2}{2n+1} \Big)^{1/2},$$

so daß sich der

Quadraturfehler

$$\boxed{R_n f = \frac{2^{2n+1}(n!)^4}{[(2n)!]^3(2n+1)} f^{(2n)}(\xi)},$$

$\xi \in (-1, +1)$, der Gauß-Legendre-Quadraturformel mit n Stützstellen ergibt.

Um den Quadraturfehler nach dieser Darstellung zu berechnen oder abzuschätzen, muß die $(2n)$-te Ableitung von f ermittelt bzw. abgeschätzt werden. Die Anwendung der Gauß-Quadratur ist jedoch auch sinnvoll, wenn f nicht $(2n)$-mal differenzierbar ist. Entsprechende Fehlerabschätzungen sind wieder mit Hilfe der Peano-Kerne zu gewinnen. Die Restglieddarstellung von Peano 5.2.4

$$R_n f = \int_{-1}^{+1} K_m(t) f^{(m+1)}(t)dt$$

kann für die Gauß-Legendre-Quadraturformel mit n Stützstellen für die Werte $0 \leq m \leq 2n - 1$ angegeben werden.

Beispiel. Wir betrachten die Gauß-Legendre-Quadratur mit zwei Stützstellen x_{21}, x_{22} für $f \in C_2[-1, +1]$, also $m = 1$. Nach 4.5.4 sind $x_{21} = -\frac{1}{3}\sqrt{3}$ und $x_{22} = \frac{1}{3}\sqrt{3}$ die Nullstellen von L_2; der in 3.6 folgenden Tabelle entnehmen wir dazu die Gewichte $\gamma_{21} = \gamma_{22} = 1$. Also gilt

$$R_2 f = \int_{-1}^{+1} f(x)dx - \sum_{\nu=1}^{2} \gamma_{2\nu} f(x_{2\nu}) = \int_{-1}^{+1} K_1(t) f''(t)dt$$

mit $K_1(t) = R_2 q_1(\cdot, t)$ und $q_1(x,t) = (x-t)_+ = \begin{cases} (x-t) & \text{für } x \geq t \\ 0 & \text{für } x < t \end{cases}$.

$$R_2 q_1(\cdot, t) = \int_{-1}^{+1} (x-t)_+ dx - \sum_{\nu=1}^{2} \gamma_{2\nu}(x_{n\nu} - t)_+; \quad \text{mit}$$

$$\int_{-1}^{+1} (x-t)_+ dx = \int_t^1 (x-t) dx = \frac{(1-t)^2}{2} \quad \text{erhält man}$$

$$K_1(t) = \begin{cases} \frac{(1+t)^2}{2} & \text{für} \quad -1 \leq t \leq -\frac{1}{3}\sqrt{3} \\ \frac{(1-t)^2}{2} + (t - \frac{1}{3}\sqrt{3}) & \text{für} \quad -\frac{1}{3}\sqrt{3} \leq t \leq \frac{1}{3}\sqrt{3} \\ \frac{(1-t)^2}{2} & \text{für} \quad \frac{1}{3}\sqrt{3} \leq t \leq 1 \end{cases}.$$

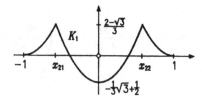

Man kann zeigen, daß wie in diesem Beispiel die Peano-Kerne K_m jeder Gauß-Legendre-Quadraturformel mit n Stützstellen für $0 \leq m \leq 2n - 2$ im Integrationsintervall $[-1, +1]$ das Vorzeichen wechseln. Lediglich K_{2n-1} ist jeweils definit und führt dann zu dem oben hergeleiteten Quadraturfehler, in dem $f^{(2n)}(\xi)$ auftritt. In allen anderen Fällen muß $R_n f$ als

$$|R_n f| \leq \max_{t \in [-1, +1]} |f^{(m+1)}(t)| \int_{-1}^{+1} |K_m(t)| dt$$

abgeschätzt werden. Die Werte

$$e_{m+1} := \int_{-1}^{+1} |K_m(t)| dt$$

nennt man *Peanosche Fehlerkonstanten*; sie können ein für allemal bestimmt werden. In unserem Beispiel errechnet man $e_2 = 0.081$ und erhält damit $|R_2 f| \leq 0.081 \max_{x \in [-1, +1]} |f''(x)|$.

Näheres über die Peano-Kerne Gaußscher Formeln findet man bei H. Braß [1977] oder bei A. H. Stroud und D. Secrest [1966]; das letztere Buch enthält auch Tabellen der Peanoschen Fehlerkonstanten.

3.4 Modifikationen. Es ist für manche Anwendungen zweckmäßig, die Idee der frei bestimmbaren Stützstellen in einer Quadraturformel in der Weise abzuwandeln, daß einige Stützstellen von vornherein festgelegt werden, während die übrigen geeignet zu bestimmen sind.

Von praktischer Bedeutung unter den so entstehenden Quadraturformeln sind diejenigen, die man erhält, wenn ein Endpunkt des Integrationsintervalls $[-1, +1]$ oder beide Endpunkte als Stützstellen vorgeschrieben sind. So ergeben sich die

(i) *Gauß-Radau-Formeln*: Einer der Intervallendpunkte ist Stützstelle.

(ii) *Gauß-Lobatto-Formeln*: Beide Intervallendpunkte sind Stützstellen.

Zu (i): Sei etwa $x_{n1} := -1$. Bei geeigneter Bestimmung von $x_{2n}, \ldots, x_{nn}$ kann man jetzt natürlich nur erwarten, daß alle $p \in P_{2n-2}$ exakt integriert werden. Das Orthogonalitätspostulat im Ansatz von Gauß 3.1 muß dann in die Forderung umgewandelt werden, daß

$$\int_{-1}^{+1} (x + 1)(x - x_{n2}) \cdots (x - x_{nn}) q(x) dx = 0$$

für jedes Polynom $q \in P_{n-2}$ gelten solle. Die Stützstellen $x_{n2}, \ldots, x_{nn}$ werden durch diese Bedingung als Nullstellen von Polynomen charakterisiert, die bezüglich der Gewichtsfunktion $w(x) := x + 1$ orthogonal sind. Nach dem Nullstellensatz 4.5.5 sind diese Nullstellen einfach, reell und liegen in $(-1, +1)$.

So erhält man die unsymmetrischen

Gauß-Radau-Formeln

$$\int_{-1}^{+1} f(x) dx = \frac{2}{n^2} f(-1) + \sum_{\nu=2}^{n} \gamma_{n\nu} f(x_{n\nu}) + R_n f$$

bzw. bei Vorgabe von $x_{nn} := +1$

$$\int_{-1}^{+1} f(x) dx = \frac{2}{n^2} f(+1) + \sum_{\nu=1}^{n-1} \gamma_{n\nu} f(x_{n\nu}) + R_n f$$

mit $R_n f = 0$ für alle $f \in P_{2n-2}$. Stützstellen und Gewichte dieser beiden Formeln haben gegenseitig symmetrische Werte.

Zu (ii): Bei Vorgabe der Stützstellen $x_{n1} := -1$ und $x_{nn} := +1$ wird man für die übrigen Stützstellen auf die Nullstellen der bezüglich $w(x) := 1 - x^2$ orthogonalen Polynome geführt. Für die symmetrischen

Gauß-Lobatto-Formeln

$$\int_{-1}^{+1} f(x) dx = \frac{2}{n(n-1)} [f(1) + f(-1)] + \sum_{\nu=2}^{n-1} \gamma_{n\nu} f(x_{n\nu}) + R_n f$$

gilt dann $R_n f = 0$ für alle $f \in P_{2n-3}$.

Wie bereits in 3.1 bemerkt wurde, sind auch diese modifizierten Gauß-Formeln positiv. Tabellen der Stützstellen und Gewichte findet man in 3.6. Weitere Tabellen sowie Fehlerdarstellungen entnehme man dem Buch von A. H. Stroud und D. Secrest [1966].

Bei den Polynomen, die im Intervall $[-1, +1]$ bezüglich der Gewichtsfunktion $w(x) := (1-x)^{\alpha}(1+x)^{\beta}$, $\alpha, \beta > -1$, orthogonal sind, handelt es sich um die *Jacobi-Polynome* $P_n^{(\alpha,\beta)}$. Die Nullstellen von $P_{n-1}^{(0,1)}$ bzw. $P_{n-1}^{(1,0)}$ sind die freien Stützstellen der Radau-Formeln, diejenigen von $P_{n-2}^{(1,1)}$ die freien Stützstellen der Lobatto-Formeln mit insgesamt n Stützstellen.

Weitere Anwendungen der Gauß-Quadratur auf Integrale mit Gewichtsfunktionen ergeben sich für

3.5   Uneigentliche Integrale. Zur numerischen Behandlung von Integralen der Form $\int_a^b w(x)f(x)dx$ haben wir das Orthogonalitätspostulat 3.1 unter Berücksichtigung der Gewichtsfunktion w zu der Forderung

$$\int_a^b w(x)(x - x_{n1}) \cdots (x - x_{nn})q(x)dx = 0$$

für alle Polynome $q \in P_{n-1}$ zu verallgemeinern. Jede Wahl von w führt dann auf eine Reihe von Quadraturformeln des Gaußschen Typs.

Hier sollen drei Typen von uneigentlichen Integralen vorgestellt werden; die Existenz des Integrals $\int_a^b w(x)f(x)dx$ wird dabei stets vorausgesetzt. Alle diese Quadraturformeln

$$\int_a^b w(x)f(x)dx = \sum_{\nu=1}^n \gamma_{n\nu} f(x_{n\nu}) + R_n f$$

sind positiv, wie wir in 3.1 bereits bemerkt haben: $\gamma_{n\nu} > 0$ für $1 \leq \nu \leq n$. Tabellen von Stützstellen und Gewichten entnehme man 3.6. Weitergehende Tabellen sowie Herleitungen der Fehlerdarstellungen findet man ausführlich bei A. H. Stroud und D. Secrest [1966] oder auch bei H. Engels [1980]. Die Fehlerdarstellungen sind auch vom Leser selbst zu bewältigen!

(i) $$\int_0^\infty e^{-x} f(x)dx.$$

Stützstellen sind die Nullstellen der im Intervall $[0, \infty)$ bezüglich der Gewichtsfunktion $w(x) := e^{-x}$ orthogonalen *Laguerre-Polynome* Λ_n. Sie haben die Darstellung

$$\Lambda_n(x) = \frac{1}{n!}\hat{\Lambda}_n(x) \quad \text{mit} \quad \hat{\Lambda}_n(x) := (-1)^n e^x \frac{d^n}{dx^n}(x^n e^{-x})$$

und die Eigenschaften

$$\int_0^\infty e^{-x} \Lambda_n^2(x)dx = 1 \quad \text{und} \quad \hat{\Lambda}_n(x) = x^n + \cdots.$$

Ist $f \in C_{2n}[0,\infty)$, gilt für den Quadraturfehler

$$R_n f = \frac{(n!)^2}{(2n)!} f^{(2n)}(\xi), \quad \xi \in (0,\infty).$$

(ii)
$$\int_{-\infty}^\infty e^{-x^2} f(x)dx.$$

Stützstellen sind die Nullstellen der im Intervall $(-\infty, +\infty)$ bezüglich der Gewichtsfunktion $w(x) := e^{-x^2}$ orthogonalen *Hermite-Polynome* H_n. Sie haben die Darstellung

$$H_n(x) = \left(\frac{2^n}{n!\sqrt{\pi}}\right)^{1/2} \hat{H}_n(x) \quad \text{mit} \quad \hat{H}_n(x) := \frac{(-1)^n}{2^n} e^{x^2} \frac{d^n}{dx^n}(e^{-x^2})$$

und die Eigenschaften

$$\int_{-\infty}^{+\infty} e^{-x^2} H_n^2(x)dx = 1 \quad \text{und} \quad \hat{H}_n(x) = x^n + \cdots.$$

Ist $f \in C_{2n}(-\infty, +\infty)$, gilt für den Quadraturfehler

$$R_n f = \frac{n!\sqrt{\pi}}{2^n(2n)!} f^{(2n)}(\xi), \quad \xi \in (-\infty, +\infty).$$

(iii)
$$\int_{-1}^{+1} \frac{f(x)}{\sqrt{1-x^2}}dx.$$

Stützstellen sind die Nullstellen der bereits in 3.4 erwähnten Jacobi-Polynome für $\alpha = \beta = -\frac{1}{2}$; bereits in 4.4.8 wurde gezeigt, daß die Tschebyschev-Polynome 1. Art bezüglich der Gewichtsfunktion $w(x) = (1-x^2)^{-1/2}$ im Intervall $[-1,+1]$ orthogonal sind. Es handelt sich also hier um die Polynome T_n, die nach 4.4.7 die Darstellung $T_n(x) = \cos(n \arccos(x))$ besitzen. Ihre Nullstellen und damit die Stützstellen der Gauß-Quadraturformel sind $x_{n\nu} = \cos \frac{2\nu-(2n+1)}{2n}\pi$, $1 \le \nu \le n$. Es zeigt sich, daß die Gewichte $\gamma_{n\nu}$ einer Quadraturformel hier gleich sind: $\gamma_{n\nu} = \frac{\pi}{n}$ für $1 \le \nu \le n$. Der Nachweis hierfür wird z. B. bei H. Engels ([1980], S. 318) geführt.

Ist $f \in C_{2n}[-1, +1]$, so gilt für den Quadraturfehler

$$R_n f = \frac{\pi}{(2n)! 2^{2n-1}} f^{(2n)}(\xi), \quad \xi \in (-1, +1).$$

3.6 Stützstellen und Gewichte Gaußscher Quadraturformeln.

(i)   **Symmetrische Formeln:** $x_{n\nu} = -x_{n,n-\nu+1}$
$$\gamma_{n\nu} = \gamma_{n,n-\nu+1}$$

Gauß-Legendre $[a, b] := [-1, +1]$

$n = 1$ Tangententrapezregel

$n = 2$ $x_{22} = 0.577\,350$ $\gamma_{22} = 1$

$n = 3$ $x_{32} = 0$ $\gamma_{32} = 0.888\,889$
         $x_{33} = 0.774\,597$ $\gamma_{33} = 0.555\,556$

$n = 4$ $x_{43} = 0.339\,981$ $\gamma_{43} = 0.652\,145$
         $x_{44} = 0.861\,136$ $\gamma_{44} = 0.347\,855$

$n = 5$ $x_{53} = 0$ $\gamma_{53} = 0.568\,889$
         $x_{54} = 0.538\,469$ $\gamma_{54} = 0.478\,629$
         $x_{55} = 0.906\,180$ $\gamma_{55} = 0.236\,927$

Gauß-Hermite $[a, b] := [-\infty, +\infty]$, $w(x) := e^{-x^2}$

$n = 1$ $x_{11} = 0$ $\gamma_{11} = 1.772\,454$

$n = 2$ $x_{22} = 0.707\,107$ $\gamma_{22} = 0.886\,227$

$n = 3$ $x_{32} = 0$ $\gamma_{32} = 1.181\,636$
         $x_{33} = 1.224\,745$ $\gamma_{33} = 0.295\,409$

$n = 4$ $x_{43} = 0.524\,648$ $\gamma_{43} = 0.804\,914$
         $x_{44} = 1.650\,680$ $\gamma_{44} = 0.813\,128 \cdot 10^{-1}$

$n = 5$ $x_{53} = 0$ $\gamma_{53} = 0.945\,309$
         $x_{54} = 0.958\,572$ $\gamma_{54} = 0.393\,619$
         $x_{55} = 2.020\,183$ $\gamma_{55} = 0.199\,532 \cdot 10^{-1}$

Gauß-Lobatto $[a, b] := [-1, +1]$

$n = 3$ Keplersche Faßregel

$n = 4$ $x_{43} = 0.447\,214$ $\gamma_{43} = 0.833\,333$
         $x_{44} = 1$ $\gamma_{44} = 0.166\,667$

$n = 5$ $x_{53} = 0$ $\gamma_{53} = 0.711\,111$
         $x_{54} = 0.654\,654$ $\gamma_{54} = 0.544\,444$
         $x_{55} = 1$ $\gamma_{55} = 0.100\,000$

(ii) Unsymmetrische Formeln:

Gauß-Laguerre $[a,b] := [0,\infty],\ w(x) := e^{-x}.$

$n = 1$	$x_{11} = 1$	$\gamma_{11} = 1$
$n = 2$	$x_{21} = 0.585\,786$	$\gamma_{21} = 0.853\,553$
	$x_{22} = 3.414\,214$	$\gamma_{22} = 0.146\,447$
$n = 3$	$x_{31} = 0.415\,775$	$\gamma_{31} = 0.711\,093$
	$x_{32} = 2.294\,280$	$\gamma_{32} = 0.278\,518$
	$x_{33} = 6.289\,945$	$\gamma_{33} = 0.103\,893 \cdot 10^{-1}$
$n = 4$	$x_{41} = 0.322\,548$	$\gamma_{41} = 0.603\,154$
	$x_{42} = 1.745\,761$	$\gamma_{42} = 0.357\,419$
	$x_{43} = 4.536\,620$	$\gamma_{43} = 0.388\,879 \cdot 10^{-1}$
	$x_{44} = 9.395\,071$	$\gamma_{44} = 0.539\,295 \cdot 10^{-3}$
$n = 5$	$x_{51} = 0.263\,560$	$\gamma_{51} = 0.521\,756$
	$x_{52} = 1.413\,403$	$\gamma_{52} = 0.398\,667$
	$x_{53} = 3.596\,426$	$\gamma_{53} = 0.759\,424 \cdot 10^{-1}$
	$x_{54} = 7.085\,810$	$\gamma_{54} = 0.361\,176 \cdot 10^{-2}$
	$x_{55} = 12.640\,801$	$\gamma_{55} = 0.233\,700 \cdot 10^{-4}$

Gauß-Radau $[a,b] := [-1,+1]$

$n = 2$	$x_{21} = -1$	$\gamma_{21} = 0.500\,000$
	$x_{22} = 0.333\,333$	$\gamma_{22} = 1.500\,000$
$n = 3$	$x_{31} = -1$	$\gamma_{31} = 0.222\,222$
	$x_{32} = -0.289\,898$	$\gamma_{32} = 1.024\,972$
	$x_{33} = 0.689\,898$	$\gamma_{33} = 0.752\,806$
$n = 4$	$x_{41} = -1$	$\gamma_{41} = 0.125\,000$
	$x_{42} = -0.575\,319$	$\gamma_{42} = 0.657\,689$
	$x_{43} = 0.181\,066$	$\gamma_{43} = 0.776\,387$
	$x_{44} = 0.822\,824$	$\gamma_{44} = 0.440\,924$
$n = 5$	$x_{51} = -1$	$\gamma_{51} = 0.800\,000 \cdot 10^{-1}$
	$x_{52} = -0.720\,480$	$\gamma_{52} = 0.446\,208$
	$x_{53} = -0.167\,181$	$\gamma_{53} = 0.623\,653$
	$x_{54} = 0.446\,314$	$\gamma_{54} = 0.562\,712$
	$x_{55} = 0.885\,792$	$\gamma_{55} = 0.287\,427$

3.7 Aufgaben. 1) Man berechne für die Gauß-Legendre-Quadratur mit zwei Stützstellen Peano-Kern und Peanosche Fehlerkonstante unter der Annahme $f \in C_3[-1,+1]$.

2) Man zeige, daß der Peano-Kern K_m einer Gauß-Legendre-Quadratur mit n Stützstellen, $1 \le m \le 2n-1$, in $(-1,+1)$ genau $(2n-m-1)$ Nullstellen besitzt. *Hinweis:* Man gehe von der Kerndarstellung 7.1.4 aus und folgere daraus $K'_m(t) = -K_{m-1}(t)$; dann wende man den Satz von Rolle an.

3)a) Man berechne Stützstellen und Gewichte der Gauß-Lobatto-Quadraturformel für $n = 4$.

b) Man berechne Stützstellen und Gewichte der Gauß-Hermite-Quadraturformel für $n = 2$.

4) Man leite die Darstellung des Quadraturfehlers in 3.5 (i) für Gauß-Laguerre-Quadraturformeln her.

5) Man berechne die Integrale

$$J_1 = \int_{\pi/3}^{\pi/3+\pi/2} \sin^2(x)dx \quad \text{und} \quad J_2 = \int_{-1}^{+1} |x - \tfrac{1}{2}|(x - \tfrac{1}{2})dx$$

a) mit der Simpsonschen Regel für 3, 5, 7, 9 Stützstellen;

b) nach Gauß-Legendre für 2, 3, 4, 5 Stützstellen.

c) Man stelle Vergleiche des Rechenaufwands und der Konvergenz für J_1 und J_2 an.

6) Man entwickle eine Quadraturformel der Gestalt

$$Qf = \gamma_1 f(x_1) + \gamma_2[f(1) - f(-1)],$$

die Polynome möglichst hohen Grades exakt integriert. Man bilde daraus eine zusammengesetzte Formel, die teilintervallweise auf das in n gleiche Teilintervalle zerlegte Integrationsintervall $[a, b]$ anzuwenden ist. Von welcher Ordnung in $h = \frac{b-a}{n}$ konvergiert die Quadraturformel bei entsprechenden Differenzierbarkeitsannahmen an f?

§ 4. Spezielle Quadraturen

Beim Studium der Gaußschen Quadraturmethode in §3 traten die wesentlichen Typen uneigentlicher Integrale bereits auf. Es lohnt sich jedoch, über Methoden zu ihrer Behandlung noch weiter nachzudenken. Ebenso bietet die numerische Integration periodischer Funktionen über eine Periode einige Besonderheiten. Diese beiden Fragestellungen sollen den Inhalt der folgenden Betrachtungen bilden. Wir beginnen mit der

4.1 Integration über ein unendliches Intervall. Für die Integration über die Intervalle $[0, \infty)$ oder $(-\infty, +\infty)$ bieten die nach Gauß-Laguerre und nach Gauß-Hermite benannten Methoden 3.5 einen brauchbaren Ansatzpunkt. Sie beziehen sich auf

Integrale mit Gewichtsfunktionen. Um die Gewichtsfunktionen $\exp(-x)$ oder $\exp(-x^2)$ zu berücksichtigen, können wir stets die formalen Umformungen

$$\int_0^\infty f(x)dx = \int_0^\infty \exp(-x)\varphi(x)dx \quad \text{mit} \quad \varphi(x) := f(x)\exp(x)$$

bzw.

$$\int_{-\infty}^{+\infty} f(x)dx = \int_{-\infty}^{+\infty} \exp(-x^2)\varphi(x)dx \quad \text{mit} \quad \varphi(x) := f(x)\exp(x^2)$$

vornehmen, um darauf eines der Verfahren 3.5 anzuwenden.

Als weitere Maßnahme bietet sich die

Reduktion des Integrationsintervalls an. Darunter soll der Sachverhalt verstanden werden, daß die numerische Integration nur über denjenigen endlichen Teil des Integrationsintervalls ausgeführt wird, der den wesentlichen Beitrag zum Wert des Integrals stellt. Der restliche Anteil des Integrals wird abgeschätzt.

Soll etwa das uneigentliche Integral $\int_0^\infty e^{-x^2} dx$ mit vorgeschriebener Genauigkeit berechnet werden, so bietet sich die Aufspaltung

$$\int_0^\infty e^{-x^2} dx = \int_0^X e^{-x^2} dx + \int_X^\infty e^{-x^2} dx$$

an. Wegen $x^2 \geq Xx$ für $x \geq X$ gilt

$$\int_X^\infty e^{-x^2} dx < \int_X^\infty e^{-Xx} dx = \frac{1}{X} e^{-X^2}.$$

Wählt man beispielsweise $X = 3$, so ergibt sich daraus die Restabschätzung $\int_3^\infty e^{-x^2} dx < 5 \cdot 10^{-5}$. Berechnet man also mit einer Quadraturformel den Beitrag $\int_0^3 e^{-x^2} dx$ mit einer Genauigkeit von $\pm 5 \cdot 10^{-5}$, so erhält man den Wert

$$\int_0^\infty e^{-x^2} dx = \frac{1}{2}\sqrt{\pi} \doteq 0.886227$$

bis auf eine Einheit der vierten Ziffer genau. Das erreicht man bereits mit 5 Stützstellen der Tangententrapezregel, die für $h = 0.6$ den Wert 0.886216 liefert.

Häufig empfiehlt sich die

Transformation auf ein endliches Integrationsintervall. So kann etwa die Integration über $[0, \infty)$ durch die Transformationen $t = \frac{x}{1+x}$ oder $t = e^{-x}$ in eine Integration über $(0, 1]$ verwandelt werden. Durch die Transformation $t = \frac{e^x - 1}{e^x + 1}$ geht $(-\infty, +\infty)$ in $(-1, +1)$ über. In günstigen Fällen entsteht bei einer solchen Transformation ein stetiger Integrand; i. allg. wird jedoch die Schwierigkeit des unendlichen Intervalls gegen einen singulären Integranden eingetauscht.

Der erste Fall tritt z. B. dann ein, wenn die bei der Transformation $t = e^{-x}$,

$$\int_0^\infty f(x)dx = \int_0^1 \frac{f(-\log t)}{t} dt,$$

entstehende Funktion $g(t) := \frac{f(-\log t)}{t}$ sich in $[0,1]$ regulär verhält. Ein einfaches Beispiel dafür bildet die Transformation $\int_0^\infty e^{-x}dx = \int_0^1 dt$.
Im anderen Fall entsteht ein

4.2 Singulärer Integrand. Ein solcher ist uns in 3.5 (iii) in dem Integral $\int_{-1}^{+1} \frac{f(x)}{\sqrt{1-x^2}}dx$ schon begegnet. Wir untersuchen zunächst die Möglichkeit der

Abspaltung der Singularität. Ist es möglich, die Singularität zu separieren, so kann die Quadratur auf die Berechnung eines eigentlichen Integrals beschränkt werden, sofern der singuläre Teil exakt integriert werden kann. Ein Beispiel:

$$\int_0^1 \frac{e^x}{x^{2/3}}dx = \int_0^1 x^{-2/3}dx + \int_0^1 \frac{e^x - 1}{x^{2/3}}dx = 3 + \int_0^1 (e^x - 1)x^{-2/3}dx.$$

Die Funktion $g(x) := (e^x - 1)x^{-2/3}$ ist mit $g(0) := 0$ stetig in $[0,1]$, so daß Standardmethoden zur Berechnung des Integrals eingesetzt werden können.

Auflösung in ein Produkt. Ist der Integrand von der Form $f(x) = \varphi(x)\psi(x)$, so kann es sinnvoll sein, nur einen Faktor durch eine Näherung zu ersetzen. Wird etwa ψ approximiert, kommt der Einfluß des Anteils φ in den Gewichten der Quadraturformel

$$\int_a^b \varphi(x)\psi(x)dx = \sum_{\nu=0}^n \gamma_{n\nu}\psi(x_{n\nu}) + R_n f$$

zum Ausdruck. Diese Möglichkeit interessiert vor allem dann, wenn sich φ singulär verhält. Das Verfahren ist dann durchführbar, wenn ψ durch ein Polynom $p \in P_n$ approximiert wird und gleichzeitig die Integrale $\int_a^b \varphi(x)x^\nu dx$ für $0 \leq \nu \leq n$ exakt berechnet werden können.

1. Beispiel. $[a,b] := [0,1]$, $\varphi(x) := x^{-1/2}$.
Die Forderung, ψ durch $p \in P_2$ an den Stützstellen $x_{20} = 0$, $x_{21} = \frac{1}{2}$, $x_{22} = 1$ zu interpolieren und das Produkt $\varphi \cdot p$ exakt zu integrieren, bedeutet die Berechnung der Werte $\int_0^1 x^{-1/2}x^\nu dx$ für $\nu = 0,1,2$. Zur Bestimmung der Gewichte γ_{20}, γ_{21} und γ_{22} sind also die Gleichungen

$$\gamma_{20} + \gamma_{21} + \gamma_{22} = \int_0^1 x^{-1/2}x^0 dx = 2$$

$$\frac{1}{2}\gamma_{21} + \gamma_{22} = \int_0^1 x^{-1/2}x\, dx = \frac{2}{3}$$

$$\frac{1}{4}\gamma_{21} + \gamma_{22} = \int_0^1 x^{-1/2}x^2 dx = \frac{2}{5}$$

zu erfüllen. Daraus erhält man die Quadraturformel

$$(*) \qquad \int_0^1 x^{-1/2} \psi(x) dx = \frac{2}{15} [6\psi(0) + 8\psi(\frac{1}{2}) + \psi(1)] + R_2 \psi.$$

Eine Fehlerabschätzung ist über eine Abschätzung des Interpolationsfehlers $\|\psi - p\|_\infty$ zu gewinnen (Aufgabe 4).

Unterdrücken der Singularität. Die Singularität tritt unmittelbar numerisch in Erscheinung, wenn in der Quadraturformel die Berechnung des Funktionswerts an der singulären Stelle vorgesehen ist. Diese Schwierigkeit tritt nicht auf, wenn man die singuläre Stelle durch geeignete Auswahl der Quadraturformel als Stützstelle vermeiden kann. Bei einer Singularität an einem Ende des Integrationsintervalls erreicht man das z. B. durch Anwenden von Gauß-Legendre-Formeln.

Ein anderer Vorschlag besteht darin, den Wert des Integranden f an einer singulären Stelle x^* durch $f(x^*) = 0$ zu ersetzen und damit die Quadraturformel durchzuführen. Man kann zeigen, daß unter geeigneten Voraussetzungen an f, z. B. bei Monotonie in der Umgebung der Singularität, trotz dieser Verfälschung Konvergenz gegen den Integralwert eintritt (Davis-Rabinowitz [1975], 2.12.7).

2. Beispiel. Zur Berechnung des Werts

$$\int_0^1 \frac{1}{\sqrt{x}} \exp(\sqrt{x}) dx = 2(e - 1)$$

werden folgende Quadraturverfahren verglichen:

(1) Simpsonsche Regel für $\int_0^1 f(x) dx$ mit $f(0) := 0$;

(2) Gauß-Legendre-Quadratur;

(3) Produktintegration für $\int_0^1 \frac{1}{\sqrt{x}} \psi(x) dx$ mit der Aufspaltung des Integrationsintervalls $[0, 1] = [0, 2h] \cup [2h, 1]$, $h := \frac{1}{n}$; die numerische Integration über $[2h, 1]$ wird nach der Simpsonschen Regel und die über $[0, 2h]$ nach der Quadraturvorschrift

$$Qf = \frac{2}{15} \sqrt{2h} [6\psi(0) + 8\psi(h) + \psi(2h)]$$

durchgeführt. Qf ist die auf $[0, 2h]$ transformierte Quadraturformel des 1. Beispiels.

Wahrer Wert: $2(e - 1) \doteq 3.43656$.

Quadratur mit $(n + 1)$ Stützstellen

n	Simpsonsche Regel	Gauß-Legendre	Produktintegration
2	2.365 17	3.188 68	3.325 76
4	2.718 78	3.278 48	3.381 06
8	2.948 08	3.344 95	3.408 79
16	3.100 42	3.386 82	3.422 70
32	3.203 41	3.410 57	3.429 66
64	3.273 94	3.423 27	3.433 14

4.3 Periodische Funktionen. Einen besonderen Aspekt bietet die Quadratur einer periodischen Funktion über eine volle Periodenlänge. Es zeigt sich nämlich, daß die Sehnentrapezregel hinsichtlich der Genauigkeit weit besser abschneidet als man zunächst erwarten sollte. Die Erklärung dafür liefert die Euler-MacLaurinsche Entwicklung 1.3. Ist nämlich $f \in C_{2m}(-\infty, +\infty)$ und periodisch mit der Periodenlänge $(b - a)$, d.h. $f(x) = f(x + (b - a))$ für alle $x \in \mathbb{R}$, so gilt $f^{(\mu)}(a) = f^{(\mu)}(b)$ für $\mu = 0, \ldots, 2m$. Die Euler-MacLaurinsche Entwicklung schrumpft also auf

$$\int_a^b f(x)dx = T_n f - h^{2m} \frac{B_{2m}}{(2m)!} f^{(2m)}(\xi)(b - a),$$

$\xi \in (a, b)$, zusammen. Der Quadraturfehler der Sehnentrapezregel ist danach von der Größenordnung $O(h^{2m})$ bzw. $O(\frac{1}{n^{2m}})$. Zusammenfassend gilt der

Satz. *Ist $f \in C_{2m}(-\infty, +\infty)$ und periodisch, so konvergiert die Folge der Näherungswerte, die die Sehnentrapezregel bei Quadratur über eine volle Periodenlänge liefert, mit der Ordnung $O(h^{2m})$ gegen den wahren Wert des Integrals.*

Eine weitere Begründung. Die besondere Qualität der Sehnentrapezregel bei der Quadratur periodischer Funktionen über eine volle Periode kann man sich auch durch die folgende einfache Überlegung klarmachen. Man stellt zunächst fest, daß die Sehnentrapezregel wegen $f(a) = f(b)$ mit der Rechteckregel zusammenfällt. Seien nun die äquidistanten Stützstellen $x_\nu = x_0 + \nu \frac{b-a}{n}$, $0 \le \nu \le n$, gegeben. Dann ist mit $x_{\nu+n} := x_\nu$, $\gamma_{\nu+n} := \gamma_\nu$ jede dieser Stützstellen gleichberechtigt für die Wahl als Anfangsstützstelle x_{ν_0} bei der Anwendung einer beliebigen Quadraturformel der Gestalt

$$Q_n^{\nu_0} f = \sum_{\nu=\nu_0}^{\nu_0+n} \gamma_\nu f(x_\nu).$$

Sei nun $\sum_0^n \gamma_\nu = b - a$; wir betrachten also solche Quadraturformeln, die die Funktion $f(x) := 1$ exakt integrieren. Man erkennt nun leicht, daß das arithmetische Mittel der n Werte $Q_n^{\nu_0} f$, $0 \le \nu_0 \le n - 1$, die ein und dieselbe Quadraturformel bei Durchführung mit den n Anfangsstützstellen $x_0, \ldots, x_{n-1}$ liefert, gerade der Wert $\frac{b-a}{n} \sum_0^{n-1} f(x_\nu)$ ist, der sich auch bei Anwendung der Rechteck- bzw. Sehnentrapezregel ergibt.

4.4 Aufgaben. 1) Das uneigentliche Integral $J := \int_0^\infty \frac{\sin(x)}{1+x^2} dx$ soll durch Reduktion des Integrationsintervalls berechnet werden.

a) Dazu bestimme man X so, daß $|\int_X^\infty \frac{\sin(x)}{1+x^2} dx| < 10^{-4}$ gilt; zweckmäßigerweise setze man dazu X als Vielfaches von π an und berücksichtige das alternierende Vorzeichen des Sinus.

b) Man berechne eine Näherung an J mit einer Genauigkeit von $2 \cdot 10^{-4}$ durch Verwendung des Halbierungsverfahrens auf $[0, X]$, beginnend mit der Schrittweite $h_0 = \frac{\pi}{2}$.

2) Man führe (ohne numerische Rechnung) alle in 4.1 angegebenen Verfahren durch, das uneigentliche Integral $\int_0^\infty \frac{e^{-x}}{(1+x^2)} dx$ zu berechnen.

3) Zur numerischen Berechnung des Integrals $J := \int_0^{\pi/2} \log(\sin x) dx$ spalte man die Singularität vermöge der Beziehung $\log(\sin x) = \log(x) + \log \frac{\sin x}{x}$ ab. Den verbleibenden regulären Integralteil berechne man mit der Simpsonschen Regel auf 5 Ziffern genau. Zum Vergleich: $J = -\frac{\pi}{2} \log 2$.

4) Für die im 1. Beispiel 4.2 angegebene Quadraturformel für ein Produkt leite man eine Abschätzung des Fehlers $R_2\psi$ über eine Abschätzung des Interpolationsfehlers $\|\psi - p\|_\infty$ her. Man verbessere die Abschätzung durch sorgfältigere Behandlung des Integrationsrestglieds.

5) Man zeige: Die Sehnentrapezregel liefert für $n \ge 2$ die exakten Werte der Integrale $\int_0^{2\pi} \cos(x) dx$ und $\int_0^{2\pi} \sin(x) dx$.

6) Die Konvergenzgeschwindigkeit der Sehnentrapezregel wird bereits dann erhöht, wenn nur $f^{(2\kappa-1)}(a) = f^{(2\kappa-1)}(b)$ für $\kappa = 1, 2, \ldots, k$ gilt, ohne daß f periodisch zu sein braucht. Man untersuche $f(x) := \exp(x^2(1 - x)^2)$ für $x \in [0, 1]$ darauf, mit welcher Ordnung in h der Wert $T_n f$ gegen $\int_0^1 f(x) dx$ konvergiert und prüfe das Ergebnis numerisch nach.

7) Zur Approximation der Exponentialfunktion $f(x) := e^x$ in $[-1, +1]$ durch eine Entwicklung nach Tschebyschev-Polynomen berechne man die Koeffizienten $c_0, \ldots, c_8$ mit einer Genauigkeit von $\pm 5 \cdot 10^{-9}$. Dazu wende man die Sehnentrapezregel auf die in 4.4.8 angegebene Darstellung der c_k als Integrale über eine volle Periode einer periodischen Funktion an.

§ 5. Optimalität und Konvergenz

Dem Begriff der "Optimalität einer Quadraturformel" können verschiedene Bedeutungen gegeben werden. Beginnen wir mit Interpolationsquadraturen

$$\int_{-1}^{+1} f(x) dx = \sum_{\nu=1}^{n} \gamma_{n\nu} f(x_{n\nu}) + R_n f,$$

deren Quadraturfehler durch Integration des Interpolationsrestglieds in der Form

$$R_n f = \frac{1}{n!} \int_{-1}^{+1} f^{(n)}(\xi) \prod_{\nu=1}^{n} (x - x_{n\nu}) dx, \quad -1 < \xi < 1, \ \xi = \xi(x),$$

dargestellt werden kann.

Dann kann man zunächst an die folgende

5.1 Normminimierung denken. Die Höldersche Ungleichung 4.1.4 ergibt die Schranke

$$|R_n f| \leq \frac{1}{n!} \left[\int_{-1}^{+1} |f^{(n)}(\xi)|^p dx \right]^{\frac{1}{p}} \left[\int_{-1}^{+1} \left| \prod_{\nu=1}^{n} (x - x_{n\nu}) \right|^q dx \right]^{\frac{1}{q}}$$

mit $p, q \geq 1$ und $\frac{1}{p} + \frac{1}{q} = 1$.

Ähnlich wie in 5.4.1 kann man nun versuchen, $|R_n f|$ unabhängig von f dadurch möglichst klein zu machen, daß man die Stützstellen $x_{n1}, \ldots, x_{nn}$ so auswählt, daß die Norm

$$\|\Phi\|_q = \left[\int_{-1}^{+1} \left| \prod_{\nu=1}^{n} (x - x_{n\nu}) \right|^q dx \right]^{\frac{1}{q}}$$

ein Minimum annimmt.

Die wichtigsten Fälle sind hier (i) $p = 1$, $q = \infty$, (ii) $p = \infty$, $q = 1$ und (iii) $p = q = 2$. Die Lösung ist in allen drei Fällen bekannt.

Die Aufgabe (i), $\|\Phi\|_\infty$ zum Minimum zu machen, trat bereits in 4.4.7 und in 5.4.1 auf. Sie läuft darauf hinaus, den Fehler der Quadraturformel durch Minimieren des Restglieds der zugrundeliegenden Interpolationsformel möglichst klein zu machen. Diese Forderung wird durch die Tschebyschev-Polynome 1. Art erfüllt; ihre Nullstellen, also die Stützstellen der gesuchten Quadraturformel, sind $x_{n\nu} = -\cos(\frac{2\nu-1}{2n}\pi)$, $1 \leq \nu \leq n$. Die entstehenden Quadraturverfahren sind die *Polya-Verfahren*.

Die Aufgabe (ii), $\|\Phi\|_1$ zum Minimum zu machen, wird durch die *Tschebyschev-Polynome 2. Art* gelöst. Sie bilden ein Orthonormalsystem in $[-1, +1]$ bezüglich der Gewichtsfunktion $w(x) = (1 - x^2)^{1/2}$ (vgl. Aufg. 4 in 4.5.9) und haben die Darstellung

$$U_n(x) = \sqrt{\frac{2}{\pi}} \ \frac{\sin((n+1)\arccos x)}{\sin(\arccos x)};$$

ihre Nullstellen sind $x_{n\nu} = -\cos(\frac{\nu}{n+1}\pi)$, $1 \leq \nu \leq n$. Die zugehörigen Quadraturverfahren nennt man *Filippi-Verfahren*.

Verwendet man die Stützstellen der Filippi-Verfahren und fügt noch (-1) und $(+1)$ hinzu, erhält man die *Clenshaw-Curtis-Verfahren*. Näheres über die Vor- und Nachteile der unter (i) und (ii) erwähnten Verfahren findet man in den Monographien von H. Braß [1977] und von H. Engels [1980].

$\|\Phi\|_2$ schließlich wird durch die Legendre-Polynome zum Minimum gemacht, wie es im Fall (iii) verlangt wird und wie wir bereits in 4.5.4 erkannt haben. Sie führen auf die Gauß-Legendreschen Quadraturformeln. Diese Quadraturformeln bieten also den doppelten Vorzug eines in einem bestimmten Sinn minimalen Quadraturfehlers und eines maximalen Exaktheitsgrads für die Integration von Polynomen.

5.2 Minimaler Einfluß zufälliger Fehler. Sind die Funktionswerte $f(x_{n\nu})$ mit zufälligen Fehlern $d_{n\nu}$ behaftet, wie es etwa dann eintreten kann, wenn diese Werte experimentell bestimmt worden sind, so wird man bestrebt sein, den Einfluß dieser Fehler auf den durch Quadratur ermittelten Integralwert möglichst klein zu halten.

Der Quadraturfehler

$$R_n f = \int_{-1}^{+1} f(x)dx - \left[\sum_{\nu=1}^{n} \gamma_{n\nu} f(x_{n\nu}) + \sum_{\nu=1}^{n} \gamma_{n\nu} d_{n\nu}\right]$$

genügt der Abschätzung

$$|R_n f| \leq \left| \int_{-1}^{+1} f(x)dx - \sum_{\nu=1}^{n} \gamma_{n\nu} f(x_{n\nu}) \right| + \sum_{\nu=1}^{n} |\gamma_{n\nu}| |d_{n\nu}|;$$

durch die Schranke

$$\sum_{\nu=1}^{n} |\gamma_{n\nu}| |d_{n\gamma}| \leq \left(\sum_{\nu=1}^{n} \gamma_{n\nu}^2\right)^{\frac{1}{2}} \left(\sum_{\nu=1}^{n} d_{n\nu}^2\right)^{\frac{1}{2}}$$

werden die Einflüsse von Gewichten und zufälligen Fehlern getrennt, und es hat Sinn, nach dem Minimum der Quadratsumme der Gewichte unter der Nebenbedingung $\sum_{\nu=1}^{n} \gamma_{n\nu} = 2$ zu fragen. Mit Hilfe der Lagrangeschen Multiplikatorenmethode erkennt man, daß dieses Minimum angenommen wird, falls alle Gewichte gleich sind, also den Wert $\gamma_{n\nu} = \frac{2}{n}$ haben (Aufgabe 2).

Damit entsteht die Frage, die Stützstellen einer Quadraturformel bei vorgegebenen Gewichten zu bestimmen. Sie ergänzt die Aufgabe, die Gewichte einer Quadraturformel bei vorgegebenen Stützstellen zu finden. Die Frage nach Quadraturformeln mit gleichen Gewichten wurde zuerst 1874 von P. L. Tschebyschev gestellt. Ihre Beantwortung führt auf die *Tschebyschevschen Quadraturformeln*. Die Stützstellen dieser Quadraturformeln lassen sich allerdings nicht mehr als Nullstellen von Polynomen auffassen, die ein Orthogonalsystem in $[-1, +1]$ bezüglich einer Gewichtsfunktion bilden. Das hat auch zur Folge, daß Tschebyschevsche Quadraturformeln mit lauter reellen, einfachen und in $[-1, +1]$ liegenden Stützstellen nur für $n = 1, \ldots, 7$ und $n = 9$ existieren. Reicht die damit erzielbare Genauigkeit nicht aus, so ist die Tschebyschev-Quadratur gegebenenfalls auf jedem der Teilintervalle einer vorher durchgeführten Zerlegung des Integrationsintervalls $[a, b]$ anzusetzen.

Für $n = 2$ und für $n = 3$ berechnet man aus den Forderungen, daß Polynome zweiten bzw. dritten Grades exakt integriert werden sollen, beispielsweise die folgenden Tschebyschevschen Quadraturformeln.

$$n = 2: \quad Qf = f(-\frac{\sqrt{3}}{3}) + f(\frac{\sqrt{3}}{3})$$

$$n = 3: \quad Qf = \frac{2}{3}[f(-\frac{\sqrt{2}}{2}) + f(0) + f(\frac{\sqrt{2}}{2})].$$

5.3 Optimale Quadraturformeln. Unter optimalen Quadraturformeln versteht man allgemein solche, die innerhalb einer bestimmten Funktionenklasse und für einen gegebenen Formeltyp beste Fehlerabschätzungen erlauben. Dazu wollen wir uns jetzt an der Fehlerdarstellung durch Peano-Kerne orientieren.

Sei also der Quadraturfehler

$$R_n f = \int_a^b f(x)dx - \sum_{\nu=0}^n \gamma_{n\nu} f(x_{n\nu})$$

unter den Annahmen $f \in C_{m+1}[a, b]$ und $R_n f = 0$ für $f \in P_m$ in der Form

$$R_n f = \int_a^b K_m(t) f^{(m+1)}(t)dt$$

dargestellt. Abgeschätzt mit der Hölderschen Ungleichung ergibt sich daraus jetzt

$$|R_n f| \leq \left[\int_a^b |f^{(m+1)}(t)|^p dt\right]^{\frac{1}{p}} \left[\int_a^b |K_m(t)|^q dt\right]^{\frac{1}{q}}$$

für alle $1 \leq p, q \leq \infty$ und $\frac{1}{p} + \frac{1}{q} = 1$. Man wird jetzt versuchen, den von f unabhängigen Faktor, zu dem allein der Peano-Kern beiträgt, durch geeignete Bestimmung von Gewichten und Stützstellen der Quadraturformel möglichst klein zu machen.

Interessant für eine solche Schrankenminimierung sind vor allem die beiden Fälle

(i) $p = \infty$, $q = 1$, der durch direkte Abschätzung zu

$$|R_n f| \leq \|f^{(m+1)}\|_\infty \int_a^b |K_m(t)|dt$$

führt, sowie

(ii) $p = q = 2$, in dem sich nach Hölder die Abschätzung

$$|R_n f| \leq \|f^{(m+1)}\|_2 \left[\int_a^b |K_m(t)|^2 dt \right]^{\frac{1}{2}}$$

ergibt.

Bevor wir darauf eingehen, soll zunächst verdeutlicht werden, daß hier ein

Zusammenhang mit Splines besteht. Der Peano-Kern K_m ist nämlich nach 1.4 mit Hilfe eines Splines $s \in S_m(\{x_{n\nu}\}_{\nu=0,...,n})$, der durch die Definition $s(t) := \frac{1}{m!} \sum_{\nu=0}^{n} \gamma_{n\nu} (x_{n\nu} - t)_+^m$ bestimmt ist, in der Form

$$K_m(t) = \frac{(b-t)^{m+1}}{(m+1)!} - s(t)$$

darzustellen. Die Forderung,

$$\left[\int_a^b |K_m(t)|^q dt \right]^{\frac{1}{q}} = \|K_m\|_q$$

möglichst klein zu machen, bedeutet also nichts anderes als die Approximationsforderung, das durch $t \to \frac{(b-t)^{m+1}}{(m+1)!}$ definierte Polynom durch einen Spline bestmöglich bezüglich der Norm $\| \cdot \|_q$ anzunähern.

Auch in den geläufigsten Fällen (i) und (ii) ist eine allgemeine Lösung dieser Aufgabe nicht bekannt. Wir wollen exemplarisch den Fall **m=0 bei Vorgabe gleichabständiger Stützstellen** $x_{n\nu} = a + \nu h$, $h = \frac{b-a}{n}$, $0 \leq \nu \leq n$, behandeln, der für beliebige Wahl von q, $1 \leq q \leq \infty$, einheitlich zu erledigen ist.

Hier lautet also die Frage: Wie sind die Gewichte $\gamma_{n\nu}$ einer Quadraturformel für $f \in C_1[a, b]$ zu wählen, damit $\|K_0\|_q$ minimal wird; dabei sollen Konstanten durch die Quadraturformel exakt integriert werden ($R_n f = 0$ für $f \in P_0$), so daß also $\sum_{\nu=0}^n \gamma_{n\nu} = b - a$ gilt.

Es gilt

$$K_0(t) = (b-t) - \sum_{\nu=0}^n \gamma_{n\nu}(x_{n\nu} - t)_+^0 = (b-t) - \sum_{\substack{\nu\ mit \\ x_{n\nu} \geq t}} \gamma_{n\nu};$$

also ist

$$\begin{array}{llll}
K_0(t) = (b-t) - \sum_{\nu=0}^n \gamma_{n\nu} = a - t & \text{für} & t = a; \\
K_0(t) = (b-t) - \sum_{\nu=1}^n \gamma_{n\nu} = a - t + \gamma_{n0} & \text{für} & a < t \leq x_{n1}; \\
K_0(t) = (b-t) - \sum_{\nu=2}^n \gamma_{n\nu} = a - t + (\gamma_{n0} + \gamma_{n1}) & \text{für} & x_{n1} < t \leq x_{n2}; \\
\vdots & & \vdots \\
K_0(t) = (b-t) - \gamma_{nn} & \text{für} & x_{n,n-1} < t \leq x_{nn}.
\end{array}$$

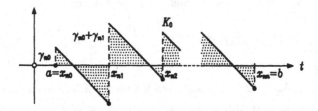

Für $q = 1$ ist die Summe der schattierten Flächen, für $1 < q < \infty$ die Summe der Flächen der q-ten Potenzen zum Minimum zu machen. Eine einfache Überlegung, die dem Leser überlassen bleibt, zeigt, daß das Minimum dann angenommen wird, wenn die schraffierte Fläche sich aus $2n$ flächengleichen Dreiecken zusammensetzt. Im Fall $q = \infty$ ist der Wert $\max_{t \in [a,b]} |K_0(t)|$ zu minimieren, also $|K_0(x_{n\nu})| = \frac{h}{2}$ für $1 \leq \nu \leq n$ zu wählen, so daß man zu demselben Resultat kommt.

Die optimale Formel ist hier also die Sehnentrapezregel: $\gamma_{n0} = \gamma_{nn} = \frac{h}{2}$, $\gamma_{n\nu} = h$ für $1 \leq \nu \leq n-1$.

Sardsche Formeln. L. F. Meyers und A. Sard [1950] berechneten optimale Quadraturformeln im Fall (ii), also für minimale $\|K_m\|_2$, unter der Annahme äquidistanter Stützstellen. Dazu ist das Minimum der Funktion

$$F(\gamma_{n0}, \ldots, \gamma_{nn}) := \int_a^b |K_m(t)|^2 dt$$

unter den Nebenbedingungen

$$\sum_{\nu=0}^{n} \gamma_{n\nu} x_{n\nu}^{\mu} = \frac{b^{\mu+1} - a^{\mu+1}}{\mu+1}, \quad 0 \leq \mu \leq m,$$

bezüglich der variablen Gewichte $\gamma_{n0}, \ldots, \gamma_{nn}$ zu ermitteln.

L. F. Meyers und A. Sard geben zahlreiche solche Formeln an. Z. B. ergibt sich für $m = 1$ und $n = 1$ die Sehnentrapezregel, und die optimale Formel $Q_n^m f$ für $m = 1$, $n = 2$, bezogen auf $[a, b] := [-1, +1]$, ist

$$Q_2^1 f = \frac{1}{8}[3f(-1) + 10f(0) + 3f(1)].$$

Für $m = 2$ und $n = 2$ erweisen sich die Simpsonsche, für $m = 2$ und $n = 3$ die Newtonsche $\frac{3}{8}$-Regel als optimal, während schließlich für $m = 2$ und $n = 4$ die Quadraturformel

$$Q_4^2 f = \frac{1}{120}[21f(-1) + 76f(-\frac{1}{2}) + 46f(0) + 76f(\frac{1}{2}) + 21f(1)]$$

herauskommt.

Zum Verständnis dieser *Sardschen Formeln* sei nochmals darauf hingewiesen, daß sie nicht auf exakte Integration von Polynomen möglichst hohen
Grades angelegt sind und dies im allgemeinen auch nicht leisten. $Q_2^{\frac{1}{2}} f$ beispielsweise liefert den genauen Wert des bestimmten Integrals für alle Polynome aus
P_1, aber nicht mehr für alle aus P_2. Nach einem Satz von I. J. Schoenberg
[1964] werden durch $Q_n^m f$ jedoch alle natürlichen Splines aus $S_{2m+1}(\{x_{n\nu}\})$
exakt integriert.

Das Studium optimaler Quadraturformeln bietet noch viele weitere inter-
essante Probleme. Es gewährt vor allem Einsichten in die Theorie der Quadratur. Die praktische Bedeutung optimaler Quadraturformeln dagegen ist
verhältnismäßig gering.

5.4 Konvergenz von Quadraturformeln.

Konvergenzfragen für interpola-
torische Quadraturformeln haben wir bisher vor allem in dem Sinn beantwortet, daß unter gewissen Differenzierbarkeitsannahmen an den Integranden die
Konvergenz einer Folge $(Q_n f)$ für $n \to \infty$ bzw. für $h \to 0$ aus einer Fehlerabschätzung folgte. In §2 allerdings wurde diese Frage erweitert: Wir zeigten
die Konvergenz des Extrapolationsverfahrens für Riemann-integrierbare Funktionen.

Die Frage, ob eine Folge von Quadraturoperatoren bei Anwendung auf eine
nur als stetig vorausgesetzte Funktion zu einer Folge von Quadraturformeln
führt, die gegen den wahren Wert des Integrals konvergiert, ist von allgemei-
nem Interesse. Man braucht nur an den Fall zu denken, daß die analytischen
Eigenschaften einer Funktion nicht bekannt sind, die numerisch integriert werden muß.

Deshalb wollen wir uns mit dem Problem auseinandersetzen, wann eine
Folge von Quadraturformeln – z. B. die Gaußschen mit wachsender Stützstellenzahl oder die Folge der Newton-Cotes-Formeln mit wachsendem Interpolationsgrad – bei Anwendung auf eine beliebige stetige Funktion konvergiert. Wir
beziehen uns auf Quadraturformeln der Gestalt

$$\int_a^b w(x)f(x)dx = \sum_{\nu=0}^n \gamma_{n\nu} f(x_{n\nu}) + R_n f = Q_n f + R_n f$$

und beginnen mit der

Definition. Eine Folge $(Q_\nu f)_{\nu \in \mathbb{N}}$ von Quadraturformeln heißt *konvergent für
stetige Funktionen*, wenn $\lim_{\nu \to \infty} R_\nu f = 0$ für jedes $f \in C[a, b]$ gilt.

Die entscheidende Aussage macht der

Konvergenzsatz. *Eine Folge* $(Q_n f)_{n \in \mathbb{N}}$ *von Quadraturformeln konvergiert
dann für stetige Funktionen, wenn sie*

    (i) für jedes Polynom konvergiert,

und wenn

   (ii) *eine gleichmäßige Schranke Γ existiert, so daß*

$$\sum_{\nu=0}^{n} |\gamma_{n\nu}| < \Gamma \quad \text{für alle } n \in \mathbb{N} \text{ gilt.}$$

Beweis. Der Beweis benutzt den Approximationssatz 4.2.2 von Weierstraß. Danach gibt es zu jedem $\varepsilon > 0$ ein $k \in \mathbb{N}$ und ein Polynom $p \in P_k$, so daß $\|f - p\|_\infty < \varepsilon$. Wenn $(Q_n f)_{n \in \mathbb{N}}$ für jedes Polynom $p := f$ konvergiert, ist $|R_n p| < \varepsilon$, falls nur n groß genug gewählt wird. Mit $\int_a^b w(x)dx =: W$ gilt dann

$$|R_n f| \leq \left| \int_a^b w(x)[f(x) - p(x)]dx \right| + |R_n p| + \left| \sum_{\nu=0}^{n} \gamma_{n\nu}[f(x_{n\nu}) - p(x_{n\nu})] \right|,$$

also

$$|R_n f| < \varepsilon W + \varepsilon + \varepsilon \Gamma = \varepsilon(W + 1 + \Gamma)$$

für alle hinreichend großen $n \in \mathbb{N}$.   □

Vervollständigung. Diese Fassung des Konvergenzsatzes macht nur eine hinreichende Aussage; sie geht im wesentlichen schon auf eine Arbeit von V. Steklov aus dem Jahr 1916 zurück. Tatsächlich sind die Voraussetzungen (i) und (ii) hinreichend und notwendig für die Konvergenz einer Folge von Quadraturformeln, wie G. Polya [1933] gezeigt hat. Der Polyasche Beweis der Notwendigkeit wird durch Konstruktion einer stetigen Funktion φ geführt, für die die Folge $(Q_n \varphi)$ divergiert, falls (ii) nicht erfüllt ist; die Notwendigkeit von (i) ist selbstverständlich. Heute pflegt man den Beweis eleganter mit Hilfe des Satzes von Banach-Steinhaus zu führen, den wir jedoch hier nicht voraussetzen wollen (s. z. B. J. Wloka [1971] oder C. Cryer [1982]).

Korollar. Die Bedingung (ii) des Konvergenzsatzes ist erfüllt, wenn die Quadraturoperatoren Q_n Konstanten exakt integrieren und die Gewichte sämtlich positiv sind. Denn dann gilt

$$\sum_{\nu=0}^{n} |\gamma_{n\nu}| = \sum_{\nu=0}^{n} \gamma_{n\nu} = W.$$

Anwendung. Das Korollar sichert die Konvergenz aller Gaußschen Quadraturformeln für endliche Integrationsintervalle; denn in 3.1 wurde gezeigt, daß diese Formeln positiv sind. Außer Gauß-Legendre sind in dieser Feststellung auch Gauß-Lobatto, Gauß-Radau und Gauß-Tschebyschev eingeschlossen.

Die Newton-Cotes-Formeln sind nicht sämtlich positiv; darauf wurde bereits in 2.2 hingewiesen. Der von uns bewiesene Konvergenzsatz ist deshalb nicht anwendbar. Wie erwähnt wurde, ist Bedingung (ii) jedoch auch notwendig. Sie ist für Newton-Cotes-Formeln verletzt; denn man kann zeigen, daß für diese die Folge $(\sum_{\nu=0}^{n} |\gamma_{n\nu}|)_{n\in\mathbb{N}}$ divergiert. Daraus folgt die Divergenz der Folge der Newton-Cotes-Formeln.

Für die Extrapolationsmethode haben wir in 2.4 bereits mehr bewiesen als der Konvergenzsatz erbringen kann, nämlich die Konvergenz für alle Riemann-integrierbaren Funktionen. Es ist jedoch nicht schwierig, den Konvergenzsatz 5.4 auch auf diese Funktionenklasse auszudehnen; dann erhalten wir die

Verallgemeinerung. *Ein positives Quadraturverfahren, das für alle Polynome konvergiert, konvergiert sogar für alle Riemann-integrierbaren Funktionen.*

Beweis. Siehe H. Braß ([1977], S. 35 Satz 10).   □

Beispiel. In 5.4.2 wurde die von Runge auf die Konvergenz ihrer Interpolationspolynome hin untersuchte Funktion $f(x) := (1 + x^2)^{-1}$, $x \in [-5, +5]$, erwähnt. Die Tabelle zeigt das Ergebnis der numerischen Berechnung des Integrals

$$Jf := \int_{-1}^{+1} \frac{dt}{1 + 25t^2} = \frac{2}{5} \arctan(5) \doteq 0.54936$$

mittels verschiedener Quadraturverfahren. Das Integral entsteht bei der Transformation $\int_{-5}^{+5} \frac{dx}{1+x^2} = 5 \cdot Jf$.

n	Newton-Cotes $(n+1)$ Stützstellen	Gauß-Legendre $(n+1)$ Stützstellen	Extrapolation $(n+1)$ Stützstellen	Simpson $(n+1)$ Stützstellen
2	1.359	0.95833	1.03846	1.35897
4	0.475	0.70694	0.53006	0.53006
6	0.774	0.61612	0.51208	0.64403
8	0.300	0.57870	0.53713	0.52348
10	0.935	0.56245	0.55003	0.56983
12	-0.063	0.55524	0.55151	0.54036
14	1.580	0.55201	0.55003	0.55470
16	-1.248	0.55055	0.54925	0.54666
18	3.775	0.54990	0.54921	0.55084
20	-5.370	0.54960	0.54933	0.54858

Ergänzung. Schließlich sei noch erwähnt, daß es sich bei den in 5.1 aufgetretenen Polya-, Filippi- und Clenshaw-Curtis-Verfahren ebenfalls um positive Quadraturverfahren handelt (R. Askey and J. Fitch [1968]). Damit ist auch die Konvergenz dieser Verfahren gesichert. Für diese Verfahren läßt sich die

Konvergenz auch aus der Tatsache folgern, daß sie auf Orthogonalpolynomen bezüglich der Gewichtsfunktionen $(1-x^2)^{-1/2}$ und $(1-x^2)^{1/2}$ basieren (H. Braß [1977], Satz 62).

5.5 Quadraturoperatoren. Zur Herleitung einer Quadraturformel der Gestalt $Q_n f = \sum_{\nu=0}^{n} \gamma_{n\nu} f(x_{n\nu})$ haben wir f durch eine Näherung $\tilde{f}$ ersetzt und den Integrationsoperator J, $Jf := \int_a^b f(x)dx$, auf $\tilde{f}$ angewandt. Für Fehlerabschätzung und Konvergenzuntersuchung wurde entsprechend die Darstellung

$$R_n f = Jf - J\tilde{f} = J(f - \tilde{f})$$

und die daraus fließende Abschätzung

$$|R_n f| \le \|J\|\,\|f - \tilde{f}\|$$

zugrundegelegt.

Ein anderer Zugang besteht darin, die Quadraturformel als das Ergebnis der Anwendung des Quadraturoperators Q_n auf f zu betrachten und den Fehler

$$R_n f = Jf - Q_n f = (J - Q_n)f$$

durch

$$|R_n f| \le \|J - Q_n\|\,\|f\|$$

abzuschätzen. Würde $\lim_{n\to\infty} \|J - Q_n\| = 0$ gelten, so hätte das eine Konvergenzaussage zur Folge.

Ein einfaches Gegenbeispiel zeigt jedoch, daß eine solche Aussage im Raum $(C[a,b], \|\cdot\|_\infty)$ nicht gelten kann. Als Quadraturformel wählen wir die Rechteckregel, von der wir wissen, daß sie bei $h \to 0$ für jede stetige Funktion konvergiert.

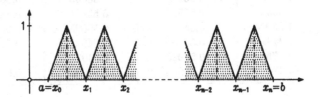

Sei also $Q_n f = h \sum_{\nu=0}^{n-1} f(a+\nu h)$, $h = \frac{b-a}{n}$; wir untersuchen den Grenzwert $\lim_{n\to\infty} \|J - Q_n\|_\infty$.

Um $\|J - Q_n\|_\infty$ zu berechnen bzw. abzuschätzen, konstruieren wir für festes n die stetige, stückweise lineare Funktion $\varphi_n : [a, b] \to [0, 1]$ mit den Werten

$$\varphi_n(a + \nu h) := 0 \qquad \text{für } \nu = 0, \ldots, n \text{ und}$$
$$\varphi_n(a + (\nu + \tfrac{1}{2})h) = 1 \quad \text{für } \nu = 0, \ldots, n - 1,$$

eine Sägezahnkurve.

Dann gilt $J\varphi_n = \frac{b-a}{2}$ und $Q_n \varphi_n = 0$, so daß

$$\|J - Q_n\|_\infty = \sup_{\|f\|_\infty = 1} \|(J - Q_n)f\|_\infty \geq \|(J - Q_n)\varphi_n\|_\infty =$$

$$= \|J\varphi_n\|_\infty = \frac{b - a}{2}$$

für jedes $n = 1, 2, \cdots$ gilt. Damit erhalten wir also das merkwürdige Ergebnis $\lim_{n \to \infty} \|J - Q_n\|_\infty \neq 0$; eine Konvergenzaussage ist daraus nicht herauszuholen.

5.6 Aufgaben. 1) Man berechne nach 5.1 Stützstellen und Gewichte der folgenden Quadraturverfahren:

a) Polya-Verfahren für $n = 3$;   b) Filippi-Verfahren für $n = 3$;

c) Clenshaw-Curtis-Verfahren für $n = 4$.

2) Nach 5.2 bestimme man mit der Lagrangeschen Multiplikatorenmethode die Gewichte $\gamma_{n1}, \ldots, \gamma_{nn}$ der Tschebyschevschen Quadraturformel, so daß $\sum_{\nu=1}^{n} \gamma_{n\nu}^2$ unter der Nebenbedingung $\sum_{\nu=1}^{n} \gamma_{n\nu} = 2$ minimal wird.

3) Man leite die in 5.3 angegebene optimale Sardsche Formel $Q_2^1 f$ her. Lösungshinweis: Ansatz mit Lagrange-Multiplikatoren.

4) Man zeige: Eine Folge $(Q_n f)$ von Quadraturformeln bezüglich des Intervalls $[a, b]$ kann nur dann für jede Funktion $f \in C[a, b]$ konvergieren, wenn in jeder Umgebung der Punkte x einer dichten Teilmenge von $[a, b]$ Stützstellen $x_{n\nu}$ der Quadraturformel $Q_n f$ für hinreichend große n liegen.

5) Man könnte vermuten, daß die Konvergenz einer Folge von Quadraturformeln in $C[a, b]$ allgemein auch Konvergenz im Raum der Riemann-integrierbaren Funktionen nach sich zieht. Man konstruiere mit der Folge $(Q_n f)_{n \in \mathbb{Z}_+}$,

$$Q_n f := f(0) - f(\tfrac{1}{n}) + \frac{1}{n - 1} \sum_{\nu=2}^{n} f(\tfrac{\nu}{n})$$

im Integrationsintervall $[0, 1]$ ein Gegenbeispiel.

6) Man leite für eine Funktion $f \in C[0, 1]$ eine Formel zur numerischen Quadratur durch Integration der approximierenden Bernstein-Polynome $B_n f$ nach 4.2.2 her und zeige, daß die Folge dieser Quadraturformeln konvergiert.

§ 6. Mehrdimensionale Integration

Beim Übergang von eindimensionalen zu mehrdimensionalen Integralen entsteht eine Reihe neuer Probleme. Gegenüber den in einer Dimension grundsätzlich möglichen drei Integrationsintervallen – dem endlichen, dem halbunendlichen und dem unendlichen – ist nun eine Vielfalt von Integrationsgebieten zu berücksichtigen, die auftreten können. Weiterhin können, wie man sich bereits in zwei Dimensionen klarmachen kann, sowohl Punktsingularitäten als auch solche über Mannigfaltigkeiten auftreten. Diese Erscheinungen erschweren die Situation in mehreren Dimensionen erheblich und sind der Grund dafür, daß das Studium der numerischen Fragen hier bisher keineswegs zu so vollständigen Ergebnissen führte wie in einer Dimension. Es gibt vielmehr noch zahlreiche offene Fragen.

In diesem Paragraphen sollen einige der typischen numerischen Entwicklungen dargestellt werden. Wir beziehen uns dabei meist auf zwei Dimensionen, soweit sich die Verallgemeinerung von selbst versteht. Da wir uns in diesem Buch auf Weniges beschränken müssen, wird für eine etwas breitere, aber immer noch einführende Darstellung auf das Buch von Ph. J. Davis und Ph. Rabinowitz ([1975], Chapt. 5) und für ein eingehenderes Studium auf die Bücher von A. H. Stroud [1971] und von H. Engels [1980] verwiesen.

6.1 Kartesische Produkte. Betrachten wir zunächst ein rechteckiges Integrationsgebiet $\overline{G}$ in der Ebene, $\overline{G} := \{(x, y) \in \mathbb{R}^2 \mid a \leq x \leq b, c \leq y \leq d\}$, über dem das Integral $\int_c^d \int_a^b f(x, y) dx dy$ numerisch zu berechnen sei.

Es liegt in diesem Fall nahe, ähnlich wie bei der Entwicklung der Newton-Cotes-Formeln in einer Dimension von einer Interpolation über $\overline{G}$ auszugehen. Ersetzt man f durch das Interpolationspolynom p nach 5.6.2, so entsteht

$$\int_c^d \int_a^b f(x, y) dx dy = \int_c^d \int_a^b \sum_{\substack{0 \leq \nu \leq n \\ 0 \leq \kappa \leq k}} f(x_\nu, y_\kappa) \ell_{n\nu}(x) \ell_{k\kappa}(y) dx dy + Rf;$$

die Stützstellen (x_ν, y_κ) sind durch das Netz $a = x_0 < x_1 < \cdots < x_n = b$, $c = y_0 < y_1 < \cdots < y_k = d$ gegeben.

Die Kubaturformel

$$Qf := \sum_{\substack{0 \leq \nu \leq n \\ 0 \leq \kappa \leq k}} f(x_\nu, y_\kappa) \cdot \int_a^b \ell_{n\nu}(x) dx \cdot \int_c^d \ell_{k\kappa}(y) dy =$$

$$= \sum_{\kappa=0}^k \left[\sum_{\nu=0}^n f(x_\nu, y_\kappa) \int_a^b \ell_{n\nu}(x) dx \right] \int_c^d \ell_{k\kappa}(y) dy$$

stellt eine Produktregel dar, die $(n+1)(k+1)$ Stützstellen benützt und dadurch erklärt werden kann, daß man die Integration in x- und in y-Richtung jeweils durch eine Newton-Cotes-Quadratur ersetzt.

Seien etwa $n = 2$ und $k = 2$, und seien durch $h_x := \frac{b-a}{2}$, $h_y := \frac{d-c}{2}$ die Stützstellen in x- und in y-Richtung jeweils äquidistant vorgegeben. Verwendet man zur Erzeugung der Kubaturformel in beiden Richtungen die Simpsonsche Regel 7.1.4, so entsteht die explizite Vorschrift

$$Qf := \frac{h_x h_y}{9} \{ f(x_0, y_0) + f(x_2, y_0) + f(x_0, y_2) + f(x_2, y_2) + $$
$$+ 4[f(x_0, y_1) + f(x_1, y_0) + f(x_2, y_1) + f(x_1, y_2)] + 16 f(x_1, y_1) \}$$

Im Fall $n = 2m$, $m > 1$, und $k = 2\ell$, $\ell > 1$, entnimmt man die Gewichte der entsprechenden Kubaturformel dem Schema

$$
\begin{array}{cccccccc}
1 & 4 & 2 & 4 & \cdots & 2 & 4 & 1 \\
4 & 16 & 8 & 16 & \cdots & 8 & 16 & 4 \\
\vdots & & \vdots & & & \vdots & \vdots & \vdots \\
4 & 16 & 8 & 16 & \cdots & 8 & 16 & 4 \\
2 & 8 & 4 & 8 & & 4 & 8 & 2 \\
4 & 16 & 8 & 16 & & 8 & 16 & 4 \\
1 & 4 & 2 & 4 & \cdots & 2 & 4 & 1
\end{array} \quad ;
$$

der Faktor $\frac{h_x h_y}{9}$ ist noch zu ergänzen.

Entsprechende Produktformeln lassen sich aus beliebigen Quadraturformeln erzeugen.

1. Beispiel. Das Integral $Jf := \int_0^1 \int_0^1 \frac{dx\,dy}{1-xy} = \frac{\pi^2}{6} \doteq 1.644\,934$, dessen Integrand eine Punktsingularität an der Stelle $x = y = 1$ aufweist, ist numerisch zu berechnen. Die Tabelle zeigt die Ergebnisse der Anwendung des Gauß-Legendre-Quadraturoperators mit jeweils gleicher Stützstellenzahl in beiden Integrationsrichtungen. Vgl. auch 2. Beispiel in 4.2.

Stützstellenzahl	Näherungswert Qf	$Qf - Jf$
1	1.333	-0.312
2	1.523	-0.122
3	1.581	-0.064
4	1.606	-0.039
5	1.619	-0.026
6	1.626	-0.019
7	1.631	-0.014
8	1.634	-0.011

Fehlerabschätzung. Eine einfache Fehlerabschätzung für Produktregeln ergibt sich aus den Fehlerabschätzungen der dafür verwendeten Quadraturformeln. Sei etwa

$$(Q_x f)(y) = \sum_{\nu=0}^{n} \gamma_{\nu x} f(x_\nu, y) \quad \text{die in } x\text{-Richtung und}$$

$$(Q_y f)(x) = \sum_{\kappa=0}^{n} \gamma_{\kappa y} f(x, y_\kappa) \quad \text{die in } y\text{-Richtung gewählte Quadraturformel.}$$

Dann gilt

$$(*) \qquad \int_c^d \int_a^b f(x,y) dx dy = Q_y[(Q_x f)(y) + (R_x f)(y)] + R_y F$$

$$= Qf + Q_y R_x f + R_y F$$

mit $F(y) := \int_a^b f(x,y) dx$ und den entsprechenden Fehlerfunktionalen R_x und R_y und dem Kubaturoperator $Q := Q_y Q_x$.

Gibt es nun Abschätzungen

$$\Big| \int_a^b f(x,y) dx - (Q_x f)(y) \Big| = |(R_x f)(y)| \leq E_x$$

für alle $c \leq y \leq d$ sowie

$$\Big| \int_c^d F(y) dy - Q_y F \Big| = |R_y F| \leq E_y$$

und gelten überdies die Schranken $\sum_{\nu=0}^{n} |\gamma_{\nu x}| \leq \Gamma_1$ und $\sum_{\kappa=0}^{k} |\gamma_{\kappa y}| \leq \Gamma_2$, dann folgt aus $(*)$ die Fehlerabschätzung

$$\Big| \int_c^d \int_a^b f(x,y) dx dy - Qf \Big| \leq E_y + \Gamma_2 E_x.$$

Sind insbesondere die Gewichte der verwendeten Quadraturformeln positiv und werden Konstanten exakt integriert, dann ist $\sum_{\kappa=0}^{k} |\gamma_{\kappa y}| = d - c$ und man erhält als Fehlerschranke den Wert $E_y + (d-c)E_x$.

Ebenso erhält man bei Vertauschung der Integrationsreihenfolge in dieser Abschätzung mit $|(R_y f)(x)| \leq \hat{E}_y$ für alle $a \leq x \leq b$ und mit $|R_x \hat{F}| \leq \hat{E}_x$, $\hat{F}(x) := \int_c^d f(x,y) dy$, die Schranke $\hat{E}_x + (b-a)\hat{E}_y$.

Schranken für die Produkt-Sehnentrapezregel. Für die Sehnentrapezregel gelten die Fehlerabschätzungen

$$|(R_x f)(y)| \leq \frac{h_x^2}{12} \max_{(x,y) \in \overline{G}} \Big| \frac{\partial^2 f}{\partial x^2} \Big| (b-a) =: E_x$$

und

$$|R_y F| \le \frac{h_y^2}{12} \max_{c \le y \le d} |F''(y)|(d - c) \le \frac{h_y^2}{12} \max_{(x,y)\in \overline{G}} | \frac{\partial^2 f}{\partial y^2} | (b - a)(d - c) =: E_y.$$

Bei Anwendung der Sehnentrapezregel in beiden Integrationsrichtungen mit den Schrittweiten h_x bzw. h_y erhalten wir mit diesen Schranken die Abschätzung

$$| \int_c^d \int_a^b f \, dxdy - Qf | \le \frac{(b - a)(d - c)}{12} \left[h_x^2 \max_{(x,y)\in \overline{G}} | \frac{\partial^2 f}{\partial x^2} | + h_y^2 \max_{(x,y)\in \overline{G}} | \frac{\partial^2 f}{\partial y^2} | \right].$$

Bemerkung. Bei der Produktintegration braucht nicht ein und dieselbe Quadraturformel in allen Integrationsrichtungen verwendet zu werden. Ist etwa der Integrand in einer der Richtungen periodisch, so wird man nach 4.3 dafür zweckmäßigerweise die Sehnentrapezregel ansetzen, unabhängig von der Wahl der Quadraturverfahren in den anderen Richtungen.

2. Beispiel. Um den Wert $Jf := \int_0^1 (\int_0^\pi \frac{e^y}{1+\cos 2x+\cos y} dx) dy \doteq 3.6598795$ zu berechnen, setzen wir in x-Richtung die Sehnentrapezregel an. Die Tabelle zeigt das Ergebnis der Anwendung von Sehnentrapezregel in x-Richtung und Simpsonscher Regel in y-Richtung gegenüber Simpsonscher Regel in beiden Richtungen.

n, k	Qf Sehnentrapez-Simpson	$Qf - Jf$	Qf Simpson-Simpson	$Qf - Jf$
2	4.5137043	0.8538248	5.3733365	1.7134570
4	3.7359409	0.0760614	3.4959030	-0.1639765
8	3.6609053	0.0010258	3.6370275	-0.0228520
16	3.6598934	0.0000139	3.6596225	-0.0002570

6.2 Integration über Standardgebiete. In manchen Fällen ist es möglich, ein Integrationsgebiet durch eine geeignete Transformation in ein Rechteck zu überführen, um dann für die numerische Integration mit einer Produktregel 6.1 zu arbeiten. So erhält man bekanntlich aus dem Integral über dem Einheitskreis durch Übergang zu Polarkoordinaten

$$\int_{-1}^{+1} \left(\int_{-\sqrt{1-x^2}}^{\sqrt{1-x^2}} f(x, y) dy \right) dx = \int_0^{2\pi} \int_0^1 f(r \cos \varphi, r \sin \varphi) r \, dr d\varphi$$

ein Integral über dem Rechteck $0 \le r \le 1$, $0 \le \varphi \le 2\pi$.

Im allgemeinen ergibt sich jedoch die Notwendigkeit, möglichst günstige Kubaturformeln für gewisse Standardgebiete zu entwickeln, die als Integrationsgebiete in Frage kommen. Neben dem Rechteck sind das vor allem das Dreieck in der Ebene und das Simplex als dessen Verallgemeinerung in mehr als zwei Dimensionen.

Während sich bei Rechtecken für alle Dimensionen in natürlicher Weise die Produktformeln ergeben, ist die Situation beim Dreieck bzw. beim Simplex davon verschieden. In 5.6.2 konnte für den zweidimensionalen Fall exemplarisch gezeigt werden, daß ein eindeutig bestimmtes Interpolationspolynom von höchstens n-tem Grad in x und von höchstens k-tem Grad in y existiert, aus dem sich dann die Produktformeln 6.1 herleiten ließen. Für andere Integrationsgebiete ist es jedoch zweckmäßiger, von den Monomen 1, x, y, x^2, xy, y^2 usw. auszugehen und die Frage nach solchen Kubaturformeln zu stellen, die alle Monome der Form $x^\nu y^\kappa$, $0 \le \nu$, $0 \le \kappa$ und $\nu + \kappa \le \ell$ exakt integrieren; wir sagen dann, eine solche Kubaturformeln habe den *Genauigkeitsgrad* ℓ. Die Verallgemeinerung auf beliebige Dimensionszahl d liegt auf der Hand.

Man erkennt, daß es in d Dimensionen $\binom{\ell+d}{d}$ Monome der Gestalt $x_1^{\nu_1} \cdots x_d^{\nu_d}$ vom Grad $\nu_1 + \cdots + \nu_d \le \ell$ gibt. Die Frage ist also sinnvoll, ob stets eine Integrationsformel existiert, die höchstens $\binom{\ell+d}{d}$ Stützstellen benützt und alle Monome vom Höchstgrad exakt integriert. Der *Satz von Tschakalov* [1957] gibt darauf nicht nur eine positive Antwort, sondern garantiert gleichzeitig für beliebige Integrationsgebiete die Existenz einer Integrationsformel, deren sämtliche Gewichte positiv sind und deren Stützstellen alle im Integrationsgebiet liegen.

Neben dieser allgemeinen Aussage interessieren vor allem Integrationsformeln mit minimaler Stützstellenzahl. Hierzu gibt es eine ansehnliche Zahl von Einzelergebnissen für verschiedene Integrationsgebiete, Dimensionen und Genauigkeitsgrade, jedoch keineswegs eine vollständige Theorie. Das Buch von A. H. Stroud [1971] enthält viele solcher Integrationsformeln. Wir geben daraus als typische Beispiele für das Dreieck und für das Simplex in $\mathbb{R}^3$ je zwei Integrationsformeln des Genauigkeitsgrads $\ell = 2$ an. Die Formeln benützen nur jeweils $(d+1)$ Stützstellen (a.a.O. S. 307).

Integration über ein Dreieck. Wir betrachten das normierte Dreieck mit den Ecken $(0,0)$, $(0,1)$ und $(1,0)$. Kubaturformeln:

(i) $Qf = \frac{1}{6}[f(\frac{1}{2},0) + f(0,\frac{1}{2}) + f(\frac{1}{2},\frac{1}{2})]$;

(ii) $Qf = \frac{1}{6}[f(\frac{1}{6},\frac{1}{6}) + f(\frac{2}{3},\frac{1}{6}) + f(\frac{1}{6},\frac{2}{3})]$.

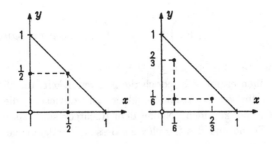

Der Leser überzeugt sich durch Nachrechnen, daß die Monome $1, x, y, x^2, xy, y^2$ durch beide Kubaturformeln exakt integriert werden.

Integration über ein Tetraeder. Wir betrachten das normierte Tetraeder $(0,0,0)$, $(1,0,0)$, $(0,1,0)$, $(0,0,1)$. Integrationsformeln:

$$Qf = \frac{1}{24}[f(r,r,r) + f(s,r,r) + f(r,s,r) + f(r,r,s)];$$

(i) $r = \frac{5-\sqrt{5}}{20}$, $s = \frac{5+3\sqrt{5}}{20}$ und (ii) $r = \frac{5+\sqrt{5}}{20}$, $s = \frac{5-3\sqrt{5}}{20}$.

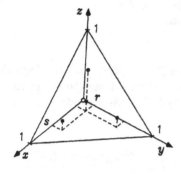 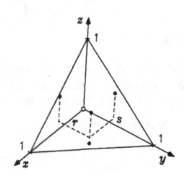

Beide Integrationsformeln integrieren die sämtlichen Monome $1, x,\ y,\ z,\ x^2$, $xy,\ xz,\ y^2,\ yz,\ z^2$ vom Höchstgrad 2 exakt; allerdings liegen im Fall (ii) alle Stützstellen außerhalb des Tetraeders.

6.3 Die Monte-Carlo-Methode. Einen völlig anderen Zugang zur numerischen Integration als die bisher besprochenen Verfahren eröffnen die Methoden der Stochastik. Sie spielen vor allem für Integrale sehr hoher Dimension eine Rolle; sie lassen sich jedoch am eindimensionalen Fall besonders einfach auseinandersetzen. Wir geben hier einen kurzen Einblick in die statistisch begründete *Monte-Carlo-Methode*, der sich an der Darstellung in dem Buch von Ph. J. Davis und Ph. Rabinowitz ([1975], S. 288 – 314) orientiert; auf dieses Buch wird, insbesondere wegen der dort zu findenden Literaturangaben, im übrigen verwiesen.

Ausgehend von dem Wert $Jf := \int_0^1 f(x)dx$ kann man die Zahl Jf als Mittelwert der Werte $f(x)$ im Intervall $[0,1]$ ansehen. Sind nun $x_1, \dots, x_n$ zufällig ausgewählte Stützstellen in $[0,1]$, dann stellt der Mittelwert

$$\overline{f}_n := \frac{1}{n}\sum_{\nu=1}^{n} f(x_\nu)$$

eine Näherung für die Zahl Jf dar.

Gehen wir von der Annahme aus, daß sich die Anzahl der zufällig ausgewählten Stützstellen beliebig vergrößern läßt, dann gibt das *starke Gesetz der großen Zahlen* eine Auskunft über das Verhalten der Folge $\left(\frac{1}{n}\sum_{\nu=1}^{n} f(x_\nu)\right)_{n\in\mathbb{Z}_+}$. Es führt nämlich zu der

Grenzwertaussage. *Sei μ eine Wahrscheinlichkeitsdichte, $\int_{-\infty}^{+\infty} \mu(x)dx = 1$.*
Für das Integral $If := \int_{-\infty}^{+\infty} f(x)\mu(x)dx$ gilt dann

$$\mathrm{prob}(\lim_{n\to\infty} \frac{1}{n} \sum_{\nu=1}^{n} f(x_\nu) = If) = 1.$$

Im Fall $If := Jf = \int_0^1 f(x)dx$ ist dabei

$$\mu(x) := \begin{cases} 1 & \text{für } 0 \leq x \leq 1 \\ 0 & \text{sonst} \end{cases}$$

zu wählen.

Die Statistik bietet über den *zentralen Grenzwertsatz* auch die Möglichkeit, die Wahrscheinlichkeit dafür abzuschätzen, daß eine Monte-Carlo-Näherung bis auf einen gewissen Fehler genau ist. Es ergibt sich die folgende

Fehlerwahrscheinlichkeit. *Sei*

$$\sigma^2 := \int_{-\infty}^{+\infty} [f(x) - Jf]^2 \mu(x)dx = \int_{-\infty}^{+\infty} f^2(x)\mu(x)dx - (Jf)^2$$

die Varianz der Werte $f(x)$. Dann macht der zentrale Grenzwertsatz die Aussage

$$\mathrm{prob}\left(\left|\frac{1}{n} \sum_{\nu=1}^{n} f(x_\nu) - Jf\right| \leq \frac{\lambda\sigma}{\sqrt{n}}\right) = \frac{1}{\sqrt{2\pi}} \int_{-\lambda}^{+\lambda} \exp\left(-\frac{x^2}{2}\right) dx + O\left(\frac{1}{\sqrt{n}}\right).$$

Für mehrfache Integrale gilt eine ähnliche Formel; wir erkennen daraus, daß sich die Schranke $\frac{\lambda\sigma}{\sqrt{n}}$ bei festem λ wie $\frac{1}{\sqrt{n}}$ ändert. Diese langsame Konvergenz der Monte-Carlo-Methode schränkt ihre Nützlichkeit ein. Man greift deshalb nur dann zu ihr, wenn andere Verfahren wegen hoher Dimension der Integrale (Dimension etwa größer als zehn) zu aufwendig werden. Für Integrale sehr hoher Dimension stellt die Monte-Carlo-Methode das einzige allgemein durchführbare Verfahren dar.

Praktische Anwendung. Die Hauptschwierigkeit bei der Anwendung der Monte-Carlo-Methode ist die der Gewinnung von Zufallszahlen. Um die umständliche Verwendung von Tabellen zu vermeiden, werden Folgen von *Pseudo-Zufallszahlen* verwendet. Darunter versteht man mathematisch wohldefinierte Zahlenfolgen, die aufgrund des Bildungsgesetzes Folgen von Zufallszahlen erzeugen. Diese Zufallszahlen haben überdies den Vorteil, daß sie reproduzierbar sind.

Ein Beispiel für eine Folge von Pseudozufallszahlen ist die Folge

$$x_{n+1} = ax_n + c \pmod{m}$$

mit dem Startwert x_0 und vorgegebenen ganzen Zahlen a, c und m. Die Glieder der Folge sind die Divisionsreste, die bei Division der Zahlen $ax_n + c$ durch m entstehen. Die Folge (x_n) ist periodisch, und ihre Periodenlänge ist höchstens m; deshalb muß m gegenüber der Anzahl der benötigten Zufallszahlen sehr groß gewählt werden.

Beispiel. Bestimmung eines Näherungswerts für

$$Jf := \int_0^1 \int_0^1 \int_0^1 \int_0^1 e^{xy} \cos(\frac{\pi}{2}uv)dxdydudv \doteq 1.150\,073$$

mit der Monte-Carlo-Methode; der auf die angegebenen Ziffern genaue Wert von Jf wurde zum Vergleich mit dem auf die beiden zweidimensionalen Integrale, in die Jf zerfällt, angewandten Halbierungsverfahren berechnet.

Die Folge $x_1, y_1, u_1, v_1, x_2, y_2, \cdots$ von Pseudo-Zufallszahlen werde mit $z_1, z_2, \cdots$ bezeichnet. Sie werde, bezogen auf das Intervall $[0, m]$, durch die Rekursionsformel

$$z_{n+1} = az_n \pmod{m}, \quad n \geq 0,$$

mit $z_0 := 1$ erzeugt. Dabei ist $a := 8[\sqrt{m}/8] + 3$ und $m := 2^\mu$ mit einer natürlichen Zahl μ, die nach den Eigenschaften des verwendeten Rechners zu wählen ist; sie soll nicht kleiner als 16 sein und wurde in diesem Beispiel zu $\mu := 16$ gewählt. (Hier bedeutet $[\sqrt{m}/8] := $ größte ganze Zahl $\leq \sqrt{m}/8$.)

Stützstellenzahl	Näherungswert	Stützstellenzahl	Näherungswert
2	0.805 882	2^7	1.152 769
2^2	0.964 270	2^8	1.147 233
2^3	1.027 190	2^9	1.120 108
2^4	0.968 520	2^{10}	1.131 058
2^5	1.101 655	2^{11}	1.142 133
2^6	1.149 216	2^{12}	1.149 970

Weitere durchgerechnete Beispiele findet man bei Ph. J. Davis – Ph. Rabinowitz ([1975], S. 297); siehe auch Aufgabe 5.

6.4 Aufgaben. 1) Anwendung der Extrapolationsmethode auf die zweidimensionale Integration: Die Produkt-Sehnentrapezregel $T_0^k f$ erlaubt die Entwicklung des Kubaturfehlers nach Potenzen von h^2, falls f genügend oft stetig partiell differenzierbar ist.

a) Man berechne bei Schrittweitenhalbierung in beiden Richtungen explizit die Regel T_2^0. Welche Besonderheit tritt gegenüber dem eindimensionalen Fall auf?

b) Man teste das Halbierungsverfahren am 2. Beispiel 6.1.

2) a) Man verifiziere den Genauigkeitsgrad der in 6.2 angegebenen Integrationsformeln zur Integration über ein Dreieck und über ein Tetraeder.

b) Welchen Genauigkeitsgrad hat die Näherungsformel

$$Qf = \frac{4}{3}[f(1,0,0) + f(-1,0,0) + f(0,1,0) + f(0,-1,0) + f(0,0,1) + f(0,0,-1)]$$

zur Integration über den Würfel mit den Flächen $x = \pm 1$, $y = \pm 1$, $z = \pm 1$?

3) Man bestimme eine Formel

$$\int \cdots \int_{[-1,+1]^d} f(x)dx_1 \cdots dx_d = \gamma[f(\pm u, 0, \ldots, 0) + f(0, \pm u, 0, \ldots, 0) + \cdots$$

$$+ f(0, \ldots, 0, \pm u)] + Rf$$

zur Integration über den d-dimensionalen Würfel, die vom Genauigkeitsgrad 3 ist. Dabei bedeutet $f(\pm u, 0, \ldots, 0) := f(u, 0, \cdots, 0) + f(-u, 0, \ldots, 0)$ usw.

4) Um zur Integration über den Einheitskreis eine Kubaturformel der Gestalt

$$Qf = \gamma_1 f(0, \rho) + \gamma_2 f(-\frac{\sqrt{3}}{2}\rho, -\frac{\rho}{2}) + \gamma_3 f(\frac{\sqrt{3}}{2}\rho, -\frac{\rho}{2}),$$

$0 < \rho < 1$, vom Genauigkeitsgrad 2 zu erhalten, bestimme man zunächst die Gewichte, so daß Genauigkeitsgrad 1 erreicht wird. In einem zweiten Schritt lege man dann ρ fest. Wie kann man die Lage der Stützstellen noch verändern, ohne daß der Genauigkeitsgrad der Formel erniedrigt wird?

5) Der Wert $\int_0^1 x^2 dx$ soll mit der Monte-Carlo-Methode näherungsweise berechnet werden.

a) Man verwende 2^j Stützstellen für $j = 1, \ldots, 16$. Als Pseudozufallszahlenfolge werde dieselbe Folge wie im Beispiel 6.3 mit passendem μ gewählt.

b) Wie spiegelt sich die Periodenlänge – in diesem Fall $2^{\mu-2}$ – der Folge der Pseudozufallszahlen in den Ergebnissen wider?

c) Wie groß muß die Stützstellenzahl gewählt werden, damit der Fehler der Näherung mit einer Wahrscheinlichkeit von 95 % (d.h. für $\lambda = 1.960$) höchstens den Wert $1 \cdot 10^{-2}$ bzw. $1 \cdot 10^{-3}$ hat?

Kapitel 8. Iteration

Zu den Grundproblemen der Mathematik und der Praxis gehört das Lösen von Gleichungen. Es handelt sich dabei um die Aufgabe, in einem gegebenen normierten Vektorraum $(X, \| \cdot \|)$ eine Lösung der Operatorgleichung $Fx = 0$ zu finden. Der Operator F leiste dabei die Abbildung $F : D \to X$, $D \subset X$; ein Element $\xi \in D$, für das $F\xi = 0$ gilt, heißt auch *Nullstelle* von F.

1. Beispiel. Bei der Bahnbestimmung von Planeten ist die "Keplersche Gleichung" zu lösen: Gesucht wird die "exzentrische Anomalie" E als Lösung der Gleichung:

$$E = e \cdot \sin(E) + \frac{2\pi}{U} t.$$

Dabei ist U die Umlaufzeit, t die seit dem Periheldurchgang vergangene Zeit in Tagen und e die numerische Exzentrizität der Bahnellipse.

Mit $X = \mathbb{R}$ und $Fx := x - e\sin(x) - \frac{2\pi}{U}t$ liegt eine Aufgabe der Nullstellenbestimmung vor.

2. Beispiel. Bei der numerischen Lösung von Randwertaufgaben für Differentialgleichungen führt die Diskretisierung stets auf Gleichungssysteme der Form:

$$f(x) = \begin{pmatrix} f_1(x_1, \ldots, x_m) \\ \vdots \\ f_m(x_1, \cdots, x_m) \end{pmatrix} = \begin{pmatrix} y_1 \\ \vdots \\ y_m \end{pmatrix} =: y.$$

Mit $F(x) := y - f(x)$ liegt bei gegebenem y ein Nullstellenproblem zur Berechung einer Lösung $\xi \in \mathbb{R}^m$ vor.

Nur in den seltensten Fällen kann man in endlich vielen Schritten eine Lösung der Gleichung $Fx = 0$ bestimmen; daher ist man i. allg. auf *Iterationsverfahren* angewiesen.

Wir gehen in diesem Kapitel zunächst von der Grundform $x = \Phi x$ einer Operatorgleichung aus und führen daran die Untersuchung zu Iterationsverfahren durch. Dabei beschränken wir uns auf Gleichungen in Räumen endlicher Dimension.

§ 1. Das allgemeine Iterationsverfahren

Sei $x = (x_1, \ldots, x_m)^T \in \mathbb{K}^m$ mit $\mathbb{K} := \mathbb{R}$ oder $\mathbb{K} := \mathbb{C}$. Für die Abbildung $\Phi : D \to \mathbb{K}^m$, $D \subset \mathbb{K}^m$, betrachten wir die Gleichung

$$x = \Phi x,$$

zu deren Lösung der

Iterationsansatz
$$x^{(\kappa+1)} = \Phi x^{(\kappa)}, \quad \kappa \in \mathbb{N},$$

mit vorgegebenem Anfangselement $x^{(0)}$ gemacht wird.

Um einen Überblick über die möglichen Situationen zu gewinnen, auf die der Iterationssatz führen kann, nehmen wir zunächst die Existenz einer Lösung ξ der Gleichung $x = \Phi x$ an. Bei der weiteren Diskussion wird jedoch die Frage der Existenz gleichzeitig mit der Frage der Konvergenz des Iterationsverfahrens beantwortet werden.

1.1 Anschauliche Deutung des Iterationsverfahrens. Im Fall $m := 1$ und $\mathbb{K} := \mathbb{R}$ kann der Ablauf des Iterationsverfahrens einfach dargestellt werden. Sei etwa $\varphi \in C[a, b]$. Bei Funktionen einer oder mehrerer Veränderlichen benutzen wir die Schreibweise $x = \varphi(x)$ für eine zu lösende Gleichung.

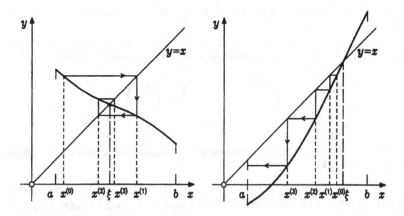

Die linke Figur zeigt eine offenbar alternierend konvergente Folge $(x^{(\kappa)})_{\kappa \in \mathbb{N}}$ der Werte, die nach der Iterationsvorschrift $x^{(\kappa+1)} = \varphi(x^{(\kappa)})$ gewonnen werden. Die rechte Figur zeigt für eine andere Funktion φ eine Folge von Werten $x^{(\kappa)}$, die sich mit wachsendem κ von der Lösung ξ entfernen, obwohl der Anfangswert $x^{(0)}$ sehr nahe bei der Lösung gewählt wurde. Der Leser kann zur

Ergänzung leicht solche Funktionen φ finden, für die monotone Konvergenz oder alternierende Divergenz zu beobachten sind.

1.2 Konvergenz des Iterationsverfahrens. Wir sprechen von Konvergenz der Iteration gegen eine Lösung ξ, falls

$$\lim_{\kappa \to \infty} x^{(\kappa)} = \xi$$

gilt. Dies ist gleichbedeutend mit der Konvergenz

$$\lim_{\kappa \to \infty} \|x^{(\kappa)} - \xi\| = 0$$

oder auch mit

$$\lim_{\kappa \to \infty} x_\mu^{(\kappa)} = \xi_\mu \quad \text{für} \ 1 \le \mu \le m.$$

Um eine hinreichende Konvergenzaussage zu gewinnen, nehmen wir vorderhand an, daß $(X, \|\cdot\|)$ ein Banachraum und $\Phi : X \to X$ eine Abbildung von X in sich seien. Weiter sei der Operator Φ *kontrahierend*, d.h. es gelte

$$\|\Phi x - \Phi z\| \le \alpha \|x - z\|$$

mit $\alpha < 1$ für alle Elemente $x, z \in X$.

Damit gilt der

Kontraktionssatz (Banachscher Fixpunktsatz). *Ist* $\Phi : X \to X$ *eine kontrahierende Abbildung, so besitzt sie genau einen Fixpunkt* $\xi = \Phi\xi$. *Die Iteration* $x^{(\kappa+1)} = \Phi x^{(\kappa)}$ *konvergiert bei beliebiger Wahl von* $x^{(0)}$ *gegen diesen Fixpunkt.*

Beweis. Der aus der Analysis bekannte Beweis des Kontraktionssatzes wird hier angegeben, da später ein Zwischenergebnis zur Fehlerabschätzung verwendet werden soll.

1) Die Folge $(x^{(\kappa)})_{\kappa \in \mathbb{N}}$ ist eine Cauchy-Folge; denn aus

$$\|x^{(\kappa+1)} - x^{(\kappa)}\| = \|\Phi x^{(\kappa)} - \Phi x^{(\kappa-1)}\| \le$$
$$\le \alpha \|x^{(\kappa)} - x^{(\kappa-1)}\| \le \cdots \le \alpha^\kappa \|x^{(1)} - x^{(0)}\|$$

ergibt sich für $\lambda > \kappa$ die Abschätzungsfolge

$$\|x^{(\lambda)} - x^{(\kappa)}\| \le \|x^{(\lambda)} - x^{(\lambda-1)}\| + \|x^{(\lambda-1)} - x^{(\lambda-2)}\| + \cdots + \|x^{(\kappa+1)} - x^{(\kappa)}\| \le$$
$$\le (\alpha^{\lambda-1} + \alpha^{\lambda-2} + \cdots + \alpha^\kappa)\|x^{(1)} - x^{(0)}\| =$$
$$= \alpha^\kappa \frac{1 - \alpha^{\lambda-\kappa}}{1 - \alpha}\|x^{(1)} - x^{(0)}\| \le \frac{\alpha^\kappa}{1 - \alpha}\|x^{(1)} - x^{(0)}\|.$$

Damit gilt $\|x^{(\lambda)} - x^{(\kappa)}\| < \varepsilon$, falls nur κ hinreichend groß ist; die Folge $(x^{(\kappa)})_{\kappa \in \mathbf{N}}$ ist also eine Cauchy-Folge, so daß der Grenzwert

$$\lim_{\kappa \to \infty} x^{(\kappa)} = \xi$$

existiert.

2) ξ ist Fixpunkt; denn es gilt

$$\|\xi - \Phi\xi\| \leq \|\xi - x^{(\kappa)}\| + \|x^{(\kappa)} - \Phi\xi\| \leq \|\xi - x^{(\kappa)}\| + \alpha\|x^{(\kappa-1)} - \xi\|$$

und damit $\|\xi - \Phi\xi\| < \varepsilon$, falls nur κ groß genug ist; daraus folgt $\xi = \Phi\xi$.

3) ξ ist der einzige Fixpunkt; denn die Annahme $\eta = \Phi\eta$ führt zu

$$\|\xi - \eta\| = \|\Phi\xi - \Phi\eta\| \leq \alpha\|\xi - \eta\|,$$

und wegen $\alpha < 1$ bedeutet das $\xi = \eta$. $\qquad\qquad\qquad\qquad\qquad$ $\square$

Ergänzung. Bricht die Iteration ab, tritt also die Gleichheit $x^{(\kappa+1)} = x^{(\kappa)}$ beim $(\kappa+1)$-ten Iterationsschritt ein, dann ist $x^{(\kappa)} = x^{(\kappa+1)} = \Phi x^{(\kappa)}$ Lösung.

1. Beispiel. Wendet man zur Lösung des linearen Gleichungssystems $(I - A)x = b$ mit der quadratischen Matrix A die Iteration in der Form

$$x^{(\kappa+1)} = Ax^{(\kappa)} + b$$

an, so folgt aus dem Kontraktionssatz die Konvergenz gegen die eindeutig bestimmte Lösung ξ bei beliebiger Wahl des Startvektors $x^{(0)}$, falls in $\|Ax - Az\| \leq \|A\| \, \|x - z\|$ für den Kontraktionsfaktor $\alpha := \|A\|$ die Schranke $\alpha < 1$ gilt.

Zur Anwendung. Bei der Durchführung von Iterationsverfahren liegt meist der Fall vor, daß der Operator Φ nur auf einer abgeschlossenen Teilmenge $D \subset X$ definiert ist. Gilt dann $\Phi : D \to D$ und ist Φ auf D kontrahierend, so kann der Beweis des Kontraktionssatzes wörtlich auf diesen Fall übertragen werden. Da dann $x^{(0)} \in D$ zu wählen ist, gilt $x^{(1)} = \Phi x^{(0)} \in D$ und damit auch $x^{(\kappa)} \in D$ für $\kappa \geq 2$, so daß die Iteration aus D nicht hinausführt. Es existiert also dann ein eindeutig bestimmter Fixpunkt $\xi = \Phi\xi$, für den $\lim_{\kappa \to \infty} x^{(\kappa)} = \xi$ gilt.

2. Beispiel. Sei $X := \mathbf{R}$, $D := [1, 2]$ und $\varphi : D \to D$ definiert durch

$$\varphi(x) := \frac{1}{2}x + \frac{1}{x}.$$

Dann ist φ wegen

$$|\varphi(x) - \varphi(z)| = |\frac{1}{2} - \frac{1}{xz}| \, |x - z| \leq \frac{1}{2}|x - z|$$

kontrahierend mit $\alpha = \frac{1}{2}$. Die Iteration

$$x^{(\kappa+1)} = \frac{1}{2}x^{(\kappa)} + \frac{1}{x^{(\kappa)}}$$

konvergiert also für $x^{(0)} \in [1,2]$ gegen die Lösung $\xi = \sqrt{2}$ der nichtlinearen Gleichung $x = \varphi(x)$.

Anmerkung. Ist wie in diesem Beispiel φ eine stetige reelle Funktion einer Veränderlichen, $\varphi : [a,b] \to [a,b]$, $-\infty < a < b < +\infty$, so sichert bereits der Zwischenwertsatz die Existenz einer Lösung der Gleichung $x = \varphi(x)$.

Lokale und globale Konvergenz. Konvergiert die Folge der Iterierten nur für Anfangselemente $x^{(0)}$ aus einer Umgebung $U \subset D$ des Fixpunktes ξ, nennen wir die Iteration *lokal konvergent*; das ist der Fall, wenn die Abbildung Φ nur auf U kontrahierend ist. Kann $x^{(0)}$ im gesamten Definitionsbereich D beliebig gewählt werden, heißt das Verfahren *global konvergent*.

1.3 Lipschitzkonstanten. Ist die Abbildung Φ lipschitzbeschränkt, gilt also $\|\Phi x - \Phi z\| \le K\|x - z\|$ für alle $x, z \in D$, und ist die Lipschitzkonstante $K < 1$, so ist die Abbildung kontrahierend.

Der Nachweis der Lipschitzbeschränktheit einer Abbildung kann Schwierigkeiten bereiten. Handelt es sich bei dieser Abbildung um eine reelle Funktion $\varphi = (\varphi_1, \ldots, \varphi_m)$ der reellen Veränderlichen $x = (x_1, \ldots, x_m)$, die auf einer beschränkten abgeschlossenen und konvexen Menge D stetig differenzierbar ist, folgt die Lipschitzbeschränktheit auf D. Es gilt dann nach dem Mittelwertsatz die Abschätzung

$$\|\varphi(x) - \varphi(z)\| \le \sup_{0 < \theta < 1} \|J_\varphi(z + \theta(x - z))\| \, \|x - z\|$$

mit der Jacobischen Fundamentalmatrix

$$J_\varphi(\zeta) = \left(\frac{\partial\varphi_\mu(\zeta)}{\partial x_\nu}\right)^m_{\mu,\nu=1},$$

so daß $K := \|J_\varphi\|$ gewählt werden kann.

Für die Vektornormen $\|\cdot\|_1$ und $\|\cdot\|_\infty$ sind damit nach 2.4.3 die Normen

$$\|J_\varphi\|_1 = \max_{x \in D}\left(\max_\nu \sum_{\mu=1}^m \Big| \frac{\partial\varphi_\mu(x)}{\partial x_\nu} \Big|\right)$$

und

$$\|J_\varphi\|_\infty = \max_{x \in D}\left(\max_\mu \sum_{\nu=1}^m \Big| \frac{\partial\varphi_\mu(x)}{\partial x_\nu} \Big|\right)$$

mögliche Lipschitzkonstanten. Für die Vektornorm $\|\cdot\|_2$ bietet sich statt der Spektralnorm von J_φ die in dem Beispiel 2.4.3 eingeführte Matrixnorm

$$\|J_\varphi\|_{ES} = \max_{x \in D}\left(\sum_{\mu,\nu=1}^{m} \mid \frac{\partial\varphi_\mu}{\partial x_\nu} \mid^2\right)^{\frac{1}{2}}$$

als Lipschitzkonstante in der Abschätzung

$$\|\varphi(x) - \varphi(z)\|_2 \leq \|J_\varphi\|_{ES}\, \|x - z\|_2$$

an. Ist eine der Normen $\|J_\varphi\|_1$, $\|J_\varphi\|_{ES}$ oder $\|J_\varphi\|_\infty$ kleiner als Eins, so ist die Konvergenz der Iteration zunächst bezüglich der zugehörigen Vektornorm und wegen der Äquivalenz aller Normen in endlichdimensionalen Vektorräumen auch bezüglich aller anderen Vektornormen gesichert.

1.4 Fehlerabschätzung. Dem Beweis des Kontraktionssatzes entnehmen wir für die Differenz zweier Iterierter bei $\lambda > \kappa$ die Abschätzung

$$\|x^{(\lambda)} - x^{(\kappa)}\| \leq \frac{\alpha^\kappa}{1-\alpha}\|x^{(1)} - x^{(0)}\|.$$

Durch den Grenzübergang $\lambda \to \infty$ und mit $\lim_{\lambda\to\infty} x^{(\lambda)} = \xi$ gilt damit die **A-priori-Abschätzung**

$$\|\xi - x^{(\kappa)}\| \leq \frac{\alpha^\kappa}{1-\alpha}\|x^{(1)} - x^{(0)}\|.$$

Mit dieser A-priori-Abschätzung kann nach nur einem Iterationsschritt eine obere Schranke für die Anzahl der Iterationen angegeben werden, die notwendig sind, um eine vorgegebene Genauigkeit zu erreichen.

Analog können wir den ersten Beweisschritt zum Kontraktionssatz modifizieren, so daß wir für $\rho < \kappa$ die Abschätzung

$$\|x^{(\kappa+1)} - x^{(\kappa)}\| \leq \alpha^{\kappa-\rho}\|x^{(\rho+1)} - x^{(\rho)}\|$$

und daraus

$$\|x^{(\lambda)} - x^{(\kappa)}\| \leq (\alpha^{\lambda-1} + \cdots + \alpha^{\kappa-\rho})\|x^{(\rho+1)} - x^{(\rho)}\| =$$
$$= \alpha^{\kappa-\rho}\frac{1 - \alpha^{\lambda-(\kappa-\rho)}}{1-\alpha}\|x^{(\rho+1)} - x^{(\rho)}\| \leq \frac{\alpha^{\kappa-\rho}}{1-\alpha}\|x^{(\rho+1)} - x^{(\rho)}\|$$

erhalten. Ist hierin $\rho = \kappa - 1$, so folgt

$$\|x^{(\lambda)} - x^{(\kappa)}\| \leq \frac{\alpha}{1-\alpha}\|x^{(\kappa)} - x^{(\kappa-1)})\|$$

und dann wie oben die
A-posteriori-Abschätzung

$$\|\xi - x^{(\kappa)}\| \le \frac{\alpha}{1 - \alpha}\|x^{(\kappa)} - x^{(\kappa-1)}\|.$$

Diese Abschätzung erlaubt es, die Genauigkeit der Näherung $x^{(\kappa)}$ *nach* Durchführung der Iteration abzusichern.

Beispiel. Soll die Lösung der transzendenten Gleichung $x = \exp(-\frac{1}{2}x)$ berechnet werden, so liefert die Anfangsnäherung $x^{(0)} = 0.8$ den Wert $x^{(1)} \doteq 0.670320$. Wegen $\varphi'(x) = -\frac{1}{2}\exp(-\frac{1}{2}x) < 0$ ist Eingabelung der Lösung durch je zwei aufeinanderfolgende Iterierte zu erwarten. Der Wert $|\varphi'(x^{(1)})| \doteq 0.357$ kann als eine obere Schranke für den Kontraktionsfaktor α genommen werden. Eine a-priori-Abschätzung ergibt damit für $\kappa = 10$ die Genauigkeitsschranke

$$|\xi - x^{(\kappa)}| \le \frac{\alpha^{\kappa}}{1 - \alpha}|x^{(1)} - x^{(0)}| \le 6.78 \cdot 10^{-6}.$$

Das Iterationsverfahren liefert die Werte

κ	$x^{(\kappa)}$	κ	$x^{(\kappa)}$
0	0.8	6	0.703 646 98
1	0.670 320	7	0.703 404 27
2	0.715 224	8	0.703 489 64
3	0.699 344	9	0.703 459 61
4	0.715 224	10	0.703 470 17
5	0.702 957		

Wahrer Wert: $\xi \doteq 0.703\,467\,42$.

Der wahre Fehler für $\kappa = 10$ ist also $|\xi - x^{(10)}| \doteq 2.75 \cdot 10^{-6}$.

A-posteriori-Abschätzung: Für $\kappa = 10$ ergibt sich mit $\alpha \le |\varphi'(x^{(10)})| \doteq 0.352$ die Schranke

$$|\xi - x^{(10)}| \le \frac{0.352}{0.648}|x^{(10)} - x^{(9)}| = 5.74 \cdot 10^{-6}.$$

Sowohl A-priori-Abschätzung als auch A-posteriori-Abschätzung geben gute Näherungswerte des wahren Fehlers.

1.5 Konvergenzverhalten und Konvergenzgüte. Wir nehmen $\varphi \in C_1[a, b]$, $\varphi : [a, b] \to [a, b]$ und $K = \max|\varphi'(x)| < 1$ an. Aus dem Mittelwertsatz erkennt man, daß dann die Folge $(x^{(\kappa)})$ *monoton* konvergiert, falls $\varphi'(x) > 0$ im ganzen Intervall gilt, und *alternierend*, falls dort $\varphi'(x) < 0$ ist; der letztere Fall trat bereits in Beispiel 1.4 ein.

Konvergenzgüte. Um die Konvergenzgüte zu beurteilen, betrachten wir das Konvergenzverhalten der Folge $(\delta^{(\kappa)})_{\kappa \in \mathbb{N}}$ der Abweichungen $\delta^{(\kappa)} := x^{(\kappa)} - \xi$.

Der Mittelwertsatz liefert

$$\delta^{(\kappa+1)} = \varphi(x^{(\kappa)}) - \xi = \varphi'(\xi + \theta\delta^{(\kappa)})\delta^{(\kappa)}, \quad 0 < \theta < 1.$$

Falls die Iteration nicht abbricht, ist $\delta^{(\kappa)} \neq 0$, so daß

$$\lim_{\kappa \to \infty} \frac{\delta^{(\kappa+1)}}{\delta^{(\kappa)}} = \varphi'(\xi)$$

folgt. Ist der Wert $\varphi'(\xi) \neq 0$, so sprechen wir von *linearer Konvergenz*: Bei einem Iterationsschritt verkleinert sich der Betrag der Abweichung asymptotisch um einen konstanten Faktor, hier um den Faktor $|\varphi'(\xi)| < 1$.

Ist jedoch $\varphi'(\xi) = 0$, so heißt die Konvergenz *superlinear*. Für $\varphi \in C_2[a,b]$ gilt dann beispielsweise

$$\lim_{\kappa \to \infty} \frac{\delta^{(\kappa+1)}}{(\delta^{(\kappa)})^2} = \frac{1}{2}\varphi''(\xi);$$

in diesem Fall tritt also *mindestens quadratische Konvergenz* ein.

Im allgemeinen Fall der Gleichung

$$x = \Phi\, x$$

sprechen wir analog von (mindestens) linearer Konvergenz, wenn

$$\|\delta^{(\kappa+1)}\| = O(\|\delta^{(\kappa)}\|),$$

und von (mindestens) quadratischer Konvergenz, wenn

$$\|\delta^{(\kappa+1)}\| = O(\|\delta^{(\kappa)}\|^2)$$

gilt.

Man macht sich wieder leicht klar, daß der Fall der linearen Konvergenz für eine differenzierbare Funktion φ mehrerer reeller Veränderlichen dann eintritt, wenn die Jacobische Fundamentalmatrix J_φ von der Nullmatrix verschieden ist; der Fall der mindestens quadratischen Konvergenz tritt ein, wenn φ zweimal stetig differenzierbar ist und J_φ verschwindet.

1.6 Aufgaben. 1) Man löse die Keplersche Gleichung, die in der Einleitung dieses Kapitels im 1. Beispiel vorgestellt wird, für die realistischen Werte $e = 0.1$ und $\frac{2\pi}{U}t = 0.85$ durch Iteration.

2) Eine Zahl y sei definiert durch die Vorschrift

$$y := \sqrt{z + \sqrt{z + \sqrt{z + \cdots}}} \quad \text{für} \quad z \in \mathbb{R}_+.$$

a) Man gebe ein Iterationsverfahren zur Berechnung der Zahl y an und zeige, für welche Wahl des Iterationsanfangs die Iteration konvergiert.

b) Man berechne den Wert y.

3) Man zeige, daß die Iterationsfolge

$$x^{(\kappa+1)} = \frac{x^{(\kappa)}}{1 + (x^{(\kappa)})^2}$$

für beliebige Wahl von $x^{(0)} \in \mathbf{R}$ konvergiert. Man führe 10 Iterationsschritte mit $x^{(0)} = 1$ aus und kommentiere die Konvergenzordnung.

4) Man zeige:

a) Gilt $\varphi \in C_1[a,b]$, so divergiert jede Iteration mit $x^{(0)} \neq \xi$, falls die Bedingung $M := \min_{x \in [a,b]} |\varphi'(x)| > 1$ erfüllt ist.

b) Die Iteration $x^{(\kappa+1)} = \varphi^{-1}(x^{(\kappa)})$, $\kappa \in \mathbf{N}$, mit der Umkehrfunktion φ^{-1} konvergiert dann bei beliebigem Iterationsanfang $x^{(0)} \in [a,b]$ gegen die Lösung ξ der Gleichung $x = \varphi(x)$.

c) Man mache den Ansatz einer konvergenten Iteration zur Lösung der Gleichung $x = \varphi(x)$ für $\varphi(x) := \tan(x)$, $[a,b] := [\frac{5}{4}\pi, \frac{3}{2}\pi]$, und führe einige Schritte aus.

5) Die in $0.7 \leq x_1 \leq 0.9$, $0.7 \leq x_2 \leq 0.9$ liegende Lösung des transzendenten Gleichungssystems

$$x_1 = \frac{1}{10}x_1^2 + \sin(x_2)$$
$$x_2 = \cos(x_1) + \frac{1}{10}x_2^2$$

ist durch Iteration zu berechnen. Welche Konvergenzaussagen gestatten die Lipschitzkonstanten $\|J_\varphi\|_p$ für $p = 1, \infty, ES$? Man berechne die Lösungskomponenten auf $\pm 1 \cdot 10^{-5}$ genau.

§ 2. Das Newton-Verfahren

Im Anschluß an die Betrachtungen zur Konvergenzgüte des allgemeinen Iterationsverfahrens entsteht die naheliegende Frage, ob sich nicht superlineare Konvergenz durch geeignete Abwandlung der Iterationsvorschrift erreichen läßt. Die Verfolgung dieses Gedankens stellt einen Weg dar, das Newton-Verfahren herzuleiten. Wir beschränken uns in diesem Paragraphen auf die Behandlung der Gleichung $f(x) = 0$ für eine vektorwertige differenzierbare Funktion $f = (f_1, \ldots, f_m)$ der reellen Veränderlichen $x = (x_1, \ldots, x_m)$. Das Newton-Verfahren spielt aber auch zur Lösung allgemeiner Operatorgleichungen eine große Rolle; man benötigt dazu jedoch einen allgemeineren Ableitungsbegriff, der in diesem Buch nicht benutzt werden soll.

Die Betrachtungen zur Begründung, Deutung und Durchführung des Newton-Verfahrens werden zunächst am Beispiel der Gleichung $f(x) = 0$ für eine Funktion einer reellen Veränderlichen dargelegt; im Abschnitt 2.5 sprechen wir dann den Fall $m > 1$ explizit an.

2.1 Konvergenzbeschleunigung des Iterationsverfahrens. Unsere Aufgabe lautet, eine Lösung der Gleichung

$$f(x) = 0 \quad \text{für} \quad f \in C_1[a, b]$$

zu berechnen; die Existenz einer Lösung $\xi \in [a, b]$ sei gesichert.

Wir wollen uns dabei die in 1.5 gezeigte Tatsache zunutze machen, daß das allgemeine Iterationsverfahren für $\varphi'(\xi) = 0$ superlinear in einer Umgebung von ξ konvergiert. Dazu betrachten wir mit einer Hilfsfunktion $g \in C_1[a, b]$ die Gleichung

$$g(x)f(x) = 0.$$

Unter der Annahme $g(x) \neq 0$ für $x \in [a, b]$ besitzt sie dieselbe Lösung ξ wie die Gleichung $f(x) = 0$. In der entsprechenden Fixpunktgleichung

$$x = x + g(x)f(x) =: \varphi(x)$$

wollen wir versuchen, g so zu bestimmen, daß $\varphi'(\xi) = 0$ erfüllt ist. Wegen

$$\varphi'(x) = 1 + g'(x)f(x) + g(x)f'(x)$$

muß unter der Voraussetzung $f'(\xi) \neq 0$ und wegen $f(\xi) = 0$ die Beziehung

$$g(\xi) = -(f'(\xi))^{-1}$$

erfüllt sein. Das erreichen wir durch die Wahl

$$g(x) := -(f'(x))^{-1}$$

in einer Umgebung der Nullstelle ξ. So entsteht das
Newtonsche Iterationsverfahren

$$x^{(\kappa+1)} = x^{(\kappa)} - (f'(x^{(\kappa)}))^{-1}f(x^{(\kappa)}),$$

von dem wir von vornherein wissen, daß es für $f \in C_1[a, b]$ superlinear in einer Umgebung von ξ konvergiert.

Die Konvergenz tritt also stets ein, falls nur $x^{(0)}$ eine genügend gute Anfangsnäherung ist. Denn mit

$$\varphi(x) = x - \frac{f(x)}{f'(x)}, \quad \text{also} \quad \varphi'(x) = \frac{f(x)f''(x)}{[f'(x)]^2}$$

ist wegen $f(\xi) = 0$ sicher $|\varphi'(x)| < 1$ für alle Werte x in einer Umgebung $U(\xi)$ der gesuchten Nullstelle ξ; dort ist also φ eine kontrahierende Selbstabbildung.

Ist $f \in C_2[a, b]$, tritt lokal sogar mindestens quadratische Konvergenz ein. Aus

$$\xi - x^{(\kappa+1)} = \xi - x^{(\kappa)} + \frac{f(x^{(\kappa)})}{f'(x^{(\kappa)})}$$

und aus

$$f(\xi) = f(x^{(\kappa)}) + f'(x^{(\kappa)})(\xi - x^{(\kappa)}) + \frac{1}{2}f''(x^{(\kappa)} + \theta(\xi - x^{(\kappa)}))(\xi - x^{(\kappa)})^2$$

mit $0 < \theta < 1$ folgt nämlich wegen $f(\xi) = 0$

$$\xi - x^{(\kappa+1)} = -\frac{1}{2}\frac{1}{f'(x^{(\kappa)})}f''(x^{(\kappa)} + \theta(\xi - x^{(\kappa)}))(\xi - x^{(\kappa)})^2 - \frac{f(x^{(\kappa)})}{f'(x^{(\kappa)})}$$

und damit

$$\lim_{\kappa \to \infty} \frac{|\xi - x^{(\kappa+1)}|}{|\xi - x^{(\kappa)}|^2} = \frac{1}{2}\left|\frac{f''(\xi)}{f'(\xi)}\right|,$$

also $\delta^{(\kappa+1)} = O(|\delta^{(\kappa)}|^2)$.

2.2 Geometrische Deutung. Auf das Newtonsche Iterationsverfahren führt auch die folgende einfache Überlegung. Sei $f \in C_1[a, b]$, und sei $x^{(\kappa)}$ ein Näherungswert für die Lösung ξ der Gleichung $f(x) = 0$. Dann stellt

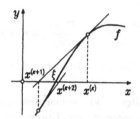

$$y = f(x^{(\kappa)}) + f'(x^{(\kappa)})(x - x^{(\kappa)})$$

den linearen Anteil der Entwicklung von f um $x^{(\kappa)}$, also die Tangente an f im Punkt $(x^{(\kappa)}, f(x^{(\kappa)}))$ dar; für $y = 0$ erhalten wir ihren Schnittpunkt

$$x^{(\kappa+1)} := x^{(\kappa)} - \frac{f(x^{(\kappa)})}{f'(x^{(\kappa)})}$$

mit der x-Achse, der i. allg. einen besseren Näherungswert an ξ liefert.

Diese Linearisierung ist der entscheidende Schritt des Newton-Verfahrens. Seine Idee besteht darin, die Lösung einer nichtlinearen Gleichung durch eine Folge von Lösungen linearer Gleichungen zu ersetzen.

Newton hatte bereits 1669 ein Verfahren zur Berechnung einer Wurzel einer kubischen Gleichung entwickelt, das auf einen iterativen Linearisierungsprozeß hinausläuft. Er veröffentlichte sein Verfahren als Mittel zur Lösung der in der Einleitung dieses Kapitels genannten Keplerschen Gleichung. JOSEPH RAPHSON brachte dann um 1690 die Newtonschen Überlegungen für den Fall der Polynome auf eine Form, die der heutigen Darstellung näherkommt. Man spricht deshalb häufig vom *Newton-Raphson-Verfahren*.

Beispiel. Das Newton-Verfahren zur Lösung der Gleichung $x - \exp(-\frac{1}{2}x) = 0$, die im Beispiel 1.4 mit dem allgemeinen Iterationsverfahren behandelt wurde, liefert die folgenden Werte:

κ	$x^{(\kappa)}$	$|\xi - x^{(\kappa)}|/|\xi - x^{(\kappa-1)}|^2$
0	0.8	— —
1	0.703	$6.378 \cdot 10^{-2}$
2	0.703 467 4	$6.506\,02 \cdot 10^{-2}$
3	0.703 467 422 498 391 6	$6.505\,234\,2 \cdot 10^{-2}$
4	0.703 467 422 498 391 652 049 818 601 8	— —

In der $x^{(\kappa)}$-Spalte der Tabelle sind nur diejenigen Ziffern eingetragen, die bei Rechnung mit einer Genauigkeit von 28 Dezimalen im jeweiligen Iterationsschritt bereits richtig sind. Die quadratische Konvergenz erkennt man in der letzten Spalte; in diesem Beispiel ist

$$\lim_{\kappa \to \infty} \frac{|\xi - x^{(\kappa)}|}{|\xi - x^{(\kappa-1)}|^2} = \frac{1}{2} \left| \frac{f''(\xi)}{f'(\xi)} \right| \doteq 6.505\,233\,0 \cdot 10^{-2}.$$

Das Newton-Verfahren führt hier schon im vierten Schritt zu dem auf Maschinengenauigkeit richtigen Wert.

2.3 Mehrfache Nullstellen. Wir wollen uns noch von der Voraussetzung $f'(\xi) \neq 0$ lösen, die der vorangegangenen Untersuchung zugrundeliegt. Sei also jetzt $f \in C_\ell[a, b]$, $\ell > 1$, und in $\xi \in [a, b]$ liege eine ℓ-fache isolierte Nullstelle vor:

$$f(\xi) = f'(\xi) = \cdots = f^{(\ell-1)}(\xi) = 0 \quad \text{und} \quad f^{(\ell)}(\xi) \neq 0.$$

Auch dann konvergiert das Newton-Verfahren

$$x^{(\kappa+1)} = \varphi(x^{(\kappa)}) \quad \text{mit} \quad \varphi(x) = x - \frac{f(x)}{f'(x)}$$

in einer Umgebung von ξ; denn eine elementare Betrachtung lehrt uns sofort, daß φ bei der Festsetzung $\varphi(\xi) := \xi$ eine in einer Umgebung stetige und dort sogar differenzierbare Funktion ist, für die $\varphi'(\xi) = 1 - \frac{1}{\ell}$ gilt. Wegen $\ell > 1$ ist stets $0 < \varphi'(\xi) < 1$; also konvergiert die Iteration lokal, wenn auch nur linear.

Die superlineare Konvergenz läßt sich jedoch wieder herstellen. Definieren wir nämlich ein Iterationsverfahren mit der Funktion

$$\varphi(x) := \begin{cases} x - \ell\frac{f(x)}{f'(x)} & \text{für } x \neq \xi \\ \xi & \text{für } x = \xi \end{cases},$$

so gilt wieder $\varphi'(\xi) = 0$.

Besitzt die Funktion f an der Stelle ξ eine ℓ-fache Nullstelle, so empfiehlt sich also der Iterationsansatz

$$x^{(\kappa+1)} = x^{(\kappa)} - \ell\frac{f(x^{(\kappa)})}{f'(x^{(\kappa)})};$$

dieses Verfahren konvergiert lokal superlinear.

Kritische Anmerkung. Ist eine mehrfache Nullstelle im Spiel, so wird deren Vielfachheit ℓ in praktischen Fällen häufig nicht bekannt sein. Man kann lediglich auf $\ell > 1$ schließen, wenn man nur lineare Konvergenz des Newton-Verfahrens beobachtet.

2.4 Das Sekantenverfahren. Ersetzt man den im Newton-Verfahren auftretenden Wert $f'(x^{(\kappa)})$ durch die Steigung $\frac{f(x^{(\kappa)})-f(x^{(\kappa-1)})}{x^{(\kappa)}-x^{(\kappa-1)}}$, so entsteht das Iterationsverfahren

$$x^{(\kappa+1)} = \frac{x^{(\kappa-1)}f(x^{(\kappa)}) - x^{(\kappa)}f(x^{(\kappa-1)})}{f(x^{(\kappa)}) - f(x^{(\kappa-1)})}.$$

Geometrisch bedeutet dieser als *Sekantenverfahren* bekannte Iterationsprozeß, daß der Schnittpunkt der Verbindungsgeraden der Punkte $(x^{(\kappa-1)}, f(x^{(\kappa-1)}))$ und $(x^{(\kappa)}, f(x^{(\kappa)}))$ mit der x-Achse als verbesserter Näherungswert $x^{(\kappa+1)}$ an die Nullstelle ξ verwendet wird.

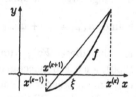

Die Vorschrift für einen Schritt des Sekantenverfahrens bezeichnet man als *Regula falsi*, als deren iterative Fortsetzung das Sekantenverfahren anzusehen ist.

Konvergenzverhalten. Das Sekantenverfahren hat nicht mehr die Form $x^{(\kappa+1)} = \varphi(x^{(\kappa)})$, so daß die bisherigen Konvergenzuntersuchungen darauf nicht zutreffen. Wir wollen uns klarmachen, daß unter denselben Bedingungen wie beim Newton-Verfahren lokal Konvergenz eintritt, deren Ordnung zwischen linearer und quadratischer liegt. Dazu bilden wir

$$x^{(\kappa+1)} - \xi = x^{(\kappa)} - \xi - f(x^{(\kappa)})\frac{x^{(\kappa)} - x^{(\kappa-1)}}{f(x^{(\kappa)}) - f(x^{(\kappa-1)})};$$

wegen $f(\xi) = 0$ ist dann, ausgedrückt mit Hilfe der Steigungen 5.2.3,

$$x^{(\kappa+1)} - \xi = (x^{(\kappa)} - \xi)\left(1 - \frac{[x^{(\kappa)}\xi]f}{[x^{(\kappa)}x^{(\kappa-1)}]f}\right) =$$
$$= (x^{(\kappa)} - \xi)(x^{(\kappa-1)} - \xi)\frac{[x^{(\kappa)}x^{(\kappa-1)}\xi]f}{[x^{(\kappa)}x^{(\kappa-1)}]f}.$$

Ist nun $f \in C_2[a,b]$, so gibt es nach 5.2.6 zwei Stellen $\eta, \hat{\eta} \in [a,b]$, so daß $[x^{(\kappa)}x^{(\kappa-1)}\xi]f = \frac{1}{2}f''(\eta)$ und $[x^{(\kappa)}x^{(\kappa-1)}]f = f'(\hat{\eta})$ gilt. In einer Umgebung $\hat{U}(\xi)$ einer einfachen Nullstelle von f, $f'(\xi) \neq 0$, ist dann gleichmäßig

$$\left| \frac{[x^{(\kappa)}x^{(\kappa-1)}\xi]f}{[x^{(\kappa)}x^{(\kappa-1)}]f} \right| = \left| \frac{1}{2}\frac{f''(\eta)}{f'(\hat{\eta})} \right| \leq c_1,$$

so daß für die Abweichungen $\delta^{(\kappa)} = x^{(\kappa)} - \xi$ die Ungleichung

$$|\delta^{(\kappa+1)}| \leq c_1|\delta^{(\kappa)}|\,|\delta^{(\kappa-1)}|$$

bzw. mit $d^{(\kappa)} := c_1|\delta^{(\kappa)}|$ die Abschätzung

$$d^{(\kappa+1)} \leq d^{(\kappa)}d^{(\kappa-1)}$$

entsteht.

Seien nun $d^{(0)} \leq d$ und $d^{(1)} \leq d$ mit $d < 1$. Dann ist

$$d^{(2)} \leq d^2, \quad d^{(3)} \leq d^3, \quad d^{(4)} \leq d^5, \quad d^{(5)} \leq d^8$$

und allgemein $d^{(\kappa)} \leq d^{a_\kappa}$; die Folge (a_κ) wird durch das Bildungsgesetz

$$a_0 = a_1 = 1 \quad \text{und} \quad a_{\kappa+1} = a_\kappa + a_{\kappa-1} \quad \text{für} \quad \kappa \geq 1$$

beschrieben. Es handelt sich bei dieser Folge um die *Fibonacci-Folge* nach Leonardo von Pisa (1175–1230), auch Fibonacci genannt.

Durch die Festlegung der Anfangsglieder a_0 und a_1 sind sämtliche Glieder der Folge eindeutig bestimmt. Bei dem Bildungsgesetz der Fibonacci-Folge handelt es sich um eine Differenzengleichung, die allgemein gelöst werden kann. Man prüft leicht nach, daß

$$a_\kappa = \frac{1}{\sqrt{5}}[b_1^{\kappa+1} - b_2^{\kappa+1}]$$

mit den Lösungen

$$b_1 = \frac{1 + \sqrt{5}}{2} \quad \text{und} \quad b_2 = \frac{1 - \sqrt{5}}{2}$$

der Gleichung $b^2 = b + 1$ das Bildungsgesetz der Fibonacci-Folge mit den Anfangsbedingungen $a_0 = a_1 = 1$ erfüllt, also die explizite Darstellung der Folgenglieder ist.

Damit gilt $d^{(\kappa)} \leq d^{a_\kappa} = d^{\frac{1}{\sqrt{5}} b_1^{\kappa+1}} \cdot d^{-\frac{1}{\sqrt{5}} b_2^{\kappa+1}}$, also mit $d^{-\frac{1}{\sqrt{5}} b_2^{\kappa+1}} \leq c_2$ wegen $|b_2| < 1$ die Abschätzung

$$d^{(\kappa)} \leq c_2 \left(d^{\frac{1}{\sqrt{5}} b_1} \right)^{b_1^\kappa}.$$

Die Abweichung $d^{(\kappa)}$ konvergiert also mindestens von der Ordnung $b_1 \doteq 1.618$.

Beispiel. Die in den Beispielen 1.4 und 2.2 behandelte Gleichung $x - \exp(-\frac{1}{2}x) = 0$ wird nun mit dem Sekantenverfahren numerisch gelöst.

κ	$x^{(\kappa)}$	$\|\xi - x^{(\kappa)}\| / \|\xi - x^{(\kappa-1)}\|^{1.618}$
0	0.8	$--$
1	0.7	$--$
2	0.703 5	0.206 150
3	0.703 467 4	0.172 692
4	0.703 467 422 498 4	0.182 599
5	0.703 467 422 498 391 652 049 8	0.180 042
6	0.703 467 422 498 391 652 049 818 601 8	$--$

Die $x^{(\kappa)}$-Spalte enthält die Werte mit der jeweils erreichten Genauigkeit. Der letzten Spalte entnimmt man das Konvergenzverhalten der Ordnung $O(|\xi - x^{(\kappa)}|^{1.618})$. (Aufgabe 4 stellt ein anderes Beispiel zum Sekantenverfahren dar, das noch weitere Einsichten ermöglicht.) Im übrigen sei noch angemerkt, daß die Zahl b_1 gerade das Teilungsverhältnis des "goldenen Schnitts" ist.

2.5 Das Newton-Verfahren für $m > 1$. Geht man wieder von dem linearen Anteil

$$y = f(x^{(\kappa)}) + J_f(x^{(\kappa)})(x - x^{(\kappa)}) \quad \text{mit} \quad J_f(x^{(\kappa)}) = \left(\frac{\partial f_\mu(x^{(\kappa)})}{\partial x_\nu} \right)_{\mu,\nu=1}^{m}$$

der Entwicklung von f um $x^{(\kappa)}$ aus, so erhält man aus $y = 0$ unter der Voraussetzung $\det(J_f(x^{(\kappa)})) \neq 0$ den neuen Näherungswert

$$x^{(\kappa+1)} := x^{(\kappa)} - J_f^{-1}(x^{(\kappa)})(f(x^{(\kappa)})).$$

Das ist die Iterationsvorschrift des Newton-Verfahrens. Bei der praktischen Durchführung wird man die Form

$$J_f(x^{(\kappa)})(x^{(\kappa+1)} - x^{(\kappa)}) = -f(x^{(\kappa)})$$

zugrundelegen, die bei jedem Newton-Schritt die Lösung eines linearen Gleichungssystems erfordert.

Varianten. Es gibt zahlreiche weitere Iterationsverfahren für die Fälle $m = 1$ und $m > 1$, die man als Varianten des Newton-Verfahrens ansehen kann. So kommt man beispielsweise zu einer schärferen Form des Newton-Verfahrens, wenn man f in der Umgebung einer Nullstelle ξ vermöge seiner Taylorentwicklung nicht nur linear, sondern von höherer Ordnung annähert (vgl. auch Aufgabe 3). Ebenso kann Interpolation höheren Grades angewandt werden, um das Sekantenverfahren zu verbessern, zu dem es auch mehrdimensionale Verallgemeinerungen gibt. In dem Buch von A. M. Ostrowski [1973] findet man eine ausführliche Diskussion verschiedener Iterationsverfahren zur Lösung von Gleichungen, insbesondere auch für den klassischen Fall der Lösung der Gleichung $f(x) = 0$ für eine Funktion einer reellen Veränderlichen.

2.6 Wurzeln algebraischer Gleichungen. Ist $f \in P_n$, so haben wir in der Gleichung $f(x) = 0$ das klassische Problem vor uns, die Wurzeln einer algebraischen Gleichung zu bestimmen. Das Newton-Verfahren erfordert die Berechnung der Werte eines Polynoms p und seiner Ableitung p' in den Punkten $x^{(\kappa)}$. Diese Berechnung kann mit dem Horner-Algorithmus 5.5.1 durchgeführt werden.

Sollen mehrere oder alle Nullstellen $\xi_1, \ldots, \xi_n$ eines Polynoms $p \in P_n$ berechnet werden, so kann man daran denken, den Grad des Polynoms

$$p_n(x) = a_0 + a_1 x + \cdots + a_n x^n =$$
$$= a_n(x - \xi_1) \cdots (x - \xi_n)$$

nach Berechnung einer Nullstelle ξ_ν durch Abspalten des Faktors $(x - \xi_\nu)$ zu senken. Das Polynom $p_{n-1}(x) := p_n(x)/(x - \xi_\nu)$ wird im Verlauf des Newton-Verfahrens, das zur Berechnung von ξ_ν dient, durch den Horner-Algorithmus mitgeliefert. Wie wir in 5.5.1 gesehen haben, liefert das Hornerschema nämlich bei der Berechnung eines Werts $p_n(\xi)$ die Entwicklung

$$p_n(x) = a_0' + (x - \xi)(a_1' + a_2' x + \cdots + a_n' x^{n-1}),$$

$a_n' = a_n$; ist nun $\xi = \xi_\nu$ eine Nullstelle von p_n, so gilt $p_n(\xi) = a_0' = 0$, so daß dann p_n in der Form

$$p_n(x) = (x - \xi_\nu) p_{n-1}(x)$$

erscheint. p_{n-1} besitzt bis auf ξ_ν dieselben Nullstellen wie p_n.

Bei der Berechnung einer weiteren Nullstelle $\xi_{\nu+1}$ von p_n kann man also mit p_{n-1} arbeiten und darauf das Newton-Verfahren anwenden. Allerdings kennt man in der Regel nur einen Näherungswert von ξ_ν; dann sind die Koeffizienten von p_{n-1} fehlerhaft, und diese Fehler werden in die Berechnung der Nullstelle

$\xi_{\nu+1}$ hineingeschleppt. Diese Fehlerfortpflanzung läßt sich dadurch korrigieren, daß der aus p_{n-1} berechnete Näherungswert für $\xi_{\nu+1}$ durch Ausführen eines oder mehrerer Newton-Schritte mit dem vollständigen Ausgangspolynom p_n verbessert wird. Eine sorgfältige Analyse des Fehlerverhaltens findet man in dem Band von J. Wilkinson [1969].

Andere Verfahren zur Wurzelberechnung. Das Problem, die Wurzeln einer algebraischen Gleichung zu bestimmen, war für Newton Anlaß gewesen, über ein Verfahren zur Nullstellenberechnung nachzudenken. Schon vor Newton und noch bis ins 20. Jahrhundert wurde dieses klassische Problem als das wichtigste unter den Nullstellenproblemen angesehen. Infolgedessen wurden im Laufe der Jahrhunderte zahlreiche Verfahren speziell für die Berechnung aller Nullstellen eines Polynoms entwickelt, ebenso eine Reihe scharfsinniger Kriterien zur Eingrenzung der Lage und zur Bestimmung der Anzahl reeller Nullstellen sowie zur Lokalisierung komplexer Wurzeln. Die gängigsten dieser Methoden findet man in dem seinerzeitigen Standardwerk von Fr. A. Willers [1950]; auch bei J. Stoer [1979] wird auf diese Untersuchungen eingegangen.

Wir verzichten in diesem Buch auf die Darstellung weiterer spezieller Verfahren zur Bestimmung von Wurzeln algebraischer Gleichungen. Es ist heute einfacher, sich durch ein Plotterbild eine erste Auskunft über die ungefähre Lage der reellen Nullstellen eines Polynoms zu verschaffen als eines der früher unentbehrlichen Kriterien zu verwenden. Für komplexe Wurzeln wurden in 3.2.2 die Gerschgorinschen Kreise behandelt, die eine grobe Lokalisierung erlauben. Das Newton-Verfahren ist im übrigen mit Polynomen über dem Körper der komplexen Zahlen ebenso durchführbar wie im Reellen. Bei der Suche nach komplexen Wurzeln eines Polynoms mit reellen Koeffizienten muß die Iteration mit einem komplexen Anfangswert $x^{(0)}$ begonnen werden, da sie sonst nur im Reellen verläuft. Abschließend sei noch angemerkt, daß es sich in vielen Fällen, in denen die Wurzeln algebraischer Gleichungen gesucht werden, um die Eigenwerte von Matrizen handelt; diese lassen sich in der Regel günstiger mit einem der Verfahren bestimmen, die in Kap. 3 besprochen wurden.

2.7 Aufgaben. 1) a) Ein allgemein gebräuchliches Verfahren zur Berechnung der Zahl $\sqrt[k]{\alpha}$ für eine positive reelle Zahl α besteht darin, direkt die Gleichung $x^k - \alpha = 0$ nach Newton iterativ zu lösen. Man gebe das Verfahren an; für welche Anfangswerte $x^{(0)}$ konvergiert es sicher? Man berechne den Wert $\sqrt[3]{17}$ auf $\pm 1 \cdot 10^{-7}$ genau.

b) Um die Zahl $\frac{1}{\alpha}$ ohne Ausführung von Divisionen zu berechnen, löse man die Gleichung $\frac{1}{x} - \alpha = 0$ nach Newton. Man gebe ein Konvergenzintervall an und berechne π^{-1} auf $\pm 1 \cdot 10^{-7}$ genau; $\pi \doteq 3.1415926535$.

2) a) Besitzt f an der Stelle ξ eine ℓ-fache Nullstelle, so ist ξ einfache Nullstelle von $f^{\frac{1}{\ell}}$. Wie lautet das Newton-Verfahren, angewandt auf $f^{\frac{1}{\ell}}$?

b) Man gebe hinreichende Bedingungen für monotone bzw. alternierende Konvergenz des Newton-Verfahrens an und veranschauliche sie graphisch.

3) a) Verwendet man zur Ermittlung eines verbesserten Näherungswerts $x^{(\kappa+1)}$ aus $x^{(\kappa)}$ nicht nur den linearen Anteil, sondern auch die Glieder 2. Ordnung der Taylorentwicklung von f um $x^{(\kappa)}$, so erhält man ein Newton-Verfahren 2. Ordnung. Man konstruiere dieses Verfahren und deute es geometrisch.

b) In ähnlicher Weise läßt sich das Sekantenverfahren verschärfen, indem man mit einem Interpolationspolynom 2. Grades arbeitet. Man stelle dieses Iterationsverfahren auf.

4) Löst man die Gleichung $x - \cos(x) = 0$ mit dem Sekantenverfahren, so erhält man bei den Anfangswerten $x^{(0)} = 0.8$ und $x^{(1)} = 0.7$ bereits beim siebten Iterationsschritt den auf 28 Ziffern genauen Wert ξ. Die Folge der Werte $(|\xi - x^{(\kappa)}| / |\xi - x^{(\kappa-1)}|^{1.618})$ zeigt jedoch eine viel schwächere Konvergenz. Deshalb verfolge man numerisch die Abschätzungen, die zur Fibonacci-Folge geführt haben, um festzustellen, daß diese Ungleichungen sehr scharf erfüllt werden.

5) Man betrachte das zweistufige Newton-Verfahren

$$y^{(\kappa)} = x^{(\kappa)} - \frac{f(x^{(\kappa)})}{f'(x^{(\kappa)})}, \quad x^{(\kappa+1)} = y^{(\kappa)} - \frac{f(y^{(\kappa)})}{f'(y^{(\kappa)})}$$

und zeige:

a) Falls Konvergenz eintritt, gilt

$$\lim_{\kappa \to \infty} \frac{x^{(\kappa-1)} - \xi}{(y^{(\kappa)} - \xi)(x^{(\kappa)} - \xi)} = \frac{f''(\xi)}{f'(\xi)}.$$

b) Die Konvergenz ist kubisch:

$$\lim_{\kappa \to \infty} \frac{x^{(\kappa+1)} - \xi}{(x^{(\kappa)} - \xi)^3} = \frac{1}{2} \left[\frac{f''(\xi)}{f'(\xi)} \right]^2.$$

6) Man löse das transzendente Gleichungssystem der Aufgabe 4 in 1.6 mit dem Newton-Verfahren.

7) Man zeige: Hat man m Nullstellen $\xi_1, \ldots, \xi_m$ eines Polynoms

$$p_n(x) = a_n \prod_{\nu=1}^{n} (x - \xi_\nu), \quad n > m,$$

berechnet, so stellt der Ansatz

$$x^{(\kappa+1)} = x^{(\kappa)} - \frac{1}{\frac{p'_n(x^{(\kappa)})}{p_n(x^{(\kappa)})} - \sum_{\nu=1}^{m} \frac{1}{x^{(\kappa)} - \xi_\nu}}$$

ein Newton-Verfahren dar, durch das die restlichen Nullstellen $\xi_{m+1}, \cdots, \xi_n$ bestimmt werden können.

§ 3. Iterative Lösung linearer Gleichungssysteme

Das allgemeine Iterationsverfahren $x^{(\kappa+1)} := \Phi x^{(\kappa)}$, $\kappa \in \mathbb{N}$, zur Bestimmung eines Fixpunktes von Φ findet bei der Lösung linearer Gleichungssysteme $Ax = b$ Anwendung, insbesondere dann, wenn A großdimensioniert oder dünnbesetzt (sparse) ist. Da diese Situation häufig bei der Diskretisierung von Differentialgleichungsproblemen entsteht, sind Iterationsverfahren in diesem Zusammenhang von besonderem Interesse. Um nun das lineare Gleichungssystem $Ax = b$ in Form einer Fixpunktgleichung zu schreiben, betrachten wir die äquivalente Umformulierung $x = (I - A)x + b$ und setzen $C := I - A$. Die Iterationsfunktion φ wird dann durch $\varphi(x) := Cx + b$ definiert. Wenn ξ eine Lösung von $x = \varphi(x)$ ist, erkennt man aus der Identität

$$x^{(\kappa+1)} - \xi = \varphi(x^{(\kappa)}) - \varphi(\xi) = C(x^{(\kappa)} - \xi) = C^\kappa(x^{(1)} - \xi),$$

daß die Iterationsfolge $(x^{(\kappa)})_{\kappa \in \mathbb{N}}$, $x^{(\kappa+1)} := \varphi(x^{(\kappa)})$ für $x^{(1)} \neq \xi$, genau dann gegen ξ konvergiert, wenn $\lim_{\kappa \to \infty} C^{(\kappa)} = 0$ elementweise gilt. Wir werden deshalb zunächst untersuchen, unter welchen Bedingungen solche Folgen von Matrizen Nullfolgen sind.

3.1 Folgen von Iterationsmatrizen. Es sei C eine beliebige $(m \times m)$-Matrix und $\rho(C)$ ihr Spektralradius. Wir beweisen das folgende

Konvergenzkriterium. *Die Folge* $(C^\kappa)_{\kappa \in \mathbb{N}}$ *ist genau dann eine Nullfolge, wenn* $\rho(C) < 1$ *gilt.*

Beweis. Sei zunächst $\rho(C) \geq 1$. Dann gibt es einen Eigenwert λ mit $|\lambda| \geq 1$ und einen Vektor $x \neq 0$ mit $Cx = \lambda x$. Wegen $C^\kappa x = \lambda^\kappa x$ und $\lim_{\kappa \to \infty} \lambda^\kappa \neq 0$ kann folglich (C^κ) keine Nullfolge sein; die Bedingung $\rho(C) < 1$ ist notwendig.

Es sei nun $\rho(C) < 1$. Weil $(TCT^{-1})^\kappa = TC^\kappa T^{-1}$ für jede Ähnlichkeitstransformation T gilt, reicht es, $\lim_{\kappa \to \infty}(TCT^{-1})^\kappa = 0$ zu zeigen. Die Matrix C läßt sich durch Ähnlichkeitstransformation auf die Jordansche Normalform J transformieren. Wir zeigen, daß $\lim_{\kappa \to \infty} J^\kappa = 0$ gilt, wenn alle Eigenwerte $\lambda_1, \lambda_2, \ldots, \lambda_m$ dem Betrag nach kleiner Eins sind. Dazu sei

$$J_\mu = \begin{pmatrix} \lambda_\mu & 1 & & \\ & \ddots & \ddots & 0 \\ 0 & & \ddots & 1 \\ & & & \lambda_\mu \end{pmatrix}$$

ein Jordan-Kästchen zum Eigenwert λ_μ der Jordanschen Normalform J von C. Da offenbar

$$J^\kappa = \begin{pmatrix} J_1^\kappa & & & \\ & J_2^\kappa & & 0 \\ & & \ddots & \\ 0 & & & J_k^\kappa \end{pmatrix}$$

mit $1 \leq k \leq m$ gilt, genügt es, das Konvergenzverhalten eines Jordan-Kästchens J_μ zu untersuchen.

Wir schreiben J_μ in der Form $J_\mu = \lambda_\mu I + S$ mit

$$
S := \begin{pmatrix} 0 & 1 & & & \\ & \ddots & \ddots & & 0 \\ & & \ddots & \ddots & \\ 0 & & & \ddots & 1 \\ & & & & 0 \end{pmatrix}
$$

und bilden $J_\mu^\kappa = (\lambda_\mu I + S)^\kappa$. Nach Anwendung der binomischen Formel und unter Beachtung von $S^m = 0$ erhält man die Beziehung

$$
J_\mu^\kappa = \sum_{\nu=0}^{m-1} \binom{\kappa}{\nu} \lambda_\mu^{\kappa-\nu} S^\nu.
$$

Für jedes feste ν hat man die Abschätzung

$$
\left| \binom{\kappa}{\nu} \lambda_\mu^{\kappa-\nu} \right| \leq |\lambda_\mu^{\kappa-\nu} \kappa^\nu|
$$

und damit wegen $|\lambda_\mu| < 1$ die Konvergenz $\lim_{\kappa \to \infty} |\binom{\kappa}{\nu} \lambda_\mu^{\kappa-\nu}| = 0$.   □

Da der Spektralradius einer Matrix in der Regel nicht einfach zu bestimmen ist, zeigen wir, daß jede natürliche Matrixnorm eine obere Schranke für die Spektralnorm liefert (vgl. auch 2.4.4, Aufgabe 4).

Lemma.   Es sei $C \in \mathbb{C}^{(m,m)}$. Dann gilt für jede natürliche Matrixnorm $\rho(C) \leq \|C\|$.

Beweis. Jeder Eigenwert λ von C mit zugehörigem Eigenvektor x genügt der Beziehung

$$
\frac{\|Cx\|}{\|x\|} = |\lambda|
$$

und damit der Abschätzung $\|C\| \geq |\lambda|$.   □

Folgerung. Es sei $C \in \mathbb{C}^{(m,m)}$ und $c \in \mathbb{C}^m$. Ein Iterationsverfahren der Form $x^{(\kappa+1)} = \varphi(x^{(\kappa)})$ mit $\varphi(x) := Cx + c$, $x \in \mathbb{C}^m$, konvergiert genau dann bei beliebigem Startwert $x^{(0)}$, wenn $\rho(C) < 1$ gilt. Hinreichend dafür ist, daß es eine natürliche Matrixnorm gibt, die der Abschätzung $\|C\| < 1$ genügt.

Ergänzung. Wir haben gesehen, daß die Konvergenz $\lim_{\kappa \to \infty} C^\kappa = 0$ aus $\|C\| < 1$ gefolgert werden kann. Umgekehrt läßt sich zeigen, daß stets eine natürliche Matrixnorm mit $\|C\| < 1$ existiert, wenn $\lim_{\kappa \to \infty} C^\kappa = 0$ gilt.

Beweis. Es sei $\| \cdot \|$ eine Vektornorm auf $\mathbb{C}^m$ und $T \in \mathbb{C}^{(m,m)}$ eine reguläre Matrix. Durch $\|x\|_T := \|Tx\|$ ist dann eine Vektornorm erklärt. Die dadurch induzierte Matrixnorm $\|C\|_T$ entnimmt man der folgenden kurzen Rechnung:

$$\|C\|_T := \sup_{\|x\|_T = 1} \|Cx\|_T = \sup_{\|Tx\| = 1} \|TCx\| = \sup_{\|x\| = 1} \|(TCT^{-1})x\| = \|TCT^{-1}\|.$$

Danach reicht es, die Behauptung für eine zu C ähnliche Matrix zu beweisen. Wir transformieren deshalb C auf Jordansche Normalform,

$$J = \begin{pmatrix} J_1 & & & 0 \\ & J_2 & & \\ & & \ddots & \\ 0 & & & J_k \end{pmatrix} = SCS^{-1}, \quad 1 \le k \le m,$$

und führen eine weitere Ähnlichkeitstransformation mit einer Diagonalmatrix $D = \mathrm{diag}\,(1, \varepsilon^{-1}, \ldots, \varepsilon^{1-m})$, $\varepsilon > 0$, aus. Dadurch erhält man eine zu C ähnliche Matrix $\hat{J}$ der Form

$$\hat{J} = DJD^{-1} = \begin{pmatrix} \hat{J}_1 & & & 0 \\ & \hat{J}_2 & & \\ & & \ddots & \\ 0 & & & \hat{J}_k \end{pmatrix}, \quad \hat{J}_\mu = \begin{pmatrix} \lambda_\mu & \varepsilon & & & 0 \\ & \ddots & \ddots & & \\ 0 & & \ddots & & \varepsilon \\ & & & & \lambda_\mu \end{pmatrix}$$

für $\mu = 1, 2, \ldots, k$. Wir betrachten jetzt in $\mathbb{C}^m$ die Maximumnorm $\| \cdot \|_\infty$, zu der die Zeilensummennorm als natürliche Matrixnorm gehört. Dann gilt mit $T := DS$:

$$\|C\|_T = \|DSC(DS)^{-1}\| = \|\hat{J}\| \le \rho(C) + \varepsilon.$$

Nach dem Konvergenzkriterium ist aber $\rho(C) < 1$, weil $\lim_{\kappa \to \infty} C^\kappa = 0$ vorausgesetzt ist. Die Zahl $\varepsilon > 0$ läßt sich also so bestimmen, daß $\|C\|_T < 1$ wird. $\qquad\qquad\square$

In den nächsten Abschnitten werden wir verschiedene Möglichkeiten der Wahl von C und c untersuchen, um konvergente Iterationsverfahren zum Lösen linearer Gleichungssysteme zu konstruieren.

3.2 Das Gesamtschrittverfahren. Es sei $A \in \mathbb{R}^{(n,n)}$ eine nichtsinguläre Matrix und $b \in \mathbb{R}^n$. Um das lineare Gleichungssystem $Ax = b$ iterativ zu lösen, zerlegen wir $A = (a_{\mu\nu})$ in der Form

$$A = -L + D - R$$

mit

$$L := - \begin{pmatrix} 0 & & & \\ a_{21} & \ddots & & 0 \\ \vdots & \ddots & \ddots & \\ a_{n1} & \cdots & a_{nn-1} & 0 \end{pmatrix}, \quad D := \begin{pmatrix} a_{11} & & & \\ & \ddots & & 0 \\ & & \ddots & \\ 0 & & & \ddots \\ & & & & a_{nn} \end{pmatrix},$$

$$R := - \begin{pmatrix} 0 & a_{12} & \cdots & a_{1n} \\ & \ddots & \ddots & \vdots \\ 0 & & \ddots & a_{n-1n} \\ & & & 0 \end{pmatrix}.$$

Da A nichtsingulär ist, läßt sich durch eventuelles Vertauschen von Zeilen und Spalten stets $a_{\mu\mu} \neq 0$ für alle $1 \leq \mu \leq n$ erreichen. Wir können also annehmen, daß D nichtsingulär ist. Mit der Matrix C und dem Vektor c,

$$C := D^{-1}(L + R), \quad c := D^{-1}b,$$

erhält man ein Iterationsverfahren, das man *Iteration in Gesamtschritten* oder auch kurz *Gesamtschrittverfahren* nennt. Schreibt man die Iterationsvorschrift $x^{(\kappa+1)} = \varphi(x^{(\kappa)})$, $\varphi(x) := Cx + c$, komponentenweise,

$$x_{\mu}^{(\kappa+1)} = \frac{1}{a_{\mu\mu}} \left(b_{\mu} - \sum_{\substack{\nu=1 \\ \nu \neq \mu}}^{n} a_{\mu\nu} x_{\nu}^{(\kappa)} \right), \quad 1 \leq \mu \leq n,$$

so erkennt man, daß zur Berechnung der Iterierten $x_{\mu}^{(\kappa+1)}$ einer Komponente des Vektors $x^{(\kappa+1)}$ *alle* Komponenten des vorangehenden iterierten Vektors $x^{(\kappa)} = (x_1^{(\kappa)}, \ldots, x_n^{(\kappa)})^T$ benötigt werden. Diese Tatsache erklärt den Namen des Verfahrens.

Die allgemeinen Überlegungen im vorangehenden Abschnitt liefern sofort eine hinreichende Bedingung für die Konvergenz des Gesamtschrittverfahrens.

Korollar. Das Iterationsverfahren in Gesamtschritten konvergiert für jeden Startvektor $x^{(0)} \in \mathbf{R}^n$, wenn das *starke Zeilensummenkriterium*

$$\sum_{\substack{\nu=1 \\ \nu \neq \mu}}^{n} |a_{\mu\nu}| < |a_{\mu\mu}|, \quad 1 \leq \mu \leq n,$$

erfüllt ist.

Erweiterung. In der Folgerung 3.1 haben wir gesehen, daß das Iterationsverfahren konvergiert, wenn in irgendeiner natürlichen Matrixnorm $\|C\| < 1$

gilt. Nimmt man anstelle der Zeilenbetragssummennorm die Spaltenbetragssummennorm, so erhält man als hinreichende Bedingung für die Konvergenz das *starke Spaltensummenkriterium*

$$\sum_{\substack{\mu=1 \\ \mu\neq\nu}}^{n} |a_{\mu\nu}| < |a_{\nu\nu}|, \quad 1 \leq \nu \leq n.$$

Das starke Zeilensummenkriterium wie auch das starke Spaltensummenkriterium sind allerdings bei konkreten Anwendungen oft nicht erfüllt.

Beispiel. Auf dem Intervall $[0,1]$ ist eine Funktion $y \in C_2[0,1]$ gesucht, die dort der Differentialgleichung

$$\frac{d^2}{dx^2}y(x) + y(x) = g(x)$$

genügt und die Randbedingungen $y(0) = y(1) = 0$ erfüllt. Will man dieses Problem numerisch lösen, so wird man etwa das Intervall $[0,1]$ durch eine Diskretisierung $I_h := \{x_\nu \in [0,1] \mid x_\nu = \nu h, h := \frac{1}{n}, 0 \leq \nu \leq n\}$ ersetzen und in den Stützstellen x_ν (vgl. 5.3.3) den Differentialquotienten $\frac{d^2}{dx^2}y(x)$ durch den Differenzenquotienten $\frac{1}{h^2}(y(x_{\nu+1}) - 2y(x_\nu) + y(x_{\nu-1}))$ approximieren. Das führt auf ein lineares Gleichungssystem der Form

$$\begin{pmatrix} (-2+h^2) & 1 & & & \\ 1 & (-2+h^2) & 1 & & 0 \\ & \ddots & \ddots & \ddots & \\ 0 & & \ddots & \ddots & 1 \\ & & & 1 & (-2+h^2) \end{pmatrix} \begin{pmatrix} y_1 \\ \vdots \\ \vdots \\ y_{n-1} \end{pmatrix} = h^2 \begin{pmatrix} g(x_1) \\ \vdots \\ \vdots \\ g(x_{n-1}) \end{pmatrix}.$$

für die Näherungen y_ν an die Funktionswerte $y(x_\nu)$, $1 \leq \nu \leq n-1$.

Offensichtlich ist bei diesem einfachen Problem weder das starke Zeilensummenkriterium noch das starke Spaltensummenkriterium erfüllt.

Betrachtet man die noch einfachere Differentialgleichung

$$\frac{d^2}{dx^2}y(x) = g(x),$$

so lassen sich die Kriterien noch immer nicht anwenden. Jedoch gilt jetzt für die Koeffizientenmatrix $A = (a_{\mu\nu})$ wenigstens die abgeschwächte Form

$$\sum_{\substack{\nu=1 \\ \nu\neq\mu}}^{n-1} |a_{\mu\nu}| \leq |a_{\mu\mu}|, \quad 1 \leq \mu \leq n-1,$$

bzw.

$$\sum_{\substack{\mu=1 \\ \mu\neq\nu}}^{n-1} |a_{\mu\nu}| \leq |a_{\nu\nu}|, \quad 1 \leq \nu \leq n-1,$$

unserer Kriterien. Wir gehen jetzt der Frage nach, ob diese Abschwächung zur Konvergenz des Iterationsverfahrens ausreicht.

Definition. Eine Matrix $A \in \mathbb{C}^{(n,n)}$, $A = (a_{\mu\nu})$, heißt *zerlegbar*, wenn es nichtleere Teilmengen N_1 und N_2 der Indexmenge $N := \{1, 2, \ldots, n\}$ gibt mit den Eigenschaften

(a) $N_1 \cap N_2 = \emptyset$,   (b) $N_1 \cup N_2 = N$,

(c) $a_{\mu\nu} = 0$ für alle $\mu \in N_1$ und $\nu \in N_2$.

Eine Matrix, die nicht zerlegbar ist, heißt *unzerlegbar*.

Beispiel. (a) Wir betrachten eine Matrix der Gestalt

$$
A = \begin{pmatrix}
a_{11} & a_{12} & \cdots & a_{1k} & 0 & \cdots & 0 \\
a_{21} & a_{22} & \cdots & a_{2k} & 0 & \cdots & 0 \\
\vdots & \vdots & & \vdots & \vdots & & \vdots \\
a_{k1} & a_{k2} & \cdots & a_{kk} & 0 & \cdots & 0 \\
a_{k+1\,1} & a_{k+1\,2} & \cdots & a_{k+1\,k} & a_{k+1\,k+1} & \cdots & a_{k+1\,n} \\
\vdots & \vdots & & \vdots & a_{k+2\,k+1} & \cdots & a_{k+2\,n} \\
\vdots & \vdots & & \vdots & \vdots & & \vdots \\
a_{n1} & a_{n2} & \cdots & a_{nk} & a_{n\,k+1} & \cdots & a_{nn}
\end{pmatrix}.
$$

Die Teilmengen $N_1 := \{1, 2, \ldots, k\}$, $N_2 := \{k+1, \cdots, n\}$ haben alle in der Definition geforderten Eigenschaften. Somit ist A zerlegbar. Der Leser mache sich klar, daß man ein Gleichungssystem $Ax = b$ mit zerlegbarer Koeffizientenmatrix A durch Aufspalten in kleinere Teilprobleme lösen kann.

(b) Eine Matrix A mit nicht verschwindenden Nebendiagonalelementen $a_{\mu\mu+1}$ und $a_{\mu+1\mu}$, $1 \le \mu \le n - 1$, ist unzerlegbar.

Seien nämlich N_1 und N_2 nichtleere Teilmengen von N mit $N_1 \cap N_2 = \emptyset$ und $N_1 \cup N_2 = N$. Für den Index k gelte $k = \max N_1$. Dann folgen $k + 1 \in N_2$ und $a_{kk+1} \ne 0$. Analog schließt man für $k = \max N_2$. Also kann A nicht zerlegbar sein.

Wir beweisen jetzt unter teilweiser Abschwächung der Voraussetzungen im Korollar den

Konvergenzsatz. *Es sei $A \in \mathbb{R}^{(n,n)}$ eine unzerlegbare Matrix, die das schwache Zeilensummenkriterium*

$$
\sum_{\substack{\nu=1 \\ \nu \ne \mu}}^{n} |a_{\mu\nu}| \le |a_{\mu\mu}|, \quad 1 \le \mu \le n,
$$

aber

$$
\sum_{\substack{\nu=1 \\ \nu \ne \mu_0}}^{n} |a_{\mu_0\nu}| < |a_{\mu_0\mu_0}|
$$

für einen Index μ_0, $1 \le \mu_0 \le n$, erfüllt. Dann konvergiert das Gesamtschrittverfahren zur Lösung linearer Gleichungssysteme mit der Koeffizientenmatrix A für jeden Startvektor.

Beweis. Alle Eigenwerte der Iterationsmatrix $C := D^{-1}(L + R)$ sind nach Lemma 3.1 dem Betrage nach kleiner oder gleich Eins. Es muß gezeigt werden, daß kein Eigenwert den Betrag Eins hat (vgl. Konvergenzkriterium 3.1).

Wir führen den Beweis indirekt und nehmen an, die Matrix C besitze einen Eigenwert $\lambda \in \mathbb{C}$ mit $|\lambda| = 1$. Der zugehörige Eigenvektor x sei auf $\|x\|_\infty = 1$ normiert.

Für alle $1 \le \mu \le n$ gilt wegen $\sum_{\substack{\nu=1 \\ \nu \ne \mu}}^{n} c_{\mu\nu}x_\mu = (\lambda - c_{\mu\mu})x_\mu = \lambda x_\mu$ die Ungleichungskette

$$(*) \qquad |x_\mu| = |\lambda|\,|x_\mu| \le \sum_{\substack{\nu=1 \\ \nu \ne \mu}}^{n} \frac{|a_{\mu\nu}|}{|a_{\mu\mu}|}|x_\nu| \le \sum_{\substack{\nu=1 \\ \nu \ne \mu}}^{n} \frac{|a_{\mu\nu}|}{|a_{\mu\mu}|} \le 1.$$

Wir definieren die Teilmengen $N_1 := \{\mu \in \mathbb{N} \mid |x_\mu| = 1\}$ und $N_2 := N \setminus N_1$. Die Menge N_1 ist trivialerweise nichtleer. Da das schwache Zeilensummenkriterium gilt, folgt mit $(*)$ $\mu_0 \in N_2$ und damit $N_2 \ne \emptyset$. Weil A als unzerlegbar vorausgesetzt war, gibt es ferner Indizes $\tilde{\mu} \in N_1$ und $\tilde{\nu} \in N_2$ mit

$$\frac{|a_{\tilde{\mu}\tilde{\nu}}|}{|a_{\tilde{\mu}\tilde{\mu}}|} \ne 0.$$

Die Ungleichungskette liefert daher wegen $|x_{\tilde{\nu}}| < 1$ bei einer Abschätzung die strenge Ungleichheit

$$|x_{\tilde{\mu}}| = |\lambda|\,|x_{\tilde{\mu}}| \le \sum_{\substack{\nu=1 \\ \nu \ne \tilde{\mu}}}^{n} \frac{|a_{\tilde{\mu}\nu}|}{|a_{\tilde{\mu}\tilde{\mu}}|}|x_\nu| < \sum_{\substack{\nu=1 \\ \nu \ne \tilde{\mu}}}^{n} \frac{|a_{\tilde{\mu}\nu}|}{|a_{\tilde{\mu}\tilde{\mu}}|} \le 1.$$

Das ist aber ein Widerspruch zu $|x_{\tilde{\mu}}| = 1$ und damit zu $\tilde{\mu} \in N_1$. $\square$

Analog dem schwachen Zeilensummenkriterium wird das *schwache Spaltensummenkriterium* definiert. Der Konvergenzsatz gilt auch unter der entsprechend modifizierten Voraussetzung. Die Überlegungen im einzelnen bleiben dem Leser überlassen.

3.3 Das Einzelschrittverfahren. Die komponentenweise Darstellung des Gesamtschrittverfahrens in 3.2 legt es nahe, bei der iterativen Berechnung der Komponente $x_\mu^{(\kappa+1)}$ des Vektors $x^{(\kappa+1)}$ die bereits bestimmten Komponenten $x_1^{(\kappa+1)}, x_2^{(\kappa+1)}, \cdots, x_{\mu-1}^{(\kappa+1)}$ in die rechte Seite der Gleichung einzusetzen. Dann erhält man eine Iterationsvorschrift in der Form

$$(*) \qquad x_\mu^{(\kappa+1)} = \frac{1}{a_{\mu\mu}}\left(b_\mu - \sum_{\nu=1}^{\mu-1} a_{\mu\nu}x_\nu^{(\kappa+1)} - \sum_{\nu=\mu+1}^{n} a_{\mu\nu}x_\nu^{(\kappa)}\right), \quad 1 \le \mu \le n,$$

in der $\sum_{\nu=1}^{0} a_{\mu\nu}x_{\nu}^{(\kappa+1)} := 0$ gesetzt wurde. Ausgehend von der Zerlegung der Matrix A in $A = -L + D - R$ wie in 3.2 läßt sich diese Iterationsvorschrift wieder formal als ein Iterationsverfahren

$$x^{(\kappa+1)} := Cx^{(\kappa)} + c$$

mit $C := (D - L)^{-1}R$ und $c := (D - L)^{-1}b$ schreiben. Unter der gleichen Annahme wie in 3.2, daß A nichtsingulär ist und somit $a_{\mu\mu} \neq 0$, $1 \leq \mu \leq n$, angenommen werden kann, ist die Matrix $(D - L)$ nichtsingulär. Das durch $(*)$ definierte Iterationsverfahren heißt *Einzelschrittverfahren* oder auch *Gauß-Seidel-Verfahren*. Die Frage nach der Konvergenz des Einzelschrittverfahrens ist i. allg. nicht einfach zu entscheiden und nur unter zusätzlichen Annahmen über die Matrix A ist die naheliegende Vermutung richtig, daß das Einzelschrittverfahren mindestens ebenso schnell konvergiert wie das Gesamtschrittverfahren. Es gilt jedoch der folgende

Konvergenzsatz. *Es sei $A \in \mathbf{R}^{(n,n)}$ eine nichtsinguläre Matrix, die das starke Zeilensummenkriterium (bzw. das starke Spaltensummenkriterium) erfüllt. Dann ist das Einzelschrittverfahren zur Lösung des linearen Gleichungssystems konvergent, und die Konvergenz ist mindestens so schnell wie beim Gesamtschrittverfahren.*

Beweis. Wir beweisen die Behauptung unter der Voraussetzung, daß das starke Zeilensummenkriterium erfüllt ist. Die Iterationsmatrizen des Gesamtschrittverfahrens bzw. des Einzelschrittverfahrens werden mit $C_G := D^{-1}(L + R)$ bzw. $C_E := (D - L)^{-1}R$ bezeichnet. Wenn das starke Zeilensummenkriterium erfüllt ist, gilt die Abschätzung

$$\|C_G\|_\infty = \max_{1 \leq \mu \leq n} \sum_{\substack{\nu=1 \\ \nu \neq \mu}}^{n} \frac{|a_{\mu\nu}|}{|a_{\mu\mu}|} < 1.$$

Es sei jetzt $y \in \mathbf{R}^n$ beliebig und $z := (C_E)y$. Durch vollständige Induktion beweisen wir, daß alle Komponenten z_μ des Vektors z der Abschätzung

$$|z_\mu| \leq \sum_{\substack{\nu=1 \\ \nu \neq \mu}}^{n} \frac{|a_{\mu\nu}|}{|a_{\mu\mu}|} \|y\|_\infty$$

genügen. Dazu schreiben wir die Gleichung $z = (C_E)y$ um in $(D - L)z = Ry$ und schätzen ab:

$$|z_1| \leq \sum_{\nu=2}^{n} \frac{|a_{1\nu}|}{|a_{11}|}|y_\nu| \leq \sum_{\nu=2}^{n} \frac{|a_{1\nu}|}{|a_{11}|} \|y\|_\infty.$$

Weiter folgt unter Verwendung von (∗) und der Induktionsvoraussetzung

$$|z_\mu| \leq \frac{1}{|a_{\mu\mu}|} \left(\sum_{\nu=1}^{\mu-1} |a_{\mu\nu}|\, |z_\nu| + \sum_{\nu=\mu+1}^{n} |a_{\mu\nu}|\, |y_\nu| \right) \leq$$

$$\leq \frac{1}{|a_{\mu\mu}|} \left(\sum_{\nu=1}^{\mu-1} |a_{\mu\nu}|\, \|C_G\|_\infty + \sum_{\nu=\mu+1}^{n} |a_{\mu\nu}| \right) \|y\|_\infty \leq$$

$$\leq \sum_{\substack{\nu=1 \\ \nu\neq\mu}}^{n} \frac{|a_{\mu\nu}|}{|a_{\mu\mu}|}\, \|y\|_\infty.$$

Daraus erhält man die Abschätzung $\|(C_E)y\|_\infty = \|z\|_\infty \leq \|C_G\|_\infty \|y\|_\infty$ und weiter $\|C_E\|_\infty \leq \|C_G\|_\infty < 1$. Aus Lemma 3.1 folgt zusammen mit der Folgerung 3.1 dann die Behauptung des Satzes. $\square$

Ohne zusätzliche Voraussetzungen an die Matrix A läßt sich nicht vorhersagen, welches der beiden Iterationsverfahren konvergiert. Daß es Fälle gibt, in denen das Gesamtschrittverfahren konvergiert und das Einzelschrittverfahren nicht, daß aber auch der umgekehrte Fall eintreten kann, zeigen die

Beispiele. (a) die Iterationsmatrizen C_G bzw. C_E zur Matrix

$$A = \begin{pmatrix} 1 & -2 & 2 \\ -1 & 1 & -1 \\ -2 & -2 & 1 \end{pmatrix}$$

erhält man nach kurzer Rechnung in der Gestalt

$$C_G = \begin{pmatrix} 0 & 2 & -2 \\ 1 & 0 & 1 \\ 2 & 2 & 0 \end{pmatrix} \quad \text{bzw.} \quad C_E = \begin{pmatrix} 0 & 2 & -2 \\ 0 & 2 & -1 \\ 0 & 8 & -6 \end{pmatrix}.$$

Die Spektralradien dieser Matrizen sind $\rho(C_G) = 0$ und $\rho(C_E) = 2(1 + \sqrt{2})$. Nach dem Konvergenzkriterium 3.1 konvergiert dann das Gesamtschrittverfahren zur Lösung eines linearen Gleichungssystems mit der Koeffizientenmatrix A, aber nicht das Einzelschrittverfahren.

(b) Ein Fall, in dem das Einzelschrittverfahren konvergiert, aber nicht das Gesamtschrittverfahren, liegt vor, wenn man die Matrix A folgendermaßen wählt:

$$A = \frac{1}{2} \begin{pmatrix} 2 & 1 & 1 \\ -2 & 2 & -2 \\ -1 & 1 & 2 \end{pmatrix}.$$

Dann besitzen die zugehörigen Iterationsmatrizen

$$C_G = \frac{1}{2} \begin{pmatrix} 0 & -1 & -1 \\ 2 & 0 & 2 \\ 1 & -1 & 0 \end{pmatrix} \quad \text{und} \quad C_E = \frac{1}{2} \begin{pmatrix} 0 & -1 & -1 \\ 0 & -1 & 1 \\ 0 & 0 & -1 \end{pmatrix},$$

nämlich die Spektralradien $\rho(C_G) = \frac{1}{2}\sqrt{5}$ und $\rho(C_E) = \frac{1}{2}$.

Für spezielle Matrizen wollen wir den Vergleich zwischen Gesamt- und Einzelschrittverfahren im nächsten Abschnitt vertiefen.

3.4 Der Satz von Stein und Rosenberg. Für eine große Klasse von Matrizen, wie sie beispielsweise häufig bei der Diskretisierung von Differentialgleichungen auftreten (vgl. 3.2), wollen wir jetzt eine genauere Analyse des Spektralradius vornehmen. Das wird uns mit dem Satz von Stein und Rosenberg schließlich eine vollständige Klärung der Frage bringen, wann das Einzelschrittverfahren auf jeden Fall dem Gesamtschrittverfahren vorzuziehen ist. Die hier betrachtete Klasse von Matrizen wird eingeführt durch die

Definition. Eine Matrix $B \in \mathbf{R}^{(m,n)}$, $B = (b_{\mu\nu})$, heißt *nichtnegativ*, wenn alle $b_{\mu\nu}$, $1 \leq \mu \leq m$ und $1 \leq \nu \leq n$, nichtnegativ sind. Diese Eigenschaft wird auch mit $B \geq 0$ abgekürzt.

Ein wichtiges Hilfsmittel für unsere Untersuchungen ist der

Satz von Perron und Frobenius. *Es sei $B \in \mathbf{R}^{(n,n)}$, $B = (b_{\mu\nu})$ und $n > 1$, unzerlegbar und $B \geq 0$. Dann hat B die Eigenschaften:*
  (i) *B besitzt einen Eigenwert $\lambda_B > 0$ mit $\rho(B) = \lambda_B$.*
  (ii) *Es gibt einen zu $\lambda_B = \rho(B)$ gehörigen Eigenvektor $y > 0$.*
  (iii) *Der Eigenwert $\lambda_B = \rho(B)$ ist einfach.*
  (iv) *Für jede unzerlegbare Matrix $F \in \mathbf{R}^{(n,n)}$ mit $B \geq F \geq 0$ folgt*
    $\rho(B) \geq \rho(F)$.

Dabei heißt $B \geq F$, wenn entsprechend der Definition $B - F \geq 0$ ist.

Beweis. Dieses Ergebnis wurde von O. Perron [1907] und von G. Frobenius [1912] veröffentlicht. Wir beweisen den Satz *nur für symmetrische Matrizen*. Den allgemeinen Beweis findet man bei R. S. Varga ([1962], S. 30 ff.).

Es sei also B jetzt zusätzlich symmetrisch. Wir zeigen zunächst

(i). B besitzt die reellen Eigenwerte $\lambda_1 \leq \lambda_2 \leq \cdots \leq \lambda_n$. Somit folgt $\rho(B) = \max\{|\lambda_1|, \lambda_n\}$. Es kann also $\rho(B) = -\lambda_1$ oder $\rho(B) = \lambda_n$ gelten. Wenn $x^1 \in \mathbf{R}^n$ ein zu λ_1 gehörender Eigenvektor von B ist, folgt aus der Extremaleigenschaft des Rayleigh-Quotienten

$$\frac{\overline{x}^T B x}{\overline{x}^T x} = \frac{\overline{\langle x, Bx \rangle}}{\langle x, x \rangle} = \frac{\langle x, Bx \rangle}{\langle x, x \rangle}$$

(vgl. 3.3.3 und 4.1.3) und $B \geq 0$ die Abschätzung

$$|\lambda_1| = \frac{|\langle x^1, Bx^1 \rangle|}{\langle x^1, x^1 \rangle} \leq \frac{\langle |x^1|, B|x^1| \rangle}{\langle |x^1|, |x^1| \rangle} \leq \lambda_n.$$

Dabei wurde mit $|x^1|$ der Vektor $|x^1| := (|x_1^1|, \ldots, |x_n^1|)^T$ bezeichnet. Man erhält aus der Abschätzung bereits die Beziehung $\rho(B) = \lambda_n$. Sollte $\lambda_n = 0$

sein, so ergibt die Abschätzung, daß alle Eigenwerte von B Null sind. Da B symmetrisch ist, muß es die Nullmatrix sein, die trivialerweise zerlegbar ist. Das widerspricht aber der Voraussetzung.

(ii) Es sei $x^n \in \mathbb{R}^n$ ein zum Eigenwert λ_n gehörender Eigenvektor. Aus der Extremaleigenschaft des Rayleigh-Quotienten schließt man wieder

$$\lambda_n \geq \frac{\langle |x^n|, B|x^n| \rangle}{\langle |x^n|, |x^n| \rangle}$$

und weiter

$$\lambda_n = |\lambda_n| = \frac{|\langle x^n, Bx^n \rangle|}{\langle x^n, x^n \rangle} \leq \frac{\langle |x^n|, B|x^n| \rangle}{\langle |x^n|, |x^n| \rangle}.$$

Folglich gibt es einen Vektor $y \in \mathbb{R}^n$, $y := |x^n| \geq 0$, mit

$$(*) \qquad \lambda_n = \frac{|\langle y, By \rangle|}{\langle y, y \rangle}.$$

Wir zeigen zunächst, daß y Eigenvektor zu $\lambda_n = \rho(B)$ ist. Da B symmetrisch ist, gibt es ein vollständiges System von orthonormierten Eigenvektoren $x^1, x^2, \ldots, x^n \in \mathbb{R}^n$ und eine Zerlegung

$$(**) \qquad y = \sum_{\mu=1}^{n} \alpha_\mu x^\mu$$

mit gewissen Koeffizienten $\alpha_\mu \in \mathbb{R}$. Setzt man diese Entwicklung in $(*)$ ein, so erhält man die Darstellung

$$\lambda_n = \sum_{\mu=1}^{n} \left(\alpha_\mu^2 / \sum_{\nu=1}^{n} \alpha_\nu^2 \right) \lambda_\mu.$$

Daraus fließt unmittelbar, daß für alle Eigenwerte λ_μ, $1 \leq \mu \leq n - 1$, mit $\lambda_\mu < \lambda_n$ der entsprechende Koeffizient α_μ in der Entwicklung $(**)$ verschwinden muß. Andernfalls würde die Abschätzung der λ_μ durch λ_n zum Widerspruch führen.

Mithin ist y als Linearkombination der Eigenvektoren zum Eigenwert λ_n selbst ein Eigenvektor zu diesem Eigenwert. Wenn überhaupt Komponenten von y verschwinden, können wir annehmen, daß

$$y_{k+1} = y_{k+2} = \cdots = y_n = 0$$

für einen Index $1 \leq k \leq n - 1$ gilt. Die letzten $(n - k)$ Gleichungen der Eigenwertgleichung $By = \lambda_n y$ lauten dann

$$\sum_{\nu=1}^{k} b_{\mu\nu} y_\nu = 0, \quad k + 1 \leq \mu \leq n.$$

Wegen $y_\nu > 0$ für $1 \leq \nu \leq k$ und $B \geq 0$ folgt daraus

$$b_{\mu\nu} = 0$$

für $k + 1 \leq \mu \leq n$ und $1 \leq \nu \leq k$. Wir setzen $N_1 := \{1, 2, \ldots, k\}$ und $N_2 := \{k + 1, k + 2, \ldots, n\}$. Diese Mengen erfüllen alle die Bedingungen in Definition 3.2. Mithin ist B zerlegbar entgegen der Voraussetzung. Also muß $y > 0$ gelten.

(iii) Wir beweisen indirekt und nehmen an, daß $\lambda_B = \rho(B)$ ein mehrfacher Eigenwert ist. Wegen der Symmetrie von B gibt es dann mindestens zwei Eigenvektoren x^1 und x^2 zum Eigenwert λ_B, die zueinander orthogonal sind. Dem Beweis zu (ii) folgend, muß $x_\mu^1 \neq 0$ und $x_\mu^2 \neq 0$ für alle $1 \leq \mu \leq n$ gelten, denn sonst wäre B zerlegbar. Wir normieren x^1 und x^2, indem wir $x_1^1 = x_1^2 = 1$ setzen. Es seien $N_1^\kappa := \{\mu | x_\mu^\kappa > 0\}$ und $N_2^\kappa := \{\nu | x_\nu^\kappa < 0\}$. Aus $(*)$ erhält man die für $\kappa = 1, 2$ gültige Beziehung

$$\frac{1}{\langle x^\kappa, x^\kappa \rangle} \left| \sum_{\mu,\nu=1}^n b_{\mu\nu} x_\mu^\kappa x_\nu^\kappa \right| = \frac{1}{\langle x^\kappa, x^\kappa \rangle} \sum_{\mu,\nu=1}^n b_{\mu\nu} |x_\mu^\kappa \cdot x_\nu^\kappa|.$$

Daraus ergibt sich, daß für alle $\mu \in N_1^\kappa$ und $\nu \in N_2^\kappa$ die Matrixelemente $b_{\mu\nu}$ verschwinden müssen. Da aber B nicht zerlegbar war und $N_1 \neq \emptyset$ gilt, folgt $N_2 = \emptyset$. Die Vektoren x^1 und x^2 besitzen also nur positive Komponenten. Das hat aber $\langle x^1, x^2 \rangle > 0$ zur Folge im Widerspruch zur Orthogonalität dieser Vektoren

(iv) Es sei λ_F der Eigenwert von F mit $\lambda_F = \rho(F)$. Ein zugehöriger positiver Eigenvektor werde mit x^F bezeichnet. Die Extremaleigenschaft des Rayleigh-Quotienten liefert die Abschätzung

$$\rho(F) = \lambda_F = \frac{\langle x^F, Fx^F \rangle}{\langle x^F, x^F \rangle} \leq \frac{\langle x^F, Bx^F \rangle}{\langle x^F, x^F \rangle} \leq \rho(B). \qquad \square$$

Der Satz von Perron und Frobenius ist nun der Schlüssel zum

Satz von Stein und Rosenberg. *Die Iterationsmatrix $C_G \in \mathbf{R}^{(n,n)}$ des Gesamtschrittverfahrens sei nichtnegativ. Dann gilt genau eine der folgenden Aussagen über die Spektralradien $\rho(C_G)$ und $\rho(C_E)$ des Gesamtschritt- und des Einzelschrittverfahrens:*

 (i) $\rho(C_G) = \rho(C_E) = 0$,   *(ii) $0 < \rho(C_E) < \rho(C_G) < 1$,*

 (iii) $1 = \rho(C_E) = \rho(C_G)$,   *(iv) $1 < \rho(C_G) < \rho(C_E)$.*

Dem Beweis dieses Satzes stellen wir einige Hilfsüberlegungen voran. Für beliebige untere bzw. obere $(n \times n)$-Dreiecksmatrizen L bzw. R mit Nulleinträgen in der Hauptdiagonalen betrachten wir die für alle $\sigma \geq 0$ definierten reellwertigen Funktionen

$$q(\sigma) := \rho(\sigma L + R) \qquad \text{und} \qquad s(\sigma) := \rho(L + \sigma R).$$

Diese Funktionen besitzen die folgenden
Eigenschaften.

(i) $q(0) = s(0) = 0$, $q(1) = s(1) = \rho(L + R)$, $s(\sigma) = \sigma\, q(\frac{1}{\sigma})$ für $\sigma > 0$.

(ii) Falls $L + R \geq 0$ ist, sind im Fall $\rho(L + R) > 0$ die Funktionen q und s streng monoton wachsend, und im Fall $\rho(L + R) = 0$ gilt $q = s = 0$.

Beweis. Die Eigenschaften (i) sind offensichtlich. Wir beweisen (ii) unter der zusätzlichen Annahme, daß die Matrix $(L + R)$ *unzerlegbar* sei. Der Beweis für den allgemeinen Fall ist Gegenstand der Aufgabe 7.

Nach dem Satz von Perron und Frobenius ist $\rho(L + R) > 0$. Dann kann weder L noch R die Nullmatrix sein. Man erkennt außerdem leicht, daß mit $L + R$ auch $Q(\sigma) := \sigma L + R$ unzerlegbar ist für jedes $\sigma > 0$. Aus dem Beweis des Satzes von Perron und Frobenius Teil (iv) entnimmt man, daß $q(\sigma) = \rho(\sigma L + R)$ eine streng monoton wachsende Funktion ist. Analog führt man den Nachweis für die Funktion s.   □

Wir kommen jetzt zum

Beweis des Satzes von Stein und Rosenberg. Wir beschränken uns wieder auf den Fall, daß $C_G = D^{-1}(L + R)$ *unzerlegbar* ist. Da $D^{-1}L$ und $D^{-1}R$ nichtnegative Matrizen mit Nulleinträgen in den Hauptdiagonalen sind, folgt aus der Identität

$$(I - D^{-1}L)^{-1} = I + D^{-1}L + (D^{-1}L)^2 + \cdots + (D^{-1}L)^{n-1}$$

und $C_E = (D - L)^{-1}R = (I - D^{-1}L)^{-1}D^{-1}R$, daß auch C_E nichtnegativ ist. Mit einigen zusätzlichen Überlegungen zum Beweis des Satzes von Perron und Frobenius (vgl. R. S. Varga ([1962], S. 46 ff.)) läßt sich bereits ohne die Voraussetzung, daß C_E unzerlegbar sei, die Existenz eines Eigenwertes λ_E mit $\rho(C_E) = \lambda_E$ und eines zugehörigen Eigenvektors x^E mit $x^E \geq 0$ zeigen. Dem Leser bleibt es überlassen, sich zu überlegen, daß dann sogar $\lambda_E > 0$ und $x^E > 0$ aus der Unzerlegbarkeit von C_G gefolgert werden kann (Aufgabe 8).

Wir schreiben die Eigenwertgleichung für C_E in der Form

$$D^{-1}(\lambda_E L + R)x^E = \lambda^E x^E \quad \text{bzw.} \quad D^{-1}(L + \frac{1}{\lambda^E}R)x^E = x^E.$$

Die Matrizen $Q(\lambda_E) := D^{-1}(\lambda_E L + R)$ und $S(\frac{1}{\lambda_E}) = D^{-1}(L + \frac{1}{\lambda_E}R)$ sind nichtnegativ und unzerlegbar. Für die entsprechend definierten Funktionen q und s gilt dann

$$q(\lambda_E) = \lambda_E, \quad s(\frac{1}{\lambda_E}) = 1.$$

Wir untersuchen jetzt die Fälle $\rho(C_G) = 0$, $0 < \rho(C_G) < 1$, $\rho(C_G) = 1$ und $\rho(C_G) > 1$.

(i) $\rho(C_G) = 0$: Aus der Monotonie von q folgt wegen $q(1) = \rho(C_G) = 0$ und $q(\lambda_E) = \lambda_E \geq 0$ bereits $\rho(C_E) = 0$.

(ii) $0 < \rho(C_G) < 1$: Wegen $s(1) = \rho(C_G)$, $s(\frac{1}{\lambda_E}) = 1$ und der Monotonie von s muß $0 < \lambda_E < 1$ gelten. Andererseits wächst auch q streng monoton und $q(1) = \rho(C_G)$. Dann folgt aus $q(\lambda_E) = \lambda_E$ schließlich die Abschätzung $0 < \rho(C_E) < \rho(C_G)$.

(iii) $\rho(C_G) = 1$: Aus der strengen Monotonie von s und $s(1) = 1 = \rho(C_G)$ sowie $s(\frac{1}{\lambda_E}) = 1$ fließt $\lambda_E = 1$.

(iv) $1 < \rho(C_G)$: Der Beweis für diesen Fall verläuft ähnlich wie in (ii). $\Box$

Unter der Voraussetzung, daß die Iterationsmatrix C_G des Gesamtschrittverfahrens nichtnegativ ist, besagt der Satz von Stein und Rosenberg, daß das Einzelschrittverfahren genau dann konvergiert, wenn das Gesamtschrittverfahren konvergiert. Die Konvergenz des Einzelschrittverfahrens ist in diesem Fall asymptotisch schneller als die des Gesamtschrittverfahrens. Damit ist für Gleichungssysteme $Ax = b$ mit $A \geq 0$ und positiven Diagonalelementen die Situation im Hinblick auf Konvergenz der behandelten Iterationsverfahren vollständig geklärt.

3.5 Aufgaben. 1) Hinreichend für die Konvergenz des Gesamtschrittverfahrens zur Lösung eines linearen Gleichungssystems $Ax = b$, $A \in \mathbf{R}^{(n,n)}$ und $b \in \mathbf{R}^n$, sind das starke Zeilensummenkriterium, das starke Spaltensummenkriterium und auch das *starke Quadratsummenkriterium*

$$\sum_{\mu=1}^{n} \sum_{\substack{\nu=1 \\ \nu \neq \mu}}^{n} \left| \frac{a_{\mu\nu}}{a_{\mu\mu}} \right|^2 < 1.$$

Zeigen Sie durch Angabe geeignet gewählter einfacher Beispiele, daß alle drei Kriterien voneinander unabhängig sind.

2) Lösen Sie das Gleichungssystem

$$
\begin{array}{rcrcrcrcrcrcl}
10x_1 & - & x_2 & & & & & & & & & = & 10 \\
-x_1 & + & 10x_2 & - & x_3 & & & & & & & = & 10 \\
& - & x_2 & + & 10x_3 & - & x_4 & & & & & = & 0 \\
& & & - & x_3 & + & 10x_4 & - & x_5 & & & = & 10 \\
& & & & & & & - & x_5 & + & 10\,x_6 & = & 10 \\
& & & & & - & x_4 & + & 10x_5 & & -\;x_6 & = & 0
\end{array}
$$

a) mit dem Gesamtschrittverfahren, b) mit dem Einzelschrittverfahren.

3) Zeigen Sie, daß eine Matrix A genau dann zerlegbar ist, wenn es eine Permutationsmatrix P mit

$$P^{-1}AP = \begin{pmatrix} A_1 & 0 \\ A_2 & A_3 \end{pmatrix},$$

gibt, wobei A_1 und A_3 quadratische Matrizen sind.

4) Es sei $A \in \mathbf{R}^{(n,n)}$ symmetrisch und unzerlegbar. Ferner habe A positive Diagonalelemente und erfülle das schwache Zeilensummenkriterium. Zeigen Sie, daß dann alle Eigenwerte von A positiv sind.

5) Konstruieren Sie Beispiele von Matrizen A, für die das Gesamtschrittverfahren konvergiert, aber nicht das Einzelschrittverfahren und umgekehrt.

6) Es seien $A, B \in \mathbf{R}^n$ nichtnegative, unzerlegbare, symmetrische Matrizen mit Nulleinträgen in den Diagonalen. Zeigen Sie, daß aus $A \geq B$ und $a_{\mu\nu} \neq b_{\mu\nu}$ für mindestens einen Index μ und einen Index ν die Relation $\rho(A) > \rho(B)$ folgt.

7) Beweisen Sie die Eigenschaft 3.5 (ii) ohne die zusätzliche Eigenschaft, daß $L + U$ unzerlegbar ist. (Hinweis: Benutzen Sie Aufgabe 3).)

8) Es sei $C_G := D^{-1}(L + R)$ nichtnegativ und unzerlegbar. Zeigen Sie, daß für das entsprechende Einzelschrittverfahren $\rho(C_E) > 0$ gilt und der zu $\rho(C_E) =: \lambda_E$ gehörende Eigenvektor von C_E positiv ist.

§ 4. Weitere Konvergenzuntersuchungen

Wie im vorangehenden Paragraphen betrachten wir das Gleichungssystem $Ax = b$ mit $A \in \mathbf{R}^{(n,n)}$ und $b \in \mathbf{R}^n$. Die Matrix $A = (a_{\mu\nu})$ habe nichtverschwindende Diagonalelemente $a_{\mu\mu}$. Die Iterationsvorschrift

$$x^{(\kappa+1)} = D^{-1}(L + R)x^{(\kappa)} + D^{-1}b$$

des Gesamtschrittverfahrens 3.2 läßt sich äquivalent in der Form

$$x^{(\kappa+1)} = x^{(\kappa)} + D^{-1}(L - D + R)x^{(\kappa)} + D^{-1}b =$$
$$= x^{(\kappa)} - D^{-1}(Ax^{(\kappa)} - b)$$

schreiben. Der Vektor $d^{(\kappa)} := Ax^{(\kappa)} - b$ stellt den Defekt des Gleichungssystems im κ-ten Iterationsschritt dar. Das Gesamtschrittverfahren läßt sich dann auch so interpretieren, daß zur Berechnung von $x^{(\kappa+1)}$ die vorherige Iterierte $x^{(\kappa)}$ um den Defektvektor $D^{-1}d^{(\kappa)}$ korrigiert wird. Von dieser Interpretation ausgehend, werden wir jetzt die bisher behandelten Iterationsverfahren modifizieren, um eventuell ihre Konvergenzgeschwindigkeit zu erhöhen. Das erweist sich als erforderlich, da schon bei sehr einfachen Modellbeispielen Gesamt- und Einzelschrittverfahren unter Umständen sehr langsam konvergieren.

4.1 Relaxation beim Gesamtschrittverfahren. Die Interpretation des Gesamtschrittverfahrens als Korrektur der Iterierten durch den Defekt legt es nahe, durch Einführung eines *Relaxationsparameters* $\omega \in \mathbf{R}$ die Iterationsvorschrift in

$$x^{(\kappa+1)} = x^{(\kappa)} - \omega D^{-1}(Ax^{(\kappa)} - b)$$

abzuändern. Das nach Umformulierung entstehende Verfahren

$$x^{(\kappa+1)} = C_G(\omega)x^{(\kappa)} + c(\omega)$$

mit der Iterationsmatrix $C_G(\omega) := (1-\omega)I + \omega D^{-1}(L+R)$ und dem Vektor $c(\omega) := \omega D^{-1}b$ nennen wir *simultanes Relaxationsverfahren* oder Gesamtrelaxationsverfahren, abgekürzt GR-Verfahren. Es ist jetzt das Ziel, den Parameter ω so zu bestimmen, daß die Spektralnorm $\rho(C_G(\omega))$ minimal wird. Dazu ist es hilfreich, wenn man die Eigenwerte von $C_G(\omega)$ durch die von $C_G(1) = C_G$ ausdrücken kann.

Bemerkung. Die Matrix $C_G = D^{-1}(L+R)$ habe die Eigenwerte $\lambda_1, \lambda_2, \ldots, \lambda_n$ mit den zugehörigen Eigenvektoren $x^1, x^2, \cdots, x^n$. Dann hat die Matrix $C_G(\omega)$ die Eigenwerte $\lambda_\mu(\omega) := 1-\omega+\omega\lambda_\mu$, $1 \le \mu \le n$, mit denselben Eigenvektoren. Das folgt unmittelbar aus

$$C_G(\omega)x^\mu = (1-\omega)x^\mu + \omega D^{-1}(L+R)x^\mu = ((1-\omega) + \omega\lambda_\mu)x^\mu.$$

Ohne weitere Voraussetzungen an $L+R$ erhält man damit bereits eine hinreichende

Konvergenzbedingung für das GR-Verfahren. Das Gesamtschrittverfahren möge konvergieren. Dann konvergiert auch das simultane Relaxationsverfahren für $0 < \omega \le 1$.

Beweis. Es seien $\lambda_\mu = r_\mu e^{i\theta_\mu}$ die möglicherweise komplexen Eigenwerte von C_G. Aus $\rho(C_G) < 1$ folgt $r_\mu < 1$ für $1 \le \mu \le n$. Die Eigenwerte $\lambda_\mu(\omega)$ von $C_G(\omega)$ genügen für $0 < \omega \le 1$ der Abschätzung

$$|\lambda_\mu(\omega)|^2 = |1-\omega+\omega r_\mu e^{i\theta_\mu}|^2 = (1-\omega)^2 + 2\omega r_\mu(1-\omega)\cos\theta_\mu + \omega^2 r_\mu^2 \le$$
$$\le (1-\omega+\omega r_\mu)^2 < 1.$$

$\square$

Sind alle Eigenwerte der Matrix C_G reell, wie es etwa im symmetrischen Fall zutrifft, so erhält man eine explizite Darstellung für den optimalen Relaxationsparameter.

Satz. *Die Iterationsmatrix C_G besitze im Intervall $(-1, +1)$ die reellen Eigenwerte $\lambda_1 \le \lambda_2 \le \cdots \le \lambda_n$. Dann wird der Spektralradius $\rho(C_G(\omega))$ der Matrix $C_G(\omega)$ minimal für den Wert*

$$\omega_{\min} = \frac{2}{2 - \lambda_1 - \lambda_n}.$$

Beweis. Wir betrachten die Funktion $f_\omega(\lambda) := 1-\omega+\omega\lambda$ und sehen ω als Parameter an, der so gewählt werden soll, daß $\max_{1 \le i \le n} |f_\omega(\lambda_i)|$ minimal wird. Dies kann als diskrete Approximationsaufgabe bezüglich der Tschebyschev-Norm gedeutet werden, auf die sich die Theorie aus 4.4 mit geringfügigen Modifikationen anwenden läßt. Zunächst überlegt man sich, daß die Punkte λ_1 und λ_n Alternantenpunkte sein müssen. Dann folgt aus dem Alternantensatz, daß der optimale Parameter $\omega_{\min}$ dadurch charakterisiert ist, daß

$$f_{\omega_{\min}}(\lambda_1) = -f_{\omega_{\min}}(\lambda_n)$$

gelten muß. Daraus berechnet man

$$\omega_{\min} = \frac{2}{2 - \lambda_1 - \lambda_n}. \qquad \Box$$

Ergänzung. Der Alternantensatz 4.4.3 liefert gleichzeitig für den Spektralradius $\rho(C_G(\omega_{\min}))$ die Formel

$$\rho(C_G(\omega_{\min})) = |f_{\omega_{\min}}(\lambda_1)| = |f_{\omega_{\min}}(\lambda_n)|$$

und weiter

$$\rho(C_G(\omega_{\min})) = \frac{\lambda_n - \lambda_1}{2 - \lambda_n - \lambda_1}.$$

Korollar. Der zum optimalen Relaxationsparameter $\omega_{\min}$ gehörende Spektralradius $\rho(C_G(\omega_{\min}))$ genügt im Fall $\lambda_1 \neq -\lambda_n$ der Abschätzung

$$\rho(C_G(\omega_{\min})) < \rho(C_G).$$

Beweis. Aus $\lambda_1 \neq -\lambda_n$ folgt $\omega_{\min} = \frac{2}{2-\lambda_1-\lambda_n} \neq 1$. Wegen $C_G(1) = C_G$ und der Eindeutigkeit des Minimalpunktes $\omega_{\min}$ erhält man dann die behauptete Ungleichung. $\qquad \Box$

Der optimale Relaxationsparameter $\omega_{\min}$ liegt im offenen Intervall $(0.5, \infty)$. Im Fall $0.5 < \omega_{\min} < 1$ spricht man von einem *simultanen Unterrelaxationsverfahren* und für $\omega_{\min} > 1$ von einem *simultanen Überrelaxationsverfahren*. Nur in seltenen Fällen werden allerdings die Eigenwerte λ_1 und λ_n von C_G bekannt sein. Man kann aber auch dann schon nahezu optimale Relaxationsparameter berechnen, wenn scharfe Abschätzung für λ_1 und λ_n vorliegen.

4.2 Relaxation beim Einzelschrittverfahren. Aus dem simultanen Relaxationsverfahren 4.1 gewinnt man unter denselben Voraussetzungen ein Relaxationsverfahren für das Einzelschrittverfahren, wenn man auf der rechten Seite der Iterationsvorschrift die bereits berechneten Komponenten von $x^{(\kappa+1)}$ einsetzt, wo das möglich ist. Wir erhalten auf diese Weise ein Verfahren der Form

$$x^{(\kappa+1)} = C_E(\omega)x^{(\kappa)} + c(\omega);$$

dabei ist

$$C_E(\omega) := (I - \omega D^{-1}L)^{-1}((1-\omega)I + \omega D^{-1}R) \quad \text{und}$$
$$c(\omega) := \omega(I - \omega D^{-1}L)^{-1}D^{-1}b.$$

Einen ersten Überblick, für welche Parameter ω das so konstruierte Verfahren höchstens konvergieren kann, gibt der

Satz von W. Kahan [1958]. *Der Spektralradius der Matrix $C_E(\omega)$ genügt für alle $\omega \in \mathbb{R}$ der Ungleichung*

$$\rho(C_E(\omega)) \geq |\omega - 1|,$$

und die Gleichheit gilt genau dann, wenn alle Eigenwerte von $C_E(\omega)$ den Wert $|\omega - 1|$ haben.

Beweis. Nach einem bekannten Satz der linearen Algebra (vgl. M. Koecher ([1983], S. 234 ff.)) gilt für die Eigenwerte $\lambda_\mu(\omega)$ der Matrix $C_E(\omega)$ die Identität

$$\prod_{\mu=1}^{n} \lambda_\mu(\omega) = \det C_E(\omega).$$

Die spezielle Gestalt der Matrix $C_E(\omega)$ ermöglicht unmittelbar die Berechnung

$$\det C_E(\omega) = \det((1-\omega)I - \omega D^{-1}R) = (1-\omega)^n.$$

Daraus fließt schließlich die Abschätzung

$$\rho(C_E(\omega)) = \max_{1 \leq \mu \leq n} |\lambda_\mu(\omega)| \geq |1 - \omega|,$$

in der die Gleichheit genau dann gilt, wenn alle Eigenwerte $\lambda_\mu(\omega)$ den Wert $|1 - \omega|$ haben.   □

Nach dem Satz von Kahan ist $0 < \omega < 2$ notwendig für die Konvergenz des Relaxationsverfahrens

$$x^{(\kappa+1)} = C_E(\omega)x^{(\kappa)} + c(\omega).$$

Man spricht von einem Verfahren der *Unterrelaxation* bzw. der *Überrelaxation*, wenn $0 < \omega < 1$ bzw. $1 < \omega < 2$ ist. Beide Fälle werden auch in der Literatur als *SOR-Verfahren* (successive overrelaxation) bezeichnet.

Die Abschätzung des Satzes von Kahan gilt für beliebige Iterationsmatrizen $C_E(\omega)$. In spezielleren Fällen kann man die Aussage verschärfen.

Satz. *Die Matrix $A \in \mathbb{R}^{(n,n)}$ sei symmetrisch, und ihre Diagonalelemente seien positiv. Dann folgt: Das SOR-Verfahren konvergiert genau dann, wenn A positiv definit ist und $0 < \omega < 2$ gilt.*

Beweis. Das Iterationsverfahren $x^{(\kappa+1)} = C_E(\omega)x^{(\kappa)} + c(\omega)$ werde mit einem Startvektor $x^{(0)} \neq 0$ durchgeführt. Wenn ξ das Gleichungssystem $Ax = b$ löst, so genügt der Fehler $d^{(\kappa)} := x^{(\kappa)} - \xi$ der Iterationsvorschrift

$$(*) \qquad (D - \omega L)d^{(\kappa+1)} = ((1-\omega)D + \omega R)d^{(\kappa)}, \quad \kappa \in \mathbb{N}.$$

Mit $z^{(\kappa)} := d^{(\kappa)} - d^{(\kappa+1)}$ und $A = D - R - L$ folgen daraus die für $\kappa \in \mathbb{N}$ gültigen Beziehungen

$$(D - \omega L)z^{(\kappa)} = \omega A d^{(\kappa)}$$

und $\qquad \omega A d^{(\kappa+1)} = (1 - \omega)Dz^{(\kappa)} + \omega Rz^{(\kappa)}.$

Wir multiplizieren jeweils von links die erste Gleichung mit $(d^{(\kappa)})^T$ und die zweite mit $(d^{(\kappa+1)})^T$ und summieren auf. Das ergibt die Identität

$$\langle d^{(\kappa)}, Dz^{(\kappa)} \rangle - (1 - \omega)\langle d^{(\kappa+1)}, Dz^{(\kappa)} \rangle - \omega\langle d^{(\kappa)}, Lz^{(\kappa)} \rangle - \omega\langle d^{(\kappa+1)}, Rz^{(\kappa)} \rangle =$$
$$= \omega(\langle d^{(\kappa)}, Ad^{(\kappa)} \rangle - \langle d^{(\kappa+1)}, Ad^{(\kappa+1)} \rangle)$$

und unter Beachtung von $R^T = L$ und Ausnutzung von $(*)$ folgt schließlich nach einigen Umformungen die Relation

$(**) \qquad (2 - \omega)\langle z^{(\kappa)}, Dz^{(\kappa)} \rangle = \omega(\langle d^{(\kappa)}, Ad^{(\kappa)} \rangle - \langle d^{(\kappa+1)}, Ad^{(\kappa+1)} \rangle).$

Es sei nun A positiv definit und $0 < \omega < 2$. Wir wählen für $d^{(0)}$ einen Eigenvektor der Matrix $C_E(\omega)$ zum Eigenwert λ. Es folgt $d^{(1)} = C_E(\omega)d^{(0)} = \lambda d^{(0)}$ und weiter aus $(**)$

$$\frac{2 - \omega}{\omega}|1 - \lambda|^2\langle d^{(0)}, Dd^{(0)} \rangle = (1 - |\lambda|^2)\langle d^{(0)}, Ad^{(0)} \rangle.$$

Der Faktor $(2-\omega)/\omega$ ist positiv. Außerdem sind auch die Ausdrücke $\langle d^{(0)}, Dd^{(0)} \rangle$ und $\langle d^{(0)}, Ad^{(0)} \rangle$ positiv. Das hat zur Folge, daß $|\lambda| \leq 1$ gelten muß. Wäre nun $|\lambda| = 1$, so müßte $d^{(0)} = d^{(1)}$ und damit $z^{(0)} = 0$ gelten. Aus der bereits hergeleiteten Beziehung zwischen $z^{(\kappa)}$ und $d^{(\kappa)}$ entnimmt man, daß $Ad^{(0)} = 0$ folgt. Das steht aber im Widerspruch dazu, daß $d^{(0)} \neq 0$ und A positiv definit vorausgesetzt waren. Also muß $|\lambda| < 1$ gelten und somit das Iterationsverfahren konvergieren.

Sei nun umgekehrt das Iterationsverfahren konvergent. Nach dem Satz von Kahan ist dann $0 < \omega < 2$. Ferner gilt $\lim_{\kappa\to\infty} d^{(\kappa)} = 0$ für jeden Anfangsvektor $d^{(0)}$. Aus $(**)$ folgern wir die Ungleichung

$$\langle d^{(\kappa)}, Ad^{(\kappa)} \rangle = \frac{2 - \omega}{\omega}\langle z^{(\kappa)}, Dz^{(\kappa)} \rangle + \langle d^{(\kappa+1)}, Ad^{(\kappa+1)} \rangle \geq$$
$$\geq \langle d^{(\kappa+1)}, Ad^{(\kappa+1)} \rangle.$$

Unter der Annahme, daß A nicht positiv definit ist, gibt es einen Vektor $d^{(0)} \neq 0$ mit $\langle d^{(0)}, Ad^{(0)} \rangle \leq 0$. Nun ist aber $z^{(0)} = d^{(0)} - d^{(1)} = d^{(0)} - C_E(\omega)d^{(0)} = (I - C_E(\omega))d^{(0)}$ und alle Eigenwerte von $C_E(\omega)$ sind dem Betrag nach kleiner als Eins, weil das Iterationsverfahren konvergiert. Also muß $z^{(0)} \neq 0$ gelten, und man erhält die strikte Abschätzung

$$\langle d^{(1)}, Ad^{(1)} \rangle < \langle d^{(0)}, Ad^{(0)} \rangle \leq 0.$$

Wegen $\langle d^{(\kappa+1)}, Ad^{(\kappa+1)} \rangle \leq \langle d^{(\kappa)}, Ad^{(\kappa)} \rangle \leq \langle d^{(1)}, Ad^{(1)} \rangle < 0$ und der Konvergenz $\lim_{\kappa \to \infty} d^{(\kappa)} = 0$ führt das zu einem Widerspruch. Also ist A positiv definit. □

Den optimalen Relaxationsparameter beim SOR-Verfahren zu bestimmen erfordert umfangreichere Überlegungen. In einem Spezialfall leiten wir im nächsten Abschnitt die Resultate her. Für eine allgemeinere Situation wird auf die Darstellung in J. Stoer und R. Bulirsch ([1973], S. 238 ff.) verwiesen.

4.3 Optimale Relaxationsparameter. Bei der Diskretisierung von Differentialgleichungen stößt man in vielen Fällen auf lineare Gleichungssysteme, deren Koeffizientenmatrix eine spezielle Struktur aufweist.

Beispiel. In einem Gebiet G der Ebene, das die Form eines "L" hat, soll das Dirichlet-Problem

$$\frac{\partial^2 u}{\partial x^2}(x,y) + \frac{\partial^2 u}{\partial y^2}(x,y) = f(x,y), \quad (x,y) \in G,$$

unter der Randbedingung $\quad u(x,y) = 0, \quad$ für $\quad (x,y) \in \Gamma$

gelöst werden. Dabei wird mit Γ der Rand von G bezeichnet.

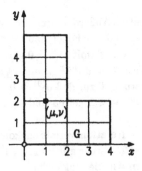

Ersetzt man die Differentialquotienten durch Differenzenquotienten in den Gitterpunkten (μ, ν) und beachtet die Randbedingungen, so erhält man Gleichungen für die Näherungswerte $\tilde{u}(\mu, \nu)$ der Funktion u an den inneren Gitterpunkten des Gebietes G der Gestalt

$$-4\tilde{u}(1,1) + \tilde{u}(2,1) + \tilde{u}(1,2) = f(1,1), \quad \tilde{u}(1,1) - 4\tilde{u}(2,1) + \tilde{u}(3,1) = f(2,1),$$
$$\tilde{u}(2,1) - 4\tilde{u}(3,1) \qquad\qquad = f(3,1), \quad -4\tilde{u}(1,2) + \tilde{u}(1,1) + \tilde{u}(1,3) = f(1,2),$$
$$-4\tilde{u}(1,3) + \tilde{u}(1,2) + \tilde{u}(1,4) = f(1,3), \quad -4\tilde{u}(1,4) + \tilde{u}(1,3) \qquad\qquad = f(1,4).$$

Mit der abkürzenden Schreibweise $\tilde{u}_{\mu\nu} := \tilde{u}(\mu,\nu)$ und $f_{\mu\nu} = f(\mu,\nu)$ gewinnt man daraus nach geeigneter Umformung ein lineares Gleichungssystem in der Standardform

$$\begin{pmatrix} -4 & 1 & 0 & 0 & 1 & 0 \\ 1 & -4 & 1 & 0 & 0 & 0 \\ 0 & 1 & -4 & 1 & 0 & 0 \\ 0 & 0 & 1 & -4 & 0 & 0 \\ 1 & 0 & 0 & 0 & -4 & 1 \\ 0 & 0 & 0 & 0 & 1 & -4 \end{pmatrix} \begin{pmatrix} \tilde{u}_{11} \\ \tilde{u}_{12} \\ \tilde{u}_{13} \\ \tilde{u}_{14} \\ \tilde{u}_{21} \\ \tilde{u}_{31} \end{pmatrix} = \begin{pmatrix} f_{11} \\ f_{12} \\ f_{13} \\ f_{14} \\ f_{21} \\ f_{31} \end{pmatrix}.$$

Die Koeffizientenmatrix A kann durch simultanes Zeilen- und Spaltenvertauschen in eine Matrix der speziellen Gestalt

$$\begin{pmatrix} D_1 & A_{12} \\ A_{21} & D_2 \end{pmatrix}$$

übergeführt werden, wobei D_1 und D_2 Diagonalmatrizen sind. Die Permutationsmatrix

$$P = \begin{pmatrix} 1 & 0 & 0 & 0 & 0 & 0 \\ 0 & 0 & 1 & 0 & 0 & 0 \\ 0 & 0 & 0 & 0 & 0 & 1 \\ 0 & 0 & 0 & 1 & 0 & 0 \\ 0 & 1 & 0 & 0 & 0 & 0 \\ 0 & 0 & 0 & 0 & 1 & 0 \end{pmatrix}$$

leistet die entsprechende Transformation; denn es gilt

$$PAP^T = \begin{pmatrix} -4 & 0 & 0 & 0 & 1 & 1 \\ 0 & -4 & 0 & 1 & 1 & 0 \\ 0 & 0 & -4 & 0 & 0 & 1 \\ 0 & 1 & 0 & -4 & 0 & 0 \\ 1 & 1 & 0 & 0 & -4 & 0 \\ 1 & 0 & 1 & 0 & 0 & -4 \end{pmatrix}.$$

Die an diesem Beispiel gemachte Beobachtung veranlaßt uns zu folgender

Definition. Eine Matrix $A \in \mathbb{R}^{(n,n)}$ besitzt *die Eigenschaft* A, wenn es eine Permutationsmatrix P gibt, so daß

$$PAP^T = \begin{pmatrix} D_1 & A_{12} \\ A_{21} & D_2 \end{pmatrix}$$

mit Diagonalmatrizen D_1 und D_2 gilt.

Die Klasse der Matrizen mit der Eigenschaft A (*property* A) wurde von D. M. Young [1971] im Zusammenhang mit Iterationsverfahren eingeführt. Für solche Matrizen beweisen wir das folgende

Lemma. *Es sei $A = (a_{\mu\nu})$ eine $(n \times n)$-Matrix mit $a_{\mu\mu} \neq 0$, $1 \leq \mu \leq n$, die die "Eigenschaft A" besitzt. Dann gilt: Die Eigenwerte der Matrix*

$$M(\tau) := \hat{D}^{-1}(\tau\hat{L} + \frac{1}{\tau}\hat{R})$$

hängen nicht von τ, $\tau \in \mathbb{C}$ und $\tau \neq 0$, ab. Dabei wurde für die permutierte Matrix $\hat{A} = PAP^T$ die Aufspaltung $\hat{A} = -\hat{L} + \hat{D} - \hat{R}$ zugrundegelegt.

Beweis. Da die "Eigenschaft A" erfüllt ist, gibt es eine Permutationsmatrix P, so daß

$$PAP^T = \begin{pmatrix} D_1 & A_{12} \\ A_{21} & D_2 \end{pmatrix} = -\hat{L} + \hat{D} - \hat{R}$$

gilt. Es sei nun $\tau \in \mathbb{C}$, $\tau \neq 0$. Dann hat $M(\tau)$ die Form

$$M(\tau) = \begin{pmatrix} D_1^{-1} & 0 \\ 0 & D_2^{-1} \end{pmatrix} \begin{pmatrix} 0 & -\tau^{-1}A_{12} \\ -\tau A_{21} & 0 \end{pmatrix} = \begin{pmatrix} 0 & -\tau^{-1}D_1^{-1}A_{12} \\ -\tau D_2^{-1}A_{21} & 0 \end{pmatrix} =$$

$$= \begin{pmatrix} I_1 & 0 \\ 0 & \tau I_2 \end{pmatrix} M(1) \begin{pmatrix} I_1 & 0 \\ 0 & \tau I_2 \end{pmatrix}^{-1},$$

und somit geht $M(\tau)$ aus $M(1)$ durch Ähnlichkeitstransformation hervor. Folglich stimmen ihre Eigenwerte überein. $\quad\square$

Es ist jetzt unser Ziel, für spezielle Matrizen mit der Eigenschaft A den Spektralradius der Iterationsmatrix des SOR-Verfahrens durch den Spektralradius der Matrix des Gesamtschrittverfahrens auszudrücken.

Satz. *Es sei $A = (a_{\mu\nu})$ eine $(n \times n)$-Matrix mit $a_{\mu\mu} \neq 0$, $1 \leq \mu \leq n$ und den weiteren Eigenschaften:*

    (i) A besitzt die "Eigenschaft A",

    (ii) $C_G := D^{-1}(L + R)$ hat nur reelle Eigenwerte,

    (iii) $\rho(C_G) < 1$.

Dann gilt: Für alle $0 < \omega < 2$ läßt sich der Spektralradius $\rho(C_E(\omega))$ der Iterationsmatrix $C_E(\omega)$ des SOR-Verfahrens in der Form

$$(*) \quad \rho(C_E(\omega)) = \begin{cases} \frac{1}{4}[\omega\rho(C_G) + (4(1-\omega) + \omega^2\rho^2(C_G))^{1/2}]^2 \\ \qquad\qquad \text{für } 0 < \omega < 2[1 + (1 - \rho^2(C_G))^{1/2}]^{-1}, \\ \\ \omega - 1 \qquad \text{für } 2[1 + (1 - \rho^2(C_G))^{1/2}]^{-1} \leq \omega < 2 \end{cases}$$

darstellen.

Beweis. Wegen Voraussetzung (i) gibt es eine Permutationsmatrix P, so daß

$$\hat{A} = PAP^T = \begin{pmatrix} D_1 & A_{12} \\ A_{21} & D_2 \end{pmatrix}$$

mit Diagonalmatrizen D_1 und D_2 gilt. Da die Matrizen A und $\hat{A}$ somit dieselben Eigenwerte haben, können wir im weiteren Beweis annehmen, daß A schon in der Form $\hat{A}$ vorliegt.

Die Eigenwerte von $C_E(\omega)$ sind die Nullstellen des charakteristischen Polynoms

$$p_\omega(\lambda) := \det((1 - \omega - \lambda)I + \omega D^{-1}(R + \lambda L)).$$

Wir unterscheiden nun zwei Möglichkeiten.

1. Fall: $\rho(C_E(\omega)) = 0$. Dann folgt $0 = p_\omega(0) = (1 - \omega)^n$, also $\omega = 1$. Dann ist aber auch $\rho(C_G) = 0$. Sei nämlich τ ein von Null verschiedener Eigenwert der Matrix $C_G = D^{-1}(L + R)$, dann schließt man unter Verwendung des Lemmas aus der Identität

$$p_1(\tau^2) = \det(-\tau^2 I + D^{-1}(R + \tau^2 L)) = \tau^n \det(D^{-1}(\frac{1}{\tau}R + \tau L) - \tau I) =$$
$$= \tau^n \det(M(\tau) - \tau I) = \tau^n \cdot K \cdot \det(M(1) - \tau I) =$$
$$= \tau^n \cdot K \cdot \det(D^{-1}(L + R) - \tau I) = \tau^n \cdot K \cdot \det(C_G - \tau I) = 0$$

mit einer Konstanten $K \neq 0$, daß $\tau^2 \neq 0$ Eigenwert von $C_E(1)$ ist. Das steht aber im Widerspruch zu $\rho(C_E(\omega)) = 0$ und $\omega = 1$.
Die Formeln $(*)$ sind in diesem Fall richtig.

2. Fall: $\rho(C_E(\omega)) \neq 0$. Es sei λ ein von Null verschiedener Eigenwert der Matrix $C_E(\omega)$. Dann ist λ eine Nullstelle des charakteristischen Polynoms p_ω, und man erhält wieder mit Hilfe des Lemmas die Gleichungskette

$$0 = p_\omega(\lambda) = \det((1 - \omega - \lambda)I + \omega D^{-1}(R + \lambda L)) =$$
$$= \omega^n \cdot \lambda^{\frac{n}{2}} \cdot \det(D^{-1}(\sqrt{\lambda}L + \frac{1}{\sqrt{\lambda}}R) - \frac{(\lambda + \omega - 1)}{\omega\sqrt{\lambda}}I) =$$
$$= \omega^n \cdot \lambda^{\frac{n}{2}} \cdot K \cdot \det(M(1) - \frac{\lambda + \omega - 1}{\omega\sqrt{\lambda}}I) =$$
$$= \omega^n \cdot \lambda^{\frac{n}{2}} \cdot K \cdot \det(C_G - \frac{\lambda + \omega - 1}{\omega\sqrt{\lambda}}I),$$

aus der man abliest, daß

$$(**) \qquad \qquad \tau := \frac{\lambda + \omega - 1}{\omega\sqrt{\lambda}}$$

ein Eigenwert der Matrix C_G ist. Außerdem liefert das Lemma die Beziehung

$$0 = \det(C_G - \tau I) = \det(M(1) - \tau I) = K_1 \cdot \det(D^{-1}(-\tau L - \frac{1}{\tau}R) - \tau I) =$$
$$= (-1)^n \cdot K_1 \cdot \det(M(\tau) - (-\tau)I) = (-1)^n K_1 \cdot K_2 \cdot \det(C_G - (-\tau)I)$$

mit Konstanten $K_i \neq 0$, $i = 1, 2$. Mit τ ist folglich auch $(-\tau)$ Eigenwert von C_G, und man kann daher annehmen, daß $\tau \geq 0$ gilt. Ist umgekehrt $\tau > 0$ ein Eigenwert von C_G, so gibt es auch immer einen Eigenwert λ der Matrix $C_E(\omega)$, der über die Beziehung (∗∗) mit τ zusammenhängt. Man berechnet die Werte λ als Nullstellen der quadratischen Gleichung

$$\lambda^2 - 2\lambda(1 - \omega + \frac{1}{2}\omega^2\tau^2) + (1 - \omega)^2 = 0.$$

Die beiden Lösungen

$$\lambda_{1/2} = (1 - \omega + \frac{1}{2}\omega^2\tau^2) \pm \omega\tau\sqrt{\frac{1}{4}\omega^2\tau^2 + (1 - \omega)}$$

sind für $0 < \omega < 2$ reell bzw. komplex, wenn die Abschätzungen

$$0 < \omega \leq 2[1 + (1 - \tau^2)^{1/2}]^{-1} \quad \text{bzw.} \quad 2[1 + (1 - \tau^2)^{1/2}]^{-1} < \omega < 2$$

gelten. Im reellen Fall ist

$$(\ast\ast\ast) \qquad \lambda = \frac{1}{4}[\omega\tau + (4(1 - \omega) + \omega^2\tau^2)^{1/2}]^2$$

die betragsgrößte Nullstelle, während man im komplexen Fall den Betrag der Nullstellen mit

$$|\lambda| = \omega - 1$$

unabhängig von τ erhält. Im reellen Fall erhält man somit den Spektralradius von $C_E(\omega)$, wenn man in der Formel (∗∗∗) $\tau = \rho(C_G)$ setzt. Damit sind dann auch die Behauptungen des Satzes nachgewiesen. $\qquad\square$

Zur Veranschaulichung kehren wir zurück zu dem obigen

Beispiel. Die Eigenwerte der skalierten Iterationsmatrix

$$C_G = \frac{1}{2}\begin{pmatrix} 0 & 1 & 0 & 0 & 1 & 0 \\ 1 & 0 & 1 & 0 & 0 & 0 \\ 0 & 1 & 0 & 1 & 0 & 0 \\ 0 & 0 & 1 & 0 & 0 & 0 \\ 1 & 0 & 0 & 0 & 0 & 1 \\ 0 & 0 & 0 & 0 & 1 & 0 \end{pmatrix}$$

sind $\tau_1 = 0.5\sqrt{3} \doteq 0.86603$, $\tau_2 = 0.5$, $\tau_3 = \tau_4 = 0$, $\tau_5 = -\tau_2$, $\tau_6 = -\tau_1$. Daraus liest man den Spektralradius $\rho(C_G) \doteq 0.86603$ ab. Der Graph der Funktion $f(\omega) := \rho(C_E(\omega))$, $0 < \omega < 2$, hat dann das folgende typische Aussehen:

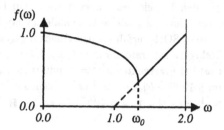

Hierbei wurde $\omega_0 := 2[1 + (1 - \rho^2(C_G))^{1/2}]^{-1}$ gesetzt.

Der eben bewiesene Satz ermöglicht auch einen genaueren Vergleich zwischen Gesamt- und Einzelschrittverfahren. Setzt man nämlich $\omega = 1$, so erhält man aus der Darstellung (∗) sofort das folgende

Korollar. *Die Voraussetzungen des vorangehenden Satzes seien erfüllt. Dann ist*

$$\rho(C_E) = \rho^2(C_G).$$

Diese Aussage läßt sich so interpretieren, daß bei derselben Genauigkeitsforderung das Gesamtschrittverfahren doppelt so viele Iterationsschritte benötigt wie das Einzelschrittverfahren.

Ergänzung. Im Intervall $0 < \omega \le \omega_0 := 2[1 + (1 - \rho^2(C_G))^{1/2}]^{-1}$ ist die Funktion $f(\omega) := \frac{1}{4}[\omega\rho(C_G) + (4(1 - \omega) + \omega^2\rho^2(C_G))^{1/2}]^2$ streng monoton fallend. Daher nimmt sie an der Stelle ω_0 ihr Minimum an, und der optimale Relaxationsparameter ω_0 sowie der zugehörige Spektralradius $\rho(C_E(\omega_0))$ lassen sich unmittelbar angeben:

$$\omega_0 = 2[1 + (1 - \rho^2(C_G))^{1/2}]^{-1},$$
$$\rho(C_E(\omega_0)) = [\rho(C_G)(1 + (1 - \rho^2(C_G))^{1/2})^{-1}]^2 = \omega_0 - 1.$$

Bei der praktischen Durchführung des SOR-Verfahrens ist der Aufwand zur Berechnung des optimalen Relaxationsparameters in der Regel zu groß. Man beschränkt sich daher auf Abschätzungen, indem man für den Spektralradius von C_G möglichst gute Schranken sucht. Auf Einzelheiten können wir hier nicht weiter eingehen. Wir verweisen auf die Ausführungen in dem Buch von D. M. Young [1971].

4.4 Aufgaben. 1) Zeigen Sie, daß die in Satz 4.2 formulierten Bedingungen der Form "A positiv definit und $0 < \omega < 2$" bereits für die Konvergenz des SOR-Verfahrens hinreichend sind. Insbesondere konvergiert damit das Einzelschrittverfahren für positiv definite Matrizen.

2) Man zeige, daß die Matrix des Einzelschrittverfahrens $C_E = C_E(1)$ den Eigenwert $\lambda = 0$ besitzt.

3) Übertragen Sie den Beweis des Satzes 4.2 auf den Fall einer Matrix $A \in \mathbb{C}^{(n,n)}$, die hermitesch ist und positive Diagonalelemente besitzt.

4) Lösen Sie mit dem SOR-Verfahren das Gleichungssystem $Ax = b$ für N=4, 8, 16, 32 und Relaxationsparameter $\omega = 1, 1.2, 1.4, 1.6, 1.8, 1.9$. Wieviele Iterationen $\kappa = \kappa(N, \omega)$ bei Startvektor $x^{(0)} = 0$ muß man durchführen, wenn das Abbruchkriterium $\|Ax^{(\kappa)} - b\|_\infty \leq 10^{-3}$ erfüllt sein soll?

Dabei ist $h := N^{-1}$, $k := N - 1$, $A \in \mathbb{R}^{(k^2, k^2)}$ und $b \in \mathbb{R}^{k^2}$ mit

$$A = \begin{pmatrix} B_k & -I_k & & & 0 \\ -I_k & B_k & -I_k & & \\ & \ddots & \ddots & \ddots & \\ & & \ddots & \ddots & -I_k \\ 0 & & & -I_k & B_k \end{pmatrix}, B_k = \begin{pmatrix} 4 & -1 & & 0 \\ -1 & 4 & \ddots & \\ & \ddots & \ddots & -1 \\ 0 & & -1 & 4 \end{pmatrix} \in \mathbb{R}^{(k,k)},$$

und der Einheitsmatrix I_k in $\mathbb{R}^{(k,k)}$. Der Vektor b ist gegeben durch

$$b = h^2 \begin{pmatrix} f^1 \\ f^2 \\ \vdots \\ f^k \end{pmatrix}, f^\mu = \begin{pmatrix} f_1^\mu \\ f_2^\mu \\ \vdots \\ f_k^\mu \end{pmatrix} \in \mathbb{R}^k \text{ und } f_\nu^\mu := 5\pi^2 \sin(2\pi\nu h) \sin(\pi\mu h),$$

$1 \leq \mu, \nu \leq k$.

5) Lösen Sie das Gleichungssystem von Beispiel 4.3 mit der rechten Seite $f_{\mu\nu} = 1$ für alle μ und ν. Benutzen Sie das Gesamtschrittverfahren und das SOR-Verfahren mit optimalem Relaxationsparameter. Wann ist das SOR-Verfahren in Abhängigkeit von der Verfeinerung des Gitters deutlich schneller?

Kapitel 9. Lineare Optimierung

"Da nämlich die Einrichtung der ganzen Welt die vorzüglichste ist und da sie von dem weisesten Schöpfer herstammt, wird nichts in der Welt angetroffen, woraus nicht irgendeine Maximum- oder Minimumeigenschaft hervorleuchtete. Deshalb kann kein Zweifel bestehen, daß alle Wirkungen der Welt ebenso durch die Methode der Maxima oder Minima wie aus den wirkenden Ursachen selbst abgeleitet werden können." Diese Feststellung Leonhard Eulers – in freier Übersetzung einem Artikel in den Commentationes Mechanicae entnommen – macht überdeutlich, welche zentrale Rolle das Maximum bzw. Minimum von Funktionen in der Mathematik und ihren Anwendungsgebieten spielt. Wir werden uns in diesem Kapitel allerdings auf den Spezialfall der linearen Funktionen und der linearen Nebenbedingungen beschränken. Die Anwendungsmöglichkeit der hier dargestellten Theorie und Verfahren ist aber damit nur wenig eingeschränkt, weil es eine große Zahl von Problemen gibt, die ihrer Natur nach linear sind, und andererseits nichtlineare Probleme ohnehin häufig linearisiert werden. Im Mittelpunkt unserer Betrachtungen steht das Simplex-Verfahren, das zu den wohl am meisten benutzten Verfahren der numerischen Mathematik überhaupt gehört.

§ 1. Einführende Beispiele, allgemeine Problemstellung

Die lineare Optimierung benutzt die Geometrie des m-dimensionalen euklidischen Raumes. Da aber heute bei der praktischen Lösung linearer Optimierungsaufgaben durch ausgefeilte Computerprogramme m sehr groß sein kann, ist es möglich, auch unendlichdimensionale Probleme durch geeignete Reduktion in den $\mathbb{R}^m$ zu approximieren, um brauchbare Näherungslösungen zu erhalten. Wir werden daher auch Beispiele für Optimierungsaufgaben in Funktionenräumen angeben.

1.1 Eine optimale Produktionsplanung. Ein Unternehmer produziert m Produkte $A_1, A_2, \ldots, A_m$, zu deren Herstellung n verschiedene Rohstoffe B_1, $B_2, \ldots, B_n$ benötigt werden. Das Produkt A_μ enthalte $a_{\nu\mu}$ Anteile des Rohstoffes B_ν und möge beim Verkauf pro Einheit einen Reingewinn von c_μ Zahlungseinheiten erbringen. Vom Rohstoff B_ν sei die Menge b_ν verfügbar. Wir wollen vereinfachend annehmen, daß der Markt für die Produkte A_μ unbegrenzt aufnahmefähig ist und daß die Höhe des Angebots keine Rückwirkung auf die Preise hat. Die Produktionsmenge x_μ der Ware A_μ soll nun so festgelegt werden, daß der Gewinn maximal ist. Diese Aufgabe läßt sich mathematisch als die Bestimmung eines Maximums der *Zielfunktion*

$$f(x_1, x_2, \ldots, x_m) := \sum_{\mu=1}^{m} c_\mu x_\mu$$

unter den *Nebenbedingungen*

$$\sum_{\mu=1}^{m} a_{\nu\mu} x_\mu \le b_\nu, \ 1 \le \nu \le n,$$

und unter den *Vorzeichenbedingungen*

$$x_\mu \ge 0, \quad 1 \le \mu \le m,$$

formulieren.

In Matrixschreibweise erhalten wir mit $A := (a_{\nu\mu})$, $c^T := (c_1, \ldots, c_m)$, $b^T = (b_1, \ldots, b_n)$ und $x^T := (x_1, \ldots, x_m)$ die

Optimierungsaufgabe: Maximiere die Zielfunktion $f(x) := c^T x$ unter den Nebenbedingungen

(∗)
$$Ax \le b,$$
$$x \ge 0.$$

Dabei verstehen wir die Symbole "$\le$" bzw. "$\ge$" bei Vektoren komponentenweise. In der Regel ist die Anzahl der Nebenbedingungen sehr viel größer als die Anzahl der Variablen $x_1, x_2, \ldots, x_m$; wir nehmen also $m < n$ an.

Die Optimierungsaufgabe (∗) läßt sich geometrisch interpretieren. Wir betrachten dazu folgendes

Beispiel. Es sei $m = 2$ und $n = 6$. Ferner seien A, b und c durch

$$A := \begin{pmatrix} -6 & 5 \\ -7 & 12 \\ 0 & 1 \\ 19 & 14 \\ 1 & 0 \\ 4 & -7 \end{pmatrix}, \quad b := \begin{pmatrix} 30 \\ 84 \\ 9 \\ 266 \\ 10 \\ 28 \end{pmatrix}, \quad c := \begin{pmatrix} 3 \\ 1 \end{pmatrix}$$

gegeben. Die Ungleichungen $Ax \le b$ und $x \ge 0$ beschreiben ein *Polyeder* im $\mathbf{R}^2$.

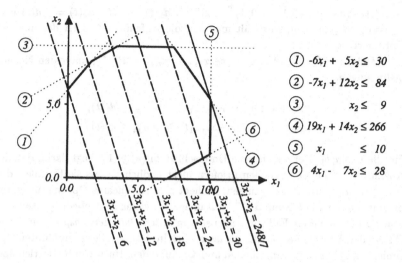

$$\textcircled{1}\ -6x_1 + 5x_2 \le 30$$
$$\textcircled{2}\ -7x_1 + 12x_2 \le 84$$
$$\textcircled{3}\ \qquad x_2 \le 9$$
$$\textcircled{4}\ 19x_1 + 14x_2 \le 266$$
$$\textcircled{5}\ \ x_1 \qquad \le 10$$
$$\textcircled{6}\ 4x_1 - 7x_2 \le 28$$

Durch die Zielfunktion ist die Geradenschar im $\mathbf{R}^2$

$$s := f(x_1, x_2) = 3x_1 + x_2$$

mit dem Scharparameter s definiert. Diejenige Gerade dieser Schar, die für die Punkte (x_1, x_2) des Polyeders einen maximalen Parameter s besitzt, liefert die Lösung des Optimierungsproblems. Im vorliegenden Beispiel ist die Lösung eindeutig bestimmt. Sie liegt in dem *Eckpunkt* $(10, \frac{38}{7})$ des Polyeders. Der entsprechende Wert der Zielfunktion beträgt $f(10, \frac{38}{7}) \doteq 35.4$. Die Tatsache, daß der Maximalpunkt in einer Ecke des Polyeders liegt, ist von entscheidender Bedeutung. Wir werden darauf später wieder zurückkommen.

1.2 Ein semiinfinites Optimierungsproblem.

Die Approximation von Funktionen bezüglich einer Norm (vgl. Kap. 4, §4) ist ein Spezialfall eines Optimierungsproblems. Sei etwa $d \in C[a, b]$ und P_{m-1} der Raum der Polynome vom Höchstgrad $m - 1$. Wenn d bezüglich der Tschebyschev-Norm $\| \cdot \|_\infty$ durch Polynome aus P_{m-1} bestmöglich approximiert werden soll, kann man diese Aufgabe auch folgendermaßen formulieren:

Gesucht ist ein Vektor $(a_0, a_1, \ldots, a_{m-1}, a_m)^T \in \mathbf{R}^{m+1}$, der unter den Nebenbedingungen

$$\sum_{\mu=0}^{m-1} a_\mu t^\mu - a_m \le d(t),$$

$$-\sum_{\mu=0}^{m-1} a_\mu t^\mu - a_m \le -d(t), \quad t \in [a, b],$$

eine minimale Komponente a_m hat.

Setzt man $c := (0, \ldots, 0, 1)^T \in \mathbf{R}^{m+1}$, $d_1(t) := d(t)$, $d_2(t) = -d(t)$ und $x_\mu := a_\mu$, $0 \le \mu \le m$, so erhält man fast die Aufgabe $(*)$ in 1.1 der linearen Optimierung:

Minimiere $f(x) = c^T x$, $x = (x_0, x_1, \ldots, x_m)^T \in \mathbf{R}^{m+1}$, unter den Nebenbedingungen

$$x_0 + x_1 t + \cdots + x_{m-1} t^{m-1} - x_m \le d_1(t),$$
$$-x_0 - x_1 t - \cdots - x_{m-1} t^{m-1} - x_m \le d_2(t)$$

für alle $t \in [a, b]$. Der wesentliche Unterschied zu $(*)$ in 1.1 liegt darin, daß die Anzahl der Nebenbedingungen insofern nicht endlich ist, als sie für alle t des Intervalls $[a, b]$ erfüllt sein müssen. Es liegt also ein lineares Optimierungsproblem im euklidischen Raum $\mathbf{R}^{m+1}$ mit unendlich vielen Nebenbedingungen vor. Man spricht in diesem Fall von einem *semiinfiniten Optimierungsproblem*. Viele Fragen der Approximationstheorie lassen sich im Rahmen der semiinfiniten Optimierung behandeln. Einzelheiten findet man in dem Buch von R. Hettich und P. Zencke [1982]. Um eine semiinfinite Optimierungsaufgabe näherungsweise zu lösen, ersetzt man häufig das Intervall $[a, b]$ durch ein diskretes Gitter

$$a \le t_1 < t_2 < \cdots < t_{n+1} \le b$$

und minimiert die Zielfunktion $f(x) = c^T x$ unter den nun endlich vielen Nebenbedingungen

$$x_0 + x_1 t_\nu + \cdots + x_{m-1} t_\nu^{m-1} - x_m \le d_1(t_\nu),$$
$$-x_0 - x_1 t_\nu - \cdots - x_{m-1} t_\nu^{m-1} - x_m \le d_2(t_\nu),$$

für $1 \le \nu \le n + 1$. Dies ist dann bis auf die fehlenden Vorzeichenbedingungen für x_μ eine lineare Optimierungsaufgabe vom Typ $(*)$ in 1.1. Das Austauschverfahren von Remez, das in 4.4.6 vorgestellt wurde, läßt sich als Algorithmus zur Berechnung von besonders günstigen Gitterpunkten t_ν auffassen. Für Details verweisen wir auf die Literatur.

1.3 Ein lineares Steuerungsproblem. Ein Metallblock von der Form eines Würfels soll in einem Ofen so aufgeheizt werden, daß in einem fest vorgegebenen Zeitraum ein bestimmtes Wärmeprofil möglichst gut realisiert wird. Dies ist eine typische Aufgabe der Steuerungstheorie, die sich als einfaches Optimierungsproblem in einem Funktionenraum formulieren läßt.

Seien die Endzeit $T > 0$ sowie die ideale Wärmeverteilung durch eine stetige Funktion z im Gebiet $\Omega \subset \mathbf{R}^3$ gegeben, dessen Rand $\partial\Omega$ als stückweise glatt angenommen wird. Gesucht sind dann eine auf $[0, T]$ meßbare und fast überall beschränkte Steuerungsfunktion u, die aus technischen Gründen die

Einschränkungen $0 \le u(t) \le 1$ für fast alle $t \in [0, T]$ erfüllen muß, und die die Lösung y der Wärmeleitungsgleichung

$$\frac{\partial}{\partial t} y(x_1, x_2, x_3, t) - \sum_{\nu=1}^{3} \frac{\partial^2}{\partial x_\nu} y(x_1, x_2, x_3, t) = 0, \quad (x_1, x_2, x_3) \in \Omega, \quad 0 < t < T,$$

unter der Randbedingung

$$\alpha \frac{\partial}{\partial \vec{n}} y(x_1, x_2, x_3, t) + y(x_1, x_2, x_3, t) = u(t), \ (x_1, x_2, x_3) \in \partial\Omega, \ 0 < t < T,$$

und der Anfangsbedingung

$$y(x_1, x_2, x_3, 0) = 0, \qquad (x_1, x_2, x_3) \in \Omega$$

so beeinflußt, daß der Wert

$$a := \max_{(x_1, x_2, x_3) \in \overline{\Omega}} |z(x_1, x_2, x_3) - y(x_1, x_2, x_3, T)|$$

minimal wird. Dabei ist $\alpha > 0$ eine Konstante und $\vec{n}$ der nach außen weisende Normalenvektor des Gebietes Ω. Es läßt sich zeigen, daß diese Aufgabe eine Lösung besitzt, die im Fall $a > 0$ dadurch charakterisiert ist, daß für die optimale Steuerung u und für jedes $\varepsilon > 0$ im Zeitintervall $[0, T - \varepsilon]$ die Beziehung $|u(t)| = 1$ mit höchstens endlich vielen Unstetigkeitsstellen der Funktion u gilt. Man spricht von einer *Bang-Bang-Steuerung*. Diese Eigenschaft der Lösung des Steuerungsproblems legt es nahe, Näherungslösungen dadurch zu konstruieren, daß man das Intervall $[0, T]$ in Teilintervalle gleicher Länge unterteilt und eine optimale Näherungssteuerung u sucht, die auf jedem dieser Teilintervalle konstant und kleiner oder gleich Eins ist. Damit liegt eine lineare Approximationsaufgabe wie in Kap. 4, §4 vor, die analog zu 1.2 in ein semiinfinites Optimierungsproblem umgeschrieben werden kann. Durch geeignete Diskretisierung der Wärmeleitungsgleichung wird man schließlich zu einem linearen Optimierungsproblem in einem endlichdimensionalen euklidischen Raum geführt.

1.4 Die allgemeine Problemstellung. Nach diesen einführenden Beispielen wollen wir jetzt die allgemeine Aufgabenstellung der linearen Optimierung, wie sie bereits in 1.1 auftrat, behandeln in der **Standardform.** Minimiere

$$f(x) = c^T x$$

unter den Nebenbedingungen

$$Ax = b, \quad x \ge 0.$$

Dabei sind $c \in \mathbf{R}^m$, $A \in \mathbf{R}^{(n,m)}$ und $b \in \mathbf{R}^n$ gegeben, und man kann annehmen, daß $n > m$ gilt. Andernfalls hat nämlich das Gleichungssystem $Ax = b$ i. allg. genau eine Lösung oder keine. Beide Fälle sind für unser Optimierungsproblem uninteressant. Auf die Standardform lassen sich viele ursprünglich anders formulierte Optimierungsprobleme bringen. In der folgenden Bemerkung zeigen wir für einige typische Aufgaben, wie man dabei vorgeht.

Bemerkung. (i) Nebenbedingungen in der Form

$$\sum_{\mu=1}^{m} a_{\nu\mu} x_\mu \leq b_\nu, \qquad 1 \leq \nu \leq n,$$

werden durch Einführung zusätzlicher Variablen $x_{m+1}, x_{m+2}, \ldots, x_{m+n}$, die man auch *Schlupfvariable* nennt, auf die Form

$$\sum_{\mu=1}^{m} a_{\nu\mu} x_\mu + x_{m+\nu} = b_\nu, \qquad x_\mu \geq 0,\, 1 \leq \nu \leq n,$$

gebracht. Die Ungleichung $Ax \leq b$ ist dann durch die Gleichung $\tilde{A}\tilde{x} = b$ mit

$$\tilde{A} := \begin{pmatrix} a_{11} & \cdots & a_{1n} & 1 & 0 & \cdots & 0 \\ a_{21} & \cdots & a_{2n} & 0 & 1 & & \vdots \\ \vdots & & \vdots & \vdots & & \ddots & 0 \\ a_{m1} & \cdots & a_{mn} & 0 & 0 & \cdots & 1 \end{pmatrix}$$

zu ersetzen.

(ii) Sind einzelne Ungleichungen unter den Nebenbedingungen in der Gestalt $\sum_{\mu=1}^{m} a_{\nu\mu} x_\mu \geq b_\nu$ gegeben, so erhält man durch $\sum_{\mu=1}^{m} (-a_{\nu\mu}) x_\mu \leq (-b_\nu)$ die Standardform.

(iii) Falls in der Problemformulierung eine der Variablen x_μ keiner Vorzeichenbedingung unterliegt, so ersetzt man x_μ durch $x_{1\mu} - x_{2\mu}$ und fordert $x_{1\mu} \geq 0$ und $x_{2\mu} \geq 0$.

(iv) Ein Maximierungsproblem mit der Zielfunktion g ist äquivalent einem Minimierungsproblem mit der Zielfunktion $f := -g$.

Für die weiteren Betrachtungen bezeichnen wir noch die Menge aller Vektoren, die die Nebenbedingungen des Standard-Optimierungsproblems (1.4) erfüllen, mit

$$M := \{x \in \mathbf{R}^m \mid Ax = b,\ x \geq 0\};$$

wir nennen diese Vektoren *zulässige Vektoren* des Standard-Optimierungsproblems. Die Menge M stellt ein *Polyeder* im $\mathbf{R}^m$ dar, für das wir jetzt einige Eigenschaften beweisen.

1.5 Aufgaben. 1) Auf einem Wochenmarkt werden saisonbedingt nur die zwei Gemüsesorten P_1 und P_2 angeboten. Wie würde eine mathematisch vorgebildete Hausfrau (bzw. ein mathematisch vorgebildeter Hausmann) einkaufen, um ein Mittagessen mit mindestens 50 Kilokalorien und mindestens 1200 Vitaminen der Gemüsebeilagen möglichst billig zu erhalten. Kilokalorien, Vitamingehalt und Preis (pro 10 kg) sind der folgenden Tabelle zu entnehmen:

Sorte	P_1	P_2
Kilokalorien	200	100
Vitamine	2000	3000
Preis in DM	16	18

Formulieren Sie ein mathematisches Modell und bestimmen Sie geometrisch eine Lösung.

2) Gegeben ist die Optimierungsaufgabe: Man minimiere die Zielfunktion $f(x_1, x_2, x_3) = x_1 + 4x_2 + x_3$ unter den Nebenbedingungen $2x_1 - 2x_2 + x_3 = 4$, $x_1 - x_3 = 1$ und den Vorzeichenbedingungen $x_2 \geq 0$, $x_3 \geq 0$.

a) Bringen Sie dieses Problem auf Standardform.

b) Besitzt das Problem eine Lösung?

c) Geben Sie die Lösung an.

3) Lösen Sie die semi-infinite Optimierungsaufgabe: Minimiere die Zielfunktion $f(x_1, x_2) = x_1 + 2x_2$ unter den Nebenbedingungen $x_1 t + x_2 t^2 \geq -1 + 2t$, $0 \leq t \leq 1$, $x_1 \geq 0$, $x_2 \geq 0$.

4) Lösen Sie graphisch die folgende Optimierungsaufgabe: Maximiere die Summe $(x_1 + x_2)$ unter den Nebenbedingungen $x_1 + x_2 \leq p$, $x_1 + 3x_2 \leq 4$, $p \in [0, \infty)$, $x_1 \geq 0$, $x_2 \geq 0$.

§ 2. Polyeder

Im Beispiel 1.1 haben wir gesehen, daß die Lösung des dort betrachteten linearen Optimierungsproblems ein Eckpunkt des Polyeders ist. Dieser Sachverhalt läßt sich auch allgemeiner beweisen und stellt die Basis des Simplexverfahrens dar, das später genauer behandelt werden wird.

Zunächst macht man sich leicht klar, daß ein lineares Optimierungsproblem immer eine Lösung besitzt, wenn M beschränkt ist und M $\neq \emptyset$ gilt. Unter diesen Voraussetzungen ist nämlich M kompakt, weil diese Menge auch abgeschlossen ist. Die stetige Funktion f nimmt daher auf M ihre Extremwerte an. Auch unter schwächeren Voraussetzungen läßt sich noch die Existenz von Optimallösungen zeigen (vgl. Aufgabe 1).

Wir wollen jetzt einige Eigenschaften von Polyedern genauer studieren.

2.1 Charakterisierung von Ecken. Die Menge M der zulässigen Vektoren des Standard-Optimierungsproblems enthält mit je zwei Vektoren x und y auch alle Vektoren der Form $\lambda x + (1 - \lambda)y$, $0 \leq \lambda \leq 1$. Nach 4.3.3 hat M also die Eigenschaft der Konvexität.

Definition. Ein Element x der konvexen Menge M heißt *Extrempunkt von* M, wenn aus der Gültigkeit der Beziehung $x = \lambda y + (1 - \lambda)z$ für $y, z \in$ M und $0 < \lambda < 1$ bereits $x = y = z$ folgt. Die Menge der Extrempunkte von M bezeichnen wir mit E_M.

Beispiele. (i) Es sei M $:= \{x \in \mathbf{R}^n \mid \|x\|_1 \leq 1\}$. Dann ist die Menge der Extrempunkte $E_M := \{(1, 0, \ldots, 0)^T, (0, 1, 0, \cdots, 0)^T, \ldots, (0, \cdots, 0, 1)^T\}$.

(ii) Im Beispiel 1.1 besteht die Menge der Extrempunkte von M aus den Vektoren

$$\begin{pmatrix} 0 \\ 0 \end{pmatrix}, \begin{pmatrix} \frac{60}{37} \\ \frac{294}{37} \end{pmatrix}, \begin{pmatrix} \frac{24}{7} \\ 9 \end{pmatrix}, \begin{pmatrix} \frac{140}{19} \\ 9 \end{pmatrix}, \begin{pmatrix} 10 \\ \frac{38}{7} \end{pmatrix}, \begin{pmatrix} 10 \\ \frac{12}{7} \end{pmatrix}, \begin{pmatrix} 7 \\ 0 \end{pmatrix}, \begin{pmatrix} 0 \\ 6 \end{pmatrix}.$$

Diese Vektoren repräsentieren solche Punkte des Polyeders M, die man üblicherweise auch als Ecke bezeichnet. Wir werden daher auch im Zusammenhang mit der Standard-Optimierungsaufgabe von *Ecken des Polyeders* M sprechen.

Die Definition $I(x) := \{\mu \in \{1, 2, \ldots, m\} \mid x_\mu > 0\}$ erweist sich zur Charakterisierung der Ecken von M $= \{x \in \mathbf{R}^m \mid Ax = b, x_\mu \geq 0, 1 \leq \mu \leq m\}$ als nützlich. Es gilt nämlich für die Ecken von M der

Charakterisierungssatz. *Es sei* $A \in \mathbf{R}^{(n,m)}$, $A = (a^1, \ldots, a^m)$ *mit* $a^\mu \in \mathbf{R}^n$ *für* $1 \leq \mu \leq m$. *Dann sind die folgenden beiden Aussagen äquivalent:*

(i) x *ist Ecke von* M;
(ii) *Die Vektoren* a^μ, $\mu \in I(x)$, *sind linear unabhängig.*

Beweis. Es sei $x \in$ M eine Ecke. Die Komponenten von x seien so numeriert, daß $I(x) = \{1, 2, \ldots, r\}$ gilt. Wir können annehmen, daß $r \geq 1$ gilt, da andernfalls die Aussage (ii) trivial ist. Wegen $x \in$ M gilt die Beziehung $\sum_{\mu=1}^{r} x_\mu a^\mu = b$. Falls nun die Vektoren $a^1, a^2, \ldots, a^r$ linear abhängig sind, gibt es eine nichttriviale Darstellung $\sum_{\mu=1}^{r} \alpha_\mu a^\mu = 0$, $(\alpha_1, \alpha_2, \ldots, \alpha_r) \neq 0$. Da für $\mu \in I(x)$ die Komponenten x_μ positiv sind, kann man eine hinreichend kleine Zahl $\varepsilon > 0$ finden, so daß $x_\mu \pm \varepsilon \alpha_\mu > 0$ gilt. Wir setzen nun

$$y_+ := (x_1 + \varepsilon \alpha_1, \ldots, x_r + \varepsilon \alpha_r, 0, \cdots, 0)^T \in \mathbf{R}^m,$$
$$y_- := (x_1 - \varepsilon \alpha_1, \ldots, x_r - \varepsilon \alpha_r, 0, \cdots, 0)^T \in \mathbf{R}^m.$$

Man hat dann $y_+ \geq 0$, $y_- \geq 0$ und weiter

$$\sum_{\mu=1}^{m} (y_\pm)_\mu a^\mu = \sum_{\mu=1}^{r} (y_\pm)_\mu a^\mu = \sum_{\mu=1}^{r} x_\mu a^\mu \pm \varepsilon \sum_{\mu=1}^{r} \alpha_\mu a^\mu = \sum_{\mu=1}^{r} x_\mu a^\mu = b.$$

Folglich sind y_+ und y_- Elemente von M. Außerdem erhält man mit

$$\frac{1}{2}y_+ + \frac{1}{2}y_- = (x_1, x_2, \ldots, x_r, 0, \ldots, 0)^T = x$$

eine nichttriviale Darstellung von $x \in$ M durch die Elemente y_+ und y_- aus M. Mithin kann x keine Ecke von M sein.

Umgekehrt seien die Vektoren a^μ, $\mu \in I(x) = \{1, 2, \ldots, r\}$, linear unabhängig und $x \in$ M. Mit $y, z \in$ M betrachten wir eine Darstellung der Form $x = \lambda y + (1 - \lambda)z$, $0 < \lambda < 1$. Offensichtlich gilt dann $I(x) = I(y) \cup I(z)$. Wegen $Ay = Az = b$ folgt daraus $0 = \sum_{\mu=1}^{m}(y_\mu - z_\mu)a^\mu = \sum_{\mu=1}^{r}(y_\mu - z_\mu)a^\mu$ und wegen der linearen Unabhängigkeit von $a^1, a^2, \ldots, a^r$ weiter $y_\mu = z_\mu$ für $1 \leq \mu \leq m$. Damit ist x eine Ecke von M. $\square$

Folgerung. Wegen Rang $(A) \leq n$ gilt für jede Ecke $x \in$ M die Abschätzung $|I(x)| \leq n$. Dabei bezeichnen wir mit $|I(x)|$ die Anzahl der Elemente der Menge $I(x)$. Außerdem hat M höchstens endlich viele Ecken, weil es nur $\binom{m}{n}$ Möglichkeiten gibt, aus m Indizes n auszuwählen.

2.2 Existenz von Ecken. Mit Hilfe des Charakterisierungssatzes 2.1 machen wir uns klar, daß ein Polyeder M auch tatsächlich Ecken besitzt. Es gilt nämlich der

Existenzsatz. *Ein Polyeder* M $\subset \mathbf{R}^m$, M $\neq \emptyset$, *besitzt Ecken.*

Beweis. Da die Menge $I := \{|I(z)| \mid z \in M\} \subset \{1, 2, \ldots, m\}$ diskret und endlich ist, gibt es eine Zahl $\underline{\gamma} \geq 0$ mit $\underline{\gamma} = \min\{\gamma \mid \gamma \in I\}$ und folglich auch ein Element $x \in$ M mit $|I(x)| = \underline{\gamma}$. Wir werden zeigen, daß x eine Ecke von M ist.

Im Fall $\underline{\gamma} = 0$ ist x offensichtlich eine Ecke, da dann die Menge der Spaltenvektoren der Matrix A, die zu positiven Komponenten von x gehören, leer ist. Eine leere Menge ist aber definitionsgemäß linear unabhängig. Es bleibt also nur der Fall $\underline{\gamma} > 0$ genauer zu untersuchen. Wir können uns darauf beschränken, daß die Menge $I(x)$ die Form $I(x) = \{1, 2, \ldots, \underline{\gamma}\}$ hat. Der Beweis wird nun indirekt geführt, und dazu nehmen wir an, daß die Vektoren $a^1, a^2, \ldots, a^{\underline{\gamma}} \in \mathbf{R}^n$ linear abhängig sind. Folglich gibt es Zahlen $\alpha_\mu \in \mathbf{R}$, $1 \leq \mu \leq \underline{\gamma}$, mit $(\alpha_1, \ldots, \alpha_{\underline{\gamma}}) \neq 0$, so daß $\sum_{\mu=1}^{\underline{\gamma}} \alpha_\mu a^\mu = 0$ gilt. Wir setzen

$$\lambda := \min\{\frac{x_\mu}{|\alpha_\mu|} \mid \alpha_\mu \neq 0, 1 \leq \mu \leq \underline{\gamma}\}$$

und betrachten den Index $\tilde{\mu}$, für den das Minimum realisiert wird, so daß also $\lambda = x_{\tilde{\mu}}/|\alpha_{\tilde{\mu}}|$ gilt. Der durch

$$\tilde{x} := (x_1 - \lambda\alpha_1, x_2 - \lambda\alpha_2, \ldots, x_{\underline{\gamma}} - \lambda\alpha_{\underline{\gamma}}, 0, \cdots, 0)^T \in \mathbf{R}^m$$

definierte Vektor liegt in M; denn es ist

$$A\tilde{x} = Ax - \lambda \sum_{\mu=1}^{\gamma} \alpha_\mu a^\mu = Ax = b$$

und weiter $\tilde{x} \geq 0$ entsprechend unserer Konstruktion von λ. Außerdem folgt ebenfalls aus der Definition von λ die Abschätzung

$$|I(\tilde{x})| \leq |I(x) \setminus \{\tilde{\mu}\}| = \gamma - 1.$$

Das ist ein Widerspruch zur Minimaleigenschaft von γ. ◻

Die Ecken sind die entscheidenden Punkte eines Polyeders. Kennt man sie, so kann man das Polyeder einfach beschreiben. Es gilt nämlich der

Darstellungssatz. *Jeder Punkt x eines beschränkten Polyeders* $M \subset \mathbb{R}^m$, $M \neq \emptyset$, *läßt sich als Konvexkombination der Ecken von M darstellen; d.h. für jeden Punkt $x \in M$ gibt es Ecken $z^1, z^2, \ldots, z^\ell \in E_M$ und reelle Zahlen $0 \leq \lambda_\mu \leq 1$, $1 \leq \mu \leq \ell$, mit $\sum_{\mu=1}^\ell \lambda_\mu = 1$, so daß x die Darstellung*

$$x = \sum_{\mu=1}^{\ell} \lambda_\mu z^\mu$$

besitzt.

Beweis. Es sei $x \in M$ und $r := |I(x)|$. Entsprechend der Definition von $I(x)$ gilt $\sum_{\mu \in I(x)} x_\mu a^\mu = b$. Wir führen jetzt den Beweis durch Induktion nach r. Für $r = 0$ ist x selbst eine Ecke von M, und die Darstellung gilt trivialerweise. Es sei jetzt $r > 0$. Sind die Vektoren a^μ, $\mu \in I(x)$, linear unabhängig, so ist x wiederum eine Ecke. Wir nehmen also an, daß es eine nichttriviale Linearkombination der Form

$$\sum_{\mu \in I(x)} \alpha_\mu a^\mu = 0, \quad \sum_{\mu \in I(x)} \alpha_\mu^2 > 0,$$

gibt. Durch

$$x_\mu(\varepsilon) := \begin{cases} x_\mu + \varepsilon \alpha_\mu & \text{für } \mu \in I(x) \\ 0 & \text{für } \mu \notin I(x) \end{cases},$$

wird ein vom Parameter ε abhängiger Vektor $x(\varepsilon) \in \mathbb{R}^m$ eingeführt. Da M konvex, abgeschlossen und beschränkt ist, gibt es zwei Zahlen $\varepsilon_1 < 0$ und $\varepsilon_2 > 0$, so daß für alle $\varepsilon_1 \leq \varepsilon \leq \varepsilon_2$ der Vektor $x(\varepsilon)$ nach Konstruktion in M liegt und $x(\varepsilon) \notin M$ für $\varepsilon < \varepsilon_1$ und für $\varepsilon > \varepsilon_2$ gilt. Weiter hat man für alle $\mu \notin I(x)$ die Beziehung $x_\mu(\varepsilon_1) = x_\mu(\varepsilon_2) = 0$. Zusätzlich muß es entsprechend der Festlegung von ε_1 und ε_2 zwei Indizes $\tilde{\mu}, \tilde{\tilde{\mu}} \in I(x)$, geben mit $x_{\tilde{\mu}}(\varepsilon_1) = x_{\tilde{\tilde{\mu}}}(\varepsilon_2) = 0$. Es gilt dann $|I(x(\varepsilon_1))| < r$ und $|I(x(\varepsilon_2))| < r$. Nach Induktionsvoraussetzung sind folglich $x(\varepsilon_1)$ und $x(\varepsilon_2)$ als Konvexkombination von Ecken darstellbar. Ferner gilt für jede Komponente x_μ des Vektors x die Beziehung

$$x_\mu = \frac{\varepsilon_2}{\varepsilon_2 - \varepsilon_1}(x_\mu + \varepsilon_1\alpha_\mu) + \left(1 - \frac{\varepsilon_2}{\varepsilon_2 - \varepsilon_1}\right)(x_\mu + \varepsilon_2\alpha_\mu).$$

Damit ist auch x als Konvexkombination von Ecken aus E_M darstellbar. □

Wir kommen nun zum wichtigsten Resultat dieses Paragraphen.

2.3 Das Hauptergebnis. In Beispiel 1.1 haben wir bereits gesehen, daß der Maximalwert der Zielfunktion des linearen Optimierungsproblems (∗) in 1.1 in einem Eckpunkt des Polyeders der zulässigen Vektoren angenommen wird. Dieser Sachverhalt gilt auch allgemein. Wir beweisen dazu den

Satz. *Die Menge* $M := \{x \in \mathbb{R}^m \mid Ax = b, x \geq 0\}$ *der zulässigen Vektoren des allgemeinen Optimierungsproblems 1.4 in Standardform sei nichtleer und beschränkt. Dann nimmt die Zielfunktion* $f(x) = c^T x$ *ihr Minimum in einer Ecke von M an.*

Beweis. Da M abgeschlossen und beschränkt und somit kompakt ist, nimmt f an einer Stelle $\tilde{x} \in M$ sein Minimum an. Der Punkt $\tilde{x}$ läßt sich nach dem Darstellungssatz 2.2 als Konvexkombination von Ecken darstellen; deshalb ist $\tilde{x} = \sum_{\mu=1}^{\ell} \lambda_\mu \tilde{x}^\mu$ mit $\tilde{x}^\mu \in E_M$ und $\sum_{\mu=1}^{\ell} \lambda_\mu = 1$, $\lambda_\mu \in [0,1]$, für $1 \leq \mu \leq \ell$. Ferner muß es wegen

$$\min\{c^T x \mid x \in M\} = c^T \tilde{x} = \sum_{\mu=1}^{\ell} \lambda_\mu c^T \tilde{x}^\mu \geq \min\{c^T \tilde{x}^\mu \mid 1 \leq \mu \leq \ell\}$$

eine Ecke $\tilde{x}^{\tilde{\mu}}$ geben, $\tilde{\mu} \in \{1, 2, \ldots, \ell\}$, für die $c^T \tilde{x} = c^T \tilde{x}^{\tilde{\mu}}$ gilt. □

Im Prinzip ist mit diesem Satz bereits aufgezeigt, wie man zur Lösung der Optimierungsaufgabe 1.4 vorgehen wird. Auf der Menge der Eckpunkte E_M sucht man das Minimum der Zielfunktion f. Außerdem sagt der Charakterisierungssatz 2.1 aus, daß man alle Ecken des Polyeders M durch Bestimmung aller Systeme von $k \leq n$ linear unabhängigen Vektoren $a^{\mu_1}, a^{\mu_2}, \ldots, a^{\mu_k}$ aus der Menge der Spaltenvektoren der Matrix A erhalten kann. Diese Vorgehensweise ist jedoch i. allg. nicht realisierbar, weil die Zahl der Ecken $\binom{m}{n}$ sein kann (vgl. Folgerung 2.1) und die Binominalzahlen bekanntlich sehr schnell mit m anwachsen; z. B. ist $\binom{30}{10} = 30\,045\,015$. Wir werden später sehen, wie man das Absuchen der Ecken eines Polyeders nach dem möglichen Minimum der Zielfunktion f ökonomischer gestaltet. Dazu erweist sich eine algebraisierte Charakterisierung der Ecken von M als nützlich.

2.4 Eine weitere Charakterisierung von Ecken. Dem Charakterisierungssatz 2.1 entnimmt man, daß im Fall Rang $A = n$ jede Ecke von M höchstens n

positive Komponenten haben kann. Es können jedoch auch weniger als n sein. Diese Feststellung gibt Anlaß zu der

Definition. Es sei $A \in \mathbf{R}^{(n,m)}$ mit Rang $A = n$ und $B = (a^{\mu_1}, a^{\mu_2}, \ldots, a^{\mu_n})$ eine Teilmatrix von A für die Rang $B = n$ gilt. Einen Vektor $x \in \mathbf{R}^m$ nennen wir einen *Basispunkt zu B*, wenn $x_\mu = 0$ für $\mu \notin \{\mu_1, \mu_2, \ldots, \mu_n\}$ und $\sum_{\nu=1}^{n} x_\nu a^{\mu_\nu} = b$ gelten.

Wenn $x \in \mathbf{R}^m$ ein Basispunkt zu B ist, so nennen wir seine Komponenten $x_{\mu_1}, x_{\mu_2}, \cdots, x_{\mu_n}$ *Basisvariable*. Entsprechend heißt $x \in \mathbf{R}^m$ *Basispunkt*, wenn es eine Teilmatrix B von A gibt, so daß x Basispunkt zu B ist.

Offensichtlich existieren wegen Rang $(A) = n$ immer Basispunkte. Das Polyeder M läßt sich sogar durch Basispunkte vollständig charakterisieren. Es gilt nämlich der

Äquivalenzsatz. *Sei* $M = \{x \in \mathbf{R}^m \mid Ax = b, x \geq 0\}$ *ein Polyeder, wobei* $A \in \mathbf{R}^{(n,m)}$ *mit Rang* $(A) = n$ *gilt. Der Vektor* $x \in \mathbf{R}^m$ *ist genau dann eine Ecke von M, wenn er ein Basispunkt ist.*

Beweis. Es sei x eine Ecke von M mit den positiven Komponenten $x_{\mu_1} > 0$, $x_{\mu_2} > 0, \ldots, x_{\mu_p} > 0$ und $p \leq m$. Dann gilt $\sum_{\nu=1}^{p} x_{\mu_\nu} a^{\mu_\nu} = b$. Wir zeigen $p \leq n$. Wegen Rang $(A) = n$ reicht es zu verifizieren, daß die Vektoren a^{μ_1}, $a^{\mu_2}, \ldots, a^{\mu_p}$ linear unabhängig sind. Wären sie nämlich linear abhängig, so gäbe es eine Linearkombination der Form $\sum_{\nu=1}^{p} \alpha_{\mu_\nu} a^{\mu_\nu} = 0$ mit $\sum_{\nu=1}^{p} \alpha_{\mu_\nu}^2 \neq 0$. Die Vektoren $y_\pm \in \mathbf{R}^m$ mit den Komponenten

$$(y_\pm)_\kappa := \begin{cases} x_{\mu_\nu} \pm \varepsilon \alpha_{\mu_\nu} & \text{für } \kappa = \mu_\nu, \ 1 \leq \nu \leq p \\ 0 & \text{für } \kappa \neq \mu_\nu, \ 1 \leq \nu \leq p \end{cases}$$

wären dann für geeignetes $\varepsilon > 0$ Elemente von M, so daß $x = \frac{1}{2}y_+ + \frac{1}{2}y_-$ gelten würde. Das stände aber im Widerspruch zur Eigenschaft von x, Ecke zu sein. Sollte $p < n$ sein, so ergänzen wir $a^{\mu_1}, \ldots, a^{\mu_p}$ durch $(n - p)$ beliebige weitere Spaltenvektoren $a^{\mu_{p+1}}, \ldots, a^{\mu_n}$ von A zu einem System von μ_n linear unabhängigen Vektoren und setzen $B = (a^{\mu_1}, \ldots, a^{\mu_n})$.

Ist umgekehrt $x \in \mathbf{R}^m$ ein Basispunkt, so hat er die Komponenten

$$x_\kappa = \begin{cases} x_{\mu_\nu} & \text{für } \kappa = \mu_\nu, \ 1 \leq \nu \leq n \\ 0 & \text{für } \kappa \neq \mu_\nu, \ 1 \leq \nu \leq n \end{cases},$$

und es gilt die Beziehung $\sum_{\nu=1}^{n} x_{\mu_\nu} a^{\mu_\nu} = b$ mit den linear unabhängigen Vektoren $a^{\mu_1}, a^{\mu_2}, \ldots, a^{\mu_n}$. Es besitze nun x die Darstellung $x = \lambda y + (1 - \lambda)z$ mit $y, z \in M$ und $0 < \lambda < 1$. Wegen $x \geq 0$, $y \geq 0$ und $z \geq 0$ muß $y_\kappa = z_\kappa = 0$ für $\kappa \neq \mu_\nu$, $1 \leq \mu \leq n$, gelten. Folglich hat man $\sum_{\nu=1}^{n} y_{\mu_\nu} a^{\mu_\nu} = b$ und $\sum_{\nu=1}^{n} z_{\mu_\nu} a^{\mu_\nu} = b$ und weiter $\sum_{\nu=1}^{n} (y_{\mu_\nu} - z_{\mu_\nu}) a^{\mu_\nu} = 0$. Die lineare Unabhängigkeit der Vektoren $a^{\mu_1}, a^{\mu_2}, \ldots, a^{\mu_n}$ hat dann $y = z$ zur Folge. Damit ist x Ecke von M.   □

Wir haben bereits festgestellt, daß eine Ecke $x \in E_M$ weniger als n positive Basisvariable besitzen kann. Eine solche Ecke heißt *entartet*. Entartete Ecken erfordern bei der Minimumsuche der Zielfunktion f eine Sonderbehandlung. Wir kommen darauf später zurück.

Damit sind alle Hilfsmittel bereitgestellt, um Verfahren zur Lösung eines linearen Optimierungsproblems im $\mathbb{R}^m$ zu behandeln.

2.5 Aufgaben. 1) Zeigen Sie, daß die Standard-Optimierungsaufgabe unter den Voraussetzungen $M \neq \emptyset$ und $\inf \{c^T x \mid x \in M\} > -\infty$ eine Lösung besitzt.

2) Es sei $A \in \mathbb{R}^{(n,m)}$ und $b \in \mathbb{R}^n$. Zeigen Sie für die beiden Mengen

$$\tilde{M} := \{x \in \mathbb{R}^m \mid Ax \leq b, \ x \geq 0\},$$

$$M := \{\begin{pmatrix} x \\ y \end{pmatrix} \in \mathbb{R}^{m+n} \mid Ax + y = b, \ x \geq 0, \ y \geq 0\}$$

die folgenden Eigenschaften:

a) Ist $\begin{pmatrix} x \\ y \end{pmatrix}$ Extrempunkt von M, so ist x Extrempunkt von $\tilde{M}$.

b) Ist x Extrempunkt von $\tilde{M}$, so ist $\begin{pmatrix} x \\ y \end{pmatrix}$ mit $y := b - Ax$ Extrempunkt von M.

3) Zeigen Sie, daß die Menge aller Lösungsvektoren einer linearen Optimierungsaufgabe konvex ist.

4) Gegeben sei die folgende Optimierungsaufgabe: Minimiere $c^T x$ unter den Nebenbedingungen $Ax = b, \ 0 \leq x \leq h$.

a) Bringen Sie diese Aufgabe auf die Standardform.

b) Charakterisieren Sie die Ecken der Menge

$$M := \{x \in \mathbb{R}^m \mid Ax = b, \ 0 \leq x \leq h\}.$$

c) Zeigen Sie, daß im Fall $M \neq \emptyset$ die Aufgabe eine Lösung besitzt.

5) Es sei folgende Optimierungsaufgabe gegeben: Minimiere $x_1 + x_2$ unter den Nebenbedingungen $x_1 + x_2 + x_3 = 1, \ 2x_1 + 3x_2 = 1, \ x_1 \geq 0, \ x_2 \geq 0, \ x_3 \geq 0$.

a) Geben Sie eine obere Schranke für die Anzahl der Ecken des Polyeders $M := \{(x_1, x_2, x_3)^T \in \mathbb{R}^3 \mid x_1 + x_2 + x_3 = 1, \ 2x_1 + 3x_2 = 1, \ x \geq 0\}$ an.

b) Berechnen Sie die Ecken von M.

c) Bestimmen Sie eine Lösung der Optimierungsaufgabe.

§ 3. Das Simplexverfahren

Die noch immer am häufigsten verwendete Methode zur Lösung einer linearen Optimierungsaufgabe ist das Simplexverfahren. Es wurde 1947/48 von George B. Dantzig eingeführt (vgl. G. B. Dantzig [1963]). In seiner Durchführung unterscheidet man die beiden Schritte

Phase I: Bestimmung einer Ecke von M,

Phase II: Übergang von einer Ecke zu einer benachbarten, in der der Wert der Zielfunktion verkleinert werden kann und Entscheidung, ob ein weiterer Eckenaustausch den Wert der Zielfunktion weiter verkleinern würde oder ob die optimale Lösung der Optimierungsaufgabe bereits gefunden wurde (Abbruchkriterium).

Wir werden jetzt diese beiden Schritte im einzelnen besprechen.

3.1 Vorbereitungen. Eine Ecke $x \in M$ besitze die Basisvariablen x_{μ_1}, x_{μ_2}, ..., x_{μ_n}. Die Vektoren $a^{\mu_1}, a^{\mu_2}, \ldots, a^{\mu_n}$ bilden dann eine Basis des $\mathbb{R}^n$. In dieser Basis haben die Vektoren $a^1, a^2, \ldots, a^n$ die Darstellung

$$a^\kappa = \sum_{\nu=1}^n \alpha_{\nu\kappa} a^{\mu_\nu}, \quad 1 \leq \kappa \leq m,$$

$$b = \sum_{\nu=1}^n \alpha_{\nu 0} a^{\mu_\nu}.$$

Trivialerweise gilt dabei $\alpha_{\imath\mu_\nu} = \delta_{\imath\nu}$ für $1 \leq \imath \leq n$, $1 \leq \nu \leq n$. Wir fassen diese Darstellungen in einem Tableau zusammen.

(∗)

μ_1	α_{11} $\cdots$ α_{1m}	α_{10}
μ_2	α_{21} $\cdots$ α_{2m}	α_{20}
$\vdots$	$\vdots$ $\quad$ $\vdots$	$\vdots$
μ_n	α_{n1} $\cdots$ α_{nm}	α_{n0}

Die Spalten des Tableaus (∗) werden durch die Vektoren $d^\kappa := (\alpha_{1\kappa}, \ldots, \alpha_{n\kappa})^T$, $0 \leq \kappa \leq m$, beschrieben. Für einen beliebigen zulässigen Vektor $\tilde{x} \in M$ gilt dann

$$b = \sum_{\kappa=1}^m \tilde{x}_\kappa a^\kappa = \sum_{\kappa=1}^m \tilde{x}_\kappa \sum_{\nu=1}^n \alpha_{\nu\kappa} a^{\mu_\nu} = \sum_{\nu=1}^n \left(\sum_{\kappa=1}^m \alpha_{\nu\kappa}\tilde{x}_\kappa\right) a^{\mu_\nu}$$

oder in der äquivalenten Gestalt $\sum_{\kappa=1}^m \tilde{x}_\kappa d^\kappa = d^0$.

Ferner genügt die Ecke x der Beziehung

$$b = \sum_{\nu=1}^n x_{\mu_\nu} a^{\mu_\nu}.$$

Da die Vektoren $a^{\mu_1}, \ldots, a^{\mu_n}$ linear unabhängig sind, erhält man durch Koeffizientenausgleich für $\nu = 1, 2, \ldots, n$ einen Zusammenhang zwischen den Basisvariablen der Ecke x und den Komponenten eines beliebigen zulässigen Vektors $\tilde{x}$ in der Form

$$\tilde{x}_{\mu_\nu} = x_{\mu_\nu} - \sum_{\substack{\kappa=1 \\ \kappa \neq \mu_1, \ldots, \kappa \neq \mu_n}}^{m} \alpha_{\nu\kappa}\tilde{x}_\kappa.$$

Unter Verwendung dieser Darstellungen berechnen wir den Wert der Zielfunktion f an der Stelle $\tilde{x} \in M$ in Abhängigkeit von ihrem Wert an derjenigen Ecke x, zu der das Tableau (*) gehört. Es gilt nämlich

$$f(\tilde{x}) = \sum_{\nu=1}^{n} c_{\mu_\nu}\tilde{x}_{\mu_\nu} + \sum_{\substack{\kappa=1 \\ \kappa \neq \mu_1, \ldots, \kappa \neq \mu_n}}^{m} c_\kappa \tilde{x}_\kappa =$$

$$= \sum_{\nu=1}^{n} c_{\mu_\nu} x_{\mu_\nu} + \sum_{\substack{\kappa=1 \\ \kappa \neq \mu_1, \ldots, \kappa \neq \mu_n}}^{m} \left(c_\kappa - \sum_{\nu=1}^{n} c_{\mu_\nu}\alpha_{\nu\kappa}\right)\tilde{x}_\kappa =$$

$$= f(x) + \sum_{\substack{\kappa=1 \\ \kappa \neq \mu_1, \ldots, \kappa \neq \mu_n}}^{m} (c_\kappa - z_\kappa)\tilde{x}_\kappa,$$

wobei zur Abkürzung $z_\kappa := \sum_{\nu=1}^{n} c_{\mu_\nu}\alpha_{\nu\kappa}$ gesetzt wurde.

Es können nun die beiden Fälle

(i) $c_\kappa - z_\kappa \geq 0$ für alle $\kappa \notin I(x)$,

(ii) $c_\kappa - z_\kappa < 0$ für ein $\kappa \notin I(x)$

auftreten.

Tritt der Fall (i) ein, so ist $x \in M$ Lösung der Optimierungsaufgabe; denn wegen $\tilde{x} \geq 0$ läßt sich der Wert der Zielfunktion nicht weiter verkleinern.

Wenn hingegen $c_{\kappa_0} - z_{\kappa_0} = \min_{\kappa \notin I(x)}(c_\kappa - z_\kappa) < 0$ gilt, also der Fall (ii) eintritt, bietet sich die Variable mit dem Index κ_0 für einen Austausch an.

Da die Größen $c_\kappa - z_\kappa$ offenbar beim späteren Eckenaustausch eine Rolle spielen werden, ergänzen wir das Tableau (*) um eine $(n+1)$-te Zeile, in der die Werte $\alpha_{n+1\nu} := c_\nu - z_\nu$, $0 \leq \nu \leq m$, stehen. Hierbei wurde $c_0 := 0$ gesetzt. Das Tableau hat dann folgendes Aussehen:

μ_1	α_{11}	$\cdots$	α_{1n}	α_{10}
μ_2	α_{21}	$\cdots$	α_{2n}	α_{20}
$\vdots$	$\vdots$	$\vdots$	$\vdots$	$\vdots$
μ_m	α_{m1}	$\cdots$	α_{mn}	α_{m0}
	α_{m+11}	$\cdots$	α_{m+1n}	α_{m+10}

Beispiel. Wir greifen auf das Zahlenbeispiel 1.1 zurück und führen die Schlupfvariablen x_μ, $3 \leq \mu \leq 8$ ein. Offensichtlich hat der Rang der Matrix des zugehörigen Standardproblems den Wert 6. Der Punkt $x = (0, 0, 30, 84, 9, 266, 10, 28)$ ist eine Ecke von M. Die mit dem Vektor $c := (-3, -1, 0, 0, 0, 0, 0, 0)^T$ definierte Zielfunktion $f(x) := c^T x$ soll minimiert werden. Man erhält dann das folgende Tableau:

3	-6	5	1	0	0	0	0	0	30
4	-7	12	0	1	0	0	0	0	84
5	0	1	0	0	1	0	0	0	9
6	19	14	0	0	0	1	0	0	266
7	1	0	0	0	0	0	1	0	10
8	4	-7	0	0	0	0	0	1	28
	-3	-1	0	0	0	0	0	0	0

Hier tritt der Fall (ii) ein. Zum Austausch bietet sich die Variable x_1 an.

3.2 Der Eckenaustausch ohne Entartung. Bei den bisherigen Untersuchungen war der Punkt $\tilde{x} \in M$ noch beliebig. Wir beschreiben jetzt den Übergang von einer Ecke $x \in M$ mit den Basisvariablen $x_{\mu_1}, x_{\mu_2}, \ldots, x_{\mu_n}$ zu einem Punkt $\tilde{x} \in M$, der so konstruiert wird, daß eine Basisvariable x_{μ_p} von x gegen eine Variable $x_{\tilde{\kappa}}$ mit $\tilde{\kappa} \notin I(x)$ ausgetauscht wird und der dadurch festgelegte Punkt $\tilde{x}$ Ecke von M ist.

Es sei $\tilde{\kappa} \notin I(x)$ und $a^{\tilde{\kappa}} = \sum_{\nu=1}^n \alpha_{\nu\tilde{\kappa}} a^{\mu_\nu}$. Ferner gilt $b = \sum_{\nu=1}^n x_{\mu_\nu} a^{\mu_\nu}$. Daraus fließt die für jedes $\varepsilon \geq 0$ gültige Beziehung

$$(*) \qquad \sum_{\nu=1}^n (x_{\mu_\nu} - \varepsilon\alpha_{\nu\tilde{\kappa}}) a^{\mu_\nu} + \varepsilon a^{\tilde{\kappa}} = b.$$

Dieser Darstellung folgend definieren wir einen Vektor $z(\varepsilon) \in \mathbf{R}^m$ durch

$$(**) \qquad z_\kappa(\varepsilon) := \begin{cases} x_{\mu_\nu} - \varepsilon\alpha_{\nu\tilde{\kappa}} & \text{für } \kappa = \mu_\nu, 1 \leq \nu \leq n, \\ \varepsilon & \text{für } \kappa = \tilde{\kappa}, \\ 0 & \text{sonst.} \end{cases}$$

Die Zahl $\varepsilon > 0$ wird nun so gewählt, daß $z(\varepsilon)$ eine Ecke von M wird. Dazu muß eine Komponente z_κ mit $\kappa = \mu_\nu$, $1 \leq \nu \leq n$, zu Null gemacht werden, während alle anderen Komponenten größer oder gleich Null bleiben.

Wir nehmen jetzt an, daß die Ecke $x \in E_M$ nicht entartet ist. Dann gilt $x_{\mu_\nu} > 0$ für alle $\nu = 1, 2, \ldots, n$ und damit $I(x) = \{\mu_1, \mu_2, \ldots, \mu_n\}$. Es muß weiter sichergestellt sein, daß die Menge

$$\{\nu \in \{1, 2, \ldots, n\} \mid \alpha_{\nu\tilde{\kappa}} > 0\}$$

nichtleer ist. Ist aber diese Bedingung nicht erfüllt, so erkennt man aus (∗) und (∗∗), daß die Menge M unbeschränkt ist, weil $z(\varepsilon) \in M$ für jedes $\varepsilon \geq 0$ gilt.

Wir wollen deshalb jetzt zusätzlich annehmen, daß M beschränkt ist. Dann können wir

$$\tilde{\varepsilon} := \min_{1 \leq \nu \leq n} \left\{ \frac{x_{\mu_\nu}}{\alpha_{\nu\tilde{\kappa}}} \;\middle|\; \alpha_{\nu\tilde{\kappa}} > 0 \right\}$$

wählen. Den Index $\mu_{\tilde{\nu}}$ mit $\tilde{\varepsilon} = x_{\mu_{\tilde{\nu}}}/\alpha_{\tilde{\nu}\tilde{\kappa}}$ tauschen wir gegen $\tilde{\kappa}$ aus und betrachten jetzt

$$I(z(\tilde{\varepsilon})) = (I(x) \setminus \{\mu_{\tilde{\nu}}\}) \cup \{\tilde{\kappa}\}.$$

Das Element $z(\tilde{\varepsilon})$ liegt in M. Wir zeigen, daß es sogar eine Ecke von M ist.

Seien nämlich die Vektoren a^μ, $\mu \in I(z(\tilde{\varepsilon}))$ linear abhängig, so muß in der Linearkombination

$$\sum_{\mu \in I(x) \setminus \{\mu_{\tilde{\nu}}\}} \lambda_\mu a^\mu + \lambda_{\tilde{\kappa}} a^{\tilde{\kappa}} = 0$$

insbesondere $\lambda_{\tilde{\kappa}} \neq 0$ gelten. Nach der Normierung $\lambda_{\tilde{\kappa}} = 1$ erhält man

$$0 = a^{\tilde{\kappa}} + \sum_{\mu \in I(x) \setminus \{\mu_{\tilde{\nu}}\}} \lambda_\mu a^\mu = \sum_{\nu=1}^{n} \alpha_{\nu\tilde{\kappa}} a^{\mu_\nu} + \sum_{\mu \in I(x) \setminus \{\mu_{\tilde{\nu}}\}} \lambda_\mu a^\mu =$$

$$= \alpha_{\tilde{\nu}\tilde{\kappa}} a^{\mu_{\tilde{\nu}}} + \sum_{\mu \in I(x) \setminus \{\mu_{\tilde{\nu}}\}} (\lambda_\mu + a_{\mu\tilde{\kappa}}) a^\mu.$$

Da aber die Vektoren a^μ, $\mu \in I(x)$, linear unabhängig sind, muß $a_{\tilde{\nu}\tilde{\kappa}} = 0$ sein. Das steht im Widerspruch zur Konstruktion von $\tilde{\varepsilon}$. Also sind die Elemente a^μ, $\mu \in I(z(\tilde{\varepsilon}))$, linear unabhängig. Nach dem Charakterisierungssatz 2.1 ist dann $z(\tilde{\varepsilon})$ eine Ecke von M.

Damit ist geklärt, wie man durch Austausch von Basisvariablen im nichtentarteten Fall von einer Ecke x zu einer anderen Ecke $\tilde{x} := z(\tilde{\varepsilon})$ übergeht. Die neue Ecke $\tilde{x}$ ist dabei genau dann entartet, wenn die Bestimmung des Indexes $\tilde{\nu}$ nicht eindeutig möglich ist.

Wir vervollständigen das Tableau mit einer zusätzlichen Spalte, in der die Elemente $x_{\mu_\nu} \cdot \alpha_{\nu\tilde{\kappa}}^{-1} = \alpha_{\nu 0} \cdot \alpha_{\nu\tilde{\kappa}}^{-1}$ stehen. Dabei tragen wir im Fall $\alpha_{\nu\tilde{\kappa}} = 0$ an der entsprechenden Stelle "∞" ein.

μ_1	α_{11}	$\cdot\ \cdot\ \cdot$	α_{1n}	α_{10}	$\alpha_{10} \cdot \alpha_{1\tilde{\kappa}}^{-1}$
μ_2	α_{21}	$\cdot\ \cdot\ \cdot$	α_{1n}	α_{10}	$\alpha_{20} \cdot \alpha_{2\tilde{\kappa}}^{-1}$
$\vdots$	$\vdots$		$\vdots$	$\vdots$	$\vdots$
μ_m	α_{m1}	$\cdot\ \cdot\ \cdot$	α_{1n}	α_{10}	$\alpha_{m0} \cdot \alpha_{m\tilde{\kappa}}^{-1}$
	$\alpha_{m+1\,1}$	$\cdot\ \cdot\ \cdot$	$\alpha_{m+1\,n}$	$\alpha_{m+1\,0}$	

Im Beispiel 3.1 kommt als zusätzliche letzte Spalte in dem Zahlentableau ($\tilde{\kappa} = 1$) hinzu:

$$\alpha_{10} \cdot \alpha_{11}^{-1} = -5, \ \alpha_{20} \cdot \alpha_{21}^{-1} = -12, \ \alpha_{30} \cdot \alpha_{31}^{-1} = \infty, \ \alpha_{40} \cdot \alpha_{41}^{-1} = 14,$$

$$\alpha_{50} \cdot \alpha_{51}^{-1} = 10, \ \alpha_{60} \cdot \alpha_{61}^{-1} = 7.$$

Daraus liest man ab, daß die Basisvariable x_8 ($\tilde{\nu} = 6$) gegen die Variable x_1 auszutauschen ist. Die neue Ecke $\tilde{x} = z(\tilde{\varepsilon}) = (7, 0, 72, 133, 9, 133, 3, 0)^T$ ist nicht entartet. Als Wert der Zielfunktion erhält man

$$f(\tilde{x}) = f(x) + \sum_{\kappa \notin I(x)} (c_\kappa - z_\kappa) \tilde{x}_\kappa = 0 + 7(-3 - 0) = -21.$$

Wir beschreiben jetzt allgemein, welche Rechenschritte bei der Durchführung eines Eckenaustausches erforderlich sind. Dazu genügt es anzugeben, wie der Übergang von einem Tableau mit den Basisvariablen $x_{\mu_1}, x_{\mu_2}, \ldots, x_{\mu_n}$ zum nächsten Tableau mit den Basisvariablen $\tilde{x}_{\kappa_1}, \tilde{x}_{\kappa_2}, \ldots, \tilde{x}_{\kappa_n}$ vollzogen wird.

Die Basisvariable $x_{\mu_{\tilde{\nu}}}$ soll gegen die Variable $\tilde{x}_{\tilde{\kappa}}$ ausgetauscht werden. Wir nehmen dazu an, daß $\alpha_{\tilde{\nu}\tilde{\kappa}} > 0$ gilt. Aus $a^{\tilde{\kappa}} = \sum_{\substack{\nu=1 \\ \nu \neq \tilde{\nu}}}^{n} a_{\nu\tilde{\kappa}} a^{\mu_\nu} + \alpha_{\tilde{\nu}\tilde{\kappa}} a^{\mu_{\tilde{\nu}}}$ gewinnt man die Darstellung

$$a^{\mu_{\tilde{\nu}}} = \alpha_{\tilde{\nu}\tilde{\kappa}}^{-1} a^{\tilde{\kappa}} - \sum_{\substack{\nu=1 \\ \nu \neq \tilde{\nu}}}^{n} a_{\nu\tilde{\kappa}} \cdot \alpha_{\tilde{\nu}\tilde{\kappa}}^{-1} a^{\mu_\nu}.$$

Setzt man diese in

$$a^\mu = \sum_{\nu=1}^{n} \alpha_{\nu\mu} a^{\mu_\nu}, \quad b = \sum_{\nu=1}^{n} \alpha_{\nu 0} a^{\mu_\nu}$$

ein, ergibt sich

$$a^\mu = \sum_{\substack{\nu=1 \\ \nu \neq \tilde{\nu}}}^{n} (\alpha_{\nu\mu} - \alpha_{\nu\tilde{\kappa}} \cdot \alpha_{\tilde{\nu}\tilde{\kappa}}^{-1} \cdot \alpha_{\tilde{\nu}\mu}) a^{\mu_\nu} + \alpha_{\tilde{\nu}\mu} \cdot \alpha_{\tilde{\nu}\tilde{\kappa}}^{-1} a^{\tilde{\kappa}}$$

und

$$b = \sum_{\substack{\nu=1 \\ \nu \neq \tilde{\nu}}}^{n} (\alpha_{\nu 0} - \alpha_{\nu\tilde{\kappa}} \cdot \alpha_{\tilde{\nu}\tilde{\kappa}}^{-1} \cdot \alpha_{\tilde{\nu}0}) a^{\mu_\nu} + \alpha_{\tilde{\nu}0} \cdot \alpha_{\tilde{\nu}\tilde{\kappa}}^{-1} a^{\tilde{\kappa}}.$$

Daraus liest man die neuen Werte des Tableaus ab:

$$\tilde{\alpha}_{\nu\mu} := \begin{cases} \alpha_{\nu\mu} - \alpha_{\nu\tilde{\kappa}} \cdot \alpha_{\tilde{\nu}\tilde{\kappa}}^{-1} \cdot \alpha_{\tilde{\nu}\mu} & \text{für } \nu \neq \tilde{\nu}, \\ \alpha_{\tilde{\nu}\mu} \cdot \alpha_{\tilde{\nu}\tilde{\kappa}}^{-1} & \text{für } \nu = \tilde{\nu}, \end{cases}$$

mit $1 \leq \nu \leq n$ und $0 \leq \mu \leq m$.

Die neue letzte Zeile des Tableaus ergibt sich aus

$$\tilde{\alpha}_{m+1\,\mu} = c_\mu - \tilde{z}_\mu = c_\mu - \sum_{\substack{\nu=1 \\ \nu \neq \tilde{\nu}}}^{n} c_{\mu\nu}\tilde{\alpha}_{\nu\mu} - c_{\tilde{\kappa}}\tilde{\alpha}_{\tilde{\nu}\mu} =$$

$$= c_\mu - \sum_{\substack{\nu=1 \\ \nu \neq \tilde{\nu}}}^{n} c_{\mu\nu}\alpha_{\nu\mu} + \sum_{\substack{\nu=1 \\ \nu \neq \tilde{\nu}}}^{n} c_{\mu\nu} \cdot \alpha_{\nu\tilde{\kappa}} \cdot \alpha_{\tilde{\nu}\tilde{\kappa}}^{-1} \cdot \alpha_{\tilde{\nu}\mu} - c_{\tilde{\kappa}} \cdot \alpha_{\tilde{\nu}\mu} \cdot \alpha_{\tilde{\nu}\tilde{\kappa}}^{-1} =$$

$$= c_\mu - z_\mu + c_{\mu\tilde{\nu}}\alpha_{\tilde{\nu}\mu} - \alpha_{\tilde{\nu}\mu} \cdot \alpha_{\tilde{\nu}\tilde{\kappa}}^{-1}\Big(c_{\tilde{\kappa}} - \sum_{\substack{\nu=1 \\ \nu \neq \tilde{\nu}}}^{n} c_{\mu\nu}\alpha_{\nu\tilde{\kappa}}\Big) =$$

$$= \alpha_{n+1\,\mu} - \alpha_{\tilde{\nu}\mu} \cdot \alpha_{\tilde{\nu}\tilde{\kappa}}^{-1}(c_{\tilde{\kappa}} - z_{\tilde{\kappa}}) = \alpha_{n+1\,\mu} - \alpha_{\tilde{\nu}\mu} \cdot \alpha_{\tilde{\nu}\tilde{\kappa}}^{-1}\alpha_{n+1\,\tilde{\kappa}}$$

zu

$$\boxed{\tilde{\alpha}_{n+1\,\mu} := \alpha_{n+1\,\mu} - \alpha_{\tilde{\nu}\mu} \cdot \alpha_{\tilde{\nu}\tilde{\kappa}}^{-1}\alpha_{n+1\,\tilde{\kappa}}}$$

für $\mu = 0, 1, \ldots, m$.

Wir greifen das Beispiel 3.1 nochmals auf und schreiben das vollständige Tableau nach dem ersten Austausch-Schritt auf ($\tilde{\kappa} = 1$, $\tilde{\nu} = 6$):

0	-11/2	1	0	0	0	0	3/2	72	-144/11
0	-1/4	0	1	0	0	0	7/4	133	-532
0	1	0	0	1	0	0	0	9	9
0	189/4	0	0	0	1	0	-19/4	133	532/189
0	-7/4	0	0	0	0	1	-1/4	3	-12/7
1	-7/4	0	0	0	0	0	1/4	7	-4
0	-25/4	0	0	0	0	0	3/4	21	

Offensichtlich wird man im zweiten Schritt $\tilde{\kappa} = 2$ und $\tilde{\nu} = 4$ wählen. Die Durchführung der weiteren Austauschschritte überlassen wir dem Leser.

Die Vorgehensweise beim Eckenaustausch wird nochmals zusammengefaßt in dem

Satz. *Es sei $x \in E_M$ eine nichtentartete Ecke mit $f(x) =: z_0$. Dann gilt:*
(i) *Falls $d_\kappa := c_\kappa - z_\kappa \geq 0$ für alle $\kappa \notin I(x)$ ist, wird der Minimalwert der Zielfunktion f an der Stelle x angenommen.*
(ii) *Falls für einen Index $\tilde{\kappa} \notin I(x)$ dagegen $d_{\tilde{\kappa}} := c_{\tilde{\kappa}} - z_{\tilde{\kappa}} < 0$ ist, unterscheiden wir die folgenden Fälle:*
(ii$_1$) *Wenn es kein $\nu \in \{1, 2, \ldots, m\}$ mit $\alpha_{\tilde{\nu}\tilde{\kappa}} > 0$ gibt, ist die Menge M der zulässigen Vektoren unbeschränkt.*

(ii_2) *Wenn es einen Index $\tilde{\nu} \in \{1, 2, \ldots, m\}$ gibt, für den $\alpha_{\tilde{\nu}\tilde{\kappa}} > 0$ gilt und $\frac{\alpha_{\tilde{\nu}0}}{\alpha_{\tilde{\nu}\tilde{\kappa}}} = \min\{\frac{\alpha_{\nu 0}}{\alpha_{\nu\tilde{\kappa}}} \mid \alpha_{\nu\tilde{\kappa}} > 0\}$ ist, erhält man durch den Austausch der Basisvariablen $x_{\mu_{\tilde{\nu}}}$ gegen $x_{\tilde{\kappa}}$ eine Ecke, auf der die Zielfunktion einen kleineren Wert hat. Diese Ecke ist genau dann entartet, wenn der Index $\tilde{\nu}$ nicht eindeutig bestimmt ist.*

Damit ergibt sich der folgende *Algorithmus*:

(i) Starte mit dem Simplex-Tableau für eine nichtentartete Ecke;

(ii) Lösungstest: Ist $d_\kappa \geq 0$ für alle $\kappa \notin I(x)$, so beendet man den Algorithmus mit der Lösung x;

(iii) Wahl der Austauschspalte: Wähle einen Index $\tilde{\kappa} \notin I(x)$ mit $d_{\tilde{\kappa}} = \min\{d_\kappa \mid \kappa \notin I(x)\}$;

(iv) M ist unbeschränkt, wenn $\alpha_{\nu\tilde{\kappa}} \leq 0$ für alle $\nu = 1, 2, \ldots, m$ gilt;

(v) Wahl der auszutauschenden Basisvariablen $x_{\mu_{\tilde{\nu}}}$: Wähle einen Index $\tilde{\nu} \in \{1, 2, \ldots, n\}$ mit

$$\frac{\alpha_{\tilde{\nu}0}}{\alpha_{\tilde{\nu}\tilde{\kappa}}} = \min\{\frac{\alpha_{\nu 0}}{\alpha_{\nu\tilde{\kappa}}} \mid \alpha_{\nu\tilde{\kappa}} > 0\}.$$

(vi) Berechnung des neuen Simplex-Tableaus: Setze $I(x) := (I(x) \setminus \{\mu_{\tilde{\nu}}\}) \cup \{\tilde{\kappa}\}$;

$$\alpha_{\nu\mu} := \begin{cases} \alpha_{\nu\mu} - \alpha_{\nu\tilde{\kappa}}\alpha_{\tilde{\nu}\tilde{\kappa}}^{-1}\alpha_{\tilde{\nu}\mu} & \text{für } \nu \neq \tilde{\nu} \\ \alpha_{\tilde{\nu}\mu}\alpha_{\tilde{\nu}\tilde{\kappa}}^{-1} & \text{für } \nu = \tilde{\nu} \end{cases},$$
$$d_\mu := d_\mu - \alpha_{\tilde{\nu}\mu}\alpha_{\tilde{\nu}\tilde{\kappa}}^{-1}d_{\tilde{\kappa}}.$$

(vii) Berechnung der letzten Spalte.

Die Zahl $\alpha_{\tilde{\nu}\tilde{\kappa}}$ heißt das *Pivotelement* des Austauschschrittes.

Wir waren bisher davon ausgegangen, daß beim Start des Verfahrens eine nichtentartete Ecke des Polyeders M bekannt ist. Wie man eine solche Ausgangssituation erreichen kann, wollen wir jetzt untersuchen.

3.3 Startecken. Es sei zunächst eine Optimierungsaufgabe mit Nebenbedingungen in Ungleichungsform gegeben:

Minimiere $f(x) = c^T x$ unter den Nebenbedingungen $Ax \leq b, x \geq 0$.

Durch Einführung von Schlupfvariablen wie in 1.4 wird dieses Problem auf die Standardform gebracht. Eine Ecke des Standardproblems ist dann offensichtlich durch den Vektor $(0, \ldots, 0, b_1, \ldots, b_n)^T$ gegeben, die nicht entartet ist, wenn $b_\mu > 0, 1 \leq \mu \leq n$, gilt.

Schwieriger ist die Aufgabe, eine Startecke zu finden, wenn das Optimierungsproblem in der allgemeinen Standardform, ohne spezielle Struktur der Matrix A, gegeben ist. Wir betrachten dann das folgende Hilfsproblem:

Minimiere die Zielfunktion $f^*(x, y_1, \ldots, y_n) := \sum_{\nu=1}^{n} y_\nu$ unter den Nebenbedingungen $Ax + y = b$, $x \geq 0$ und $y \geq 0$.

Das Hilfsproblem besitzt eine Lösung, weil die Zielfunktion f^* auf der Menge $M^* := \{ \binom{x}{y} \in \mathbb{R}^{m+n} \mid Ax + y = b, x \geq 0, y \geq 0 \}$ nach unten beschränkt ist (vgl. 2.5, Aufgabe 1).

Das Polyeder M^* hat offensichtlich die Ecke $\binom{x}{y} := \binom{0}{b}$, die auch nicht entartet ist, wenn $b > 0$ gilt. Durch Eckenaustausch gemäß Satz 3.2 findet man eine Ecke $\binom{x^*}{y^*} \in E_{M^*}$, in der f^* sein Minimum annimmt. Es können nun zwei Fälle auftreten:

(i) Es ist $y^* \neq 0$.

Dann ist die Menge der zulässigen Vektoren $M := \{ x \in \mathbb{R}^m \mid Ax = b, x \geq 0 \}$ des Ausgangsproblems leer. Sei nämlich $M \neq \emptyset$ und $x \in M$, so ist $\binom{x}{0}$ Lösung des Hilfsproblems mit $f^*(x, 0) = 0$. Die Ecke $\binom{x^*}{y^*}$ war aber bereits eine Lösung mit $f^*(x^*, y^*) > 0$. Das ist ein Widerspruch.

(ii) Es ist $y^* = 0$.

In diesem Fall ist x^* eine Ecke von M, die nicht entartet ist, wenn keine Komponente von y^* Basisvariable der Ecke $\binom{x^*}{y^*}$ von M^* ist.

Wir haben also nur noch den Fall zu betrachten, daß einige der Komponenten von y^* Basisvariable der Ecke $\binom{x^*}{y^*} \in E_{M^*}$ sind. Diese Komponenten von y^* mögen die Indizes $I(y^*) = \{\mu_1^*, \ldots, \mu_k^*\}$ haben. Wir versuchen, durch weitere Austauschschritte zu einer nicht entarteten Ecke $x \in E_M$ zu kommen. Dazu sei $\mu_{\tilde{\nu}} \in I(y^*)$, und in der zu $\tilde{\nu}$ gehörenden Zeile des Simplextableaus sei $\alpha_{\tilde{\nu}\tilde{\kappa}} \neq 0$ für ein zu einer Komponente von x^* gehörendes $\tilde{\kappa}$. Dann setzt man

$$\tilde{\alpha}_{\nu\mu} := \begin{cases} \alpha_{\nu\mu} - \alpha_{\nu\tilde{\kappa}} \cdot \alpha_{\tilde{\nu}\tilde{\kappa}}^{-1} \cdot \alpha_{\tilde{\nu}\mu} & \text{für } \nu \neq \tilde{\nu} \\ \alpha_{\tilde{\nu}\mu} \cdot \alpha_{\tilde{\nu}\tilde{\kappa}}^{-1} & \text{für } \nu = \tilde{\nu} \end{cases} .$$

Dieser Austauschschritt bewirkt einen Austausch der Basisvariablen $y_{\mu_{\tilde{\nu}}}^*$ gegen $x_{\tilde{\kappa}}^*$. Wegen $\alpha_{\tilde{\nu}0} = 0$ bzw. $d_{\tilde{\nu}} = 0$ bleibt der Wert der Basisvariablen und der Wert von d_μ unverändert.

Man versucht, durch wiederholte Anwendung dieses Schrittes alle Basisvariablen $y_{\mu_{\tilde{\nu}}}^*$ mit $\mu_{\tilde{\nu}} \in I(y^*)$ gegen ein $x_{\tilde{\kappa}}^*$ auszutauschen. Gelingt das, so hat man eine nichtentartete Ecke von M gefunden. Andernfalls gibt es einen Index $\tilde{\nu} \in I(y^*)$, so daß $\alpha_{\tilde{\nu}\kappa} = 0$ ist für alle zu x^* gehörenden Indizes κ. Dann muß jedoch der Rang von A kleiner als n sein. Wegen $Ax^* = b$ bedeutet dies aber, daß die Zeilen von A linear abhängig sind. Einige Gleichungen sind also überflüssig. Man spricht auch von *redundanten* Gleichungen.

Es sei noch angemerkt, daß man natürlich bei Optimierungsaufgaben in Standardform $b \geq 0$ voraussetzen kann. Das ist eventuell durch Multiplikation von Gleichungen mit (-1) immer zu erreichen.

Mit der in diesem Abschnitt ausgeführten Vorgehensweise findet man Startecken. Es ist noch offen, wie man bei möglichen Entartungen vorzugehen hat.

3.4 Bemerkungen zu entarteten Ecken. Bisher waren wir immer davon ausgegangen, daß bei der Durchführung eines Eckenaustausches keine Entartung auftritt. Es seien nun x eine beliebige Ecke von M mit den Basisvariablen $x_{\mu_1}, x_{\mu_2}, \ldots, x_{\mu_n}$ und $x_{\tilde{\kappa}}$, $\tilde{\kappa} \notin I(x)$, diejenige Variable, die neue Basisvariable werden soll. Wie bisher setzen wir

$$\tilde{\varepsilon} := \min_{1 \leq \nu \leq n} \left\{ \frac{x_{\mu_\nu}}{\alpha_{\nu\tilde{\kappa}}} \mid \alpha_{\nu\tilde{\kappa}} > 0 \right\}.$$

Da x möglicherweise entartet ist, können die beiden Fälle $\tilde{\varepsilon} > 0$ und $\tilde{\varepsilon} = 0$ auftreten.

Im Fall $\tilde{\varepsilon} > 0$ führt man den Austauschschritt durch, wie es in 3.2 dargestellt wurde, und gelangt zu einer Ecke $\tilde{x}$, $\tilde{x} \neq x$, mit $f(\tilde{x}) < f(x)$.

Der Fall $\tilde{\varepsilon} = 0$ bedarf einer besonderen Behandlung. Dazu wird ein Index $\tilde{\nu}$ gewählt, für den $\alpha_{\tilde{\nu}\tilde{\kappa}} > 0$ und $x_{\mu_{\tilde{\nu}}} \cdot \alpha_{\tilde{\nu}\tilde{\kappa}} = 0$ gilt. Beim nächsten Eckenaustausch mit dem *Pivotelement* $\alpha_{\tilde{\nu}\tilde{\kappa}}$ erhält man eine neue Basis zur Ecke x. Der Wert der Zielfunktion wird dabei nicht verändert. Tritt der Fall $\tilde{\varepsilon} = 0$ mehrmals hintereinander auf, so bleibt das Verfahren bei der Ecke x stehen. Lediglich deren Basisvariable werden ausgetauscht. Es kann dann vorkommen, daß man nach einigen Schritten wieder zu einer Basis von x gelangt, die man bereits berechnet hatte. In einem solchen Fall läuft das Verfahren in einen *Zyklus*. Man spricht von *zyklischem Austausch*. Praktisch spielt diese Situation keine Rolle, weil große Optimierungsaufgaben ohnehin nur mit der Hilfe von Computern gelöst werden können und daher das Auftreten von Rundungsfehlern bereits Zyklen in der Regel unterdrückt. Man kann allerdings auch Zusatzregeln zum Austausch angeben, so daß Zyklen stets vermieden werden. Hierzu vergleiche man z. B. das Buch von L. Collatz und W. Wetterling ([1966], S. 19 ff.); ein Beispiel für das Auftreten von Zyklen findet man auch in der Monographie von S. I. Gass ([1964], S. 119 ff.).

3.5 Die Zweiphasenmethode. Wir behandeln wie bisher die folgende Optimierungsaufgabe:

Minimiere $f(x) = c^T x$ unter den

Nebenbedingungen $Ax = b$, $x \geq 0$

mit $A \in \mathbb{R}^{(n,m)}$, $b \in \mathbb{R}^n$ und $c \in \mathbb{R}^m$.

Die Durchführung des Simplexverfahrens zur Lösung dieser Aufgabe läuft entsprechend den Ausführungen in 3.2 und 3.3 in der Regel in zwei Phasen ab.

Phase I. Berechnung einer Lösung des Hilfsproblems 3.3. Daraus gewinnt man eine Ecke des Standard-Optimierungsproblems.

Phase II. Durch Eckenaustausch, wie es in 3.2 und 3.4 beschrieben wurde, berechnet man eine Ecke von M, die Lösung des Standard-Optimierungsproblems ist.

Beide Phasen benutzen den *Simplexalgorithmus*, den wir jetzt zusammenfassend beschreiben.

Es kann von der Ausgangssituation ausgegangen werden, daß eine Ecke x mit den Basisvariablen x_{μ_ν}, $1 \leq \nu \leq n$, vorliegt und $\{a^{\mu_\nu} \mid \nu \in I(x)\} = = \{a^{\mu_\nu} \in \mathbb{R}^n \mid 1 \leq \nu \leq n\}$ gilt. Das ist entweder bereits beim vorliegenden Standardproblem der Fall (Phase I ist dann überflüssig), oder das Hilfsproblem erfüllt diese Bedingung (Phase I wird vorgeschaltet).

Die einzelnen Schritte des Algorithmus laufen dann folgendermaßen ab:

(i) Setze $\alpha_{\nu\kappa} := a_\nu^\kappa$, $\alpha_{\nu 0} := b_\nu$, $\alpha_{n+1\kappa} := c_\kappa$, $\alpha_{n+10} := c^T x$ für $1 \leq \nu \leq n$ und $1 \leq \kappa \leq m$,

(ii) Für alle $\mu_{\tilde\nu} \in I(x)$ mit $c_{\mu_{\tilde\nu}} \neq 0$ setze

$$\alpha_{\nu\mu} := \begin{cases} \alpha_{\nu\mu} - \alpha_{\tilde\nu\mu}\alpha_{\nu\mu_{\tilde\nu}} & \text{für } \nu \neq \tilde\nu, \; \mu \notin I(x) \\ \alpha_{\tilde\nu\mu} & \text{für } \nu = \tilde\nu, \; \mu \notin I(x) \end{cases},$$

$$\alpha_{n+1\mu} := \alpha_{n+1\mu} - \alpha_{\tilde\nu\mu}\alpha_{n+1\mu_{\tilde\nu}},$$

(iii) Ist $\alpha_{n+1\mu} \geq 0$ für alle $\mu \notin I(x)$, dann ist der Vektor x mit den Komponenten $\alpha_{\mu_{\tilde\nu}0}$ für $\mu_{\tilde\nu} \in I(x)$ und Null sonst Lösung des Optimierungsproblems. Der Wert der Zielfunktion beträgt $(-\alpha_{n+10})$; beende.

(iv) Wähle die Austauschspalte $\tilde\kappa$ durch

$$\alpha_{n+1\tilde\kappa} = \min\{\alpha_{n+1\kappa} \mid \kappa \notin I(x)\}.$$

(v) Wenn $\alpha_{\nu\tilde\kappa} \leq 0$ für $1 \leq \nu \leq n$ gilt, so ist die Zielfunktion auf M nicht beschränkt; beende.

(vi) Wähle die Austauschzeile $\tilde\nu$ durch

$$\frac{\alpha_{\tilde\nu 0}}{\alpha_{\tilde\nu\tilde\kappa}} = \min\{\alpha_{\nu 0} \cdot \alpha_{\nu\tilde\kappa}^{-1} \mid \alpha_{\nu\tilde\kappa} > 0\}.$$

(vii) Setze

$$\alpha_{\nu\mu} := \begin{cases} \alpha_{\nu\mu} - \alpha_{\tilde\nu\mu} \cdot \alpha_{\tilde\nu\tilde\kappa}^{-1} \cdot \alpha_{\nu\tilde\mu} & \text{für } \nu \neq \tilde\nu \\ \alpha_{\tilde\nu\mu} \cdot \alpha_{\tilde\nu\tilde\kappa}^{-1} & \text{für } \nu = \tilde\nu \end{cases},$$

$$\alpha_{n+1\mu} := \alpha_{n+1\mu} - \alpha_{\tilde\nu\mu} \cdot \alpha_{\tilde\nu\tilde\kappa}^{-1} \cdot \alpha_{n+1\tilde\kappa},$$

$$\mu_{\tilde\nu+\mu} := \mu_{\tilde\nu+\mu+1} \quad \text{für } 0 \leq \kappa \leq n - \tilde\nu - 1,$$

$$\mu_n := \mu_{\tilde\kappa},$$

$$I(x) := \{\mu_1, \mu_2, \ldots, \mu_n\}.$$

Gehe zu Schritt (iii).

Bemerkung. i) Die Schleife in Schritt (ii) wird höchstens m-mal durchlaufen.

ii) Im Schritt (iv) ist die Austauschspalte eindeutig bestimmbar.

iii) Wenn in Schritt (vi) die Austauschzeile nicht eindeutig bestimmt ist, so muß die neu konstruierte Ecke entartet sein.

Der Rechenaufwand beim Simplexverfahren kann wesentlich verringert werden, wenn man sich bei der Umformung des Tableaus auf die in jedem Schritt relevanten Größen beschränkt. Die entsprechende Variante des Algorithmus wollen wir jetzt betrachten.

3.6 Das revidierte Simplexverfahren.

Sei x ein zulässiger Vektor aus M, $\{\mu_1, \mu_2, \ldots, \mu_n\} \subset \{1, 2, \cdots, m\}$. Die Matrix $A = (a^\mu)_{\mu=1,2,\ldots,m}$ wird in die Teilmatrizen $B := (a^{\mu_\nu})_{\nu=1,2,\ldots,n}$, $B \in \mathbf{R}^{(n,n)}$, und $D := (a^\mu)_{\substack{\mu=1,2,\ldots,m, \\ \mu \neq \mu_\nu}}$, $D \in \mathbf{R}^{(m-n,m)}$, aufgespalten. Entsprechend verfahren wir mit den Vektoren $x, c \in \mathbf{R}^m$ und setzen $x_B := (x_{\mu_\nu}) \in \mathbf{R}^n$, $x_D := (x_\mu)_{\mu \neq \mu_\nu} \in \mathbf{R}^{m-n}$ und analog $c_B \in \mathbf{R}^n$, $c_D \in \mathbf{R}^{m-n}$.

Das Standard-Optimierungsproblem schreiben wir mit dieser Bezeichnung um:

Minimiere $c_B^T \cdot x_B + c_D^T \cdot x_D$ unter den

Nebenbedingungen $Bx_B + Dx_D = b$, $x_B \geq 0$, $x_D \geq 0$.

Wenn die Matrix B invertierbar ist, lassen sich die Zielfunktion und die Nebenbedingungen umformen:

Minimiere $(c_D^T - c_B^T B^{-1} D)x_D + c_B^T B^{-1} b$ unter den

$(*)$ Nebenbedingungen $x_B + B^{-1} Dx_D = B^{-1} b$ und den

Vorzeichenbedingungen $x_B \geq 0$, $x_D \geq 0$.

Ist nun x eine Ecke von M mit den Basisvariablen $x_{\mu_1}, \ldots, x_{\mu_n}$, so folgt $x_D = 0$ und $x_B = B^{-1} b$. Den Vektor $r := (c_D^T - c_B^T B^{-1} D)x_D$ bezeichnet man für $x \in M$ als *Kostenvektor* von x. Das Simplextableau des Problems $(*)$ für eine Ecke $x \in E_M$ mit den Basisvariablen $\mu_1, \mu_2, \ldots, \mu_n$ hat folgende Gestalt:

I	$B^{-1}D$	$B^{-1}b$
0	$c_D^T - c_B^T B^{-1} D$	$-c_B^T B^{-1} b$

Man erkennt, daß man in jedem Schritt des Verfahrens nur eine $(n \times n)$-Matrix B zu invertieren und mit einer $(n \times (m-n))$-Matrix D zu multiplizieren hat. Außerdem unterscheiden sich die zu invertierenden Matrizen B in aufeinanderfolgenden Schritten nur um eine Spalte, die gerade ausgetauscht wurde. Beim Simplexverfahren in 3.5 mußte bei jedem Austauschschritt das Produkt $B^{-1}A$ gebildet werden.

Wir beschreiben jetzt den *Algorithmus des revidierten Simplexverfahrens.* Es sei $x \in E_M$ eine Ecke mit den Basisvariablen $x_{\mu_1}, \ldots, x_{\mu_n}$. Wir setzen $B := (a^{\mu_1}, \ldots, a^{\mu_n})$ und führe folgende Schritte aus:

(i) Berechne $B^{-1} =: (w^1, w^2, \ldots, w^n)$ und $w^0 := B^{-1}b$,

(ii) Berechne $\lambda := c_B^T B^{-1}$ und setze $r := c_D^T - \lambda D$,

(iii) Bestimme die Austauschspalte mit dem Index $\tilde{\kappa}$ durch
$r_{\tilde{\kappa}} := \min\{r_\kappa \mid \kappa \notin \{\mu_1, \ldots, \mu_n\}\}$ und berechne
$\alpha^{\tilde{\kappa}} := (\alpha_{1\tilde{\kappa}}, \alpha_{2\tilde{\kappa}}, \ldots, \alpha_{n\tilde{\kappa}})^T := B^{-1}a^{\tilde{\kappa}}$,

(iv) Beschränktheitstest: Ist $\alpha^{\tilde{\kappa}} \leq 0$, so ist die Zielfunktion auf M nicht beschränkt, beende.

(v) Auswahl der Austauschzeile: Bestimme einen Zeilenindex $\tilde{\nu}$ durch

$$\frac{w_{\tilde{\nu}}^0}{\alpha_{\tilde{\nu}\tilde{\kappa}}} = \min\{w_\nu^0 \cdot \alpha_{\nu\tilde{\kappa}}^{-1} \mid \alpha_{\nu\tilde{\kappa}}^{-1} > 0\}.$$

(vi) Setze

$$w_\nu^\kappa := \begin{cases} w_\nu^\kappa - w_\nu^{\tilde{\kappa}} \cdot \alpha_{\tilde{\nu}\tilde{\kappa}}^{-1} \cdot w_{\tilde{\nu}}^\kappa & \text{für } \nu \neq \tilde{\nu}, \\ w_{\tilde{\nu}}^\kappa \cdot \alpha_{\tilde{\nu}\tilde{\kappa}}^{-1} & \text{für } \nu = \tilde{\nu} \end{cases}$$

und $1 \leq \nu \leq m$, $0 \leq \kappa \leq m$;

$$B^{-1} = (w^1, \ldots, w^n) \quad \text{und} \quad \mu_{\tilde{\nu}} := \tilde{\kappa};$$

Gehe zu Schritt (ii).

Bei der numerischen Realisierung des revidierten Simplexverfahrens erweist es sich als sinnvoll, eine LR-Zerlegung der Matrix B vorzunehmen. Nach dem Satz von der Dreieckszerlegung einer nichtsingulären Matrix in 2.1.3 existieren nämlich nichtsinguläre untere bzw. obere Dreiecksmatrizen L und R sowie eine Permutationsmatrix P mit $P \cdot B = L \cdot R$. Weiter läßt sich bei Abänderung von B durch Austauschen nur einer Spalte die entsprechende Dreieckszerlegung arbeitssparend berechnen (vgl. Bemerkung 2.1.4).

Im Algorithmus des revidierten Simplexverfahrens nehmen wir dann folgende Modifikationen vor:

(i) Führe die Zerlegung $L'B = R$, $L' := L^{-1} \cdot P$ durch, setze $\bar{b} := L'b$ und löse das lineare Gleichungssystem $Rw^0 = \bar{b}$,

(ii) Löse $R^T w = c_B$ und setze $\lambda := L'^T w$, $r := c_D^T - \lambda^T D$,

(iii) Setze $\bar{w} := L'a^{\tilde{\kappa}}$ und löse $R\alpha_{\tilde{\kappa}} = \bar{w}$.

Die Matrix B^{-1} muß in keinem Schritt explizit berechnet werden. Die Gleichungssysteme sind einfach zu lösen, weil die Matrizen Dreiecksgestalt haben. Für ein Algol-Programm des revidierten Simplexverfahrens mit LR-Zerlegung vergleiche man R. H. Bartels, J. Stoer und C. Zenger ([1971], S. 152 ff.).

3.7 Aufgaben. 1) Machen Sie sich anhand von Beispielen klar, was es geometrisch bedeutet, wenn eine Ecke eines Polyeders im $\mathbf{R}^2$ oder im $\mathbf{R}^3$ entartet ist.

2) Gegeben sei die Optimierungsaufgabe: Maximiere $c^T x$ unter den Nebenbedingungen $Ax = b$. Es sei M $= \{x | Ax = b\} \neq \emptyset$. Zeigen Sie die Äquivalenz der folgenden Aussagen:

(i) Der Maximalwert der Zielfunktion ist endlich;

(ii) alle zulässigen Vektoren sind Lösung des Optimierungsproblems;

(iii) der Vektor c hängt linear von den Zeilenvektoren der Matrix A ab.

3) Zeigen Sie, daß die Menge der zulässigen Vektoren des Optimierungsproblems, den Ausdruck $(x_2 - 3x_3 + 2x_5)$ unter den Nebenbedingungen
$$x_1 + 3x_2 - x_3 + 2x_5 = 7, \quad -2x_2 + 4x_3 + x_4 = 12, \quad -4x_2 + 3x_3 + 8x_5 + x_6 = 10,$$
$x_\mu \geq 0$ für $1 \leq \mu \leq 3$ zu minimieren, die Ecke $x = (10, 0, 3, 0, 0, 1)$ besitzt und schreiben Sie das zugehörige Simplextableau auf.

4) Bestimme eine Lösung der Optimierungsaufgabe, die Summe $(x_4 + x_5)$ unter den Nebenbedingungen $2x_1 + x_2 + 2x_3 + x_4 = 4$, $3x_1 + 3x_2 + x_3 + x_5 = 3$, $x_\mu \geq 0$ für $1 \leq \mu \leq 5$ zu minimieren, durch Eckenaustausch.

5) Geben Sie für das Optimierungsproblem, die Zielfunktion $(-0.75x_1 + 150x_2 - 0.02x_3 + 6x_4)$ unter den Nebenbedingungen $0.25x_1 - 60x_2 - 0.04x_3 + 9x_4 + x_5 = 0$, $0.5x_1 - 90x_2 - 0.02x_3 + 3x_4 + x_6 = 0$, $x_3 + x_7 = 1$, $x_\mu \geq 0$ für $1 \leq \mu \leq 7$, zu minimieren, eine entartete Ecke an, schreiben Sie das Simplextableau zu den Basisvariablen x_5, x_6, x_7 auf und führen Sie einen Austauschschritt mit $\tilde{\kappa} = 1$, $\tilde{\nu} = 1$ durch.

6) Lösen Sie die folgende Optimierungsaufgabe mit der Zweiphasenmethode: Minimiere die Komponente x_2 unter den Nebenbedingungen
$$-x_1 - 2x_3 = 5, \quad 2x_1 - 3x_2 + x_3 = 3, \quad 2x_1 - 5x_2 + 6x_3 = 5.$$

7) Lösen Sie die Optimierungsaufgabe, die Summe $(2x_1 + x_2 + 4x_3)$ unter den Nebenbedingungen $x_1 + x_2 + 2x_3 = 3$, $2x_1 + x_2 + 3x_3 = 5$, $x_1 \geq 0$, $x_2 \geq 0$ zu minimieren,

a) mit dem revidierten Simplexalgorithmus;

b) mit dem Simplexalgorithmus mit LR-Zerlegung.

8) Erstellen Sie ein Computerprogramm für das revidierte Simplexverfahren mit LR-Zerlegung und lösen Sie die Optimierungsprobleme a) und b):

a) (Testbeispiel): Minimiere den Ausdruck $-3x_1 - x_2 - 3x_3$ unter den Nebenbedingungen $2x_1 + x_2 + x_3 \leq 2$, $x_1 + 2x_2 + 3x_3 \leq 5$, $2x_1 + 2x_2 + x_3 \leq 6$, $x_\mu \geq 0$ für $1 \leq \mu \leq 3$.

b) (Beispiel für Zyklen aus dem Buch von S. I. Gass ([1964], S. 106)): Die Optimierungsaufgabe 4.

§ 4. Betrachtungen zur Komplexität

Die Durchführung des Simplexalgorithmus entspricht in der Phase II in jedem Schritt der Bewegung auf einer Kante eines Polyeders von einer Ecke zu einer benachbarten. Dabei wird aus dem Simplextableau einer Ecke das entsprechende Tableau einer Nachbarecke berechnet. Das erfordert $2m(n+1) + 1$

Multiplikationen (Divisionen) und $m(n + 1)$ Additionen (Subtraktionen). Um den Gesamtaufwand des Simplexverfahrens abschätzen zu können, muß man sich überlegen, wieviele Ecken durchlaufen werden müssen, um die optimale Ecke zu finden, die die Zielfunktion minimiert. In 2.3 wurde mit $\binom{m}{n}$ eine obere Schranke für die Anzahl der Schritte angegeben, wenn m die Zahl der Ungleichungsrestriktionen und n die der Variablen der Zielfunktion angibt. In der Praxis beobachtet man jedoch, daß man mit erheblich weniger Schritten, nämlich $\frac{3}{2}(m - n)$, auskommt. Das veranlaßte W. M. Hirsch 1957, die Vermutung auszusprechen, daß für jedes Problem der linearen Optimierung eine *Variante des Simplex-Algorithmus* existiert, die das Problem in höchstens $(m - n)$ Pivotschritten löst. Diese als *Hirsch-Vermutung* bekannt gewordene Fragestellung ist bis auf die Fälle $m - n \leq 5$ und $n = 3$ ungelöst. Für das in 3.5 dargestellte Simplexverfahren konnte V. Klee [1965] zeigen, daß es lineare Optimierungsaufgaben gibt, die mit nicht weniger als $(m-n)(n-1)+1$ Austauschschritten gelöst werden können. Seither hat die Frage nach der Komplexität von Verfahren zur Lösung linearer Optimierungsaufgaben die Forschung intensiv beschäftigt. Wir wollen einige Ergebnisse beschreiben.

4.1 Die Beispiele von Klee und Minty. Für die meisten Varianten des Simplex-Verfahrens sind jetzt Beispiele von Optimierungsaufgaben bekannt, zu deren Lösung sich die Anzahl der Pivotschritte nicht durch ein Polynom in m und n begrenzen läßt. Für den in 3.5 dargestellten Simplex-Algorithmus konstruierten V. Klee und G. Minty [1972] eine Folge von Beispielen, bei denen alle Ecken des Polyeders durchlaufen werden müssen, um die Lösung zu gewinnen. In diesen Beispielen beschreiben $m = 2n$ (n=Anzahl der Variablen) Ungleichungen die Restriktionen, die so konstruiert sind, daß bei der Durchführung des Simplex-Algorithmus alle 2^n Ecken des Polyeders durchlaufen werden. Das bedingt $(2^n - 1)$ Pivotschritte. Eine typische Optimierungsaufgabe dieser Art ist die folgende:

Maximiere die Zielfunktion $f(x) = (e^n)^T x$ unter den Nebenbedingungen:

$$
\begin{aligned}
x_1 &\geq 0, & x_1 &\leq 1 ; \\
x_2 &\geq \varepsilon x_1, & x_2 &\leq 1 - \varepsilon x_1 ; \\
x_3 &\geq \varepsilon x_2, & x_3 &\leq 1 - \varepsilon x_2 ; \\
&\ \ \vdots & &\ \ \vdots \\
x_n &\geq \varepsilon x_{n-1}, & x_n &\leq 1 - \varepsilon x_{n-1} .
\end{aligned}
$$

Hierbei ist $\varepsilon \in (0, 0.5)$ eine beliebige Zahl. An dem Spezialfall $n = 3$, $m = 6$ erkennt man das Konstruktionsprinzip der Polyeder. Der Simplex-Algorithmus durchläuft alle auftretenden Ecken, um schließlich bei der Ecke $x_7 = (0, 0, 1)$ das Maximum der Zielfunktion zu erreichen.

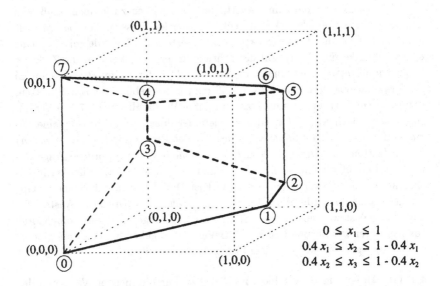

$$0 \leq x_1 \leq 1$$
$$0.4\,x_1 \leq x_2 \leq 1 - 0.4\,x_1$$
$$0.4\,x_2 \leq x_3 \leq 1 - 0.4\,x_2$$

Man erkennt, daß allgemein bei Problemen diese Typs ($2n$ Ungleichungen und n Variable) die Zahl der Pivotschritte exponentiell mit dem Parameter n wächst. Das entspricht allerdings nicht der Erfahrung mit dem Simplexverfahren, die man über eine große Zahl von Beispielen der Praxis bisher gewinnen konnte. In der Regel ist dieser Algorithmus wesentlich effizienter. Man kann sich daher fragen, wie das Laufzeitverhalten des Simplexverfahrens im Mittel ist.

4.2 Zum Durchschnittsverhalten von Algorithmen. Die Ausführungen in 4.1 legen den Gedanken nahe, unter einem geeigneten stochastischen Modell den Erwartungswert der Anzahl der Pivotschritte für einen Algorithmus zur Lösung linearer Optimierungsaufgaben zu betrachten. Untersuchungen in dieser Richtung wurden, beginnend in den frühen achtziger Jahren, schon von S. Smale [1982], [1983], M. Haimovich [1983] und bereits im Jahre 1977 von K. H. Borgwardt durchgeführt. Das weitreichendste Resultat erzielte K. H. Borgwardt [1981], [1982], als er zeigte, daß eine Variante des Simplex-Algorithmus – der *Schatten-Ecken-Algorithmus* – in der Phase II eine Laufzeit im Mittel hat, die durch ein Polynom in m und n abgeschätzt werden kann.

Das zugrundeliegende stochastische Modell geht von der Annahme aus, daß die Daten der linearen Optimierungsaufgaben $A = (a^1, a^2, \ldots, a^n) \in \mathbb{R}^{(m,n)}$ und $c \in \mathbb{R}^n$ auf $\mathbb{R}^n \setminus \{0\}$ eine Verteilung besitzen mit den Eigenschaften

(i) der Unabhängigkeit;

(ii) der Gleichverteiltheit;

(iii) der Symmetrie unter Rotationen.

Zur Lösung der Optimierungsaufgabe ($m \geq n$):

$$\text{maximiere} \quad f(x) := c^T x \quad \text{unter den}$$

$$\text{Nebenbedingungen} \quad \sum_{\nu=1}^{n} a_{\mu\nu} x_\nu \leq 1, \quad 1 \leq \mu \leq m,$$

mit dem Schatten-Ecken-Algorithmus, zeigt Borgwardt [1982] den folgenden

Satz. *Für alle Verteilungen, die dem stochastischen Modell (i)–(iii) genügen, gilt für den Erwartungswert $T_S^M(m,n)$ der Anzahl der Pivotschritte bei der Durchführung des Schatten-Ecken-Algorithmus in Phase II die Abschätzung*

$$T_S^M(m,n) \leq e\pi(\frac{\pi}{2} + \frac{1}{e})n^3 m^{\frac{1}{n-1}}.$$

Dieser Satz liefert das Ergebnis, daß die entsprechende Variante des Simplex-Algorithmus im Mittel eine Zahl von Pivotschritten benötigt, die sich durch ein Polynom in m und n abschätzen läßt. Zum Beweis dieser Aussagen verweisen wir auf das Buch von K. H. Borgwardt [1987]. Dort findet man auch eine Darstellung der weiteren Resultate zur Komplexität im Mittel bei Algorithmen der linearen Optimierung.

Wir wollen uns jetzt noch einigen Fragen des Laufzeitverhaltens im *schlechtesten Fall* (*worst case*) zuwenden. Dazu präzisieren wir den schon bisher benutzten Begriff der Laufzeit eines Algorithmus.

4.3 Laufzeitverhalten von Algorithmen. Bereits in 1.4.3 haben wir die Komplexität eines Algorithmus durch die Anzahl der auszuführenden elementaren Rechenschritte eingeführt. Wie bereits an dieser Stelle erwähnt wurde, spielt die Codierungslänge der auftretenden Zahlen zusätzlich eine wichtige Rolle; denn die Ausführung von Rechenoperationen mit kleinen Zahlen ist weniger aufwendig als die mit großen. In einer Rechenanlage können stets nur rationale Zahlen dargestellt werden (vgl. 1.1.3). Wir beschränken uns daher im folgenden auf den Körper $\mathbb{Q}$ der rationalen Zahlen.

Bekanntlich werden in Computern ganze Zahlen gewöhnlich binär codiert. Zur binären Darstellung einer Zahl $n \in \mathbb{Z}$ benötigt man $\lceil log_2(|n|+1)\rceil$ Bits und ein zusätzliches Bit für das Vorzeichen. Dabei wird mit $\lceil r \rceil$ die kleinste ganze Zahl bezeichnet, die noch größer oder gleich $r \in \mathbb{R}$ ist. Die *Codierungslänge* einer ganzen Zahl $n \in \mathbb{Z}$ bezeichnen wir mit

$$\langle n \rangle := \lceil log_2(|n| + 1)\rceil + 1.$$

Beispiele. 1) Sei $r \in \mathbb{Q}$ mit der Darstellung $r = \frac{p}{q}$, wobei $p, q \in \mathbb{Z}$ teilerfremde Zahlen mit $q > 0$ sind. Die Codierungslänge von r ist gegeben durch

$$\langle r \rangle = \langle p \rangle + \langle q \rangle.$$

2) Eine Matrix $A \in \mathbb{Q}^{(m,n)}$, $A = (a_{\mu\nu})$, besitzt die Codierungslänge

$$\langle A \rangle = \sum_{\mu=1}^{m} \sum_{\nu=1}^{n} \langle a_{\mu\nu} \rangle.$$

3) Eine lineare Optimierungsaufgabe P mit Daten in $\mathbb{Q}$ der Form: Maximiere $c^T x$ unter den Nebenbedingungen $Ax \le b$, hat die Codierungslänge

$$\langle P \rangle := \langle A \rangle + \langle b \rangle + \langle c \rangle.$$

Mit dieser Begriffsbildung formulieren wir die

Definition. Sei A ein Algorithmus zur Lösung eines Problems P.

(i) Die *Laufzeit* $t_A^S(P)$ *des Algorithmus* A zur Lösung des Problems P ist die Anzahl der elementaren Rechenschritte, multipliziert mit der Codierungslänge der größten Zahl, die bei der Ausführung des Algorithmus auftritt.

(ii) Für einen Algorithmus A zur Lösung der Probleme P einer Problemklasse $\mathcal{P}$ heißt die Funktion

$$T_A^S : \mathbb{N} \to \mathbb{N},$$
$$T_A^S(n) := \max\{t_A^S(P) \mid P \in \mathcal{P},\ \langle P \rangle \le n\}$$

die *Laufzeitfunktion* von A. Dabei wurde mit $\langle P \rangle$ die Codierungslänge der Daten zur Beschreibung des Problems P bezeichnet.

(iii) Der Algorithmus A hat *polynomiale Laufzeit*, wenn es ein Polynom $p : \mathbb{N} \to \mathbb{N}$ gibt, so daß für alle $n \in \mathbb{N}$ die Abschätzung

$$T_A^S(n) \le p(n)$$

gilt. In diesem Fall wird A auch *polynomialer Algorithmus* genannt.

Die Beispiele 4.1 von Klee und Minty zeigen, daß das Simplexverfahren keine polynomiale Laufzeit hat. Aus den Untersuchungen von Borgwardt und anderen erkennen wir, daß es Algorithmen zur Lösung linearer Optimierungsaufgaben gibt, die im Mittel polynomiale Laufzeit aufweisen. In letzter Zeit sind erhebliche Anstrengungen unternommen worden, auch Algorithmen zu finden, die im "schlechtesten Fall" polynomial sind.

4.4 Polynomiale Algorithmen. Es war eine wissenschaftliche Sensation, die auch in der Tagespresse behandelt wurde, als L. G. Khachiyan [1979] in der *Ellipsoidmethode* einen Algorithmus vorstellte, der zur Lösung linearer Optimierungsaufgaben verwandt werden kann und polynomiales Laufzeitverhalten aufweist. Obwohl sich in der Folgezeit herausstellte, daß für praktische Zwecke die Ellipsoidmethode weniger geeignet ist, hat sie doch zum vertieften Verständnis der linearen Optimierungstheorie und verwandter Gebiet beigetragen. Für eine ausführliche Darstellung, insbesondere im Hinblick auf Fragen der Kombinatorischen Optimierung, verweisen wir auf das Buch von M. Grötschel, L. Lovász und A. Schrijver [1988].

Ein Algorithmus zur Lösung linearer Optimierungsaufgaben in polynomialer Zeit, der auch für die Praxis eine erhebliche Bedeutung verspricht, wurde von N. Karmarkar [1984] angegeben. Die Grundversion des *Karmarkar-Algorithmus* behandelt das Optimierungsproblem:

$$\text{Minimiere} \quad f(x) := c^T x \quad \text{unter den}$$

$$\text{Nebenbedingungen} \quad Ax = 0, \; x \geq 0, \; \sum_{\nu=1}^{n} x_\nu = 1.$$

Dabei ist $A \in \mathbb{Q}^{(m,n)}$ und $c \in \mathbb{Q}^n$. Zur Abkürzung führen wir den Vektor $\mathbf{1} := (1,1,\ldots,1)^T \in \mathbb{R}^n$ ein und schreiben die Nebenbedingung $\sum_{\nu=1}^{n} x_\nu = 1$ künftig in der Form $\mathbf{1}^T \cdot x = 1$.

Dieses Minimierungsproblem ist von sehr spezieller Form. Karmarkar hat jedoch gezeigt, wie man allgemeinere Probleme auf die obige Form reduzieren kann.

Dem Karmarkar-Verfahren liegt eine aus der *nichtlinearen Optimierung* wohlbekannte Vorgehensweise zugrunde. Ausgehend von einem zulässigen Vektor $x^{(\mu)} \in \mathbb{R}^n$ wird eine Richtung $d^{(\mu)} \in \mathbb{R}^n$ gesucht, so daß der Wert der Zielfunktion verkleinert werden kann, wenn man sich in dieser Richtung bewegt. Man bestimmt dann eine Schrittweite $\rho^{(\mu)}$ und setzt $x^{(\mu+1)} := x^{(\mu)} + \rho^{(\mu)} d^{(\mu)}$. Der Vektor $d^{(\mu)} \in \mathbb{R}^n$ und die Zahl $\rho^{(\mu)}$ sind dabei so festzulegen, daß ein merklicher Abstieg im Wert der Zielfunktion erkennbar ist und die Menge der zulässigen Vektoren nicht verlassen wird. Eine "gute" Richtung (etwa die des steilsten Abstiegs der Zielfunktion) führt unter Umständen zu keinem guten Ergebnis, wenn die Schrittweite, die man in diese Richtung wählen kann, nur klein ist. Dagegen kann eine "schlechtere" Richtung zu einem größeren Abstieg in der Zielfunktion führen, weil man eine große Schrittweite realisieren kann, ohne die Menge der zulässigen Vektoren zu verlassen.

Zielfunktion $f(x) = const.$

$d_s^{(\mu)}$ = "schlechte" Richtung;
$d_g^{(\mu)}$ = "gute" Richtung.

Zur Erklärung der Vorgehensweise beim Karmarkar-Algorithmus setzen wir

$$U := \{x \in \mathbb{R}^n \mid Ax = 0\} \, ;$$
$$H := \{x \in \mathbb{R}^n \mid 1^T \cdot x = 1\} \, ;$$
$$S := H \cap \{x \in \mathbb{R}^n \mid x \geq 0\} \, ;$$
$$M := S \cap U.$$

Karmarkars Idee besteht nun darin, in jedem Schritt des Algorithmus eine projektive Transformation auszuführen, die den Simplex S auf sich abbildet, den affinen Teilraum $U^{(\mu-1)}$ in einen affinen Teilraum $U^{(\mu)}$ überführt und den relativ inneren Punkt $x^{(\mu-1)}$ auf das Zentrum $\frac{1}{n}1$ von S wirft. Das Polyeder $M^{(\mu-1)} := S \cap U^{(\mu-1)}$, $\mu > 1$, wird dabei in ein neues Polyeder $M^{(\mu)}$ abgebildet. Vom Zentrum $\frac{1}{n}1$ kann man dann relativ große Schritte in jede gewünschte Richtung machen, ohne die zulässige Menge $M^{(\mu)}$ zu verlassen. Auf diese Weise wird ein neuer Punkt $y^{(\mu+1)} \in M^{(\mu)}$ bestimmt, der dann zurücktransformiert wird, um den nächsten Iterationsvektor $x^{(\mu+1)} \in M^{(\mu+1)}$ zu erhalten. Zur Bestimmung der Abstiegsrichtung und der Schrittweite, von $x^{(\mu)}$ ausgehend, läge es nahe, die Optimallösung des transformierten Problems zu berechnen. Das stößt jedoch auf Schwierigkeiten, weil die transformierte Zielfunktion nicht mehr linear ist. Karmarkar linearisiert nun die Zielfunktion in geeigneter Weise und löst das Hilfsproblem:

Minimiere $f^{(\mu)}(x) := (c^{(\mu)})^T \cdot x$ unter den
Nebenbedingungen $x \in U^{(\mu)} \cap S.$

Wie der Vektor $c^{(\mu)} \in \mathbb{R}^n$ in jedem Schritt zu wählen ist, werden wir noch zeigen.

Anstelle des Hilfsproblems kann man ein Näherungsproblem lösen, indem man den Simplex S durch die größte Kugel K mit dem Mittelpunkt $\frac{1}{n}\mathbf{1}$, die noch im Simplex S enthalten ist, ersetzt. Das Optimierungsproblem:

$$\text{Minimiere} \quad f^{(\mu)}(x) = (c^{(\mu)})^T \cdot x \quad \text{unter den}$$

$$\text{Nebenbedingungen} \quad x \in U^{(\mu)} \cap K$$

liefert dann immer noch vernünftige Abstiegsrichtungen, die das Konvergenzverhalten des Karmarkar-Algorithmus nicht verändern. Die Lösung $y^{(\mu+1)}$ des Näherungsproblems läßt sich überdies noch explizit angeben. Es kann jedoch passieren, daß aufgrund von Rundefehlern der berechnete Wert $y^{(\mu+1)}$ bei der Rücktransformation nicht mehr im relativ Inneren des Polyeders liegt. Man nimmt daher anstelle der Kugel K eine kleinere Kugel mit dem gleichen Zentrum.

Wir setzen jetzt voraus, daß die Matrix A vollen Zeilenrang hat und $x^{(\mu)}$ ein relativ innerer Punkt von $M^{(\mu)}$ ist. Mit

$$D^{(\mu)} := \begin{pmatrix} x_1^{(\mu)} & & \\ & \ddots & 0 \\ 0 & & x_n^{(\mu)} \end{pmatrix} \in \mathbb{R}^{(n,n)}$$

definieren wir mit $L := \{y \in \mathbb{R}^n \mid \mathbf{1}^T(D^{(\mu)})^{-1}y = 0\}$, die projektive Transformation $T^{(\mu)} : \mathbb{R}^n \setminus L \to \mathbb{R}^n$, durch

$$T^{(\mu)}(x) := \frac{1}{\mathbf{1}^T(D^{(\mu)})^{-1}x}(D^{(\mu)})^{-1}x.$$

Die Abbildung $T^{(\mu)}$ besitzt die folgenden

Eigenschaften. (i) Für alle $x \geq 0$ gilt $T^{(\mu)}(x) \geq 0$;

(ii) für $x \in H$ folgt $T^{(\mu)}(x) \in H$;

(iii) $(T^{(\mu)})^{-1}(y) = \frac{1}{\mathbf{1}^T D^{(\mu)}y}D^{(\mu)}y$ für alle $y \in S$;

(iv) $T^{(\mu)}(S) = S$;

(v) $M^{(\mu)} := T^{(\mu)}(M) = T^{(\mu)}(S \cap U) = S \cap U^{(\mu)}$,
  mit $U^{(\mu)} = \{y \in \mathbb{R}^n \mid AD^{(\mu)}y = 0\}$;

(vi) $T^{(\mu)}(x^{(\mu)}) = \frac{1}{\mathbf{1}^T \cdot \mathbf{1}}(D^{(\mu)})^{-1}x^{(\mu)} = \frac{1}{n}\mathbf{1} \in M^{(\mu)}$.

Der einfache Nachweis dieser Beziehungen bleibt dem Leser überlassen.

Man erkennt, daß $T^{(\mu)}$ eine bijektive Abbildung von $M^{(\mu-1)}$ nach $M^{(\mu)}$ ist, die das Simplex S in sich überführt. Der Punkt $x^{(\mu)}$ wird dabei in das Zentrum $\frac{1}{n}\mathbf{1}$ von S abgebildet. Für die ursprüngliche Optimierungsaufgabe erhält man die Gleichungskette

$$\min\{c^T \cdot x \mid Ax = 0, \mathbf{1}^T \cdot x = 1, x \geq 0\} = \min\{c^T x \mid x \in M\} =$$

$$= \min\{c^T(T^{(\mu)})^{-1}y \mid y \in M^{(\mu)} = T^{(\mu)}(M)\} =$$

$$= \min\{\frac{1}{\mathbf{1}^T \cdot D^{(\mu)}y}c^T D^{(\mu)}y \mid AD^{(\mu)}y = 0, \mathbf{1}^T \cdot y = 1, y \geq 0\}.$$

In der letzten Minimierungsaufgabe wird die nichtlineare Zielfunktion durch den Ausdruck $(c^{(\mu)})^T y$ mit

$$c^{(\mu)} := D^{(\mu)} c$$

ersetzt. Auf diese Weise erhält man das bereits erwähnte lineare Hilfsproblem:

Minimiere $(c^{(\mu)})^T y$ unter den

Nebenbedingungen $AD^{(\mu)} y = 0$, $1^T \cdot y = 1$, $y \geq 0$.

Die größte Kugel mit dem Zentrum $\frac{1}{n} 1$, die man noch dem Simplex S einbeschreiben kann, hat den Radius $\frac{1}{\sqrt{n(n-1)}}$. Es zeigt sich, daß zur Konstruktion des Näherungsproblems eine Kugel mit halbem Radius ausreicht. Entsprechend lautet das Näherungsproblem:

Minimiere $(c^{(\mu)})^T y$ unter den

Nebenbedingungen $AD^{(\mu)} y = 0$, $1^T \cdot y = 1$, $\|y - \frac{1}{n} 1\|_2 \leq \frac{1}{2} \frac{1}{\sqrt{n(n-1)}}$.

Die Lösung dieses Optimierungsproblems kann man explizit angeben.

Lemma. *Das Näherungsproblem besitzt die Lösung*

$$y^{(\mu+1)} = \frac{1}{n} 1 - \frac{1}{2} \frac{1}{\sqrt{n(n-1)}} \frac{c_\perp^{(\mu)}}{\|c_\perp^{(\mu)}\|_2}$$

mit $c_\perp^{(\mu)} := (I - D^{(\mu)} A^T (A(D^{(\mu)})^2 A^T)^{-1} A D^{(\mu)} - \frac{1}{n} 1 \cdot 1^T) D^{(\mu)} c$.

Beweis. Der Vektor $c_\perp^{(\mu)} \in \mathbf{R}^n$ ist die orthogonale Projektion von $c^{(\mu)}$ auf den Teilraum $R := \{x \in \mathbf{R}^n \mid AD^{(\mu)} x = 0, 1^T \cdot x = 0\}$. Sei nämlich $x \in \mathbf{R}$, so gilt wegen der Symmetrie der Matrix

$$F^{(\mu)} := I - D^{(\mu)} A^T (A(D^{(\mu)})^2 A^T)^{-1} A D^{(\mu)} - \frac{1}{n} 1 \cdot 1^T)$$

und wegen $c^{(\mu)} = D^{(\mu)} c$ die Beziehung

$$\langle c^{(\mu)} - c_\perp^{(\mu)}, x \rangle = \langle c^{(\mu)}, x \rangle - \langle D^{(\mu)} c, F^{(\mu)} x \rangle = \langle c^{(\mu)}, x \rangle - \langle D^{(\mu)} c, x \rangle = 0.$$

Außerdem rechnet man leicht nach, daß $\langle AD^{(\mu)}, c_\perp^{(\mu)} \rangle = \langle 1, c_\perp^{(\mu)} \rangle = 0$ gilt. Man folgert dann unmittelbar die Beziehung $(c^{(\mu)})^T \cdot y = (c_\perp^{(\mu)})^T \cdot y$ für alle $y \in R$. Das bedeutet aber, daß das Näherungsproblem äquivalent durch die Optimierungsaufgabe ersetzt werden kann:

Minimiere $(c_\perp^{(\mu)})^T \cdot y$ unter der einzigen

Nebenbedingung $\|y - \frac{1}{n} 1\|_2 \leq \frac{1}{2} \frac{1}{\sqrt{n(n-1)}}$.

Das Minimum dieser linearen Funktion mit dem Gradienten $c_\perp^{(\mu)}$ über einer Kugel erhält man aber, indem man in Richtung von $-c_\perp^{(\mu)}$ einen Schritt von der Länge des Kugelradius macht, also

$$y^{(\mu+1)} = \frac{1}{n}\mathbf{1} - \frac{1}{2}\frac{1}{\sqrt{n(n-1)}}\frac{1}{\|c_\perp^{(\mu)}\|_2}c_\perp^{(\mu)}. \qquad \Box$$

Durch Rücktransformation des Vektors $y^{(\mu+1)}$ erhält man in

$$x^{(\mu+1)} := (T^{(\mu)})(y^{(\mu+1)} = \frac{1}{\mathbf{1}^T \cdot D^{(\mu)}y^{(\mu+1)}}D^{(\mu)}y^{(\mu+1)}$$

den Startvektor für den nächsten Iterationsschritt.

Der *Karmarkar-Algorithmus* ist konzipiert für die Lösung des Problems:

(∗)   Finde ein $x \in M$ mit $c^T \cdot x \le 0$.

Es ist klar, daß dieses Problem genau dann keine Lösung hat, wenn das Minimierungsproblem, die Zielfunktion $c^T \cdot x$ für $x \in M$ zu minimieren, eine Lösung mit $c^T \cdot x > 0$ liefert.

Wir formulieren den Algorithmus zur Lösung von (∗).

Input: $A \in \mathbb{Q}$, $c \in \mathbb{Q}$.
Ferner wird vorausgesetzt, daß $\frac{1}{n}A\mathbf{1} = 0$ und $c^T \cdot \mathbf{1} > 0$ gilt;

Output: Ein Vektor $x \in M$ mit $c^T \cdot x \le 0$ oder die Meldung, daß (∗) nicht lösbar ist;

Initialisierung: $x^{(0)} := \frac{1}{n}\mathbf{1}$, $\mu := 0$, $N := 3n(\langle A\rangle + 2\langle c\rangle) - n)$;

(∗∗) *Abbruchkriterium:* (i) Gilt $\mu = N$, dann hat (∗) keine Lösung.
(ii) Gilt $c^T x^{(\mu)} \le 2^{-\langle A\rangle - \langle c\rangle}$, so gibt es eine Lösung von (∗). Diese liegt unmittelbar vor, falls $c^T \cdot x^{(\mu)} \le 0$ ist. Andernfalls läßt sich aus $x^{(\mu)}$ eine Lösung von (∗) mit Methoden der linearen Algebra konstruieren.

Update: $D := \mathrm{diag}(x^{(\mu)})$;
$c_\perp := (I - DA^T(AD^2A^T)^{-1}AD - \frac{1}{n}\mathbf{1} \cdot \mathbf{1}^T)Dc$;
$y^{(\mu+1)} := \frac{1}{n}\mathbf{1} - \frac{1}{2}\frac{1}{\sqrt{n(n-1)}}\frac{c_\perp}{\|c_\perp\|_2}$;
$x^{(\mu+1)} := \frac{1}{\mathbf{1}^T Dy^{(\mu+1)}}Dy^{(\mu+1)}$;
$\mu := \mu + 1$;
gehe zu Schritt (∗∗).

Wir haben noch nicht gezeigt, daß dieser Algorithmus immer durchführbar ist. Ebenso ist das Abbruchkriterium noch nicht begründet. Wir verweisen hierzu auf die Originalliteratur und zitieren die Resultate nur der Vollständigkeit halber mit der

Bemerkung. (i) Für alle $\mu \in \{0, 1, \ldots, N\}$ gilt $Ax^{(\mu)} = 0$, $1^T \cdot x^{(\mu)} = 1$ und $x^{(\mu)} > 0$.

(ii) Es gibt genau dann eine Lösung des Problems (∗), wenn es einen Index $\mu \in \{0, 1, \ldots, N\}$ gibt mit

$$c^T \cdot x^{(\mu)} < 2^{-\langle A \rangle - \langle c \rangle}.$$

Der Algorithmus ist polynomial bei geeigneter Implementierung des Schrittes, in dem die Daten neu festgesetzt werden (Update). Es gilt nämlich der

Satz von Karmarkar. *Die Laufzeit des Karmarkar-Algorithmus zur Lösung von Problemen des Typs* (∗) *ist* $O(n^{3.5}(\langle A \rangle - \langle c \rangle)^2)$.

Den Beweis findet man in der Originalliteratur. Die Zukunft wird zeigen, ob dieses Verfahren eine wirkliche Alternative zum Simplex-Algorithmus darstellt.

4.5 Aufgaben. 1) Berechnen Sie die Simplextableaus für das Klee-Minty-Beispiel 4.1 ($n = 3$, $\varepsilon := 0.4$). Nach wieviel Pivotschritten hat man die Lösung erreicht?

2) Zeigen Sie, daß die Anzahl der Bits einer Zahl $n \in \mathbb{Z}$ in binärer Codierung $\lceil log_2(|n| + 1) \rceil + 1$ ist.

3) Mit den Bezeichnungen von 4.4 zeige man, daß $Ax^{(\mu)} = 0$, $1^T \cdot x^{(\mu)} = 1$ und $x^{(\mu)} > 0$ für alle $\mu \in \{1, 2, \ldots, N\}$ gilt.

4) Konstruieren Sie eine Aufgabe vom Typ (∗) in 4.4 von geeigneter Größenordnung und führen Sie einige Schritte des Karmarkar-Algorithmus aus.

Literatur

Das Verzeichnis enthält:

I) Eine Auswahl von Lehrbüchern und Monographien, auf die sich meist auch im Text Hinweise finden. In dieser Liste sind unter

   Ia) einige Werke aufgeführt, die den Stoff aus Analysis und linearer Algebra enthalten, der in unserem Lehrbuch vorausgesetzt und herangezogen wird; vor allem aber enthält sie unter

   Ib) solche Bücher, in denen Fragenkreise der numerischen Mathematik behandelt und auch von anderer Seite beleuchtet oder weitergeführt werden.

II) Eine Anzahl von Originalarbeiten, die im Buch zitiert werden; die Zitate haben oft auch historische Gründe.

Ia) Analysis, Grundlagen und lineare Algebra sowie Biographien.

M. Barner – F. Flohr [1974], [1983]: Analysis I, II. Verlag W. de Gruyter u. Co., Berlin u.a.

H.-D. Ebbinghaus u.a. [1983]: Zahlen. Grundwissen Mathematik 1, Springer-Verlag, Berlin u.a.

G. Fischer [1975]: Lineare Algebra. Verlag Vieweg, Wiesbaden.

O. Forster [1976], [1977]: Analysis 1, 2. Verlag Vieweg, Wiesbaden.

H. H. Goldstine [1977]: A History of Numerical Analysis, Springer-Verlag, Berlin u.a.

H. Heuser [1980], [1981]: Lehrbuch der Analysis 1, 2. Verlag B. G. Teubner, Stuttgart.

K. Jänich [1979]: Lineare Algebra. Springer-Verlag, Berlin u.a.

M. Koecher [1983]: Lineare Algebra und analytische Geometrie. Grundwissen Mathematik 2, Springer-Verlag, Berlin u.a.

K. Reich [1985]: Carl Friedrich Gauß 1777–1855. Verlag Moos u. Partner, Gräfelfing.

C. Reid [1970]: Hilbert. Springer-Verlag, Berlin u.a.

R. Remmert [1984]: Funktionentheorie I. Grundwissen Mathematik 5, Springer-Verlag, Berlin u.a.

I. Runge [1949]: Carl Runge und sein wissenschaftliches Werk. Verlag Vandenhoeck u. Ruprecht, Göttingen.

W. Walter [1985]: Analysis I. Grundwissen Mathematik 3, Springer-Verlag, Berlin u.a.

W. Walter [1990]: Analysis II. Grundwissen Mathematik 4, Springer-Verlag, Berlin u.a.

Ib) Lehrbücher und Monographien zu Gegenständen der numerischen Mathematik.

G. A. Baker, Jr. and P. Graves-Morris [1981]: Padé Approximants, Part I: Basic Theory. Encyclopedia of Mathematics and its Applications, Addison-Wesley Publ. Comp., Reading Mass.

A. Ben-Israel and T. N. E. Greville [1974]: Generalized Inverses. John Wiley and Sons, Inc., New York u.a.

K. Böhmer [1974]: Spline-Funktionen. Verlag B. G. Teubner, Stuttgart.

C. de Boor [1978]: A Practical Guide to Splines. Springer-Verlag, Berlin u.a.

H. Braß [1977]: Quadraturverfahren. Verlag Vandenhoeck u. Ruprecht, Göttingen.

B. Brosowski – R. Kreß [1975], [1976]: Einführung in die Numerische Mathematik I, II. Bibliographisches Institut Mannheim.

L. Collatz [1964]: Funktionalanalysis und numerische Mathematik. Springer-Verlag, Berlin u.a.

L. Collatz – W. Wetterling [1966]: Optimierungsaufgaben. Heidelberger Taschenbücher Bd. 15, Springer-Verlag, Berlin u.a.

C. W. Cryer [1982]: Numerical Functional Analysis. Oxford University Press.

G. B. Dantzig [1963]: Linear Programming and Extensions. Princeton University Press, Princeton.

Ph. J. Davis [1963]: Interpolation und Approximation. Blaisdell Publ. Comp., New York u.a.

Ph. J. Davis - Ph. Rabinowitz [1975]: Methods of Numerical Integration. Academic Press, New York u.a.

H. Engels [1980]: Numerical Quadrature und Cubature. Academic Press, New York u.a.

D. Gaier [1980]: Vorlesungen über Approximation im Komplexen. Birkhäuser Verlag, Basel u.a.

S. I. Gass [1964]: Linear Programming. McGraw-Hill Book Comp., New York u.a.

M. Grötschel, L. Lovásc and A. Schrijver [1988]: Geometric Algorithms and Combinatorial Optimization. Algorithms and Combinatorics 2, Springer-Verlag, Berlin u.a.

G. Hämmerlin [1978]: Numerische Mathematik I, 2. Auflage. Bibliographisches Institut Mannheim.

R. W. Hamming [1962]: Numerical Methods for Scientists and Engineers. McGraw-Hill Book Comp., Inc., New York.

P. Henrici [1964]: Elements of Numerical Analysis. John Wiley and Sons, Inc., New York u.a.

R. Hettich - P. Zencke [1982]: Numerische Methoden der Approximation und semi-infiniten Optimierung. Verlag B. G. Teubner, Stuttgart.

B. Hofmann [1986]: Regularisation of Applied Inverse and Ill-Posed Problems: A Numerical Approach. Teubner, Leipzig.

A. S. Householder [1964]: The Theory of Matrices in Numerical Analysis. Dover Publications, Inc., New York.

V. I. Krylov [1962]: Approximate calculation of integrals. The MacMillan Company, New York u.a.

U. Kulisch [1976]: Grundlagen des numerischen Rechnens. Reihe Informatik/19, B.I.-Wissenschaftsverlag, Mannheim.

F. Locher [1978]: Einführung in die Numerische Mathematik. Wiss. Buchgesellschaft Darmstadt.

G. G. Lorentz - K. Jetter - S. D. Riemenschneider [1983]: Birkhoff-Interpolation. Addison-Wesley Publ. Comp., Reading Mass.

G. Meinardus [1964]: Approximation von Funktionen und ihre numerische Behandlung. Springer-Verlag, Berlin u.a.

434   Literatur

I. P. Natanson [1964], [1965]: Constructive Function Theory I, II, III. Frederick Ungar Publ. Comp., New York.

H. Noltemeier, R. Laue [1984]: Informatik II, Einführung in Rechenstrukturen und Programmierung. Carl Hanser Verlag, München

A. M. Ostrowski [1973]: Solution of Equations in Euclidean and Banach Spaces. Academic Press, New York u.a.

M. J. D. Powell [1981]: Approximation theory and methods. Cambridge University Press.

M. Reimer [1980], [1982]: Grundlagen der Numerischen Mathematik I, II. Akad. Verlagsgesellschaft, Wiesbaden.

H. Rutishauser [1976]: Vorlesungen über numerische Mathematik 1,2. Birkhäuser Verlag, Basel u.a.

G. Schmeißer – H. Schirmeier [1976]: Praktische Mathematik. Verlag Walter de Gruyter u. Co., Berlin u.a.

M. H. Schultz [1973]: Spline Analysis. Prentice Hall, Inc., Englewood Cliffs N. J.

L. L. Schumaker [1981]: Spline Functions: Basic Theory. John Wiley and Sons, Inc., New York u.a.

H. R. Schwarz [1986]: Numerische Mathematik. Verlag B. G. Teubner, Stuttgart.

J. Stoer [1979]: Einführung in die Numerische Mathematik I. Springer-Verlag, Berlin u.a.

J. Stoer – R. Bulirsch [1978]: Einführung in die Numerische Mathematik II. Springer-Verlag, Berlin u.a.

A. H. Stroud [1971]: Approximate Calculation of Multiple Integrals. Prentice-Hall, Inc., Englewood Cliffs N.J.

A. H. Stroud [1974]: Numerical Quadrature and Solution of Ordinary Differential Equations. Springer-Verlag, Berlin u.a.

A. H. Stroud – D. Secrest [1966]: Gaussian Quadrature Formulas. Prentice-Hall, Inc., Englewood Cliffs N.J.

R. S. Varga [1962]: Matrix Iterative Analysis. Prentice-Hall, Inc., Englewood Cliffs, N. J.

G. A. Watson [1980]: Approximation Theory and Numerical Methods. John Wiley and Sons, Inc., New York u.a.

H. Werner [1966]: Vorlesung über Approximationstheorie. Springer-Verlag, Berlin u.a.

H. Werner [1970]: Praktische Mathematik I. Springer-Verlag, Berlin u.a.

H. Werner – R. Schaback [1979]: Praktische Mathematik II. Springer-Verlag, Berlin u.a.

J. H. Wilkinson [1965]: The algebraic eigenvalue problem. Clarendon Press, Oxford.

J. H. Wilkinson [1969]: Rundungsfehler. Springer-Verlag, Berlin u.a.

Fr. A. Willers [1950]: Methoden der praktischen Analysis. Göschens Lehrbücherei Bd. 12, Verlag W. de Gruyter u. Co., Berlin u.a.

J. Wloka [1971]: Funktionalanalysis und Anwendungen. Verlag W. de Gruyter u. Co., Berlin u.a.

D. M. Young [1971]: Iterative solution of large linear systems. Comp. Sci. and Appl. Math., Academic Press, New York u.a.

II) Originalarbeiten.

R. Askey and J. Fitch [1968]: Positivity of the cotes numbers for some ultraspecial abscissas. SIAM J. Numer. Anal. 5, 199–201.

R. H. Bartels, J. Stoer, C. Zenger [1971]: A Realization of the Simplex Method based on Triangular Decompositions. In: Handbook for Automatic Computation, Linear Algebra, J. H. Wilkinson and C. Reinsch, Springer-Verlag, Berlin u.a.

S. N. Bernstein [1912]: Sur l'ordre de la meilleure approximation des fonctions continues par les polynômes de degré donné. Mém. Acad. Roy. Belg. 4, 1–104.

K. H. Borgwardt [1981]: The Expected Number of Pivot Steps Required by a Certain Variant of the Simplex Method is Polynomial. Meth. of Operations Research 43, 35–41.

K. H. Borgwardt [1987]: The Simplex Method. A Probabilistic Analysis. Algorithms and Combinatorics 1, Springer-Verlag, Berlin u.a.

R. Bulirsch [1964]: Bemerkungen zur Romberg-Integration. Num. Math. 6, 6–16.

J. W. Cooley, J. W. Tukey [1965]: An algorithm for the machine calculation of complex Fourier series. Math. Comp. 19, 297–301.

436   Literatur

D. Coppersmith – S. Winograd [1986]: Matrix Multiplication via Behrend's Theorem. Preprint IBM Yorktown Heights, RC 12104 (# 54531), 8/29/86.

R. Courant [1943]: Variational methods for the solution of problems of equilibrium and vibrations. Bull. Amer. Math. Soc. 49, 1–23.

G. Faber [1914]: Über die interpolatorische Darstellung stetiger Funktionen. Jahresber. d. DMV 23, 192–210.

J. Favard [1940]: Sur l'interpolation. J. Math. Pures Appl. (a) 19, 281–306.

J. G. F. Francis [1961]: The QR-transformation. A unitary analogue to the LR-transformation. Comp. J. 4, 265–271.

G. Frobenius [1912]: Über Matrizen aus nichtnegativen Elementen. Sitzg. ber. Kgl. Preuß. Akad. d. Wiss. Berlin, 456–477.

W. M. Gentleman, G. Sande [1966]: Fast Fourier transform for fun and profit. Proc. AFIPS 1966 Fall Joint Computer Conference, vol. 29, 503–578, Spartan Books, Washington D.C.

W. J. Gordon [1969]: Spline-Blended Surface Interpolation through Curve Networks. J. of Math. and Mech. 18, 931–952.

M. Grötschel, L. Lovásc and A. Schrijver [1982]: The Average Number of Pivot Steps Required by the Simplex-Method is Polynomial. Z. Oper. Res. 26, 157–177.

H. Haimovich [1983]: The Simplex Algorithm is very Good! – On the Expected Number of Pivot Steps and Related Properties of Random Linear Programs. Columbia University, New York.

C. A. Hall [1968]: On error bounds for spline interpolation. J. Approx. Theory 1, 209–218.

K. Hessenberg [1941]: Auflösung linearer Eigenwertaufgaben mit Hilfe der Hamilton-Cayleyschen Gleichung. Diss. T.H. Darmstadt.

W. Kahan [1958]: Gauß-Seidel Method of Solving Large Systems of Linear Equations. Dissertation, University of Toronto.

N. Karmarkar [1984]: A New Polynomial-Time Algorithm for Linear Programming. AT & T Bell Laboratories, Murray Hill.

L. G. Khachyan [1979]: A Polynomial Algorithm in Linear Programming. Doklady Akad. Nauk SSSR 244, 1093–1096 (Russisch) (englische Übersetzung: Soviet Mathematics Doklady 20 (1979), 191–194).

V. Klee [1965]: A Class of Linear Programming Problems Requiring a Large Number of Iterations. Numer. Math. 7, 313–321.

V. Klee and G. Minty [1972]: How Good is the Simplex-Algorithm? In: Inequalities III, ed. O. Shisha, Academic Press, New York, 159–175.

L. F. Meyers – A. Sard [1950]: Best approximate integration formulas. J. Math. Phys. 29, 118–123.

R. v. Mises und H. Pollaczek-Geiringer [1929]: Praktische Verfahren der Gleichungsauflösung. Z. angew. Math. Mech. 9, 58–77 und 152–164.

O. Perron [1907]: Zur Theorie der Matrizen. Math. Ann. 64, 248–263.

G. Polya [1933]: Über die Konvergenz von Quadraturverfahren. Math. Z. 37, 264–286.

W. Quade und L. Collatz [1938]: Zur Interpolationstheorie der reellen periodischen Funktionen. Sitzg.ber. Preuß. Akad. Wiss. Berlin, Phys.-Math. Kl. XXX, 383–429.

L. F. Richardson – J. A. Gaunt [1927]: The deferred approach to the limit. Phil. Trans. Royal Soc. London Ser. A 226, 299–349.

C. Runge [1901]: Über empirische Funktionen und die Interpolation zwischen äquidistanten Ordinaten. Z. f. Math. u. Phys. 46, 224–243.

H. Rutishauser [1958]: Solution of eigenvalue problems with the LR-transformation. Appl. Math. Ser. Nat. Bur. Stand. 49, 47–81.

E. Schäfer [1989]: Korovkin's theorems: A unifying version. Functiones et Approximatio XVIII, 43–49.

I. J. Schoenberg [1946a]: Contributions to the problem of approximation of equidistant data by analytic functions, Part A: On the problem of smoothing of graduation, a first class of analytic approximation formulae. Quart. Appl. Math. 4, 45–99.

I. J. Schoenberg [1946b]: Contributions to the problem of approximation of equidistant data by analytic functions, Part B: On the problem of osculatory interpolation, a second class of analytic approximation formulae. Quart. Appl. Math. 4, 112–141.

I. J. Schoenberg [1964]: Spline interpolation and best quadrature. Bull. Amer. Math. Soc. 70, 143–148.

I. J. Schoenberg – A. Whitney [1953]: On Polya Frequency Functions. Trans. Amer. Math. Soc. 74, 246–259.

C. E. Shannon [1938]: A symbolic analysis of switching and relais circuits. Trans. of the Amer. Inst. of Electronic Engineers, 57. Jahrgang.

438   Literatur

S. Smale [1982]: The Problem of the Average Speed of the Simplex Method.
In: Mathematical Programming; The State of the Art, Bonn 1982, 530–539.

S. Smale [1983]: On the Average Speed of the Simplex Method. Math. Progr.
27 (1983), 241–262.

V. Strassen [1969]: Gaussian Elimination is not optimal. Numer. Math. 13,
354–356.

A. N. Tichonov [1963]: On the solution of ill-posed problems using the method
of regularisation. Doklady Akad. Nauk SSSR 151, 3 (Russisch).

V. Tschakalov [1957]: Formules de cubature mécaniques à coefficients non ne-
gatifs. Bull. Sci. Math. [2] 81, 123–134.

K. Weierstraß [1885]: Über die analytische Darstellbarkeit sogenannter willkürlicher Funktionen reeller Argumente. Sitzg. ber. Kgl. Preuß. Akad. d. Wiss. Berlin, 663–689 u. 789–805.

Bezeichnungen

$\mathbb{C}$	Körper der komplexen Zahlen
$\mathbb{N}$	Menge der natürlichen Zahlen $\{0, 1, \cdots\}$
$\mathbb{R}$	Körper der reellen Zahlen
$\mathbb{R}_+$	Menge der positiven reellen Zahlen
$\mathbb{Z}$	Menge der ganzen Zahlen $\{\cdots, -1, 0, 1, \cdots\}$
$\mathbb{Z}_+$	Menge der positiven ganzen Zahlen $\{1, 2, \cdots\}$
$[a, b]$	abgeschlossenes Intervall reeller Zahlen
(a, b)	offenes Intervall reeller Zahlen
$\square$	Ende eines Beweises
$\doteq$	es folgt ein gerundeter numerischer Wert

Erklärung im angegebenen Abschnitt:

$O(\cdot)$ und $o(\cdot)$	Landau-Symbole	1.4.3	(S. 41)
e^i	i-ter Einheitsvektor des $\mathbb{R}^n$	2.1.1	(S. 52)
$\|\cdot\|$	Norm eines Elements bzw. eines Operators	2.4.1 4.1.5	(S. 73) (S. 132)
$(X, \|\cdot\|)$	normierter Raum	2.4.1	(S. 73)
cond (A)	Kondition einer Matrix A	2.5.1	(S. 79)
A^+	Pseudoinverse einer $(n \times m)$-Matrix A	2.6.3	(S. 90)
$\langle \cdot, \cdot \rangle$	inneres Produkt	4.1.3	(S. 129)
$\omega_f(\delta)$	Stetigkeitsmodul	4.2.5	(S. 143)
$E_{\mathbf{T}}(\cdot)$	Minimalabstand	4.3.1	(S. 146)
ONS	Orthonormalsystem	4.5.3	(S. 172)

$\gg$	1.3.1	(S. 23)
sgn	2.3.2	(S. 70)
$\|x\|_p,\ 1 \le p \le \infty$	2.4.1	(S. 73)
$C_m(G)$	4.1.2	(S. 128)
$D^\gamma f$	4.1.2	(S. 128)
$L^p[a,b]$	4.1.4	(S. 130)
P_n	4.2.2	(S. 135)
$C_{-1}[a,b]$	4.5.7	(S. 178)
$D_x^j g$	5.6.3	(S. 241)
$S_\ell(\Omega_n)$	6.1.1	(S. 245)
$q_{\ell\nu}$ bzw. q_ℓ	6.1.1	(S. 245)
E_M	9.2.1	(S. 402)
$I(x)$	9.2.1	(S. 402)
$|I(x)|$	9.2.1	(S. 403)
$\langle A \rangle$	9.4.3	(S. 423)

Namen- und Sachverzeichnis

Die kursiv gesetzte Seitenzahl hinter einem Eigennamen weist auf historische Anmerkungen hin.